증보판 한국건축사

윤장섭 저

HISTORY
OF KOREAN
ARCHITECTURE

圖書出版 東明社

머리말......

「한국건축사」를 1973년 10월에 처음 펴낸 것이 엊그제와 같이 느껴지는데 어느덧 34년의 세월이 지나갔다. 그동안 수십번 판을 거듭하여 보급된 것을 다행으로 생각하며, 독자 여러분과 건축계 및 문화계의 관심있는 여러분들의 협조와 후원에 대하여 감사히 생각한다. 특히 이번에 책의 내용을 대대적으로 수정 보완하여 현재까지 발표된 한국 전통건축에 관한 연구내용과 최근에 발굴조사된 내용들을 증보(增補)하여서 「증보판 한국건축사」를 출판하게 됨을 매우 기쁘게 생각한다.

저자는 이 책에서 주체성과 일관성 있는 한국의 건축사관(建築史觀)을 정립하고자 시도하였으며 각 시대를 통하여 나타난 건축문제의 해결방법과 건축양식의 특성을 탐구하고자 하였다. 역사적으로 전승되어 내려온 한국건축의 좋은 특색과 문화적 전통은 현대건축에 반영되어야 하며 장래에도 이것이 적절하게 계승되어야 할 것으로 생각한다.

이 책의 내용은 각 시대마다 시대개관, 도성계획, 궁궐건축, 불사건축, 주거건축, 목조건축의 형식, 정원계획 등으로 구분하여 고찰하였으며, 한국건축의 전통적인 문화특성을 밝혀보고자 하였다. 특히 젊은 독자들을 위하여 주로 한글을 사용하였으며, 한자(漢字)는 이해에 도움이 되도록 괄호 안에 병기하여 읽기 편하도록 만들었다.

이번에 새롭게 「증보판 한국건축사」를 출판하면서 이 책의 내용이 독자 여러분에게 한국건축의 역사와 문화적 특성을 이해하는데 도움이 되기를 바란다. 끝으로 독자와 동학(同學) 여러분의 계속적인 관심과 격려를 부탁드리며, 이 책을 출판하는 일에 많은 수고를 하여주신 동명사(東明社) 여러분에게 감사의 뜻을 전한다.

2007년 12월

윤 장 섭(尹張燮)

목 차……

제1장 건축문화의 계통 및 시대구분

1. 건축문화의 계통 …… 45
2. 건축문화의 시대구분 …… 46

제2장 건축문화의 발전 요인

1. 자연적 요인 …… 51
2. 인문적 요인 …… 53
3. 건축구조 형식의 특성 …… 54
4. 건축의장 계획의 특성 …… 57

제3장 원시건축

1. 시대개관 …… 65
2. 원시주거 …… 67
3. 지석묘 …… 72

제4장 연맹왕국과 낙랑건축

1. 시대개관 …… 77
2. 고대초기의 건축형식 …… 79
3. 초기 철기문화 주거지 …… 82
4. 낙랑 건축 및 분묘 …… 85

제5장 고구려 건축

1. 시대개관 ······ 90
2. 도성계획 ······ 92
3. 일반건축 형식 ······ 98
4. 궁궐건축 ······ 101
5. 불사건축 ······ 104
6. 기타 건축 ······ 106
7. 분 묘 ······ 109

제6장 백제건축

1. 시대개관 ······ 130
2. 도성계획 ······ 132
3. 궁궐건축 ······ 137
4. 불사건축 ······ 141
5. 불 탑 ······ 151
6. 분 묘 ······ 156

제7장 신라 건축

1. 시대개관 ······ 163
2. 도성계획 ······ 165

3. 궁궐건축 및 기타 건축 ······ 168
4. 불사건축 ······ 171
5. 분 묘 ······ 177

제8장 통일신라 시대개관 및 도성계획

1. 시대개관 ······ 182
2. 도성계획 ······ 184

제9장 통일신라 궁궐 및 불사건축

1. 궁궐건축 ······ 189
2. 불사건축 ······ 197

제10장 통일신라 불탑 및 석굴

1. 불 탑 ······ 210
2. 석 굴 ······ 220

제11장 통일신라 주거건축, 분묘 및 부도

1. 주거건축 ······ 226
2. 분묘 및 부도 ······ 227

제12장 발해 건축

1. 시대개관 …… 240
2. 도성계획 …… 244
3. 건 축 …… 248
4. 분 묘 …… 260

제13장 고려 시대개관, 도성계획 및 궁궐건축

1. 시대개관 …… 264
2. 도성계획 …… 268
3. 궁궐건축 …… 273

제14장 고려 목조건축 형식

1. 고려 주심포 제1형식 …… 279
2. 고려 주심포 제2형식 …… 284
3. 고려 다포식 …… 290
4. 고려 주심포 제3형식 …… 293

제15장 고려 불사건축

1. 가람배치 …… 296
2. 불 사 지 …… 298

3. 부 석 사 ··· 303
4. 봉 정 사 ··· 308
5. 수 덕 사 ··· 312
6. 통 도 사 ··· 315

제16장 고려 불탑

1. 목조불탑 ··· 322
2. 석조불탑 ··· 323

제17장 고려 기타 건축, 정원, 분묘 및 부도

1. 기타 건축 ··· 331
2. 주거건축 ··· 333
3. 정 원 ··· 334
4. 분묘 및 부도 ··· 336

제18장 조선왕조 시대개관 및 도성계획

1. 시대개관 ··· 347
2. 도성계획 및 성곽건축 ··· 351
3. 읍성계획 및 성곽건축 ··· 357

제19장 조선왕조 궁궐건축

1. 경 복 궁 ······ 364
2. 창 덕 궁 ······ 370
3. 창경궁 및 덕수궁 ······ 377
4. 와당 및 전 ······ 382

제20장 조선왕조 목조건축 형식

1. 다 포 식 ······ 384
2. 절 충 식 ······ 388
3. 주심포식 ······ 391
4. 익 공 식 ······ 394

제21장 조선왕조 불사건축

1. 가람배치 ······ 397
2. 송 광 사 ······ 400
3. 해 인 사 ······ 402
4. 금 산 사 ······ 406
5. 관 용 사 ······ 408

제22장 조선왕조 불전건축 및 불탑

1. 불전건축 …… 411
2. 불 탑 …… 432

제23장 조선왕조 유교건축

1. 문묘 및 향교 …… 465
2. 서 원 …… 469

제24장 조선왕조 주거건축

1. 건축규제 …… 476
2. 주거의 점지 …… 478
3. 주거건축의 구성 …… 479
4. 주거건축 실례 …… 481

제25장 조선왕조 기타 건축 및 분묘

1. 묘(廟) 및 단(壇) …… 497
2. 객사, 누정 및 병관 …… 501
3. 분 묘 …… 505

第26장 조선왕조 정원

1. 정원구성 ········ 507
2. 한국정원의 특성 ········ 509
3. 궁 원 ········ 512
4. 별서(別墅) 정원 ········ 518
5. 사택(私宅) 정원 ········ 522
6. 다정(茶庭) ········ 526

COLOR PICTURES

• 집안 장군총(集安 將軍塚)
• 미륵사지 서탑원 석탑(彌勒寺址 西塔院 石塔)
• 정림사지 석탑(定林寺址 石塔) • 분황사 모전탑(芬皇寺 模塼塔)
• 안압지(雁鴨池) • 감은사지 전경(感恩寺址 全景)
• 불국사(佛國寺 : 1960년 촬영)
• 불국사 자하문과 석단(佛國寺 紫霞門과 石壇 : 1960년 촬영)
• 불국사 다보탑(佛國寺 多寶塔 : 1960년 촬영) • 불국사 석가탑(佛國寺 釋迦塔)
• 화엄사 사사자삼층석탑(華嚴寺 四獅子三層石塔) • 석굴암(石窟庵 : 1960년 촬영)
• 석굴암 석가여래상(石窟庵 釋迦如來像 : 1960년 촬영)
• 석굴암 문수보살과 불제자 입상(石窟庵 文殊菩薩과 佛弟子 立像 : 1960년 촬영)
• 봉정사 극락전(鳳停寺 極樂殿) • 봉정사 극락전 내부(鳳停寺 極樂殿 內部)
• 봉정사 극락전 공포(鳳停寺 極樂殿 栱包)
• 부석사 안양문과 석단(浮石寺 安養門과 石壇) • 부석사 무량수전(浮石寺 無量壽殿)
• 부석사 무량수전 내부(浮石寺 無量壽殿 內部) • 수덕사 대웅전(修德寺 大雄殿)
• 수덕사 대웅전 내부천장(修德寺 大雄殿 內部天障)
• 연탄 심원사 보광전(燕灘 心源寺 普光殿)
• 은해사 거조암 영산전(銀海寺 居祖庵 靈山殿)
• 은해사 거조암 내부(銀海寺 居祖庵 內部) • 은해사 거조암 공포(銀海寺 居祖庵 栱包)
• 통도사 대웅전(通度寺 大雄殿) • 법천사 지광국사 현묘탑(法泉寺 智光國師 玄妙塔)
• 서울 숭례문(崇禮門) • 평양 보통문(平壤 普通門)
• 해인사 수다라장전(海印寺 修多羅藏殿) • 해인사 대장경판전 전경(海印寺 大藏經板殿 全景)
• 화엄사 각황전(華嚴寺 覺皇殿) • 개심사 대웅전(開心寺 大雄殿)
• 무위사 극락전 내부(無爲寺 極樂殿 內部) • 금산사 미륵전(金山寺 彌勒殿)
• 금산사 미륵전 내부(金山寺 彌勒殿 內部) • 관용사 대웅전(觀龍寺 大雄殿)
• 관용사 대웅전 내부(觀龍寺 大雄殿 內部) • 개암사 대웅전(開巖寺 大雄殿)
• 개암사 대웅전(開巖寺 大雄殿 栱包) • 법주사 팔상전(法住寺 捌相殿)
• 논산 쌍계사 대웅전 내부(論山 雙溪寺 大雄殿 內部)
• 문묘 대성전(文廟 大成殿) • 옥산서원 독락당(玉山書院 獨樂堂)
• 도산서당(陶山書堂) • 병산서원 만대루(屛山書院 晩對樓)
• 임청각(臨淸閣) • 연경당 사랑동(演慶堂 舍廊棟)
• 종묘 정전(宗廟 正殿) • 종묘 정전 내부(宗廟 正殿 內部)
• 종묘 영녕전(宗廟 永寧殿) • 창덕궁 인정전(昌德宮 仁政殿 : 이인미 촬영)
• 창덕궁 후원 주합루(昌德宮 後苑 宙合樓) • 경복궁 근정전(景福宮 勤政殿)
• 경복궁 경회루(景福宮 慶會樓) • 경복궁 향원정(景福宮 香遠亭)
• 소쇄원 대봉대 초정(瀟灑園 待鳳台 草亭) • 부용동 세연정지(芙容洞 洗然亭池)

● **집안 장군총**(集安 將軍塚)

● **미륵사지 서탑원 석탑**(彌勒寺址 西塔院 石塔)

● **정림사지 석탑**(定林寺址 石塔)

● **분황사 모전탑**(芬皇寺 模塼塔)

● **안압지**(雁鴨池)

● **감은사지 전경**(感恩寺址 全景)

● **불국사**(佛國寺 : 1960년 촬영)

● **불국사 자하문과 석단**(佛國寺 紫霞門과 石壇 : 1960년 촬영)

● **불국사 다보탑**(佛國寺 多寶塔 : 1960년 촬영)

● **불국사 석가탑**(佛國寺 釋迦塔)

● **화엄사 사사자삼층석탑**(華嚴寺 四獅子三層石塔)

● **석굴암**(石窟庵 : 1960년 촬영)

● **석굴암 석가여래상**(石窟庵 釋迦如來像 : 1960년 촬영)

● **석굴암 문수보살과 불제자 입상**(石窟庵 文殊菩薩과 佛弟子 立像 : 1960년 촬영)

● **봉정사 극락전**(鳳停寺 極樂殿)

● **봉정사 극락전 내부**(鳳停寺 極樂殿 內部)

● **봉정사 극락전 공포**(鳳停寺 極樂殿 栱包)

● **부석사 안양문과 석단**(浮石寺 安養門 및 石壇)

● **부석사 무량수전**(浮石寺 無量壽殿)

● **부석사 무량수전 내부**(浮石寺 無量壽殿 內部)

● **수덕사 대웅전**(修德寺 大雄殿)

● **수덕사 대웅전 내부천장**(修德寺 大雄殿 內部天障)

● **연탄 심원사 보광전**(燕灘 心源寺 普光殿)

● **은해사 거조암 영산전**(銀海寺 居祖庵 靈山殿)

● **은해사 거조암 내부**(銀海寺 居祖庵 內部)

● **은해사 거조암 공포**(銀海寺 居祖庵 栱包)

● **통도사 대웅전**(通度寺 大雄殿)

● **법천사 지광국사 현묘탑**(法泉寺 智光國師 玄妙塔)

● **서울 숭례문**(崇禮門)

● **평양 보통문**(平壤 普通門)

● 해인사 수다라장전(海印寺 修多羅藏殿)

● 해인사 대장경판전 전경(海印寺 大藏經板殿 全景)

● **화엄사 각황전**(華嚴寺 覺皇殿)

● **개심사 대웅전**(開心寺 大雄殿)

● **무위사 극락전 내부**(無爲寺 極樂殿 內部)

● **금산사 미륵전**(金山寺 彌勒殿)

● **금산사 미륵전 내부**(金山寺 彌勒殿 內部)

● **관용사 대웅전**(觀龍寺 大雄殿)

● **관용사 대웅전 내부**(觀龍寺 大雄殿 內部)

● **개암사 대웅전**(開巖寺 大雄殿)

● **개암사 대웅전**(開巖寺 大雄殿 栱包)

● 법주사 팔상전(法住寺 捌相殿)

● 논산 쌍계사 대웅전 내부(論山 雙溪寺 大雄殿 內部)

● **문묘 대성전**(文廟 大成殿)

● **옥산서원 독락당**(玉山書院 獨樂堂)

● **도산서당**(陶山書堂)

● **병산서원 만대루**(屛山書院 晩對樓)

● **임청각**(臨淸閣)

● **연경당 사랑동**(演慶堂 舍廊棟)

● **종묘 정전**(宗廟 正殿)

● **종묘 정전 내부**(宗廟 正殿 內部)

● **종묘 영녕전**(宗廟 永寧殿)

● **창덕궁 인정전**(昌德宮 仁政殿 : 이인미 촬영)

● **창덕궁 후원 주합루**(昌德宮 後苑 宙合樓)

● **경복궁 근정전**(景福宮 勤政殿)

● **경복궁 경회루**(景福宮 慶會樓)

● **경복궁 향원정**(景福宮 香遠亭)

● **소쇄원 대봉대 초정**(瀟灑園 待鳳台 草亭)

● **부용동 세연정지**(芙容洞 洗然亭池)

제1장 건축문화의 계통 및 시대구분

1. 건축문화의 계통

세계문명의 발달과정에 있어서 구석기 시대를 거쳐 신석기 시대에 들어서자, 사람의 종족(種族)이 분화되고 농경방법을 알게 되며, 정착(定着) 생활을 하게 되어 건축기술이 발달하기 시작하고, 이 기술이 인간생활의 중요한 역할을 하게 되었다. 고대의 사람들은 기후가 좋고 토지가 비옥하며, 건축재료를 손쉽게 얻을 수 있는 지역을 찾아서 정착하게 되었다.

세계의 건축문화(建築文化)의 계통은 중부 및 북부 유럽의 건축문화, 지중해 연안의 건축문화(이집트 및 그리스 및 그리스도교 계통), 중부 아메리카의 건축문화, 중앙아시아의 건축문화(인도 및 이슬람교 계통), 동부(東部) 아시아의 건축문화(중국 및 한국과 일본)의 5대(大) 건축문화로 나누어서 생각할 수 있다.

건축문화는 초기적인 발전단계에 있어서 각각 독립된 발전과정을 거쳤으나, 시대가 경과함에 따라서 교통수단이 발달되고, 교역(交易)의 규모가 확대되며, 사람의 욕망(慾望)이 점차 다양화됨으로써 이 5대 건축문화는 그 발전과정에서 상호간에 문화를 교류 전파하여 영향을 주고받는 가운데 어느 정도의 연관성을 갖는 발전을 하게 되었다.

위에서 말한 5대 건축문화는 역사적으로 더 넓은 관점에서 계통화하여 생각한다면, 동양건축(東洋建築) 문화와 서양건축(西洋建築) 문화로 크게 나눌 수 있으며, 한국건축(韓國建築) 문화는 동양건축 문화에 속하는 것으로서, 동양건축 문화의 3대 계통인 중국계, 인도계, 이슬람교계 중에서도 중국계(中國系)에 속하는 건축문화이다.

중국계 건축문화는 고대에 주로 한민족(漢民族)에 의하여 시작되었으며, 중국 본토를 중심으로 발전하여 아시아 각 지방에 전파된 것으로서, 동쪽으로는 한국을 거쳐서 일본으로, 북쪽으로는 몽고, 서쪽으로는 신강(新疆), 남쪽으로는 인도차이나 반도 및 태국 등 여러 나라를 포함한 광대한 지역에 전파되어 발전한 것이다. 중국계 건축문화는 고대에서부터 수천년간 연면(連綿)하게 발전되었으며, 그 발전과정에 있어서 인도 불교(佛敎)의 문화영향을 비롯해서 계속하여 서방(西方) 문화의 전파영향을 받아 왔음에도 불구하고, 처음부터 가지고 있던 건축문화의 특성을 일관성 있게 발전시킴으로써 수천년간 고유한 건축문화의 특성을 계속 보존하고 있는 것은 특이한 현상이라 생각된다. 그 건축양상(建築樣相)은 서양건축과는 판이하게 차이가 날 뿐만 아니라, 같은 동양건축 문화에 속하는 인도계 및 이슬람교계 건축문화와도 많이 다른 특성을 가지고 있다.

한국은 아시아 대륙의 동쪽에 돌출되어 태평양에 면하여 있는 반도에 위치하고 있는 까닭으로, 고대로부터 중국 대륙(大陸)의 선진(先進)문화를 받아들였으며, 그 후 이 문화는 바다를 건너서 인접한 일본에 전달되었던 것으로, 각 시대마다 다소의 차이는 있으나, 계속해서 전해 온 대륙의 건축문화의 영향은 한국과 일본의 건축문화를 형성하는 데 매우 중요한 역할을 하였다.

그러나 한국과 일본은 원래 가지고 있던 고유의 원시문화와 전래된 외래문화의 요소를 시대가 경과함에 따라 융합 동화(同化)시키는 방향으로 발전시켰으며, 건축문화의 발전과정에 있어서 그 나라의 자연적 환경여건과 인문적 환경여건에 의하여 각기 특성 있는 건축문화를 형성하였다. 그러므로 같은 중국계 건축문화에 속한다고 할지라도, 중국·한국 및 일본은 그 건축 양상(樣相)이 각기 적지 않은 특성의 차이를 나타내게 되는 것이다.

이 특성의 차이는 간단히 설명할 수 없다 할지라도, 동양 3국의 건축문화 차이를 통속적인 개념으로 이해하기 쉽게 표현한다면, 건축문화의 전반적인 면에 있어서 중국은 대륙성, 한국은 반도성, 일본은 도서성의 차이를 가지고 있으며, 건축 외관상에 있어서는 중국은 장중성(莊重性), 한국은 유려성(流麗性), 일본은 단순성의 차이를 가지고 있다 하겠고, 건축 색채면에 있어서는 중국은 번화성(繁華性), 한국은 청초성(淸楚性), 일본은 농연성(濃姸性)을 가지고 있다고 할 수 있다.

2. 건축문화의 시대구분

시대가 변천함에 따라 한 나라의 정치적, 사회적, 경제적 및 종교적인 여건이 변화하게 되고, 이와 같은 변화는 그 나라 사람들에게 새로운 이념과 가치관(價値觀)을 가지게 만들며, 이에 따라서 문화의 특성도 시대마다 다르게 나타나게 되는 것이다. 한 시대를 통하여 공통적으로 나타나는 문화적인 특성을 그 시대의 양식(樣式)이라고 하게 되며, 이 양식의 특성을 연관하여 고찰하기 위한 일반적인 시대구분(時代區分) 방법은 인문적인 여건 변혁의 기본원인을 가져오는 국가의 정치상황의 큰 변화에 따르게 된다. 이 방법은 충분한 타당성과 근거가 있는 것으로 생각되며, 한국 건축문화 양식의 발전을 고찰하기 위한 시대구분에 있어서도, 이와 같은 원칙에 따라서 다음과 같이 구분하여 생각할 수 있다.

(1) 원시시대

유사이전(有史以前)의 시대로서 구석기 시대와 신석기 시대를 거쳐 금석병용(金石倂用) 시대에 이르기까지를 말하며, 고대(古代)의 역사가 시작되기 이전의 시대이다. 원시문화 상태인 이 시대의 건축문화는 볼만한 것이 없다. 오히려 고고학적인 연구분야에 속한다고 하겠으며, 신석기 시대부터는 한국의 원시주거 형식이 발달되기 시작하여, 건축기술 발전의 서광이 비치기 시작하던 시대이다. 원시시대의 건축유지(建築遺址)로는 원시 주거지(住居址) 및 원시 분묘지(墳墓址)들이 있다.

(2) 고 대

성읍국가(城邑國家)들이 기본이 되어 정치적 사회가 이루어져서, 연맹국가(聯盟國家)들이 형성된 시대부터 시작되어 북한에 한(漢)문화가 이식(移植)된 낙랑시대(樂浪時代)를 거쳐, 실질적으로 고대한국이 국가적인 활동을 하기 시작한 삼국시대 말기까지를 포함하는 시대이다. 한문화가 들어와서 원시문화 상태를 벗어난 한국의 건축문화는 삼국시대에 이르러 큰 발전을 보게 되었는데, 이 시대는 한국 건축문화의 발화기(發花期)라고 할 수 있다.

삼국시대는 문헌상으로는 B.C. 1세기로 올라가지만, 실제로 고구려, 백제, 신라의 세 나라가 명실상부한 왕국으로 발전한 것은 4세기경부터였으며, 그 후 7세기 전반까지 계속되었다. 이 시대는 중국의 육조(六朝) 문화와 불교의 전래로 말미암은 영향으로 건축양식이 전반적으로 같은 범주에 속하는 것으로 생각되지만, 지역적으로 세 나라가 갈라져서 각각 양식상으로 다른 특성을 나타내고 있다. 이 시대의 대표적인 건축유물로는 낙랑의 고분들과 만주의 집안(集安) 및 평양지방에 있는 고구려의 고분들, 익산의 미륵사지, 부여의 정림사지탑(定林寺址塔), 경주의 황룡사지와 분황사 모전석탑(模塼石塔) 등이 있다.

(3) 중 세

중세의 전반기는 신라가 삼국을 통일한 시대이며, 중세의 후반기는 고려시대이다. 통일신라시대는 정치적으로나 문화적으로 매우 중요한 시기로서, 그 이전에 한국이 가지고 있던 시대적, 지역적 및 민족적인 잡다성(雜多性)을 통일하게 된 시대이다. 이 시대는 7세기 후반부터 10세기 전반까지이며, 10세기는 고려시대로 넘어가는 과도기이다.

이 시대에는 한국의 문물(文物)이 현저하게 개혁되고, 건축문화에 큰 발전을 보았다. 당(唐) 문화의 많은 영향을 받았으며, 불교가 융성하여 국가 진호(鎭護)의 종교로 존숭을 받음으로써 국력을 기울인 장대한 규모의 불사들이 건축되었다. 지금까지 남아 있는 이 시대의 대표적인 건축으로는 불국사(佛國寺) 및 석굴암(石窟庵) 등이 있다.

중세 전반기에 속하는 발해(渤海)는 고구려의 영토에 고구려 유민(遺民)들이 주축이 되고 말갈 사람들이 참여하여 세운 나라이다. 문화적으로 고구려를 계승하고 당(唐)문화에 영향을 받아 발전했으며 고구려의 옛 땅을 회복하고 부여의 유속(遺俗)을 지키고자 하였다. 따라서 송화강 유역 및 길림지방과 연해주 및 한반도 북부를 포함한 영토를 차지하고 통일신라와 대치하여 해동(海東)의 성국(盛國)이라 칭할 정도로 문화가 번성했다. 이 시대의 대표적인 건축 유적으로는 용천부(龍泉府 또는 東京城)의 성곽 및 궁성건물 유적과 사지(寺址)의 상경석등(上京石燈)이 남아 있으며, 길림성(吉林省) 장백현(長白縣)에는 영광탑(榮光塔)이 있다.

중세의 후반기는 고려시대이며, 10세기 후반부터 14세기 말까지 4세기 반이 된다. 그 중 14세기는 고려부터 조선시대에 이르는 과도기이며, 고려 태조(太祖) 때부터 시작하여 금(金)과 대외적인 평화관계를 갖게 된 인종(仁宗) 4년(1126)까지의 200년간은 고려 초기이다. 초기에는 고려 왕조가 통일신라의 오랜 역사와 전통을 이어받고, 고구려의 계승자임을 자처하여 북진정책을 써서 고구려의 옛 강토의 일부를 회복하였으며, 한국 전체에 신흥의 기풍이 일어났다. 이 시기에는 송(宋)과 요(遼)의 문화영향을 받아서 예술문화가 많이 발달하였으며, 그 대표적인 건축으로는 한국의 최고 목조건축에 속하는 안동 봉정사(鳳停寺) 극락전과 예천 개심사지(開心寺址) 5층 석탑 등이 있다.

고려 중기는 1126년에서부터 시작하여 원(元)과 강화(講和) 관계를 맺은 고종(高宗) 45년(1258)까지의 130여 년간이며, 12세기 중엽을 전후한 반세기 동안은 태평하였던 시기로, 동양에서도 가장 우수한 고려청자(青磁)가 제작되기도 하였다. 이 시기에는 남송(南宋)의 건축양식의 영향을 많이 받았다. 대표적인 건축으로는 영주 부석사(浮石寺) 무량수전(無量壽殿), 예산 수덕사(修德寺) 대웅전(大雄殿), 그리고 남계원지(南溪院址) 7층 석탑 등이 있다.

고려 후기는 1258년부터 조선 역성혁명(易姓革命)이 일어난 1392년까지의 130여년간으로, 강대한 원(元) 나라의 세력권 내에 포함되어 몽고풍의 풍속과 문물 등이 들어와서 문화의 순수성이 저하되고, 불교도 타락, 부패됨으로써 기력이 넘치는 예술문화를 이룩하지 못하였다. 이 시기에는 원의 영향으로 다포식(多包式) 목조건축이 사용되기 시작하였으며, 대표적인 건축으로는 연탄(燕灘) 심원사(心源寺) 대웅전(大雄殿)과 경천사지(敬天寺址) 10층 석탑 등이 있다.

(4) 근 세

이 시대는 조선왕조시대로서 이성계(李成桂)가 혁명으로 고려왕조를 계승하기 시작한 14세기 말부터 20세기 초까지이며, 임진왜란이 시작된 1592년까지의 200년간은 조선왕조시대 초기로서, 처음에는 고려의 문화를 계승하는 한편 불교를 배척하고, 지도원리로서 유교를 내세워 정신적 기반으로 삼았다. 혁신의 기운이 농후하여지고, 조선왕조시대의 특성이 확립되기 시작한 시기로서, 한글의 창제를 비롯하여 초기의 문화진흥은 특기할 점이 많으며, 어딘지 모르게 신흥국가의 권력이 장인(匠人)들을 정신적으로 통솔한 듯한 인상을 주는 점이 있다고 하겠다. 초기에는 명(明) 문화의 영향을 받았으며, 대표적인 건축으로는 서울 숭례문(崇禮門), 강진 무위사(無爲寺) 극락전(極樂殿), 평양 보통문(普通門), 서산 개심사(開心寺) 대웅전(大雄殿) 및 양양 낙산사(洛山寺) 7층 석탑 등이 있다.

조선왕조시대 중기는 1592년부터 경종(景宗) 말년(1724)까지 13여 년간으로, 전후 7년에 걸친 왜란은 큰 피해를 가져왔으며, 많은 건축문화재가 전쟁의 화재로 소실되었다. 그뿐만 아니라 17세기 초에는 다시 호란(胡亂)을 겪게 되어서 국력이 많이 소모되었고, 한편으로는 양반(兩班)들이 당쟁을 일삼았으나 서양문물이 전해오기 시작하여 실학(實學)이 대두되고, 어느 면으로는 예술문화 활동에 자유로운 분위기가 조성되어서 한국 고유의 발전을 가져오게 되었다. 이 시기의 대표적인 건축으로는 서울 창경궁(昌慶宮) 명정전(明政殿), 금제 금산사(金山寺) 미륵전(彌勒殿), 보은 법주사(法住寺) 팔상전(捌相殿), 구례 화엄사(華嚴寺) 각황전(覺皇殿) 등이 있다.

조선왕조시대 후기는 영조(英祖) 원년(1725)부터 순종(純宗) 말년(1910)까지의 180여 년간으로, 전반기에는 실학이 융성하고 민족사상이 고취되었으며,

예술문화의 발전이 촉진되기도 하였으나 큰 발전을 보지 못하였고, 근세의 급변하는 세계정세 속에서 낡고 약한 후진국으로 뒤진 조선왕조는 1910년에 일본 제국주의에 침략을 받아서 한일합방(韓日合邦)을 하여 국권을 상실하게 되었다.

후기에 와서는 건축에 있어서 장식이 번다하여지고, 외형상의 변화를 추구하는 경향이 강해졌으며, 한국의 독특한 세부요소들이 많이 발전되었다. 이 시기의 대표적인 건축으로는 경주 불국사(佛國寺) 대웅전(大雄殿), 수원 성곽(城郭) 건축, 서울 창덕궁(昌德宮) 인정전(仁政殿) 및 경복궁(景福宮) 근정전(勤政殿) 등이 있다.

위에서 말한 시대구분과 건축양식 구분을 각 시대의 정치적 변천과 연관시켜서 나타내어 보면 다음 표 1과 같다.

표 1
한국 건축문화의 시대구분

시 대	양 식	왕 조	연 대	수도위치
원시시대	원시건축	구석기 시대 신석기 시대 청동기 시대	B.C. 수십만년 ~B.C. 6000년경 B.C. 6000년~B.C. 10세기 B.C. 10세기~B.C. 4세기경	
고 대	연맹왕국 건축 낙랑건축	고조선 부여 삼한 한사군	B.C. 4세기경~B.C. 108 B.C. 4세기경~B.C. 494 B.C. 3세기경~B.C. 369 B.C. 108~313	낙랑 토성지
	고구려 건축 백제 건축 신라 건축	고구려 백제 신라	B.C. 37~668 B.C. 18(?)~663 B.C. 57(?)~657	집안, 평양 공주, 부여 경주
중 세	통일신라 건축 발해 건축	통일신라 발해	657~935 698~926	경주 용천부
	고려 건축	고려	초기 918~1126 중기 1126~1258 후기 1258~1392	개성 개성, 강도(江都) 개성
근 세	조선왕조 건축	조선왕조	초기 1392~1592 중기 1592~1725 후기 1725~1910	서울 서울 서울

제2장 건축문화의 발전 요인

1. 자연적 요인

한국은 아시아 대륙의 동쪽에 돌출한 반도이다. 북쪽은 압록강과 두만강을 건너서 중국 대륙에 연접되었으며, 동쪽에 동해가 있다. 서쪽에는 황해를 거쳐 중국의 산동·소절(山東·蘇浙) 지방을 마주보고 있으며, 남쪽에는 대한해협 너머에 일본 열도(列島)가 전개(展開)되어 있는 위치에 놓여 있다. 따라서 육로 또는 수로를 통해 중국과의 왕래가 용이하여 고대부터 중국 문화가 전파되어 왔다. 일본의 대마도, 규슈(九州), 이즈모(出雲) 지방과의 교통도 원시시대부터 있었던 것으로 추정되며, 대륙문화는 한국을 통하여 일본에 전달되었다.

한국은 지리적 위치로 보아서 대륙문화와 대양문화(大洋文化)가 연합되는 지역이 되므로, 대륙문화와 대양문화의 요소를 가지고 있었으며, 이 두 가지 문화를 융합하는 역할을 하였다고 생각된다. 그 반면에 역사적으로 세계의 요충지(要衝地)가 되어 대륙과 대양방면에서 오는 강대한 세력에 누차 침해를 받아 수난과 시련이 되풀이되기도 하였으며, 이와 같은 재화(災禍)로 건축 문화재의 손실이 막대하였다.

그 지세(地勢)는 아름다운 산이 많고 강물이 맑으며, 사계절이 분명하여 청명(淸明)한 일기를 가지고 있으므로, 한국의 자연의 아름다움은 금수강산이란 말을 만들어 냈다. 그러므로 자연의 지세를 존중하며, 자연의 아름다움을 즐기고, 자연에 순응하려는 한국 사람들의 생활경향이 형성되었다. 이와 같은 생활경향은 건축문화의 발전에 있어 자연을 존중하고 자연에 조화(調和)하는 특성을 갖게 만들었다.

기후는 해양(海洋)관계로 남쪽 지방은 일본의 규슈 및 시코쿠(四國) 지방과 큰 차이가 없는 온난한 기후를 가지고 있으며, 고대부터 대양계 문화에 유래된 마루구조가 사용되었다. 북상(北上)함에 따라 여름의 더위보다도 겨울의 추위가 견디기 어려운 관계로 건축에는 방한(防寒)과 방온에 대한 고려를 하게 되었으며, 이로 말미암아 한국 고유의 온돌난방 방식이 고대에서부터 사용되었다.

한국에서 산출되어 고대부터 사용된 건축재료는 목재, 석재, 기와 및 벽돌, 진흙 및 석회 등이 있다. 비교적 적은 우량(雨量)과 건조한 공기는 나무의 성장에 불리하여, 좋은 재질을 가진 큰 목재를 많이 얻기 어려운 형편이었으므로, 목재를 유효하게 활용하는 데 많은 배려를 하였으며, 이 같은 제약은 한국 건축문화의 특성을 형성하는 한 요인이 되었다.

한국에서 많이 사용되는 목재는 육송이다. 육송은 장대한 부재를 얻기 어렵고 수액(樹液)이 많아서 치목하기가 쉽지 않다. 한국의 목수들은 이같이 제약이 많은 육송을 효과적으로 사용하기 위해 많은 창안을 발휘하였다. 한국의 목조건축은 일본의 목조건축에 비하여 세부가공이 조잡하게 보이고 정밀도가 낮다. 이것은 기술적인 수준이 낮기 때문에 일어난 현상이 아니고 육송재질의 특성에 순응하여 적절한 정밀도를 찾아내는 지혜에서 나온 것이다. 그러나 높지 않은 정도(精度)로 시공한 목조건물의 전체적인 외관이 아름다운 것은 높이 평가되어야 한다고 생각한다.

한국 건축의 특징은 구부러진 나무를 적절하고 아름답게 사용한다. 주택의 대청 위를 지나가는 대들보에 구부러진 큰 나무를 사용해 대공(臺工) 없이 종(宗) 도리를 받는 경우가 있다. 이런 수법은 사찰 법당(法堂)에서도 볼 수 있다. 퇴량(退梁)도 굽은 나무를 사용하며, 특히 우미량(牛尾梁)은 굽은 나무를 형상에 따라 치목(治木)해 씀으로써 자연적 아름다움이 돋보인다(그림 137 ③ 및 그림 154 참조).

석재는 풍부하여 좋은 화강암, 편마암, 안산암, 석회암 들을 산출할 뿐만 아니라, 매우 강한 지진의 빈도가 많은 일본에 비하여 한국은 큰 지진이 거의 없었으므로, 고대부터 조적식 석조물의 건축이 발달하였으며, 훌륭한 석굴(石窟), 석탑, 석불, 석부도(石浮屠), 비석(碑石) 등을 남기고 있다. 역사상 여러 차례의 외침으로 인한 재화로 수많은 목조 건축물이 불타 없어졌으나, 훌륭한 석조물들은 현재까지 남아 있어서 한국 건축문화의 옛 면모를 잘 보여 주고 있다고 생각된다. 그뿐만 아니라 고대부터 돌조각에 대한 기술이 많이 발달되고, 특히 그 표현에 있어서는 부드럽고도 강한 면을 겸하여 가지고 있는 것으로, 매우 특수한 것이라고 생각된다.

한국은 고대부터 중국에서 기와 및 벽돌의 제조법이 전래되어 왔으며, 궁전 · 불사 · 주택 · 분묘 등의 주요 건축 재료로 사용되었다. 그 유물 중에서는 중국과 일본에서 찾아볼 수 없는 훌륭한 문양(文樣)을 가진 것들이 많으며, 특히 백제시대 및 통일신라시대에 사용되었던 산수문(山水文), 봉황문(鳳凰文), 와운문(渦雲文), 보상화문(寶相華文) 등의 문양이 있는 전(塼)들은 그 시대의 건축문화가 훌륭하였음을 잘 입증하는 것이다.

2. 인문적 요인

한국 민족은 고문헌에 부여, 예맥(濊貊) 등의 이름으로 나타난 동이계(東夷系)의 족속이 근간이 되고, 춘추전국(春秋戰國) 시대와 진한(秦漢)시대 이래 많이 귀화(歸化)하여 온 한(漢) 민족들에 의하여 형성된 것으로 생각되며, 인류학적으로는 몽고인종에 속하고, 언어학적으로는 알타이어(Altai 語)를 사용하여 왔다.

한국의 건국 신화에 나타난 세계관을 살펴본다면, 그들은 세계를 수직선으로 형성되어 있는 것으로 생각하고, 그 최고의 나라는 광명이 가득 찬 이상향(理想鄕)인 하늘(桓)이라는 나라였다. 이와 같은 세계관과 한국이 가지고 있는 깨끗하고 맑은 하늘, 아담한 풍토와 환경 등은 저절로 결백청초를 상징하게 되는 흰 빛을 사랑하게 만들었고, 백의(白衣) 민족이라 칭하게 되었으며, 소박(素朴)하고 아담하고, 청초(淸楚)한 문화적인 특성을 형성하게 만들었다.

한국 고대의 정치적 사회형성은 원시적인 부족(部族) 단위의 국가형태로부터 발전하여 국가를 형성하게 되었다. 고대의 한국 민족들은 하늘과 사람의 교섭관계를 믿어 왔으며, 하늘의 뜻을 받고 다스리는 사람은 인민(人民)의 뜻을 이해하는 자라는 생각, 즉 민심(民心)이 천심(天心)이라는 생각을 가지게 되었으며, 왕위의 선거와 선양(禪讓)의 형식이 존중되었다. 따라서 군주는 곧 천자(天子)요, 천자는 만민(萬民)의 머리로 생각하였던 까닭에, 하늘 다음으로 높은 군주의 거처가 최고의 전당이 되어서, 궁궐건축이 그 시대를 대표하는 건축이 되었다.

한국 민족은 문화예술 활동이 대동(擡動)하던 원시시대에서부터 세계의 다른 어느 민족에 비하여도 뒤지지 않는 훌륭한 재능을 가지고 있었음을, 그들이 원시시대에 사용하였던 정교하고 우수한 신석기 유물(新石器遺物)을 살펴봄으로써 쉽게 알 수 있다. 이와 같은 민족의 자질(資質)을 뒷받침하여서 발전한 한국의 문화는 동양문화의 원시적 기반을 형성하였던 동북아시아의 스키토-시베리안(Scytho-Siberian) 문화에서 요람기를 보내고, 한(漢)문화에서 배우며 인도의 불교문화에서 성숙하는 과정을 거쳐, 이를 순화하고 집약(集約)하며, 동화(同化)시켜서 한국 고유의 문화로 발전하게 된 것이다.

요람기에 있어서는 원시 민간신앙에 의한 자연숭배 및 영혼 불멸(不滅) 사상 등으로 죽은 사람들을 후장(厚葬)하는 풍습이 있어서, 수많은 거석분묘(巨石墳墓)들을 남겨 놓게 되어, 그 시대의 문화를 잘 설명하여 주고 있다.

한(漢) 문화에서 배운 건축 가구(架構)의 기본형식은 현재까지도 계승하여 사용되고 있으며, 특히 음양오행설(陰陽五行說), 풍수지리설(風水地理說), 천문사상(天文思想), 유교 및 도교 등의 동양사상과 철학은 건축 활동에 직접적 또는 간접적으로 많은 영향을 끼친 것으로 생각된다.

인도 불교의 전래(傳來)와 그 융성 및 쇠퇴는 한국 건축문화의 발전에 많은 영향을 미쳤으며, 각 시대를 통하여 수많은 불사가 건립되었다. 그 중에서 대부분이 여러 차례의 전재(戰災)로 말미암아 많이 없어졌으나, 아직도 현재 남아 있는 불교건축이 현존하는 한국 고건축물의 대다수를 차지하고 있다.

통일신라 및 고려시대에 있어서는 불교의 수용(受容)이 지나쳤던 까닭으로 폐단이 적지 않았으므로, 조선왕조 시대에 와서는 불교가 정책적으로 억압되어 불교건축이 일시 쇠퇴하게 되었으며, 유교가 융성하여 문묘(文廟), 향교(鄕校) 및 서원들이 건축되었다. 특히 조선왕조 시대에 들어와서는 외래문화의 영향을 집약, 이를 순화하고 동화하여 한국 고유의 문화로 발전시켰으며, 건축문화면에 있어서도 특성 있는 발전을 가져 온 시기라고 생각된다.

3. 건축구조 형식의 특성

한국의 건축구조 형식은 중국계 건축구조 형식을 따라서 목재가 주로 사용되는 가구식(架構式) 구조를 사용하였다. 그 구조는 재료의 성능을 잘 살려서 기단(基壇) 및 주초(柱礎)에는 내압력(耐壓力)이 많은 석재를 사용하고, 기둥과 보는 가구(架構)에 편리하고, 내력(耐力)이 좋은 목재를 사용하였으며, 벽체는 조적(組積)하기 좋은 석재, 벽돌, 진흙, 석회 및 모래 등을 사용하여 쌓아 올렸고, 지붕은 기와를 덮는 것이 일반적인 방법이다.

그러나 고대부터 조적식 구조도 일부 함께 사용되었으며, 건물의 벽체구조에 일반적으로 상용되며, 고대의 석조 및 전축분묘(塼築墳墓), 불교석탑 등에 많이 사용되었고, 따라서 '아치'와 '볼트'의 구조법이 고대부터 사용되었다. 특히, 돌의 구조법에는 고구려의 석조 묘실(墓室)에 사용된 모서리 삼각형 내쌓기(그림 33 참조)에 의한 천장구조는 특이한 것으로, 그 시대의 건축문화가 서방문화와 연관성을 가지고 있던 것으로 생각된다.

한국 건축에서는 기단이 매우 중요시되었으며, 건축규모의 대소를 막론하고 기단이 사용되었다. 고대 초기에는 판축(版築)의 방법이 사용되었을 것이나, 고대에는 거대한 자연석을 쌓아 기단(基壇) 부분을 형성한 예를 사지(寺址) 등에서 볼 수 있다. 그 후에는 잘 다듬은 석재 또는 전축(塼築)으로 기단을 쌓아 올리는 방법도 사용되었다. 불국사(佛國寺)의 기단부분은 각 시대의 다른 석축방법을 볼 수 있으며, 훌륭하게 구성하여 쌓여진 좋은 예이다. 특히, 한국의 기단부분은 복잡한 장식없이 비교적 단순하게 처리되는 것이 특징이다.

기단 위에 주초(柱礎)를 놓는 방법에는 초석(礎石)의 상면을 다듬어서 모든 초석면을 동일한 수평면상에 맞추어 놓는 정평(定平) 주초 방식과, 초석의 상면을 가공하지 않고 큰 자연석을 그대로 사용하는 방법이 있다. 따라서 후자의 방식은 주초의 상면이 평탄하지 않고 동일한 수평면상에 기둥을 세울 수 없으며, 기둥하단에 '그레질'(조석상면의 굴곡과 같이 그 모양을 그레를 사용해 기둥 밑에 그려서 기둥뿌리를 다듬는 방법)을 해서 초석형상에 맞추어 가공하여 세우게 되는 덤벙 주초 방식이다. 이것은 한국에서 근래까지도 사용되고 있는 특수한 주초방식이다.

가공한 초석의 형상으로서는 원형 주좌(柱座)를 가진 것을 많이 사용하였으며, 그 원형 연변(緣邊)을 한 겹, 두 겹 또는 세 겹으로 둥글게 조각을 하여 사용하였고, 그 수법은 시대에 따라 조금씩 차이를 나타내고 있다. 그 중에는 주좌(柱座) 원형연변(圓形緣邊) 부분에 돌아가며 복연판(伏蓮瓣)을 조각한 예도 많이 볼 수 있다. 네모기둥에는 각형주좌가 조각되어 사용되었으며, 한국에서는 주초 상면에 고복석(鼓腹石)을 사용한 예는 매우 드물다.

대규모의 건축물에는 주로 원형단면의 기둥이 많이 사용되었으며, 기둥에 배흘림과 민흘림을 가지고 있는 경우가 많으나, 조선시대 후기에는 기둥이 원통형인 것도 많이 사용되었다. 기둥 높이는 기둥 밑지름 6~9배가 되는 것이 많이 사용되었으며, 네모기둥도 민흘림을 가지고 있는 것이 주로 사용되었다.

기둥과 보를 결구(結構)하여 지붕을 받치는 공포(栱包) 구조법은 중국계 건축에 공통되는 독특한 방법이다. 이 공포는 선진(先秦) 시대에서부터 초시적인 형태가 사용되었던 것으로, 이것이 점차 발전되어서 처음에는 첨차(簷遮)와 소로(小累)로 짜서 기둥상부에만 공포를 갖는 주심포식(柱心包式)이 사용되었다. 그 이후 공포형식은 더 발전되어 기둥 사이에도 보간포작(補間包作)

을 배치한 다포식(多包式)이 사용되게 되었다.

주심포식은 주두(柱頭) 위에 보 방향으로 살미첨차를 놓고, 그 위에 소로를 놓은 다음 다시 첨차와 소로를 중첩해서 받치고 이것이 도리(道里) 받침 장여(長舌)와 도리를 받도록 되어 있다. 외목(外目) 도리 받침 장여와 외목도리는 살미첨차 위에 행공첨차(行工簷遮)를 놓아서 받도록 하는 것이 일반적인 방법이다. 특히, 오래된 건물에는 외목도리 받침에 단장여(短長舌)를 사용하였다. 외부에 출목(出目)이 하나만 있는 것이 많고, 내부에는 출목을 만들지 않고 살미첨차를 겹쳐 보아지 형식으로 만들어 보를 받도록 한 것은, 현재까지 남아 있는 한국의 주심포계 건축의 특징이다(그림 137 참조).

주두와 소로의 형상은 굽이 곡면으로 된 것과 이 곡면형 굽 밑에 받침을 가진 것이 있으며, 이것은 고대부터 고려 후기까지 사용된 형식이다. 그 후에는 주두와 소로의 굽이 경사면(傾斜面)인 것을 많이 사용하였다.

다포식의 공포는 중국의 송(宋) 시대부터 사용되기 시작하였으나, 한국에서는 고려 후기부터 사용되었다. 포작(包作)을 기둥의 상부뿐만 아니라 기둥 사이에 보간(補間)포작을 배치한 것이다. 따라서 상부 하중을 잘 분포시키기 위하여 창방(昌枋) 위에 편평한 각재인 평방(平枋)을 두며, 주간(柱間) 부분에도 평방 위에 보간포작이 놓이는 곳에 주두(柱頭)와 같은 모양의 좌두(坐頭)를 배치하게 된다(그림 184 참조). 점차로 출목수(出目數)가 많아져서 1출목, 2출목, 3출목 등이 사용되고, 외부와 내부의 출목수가 같은 것이 근세초기에는 일반적이었으나, 중기이후의 건축에서는 내부의 출목수가 많아지게 되었다.

주두와 소로형상은 굽이 경사면으로 되고, 첨차 하단부는 교두형(翹頭形, 둥근 모양)으로 만들었으며, 중첩되는 제공(齊工 또는 諸工)들은 그 단부가 외부에서는 쇠서(牛舌) 모양으로 처리되고, 내부에서는 교두형으로 만들어지는 것이 초기적인 수법이나(그림 140 참조), 후에는 외부의 쇠서 모양이 다양화되고, 내부도 장식화되어서 운공형식(雲工形式)으로 변하게 되었다. 보 끝부분의 형상도 주심포식(柱心包式)에서는 간결하게 처리하였던 것이 다포식(多包式)에서는 초각(草刻)이 많이 사용되게 되었으며, 주심에는 주두(柱頭)로부터 평방(平枋)을 감싸고 창방까지 내려오도록 하여, 내외로 기둥을 감싸는 안초공(按草工)을 사용하게 되었다(그림 170 참조).

기둥 위에 있는 포작(包作)의 상부에는 지붕의 하중을 떠받들기 위하여 들보를 두고, 그 위에 대공(臺工) 혹은 화반(花盤)을 놓고 도리를 건 다음 서까래를 얹어서 지붕의 구조를 형성하게 된다.

기둥, 보, 서까래 등의 가공과 구조가구에 있어서는, 목재 원형(原形)의 생김새를 검토하여 최대한으로 활용하는 데 주의를 기울였으며, 도구는 주로 자귀를 사용하여 치목(治木)을 하게 되므로, 외관이 소박하고 자연스러운 특색을 가지게 되었다.

바닥구조는 생활양식이 옛적부터 좌식생활(坐式生活)을 하여 왔으므로, 의자식 생활을 하는 중국과는 그 생활 양태(樣態)가 다르게 되며, 따라서 건축 내부의 마감이 다르게 되어, 일반적으로 바닥은 마루나 온돌로 하여 그 바닥의 높이가 일정하고 좌식생활에 편리하도록 되어 있다. 고대에 바닥을 전(塼)으로 깔던 불사건축들도 조선왕조 시대 이후에는 대부분 마루를 놓아 사용하게 되었다.

지붕의 형태는 건물의 다른 부분에 비하여 매우 장중하게 형성되었으며, 일반적으로 주건물은 팔작지붕, 기타는 우진각, 맞배지붕 등이 사용되고, 정각(亭閣), 대사(臺榭) 등에는 네모지붕, 육모지붕, 팔모지붕 등이 사용되었으며, 더러는 원추형 지붕도 사용되었다. 지붕처마의 곡선은 수평면에서는 후림을 가지고, 수직면에서는 조로를 가지므로, 3차 곡선으로 된 한국 건축의 처마곡선은 중국계 건축 중에서도 가장 아름다운 형태를 갖고 있는 것이 특색이다.

지붕의 기와는 암키와(女瓦)가 연접되는 곳 위에 수키와(男瓦)를 덮게 되며, 처마 끝에는 와당(瓦當)이 있는 기와를 사용하였고, 이 와당에는 연화문(蓮花文), 보상화문(寶相華文) 등 각종의 아름다운 문양(文樣)이 새겨져 있어, 삼국시대의 와당의 유물들은 그 때의 건축문화의 훌륭함을 잘 보여 주고 있다. 그뿐만 아니라 대규모의 건물에는 지붕 용마루와 내림마루 끝부분에 치미(鴟尾), 취두(鷲頭), 잡상(雜像) 및 귀면(鬼面) 등의 장식을 하여 지붕을 한층 돋보이게 만들었다.

4. 건축의장 계획의 특성

(1) 친근감을 느끼는 척도개념

한국의 건축은 그 규모가 지나치게 장대(壯大)하지 않은 까닭에 건축의 외관이 사람에게 중압감을 느끼게 하는 건물이 많지 않다. 그러므로 대부분의 건물이 인간적 척도(human scale) 개념으로 헤아릴 수 있는 크기와 내용을 가지고 있는 것이 보통이다. 따라서 건물의 외관(外觀)이 아담하고 친근감(親近感)을 느끼게 하는 것으로, 이러한 점에서 생각할 때 대부분의 한국 건축은 인간적 척도개념(尺度槪念)을 나타내는 특성이 있다.

한국 건축에 있어서도 건물의 규모에 따라 척도기준(尺度基準, module)이 사용되었던 것으로 생각되며, 대규모의 건축에 있어서는 중국과 같이 공포(栱包)를 형성하는 기본이 되는 첨차의 단면 폭을 기준으로 하는 척도기준을 사용하였으나, 그 척도기준의 사용이 일률적으로 고수된 것은 아니었고, 건축 조영(造營)를 주관하는 도편수(都邊手)에 따라서 어느 정도의 변화를 가할 수 있었던 것으로 생각된다. 이와 같은 척도개념은 건축에 있어서 기술적인 계획성을 줄 수 없는 결점이 있다고 하겠으나, 척도기준의 획일적인 사용이 지나칠 경우에 건축외관이 딱딱하고 단순하게 되는 폐단이 생기는데 이것을 막을 수 있으며, 오히려 건축외관이 전체적으로 부드럽고 아름다운 특성을 나타내게 만들었다.

위에 말한 바와 같은 건축규모의 특징은 건물외관이 당당하며, 거창하고 장중한 아름다움을 나타내지 못하는 단점이 있다고 하겠다. 몰론, 한국 건축에서도 신라시대에 90년 걸려서 만든 황룡사(皇龍寺)는 탑의 높이 225척, 금당(金堂)의 길이 170척이었으며, 경복궁의 근정전 및 경회루(慶會樓), 화엄사(華嚴寺)의 각황전(覺皇殿) 등 비교적 장대한 규모의 건축이 있기는 하였으나, 전반적으로 보아서 대륙적인 기질과 부강한 국력에 의하여 이루어진 중국 건축의 장대한 규모에는 비교가 안 되는 점이 있다.

(2) 자연과의 조화

한국의 건축은 위치의 선택에서부터 자연을 존중하며 지세(地勢)에 잘 적응조화(適應調和)하도록 많은 배려를 하게 되는 것으로, 자연의 세(勢)를 제압하고 자연과 대항하여 경쟁하는 방향으로 건축이 시도된 예는 거의 찾아볼 수가 없다고 할 수 있다.

특히 풍수지리 사상(思想)을 중요시하여 현세의 건축인 양택(陽宅)을 정할 때나, 죽은 후의 분묘인 유택(幽宅)을 마련할 때도 풍수설(風水說)의 이치에 순응하도록 하였다. 풍수설은 고려시대와 조선시대를 통하여 그 당시의 상식이요 과학이었다. 사실상 풍수설에는 미신적인 요소가 다분히 내포되어 있으나, 기본원리는 자연지세와 환경을 잘 분석 활용함으로써 인간생활의 복리(福利)를 도모하고자 하는 것으로, 이와 같은 기본경향은 현대에 있어서도 변함없는 하나의 설계원리(設計原理)로 중요시되고 있는 것이다.

건축계획면에 있어서는 인위적인 기교를 많이 쓰지 아니하였으며, 시공방법에 있어서도 기교가 적은 자연미를 나타내도록 하였다. 이 특성은 한국의 아름다운 지붕의 처마곡선을 형성하는 방식에서 좋은 예를 볼 수 있으며, 그 공법을 설명한다면 다음과 같다. 우선, 지붕의 네 모퉁이는 건물규모에 따라 춘녀(春舌)와 사래(蛇羅)의 크기 및 높이를 정하여서 얹고, 그 사이에 자귀로 다듬은 몇 개의 서까래를 걸쳐서 시각적으로 후림과 조로의 크기를 알맞게 정하여 처마곡선을 형성할 기준점을 잡는다. 그 석가래 끝에 직선재로 된 평고대(平高臺)를 휘어서 걸어 놓고, 이 평고대로 말미암아 자연적으로 형성된 처마곡선에 맞추어 모든 서까래를 부챗살 모양으로 배치하게 되는 것이다.

이와 같이 형성되는 처마곡선은 평고대의 재료의 성질과 지붕 무게에 의하여 처지는 영향 등으로 자연적인 요소 내지는 우연적인 요소가 많이 작용하여 형성되는 것으로, 평고대 모양을 지상에서 미리 계획된 일정한 곡선으로 형성한 후 지붕에 걸어서 만드는 방법[일본 건축에서 사용되는 규구술(規矩術)의 방법]과 비교하면 계획성이 부족하다고 하겠으나, 결과에 있어서는 유려(流麗)하고 나는 듯한 아름다운 지붕형태를 만들게 하였다.

건축재료 가공과 사용에 있어서도 목재가 가지고 있는 자연본래의 특성을 잘 살려서 쓰는 경향이 많았으며, 그 좋은 예로는 초석에 사용되는 자연석에 의한 덤벙 주초방식이 이와 같은 특성을 잘 나타내고 있다. 기둥을 다듬을 때도 자연적인 형상에 따라서 다듬게 되므로, 때에 따라서는 기둥하단 일부에 원목의 자연적인 형상이 그대로 남아 있는 것을 사용한 경우가 정교하게 잘 지어진 건축에서도 흔히 볼 수 있다. 이와 같은 무작위(無作爲)한 기법의 요소가 한국 건축에 있어서 자연과 조화하는 특성을 잘 나타나게 만들었다.

한국의 장인(匠人)들이 만든 것은 형식에 얽매인 것이 아니고, 인간 이외의 자연이 많이 작용한 것으로, 개인의 역량과 지혜에 의존하는 면이 적다. 어느 면에서 시대와 환경 및 풍습 등 여러 가지 요소가 종합되어 본능적으로 표현되는 것으로서, 작위(作爲)가 적고 인간적 이지(理知)와 기교가 크게 작용한 것이 아니어서, 어느 점에서는 어수룩한 면도 있겠으나 순박한 면이 있어 매우 친근감을 주는 것이다. 이와 같은 장인들에 의하여 만들어진 한국 건축은 자연과 잘 조화되어 무기교(無技巧)의 자연미를 나타내게 되었으며, 외관은 간소, 질박(質朴)하고, 어느 면으로는 조야(粗野)하고 겸허한 맛을 풍기는 것이라 생각된다.

(3) 조형의장의 특징

한국 건축의 조형 디자인에 있어서의 특징은 안정되고 아름다운 외관을 만들기 위하여 특별한 고려를 하였다. 중국 및 일본의 건축양식과 비교하여 볼 때 기교면에서는 떨어지는 점이 있다 하여도, 미적(美的) 감각이 매우 예리하게 표현되어 있으며, 전체적으로 조형의장(造形意匠)의 기본원리를 잘 나타내는 건축외관을 형성하였다.

이와 같은 경향은 고대부터 계속되어 거의 전통화된 것으로, 근래의 한국 목조건축을 짓는 도편수(都邊手)들은 무심히 일하는 가운데에도 이와 같은 결과를 만드는 것을 종종 볼 수 있다.

이와 같은 조형의장의 특징을 나타내는 요점을 들어 보면 대체로 다음과 같다.

1) 기둥의 배흘림(entasis)

기둥의 아래위가 같은 크기일 때에는 그 중앙부가 가늘게 보이는 착각이 생긴다. 이와 같은 착각을 교정하여 기둥의 중간경(中間徑)을 크게 만들어 소위 기둥의 배흘림을 갖게 만든다. 이와 같은 방법은 고전시대(古典時代) 그리스 건축에서 그 예를 볼 수 있는 것으로, 다른 나라에서는 배흘림이 여러 시대를 통하여 계속하여 사용되지 않았으나, 한국에서는 고대에서부터 시작하여 고려시대, 조선왕조 시대는 물론 근래에 와서도 한국 목조건축에 간혹 사용되고 있는 것을 볼 수 있다.

2) 기둥의 안쏠림과 귀기둥의 솟음

기둥 상단을 수직면에서 미소한 각도로 안쪽으로 쏠리게 세우는 것을 안쏠림이라 칭한다. 이와 같이 하면 시지각적(視知覺的)으로 건축의 외관 전체에 안정감을 느끼게 된다. 지붕의 처마형상이 직선적인 고대 이집트, 고전시대 그리스 건축양식에서도 이와 같은 특성을 볼 수 있으나, 특히 처마의 윤곽선이 곡선으로 되는 중국계 건축양식에서는 매우 중요한 의장적 의의를 가진 것이다. 이와 같은 방법은 다른 중국계 건축양식에는 역시 고대에서만 찾아볼 수 있으나, 한국은 고대건물에는 물론 석탑에까지 사용되었으며, 근세에 이르기까지 대부분의 건축이 기둥에 안쏠림을 가지고 있다.

그뿐만 아니라 귀기둥(隅柱)을 중간에 있는 평주(平柱)보다 약간 길게 하여 귀기둥이 솟아오르도록 하며, 창방(昌枋)도 이에 따라 귀기둥 쪽 끝이 약간 올라가도록 만들어 창방 끝이 수평면보다 경사되어 올라가게 하여, 처마곡선과 조화되도록 만드는 것이다. 이와 같은 배려(配慮)는 평면형상에까지 미치게 되며, 귀기둥은 지름이 큰 것을 사용함으로써 평면의 네 모서리가 돌출되게 만들었다. 따라서 각 변의 중앙 부분이 약간 들어가도록 하여, 평면과 입면 전체가 지붕의 처마곡선과 조화되도록 만든 예를 많이 볼 수 있다. 그 예로는 평양 숭인전(崇仁殿)과 대동문(大同門), 개성 남대문(南大門), 강릉 객사문(客舍門) 등과 근세 후기의 건물에서도 많이 찾아볼 수 있다. 이러한 특성들은 우연한 결과가 아니라, 처음부터 이와 같이 계획되어 시공된 것으로 생각된다.

3) 지붕의 처마 곡선미

앞에서 설명한 바와 같은 공법(工法)으로 지붕의 처마가 만들어지므로, 처마의 곡선미(曲線美)는 장중한 모양의 지붕을 나는 듯하게 아름다운 윤곽선을 형성하게 만드는 것이라 생각된다.

이와 같은 윤곽선의 표현은 수많은 여러 석탑에서도 나타나 있으며, 이와 상통하는 세련된 한국 사람들의 곡선미의 감각은 모든 예술문화 현상에서 찾아볼 수 있다. 그러므로 한국 조형예술의 아름다움은 선과 형태의 아름다움에 있다는 말을 흔히 듣게 만든다. 지붕의 처마 곡선미와 같이 건축 및 조형예술에서 많이 나타나 있는 무애자재(無碍自在)의 유창한 선과 형태를 기조로 하여 구성된 청초(淸楚)한 자태는, 형식상으로 본 한국의 전통미라고 할 수 있다.

(4) 공간구성의 특징

한국의 건축평면 구성에 있어서는 고대로부터 비대칭적인 특성을 나타내고 있다. 고구려 시대의 고분인 삼실총(三室塚) 벽화 중의 건축도(建築圖)는 그 당시의 도성(都城)을 묘사한 것으로, 도성의 배치가 중국과 같이 좌우대칭이 아닌 것을 쉽게 알 수가 있다. 한국의 도성 가로 들은 중국과 같이 바둑판 형상을 따라서 일률적으로 형성된 것이 아니고 자연지세를 활용하여 계획된 것으로, 중국의 도성제도를 모방한 고구려 시대의 속칭 기자정전(箕子井田)이 현재 평양 서남부에 그 흔적을 남기고 있기는 하나, 이와 같은 방식이 전면적으로 사용되지는 않았다.

조선시대에 건설된 한양(漢陽) 도성(서울 구시가지)은 그 배치에 있어, 주고공기(周考工記)의 기록에 나타나 있는 바와 같이 왼쪽에 왕실 조상을 모시고, 오른쪽에 사직단을 두고 조정건물들이 남쪽을 면하게 만드는(左祖右社面朝) 원칙을 따랐으나, 당(唐) 장안성(長安城)과는 그 시가지의 가로형상이 판이하게 다름을 알 수 있다.

특히, 주택 등 일반건축에는 비대칭적인 평면이 많이 사용되었으며, 대부분 평면형식이 중간에 안뜰을 두고 ㅁ, ㄱ, ㄷ형으로 구성하여 감싸여진 공간(inclosed space)을 형성하도록 하였다. 궁궐 및 불사건축에 있어서도, 주요

부분의 건물은 대칭적인 평면을 가지고 있으나, 건축의 전체 배치는 지형에 따라 비대칭적인 형상이 되는 것이 보통이다.

건축평면 계획에 있어서는 건물의 용도별로 필요에 따라 따로 독립하여 짓기도 하였으나, 여러 용도의 건물을 연결하여 계획하게 되었고, 한 건축으로 만들어서 그 안에 용도에 따라 벽, 문, 미닫이 등으로 구분하여 사용하게 되며, 따라서 방의 독립성을 위하여 천장이 필요한 요소가 되었다. 이에 비하여 중국은 기술이 발달된 후에도 일반적으로 용도에 따라 다른 채로 짓는 방법이 그대로 사용되었다. 그뿐만 아니라 건축배치 계획, 평면계획 및 조형구성에 있어서 아름다운 비례관계를 얻기 위하여 계획적인 기법과 정연하고 계획적인 비례관계를 사용한 것이 불사, 석굴, 석탑, 궁궐 등 모든 건축물에서 실증되고 있다.

(5) 장식 및 색채의 특징

한국 건축의 세부장식은 상당히 중요하게 다루어졌으며, 비교적 다양하고 변화가 있는 장식수법을 사용하였다.

중국 건축은 평면과 입면이 일률적으로 되어 있어, 자연히 장식이 풍부하고 교묘하게 만들어지고, 천변만화(千變萬化)하여 지나칠 경우에는 매우 이상하며 복잡한 표현을 갖게 된다. 일본 건축의 장식은 가볍고 단순한 표현특성을 가지고 있다고 하겠다. 이에 비하여 한국 건축의 장식은 그 중간인 중용(中庸)의 미를 가지고 있다.

장식문양에 있어서는 중국의 영향을 받아서 여러 가지 문양이 사용되었으며, 이를 분류해서 예를 들면 기하형 문양, 식물문양, 동물문양, 자연물 문양, 문자문양, 전설문양 및 기구문양 등이 사용되었다.

장식의 중요한 부분을 차지하는 한국의 문과 창의 창살은 은연(隱然)한 정취를 나타내는 것이라 생각된다. 중국의 창살은 보다 더 장식적이고 복잡하며 정교하고, 곡선을 즐겨서 사용하는 특징이 있는 데 비하여, 일본의 창살은 간결하고 단조롭다. 한국의 창문은 일본의 창문에 비하여 창살의 모양과 짜임새가 보다 더 중후(重厚)하면서도 쾌적한 멋을 가지고 있는 것이 특색이다.

색채에 있어서는 음양오행(陰陽五行) 사상에 따라서

청색은 나무(木), 동쪽, 봄, 평화, 발전

적색은 불(火), 남쪽, 여름, 행복, 희열

황색은 흙(土), 중앙, 토용(土用, 사계절의 중간), 권력, 황제

백색은 쇠(金), 서쪽, 가을, 평화, 비애

흑색은 물(水), 북쪽, 겨울, 파괴, 유현(幽玄)

등을 상징하는 것으로 해석되었으며, 단청(丹靑) 및 화문장(花文牆) 등에 나타난 색채는 한국 사람들의 청초한 색감으로 말미암아 비교적 소박하고 온화한 표현을 가지고 있는 것이 특색이다. 이에 비하여 중국 건축은 색채에 있어서도 눈이 부실 정도로 강렬한 색채가 주로 사용되었다.

한국 민족은 일반적으로 저채도(低彩度)와 중명도(中明度)의 색채감각을 갖고 있으므로, 온화하고 소박 청초한 색들을 선호한다. 따라서 인공적인 색채를 절제하고 자연의 원리에 순응하는 경향이 많다.

(6) 건축미의 특징

한국의 건축은 단아(端雅)한 아름다움과 순박한 큰 멋을 겸하여 갖고 있다. 단아한 아름다움은 건축의 규모가 장대한 중국 건축에서는 많이 볼 수 없는 아름다움이다. 이와 같은 단아한 멋은 한국의 자연적 및 지리적 환경에 연유된 것으로 생각된다. 그러나 한국의 건축은 규모에 있어서 비록 작다 하더라도 순박한 큰 멋이 있다. 이와 같은 큰 멋은 한국 사람들의 순박하고 순후(醇厚)한 생활 태도에서 오는 것이며, 자연에 순응하는 무기교(無技巧)에서 오는 것이고, 인위적인 기교에서는 찾아볼 수 없는 아름다움이다.

한국의 장인들은 세부에 집착하지 않고 전체적인 미적구성에 보다 더 관심을 기울였으므로, 이와 같은 큰 멋을 나타내게 만들었다. 이것은 입체적인 깊이가 있는 멋이며, 천박하고 경홀한 것과 교혜(巧慧)로운 점이 없다. 그러나 이것이 예술적인 승화(昇華)를 얻지 못하였을 때에는 텁텁하고 무디고 어리석은 면을 나타내게 되는 단점이 있다.

한국의 예술은 그 표현에 있어서 변화성과, 복잡성 및 강인한 면이 비교적 적으며, 담백하고 유연하여서 어딘지 모르게 현세에 집착하지 않은 적료(寂寥)한 아름다움, 즉 적조미(寂照美)를 갖고 있다고 생각된다. 이와 같은 정치의 표현은 민요, 아악, 회화, 조각, 도자기 등의 모든 예술에서 볼 수 있으며, 건축예술에 있어서도 이와 같은 표현이 나타나고 있다고 생각된다. 고대의 패기가 넘쳐흘렀던 고구려의 건축예술을 제외하고는 백제, 통일신라, 고려, 조선왕조의 각 시대를 통하여 공통적으로 적조미를 찾아볼 수 있는 것으로, 정림사지탑(定林寺址塔) 및 분황사(芬皇寺) 탑에서 볼 수 있는 외관의 부드러운 아름다움, 불국사(佛國寺)의 기단, 다보탑(多寶塔) 및 석굴암에서 느끼는 부드럽고 아담한 표현 등을 비롯하여, 고려시대는 불교의 영향으로 이 경향이 더 강해졌으며, 조선왕조 시대는 유교의 요소가 더 가해져서 이와 같은 특성이 지속된 것으로 생각된다.

이와 같은 특성은 불교 문화권 안에서 보편적으로 찾아볼 수 있는 특성이라 할 수 있겠으나, 한국예술이 지니고 있는 적조미는 사상적으로 탐구하여 얻은 외부적인 것이 아니고 생활과 체험을 통하여 잠재하게 된 내면적인 것이다. 이와 같은 특성이 예술적으로 고양(高揚)되면 생명적인 심오한 깊이를 갖게 되지만, 그렇지 못하면 애조(哀調)로 흐르게 되므로, 한 면에 결점을 내포하고 있는 것이라고 생각된다.

제3장 원시건축

1. 시대개관

한국 강역(疆域)에서 문화활동이 시작된 것은 제4기 홍적세(洪積世)인 50만년 전까지 소급할 수 있는 것으로 추정된다. 한국 사람의 조상이 오래 전부터 살았던 하얼빈 지방에서 1931년에 조사된 고향둔(顧鄕屯) 유적을 비롯하여 수많은 구석기 시대 유적들이 발견되었다. 그 대표적인 유적은 빌레못동굴(제주, 어음리)과 검은모루동굴(평남 상원읍)의 유적인데, 여기서 많은 포유동물의 화석과 함께 자연석을 조잡하게 가공한 타제석기(打製石器)와 목탄 등이 발견되었다. 또한 다른 형식의 독자적인 전기 구석기 시대의 타제석기가 전곡리(경기도 연천)에서 발견되었다. 점말동굴(충북 제천)의 유적도 전기 구석기 시대의 유적이며, 석장리(충남 공주)에서도 전기 구석기 시대 유적이 발견되었다. 이와 같은 전기 구석기 시대 유적과 유물들은 수십만년 전부터 한국 강역에서 문화활동이 시작되었음을 입증하는 것이다.

구석기인들은 처음에 몸돌(石核)을 깨뜨려서 쓰다가 다음에는 격지(剝片)를 다듬어 썼다. 사냥도구인 주먹도끼(兩面核石器), 찍개(打截器), 찌르개(尖頭器), 요리도구인 긁개(搔器) · 밀개(削器), 공구인 새기개(刻力) 등 용도에 따라서 여러 가지 석기를 만들어 썼다. 이 시대 사람들의 생활기반은 과일과 풀잎 및 나무뿌리의 채취와 들짐승의 사냥 및 붕어잡이 등으로 채집경제 활동을 했다. 사냥을 위해서는 집단적인 협동이 필요하였으므로 혈육관계 집단으로 이루어진 작은 규모의 공동체 생활을 하게 되었을 것이다. 또한, 가혹한 자연환경 속에서 폭설 및 바람과 비를 가리고 휴식을 취하기 위한 피신처로서 동굴이나 바위그늘에서 살기도 하고, 평지에 간단한 원시주거를 만들어 거주하였으며 불을 이용했다고 생각된다.

구석기 시대 후기에는 돌로 만든 조각들이 유물에서 발견되고, 돌에다 새긴 동물 선각도(線刻圖) 등이 발견되고 있어서 원시예술 활동의 흔적이 보인다. 이것들은 사냥과 신변보호를 위해 주술적인 힘에 의지하려는 목적이 있었음을 추측하게 만든다.

빙하기가 끝나고 충적세(沖積世)에 들어가면서 B.C. 8000년경부터 한반도 주변은 거의 현재와 같이 온화한 기후가 되었고, 매머드와 같은 짐승들은 북쪽 추운지대로 옮겨갔다. 따라서 토끼 및 노루와 같이 빨리 달리는 짐승들을 잡기 위해 활을 만들어 쓰게 되었고, 세석기(細石器)를 나무대에 꽂아서 낫이나 작살을 만들고, 복합도구를 만들어 사용하게 되면서부터 중석기 시대가 시작되었다. 상노대도(上老大島, 경남)의 패총에서 나온 최하층의 유적은 한반도에서 발견된 중석기 시대의 유적으로 지목되고 있다.

대략 B.C. 6000년경부터 신석기 시대를 맞이하게 되었으며 마제석기가 사용되었고, 이 때 토기(土器)가 처음 사용되기 시작하였다. 토기의 발명은 사람들의 생활에 많은 도움을 주었다. 한국에서 사용된 초기의 토기는 원시 무문토기와 융기문(隆起文) 토기로서 B.C. 5000년경부터 만들어졌으며, 그 대표적인 예로는 동삼동(東三洞, 부산 영도) 유적, 굴포리(屈浦理, 함북 웅기) 유적 등이 있다.

B.C. 4000년경부터 빗살무늬(櫛文) 토기가 사용되기 시작했고, 이 문화는 점차적으로 한국 강역 전체에 퍼졌으며, 한국 신석기 문화를 대표할 만큼 보급되었다. 빗살무늬 토기의 문화유적은 대개 큰 하천이나 해안부근 평야에 위치한 것이 많고 패총(貝塚)유적의 특징을 갖고 있다.

이 토기가 한때 시베리아의 빗살무늬 토기에서 유래했다는 의견이 있었으나, 연대로 보나 토기발전 과정으로 보나 우리나라 자생의 토기형식이라고 생각된다. 빗살무늬 토기를 사용한 사람들은 중국계와는 다른 북방계통의 인종인 것이 분명하며, 이와 같은 신석기 사람들의 혈통은 한국 민족형성의 주축이 된 것으로 생각되고, 오랜 역사과정을 통해 외래문화(外來文化)를 융합하여 한국 민족문화를 형성하게 된 것으로 생각된다.

당시의 주요한 생업은 여전히 과실과 초근(草根) 등의 채집 및 수렵과 어로 등의 채집경제의 원시적 단계를 벗어나지 못했다. 그러나 궁산(弓山, 평남 雲下里) 유적에서 뼈로 만든 낫과 가래 등의 농기기구 발견되고, 지탑리(智塔里, 황해 鳳山) 유적에서 돌로 만든 쟁기와 낫 및 탄화(炭化)된 볍씨가 발견되었으므로, 식물의 재배가 시작되어 원시농업이 시작된 것으로 추측된다.

신석기 시대는 씨족 공동사회가 형성되고, 촌락마다 제사와 군사활동을 통솔하는 혈연적(血緣的)인 추장이 생기게 되었다. 여러 촌락 사이에 연합과 대립의 국면이 생기며, 씨족사회가 연결하여 부족사회를 형성하게 되고, 정치적 사회로 점차 발전하기 시작하였다. 신석기 시대 사람들은 수혈주거(竪穴住居)를 만들어 살았으며, 그 당시 취락의 양상은 아직 밝혀져 있지 않다.

한국 강토에 청동기가 사용되기 시작한 것은 대략 B.C. 10세기경부터로 추정되며, B.C. 4세기경까지 이 문화가 계속되었다. 이 시기에는 무문토기(無文土器)가 만들어져 사용되었다. 이 토기는 적갈색이며 표면에 문양이 없는 것이 특징이다. 이 토기문화는 대륙의 토기문화와 연관을 맺고 있으며, 한국에서는 서북부 지역에 처음 나타난 후에 동북부, 남부지역에 각기 특징 있는 무문토기 문화가 형성되었다. 이 토기문화와 병행해서 생산경제가 발전되고 청동기 문화가 시작되었다. 한국의 청동기 문화는 동북아시아의 송화강 유역과 요하(遼河) 유역으로부터 한반도에 결쳐서 하나의 독자적인 문화를 형성하고 있다.

청동기와 무문토기 문화시대에는 장방형의 수혈주거가 사용되었으며, 세력이 많은 수장(首長)들은 석관묘(石棺墓)와 지석묘(支石墓)를 만들었다. 지석묘는 남부에 전해지면서 매장시설이 땅 속에 들어가고, 시기가 지남에 따라 소규모화 되면서 수없이 많이 분포되어 일부는 일본 열도에까지 파급되었다. 부장품으로는 대개 마제석기를 사용했고 때로는 청동기류의 부장품이 나오고 있다.

신석기인과 청동기 문화인들은 애니미즘(animism)과 영혼불멸의 신앙을 갖고 있었으며, 불행을 가져오는 악신(惡神)을 물리치고 행복을 가져다주는 선신(善神)을 맞이해야 한다고 생각하였다. 따라서 주술사를 필요로 하여 샤머니즘(shamanism)이 형성되었으며, 주술사는 노래와 춤으로 주술의 의식을 행하였다.

2. 원시주거

한국 지역에서 사람이 생활하기 시작한 흔적은 고고학적으로 고찰해 보면 구석기 시대로 소급하여 상당히 오랜 옛날인 수십만년 이전부터 있었음이 확인되었으며, 구석기 시대의 문화가 밝혀질 날도 멀지 않을 것으로 보인다.

구석기 시대의 원시주거(原始住居)는 자연의 위협에서 자신의 몸을 보호하기 위한 것으로서, 비와 바람을 막고 맹수의 침입을 피하여 안전하게 잠을 잘 수 있는 피신처였다고 생각된다. 최초의 원시주거 형태는 자연지형을 이용한 자연동굴이었을 것으로 추측되며, 원시인의 경험과 지식이 발달됨에 따라 나뭇가지를 모아서 원추형(圓錐形)으로 뼈대를 만들고, 그 위에다 나뭇잎 및 짐승가죽 등을 덮어서 만든 원시 원형주거가 처음으로 만들어졌을 것으로 생각된다.

신석기 시대(B.C. 4000년경)에 이르러서는 이것이 더 발전되어서 수혈주거(竪穴住居)가 사용되게 되었으며, 현재까지 한국의 여러 곳에서 발견된 이 시대에 속하는 유지(遺址)와 유물들을 고고학적으로 분석하여 본다면, 공통적으로 사용하였던 토기에 따라서 즐문토기(櫛文土器) 문화와 무문토기(無文土器) 문화로 구분하여 생각할 수가 있다. 이와 같은 구분에 의해서 현재까지 발견된 원시 주거지(住居址)를 고찰하여 본다면 다음과 같다.

(1) 즐문토기 문화 주거지

신석기 시대 초기의 사람들은 시베리아 지방에서 남쪽으로 내려온 것으로 추측되며, 공통적으로 즐문토기를 사용하였던 것이 그 대표적인 특징이다. 즐문토기는 그 바닥이 둥글거나 뾰족하고, 표면에 빗살 같은 것으로 긋거나 눌러서 선형문(線形文)을 나타낸 토기이다. 이것과 같이 사용되었던 석기에는 조약돌 석기가 많고 흑요석(黑曜石)으로 된 돌사촉(石鏃), 돌칼, 돌도끼 및 맷돌 등이 있다. 즐문토기 문화시대 사람들은 주로 강변 또는 해변에 살았고, 고기잡이와 사냥으로 생활을 하였으며, 그 말기에는 어느 정도의 농경도 하였던 것으로 생각되고 있다.

즐문토기 문화 주거지(住居址)로 현재까지 발견된 것은 대부분이 수혈주거로서 함경북도 웅기(雄基), 황해도 지탑리(智塔里), 평안남도 운하리(雲下里) 궁산(弓山) 및 서울 암사동(岩寺洞) 등이 있다. 이 시기의 주거지가 갖고 있는 일반적인 특성을 살펴본다면, 주거지는 주로 작은 구릉(丘陵)의 경사면에 있어서 수호(數戶) 정도의 작은 취락(聚落)을 형성하였고, 그 평면은 원형, 타원형 또는 모가 둥근 사각형인 것이 사용되었으며, 그 바닥은 엷게 진흙으로 다져 놓은 것이 보통이었다.

주거내부의 설비로는 생활에 필수적인 요소인 노(爐)가 있고, 곡물 등을 넣어 두는 저장공(貯藏孔)과 수혈주거에 출입하기 위한 시설의 흔적이 있다. 노는 중앙에 위치하고, 바닥을 좀 파서 장경(長徑) 1 m 내외의 타원형으로 만들었고, 그 주위에 냇돌을 돌려놓았다. 저장공은 항아리를 이용하여 바닥에 파서 넣어 놓았으며, 그 위치는 반드시 화로 곁에 두는 것이 보통이었다. 집의 출입구는 채광을 위하여 동남 또는 서남향으로 만들었다.

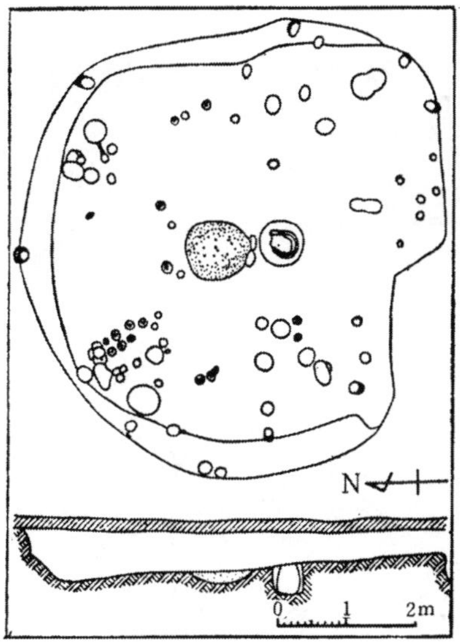

그림 1.
궁산 유적 제4호 주거지

평양 서남쪽 광량만(廣梁灣) 해안을 따라 궁산(弓山)이라 칭하는 언덕 동남쪽 경사면에서 발견된 것으로 5개의 움집터가 조사되었다. 궁산 유적 제4호 주거지는 원형에 가까운 평면으로 지름이 대략 5.6~6.2 m이였으며, 바닥은 점토 다짐을 하였다. 바닥 깊이는 0.6 m 정도였으며 노(爐)는 집터 중앙부분에 있었고, 저장공은 노 옆에 있었다. 평면 중앙부와 변두리에 기둥구멍이 20여개 있었다.

서울의 암사동 주거지 중에서 대표적인 제2호 주거지는, 평면 모서리가 둥글게 된 4.6 m×4.3 m의 사각형이며, 깊이가 0.65 m인 바닥면은 모래흙으로 되어 있다. 중앙에 할석(割石) 8개를 사각형으로 둘러놓은 0.56 m×0.5 m의 노지(爐址)가 있다. 그 남쪽에 토기를 묻어서 만든 저장장치가 있다. 벽은 통나무를 사용해 뼈대를 만든 것이 불에 타서 숯이 된 것이 출토되어, 이 주거에는 목재가 기둥과 서까래로 사용된 것으로 추정된다. 이 목탄(木炭)의 탄소년대 추정은 B.C. 3800년으로 간주되고 있다.

(2) 무문토기 문화 주거지

신석기 시대 말기에 와서 B.C. 7세기경에 새로운 사람들이 만주를 거쳐서 우리나라에 들어오게 되었다. 이 사람들은 스키토-시베리아(Scytho-Siberia) 계통의 청동기 문화를 바탕으로 하면서 금석(金石)을 함께 사용하고, 화북(華北)의 농경문화를 받아들이기로 한 비교적 복잡한 문화를 가지고 있었던 것으로 생각되며, 표면에 아무런 무늬가 없는 무문토기(無文土器)를 주로 사용하였다.

그림 2.
암사동 제2호 주거지 실측도

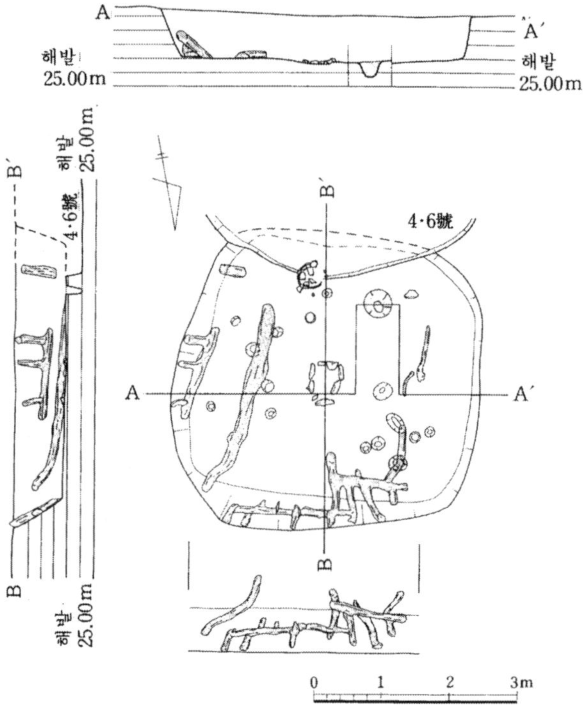

무문토기 문화시대 사람들은 선주민을 동화흡수하면서 전국적으로 퍼져 갔으며, 고인돌(支石墓, dolmen), 석상분(石箱墳), 패총(貝塚)들을 남기고, 석기로는 반달형 돌칼, 유구석부(有溝石斧), 마제석검(磨製石劍) 및 마제 돌살촉 등을 사용하였으며, 청동기로는 세형동검(細形銅劍) 및 세문경(細文鏡) 등이 발견되고 있다. 이 시기에 속하는 주거지는 많이 발견되어서 지금까지 전국에 알려진 수는 100개가 넘는데, 그 중 중요한 유지(遺址)를 들어 본다면 함북 회령오동(會寧五洞), 강계 공귀리(公貴里), 파주 교하리(交河里), 옥석리(玉石里) 및 충남 부여군 송국리(松菊里) 등에 있는 주거지들이라 생각된다.

그림 3.
옥석리 주거지

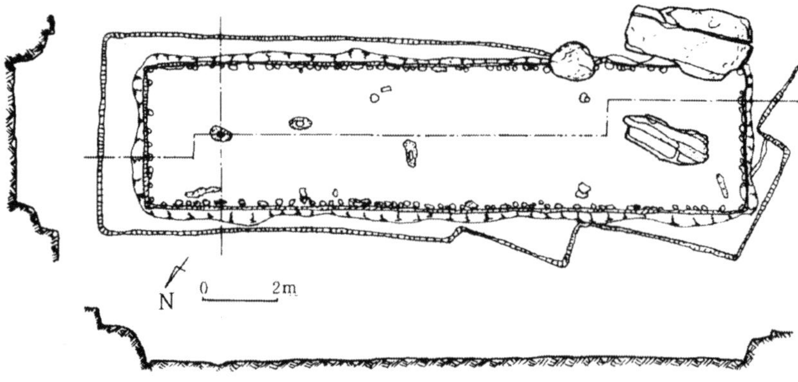

이 주거지의 대부분은 하천연안에 있는 평기에 위치하였으며(한강 유역에서는 작은 구릉지에 만들어지는 경우가 많았다), 취락(聚落)도 커지고 그 주거 평면의 규모도 다양해져서 대부분이 장방형을 사용하였고, 그 중 가장 넓은 것은 공귀리 제2호 주거지로서 동서 16 m, 남북 7.5 m의 크기를 가지고 있었다. 수혈(竪穴)의 깊이는 0.5~1.0 m 정도가 많이 사용되었으나, 그 중에는 깊이가 0.2 m 내외의 것도 적지 않았으며, 이것은 벽체와 지붕 서까래 등이 완전히 지상에 올라와서 실질적으로 지상(地上)주거와 다름없는 형상을 가졌던 것으로 생각된다. 주거의 바닥은 진흙을 깔고 다진 것이 많으나, 땅바닥 위에 짚이나 부드러운 나뭇잎을 깔고, 그 위에 사람들이 기거(起居)한 것으로 추측되는 것도 있다.

노지(爐址)가 중앙에 있는 것은 매우 적고, 대부분이 주거 안쪽으로 치우쳐 있도록 하였으며, 규모가 큰 것은 노가 두 곳에 만들어지게 되었다. 이것은 노의 사용이 다양화된 것을 뜻하는 것으로서, 주거의 기능이 그만큼 다양해졌음을 뜻하는 것이라 하겠다. 노의 형상은 원형 또는 타원형이 많이 쓰이고, 또 장방형이 쓰이기도 하였으며, 그 주변에는 냇돌을 돌리고, 바닥에 판석(板石)을 깐 경우도 있다.

주거지 안에서는 저장공을 찾아볼 수 없으며, 그 까닭은 농경이 보급되어서 더욱 큰 저장시설이 필요하게 되어, 수장공간(收藏空間)이 주거부분에서 떨어져 나가 독립하는 현상을 나타내게 된 것으로 추측된다.

주거지에 기둥구멍이 있는 것과 기둥을 바닥에 직접 세운 것들이 많으나, 이 시기에 주의할 현상으로는 원시적인 주초(柱礎)를 놓아서 기둥을 세운 예가 있는 것으로, 수형의 장축방향으로 네 줄 또는 세 줄로 세운 것들이 있다. 그뿐만 아니라 주거지 안에 칸막이가 있었던 흔적이 보이는 예(옥석리 유적 주거지)도 있으며, 작업대로 사용된 것으로 추측되는 상면이 평탄한 큰 돌이 놓여 있는 예도 있어서, 주거의 공간기능이 비교적 뚜렷하게 분화되기 시작하였음을 추측할 수 있다.

충청남도 부여군 초촌면 송국리(松菊里)에는 표고 30 m 내외의 낮은 구릉지대가 주위에 펼쳐지는 넓은 들을 남쪽으로 가로질러 뻗어 있는데, 이곳에서는 청동기를 비롯하여 백제 및 고려시대에 속하는 유적과 유물들이 발견되었다. 이곳의 선사시대 주거지(住居址)는 1975년부터 1978년까지 4회에 걸쳐 국립중앙박물관에서 발굴, 조사하여 19개의 움집터를 밝혀냈다. 또한 1985년에는 다시 제5호 주거지와 제6호 주거지를 발굴, 조사한 바 있다. 이 중 특히 송국리 제5호 주거지는 방형에 가까운 평면이며 동서 길이가 약 4.6~4.8 m이

그림 4.
송국리 제5호 주거지 및 탄화된 지붕틀

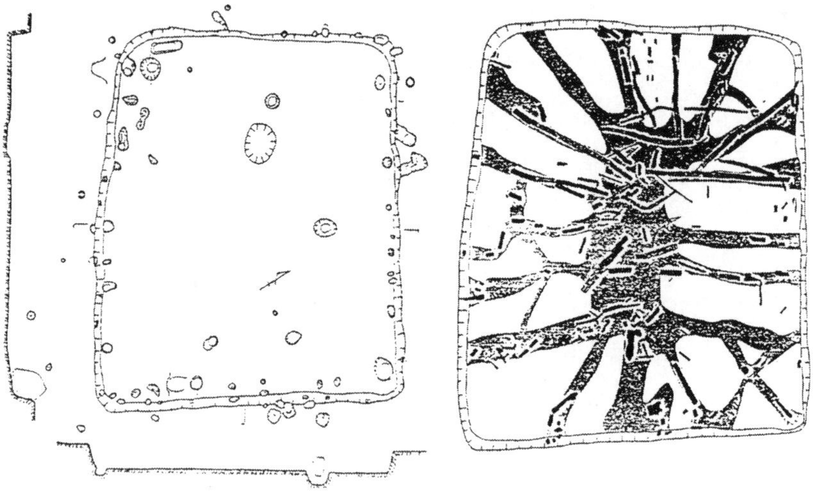

고 남북 폭이 약 3.7~4.15 m이어서 거의 정방형에 가깝다. 집터 바닥의 깊이는 약 35 cm였으며 집터 안에는 마치 지붕틀 구조를 평면으로 투사(投射)한 것 같이 용마루대와 여기에 의지하여 처마 쪽으로 뻗은 서까래와 이 서까래 사이를 연결했던 중깃 등이 바닥에서 탄화(炭化)된 그대로 나타났다. 용마루대의 길이는 약 2 m였고, 이 양끝에서 서까래가 부챗살 모양으로 걸리게 되었다. 서까래의 지름은 약 6~10 cm이고 길이는 2~3 m이며 중깃은 경(徑)이 2~3 cm이다.

이 주거지의 주위에서는 수십 개의 크고 작은 구멍들이 확인되었다. 서쪽 벽을 제외한 3면의 벽을 따라 지름 10~15 cm, 깊이 4~8 m의 구멍 20개가 있었으며, 또 바닥 세 곳의 귀에는 지름이 20~30 cm이고 깊이가 10~20 cm인 구멍이 있었다. 또 남쪽의 바깥에도 구멍들이 뚫렸고, 벽면 중간 또는 어깨면 가까이에서 땅 속으로 경사지게 뚫린 것도 있었다. 여기에서 출토된 유물은 숫돌, 돌화살촉, 반달돌칼, 돌끌 등의 석기와 무문토기 등이다. 이 유적의 시대는 약 B.C. 5세기로 추정되고 있다.

3. 지석묘

한국에는 신석기 시대 사람들의 무덤으로서 학술적으로 돌멘(dolmen)이라 불리는 고인돌(支石墓)이 각 지방에 분포하고 있다. 이 돌멘은 B.C. 2500년 내지 B.C. 3000년경에 북유럽에서 시작되어 세계적으로 분포된 것으로, 이 분포상황은 고고학적으로 고대에 있어서의 인류문화의 이동경로를 추측할 수 있는 많은 암시를 주는 점에서 매우 뜻있는 것으로 생각된다.

고인돌은 그 시대 사람들의 영혼에 대한 관념 내지는 신앙으로 생겨난 것으로 생각된다. 원시시대 사람들은 천지간에 허다한 사기(邪氣)와 악령이 있어서 사람들에게 위협을 주는 것으로 믿었으며, 그것이 범접(犯接)하지 못하게 많은 애를 쓰게 되었다. 특히, 시신을 매장할 때에는 이것이 조화를 부리지 않도록 특별한 주의를 하였으며, 시신을 동이고 그 위에다 무거운 것을 눌러서 움직이지 못하게 하여 시신과 영혼이 빠져 나오지 못하게 안전책을 강구하였다고 생각된다. 이와 같은 원시시대 사람들의 영혼불멸 사상과 사령(死靈) 공포사상에서 돌무지무덤이 생기고 이것이 발달하고 고인돌이 생겼을 것으로 추측된다. 고인돌은 그 규모로 보아 그 당시 권력자의 무덤이었을 것으로 판단되며, 이 고인돌의 분포는 그 당시의 사회양태를 짐작하는 좋은 자료가 된다고 생각할 수 있다.

한국 고인돌의 분포를 보면, 평안, 황해, 강원, 경기, 전라, 경사 및 제주 각 지방에 분포되어 있으며, 그 중에도 황해도 은율(殷栗)에 있는 것은 가장 큰 것으로 유명하고, 대동강 유역 평남 용강군(龍岡郡) 석천산(石泉山) 중턱에는 백 수십 개가 한 지역에 널려져 있으며, 황해도 구월산(九月山)에도 많이 산재해 있고, 남해안으로는 순천, 해남을 거쳐 제주도에까지 분포되어 있다.

한국 고인돌의 형식은 두 종류가 있으며, 서울 지방을 경계로 하여 북방식과 남방식으로 구분할 수 있다. 북방식 고인돌은 형체가 크고, 석재 형상도 약간 다듬은 것으로 반듯하고 편평한 것을 써서 만들었으며, 땅위에 널따란 석판을 좌우와 후면에다 네 귀가 맞도록 정제(整齊)한 모양으로 세우고, 그 위에다 특별히 더 넓고 반듯한 판석을 덮은 것으로, 그 외형이 비교적 정형(整形)으로 생겼다. 황해도 은율의 봉수산(烽燧山) 중턱에 있는 것은 북방식 고인돌의 대표적인 것이라고 생각된다. 개석(蓋石)의 길이가 8.4 m 이상이고, 그 위에서 광대가 줄타고 놀기도 할 수 있는 정도이므로, 그 넓이와 크기를 짐작할 수 있을 것이다.

남방식 고인돌은 매장시설의 주요부분을 지하에 만들었으며, 그 구조는 변화가 많았다. 그 형체가 작고 석재도 자연석을 그대로 사용한 것으로, 큰 받침돌을 몇 개 밑에 벌려 놓고 그 위에다 개석으로 널찍한 큰 자연석을 눌러 놓은 것과 같은 외관을 가지고 있는 것과 개석을 지석(支石)없이 그대로 놓은 것이 있으며, 그 외관만으로는 지석묘라고 판단하기 어려운 것도 있다. 따라서 형태가 북방식의 외형보다 뒤떨어져 있다고 하겠다.

만주 금주(金州) 북쪽의 보란점(普蘭店) 부근 석붕자(石棚子)란 곳에 있는 고인돌은 외형이 한국의 북방식 고인돌과 동일하여, 같은 민족이 동일한 시대에 건설한 것으로 보일 정도이고, 일본 규슈의 벳푸(別府) 부근에서 발견된 고인돌은 한국의 남방식 고인돌과 같은 계통임을 알 수가 있다. 이것을 더 연장하여서 살펴본다면, 북으로는 시베리아를 거쳐 유럽 여러 곳에 연결되고, 그 형식이 한국의 북방식에 근사하며, 남으로는 태평양의 도서지방과 서인도, 시리아 등지에서 한국의 남방식 고인돌에 가까운 것이 분포되어 있는 것으로, 이와 같은 사실은 주의할 만한 것이라고 할 수 있다.

신석기 시대에 만든 돌멘 또는 스톤헨지(stonehenge) 등 거석(巨石)으로 만들어진 거석문화(megalithic culture)는 서방에서 일어나서 남북의 두 길을 따라서 북으로는 러시아, 시베리아를 거쳐서 한국 북방에 이르고, 남으로는 지중해, 페르시아 만, 인도양, 태평양을 거쳐서 한국 남방에 이른 것으로 추측할 수도 있을 것으로 생각된다.

이 밖에도 신석기 시대 사람은 학술적으로 멘히르(menhir)라 칭하는 선돌을 사용하였는데, 이것은 그 당시에 종교적인 의미를 갖고 있었던 것으로 추측되고 있으며, 한국에서도 이와 같은 흔적이 남아 있는데. 평안북도 태천군 학봉리(鶴峯里) 선돌은 청동기 시대 것으로 높이가 3.1 m이며, 삼각형에 가까운 돌기둥 모양인데 형태가 비교적 크고 독특한 모양을 갖추고 있는 유물로서, 거석문화를 연구하는 중요한 자료가 된다고 생각된다. 또한, 전라도 지방에는 근래에도 동리 어귀에 한 둘씩 선돌이 서 있는 것을 볼 수 있다.

도판 1
암사동 주거지 복원

도판 2 즐문토기

도판 3 무문토기

도판 4
북방식 지석묘(황해도 은율)

도판 5
학봉리 선돌

제4장 연맹왕국과 낙랑건축

1. 시대개관

한국은 고대초기에 청동기의 사용과 더불어 형성된 성읍국가(城邑國家)를 기본으로 하여 각지에 정치적 사회가 이루어져 연맹국가(聯盟國家)들이 형성되었다. 북쪽 송화강 유역의 부여(扶餘), 압록강 중류지역의 예맥(濊貊), 요하(遼河)와 대동강 유역의 고조선(古朝鮮), 동해안에는 임둔(臨屯), 황해도 지방의 진번(眞蕃), 한강 이남의 진국(辰國) 등이 그러한 것이었다. B.C. 4세기경에 이들은 이미 중국에서 그 존재가 알려지게 되었다.

연맹왕국인 고조선의 지배자는 단군 왕검(王儉)이라 칭하는 제정일치(祭政一致)의 존재였으며, 중국의 철기문화를 받아들여 더 한층 국가적인 발전을 이룩했다고 생각된다. 고조선의 사회는 8조의 법금(法禁)이 행해졌으며, 다른 어느 사회보다도 문화의 발전이 앞서 있었다고 생각된다. 그러나 고조선은 B.C. 4세기 말부터 요동쪽으로 침입하는 연(燕)의 세력에 밀리면서 점점 쇠약해졌다.

부여는 동북아시아 지역에서 연맹왕국을 형성하여 농업과 목축업을 주업으로 삼았다. 부족장들은 마가(馬加), 우가(牛加), 저가(猪加), 구가(狗加) 등 가축의 이름으로 구별되었다. 원시적인 법금(法禁)이 행해지고 매년 추수가 끝나면 영고(迎鼓 : 神을 맞이하는 북 치기) 행사를 하여 신에게 감사하는 제천(祭天)의 축제를 지냈다. 1세기경에는 한족(漢族)과 대립하는 세력으로 크게 성장하였다.

진국(辰國)은 한반도의 한강 이남의 지역으로 한족(韓族)이 살았던 곳이며, 철기가 보급됨에 따라 벼농사와 밭농사가 성행하였다. 위만(衛滿)이 고조선의 지배권을 탈취하였을 때인 B.C. 2세기경 진국에는 준왕(準王)이 이 지역으로 망명하여 한왕(韓王)이 되었다. 그 후에 진국은 삼한(三韓)으로 나뉘어졌으며 마한(馬韓)은 한강 이남의 서부지역을, 진한(辰韓)은 낙동강의 동쪽지역을, 변한(弁韓)은 낙동강 서쪽지역을 각각 지배하는 연맹왕국들을 형성하였다. 삼한은 전역에 결쳐 농업이 발달하였으며 치수(治水)가 발달되었고, 천군(天君)이라는 제사장이 있었다. 소도(蘇塗)라고 하는 특별구역을 만들었으며, 여기에는 큰 나무를 세우고 신악기(神樂器)의 구실을 하는 방울과 북을 달아서 강신(降神)에 대한 인내와 신역(神域)의 표시로 삼았다.

고조선의 준왕(準王) 때에 한(漢)이 진(秦)을 대신하여 통일된 중국의 국권을 장악하게 되자 연지방(燕地方)에서 동쪽으로 망명하는 사람들이 많았다. 이 때 조선인 출신으로 추측되는 연(燕)의 장수 위만(衛滿)이 고조선으로 망명하여 준왕의 우대를 받고(B.C. 206) 북방수비에 임하였는데, 도리어 그 은혜를 저버리고 나라를 빼앗아 위만조선(衛滿朝鮮)을 세웠으므로(B.C. 194~B.C. 180) 준왕은 국권을 빼앗기고 남에 있는 진국(辰國)으로 가 한왕(韓王)이 되어 군림하게 되었다. 이와 같은 정치적 변화는 한문화의 동진(東進)을 크게 촉진시키고, 그 당시 고도의 철기문화를 갖고 있었을 것으로 생각되는 고조선의 준왕이 남진함으로써 남한에도 철기문화를 널리 전파되는 동기가 되었을 것으로 생각된다.

위만조선은 주위의 토착사회가 가지지 못하였던 우세한 군사력과 경제력을 가지고, 이웃에 있는 여러 부족들을 정복하고 세력이 강대해졌으나, 한나라의 미움을 사게 되어 위만의 손자인 우거왕(右渠王) 때에 한무제(漢武帝)에게 침략을 받고 멸망하게 되었으며(B.C. 108), 한(漢)은 위만조선의 영토에다 낙랑(樂浪), 임둔(臨屯), 진번(眞蕃), 현도(玄菟)의 사군(四郡)을 두게 되었다. 그러나 얼마 가지 못해서 토착사회의 반항을 받게 되어 임둔과 진번은 없어지고(B.C. 82), 그 뒤 10년이 못 되어 낙랑군만 남게 되었다(B.C. 75), 그 다음에는 남쪽에 있던 진국에서는 한(韓)의 새로운 흥기(興起)를 보게 되었으며, 이 영향으로 토착사회의 반항이 점차 증가하게 되어 2세기 중엽에는 이를 제압하기 어렵게 되자, 후한(後漢) 말의 요동(遼東) 태수 공손도(公孫度)의 재침입을 받게 되고(204년경), 한강 유역에 대방군(帶方郡)을 더 설치하게 되었다.

이와 같이 하여 낙랑군이 위치하였던 지역으로 생각되는 한반도의 서북지방은 313년에 고구려에 의하여 수복되기까지 중국의 한(漢), 삼국, 위(魏) 및 진(晋)의 세력하에 있었으며, 따라서 평양을 중심으로 발달되었던 낙랑문화는 한문화와 위 및 전문화를 직접 받아들여서, 그것을 그대로 이식(移植)한 것과 같은 것이었다. 한문화는 진시대 이래 서역 및 남방 등과 교통을 갖게 되어서, 서방의 문화요소를 섭취하여 세계적인 문화로 발전할 기운이 가득 차 있었던 시기의 문화로서, 이러한 문화가 한반도에 이식됨으로 말미암아 한국의 문화발전의 새로운 기반이 형성되게 되었던 것이라 생각된다.

2. 고대초기의 건축형식

한국의 신석기 시대 말기에 사용되었을 것으로 생각되는 원시건축 형식은 원시 주거지에서 발견된 자료와 고대 가형토기의 형상 등을 고찰하고, 문헌상에 나타난 기록들을 비교검토하며, 아울러 현재 산간벽지에서 원시형태와 흡사한 생활을 하고 있는 화전민(火田民)의 주거형태 등을 참고하여, 종합적으로 분석해 보면 다음과 같은 4종류로 구분 할 수 있을 것으로 생각한다.

(1) 토막식

토막식(土幕式) 주거는 지면을 파서 수혈(竪穴)을 만들고, 간단하게 목재로 뼈대를 세워서 그 위에다 지붕을 덮은 수혈식 주거이다. 이 방법은 점차로 구조방식이 발달되어서, 후에는 기둥을 사용할 뿐만 아니라 주초(柱礎)도 사용하게 되며, 생활기능이 다양해짐에 따라 내부에 칸막이를 만들기도 하였던 것으로, 일부에는 온돌을 만들어 쓰게 되었다고 생각된다.

이와 같은 토막식 주거는 현재도 산간벽지에 있는 화전민 사이에서 많이 그 실례를 찾아볼 수 있을 뿐만 아니라, 그 당시의 역사적 기록에 의해서도 잘 알 수 있다. 후한서(後漢書)의 동이전읍루조(東夷傳挹婁條)에는 「산림 사이에 거처하고, 기후가 매우 추워서 항상 혈거(穴居)하며, 깊을수록 귀하고 큰 집은 구제(九梯)에 접하였다」라는 기록이 있다. 읍루족은 고구려에 접하여 북한의 동해연안에 살았던 족속으로, 수혈식 주거에 살았음을 알 수 있고, 그 수혈의 깊이가 깊을수록 그 주인이 권력이나 재력이 많았음을 알 수 있다. 현재 발견된 것으로는 수혈 주거지 중 가장 깊은 것은 함북 무산군(茂山郡) 호곡동(虎谷洞) 유적 제40호로 그 깊이가 1.5~1.7 m가 된다고 하므로, 구제(九梯)를 계단 디딤판 9개로 생각한다면, 기록이 그 상태를 잘 설명하고 있다고 할 수 있다.

(2) 초옥토실식

수혈로 된 토막식 주거는 점차 발전하게 되어서, 수혈의 깊이가 얕아짐에 따라서 기둥이 사용되고, 지면상에 벽체가 생기게 되어 초옥토실식(草屋土室式) 주거로 발전되는 과정을 쉽게 추측할 수 있다. 후한서의 동이전 한조(韓條)에는 「성곽이 없고 토실(土室)을 만들어 그 모양이 총(塚)과 같고, 지상에 문을 열었다」라 기록되었고 삼국지(三國志)에는 「초옥토실을 만들어 거처하며, 그 모양이 총(塚)과 같고, 지상에 문을 열었으며, 모든 가족이 그 속에서 살았다」라 기록되어 있다.

이것은 수혈주거가 아닌 지상주거를 말하는 것으로 생각되며, 백면이 지상에 올라와서 지붕의 처마 끝이 지면에 닿지 않는 것으로 생각 할 수 있다. 「그 모양이 총과 같고」라 한 것은 오늘날의 농촌의 민가와 거의 비슷한 주거형태가 된 것을 뜻하는 것으로 생각된다. 큰 고총(古塚)들이 많이 산재하고 있는 지방의 변두리 촌락의 민가들은, 겨울에 멀리서 바라보면, 고총(古塚)과 초옥(草屋)을 분별하기 힘들다는 것을 지금도 느낄 수 있다.

(3) 누목식

누목식(累木式) 주거는 이것은 흔히 말하는 귀틀집으로, 현재에도 강원도, 경상도 등의 태백, 소백산맥이 지나가는 깊은 산악지대에서 가끔 볼 수 있는 구조형식으로서, 통나무를 정자형(井字形)으로 짜서 중첩하여 벽을 만들고 지붕을 덮은 것으로, 나무 사이에 생기는 짬을 진흙을 발라 막아서 쓰고 있는 것이 보통이다. 이러한 귀틀집은 나무가 많이 있는 산간에서 발달된 것이다.

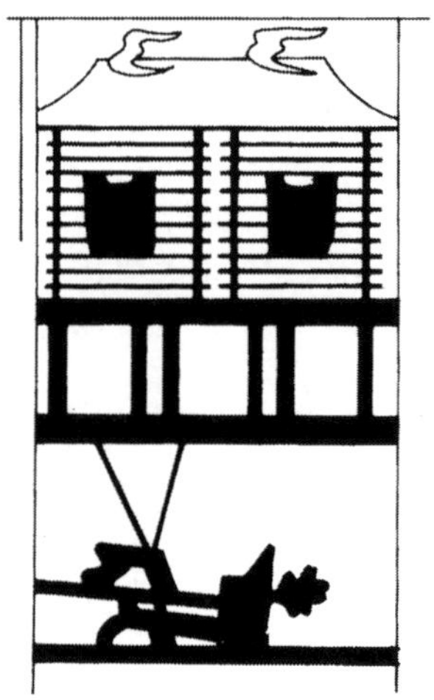

그림 5.
누목식 건축도 마선구 제1호분 벽화

삼국지의 동이전 변진조(辨辰條)에는 「그 나라는 누목식(累木式)으로 집을 지었고, 그 모양이 감옥과 비슷하였다」라 기록되어 있어, 그 당시 누목식의 구조가 사용되었음을 알 수 있다. 고구려 시대의 고분으로 만주 마선구(麻線溝) 제1호분에 있는 벽화에 그려져 있는 누목식 구조의 건축도는 상당히 발달된 형식을 가지고 있으며, 일본의 정창원(正倉院)과 거의 비슷한 외형을 갖추고 있는 것으로 보아 원시시대부터 이와 같은 누목식 구조가 사용되어 발전된 것을 입증하는 것이라고 생각한다.

(4) 고상식

현재까지 발견된 신라시대의 가형토기(家形土器) 중에는 고상식(高床式) 주거 구조형태를 갖는 가형토기가 몇 개 있어서, 그 당시의 건축형태를 모방하여 만든 것으로 생각되므로, 원시시대부터 고상식 구조가 사용되었음을 짐작할 수 있다. 이 가형토기에서 볼 수 있는 일반적인 구조형식은 4개 또는 9개의 높은 기둥 위에 마루를 놓고, 벽체상부에는 맞배지붕으로 만든 집 모양을 하고 있다. 그 중의 하나는 구조형태를 매우 잘 나타내고 있는 것으로, 9개의 기둥 위에 마루를 놓고 그 네 모서리에 기둥 모양이 뚜렷하게 만들어졌고, 지방(地枋)과 창방(昌枋)모양, 지붕 용마루를 받는 동자주(童子柱), 도리 및 서까래의 모양 등이 잘 나타나 있다. 측벽에는 2개의 문짝이 있고, 빗장이 꽂혀 있는 모양을 볼 수도 있다.

기록에 의하면, 진서숙신씨조(晋書肅愼氏條)에 「수식 사람들은 읍루(挹婁)라고도 부르며, 깊은 산과 계곡에 살고, 그 길이 험하여서 차마(車馬)가 통하지 못한다. 여름에는 소거(巢居)하고, 겨울에는 혈거(穴居)를 한다」라고 기록되어 있다. 여기서 「여름에는 소거하고」라 함은 수상(樹上)주거라 하기 보다는 고상(高床)주거로 생각되며, 위에서 말한 고구려 고분 중의 누목식 건축

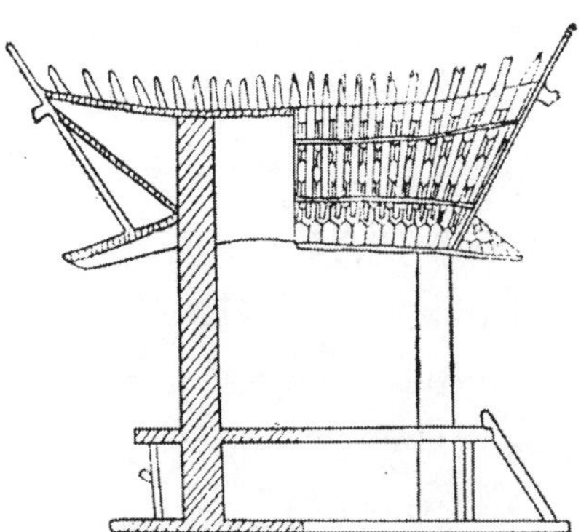

그림 6.(좌)
신라시대 가형토기
그림 7.(우)
중국 운남 석채산
고분출토 동제가형명기

도 역시 고상식으로 되어 있는 것을 참고하여 생각할 때, 신석기 시대의 끝무렵에는 고상식 구조가 사용되었음을 추측할 수 있고, 현재에도 농촌이나 과수원 등에 있는 원두막에서 원시적인 고상식의 예를 찾아볼 수 있다.

고상식의 구조형식은 남방요소를 지니는 것으로, 중국 운남(雲南) 및 석채산(石寨山) 고분출토 동제가형명기(家形明器) 및 일본의 구조형식과 서로 통하는 점이 있어서 문화적인 연관관계를 나타내는 것으로 추측된다.

3. 초기 철기문화 주거지

(1) 일반적 특징

고조선에 전파된 청동기 문화와 초기 철기문화는 먼저 대동강 유역에서 요령(遼寧)지방의 양식과 판이한 세형동검(細形銅劍), 조문식(粗文式) 세문경(細文鏡)을 만들었으며, 또한 양식이 다른 철제무기, 농구, 공구 등이 출현하게 만들었다. 위만조선(衛滿朝鮮)도 역시 이와 같은 대동강 유역의 철기 문화권의 존재를 전제로 하여 성립된 것으로 생각된다. 중국의 전국시대에 출현한 철기문화는 요동반도에서 한반도 전역으로 점차 전파되었는데, 이 사실은 중국 하북성(河北省) 북부에 자리 잡고 있던 연(燕 : B.C. 232~B.C. 222)의 작은 손칼 모양의 청동화폐인 명도전(明刀錢)이 우리나라에 유입되어 다량으로 발견되는 것을 보아 알 수 있다.

철기가 도입된 초기에는 발전된 청동제품이 더욱 많이 제작되어 사용되었고, 철기의 사용은 무기나 농기구 등에 제한되어 사용되었다. 당시의 철기로는 철도끼, 철창, 철제 화살촉, 철제 칼 등의 무기류와 철제 낫, 철제 호미 등의 농경용 도구가 있다. 또 이 시대의 유물로써 출토되는 토기는 청동기 시대의 것과 대동소이하며, 흑도(黑陶)라고 불리는 목이긴 항아리형과 말기에는 회백색 경질토기도 나타난다. 역사적으로 보아 이 시대는 고조선 시대를 거쳐 한사군(漢四郡)과 고구려의 건국시기까지 이르게 되고, 초기 철기시대 제2기, 즉 원삼국(原三國) 시대로 연결된다고 볼 수 있다.

초기 철기문화시대의 주거는 앞서 설명한 청동기 시대의 주거형식과 뚜렷이 구별되는 특징을 가졌다고 말하기는 어렵다. 수혈주거(竪穴住居) 형식은 청동기 시대에 이어 여전히 계속해서 사용되고 있음을 알 수 있다. 지역에 따라 차이가 있으나, 20~30 m^2의 크기를 가진 소형 주거지가 위주였다가 큰 규모의 것들이 나타나는데, 어느 것은 무려 154 m^2의 크기를 가진 주거지가

30~40 m^2의 것들과 공존하는 경우도 있다.

남아 있는 유구(遺構)가 없어 건축구조에 대하여 구체적으로 알 수는 없으나, 비교적 움의 깊이가 낮아지고 철기를 사용하기 시작했다는 점으로 미루어 뼈대의 가공 및 조립방법도 한층 발전되었을 것으로 생각된다. 또, 주거의 목적 이외에 창고시설로써의 움집을 세웠음을 추측할 수 있다. 지금까지 밝혀진 이 시기의 주요 주거지를 살펴보면 다음과 같다.

(2) 중도(中島) 유적 주거지

강원도 춘천시 중도동(中島洞)에 위치하여 춘천시의 서편을 감돌아 흐르는 북한강의 작은 섬인 중도에는 신석기 시대부터 초기 철기시대까지의 유적이 분포되어 있다. 중도 제1호 주거지와 제2호 주거지는 인근에 있는 가평(加平)의 마장리(馬場里)에서 발견된 야철(冶鐵) 건물터와 그 형태, 규모, 출토유물, 화로의 특징 등 성격이 같은 것이었다.

제1호 주거지는 움의 형태가 모를 죽인 방형(方形)으로 평면 크기는 동서 5.4 m, 남북 5 m, 바닥 깊이는 42 cm이며, 기둥구멍이 동쪽 벽과 서남쪽 벽에 몇 개만 있었다. 화로가 중앙에서 서쪽으로 약간 치우친 위치에 있는데, 이 화로주변에는 지름 2 m가 되는 둘레바닥에 두께 2 cm 정도로 진흙을 다졌고 그 밖은 모래바닥이다. 화로는 남북을 긴 축으로 하는 길이 120 cm, 폭 95 cm의 타원형이다. 화로의 서쪽에는 길이 40 cm의 큰 돌을 하나 놓고 그 밖으로 세 방향에는 납작한 냇돌을 두르고, 다시 진흙으로 둘러 보강했고, 바닥에도 진흙이 단단히 덮여 있었다. 이 진흙을 벗겨 보니 크기 5~15 cm 가량의 둥글납작한 냇돌을 빽빽이 깔아 타원형을 이루었다.

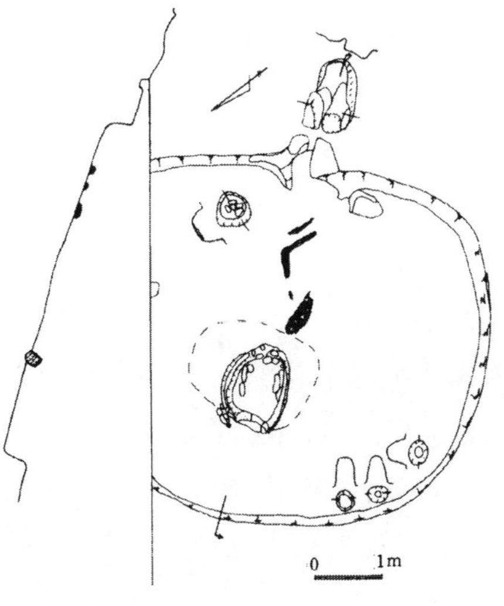

그림 8.
중도 제1호 주거지

이 화로자리 서쪽의 바로 곁에서 완전한 토기 항아리가 2점 나왔는데, 이 중 큰 토기 속에는 탄화(炭化)된 조(粟)의 알갱이들이 가득 들어 있었다. 화로자리가 숯자리, 그리고 굴뚝시설로 추정되는 진흙 구조물이 중앙부를 가로지르면서 연결되는 것 같았다. 또, 동쪽 벽에 진흙 둑이 있는데 폭이 1.5 m이고, 이것이 좁아지면서 벽의 어깨 위로 올라가 어깨 상면에 나타난 크기는 폭이 70~75 cm, 길이 150 cm, 높이 30 cm 가량 되었다. 동쪽 벽에 붙은 진흙더미 속에서 화구(火口)와 온돌구들 같은 것이 나타났다. 이 주거지는 일부의 구들구조와 단철제(鍛鐵製) 철기를 근거로 하여 B.C. 2~B.C. 1세기이며, A.D. 1~2세기를 넘지 않을 것으로 그 연대가 추정되었다.

(3) 서둔동(西屯洞) 유적 주거지

1979년부터 조사된 곳으로 수원시 서둔동(西屯洞) 야산구릉에 위치하여 무문토기만이 출토되는 집터와 김해식(金海式) 토기 또는 무문토기가 함께 출토되고, 철기가 발견되는 주거지가 층을 달리하거나 별개의 위치에서 발굴되었다. 형태를 보면 무문토기(無文土器)만이 출토되는 집터는 장방형의 주거지이고, 뒤에 설명할 유물들이 출토되는 집터는 한 변이 4 m 내외의 사각형 움집이었다.

이 중 제7호 주거지에서는 특수형태의 난방시설이 발견되었다. 북벽에 붙여 한 변이 약 30 m인 얇은 흙벽돌을 30 cm 간격으로 양측에 세우고 그 위에 똑같은 크기의 벽돌을 덮어서 구들을 만들었다. 서쪽 끝에서 다시 서벽을 따라 굽어져 아궁이를 만들고, 동쪽 끝에서는 벽에 붙여 굴뚝을 올렸던 것으로 보였다. 즉 이 구들은 ㄱ자형으로 꺾인 것이다. 여기서 출토된 유물로 보아 초기 철기시대, 즉 B.C 전 · 후 1세기에 속하는 것으로 추정된다. 출토유물 중 철제 도끼, 철제 화살촉, 철제 칼, 철제 톱(폭 2 cm 정도)이 있는 것으로 보아 나무가공도 톱을 이용했을 것이며, 실제로 제4호 주거지에서는 톱으로 자른 판재(板材)의 숯이 나왔고 탄화된 서까래와 가는 가지의 지붕재 등이 출토되었다.

(4) 세죽리(細竹里) 유적 주거지

평안북도 영변군 세죽리(細竹里) 주거 유적들은 청천강의 강변에 위치하고 있다. 신석기 시대에서부터 초기 철기시대에 이르는 유적들이 층을 이루고 있는데, 표토층(表土層) 밑에서 초기 철기시대 주거지 3개가 조사되어 보고되었다. 제1호 주거지는 동서 5 m, 남북 5.8 m의 방형 평면으로 바닥 깊이가 15 cm이다. 바닥은 진흙을 펴서 다졌다. 동쪽 벽선으로 치우친 곳에 안 폭이 29

cm 되는 구들시설을 냇돌로 쌓아 만들었는데, 이 시설이 끝나는 곳에 넓이 120 cm, 높이 40~50 cm의 흙더미가 만들어지고, 그 옆구리에 넓이 20~30 cm, 높이 20 cm 정도의 아궁이가 있었다. 이 아궁이 앞쪽에 넓은 구덩이가 패어 있다. 이 주거지 안에서는 활석(滑石)을 섞은 태토(胎土)로 만든 무문토기, 김해식 토기, 철제 도끼, 철제 칼, 철제 끌 등이 출토되었다. 또, 주거지 밖에서도 명도전을 비롯하여 많은 철기들이 출토되었다.

이 유적에서는 아궁이가 구들 길이 방향의 직각으로 뚫려 있어 연기가 나는 것을 방지한 것같이 보인다. 이러한 방법의 부뚜막은 현재 국립 중앙 박물관에 전시되어 있는 고구려 금속제 부뚜막에서도 볼 수 있다.

4. 낙랑 건축 및 분묘

(1) 건 축

낙랑(樂浪) 시대의 건축양식은 평양의 맞은편 대동강변 남쪽에 위치한 낙랑 토성지 안의 건축유지(建築遺址)에서 발견된 자료와 낙랑 고분들의 구조에서 그 특성을 대략 살펴볼 수 있다.

낙랑 토성지(土城址) 안에는 중앙에서 동쪽에 치우쳐서 놓여 있는 높은 대지(臺地)를 중심으로 토성지 안에 낙랑 와당(瓦當)과 많은 고와편(古瓦片)이 산재하고 있었다고 하며, 이 높은 대지는 낙랑 시대의 중요한 건물들이 서 있던 자리로 추측된다. 토성지 안에 산재하였던 고와편은 한식(漢式)의 기와파편이 대부분이었고, 발견된 와당에 사용되었던 문양(文樣)은 주로 한식(漢式) 고사리 문양이 많았다. 천추만세, 부귀(富貴) 등의 길상(吉祥) 문자모양 또는 연대를 알 수 있는 것으로서, 대진원강(大晋元康), 낙랑예관(樂浪禮官) 등의 문자문양이 양각(陽刻)된 것들이 있다(도판 25 참조).

낙랑의 전(塼)에도 중국에서 발견되는 것과 같은 한식의 문양을 가진 것이 많았으며, 직선문양 · 곡선문양 · 금전문양 등의 문양이 사용되었고(그림 10 참조), 기명(記銘)이 있는 전도 몇 개 발견되었다.

특히, 낙랑예관의 문자가 음각(陰刻)되어 있는 와당(瓦當)을 만들기 위한 와범(瓦範)이 발견된 사실은, 이 기와들이 한반도에서 만들어졌다는 것을 실증하는 자료이다. 조와(造瓦)뿐만 아니라 모든 건축이 원래 그곳에 살고 있던 토착민의 손을 거쳐서 만들어졌을 것임을 추측할 수 있다.

그림 9.
한시대 석궐, 화상석,
명기에 나타난 건축세부

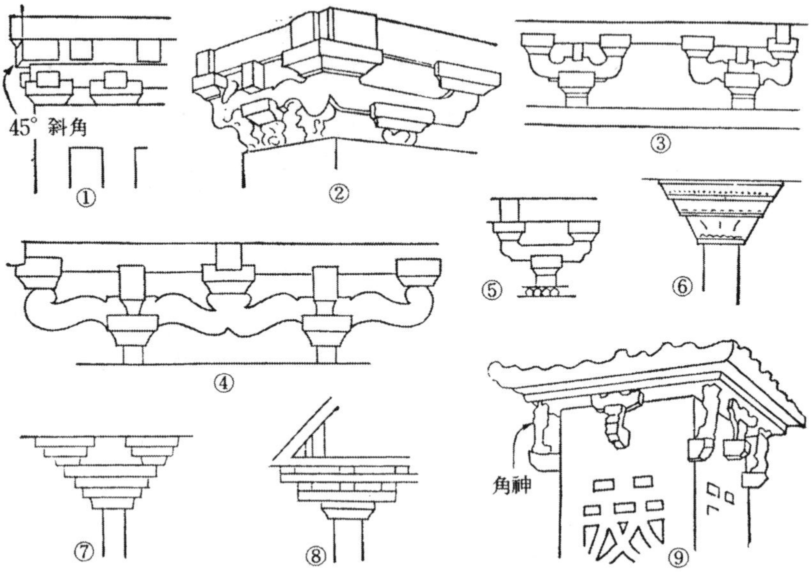

① 마환석궐(馮煥石闕) ② 조씨석궐(趙氏石闕) ③ 고이석궐(古頤石闕)
④ 심부군석궐(沈府君石闕) ⑤ 마환석궐(馮煥石闕) ⑥ 무량사화상석(武梁祠畫像石)
⑦ 양성산화상석(兩城山畫像石) ⑧ 한화상석(漢畫像石) ⑨ 한명기(漢明器)

1935년에 시행된 조사보고에 의하면 건축유지도 발견되었으나, 건축의 전모를 알아보기 어려운 상태였다고 한다. 그러나 초석(礎石)이 남아 있었고, 와편이 많이 산재하며, 훌륭한 와당들이 발견되었던 것 등으로 미루어 보아서 그 때 당시의 건축양상이 한(漢) 시대의 건축양식에 의하여 건축되었던 것으로 추측된다.

한(漢)시대의 건축양식은 현재 중국에 남아 있는 몇 개의 석궐(石闕)과, 석실(石室)에 나타나 있는 목조건축 세부공법의 모양과 가형토기(家形土器) 또는 화상석(畫像石)에 음각되어 있는 건축도(建築圖) 등에서 그 자료를 얻어서 추측할 수 있다 이 때부터 중국계 건축구조의 기본형식이 형성되기 시작하였으며, 목재를 사용하여 기둥을 세우고, 보를 걸어서 지붕구조를 만들고 기와를 덮었던 것으로, 기둥 상부에는 공포형식의 초기적인 형태를 갖추고 있었던 것으로 생각된다.

낙랑시대에는 이와 같은 한(漢)시대의 건축양식을 따른 건축물들이 동서 약 710 m, 남북 약 600 m나 되는 토성지 안에 상당히 많이 서 있었던 것으로 생각된다.

(2) 분 묘

낙랑 토성지(土城址)를 중심으로 동서남 3면에 놓여 있는 구릉 위 평지에는 1000여개의 고분들이 산재하고 있으며, 이 고분 일부에 대한 발굴조사가 구한말(舊韓末)인 1909년부터 시작되어, 그 뒤 여러 차례의 조사에 의하여 낙랑 문화의 전모가 드러나게 되었다.

낙랑 시대에 중국은 정세의 변혁이 계속 발생하게 되어 그 시대문물의 파괴가 심하였으나, 한반도는 그 사나운 중국의 변동이 파급되지 않고 태풍권 밖에 있어서 비교적 오랫동안 일정한 문화의 번영을 보유할 수 있었으며, 많은 귀중한 문화적 유물들이 지하 고분 속에 잘 간직되었다가 발견됨으로서, 발굴당시에는 세계의 큰 관심을 모으게 되었다.

낙랑 고분에서 발견된 다수의 한식(漢式) 복식품(服飾品), 동기(銅器), 도기, 무기, 칠기 및 옥기(玉器) 등은 정교하고 아름다우며, 의장(意匠)과 기교가 뛰어나서 낙랑 예술이 고도로 발달된 것을 잘 나타내고 있다. 특히, 금루세공(金鏤細工)은 가공기교에 있어서 세밀 정교하며, 그리스 예술의 영향을 매우 강하게 나타내고 있는 것으로, 그 당시의 문화전파의 현상을 추측할 수 있다.

낙랑 시대의 분묘는 건축유구(建築遺構)로 매우 중요하며, 그 당시의 건축구조 기술을 잘 나타내는 것으로서, 구조상으로 목곽분(木槨墳)과 전곽분(塼槨墳)으로 구분할 수 있다. 목곽분은 20 cm 각의 밤나무를 누목식(累木式)으로 하여 짜올려 벽체를 만들고, 바닥과 천장도 같은 목재를 병렬하여 깔아서 만든 목곽을 지하 깊숙이 파묻은 것이다. 대부분이 수혈식(竪穴式) 분묘였으며, 그 평면은 정사각형으로 높이는 길이의 반 정도가 된다. 평양 박물관에 이전되어 있는 채협총(彩篋塚)이라 부르는 것은, 목재를 가지고 횡혈식(橫穴式) 구조로 만든 예로서, 이와 같은 횡혈식 분묘구조는 대륙에서 들어온 형식인데 뒤에 고구려를 비롯하여 백제, 신라에서 사용되고 바다를 건너서 일본에까지 전파된 것으로 생각된다.

전곽분은 바닥을 전(塼)으로 두 장 두께로 하되, 상면을 사문형(斜文形)의 문양으로 깔고, 둘레의 벽은 전을 가지고 매우 교묘한 방법으로 쌓았다. 3단(높이는 15 cm 정도가 됨)을 가로로 쌓은 다음, 그 위에 전을 세워서 1단 쌓는 방법을 교대로 사용하여, 상부에 올라가면서 차차 내부로 기울어지도록 하여서 궁륭천장(穹隆天障)을 만들었다. 그 평면은 정사각형에 가까우나, 주위에서의 토압(土壓)을 막기 위하여 4변의 중간부분을 반곡(反曲)시켜 밖으로 약간 내어 쌓아서 각 변이 약간 호형(弧形)이 되어 있다. 상부에 올라가면서

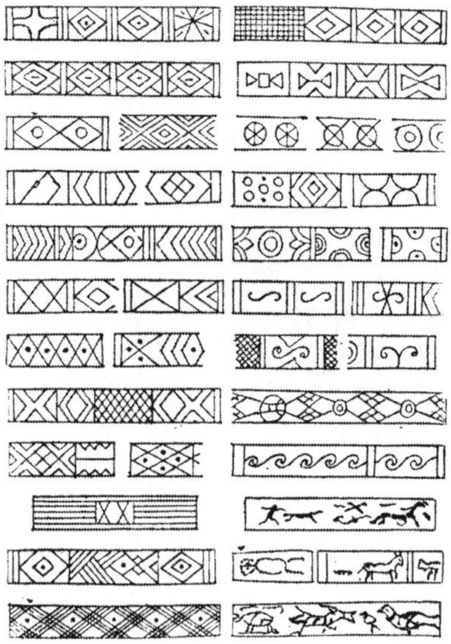

그림 10.
낙랑 대방출토 전문양

도 역시 그대로 호형(弧形)을 유지하면서 점차 좁혀지도록 쌓아 올려 궁륭천장을 형성하게 되어 있는데, 매우 특이하고 교묘하며, 훌륭한 구조방식이라고 할 수 있다.

대부분의 전곽분은 토압에 의하여 일부가 붕괴된 것이 많아 완전한 모양을 보존한 것이 드물지만, 1916년에 발굴 조사된 낙랑시대 제1호분 측실(側室)의 천장은 그 규모가 작은 까닭으로, 무너지지 않고 조사 당시 완전한 형태를 보존하고 있어서, 그 특이한 궁륭구조(穹窿構造) 형태를 잘 알 수 있었다.

전축(塼築)의 외관은 다소 거친 면이 있어 보이고, 대부분이 모르타르를 사용하지 않고 쌓아 올렸으며, 그 중 어느 것은 석회로 만든 모르타르로 쌓아 올린 예도 있었다. 내부의 바닥에는 얕은 단(壇)이 있어 관(棺)을 안치하도록 하였으며, 측벽(側壁)에 있는 입구는 관의 출입에 편리하도록 한쪽으로 치우쳐서 만들었다. 개구부(開口部)는 아치로 쌓았으며, 짧은 연도(羨道)를 만들어서 입구는 남면을 하게 하였고, 분묘의 외형은 대개 방추대형(方錐臺形)을 하였다.

특히, 위에서 말한 제1호분은 그 평면이 대소형의 3실로 만들어져서 매우 자유로운 형태로 구성되었으며, 교묘하게 축조된 벽면과 궁륭천장의 특이한 형태와 높은 천장 모양으로 입체적인 내부 공간 구성의 효과는 환상적인 모습을 지녔다. 또 구조적인 필연성에서 온 호형(弧形)으로 형성된 벽면은 궁륭공간(穹窿空間)에 한층 조화의 미를 더한 것으로, 이와 같은 구조법은 건축기술과 의장면(意匠面)에서 뛰어난 것으로 생각된다.

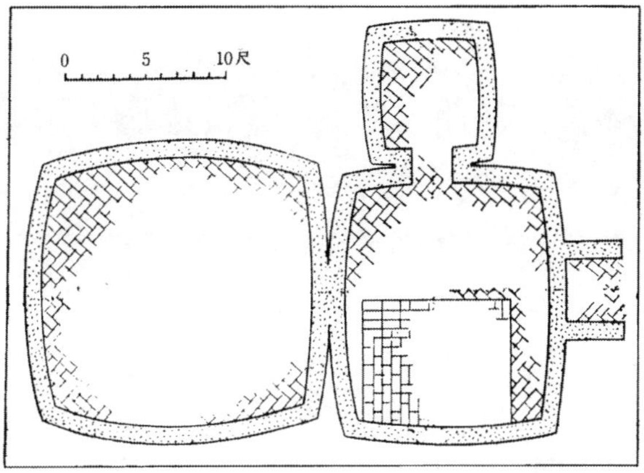

그림 11.
낙랑 제1호분 실측도

낙랑의 유지(遺址)는 한(漢) 문화의 보고(寶庫)라고 할 수 있으며, 한국의 고대문화의 내용을 밝혀 줄 뿐만 아니라 동양문화의 진상을 잘 나타내는 것이라 하겠다. 낙랑의 건축과 예술은 이주하여 온 한족(漢族)이 주가 되어 만들었을 것이나, 토착민의 협력을 얻지 않을 수 없었을 것으로 생각된다. 그 당시 정도가 낮았던 토착민의 문화는 새로 전해진 발달한 한(漢) 문화의 많은 영향을 받고 곧 동화되었을 것으로 생각되며, 낙랑에서 사용되었던 한문화에 의한 건축기술은 점차적으로 많은 시간적 간격을 두지 않고 한국 전역의 주요지방에 전파되어서, 고구려, 백제, 신라 삼국의 건축문화 발전의 터전을 만들어 주었을 것이다.

제5장 고구려 건축

1. 시대개관

삼국시대에 들어서기 시작할 무렵 요하유역(遼河流域)에는 요동군(遼東郡), 대동강 유역에는 낙랑군 등 한(漢)의 4군들이 있었고, 이에 대해서 부여, 고구려, 삼한(三韓)의 여러 부족 연맹체가 만주로부터 한반도에 걸쳐 병립(竝立)하여 있어서, 이들 여러 나라들은 부단히 중국 세력의 간섭을 받아 왔었다. 전설적으로 주몽(朱蒙)을 시조로 하는 고구려는 삼국 중에서 가장 먼저 일어났으며(B.C. 37), 중국 세력과의 투쟁과정에서 부족연맹을 형성하여 발전하기 시작하였다.

고구려의 국토는 산이 많아, 충분한 농산물을 생산할 수 없었으므로, 자연히 진취적이고 호전적으로 되었고, 강력한 전사(戰士)들이 핵심이 되어 대외적인 발전을 추진하였다. 태조왕(太祖王) 때부터 고국천왕(故國川王)에 이르는 동안에는, 막대한 토지와 인민을 점유하고 왕실상속의 확립과 국가체제를 정비하였으며, 낙랑군을 축출하고, 대동강 유역의 평야를 차지하게 되었다. 이로써 고구려는 풍부한 경제적 자원과 높은 문화적 유산을 획득하였고, 한편 한반도로 남진하는 발판과 서해(西海)로 진출하는 보다 자유로운 출입구를 얻게 되었다. 그뿐만 아니라 이 같은 한족(漢族)의 세력축출은 한국 민족의 새로운 발전을 위한 커다란 가능성을 제시하였다.

그 후 중국에서는 진(晉)이 쫓겨나고 오호십육국(五胡十六國)이 난립되어, 그 중의 하나인 선비족(鮮卑族)이었던 전연(前燕)의 모용(慕容)씨가 만주로 진출해 왔으며, 또 한반도 남쪽에서는 백제가 일어나 북진해 왔기 때문에, 고구려는 전연(前燕) 및 백제와 혈투를 계속하게 되었고, 고국원왕(故國原王) 때에는 큰 국난을 겪게 되었다. 그 뒤를 이은 소수림왕(小獸林王, 371~384)은 전연을 멸망시킨 전진(前

秦)과 평화적 관계를 수립하고 새로운 제도와 문화의 수입에 노력하였으며, 소수림왕 2년(372)에 전래된 불교로 말미암아 서역문화의 영향을 받게 되었고, 태학설립(太學設立)과 율령(律令)을 반포하여 국가체제를 정비하였다.

고구려의 광개토왕(廣開土王)은 정복사업을 강력히 추진하여 요동(遼東)을 차지하고, 숙신(肅愼)을 굴복시켜서 만주땅의 주인이 되었으며, 남으로는 백제를 쳐서 한강까지 영토를 확대하고, 신라를 침공하던 왜병(倭兵)을 낙동강 유역에서 섬멸하였다. 그 뒤를 이은 장수왕(長壽王)은 고구려의 전성기를 이루었으며, 장수왕 15년(427)에 평양으로 천도(遷都)하였다. 장수왕 63년(475)에는 백제의 서울 한산(漢山)을 함락시켜서 백제는 수도를 남쪽 공주(公州)로 옮기지 않을 수 없었으며, 고구려의 영토는 죽령일대(竹嶺一帶)에서 남양만을 연결하는 선까지 뻗치게 되었다. 그 후 문자왕(文咨王) 3년(494)에는 북쪽의 부여를 병합하여 그 영토가 송화강(松花江) 유역인 북만주까지 포함하게 되어, 마침내 동방에 큰 제국을 형성하게 되었다.

6세기 말 중국은 남북조(南北朝)의 분열상태가 끝나서 수(隋)가 중원통일(中原統一)에 성공하고(589), 아시아 동북부에 대제국을 건설한 고구려와 대결하게 되었다. 영양왕(嬰陽王) 9년(598)에 먼저 고구려가 공격을 취하여 요하(遼河)를 넘어 요서(遼西)에 대한 공격이 감행되었으며, 이에 대하여 수문제(隋文帝)는 수륙(水陸) 30만 대군으로 침공하여 왔으나, 풍랑 · 홍수 · 질병 등으로 중도에서 되돌아가게 되었다. 그 다음에 수양제(隋煬帝)는 113만의 대군을 거느리고 침공하여 오게 되어(612), 고구려의 일선 근거지인 요동성을 공격하였으나 성공하지 못하고, 30만의 별동대(別動隊)로 수도 평양을 직접 공격하였으나, 을지문덕(乙支文德)에 의하여 크게 패전하게 됨으로써 돌아간 사람이 2700명밖에 안 되었다고 한다. 이로 인하여 수(隋)는 망하고(618), 당(唐)이 그 뒤를 계승하게 되었다. 당태종(唐太宗)은 육군 10만, 수군 7만을 거느리고 고구려를 공격, 요하를 건너서 여러 성을 공격하였으나, 안시성(安市城)의 공격에서 패하고 돌아가지 않을 수 없었다. 이와 같은 수와 당의 침입에 대한 고구려의 큰 승리는 한국의 역사상 특기할 만한 사실이다.

고구려가 수 및 당과 혈투를 하고 있는 동안 백제는 신라에 대한 공격을 급히 서둘렀다. 그래서 신라는 방어선을 낙동강까지 후퇴시켜야 하는 위기에 처하게 되고, 적국인 고구려에게 원병(援兵)을 청하려 하였으나 성공하지 못해서 당에 원병을 청하게 되었다. 당은 신라를 도와서 백제를 먼저 정복한 다음에 고구려를 남북에서 협공하여, 드디어 보장왕(寶藏王) 27년(668)에 고구려는 멸망하게 되었다.

고구려에 전해진 불교는 중국의 북방계통의 불교에 속하며 노장(老莊)사상을 매개로 하여 교리를 이해하는 격의적(格義的)인 불교였다고 생각된다. 또한 인과적(因果的)인 교리로서 복을 구하기 위한 불교로서 받아들였다고 생각된다. 불교는 인생에 있어서 생사윤회(生死輪廻)의 생명관과 극락과 지옥 등의 내세관을 말하여 고구려 사람들에게 매우 중요한 문제를 제시했다. 고구려는 새로운 정신적인 기반과 정치적인 지도이념을 불교에서 구하게 되었다고 생각된다.

용맹스럽고 씩씩한 성격으로 일관된 고구려는 우리나라의 역대 어느 시기보다 가장 영광스러운 역사를 전하여 주는 나라였다. 무력적으로 강할 뿐만 아니라 문화의 섭취력과 그 발전에 있어서도 큰 역량을 갖고 있었다. 모든 것이 진취적이고 건설적이며, 미(美)의 목표가 세찬 힘의 표현에 있었던 것으로 생각되는 고구려의 예술은, 결코 약하며 섬세하고 평온한 것이 될 수는 없었다. 건축이나 공예, 회화 등 모든 것이 규모가 크고 장엄하며, 견실하고 졸박(拙樸)하여 야성적인 멋이 두드러지고 있었다. 이러한 고구려의 건축문화는 문헌으로 기록되어 전하는 것이 많지 않으나, 그 당시 수도였던 통구(通溝, 현재는 集安) 부근과 평양 부근의 유적과 고분에서 그 문화의 옛 모습을 찾아볼 수 있다. 고구려 시대의 유물은 주로 도성지(都城址)와 능묘(陵墓)가 있으며, 도성지에서는 옛 기와가 많이 발견되고, 능묘내부 묘실의 구조와 장식 및 건축도(建築圖)에서 고구려 건축문화의 면모를 찾아볼 수 있다. 그러나 고구려가 멸망할 때 당나라 병사들이 능묘(陵墓)를 도굴하여 부장품(副葬品)을 모두 가져간 것으로 생각된다.

2. 도성계획

고구려가 최초로 도읍한 땅은 현재 혼강유역(渾江流域)으로 생각되는 불류강(沸流江) 유역의 졸본(卒本) 부여였으며(B.C. 37), 유리왕(琉璃王) 22년 때 국내성(國內城)에 천도(A.D. 3)하였고, 산상왕(山上王) 때 환도(丸都)로 잠시 수도를 옮겼다. 그러나 전연(前燕)의 모용(慕容)씨에게 격파되어 도성이 모두 파괴됨으로 다시 국내성으로 천도하고(342), 장수왕 15년(427)에는 평양 대성산(大城山) 밑으로 천도하였으며 평원왕(平原王) 28년(586)에 장안성(長安城)을 만들었다.

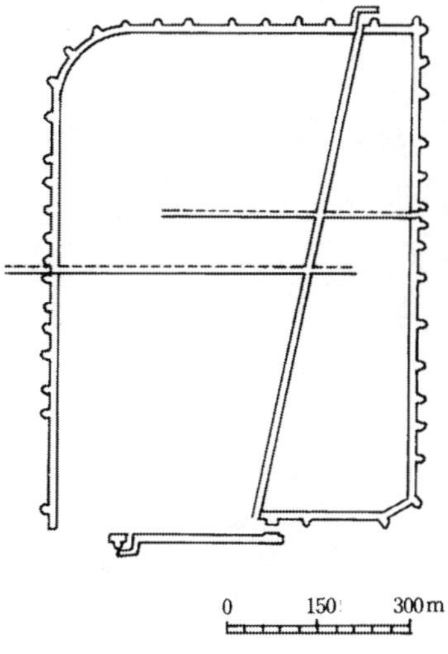

그림 12. 국내성도

국내성은 지금의 만주의 압록강 북쪽에 있는 집안(集安)에 위치하였으며, 국내성에서 서북쪽으로 약 3 km 떨어진 험준한 산 속에 산성으로 위나암성(尉那巖城)이 있었다. 삼국사의 고구려기 유리왕조(琉璃王條)에 보면, 민리(民利)에 좋고 병혁지환(兵革之患)을 면할 수 있는 까닭으로 국내성을 수도로 정한 것을 알 수 있다.

현재 집안에 남아 있는 국내성지(國內城址)는 그 당시의 왕궁지(王宮址)로 생각되며, 동서 약 820 m, 남북 600 m의 넓이를 가진 지역에 성벽 밑의 두께가 약 9 m, 높이 6 m의 석축으로 쌓았으며, 성벽의 허리 밑부분은 점차적으로 돌을 바깥으로 내쌓아서 견고하면서 안정성 있게 만들었다. 도성평면은 동북과 서남의 귀를 접는 형상으로 되었으며, 동서성벽에 있는 문에는 옹성(甕城)이 있고, 2개의 서문 중 하나는 성벽이 꺾인 부분을 이용하여 옹성을 만들었으므로, 다소 변화가 있는 평면계획을 갖고 있다고 생각된다. 남북양면에도 문이 있었던 흔적이 보이나 다 막혀 있었다.

성벽의 4면에는 돌출된 치성(雉城)을 쌓아서 방어에 유리하게 하였고, 성벽 위에는 여담(女墻)이 있었을 것으로 생각되나, 모두 붕괴되어 그 흔적이 없어졌다. 성벽 바깥에는 해자(垓字)를 돌렸으며, 북쪽 것이 가장 그 형적을 잘 남기고 있었다.

성 안에서는 고구려 말기의 적색 기와편이 많이 산재하였으며, 때로는 1500여년 전의 것으로 생각되는 흑회색 기와편도 섞여 있었고, 성안 서북부에서 고구려 시대의 돌기초가 발견되었다. 성외 동쪽에 있는 동대자(東臺子)에 이르는 사이에는 기와편이 산재하고, 동대자에는 건물의 기초가 여러 개

그림 13.
집안(통구)부근
고구려 시대 유적도

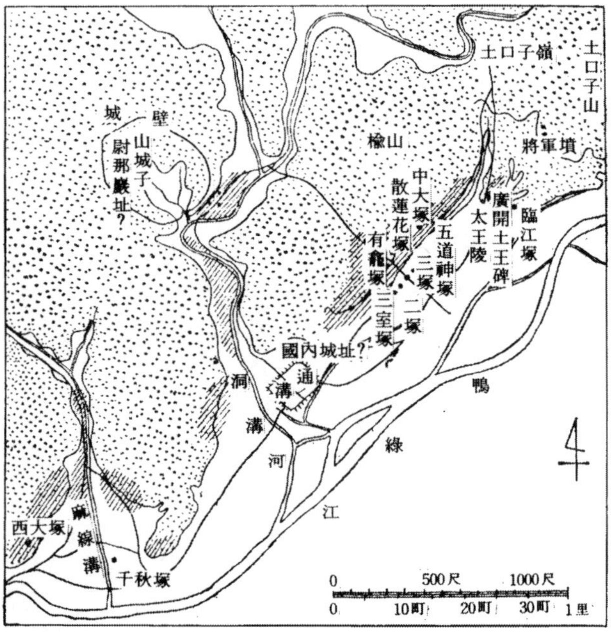

남아 있어 많은 수막새(男瓦當)기와의 파편이 있었으며, 이 기와들은 고구려 후기의 것으로서 특이한 연꽃문양, 힘찬 모양의 귀면(鬼面) 또는 남북조식(南北朝式)의 인동문양(忍冬文樣)을 나타내고 있었다.

위나암산성(尉那巖山城)은 집안(集安) 서쪽을 흐르는 동구하(洞溝河) 상류 약 3.3 km 올라가 놓여 있는 현재의 산성자(山城子)에 있었다. 이 곳은 험준한 산봉우리로 둘러싸여 있는 분지로 형성되어, 남쪽이 가장 얕아서 이 곳에 성문을 만들고, 주위에 있는 산봉우리 바깥쪽에 약간 낮은 곳을 따라서 석축(石築)으로 성벽을 만들었다. 성벽의 두께는 약 5.4 m, 외면의 높이 0.9 m, 두께 0.9 m의 여담(女墻)이 있고, 여담 끝까지의 성벽 높이는 약 3.5 m이며, 그 밑은 면적이 충분하지 않으므로 내쌓는 방법으로 안정하게 만들었다. 여담

그림 14.
위나암 산성도

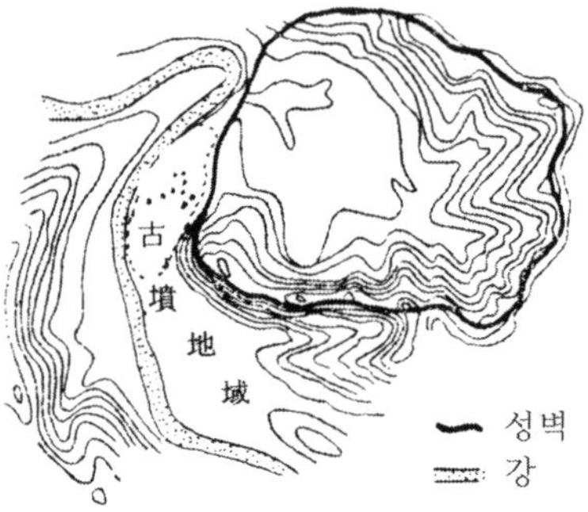

아래쪽에는 20 cm 각 정도의 배수구를 만들어 놓았으며, 성문 오른쪽의 석축은 당초의 것으로 생각되고, 축조방법이 국내성의 성벽과 같다. 이 산성은 자연적으로 형성된 험준한 지형을 이용하여 견고한 성벽을 만든 것이며, 당시 견고한 요새(要塞)였을 것으로 생각된다. 성내에는 창고자리와 같은 것이 있었고, 집안(集安)에서 출토된 것과 같은 많은 막새기와의 파편을 볼 수 있었으며, 연못이 있고 성외에 고분들이 산재하여 있었다.

장수왕 때 천도(遷都)한 평양성은 대성산(大城山) 밑을 중심으로 하였으며, 청암리(淸岩里)를 포함한 평야에 토성을 만들었다. 청암리 토성은 왕궁이었으며, 이 지방에서 가장 험준한 대성산에 산성을 만들었다. 청암리 토성 안에서는 평양시에서 발견된 것보다 훨씬 이전의 것으로 광개토왕 묘에서 출토된 모양을 가진 기와편이 나왔으며, 또 고구려 시대의 초석(礎石)들이 남아 있고, 대성산에는 산성지(山城址)가 현재도 남아 있다.

고구려는 그 후 국력이 신장됨에 따라 더 넓은 수도가 필요하게 되어, 평원왕(平原王) 28년(586)에 현재의 평양시 일대에다 중국의 수도성(隋都城) 제도를 참고로 하여 대규모의 장안성(長安城)을 건설하였다. 이 장안성은 3단의 방어선으로 만들어져, 북쪽 끝의 모란대(牡丹臺)에서 을밀대(乙密臺)까지 한 부문을 이루고, 그 밖에 구릉(丘陵)의 지형을 이용하여 크게 내성(內城)을 만들었으며, 다시 전역(全域) 주위에 외곽성벽을 돌렸다. 현재 평양 남쪽과 외성(外城) 안쪽에 있는 평지일대에는 바둑판 모양의 시가로가 있어, 기자정전(箕子井田)이라 속칭하며, 장안성(長安城)을 만들었을 때 계획되었던 것으로 생각된다.

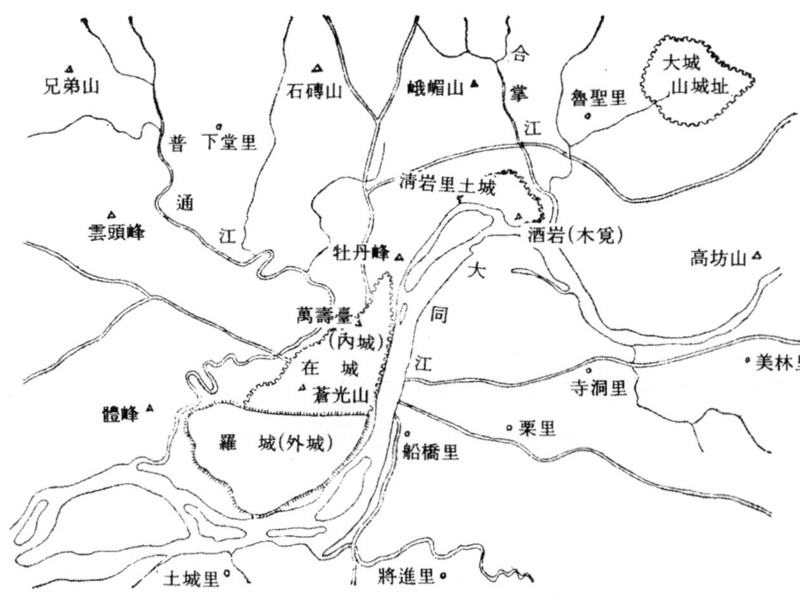

그림 15.
평양부근 성지 유적도

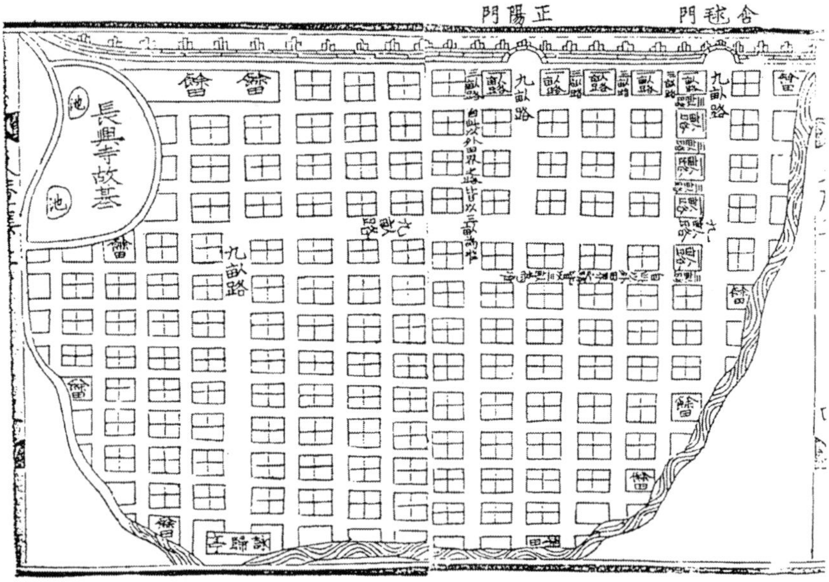

그림 16.
기전도(구암유고 참조)

근세 조선시대 실학자 구암(久庵) 한백겸(韓百謙)은 기자정전(箕子井田)을 실지로 탐사한 후 「기전유제설」(箕田遺制說 : 久庵遺稿 上)이라는 기록을 만들었으며, 이들 토지구획은 은(殷)나라의 조법(助法)이 적용된 전제(田制)임을 주장하였다. 그는 이 유적을 직접 측량하였으며 그가 작성한 도면인 기전도(箕田圖)는 고구려 도시연구에 귀중한 자료이다.

그가 작성한 추정복원도를 보면 평양 외성의 시가지는 동서 방향으로 1조(條)의 간선도로가 있고 남북 방향으로는 3조의 간선도로가 있었던 것을 알 수 있다. 중앙에 있는 남북 간선도로는 중성(中城)의 정양문(正陽門)에 연결되었고 그 동쪽에 있는 남북 간선도로는 함구문(含毬門)과 연결되었다. 이들은 남쪽에 이르러 동서 간선도로와 T자형으로 접속되어 있다. 한편 서쪽에 있는 남북 간선도로는 외성(外城)의 서남부에 위치한 파치문(車避門, 후에 이곳에는 詠歸亭이 세워짐)으로부터 북쪽을 향하는 동서 간선도로와 접속되었다.

1909년에 조사된 바에 의하면 옛적 석표(石標)의 간격이 좁은 것은 약 17척, 넓은 것은 46척 정도였다. 당시에 사용되었을 고구려척 1척이 1.176곡척(曲尺)이므로, 대략 가로의 크기는 고구려척으로 15척과 40척이었으며, 구획의 크기는 고구려척으로 500척으로서 정방형으로 만들어졌으며, 중국 수(隋)시대의 도시구획과 흡사하였음을 알 수 있다. 이 정연한 형상을 갖추고 있는 정전지(井田址)의 가로에는 깨끗한 모양의 큰 냇돌로 포석(鋪石)된 흔적이 남아 있어서 그 당시의 것으로 추측되며, 도로지(道路址)가 확연하게 남아 있었다.

고구려의 도성건축은 거의 모두 없어지고, 위에서 말한 바와 같이 그 유지(遺址)에서 옛 모습을 찾아볼 수밖에 없으나, 고구려 고분벽화에 있는 성곽도(城廓圖)에서 다소나마 성곽건축에 대한 자료를 찾아볼 수 있다. 이 성곽도는 요동성총(遼東城塚), 약수리(藥水里) 벽화분묘, 용강대묘(龍岡大墓) 및 삼실총(三室塚) 등에서 볼 수 있다.

요동성총의 성곽도에는 장방형의 내성과 ㄱ자형의 외성이 있으며, 일직선상에 내성 및 외성의 대문인 중층누문(重層樓門)이 있고, 외성의 성곽 모서리에는 망루(望樓)가 있다. 내성 안에 3층 건물과 높은 단 위에 서 있는 큰 단층(單層) 건물이 있으며, 외성 안에는 3개의 단층건물이 보인다. 약수리 벽화고분의 성곽도(城廓圖)는 장방형의 성곽으로, 앞 뒤면과 측면중앙에 중층누문이 있고, 성곽 네 모서리에 중층의 누각을 세웠다. 성벽을 나타내는 부분 중

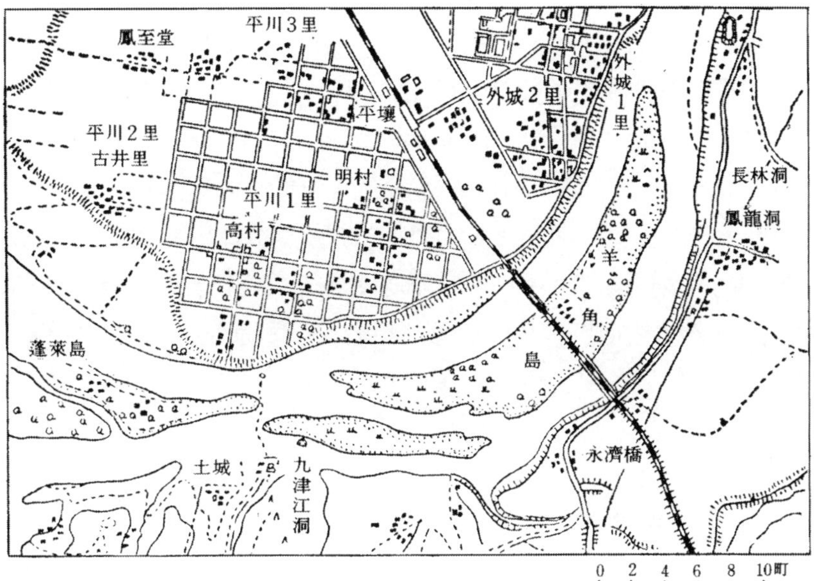

그림 17.
평양 정전지

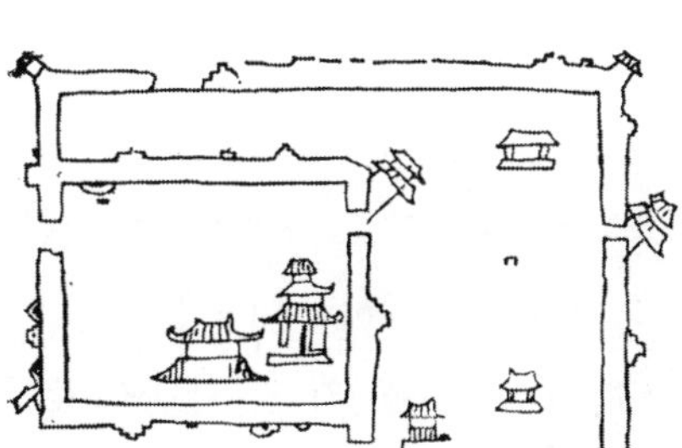

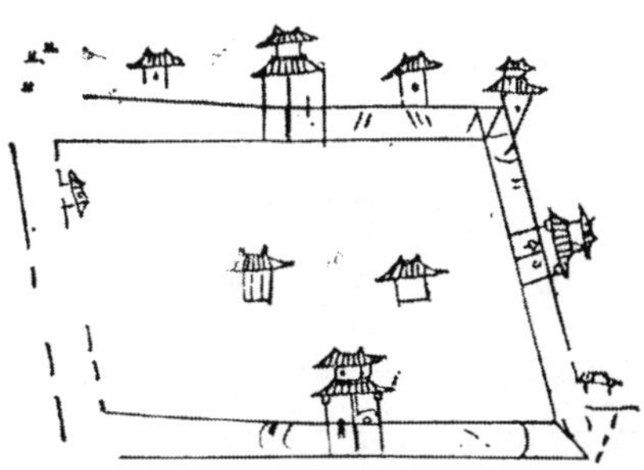

그림 18.(좌)
요동성총 성곽도
그림 19.(우)
약수리 벽화분 성곽도

그림 20.
3실총 벽화의 성곽도

몇 곳에 호선(弧線)을 그었는데, 이것은 벽면의 형태를 나타내는 것과 같이 생각되며, 수직으로 쌓인 성벽이 아니고 흙으로 축조한 것이나 석축으로 만들어진 것으로 추측된다.

용강대묘의 성곽도는 중앙부에 중층의 누각이 있고, 좌우에 한 채의 단층 누각이 있으며, 그 사이와 좌우에는 성벽이 있다. 이 성벽이 앞으로 굴절되는 부분에 망루가 있으며, 여담(女墻)이 되어 사각형의 창을 만들었다. 국내성 삼실총의 성곽도(城郭圖)는 굴곡진 성벽에 3개의 누문(樓門)이 있고, 그 성곽형상이 비대칭의 평면형을 나타내고 있는 것이 특징이라 하겠다.

모든 성곽도에 나타나 있는 집의 지붕형상은 우진각 지붕으로 기와를 입혔으며, 지붕의 처마와 용마루가 보기 좋게 휘어 있어 한국의 지붕 윤곽선의 원초적인 형상을 찾아볼 수 있으며, 용마루에는 치미(鴟尾)를 사용한 흔적을 찾아볼 수 있다.

3. 일반건축 형식

고구려의 일반건축 형식은 낙랑 시대에 사용하였던 한식(漢式) 건축형식을 계승하여 사용하였을 것으로 생각되며, 건축양상은 몇 개 안 되는 건물유지(建物遺址)와 그 곳에서 출토된 기와막새에서 약간을 알 수 있고, 고분 속에 나타나 있는 건축양식 요소 및 벽화에 그려져 있는 건축도(建築圖) 등의 자료에서 세부적인 공법을 찾아볼 수 있다. 특히, 고분의 묘실 사이에 세워진 기둥들과 기둥상부 또는 벽면에 각출(刻出)한 공포형식(栱包形式)들을 비롯하여, 여러 묘실에서 볼 수 있는 모서리에 그려져 있는 공포를 가진 주형도(柱形圖) 및 벽상부에 그려진 곡율이 없고 직선형으로 만들어진 인자대공(人字臺工) 또는 동자주(童子柱) 등은 당시의 건축수법을 나타내는 중요한 자료이다.

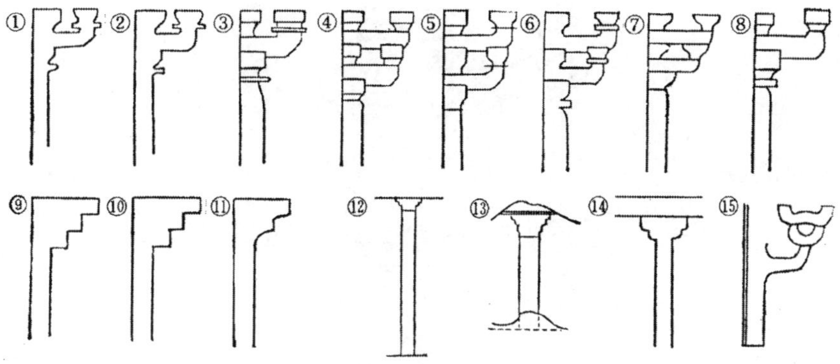

① 무용총(舞踊塚) ② 각저총(角抵塚) ③ 구갑총(龜甲塚) ④ 용강대묘(龍岡大墓)
⑤ 감신총(龕神塚) ⑥ 쌍영총(雙楹塚) ⑦ 안악(安岳) 1호분 ⑧ 안악(安岳) 2호분
⑨ 삼실총(三室塚) ⑩ 산연화총(散蓮花塚) ⑪ 환문총(環文塚) ⑫ 대성리(臺城里) 2호분
⑬ 복사리 벽화분(壁畫墳) ⑭ 약수리(藥水里) 벽화분 ⑮ 성총(星塚)

그림 21.
고구려 벽화고분
모서리 부분 주형도

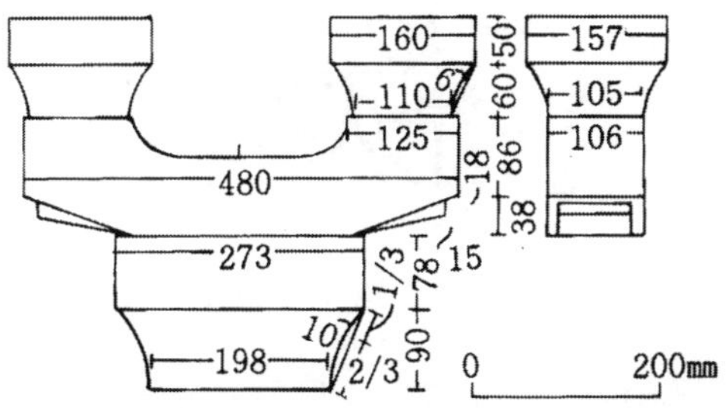

그림 22.
안악 3호 분의 공포

1949년 황해도 연안에서 발견된 안악(安岳) 3호 분에는 8각형 석주 상부 주두 위에 2두식(斗式)의 공포가 사용된 것이 있다. 이것은 한국에서 볼 수 있는 가장 오래된 공포의 유물이다. 이 첨차의 세부 기법은 매우 특이하며 첨차 끝마구리 밑 부분에 살을 붙여 낸 혀(舌)가 있다. 첨차의 혀는 한국에서 이곳에만 나타나며 중국에는 아안(雅安)에 있는 고이석궐(高頤石闕)에 보이고, 일본의 예로는 약사사(藥師寺) 동탑 목조건물에 나타나 있다.

1971년 남포시(南浦市) 강서(江西)구역 수산리 서남쪽 4 km 되는 곳에서 발견된 수산리(水山里) 벽화고분은 평면의 크기 3.2 m×3.2 m, 높이 4.1 m의 단실식(單室式) 분묘로서 5세기 후반기에 만든 것으로 추정된다. 이 묘실의 네 모서리에는 매우 아름다운 기둥과 공포의 형식을 가진 목구조형식을 그려 놓았다. 특히 기둥 위에 연꽃 장식을 한 주두 모양이 특이하고 힘차며 아름답다. 기둥과 주두, 소로 및 첨차의 형상이 매우 세련되고 여기에 표현된 단청(丹靑) 장식이 특이하고 용솟음치는 기상을 느낀다. 이는 고구려 사람들의 창의성과 힘에 넘치는 기풍을 잘 나타내고 있는 것이라 생각된다.

그림 23.
강서 수산리 벽화고분
모서리 주형도

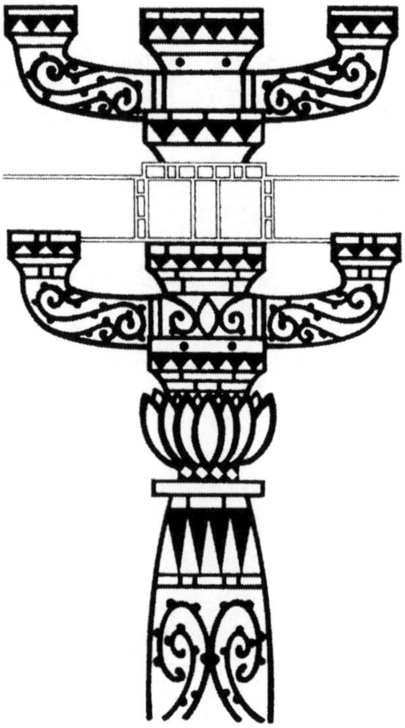

이와 같은 자료를 참고로 하여 고구려 시대의 건축형식을 개략적으로 살펴본다면 다음과 같다. 묘실에 사용된 돌기둥에는 4각 기둥을 비롯하여 8각 기둥, 원기둥도 사용된 예가 있다. 벽화고분 모서리 주형도(柱形圖)는 대부분이 기둥머리의 모서리가 둥근 모양으로 되어 있으며, 배흘림이 뚜렷한 것으로 미루어 보아 대규모의 건물에는 원기둥이 많이 사용되었으며, 그 다음으로는 4각 기둥이 많이 사용되었던 것으로 생각된다. 특히, 쌍영총(雙楹塚)의 8각주는 매우 특수하며 주초(柱礎), 주신(柱身), 주두(柱頭) 모두가 팔각형이다.

고구려 공포형식은 첨차(簷遮)가 하나 있는 경우와 2중으로 되어 있는 것이 있으며, 첨차 위에 삼두(三斗)를 올린 것이 대부분이었으나, 이두(二斗)로 된 것도 있다. 주두와 소로(小累)에 굽 받침이 있는 것도 있고, 굽 받침이 없는 것도 있다. 첨차의 끝의 모양은 수직으로 끊고 하단부를 사면(斜面)으로 만든 것과 호면(弧面)으로 만든 것이 있다. 소로가 놓이는 곳은 첨차가 약간 위로 올라가도록 하였고, 첨차의 윗몸에 공안형(栱眼形)을 만들어 놓은 것이 많다. 천왕지신총(天王地神塚) 벽면에서 직각으로 돌출한 첨차가 있는 것으로 미루어 볼 때, 그 당시 출목(出目)이 있는 공포가 있었을 것으로도 추측된다.

창방(昌枋)과 도리 사이에는 대부분 그 위에 소로를 갖춘 인자대공(人字臺工)이나 동자주(童子柱)로 받쳐져 있으나 보간포작(補間包作)은 없었다. 특히,

흥미있는 것은 집안 사신총(四神塚) 모서리에는 괴수지지상(怪獸支持像)이 있어 당시의 목조건축에도 이와 비슷한 것이 사용되었을 것으로 추측된다. 이와 같은 건축의 세부양식을 본다면, 당시 주요건축인 궁궐 및 불사에 사용된 건축기술은 상당히 발달되었던 것이며, 매우 다양한 수법이 사용되었음을 알 수 있다.

4. 궁궐건축

(1) 안학궁지

고구려의 궁궐건축은 집안 국내성에 남아 있는 궁터의 초석들과, 평양 대성산성 부근의 안학궁지(安鶴宮址) 및 청암리(淸岩里) 유지(遺址) 또는 모란봉, 을밀대에 있는 고궁터에서 발견된 초석(礎石) 등과, 그 부근에서 발견된 수키와 막새에서 옛 모습을 다소간 찾아볼 수가 있고, 고분 벽화에 나타난 건축도에서 많은 참고자료를 얻을 수 있다.

근래 발굴조사에서 밝혀진 바에 따르면, 안학궁지(安鶴宮址)는 한 변의 길이가 622 m인 네모난 평면의 토성(높이 8 m)으로 둘려 있으며 성 밖에는 해자(垓字)가 발견되었고, 성벽 남쪽에는 3개의 문터, 동쪽 · 서쪽 · 북쪽에는 각 1개의 문터가 나타났다. 궁터의 지형은 남쪽으로 약간 경사지고 중앙과 서쪽이 높다. 궁성(宮城) 안에는 남북 축선(軸線)을 따라 건물들이 배치되고 총건평 31,458 m^2에 달하는 52개의 건물터가 발견되었다. 남궁지(南宮址)와 중궁 및 북궁지(北宮址)는 중심 축상에 놓이고 그 좌우에 동궁(東宮) 및 서궁지가 있으며, 안학궁의 배치는 고대 천문사상이 반영된 것으로 생각된다. 모든 건물터들은 회랑(廻廊)터로 연결되었다. 남궁지의 동서 길이는 280 m이며, 남궁은 가장 큰 것으로 국가의 공식적 의례행사(儀禮行事)가 이루어진 곳이었다. 북문과 서문 가까운 곳에는 조산(造山)이 있었고 동남쪽 모서리에는 연못자리가 있다. 안학궁지(安鶴宮址)는 고구려 왕궁의 웅장하고도 화려했던 옛 모습을 잘 나타내고 있는 것으로 생각된다.

남궁(南宮)의 중심이 되는 정전(正殿)은 가장 큰 건물로서 11간×4간(49 m×16.3 m)이며, 남궁과 중궁(中宮)은 3간의 넓은 회랑으로 연결되어 있다. 정전을 비롯하여 모든 궁전들은 평면형이 특이하다. 중궁은 왕이 일상적인 정사를 보는 곳이며, 북궁(北宮)은 침전(寢殿)이다. 동궁은 세자가 살던 곳이며, 서궁(西宮)은 궁전에서 시무하는 사람들이 일하던 곳으로 생각된다.

그림 24.
안학궁지 배치도

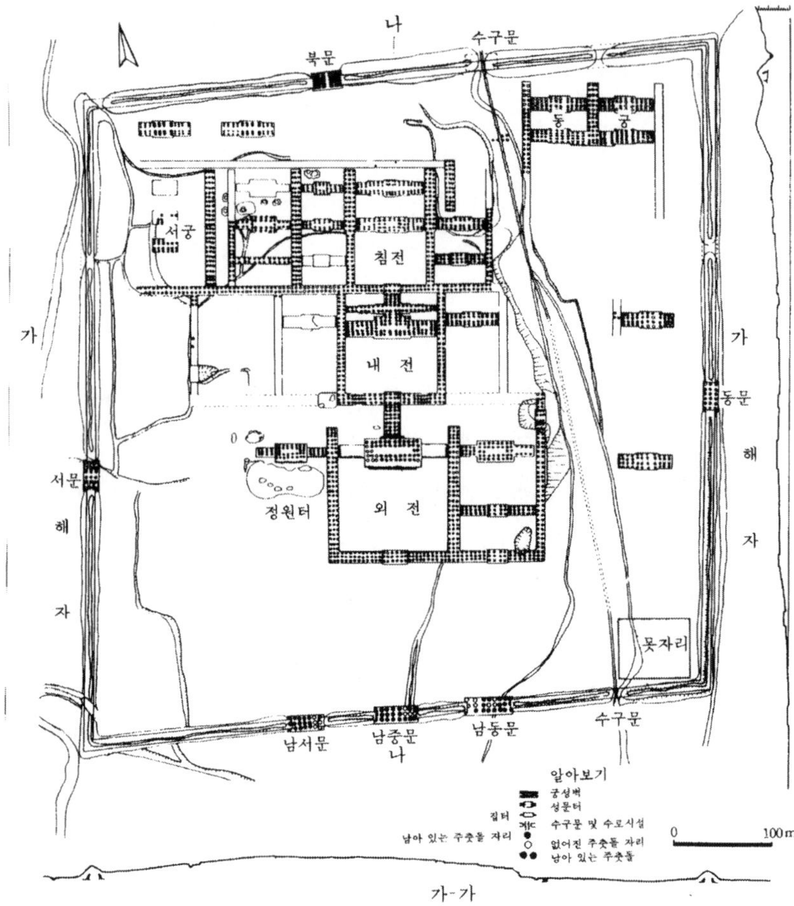

그림 25.
안학궁 전경도(복원)

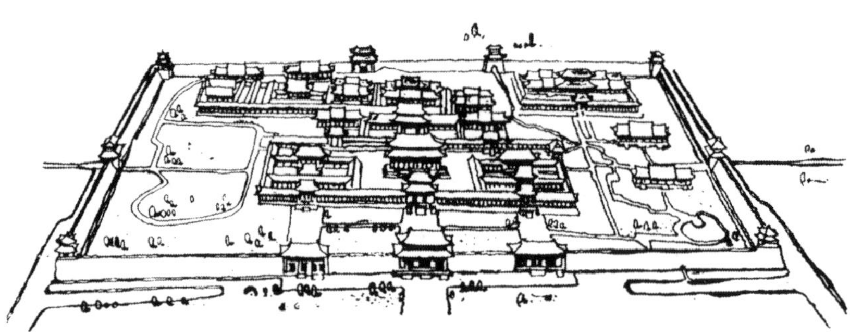

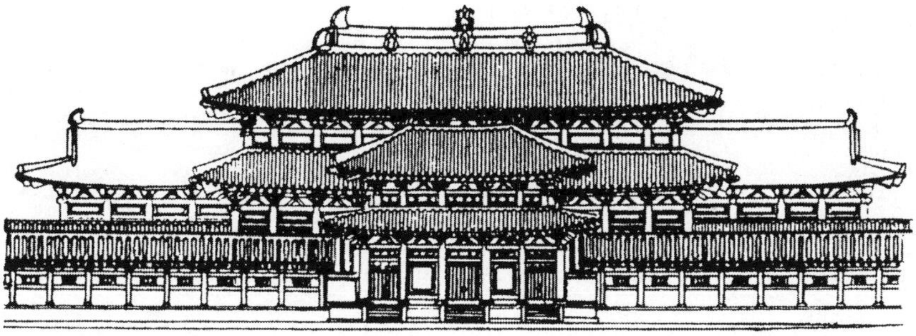

그림 26.
안학궁 남문내부 중심부 전개도(복원)

(2) 와당 및 전

「신당서」(新唐書)에 보면 "고구려는 오직 왕실과 궁부(宮府) 또는 불사에만 기와를 사용하였다"라는 기록이 있어서 기와는 궁실과 사찰에만 사용된 것을 알 수 있다. 고구려 유지에서 발견된 기와 중에서 가장 오래된 고구려의 와당(瓦當)은 태왕릉(太王陵) 및 장군총(將軍塚), 천추총(千秋塚) 등에서 발견되었다.

고구려 유지(遺址)에서 발견된 기와막새 중 가장 오래된 것은 장군총(將軍塚)에서 발견된 것이다. 연대가 확실할 뿐만 아니라 고구려의 특색을 가장 잘 나타내는 것으로서, 비교적 주연(周緣)이 두껍고 높으며, 중앙이 만두형(饅頭形)이 되어 있다. 그 주위에 이중선이 둘려 있고, 여기서 2개의 선이 8방으로 방사(放射)되게 만들어져, 이들 구획된 부분에는 연입형을 만들었으며, 연입 좌우에는 각각 1개의 작은 주문(珠文)이 있다. 이것은 한식(漢式)과 불교양식을 절충하여 만든 고구려의 특수한 와당형식(瓦當形式)이라 생각된다.

산성자성(山城子城)에서 발견된 수면와당(獸面瓦當)은 매우 웅건하고 훌륭한 것으로, 고구려 후기의 와당으로 생각된다. 안학궁지(安鶴宮址)에서 발견된 와당은 주연(周緣)이 비교적 넓고, 주연에 주문(珠文)들을 배치하였다. 중앙에 만두형을 매우 높게 만들어서 주위에 8개의 연판(蓮瓣)을 만들었으므로, 장군총에서 발견된 것과 같은 것임을 알 수 있다. 평양성 안에서 발견된 와당은 후기의 것으로, 당초문양(唐草文樣)과 연판을 복합하여 만든 것이며, 모양이 매우 우아하게 만들어졌다. 그 중에 특수한 와당으로는 중앙에 2중 환상으로 주문(珠文)을 배치하고, 주위에 S자형의 와권문양(渦劵文樣)을 8개 배치한 다음, 주변에 다시 주문을 배치한 것이 있어서 디자인이 매우 특이하며, 다른 데에서 찾아볼 수 없는 예라고 생각된다(도판 25 참조).

고구려 건축에는 낙랑의 영향으로 전(塼)도 많이 사용되었다. 고구려의 전은 반전(半塼)이 많이 발견되었고, 그 형상은 백제의 것보다 더 길게 되어 있다. 전문양은 낙랑 시대의 전문양(塼文樣)보다 많이 발전되어서 복잡해지고, 기하문양 · 당초문양을 가진 전이 발견되었으며, 평양 평천리(平川里)에서는 선형전(扇形塼)이 출토되어서 그 크기는 장현(長弦)이 약 30 cm, 단현(短弦)이 25 cm, 폭 11.5 cm, 두께 4.2 cm로 상하 면에는 문양이 없고 주위의 4면에 문양이 있었다고 한다. 그뿐만 아니라 뒤에서 설명하는 바와 같이 석총(石塚)에서 기명문(記銘文)이 있는 전도 발견되었다.

용강군(龍岡郡) 매산리(梅山里) 사신총(四神塚) 묘실 북벽과 쌍영총(雙楹塚) 서북벽면에 장엄한 장막건물(帳幕建物)이 그려져 있는 것으로 보아서, 그 당시 궁궐 내에서는 이와 같은 장막이 사용되었을 것으로 추측되며, 그 형상이 운강석굴(雲岡石窟)에서 표현되어 있는 장막이나 그 밖의 중국 육조(六朝)시대에 나타난 것들과 유사한 점이 있고, 그 장식들이 훌륭하다고 생각된다.

5. 불사건축

(1) 금강사지

불사건축도 그 유지(遺址)가 거의 모두 없어졌으므로 현재는 형태를 자세히 알아볼 길이 없으나, 역사적 기록에 의한다면 소수림왕(小獸林王) 2년(372)에 진왕부견(秦王符堅)이 사신과 불승인 순도(順道)를 보내 불교를 전함으로써 소수림왕 5년에 이불란사(伊弗蘭寺)와 초문사(肖門寺)를 국내성에 창건한 것을 비롯하여, 광개토왕(廣開土王) 2년에는 평양에 9개의 불사를 창건하였다. 또 문자왕(文咨王) 7년에 금강사(金剛寺)를 창건하였으며, 영류왕(營留王) 때와 보장왕(寶藏王) 때에도 많은 불사가 만들어졌고, 그 밖에 영탑사(靈塔寺), 육왕사(育王寺) 등이 있었으나, 그 위치는 지금 잘 알 수가 없다. 그러나 당시는 도성 가까이 불사가 건립되었을 것으로 생각되며, 삼국유사에 기록된 영탑사에는 8면 7층의 석탑이 있었고, 요동성 육왕탑(育王塔)은 7층 목조탑이었다 하므로, 단편적이나마 당탑(堂塔)의 장엄함을 추측할 수가 있다.

고구려 불사지로 추측되는 청암리 금강사지(金剛寺址)의 배치는 남북을 주축으로 하여 불탑지로 생각되는 8각 전지(殿址)가 중앙에 놓였으며, 그 동서남북 쪽에 각각 기단 터가 확인되었다. 이것들은 보도로 각각 연결되어 있고, 이 건물지들의 북방에 좀 떨어져서 나란히 서 있는 3개의 기단 터가 있다. 중앙의 것이 양측보다 크고 기단 터가 명확하며, 다시 더 뒤로 가서 북쪽 대지 위에 기단 터의 흔적이 있다. 이 사지의 불사배치 기본방법은 당시의 왕

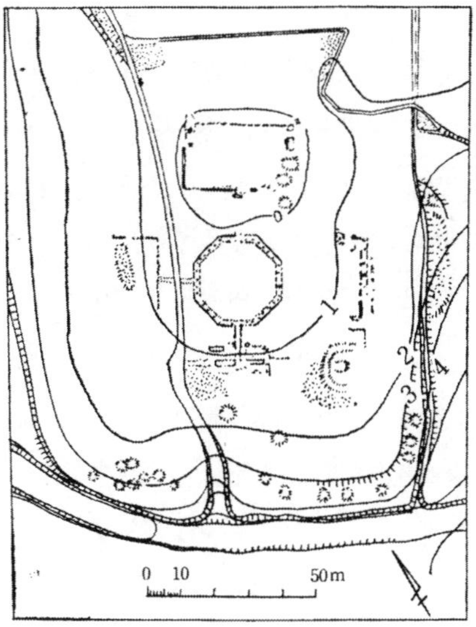

그림 27.
청암리 금강사지 실측도

궁건축에서 유래된 것으로, 우리나라 초기 불사건축 형식을 나타내는 중요한 자료라고 생각되며, 문자왕(497) 때 창건한 금강사지(金剛寺址)로 추정된다.

(2) 정릉사지

고구려의 불사지로서 1974년에 발굴 조사된 정릉사지(定陵寺址)는 평양시 역포구(力浦區) 왕릉동 동명왕릉(東明王陵)에서 남쪽으로 약 210 m 떨어진 곳에 있다. 정릉사(定陵寺)는 고구려가 427년 평양으로 천도하였을 때 시조(始祖) 왕릉을 이장하고 그 옆에 건축하였다고 전한다. 정릉사지 배치는 동서

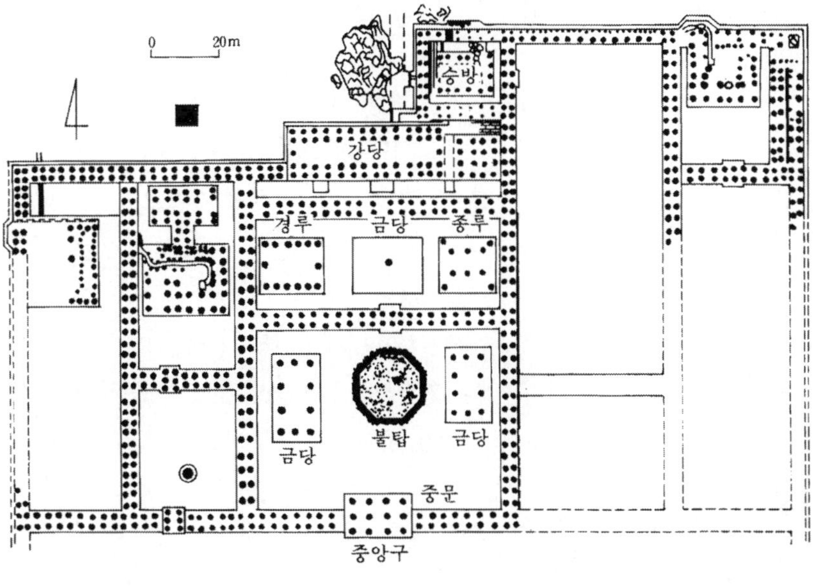

그림 28.
정릉사지 배치도

약 200 m, 남북 약 130 m이며 주변에 회랑지(廻廊址)가 있고, 또한 그 배치는 회랑들에 의해 5개의 구(區)로 구획되었다. 중앙구는 동서의 폭이 67 m이며, 남쪽에 중문과 그 북쪽에 8각 탑지를 중심으로 동 · 서 · 북에 금당지(金堂址)가 있다. 1척이 35 cm 정도가 되는 고구려척이 건축에 사용된 것으로 추정되고, 8각 탑지의 폭은 17.6 m(50척), 탑 1변의 길이는 7.3 m(21척)이며, 동변 · 서변 · 남변 · 북변 중앙에 입구를 둔 흔적이 있다. 북금당지는 회랑으로 차단된 북쪽에 있고, 그 동쪽에 종루지(鐘樓址)와 서쪽에 경루지(經樓址)가 있다. 북금당지 북쪽에 강당지(講堂址)가 있고, 그 동북쪽에는 외줄의 구들이 남아 있는 승방지(僧房址)와 조원지(造苑址)가 있다.

정릉사지(定陵寺址)의 중앙구(中央區) 배치는 금강사지의 배치와 유사한 점이 있다. 다만, 여기서는 건물들 사이에 회랑을 만들어, 건물 군구(群區)를 동서로 막아서 5구역을 형성한 것이 특이하다. 이 불사지에서 출토된 와편(瓦片) 중에 정(定), 정릉(定陵), 능사(陵寺) 등의 명문와(銘文瓦)가 발견되어 정릉사(定陵寺)로 추정하고 있다.

6. 기타 건축

(1) 사 묘

불사뿐만 아니라 고려의 사묘(祠廟)건축도 상당히 발달되었던 것으로 생각되며, 위지(魏志) 동이전(東夷傳) 고구려조에 있는 기록에 의하면 「사는 곳의 좌측에는 대옥(大屋)을 세워, 귀신과 영성사직(靈星社稷)을 제사하였다」란 구절이 있어 그 사실을 알 수 있다.

고구려는 궁궐 및 불사건축뿐만 아니라 이전부터 내려오던 토속신앙에 의한 사묘건축과 제신(祭神)건축도 상당히 발전했었다고 생각된다. 고구려 사람들은 이미 기원전부터 천제(天祭)를 지냈고, 또 조상을 섬겼으며 샤머니즘의 무속신앙을 갖고 있었다.

중천왕(中川王) 13년(260)조에는 “왕이 졸본(卒本)에 가서 시조(始祖)의 사당에서 제자를 지냈다.”라고 기록되어 있다. 「후한서」(後漢書)의 「동이전」 고구려조에는 “10월에 제천의식을 거행하였으니 동맹(東盟)이라 하였다.”라고 기록되었다. 이와 같은 내용은 삼국지 「위지」(魏志)에서도 볼 수 있어 ‘국중대회’(國中大會)로 밝히고 있다.

『삼국사기』 영유왕(榮留王) 7년(624)에는 당(唐)에서 도사를 보내와 도교

(道敎)를 소개하고 노자(老子)를 강희하여 왕과 나라 사람들이 듣게 되었다. 다음 해에는 왕이 당(唐)에 사신을 파견하여 불교와 도교의 교리를 배우게 하였다고 기록되어 있다. 보장왕(寶藏王) 2년(643)조에 보면 연개소문(淵蓋蘇文)이 왕에게 말하기를 "삼교(三敎)는 세 발 달린 그릇(鼎)의 발과 같아서 어느 하나가 없으면 안 되는데 지금 유교와 불교는 흥성하나 도교가 발전하지 못하니 당(唐)나라에서 도교를 들여와 나라 사람들을 가르치게 하소서."하고 청하였다. 그의 청에 따라 왕은 당(唐)나라에서 도사와 숙달(叔達) 등 8명과 『노자 도덕경(道德經)』을 영입하여 사찰을 선택해서 도관(道觀)으로 사용하게 했다는 기록이 있다. 이와 같은 기록에 의하면 그 당시 불사건축과 흡사한 도관이 있었음을 알 수 있다. 또한 유교도 매우 흥성하였으므로 문묘(文廟)건축들이 있었을 것으로 생각된다. 그러나 그 유지들은 아직까지 발견된 것이 없다.

(2) 주 거

중국 길림성에 있는 고구려 집안(集安) 동대자(東臺子) 주거지의 조사 보고에 의하면, 이 곳에서 노출된 건물터는 짜임새나 규모 그리고 출토된 유물로 보아 고구려 후기 귀족계급의 주거지로 추정되고 있다. 전후 부속 건물터와 함께 한 동의 집터가 발굴되었으며, 평면이 장방형이고 동남향을 하였다. 기단(基壇) 위에 건물을 세웠으며 유지(遺址)로 보아 동서 2개의 방과 그 사이에 남북으로 가로놓인 좁은 통로로 구성되었고, 2개의 방 외부 주위에도 바깥줄기둥(外陣柱)의 적심석(積心石)이 배열되어 마치 트인 주열(柱列)을 갖는 툇간집 평면과 같다.

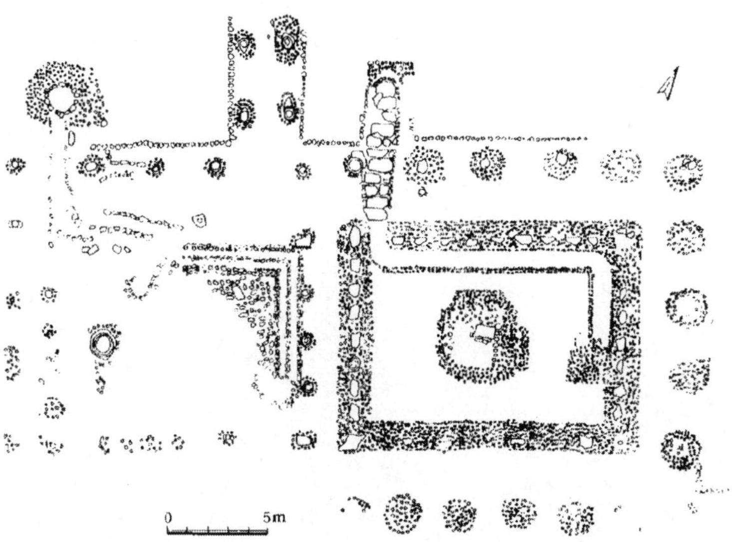

그림 29.
집안 동대자 주거지 평면도

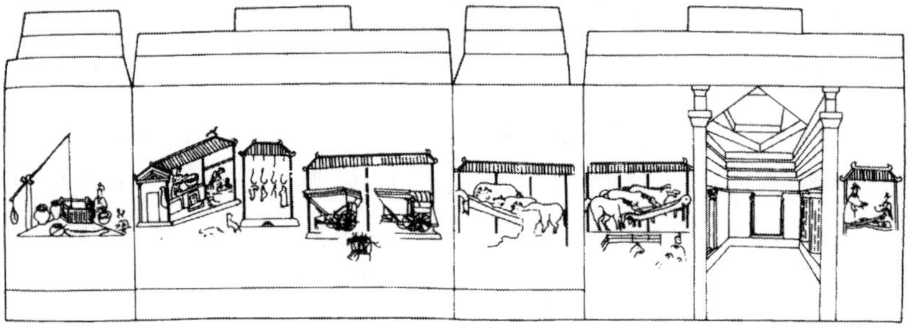

그림 30.
안악 제3호 분묘
동측실 내부벽 전개도

건물평면의 동서 길이는 35 m이고 남북의 길이는 15 m이며, 또 방의 크기는 동쪽·서쪽 방이 다같이 15 m×11 m 정도가 된다. 동쪽 방의 벽체는 줄기초 위에 세워졌음을 남아 있는 적심석으로 보아 알 수 있고, 서쪽방의 벽은 일정한 간격을 갖고 놓여진 독립기초 위에 세워졌음을 알 수 있다. 동쪽 방의 중앙부에는 바닥에 1.5~2.0 m의 폭으로 강돌과 진흙을 30~50 cm 두께로 다져 깔았는데, 이것이 불단이거나 제단이었을 것으로 추측된다. 건물터에 남아 있는 초석들은 주좌(柱座)를 한 단으로 몰딩한 것과 두 단으로 한 것이 있다. 양쪽 방에는 각각 1개씩 ㄱ자형 온돌을 놓았는데, 동쪽 방의 것은 외고래 구들이고 서쪽 방의 것은 두 고래의 구들이었다.

안악(安岳) 제3호 분묘 동측실에는 방앗간, 부엌, 고깃간, 차고, 우사, 외양간 등의 부속건물 그림들이 있어서, 그 때 상류계급의 생활은 기능이 많이 분화되어 근세와 거의 같게 된 것을 알 수 있다.

일반 서민주택을 본다면 신당서(新唐書) 고려전(高麗傳)엔 「나무를 쌓아 올려 누(樓)를 만들었다」라 하였고, 위지(魏志) 권30에는 「대창고(大倉庫)가 없고 집마다 소창고인 부경(桴京)이 있다」란 구절이 있으니, 누목식(累木式) 건축과 고상식(高床式) 건축이 있었음을 알 수 있으며, 특히, 마선구(麻線溝) 1호분의 벽화에서는 완전히 발달된 형식의 고상식 귀틀집을 볼 수 있다.

신당서(新唐書)에는 「겨울에는 온돌을 만들어서 난방을 하였다」란 구절에서 당시에 온돌이 많이 사용되었음을 알 수가 있고, 구당서(舊唐書)에 「산곡(山谷)에 살았으며, 모초(茅草)로 집을 이었다」란 구절과, 수서(隋書)에 「같은 방에서 잔다」라는 말이 있어 일반서민은 비교적 검소하게 살았음을 알 수 있다.

7. 분 묘

(1) 석 총 묘

고구려의 분묘는 만주의 집안(集安) 지방을 중심으로 압록강 유역과 평양을 중심으로 대동강 유역에 무수히 산재하여 있으며, 외형은 석총(石塚)과 토총(土塚)으로 구분할 수가 있다. 집안 지방에서는 석총이 반수를 차지하고, 평양 지방에서는 토총이 많다. 그러나 고구려 석총묘의 외형이 거의 완전하게 보존되어 있는 것은 장군총(將軍塚) 뿐이고, 다른 것은 거의 붕괴되거나 그 석재가 딴 곳에 전용되었다.

고구려 고유의 묘제(墓制)는 적석총(積石塚)이었을 것으로 생각되며, 이 적석총은 시베리아 일대에 널리 퍼져 있는 것으로, 예니세이 지방에서는 쿠르간(Kurgan)이라 불리는 석리(石籬)에 둘러싸인 낮은 봉토분(封土墳)이 중심구조로 되어 있다. 호석(護石)으로 된 석리의 형식은 장군총에도 영향을 준 것으로 생각되며, 고구려 석총의 대표적인 것으로는 태왕릉(太王陵)과 장군총 등이 있다.

1) 장 군 총

장군총(將軍塚)은 집안 지방에서 가장 그 외형을 잘 보존하고 있는 유일한 석총으로서 고구자(古口子) 산기슭 높은 곳에 위치하고 있으며, 광개토왕 비석에서 동북쪽 약 1.5 km 되는 곳에 있다. 외형은 석조 7층의 정사각형 단으로 형성되어, 단형(段形) 피라미드의 형상을 갖고 있으며, 상부는 콘크리트로 높이 90 cm 정도의 만두형(饅頭形)을 만들었다. 기변의 길이는 30.9 m, 최상층은 지상의 높이가 11.5 m이고, 만두형 정상까지 12.7 m이다. 제1층은 큰 돌을 4단으로 쌓아서 만들었고, 제2층 이상은 큰 돌을 3단 쌓아서 만들었으며, 각 층의 상면은 폭이 약 1.1 m로 사방에 돌아가 있고, 이 곳에서 수막새 기와와 암키와의 파편을 많이 발견할 수 있어서, 처음에는 기와를 입혔던 것으로 생각된다.

제1층, 즉 기단에는 4면에 높이 3.6 m, 폭 1.8 m 정도의 거대한 자연석을 각 변에 3개씩 기대에 세워서 호석(護石)과 같은 역할을 하고 있다. 정상부에 만두형으로 된 곳의 하부주위에 둘러놓은 갑석(甲石) 상면에는 난간 동자주(童子柱)의 장부구멍이 있어서, 처음에는 난간이 있었던 것으로 추측된다. 연도(羡道) 입구는 제5층에 있으며 서남향이고, 길이 약 5.4 m, 폭 2.57 m, 높이 5.1 m로 되어 있어서 당시에는 내부에 돌문이 있고, 외부와 중간에 돌로 폐쇄하였던 것으로 생각되나 모두 다 파괴되었다.

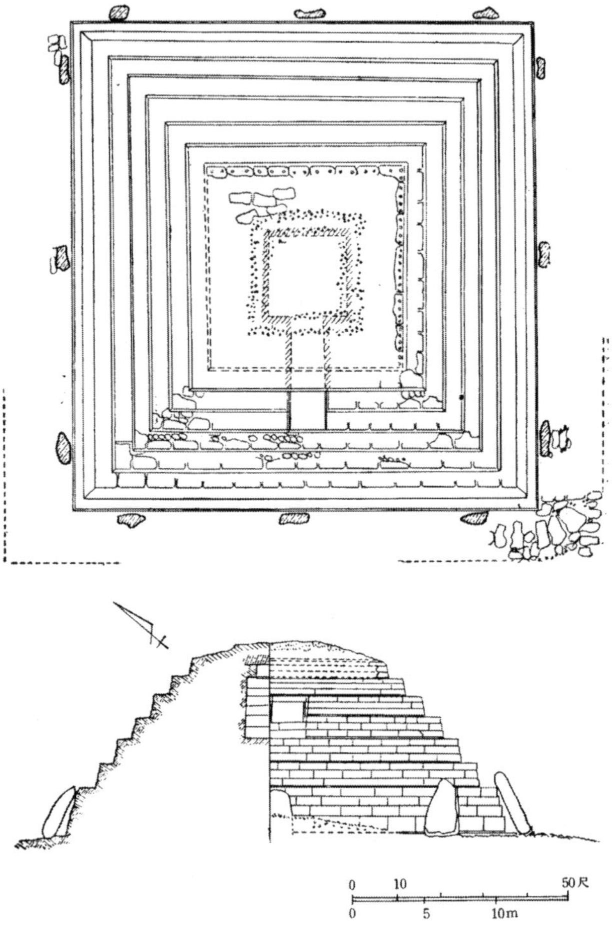

그림 31.
장군총 실측도

묘실은 폭 5.34 m, 길이 5.4 m, 높이 5.1 m로, 벽은 큰 석재로 견고히 쌓고, 상부 천장은 하면 3.9 cm, 측면 90 cm로 되게 한 단을 내어 쌓은 다음, 한 장의 큰 석판으로 덮었다. 돌쌓기 공법은 매우 정교하여서 1500여년이 지난 지금도 기울어지지 않고 잘 보존되어 있으며, 묘실 안의 석면에는 석회를 전부 발랐으며, 이것이 많이 벗겨져 있었다. 또, 실내에는 크기 1.38 m×3.15 m의 관좌대석이 2개 있다.

석총(石塚) 각 층의 뒷부분에는 자연석을 적심(積心)으로 사용한 것으로 보이며, 표면석재의 뒷면에는 콘크리트를 넣어서 견고하게 만든 것 같다. 석재 접촉면이 잘 아물게 하였으며, 석재의 면은 약간 곡면기분이 나도록 치석(治石)을 하여 공법이 매우 정교하다. 석총 주위의 지면에는 냇돌을 깔아 묘역(墓域)을 형성하였다. 각 단상면(段上面)에서 발견된 수막새 기와와 암막새 기와에 해당하는 기와가 발견되었으며, 수막새는 한식(漢式)에 가까운 연꽃문양이 있고, 암키와는 매우 정교하게 만들었으며, 그 면에 문자를 음각한 것이 있었다.

2) 태왕릉 및 천추총

태왕릉(太王陵)은 동강(東崗) 서쪽 토구자산(土口子山)에서 서남방으로 뻗친 높은 산의 끝부분에 있으며, 장군총보다 훨씬 더 큰 규모를 가진 큰 석총묘 이었으나, 지금은 붕괴되어 큰 돌더미가 되어 있다. 기단의 크기는 전면 60 m, 측면 60.6 m이고, 석곽(石槨) 천장까지의 높이는 지상에서 55척이다. 제1층, 즉 기단은 큰 석재로 7단을 쌓아서 만들었으며, 호석역할을 한다고 생각되는 높이 5.85 m, 폭 1.75 m의 큰 자연석을 앞뒤 면에 6개, 측면에 5개씩 기대어 배치하였다. 묘실은 정남(正南)을 향하였으며, 크기는 동서 2.8 m, 남북 3.13 m, 실의 높이는 알 수 없으며, 붕괴되어 전후 벽의 상부를 3단으로 내어 쌓았고, 좌우는 내쌓지를 않았으며, 그 위에 천장 개석(蓋石)으로 동서 4.5 m, 두께 0.8 m 되는 크기의 큰 석판을 덮었다.

석총의 적심은 냇돌을 사용하였고, 석총이 무너진 석괴(石塊) 더미 속에서 많은 전파편(塼破片)이 발견되었으며, 전(塼)의 표면에는 "태왕릉이 산같이 안전하고 바위 봉우리같이 견고하기를 원한다(願太王陵安如山固如岳)"라는 명자(銘字)가 있다. 여기서도 주연(周緣)이 매우 높은 수막새 기와가 발견되었으며, 후세의 암막새 기와에 해당하는 기와조각을 발견하였다.

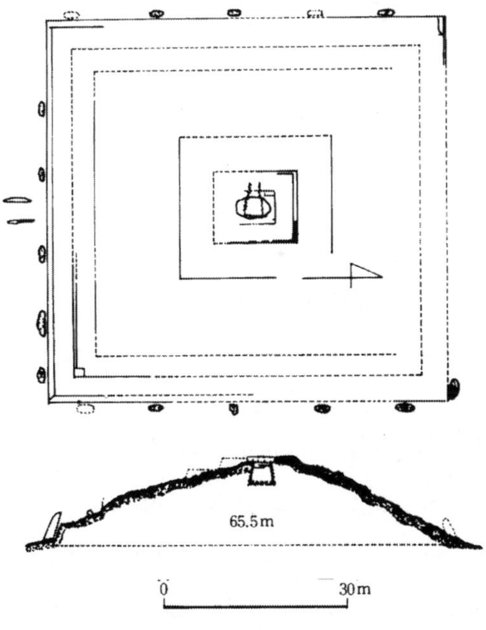

그림 32.
태왕릉 실측도

마선구(麻線溝) 계류(溪流) 왼쪽의 평야에 큰 석총이 있으며, 전부가 붕괴되어서 큰 돌더미로 화하였는데, 그 크기가 태왕릉과 비슷하다. 이 곳에서는 "천년만년 오래 견고히 보존되어 하늘과 땅과 서로 끝나라(千秋萬歲永固保固乾坤相畢)"라는 기명(記銘)이 있는 전이 발견되어 천추총(千秋塚)이라 부르게 되었다. 큰 석재들을 높은 언덕 위에 운반하여 견고하게 석총(石塚)을 축조하였던 것은, 당시 고구려의 건축기술이 매우 발달하였음을 입증하는 것으로 생각된다.

이 석총들과 관련을 갖고 있을 것으로 생각되는 광개토왕비(廣開土王碑)는 산구자산(山口子山)에서 내려오는 작은 계류에 면한 언덕 위에 위치하며, 우뚝 서 있다. 이 비는 광개토왕의 위대한 업적을 기록한 비로서 응회암의 대자연석으로 되어 있으며, 따라서 단면은 부정형인 사각형으로 되어서 크기는(밑에서 세 번째 문자가 있는 곳에서) 정면 1.54 m, 우측면 1.42 m, 배면 1.97 m, 좌측면 1.39 m, 지상의 높이 6.33 m이다.

이 대자연석 4면에는 고졸(古拙)하고 웅혼(雄渾)한 야성적인 고례체(古隷體)의 비명(碑銘)이 새겨져 있으며, 이 비는 단일석재로 된 것으로는 동양 제일이다. 아무런 수식도 없이 자연석 그대로를 사용한 것은 웅대하고 장엄한 맛을 더하여 주는 것으로, 고구려 사람들의 기개와 자연미에 대한 감응의 깊이를 볼 수 있는 것으로 생각된다.

(2) 토 총 묘

고구려 토총묘(土塚墓)의 기본형식은 연도(羨道)가 있는 횡혈식(橫穴式) 석실(石室)을 흙으로 덮은 것이며, 봉토(封土)의 외형은 원형이 많고, 정방형 및 방추대형(方錐臺形)도 사용되었다. 집안(集安)에 있는 오괴분(五塊墳)의 예를 보면 석총과 같은 방법으로 그 주위의 지면에 냇돌을 깔아서 묘역(墓域)을 표시하였고, 봉토(封土) 기단부에는 큰 자연석을 세워 호석(護石) 역할을 하도록 하여, 기본형식이 석총과 어느 면에서는 공통되는 점을 찾아볼 수 있다. 묘실의 평면은 일반적으로 전실(前室)과 주실(主室)이 있으며, 경우에 따라서는 집안의 삼실총(三室塚)과 같이 묘실 3개가 ㄱ자로 연결되어 있어, 다실묘(多室墓)로 된 것도 있고, 전실없이 단실묘(單室墓)로 된 것도 있다.

고구려 토총묘의 묘실은 천장구조가 특이하며, 그 일반적인 방식은 벽 상부를 2~3단 내에 쌓은 다음, 모서리 부분에 삼각형의 석재를 걸쳐서 내쌓은 방법을 2~4단 되풀이하여 좁혀서 쌓아 올린다음, 정상 부분에 천장석판을 놓는 구조로 되어있다. 이 천장구조는 말각 조정(抹角 藻井)이라고도 부르나, 오

그림 33.
고구려 토총묘 천장도

히려 모서리 삼각형 내쌓기 천장이라고 칭하는 것이 적당하다.

이와 같은 공법은 하남성(河南省) 기남(沂南)의 3세기경의 석실묘에서도 볼 수 있고, 운강(雲岡) 석굴과 신강(新疆), 서장(西藏) 및 서북 인도의 카슈미르(Kashmir) 지방에 있는 불교석굴에서 그 예를 볼 수 있다. 그뿐만 아니라 이와 같은 공법은 기본원리에 있어, 페르시아 지방에 서기 3세기 초부터 7세기에 걸쳐, 사사니안(Sassanian) 사람들이 고안하여 주로 사용한 공법인 스퀸치(squinch) 구조법과 흡사한 점이 있다. 즉, 정방형 평면 모서리에 삼각형의 석재인 스퀸치를 내쌓아 팔각형을 만들고, 그 위에다 이 방법을 여러 번 반복하여 원형에 가까운 평면을 만드는 스퀸치 공법과 상통하는 점이 있는 것으로서, 이와 같은 공법은 서아시아에서부터 중앙아시아와 화북(華北)을 거쳐서

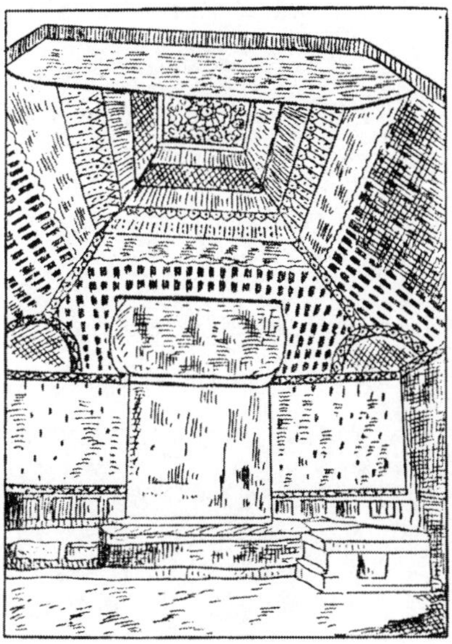

그림 34.
돈황불굴의 내부

고구려까지 들어온 것으로 생각되며, 한국에서는 고구려 사람들이 이 공법을 사용하였다.

묘실벽면에는 두껍게 회칠을 한 것이 보통이며, 그 중 프레스코(fresco)의 방법으로 벽화를 그려 놓은 것이 있어, 지금까지 발견된 벽화고분은 40개가 된다.

1) 초기 토총묘

5세기에 만들어진 고구려 초기 토총묘는 중국의 한문화 및 삼국 시대 문화와 낙랑 문화의 영향을 많이 받은 것으로, 전실(前室)의 좌우에 측실(側室)이나 감실(龕室)이 있고, 폭이 주실보다 넓으며, 평면형이 대략 T자형으로 되어 있다. 벽화는 전실에 주인부부 중심으로 시종인, 신하들을 그렸으며, 한(漢)문화의 영향으로 사신도(四神圖), 불교의 영향으로 연꽃문양 등이 그려져 있다. 초기에 속하는 토총에는 안성대총(安城大塚), 강서(江西) 간성리(肝城里) 연화총(蓮花塚), 순천(順川) 천왕지신총(天王地神塚), 증산군(甑山郡) 가장리(加長里) 벽화고분, 강서 약수리(藥水里) 고분 등이 있고, 집안(集安) 환문총(環文塚) 및 삼실총(三室塚), 용강(龍岡) 매산리(梅山里) 사신총(四神塚) 등도 초기의 것으로 생각된다.

이 중에 가장 대표적인 것으로 건축적인 수법이 많이 표현된 천왕지신총에 대하여 고찰해 본다면 다음과 같다. 순천(順川) 북창면(北倉面) 송계동(松溪洞) 평야 속에 고립한 토총으로, 묘실은 주실(主室)과 전실(前室)로 되어 있고, 천장구조는 매우 기묘하며, 경탄할 만한 것이다. 주실은 정방형에 가까우며, 동서 2.76 m, 남북 3.08 m의 크기를 갖고 있어, 벽 상부의 모서리를 삼각형으로 내쌓아 팔각형으로 만들고, 삼각형으로 내쌓은 부분의 하면은 모서리에 인접한 벽면 양쪽에서 각각 뻗쳐 나온 인자대공(人字臺工)과 소로를 사용하여 받쳐 있다.

팔각형의 상부 벽은 올라가면서 안으로 휘어져 있는 8개의 곡면으로 만들었으며, 곡면 벽 모서리의 상부에서 첨차를 돌출시켜 소로를 그 위에 놓아 1출목(出目)을 만들어, 상부에다 재차 같은 방법으로 8개의 곡면 벽을 형성하였는데, 위에 말한 1출목 첨차하부의 곡면 벽에는 인자대공을 그려서 받쳐 있는 형상을 만들었다. 위에 있는 8개의 곡면 벽 상부는 정방형에 가깝게 만들었으며, 그 상부에 모서리 삼각형 내쌓기를 2단 반복하여 좁혀 쌓은 다음 천장 개석(蓋石)을 놓았다.

특이한 것은 상부 4개의 곡면 벽 중앙에서 올라간 십자형으로 교차된 인자대공(人字臺工)을 만들어서 천장 개석(蓋石)을 중앙에서 다시 받쳤다. 이와 같은

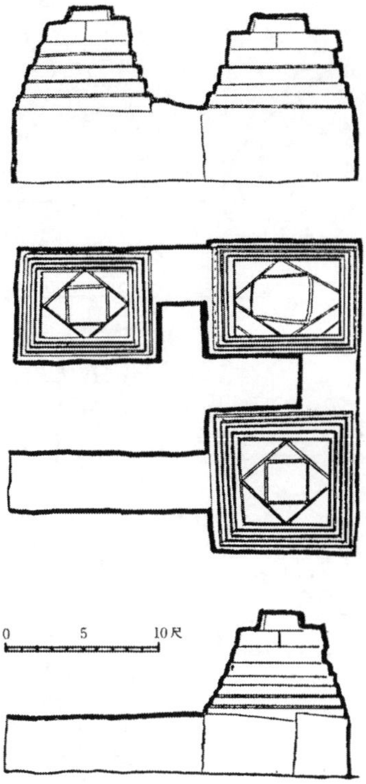

그림 35.
3실총 실측도

디자인은 매우 복잡하고 기발하며, 그 당시 목조건물의 세부를 모방하였을 것으로 추측되며, 당시의 건축기술이 매우 뛰어 났음을 잘 설명하여 주는 것이다.

주실 벽의 모든 면에는 귀갑형(龜甲形)의 윤곽 속에 연꽃송이를 도안한 문양(文樣)을 반복하여 장식하였으며, 후면 벽에는 주인부부를 그렸으나 아주 많이 훼손되었다. 곡면 천장부분의 하부곡면에는 쌍인수사(雙人首蛇), 금수조(獸首鳥), 봉황, 사슴, 뱀 등이 그려져 있고, 그림으로 된 인자대공(人字臺工) 안에는 연꽃, 구름문양 등이 그려져 있으며, 상부 내곡 면과 상부 천장에는 해, 달, 별들을 그려 놓았다. 천장 중심석을 받는 십자형 인자대공과 상하곡면 사이에 있는 밑 가장자리에는 기고(奇古)한 문양들을 그려 넣었다.

전실은 좌우로 길고, 동서 6.4 m, 남북 1.57 m이며, 그 앞뒤로 보를 걸어서 6구분하고, 중간 4구(區)에는 상부 벽면을 곡면으로 만들어 정부(頂部)를 좁히고, 평탄한 천장을 받도록 하였던 흔적이 있으나 지금은 파괴되었으며, 서쪽 끝구(區)의 천장에는 4면에서 4층으로 내쌓아서 천장정석을 받게 하고, 동쪽 끝구에는 모서리 삼각형 내쌓기를 4단 반복하여 좁혀 쌓고 천장석을 놓았다. 전실에도 가옥, 용 등의 그림을 그린 흔적이 있으나 거의 다 떨어져 버렸다. 이 분묘는 북위(北魏)의 영향을 받기 이전의 것으로 추측된다.

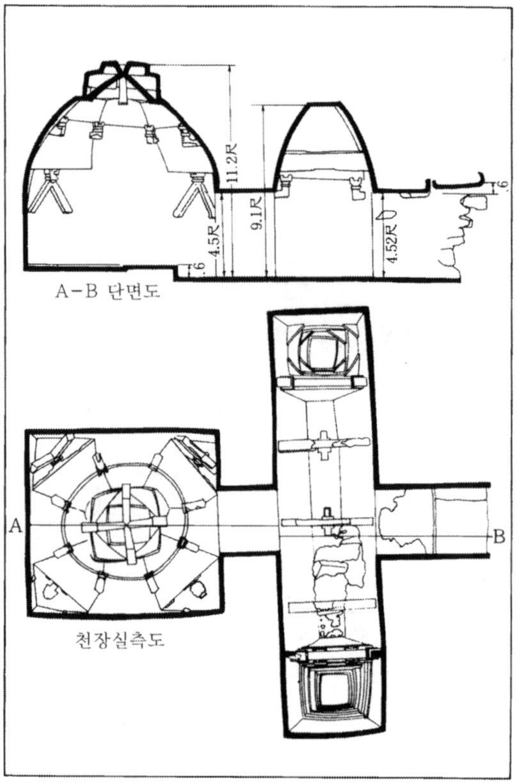

그림 36.
천왕지신총 실측도

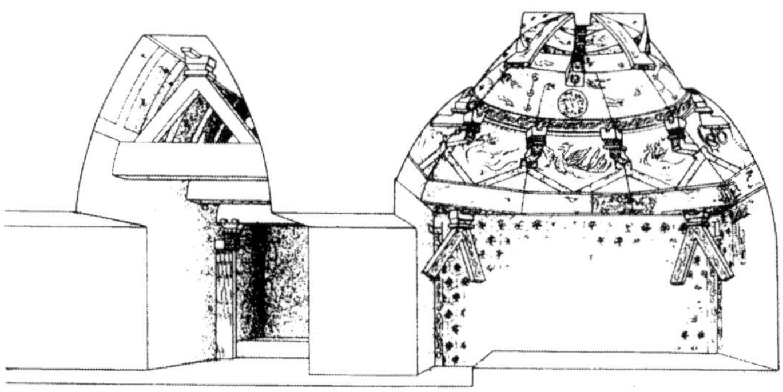

그림 37.
천왕지신총 내부 투시도

2) 안악 제3호 분묘

안악(安岳) 제3호 분묘는 황해도 안악군(安岳郡) 용순면(龍順面) 유설리(柳雪里)에 있으며 1949년에 발견되었다.

석회질 대판석으로써 구축된 남면한 T자형 석실이며 앞에 연실(羨室)과 연도가 있고 전실 좌우에는 동서에 측실(側室)이 있다. 관이 놓인 주실은 석주열(石柱列)로써 전실과 구분되었으며, 천장은 모두 모서리 삼각형 내쌓기 천장(抹角藻井)이다.

주실의 크기는 동서 3.8 m, 남북 3.32 m, 높이 2.8 m이다. 주실을 싸고 돌아가는 회랑은 동쪽 회랑과 북쪽 회랑으로 구성되어 있다. 동쪽 회랑의 크기는 동서 0.87 m, 남북 4.79 m, 높이 약 2.5 m이며 북쪽 회랑의 크기는 동서 5.34 m, 남북 0.69 m, 높이 약 2.5 m이다. 문간과 전실 사이에는 쌍닫이 돌문이 있으며 전실 동, 서쪽의 두 측실과 회랑 입구에는 네모기둥을 세워 다른 간과 구분하였다. 주실의 벽은 곱게 다듬은 큰 판석(板石)을 세워 쌓았다. 주실 내부는 돌로 기둥과 문 등을 만들어 마치 지상의 건물과 같이 꾸몄다.

특히 무덤 안에 서 있는 기둥에 대하여 세심한 배려를 하였으며, 기둥들은 받는 무게에 따라 굵기가 다르게 만들었다. 예를 들면 전실과 주실 사이, 주실 앞쪽의 기둥은 힘을 받으면서도 무덤 안의 공간구성에서 중요한 역할을 하므로 이 기둥은 구조적인 요구보다 더 굵게 하였다. 이것은 구조적인 측면과 장식적인 측면을 아울러 해결하였음을 의미한다. 이 무덤의 공포는 소로와 주두의 굽 부분을 곡면으로 만들고 첨차 밑면에 한 단의 턱을 지었으며(그림 22 참조) 주두 표면에 귀면(鬼面)형을 그려 장식했다.

치석(治石) 기술이 매우 훌륭하며 여러 벽면은 거의 다 1장의 판석으로 만들었다. 그 중 북쪽 회랑의 북쪽 벽 판석은 그 길이가 4.68 m나 된다. 또 문간 북쪽 벽의 돌문 1장의 무게는 0.5 t이 넘는다. 이같이 크고 무거운 돌문이 손쉽게 여닫히고 두 문짝이 잘 맞물리면서도 깨지지 않도록 서로 비껴서 맞게 한 것은 치석의 높은 기술을 보여 준다.

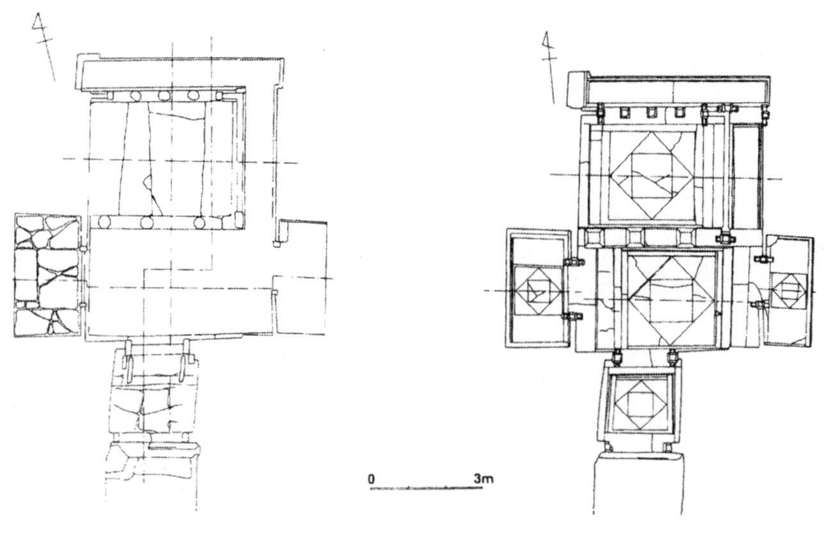

그림 38.
안악 제3호 분묘 평면과 천장 실측도

무덤벽화에는 당시의 인물풍속을 알 수 있게 하는 그림이 많다. 문간에는 이 무덤에 묻힌 왕을 호위하는 위병들을 그렸으며 전실에는 의장대, 씨름하는 장면과 춤추는 장면, 음악을 연주하는 장면을 그렸다.

서쪽 측실에는 왕과 왕비를 그렸다. 주인공은 고구려에서 왕만이 썼다는 흰 덧관을 쓰고 화려한 비단옷을 입었으며 휘장을 친 방 안 평상 위에 앉아서 신하들에게서 보고를 받고 또 분부를 하고 있다. 왕비도 시녀들의 시중을 받고 있다. 시녀들은 왕비에게 음식을 나르고 혹은 부채질을 하며 또는 분부를 기다리는 자세이다. 따라서 이 분묘를 미천왕릉(美川王陵)으로 추정하는 견해가 있다.

분묘의 입구 좌우에는 '장하독'(帳下督)이라는 벼슬이름을 가진 무사가 검(劍)을 잡고 서 있는 그림이 있다. 왼쪽 장하독의 그림 위에는 그의 경력을 적은 묵서명(墨書銘)이 있다. 이 묵서명에는 장하독이 영화(永和) 13년(357)에 죽은 동수(冬壽)라고 적혀 있다. 동수는 336년에 고구려로 와서 투항한 요동인(遼東人)이다. 이 무덤을 축조한 책임자인 것으로 추측되고 있다. 동쪽 측실에는 부엌, 육고, 우물, 방앗간, 외양간, 마구간, 차고 등을 그렸다(그림 30 참조).

주실의 동쪽 벽에는 음악 반주에 맞추어 춤을 추는 그림을 그렸다. 이 행렬도(行列圖)에 나오는 사람의 수는 250여 명이나 된다. 손수레를 탄 왕이 고취악(鼓吹樂)이 울리는 가운데 각종 무장을 갖춘 무사들과 신하들의 호위를 받으면서 나간다. 천장에는 구름무늬, 연꽃무늬 등과 함께 해와 달을 그렸다.

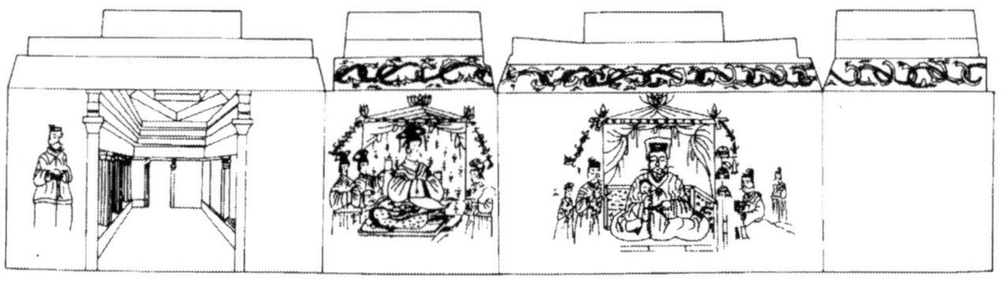

그림 39.
안악 제3호 분묘 서측실 내부 전개도

그림 40.
안악 제3호 분묘 서측실 입구 및 전실과 주실 사이의 주열도

그림 41.
안악 제3호 분묘 회랑 행렬도

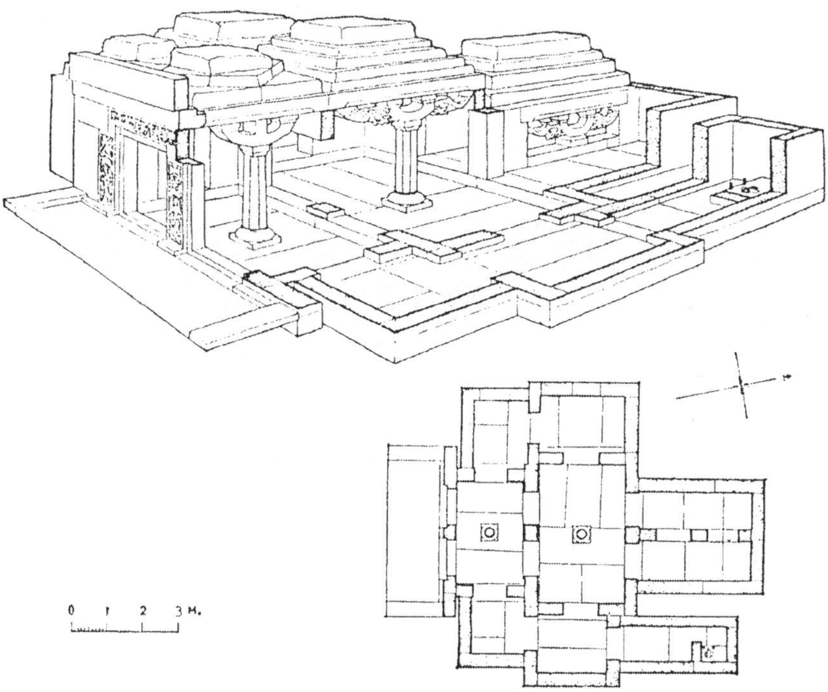

그림 42.
중국 산동성 기남 석묘의 투시도와 평면도

특별히 주의할 것은 이 무덤이 평면구조 및 천장구조, 벽화의 성격 등에 있어서 중국 산동성 기남(沂南) 석묘(石墓)와 흡사하다는 점이다. 3세기경 기남의 한(漢)시대 묘실 내부에는 초시적인 공포형태가 3개 있으며, 특히 이것들이 종교적인 상징성을 나타내고 있어 매우 주목할 만하다고 생각된다.

안악 제3호 분은 초기에 속하는 고구려 벽화무덤으로서 이 분묘는 그 구조와 풍부한 벽화 내용을 통하여 건축, 회화, 무용, 음악, 기와, 무장 등 여러 방면에 걸쳐 찬란하게 발전한 고구려의 과학과 기술, 문화를 종합적으로 보여주는 매우 귀중한 문화유산이다.

3) 덕흥리 고분

1976년에 발견 조사된 덕흥리(德興里) 고분(古墳)은 408년에 만든 고구려 벽화무덤이다. 무덤은 남포시 강서구 덕흥리 무학산 기슭의 전망이 좋은 언덕 위에 자리 잡고 있다. 이 고분은 연도(羨道), 전실과 주실 및 그 사이에 있는 중간통로로 이루어져 있다. 연도와 사이 통로는 묘실의 중심축에서 동쪽으로 조금 치우쳐 있다. 주실은 동서와 남북이 각각 3.28 m의 정방형 평면으로 되었으며 높이는 2.9 m이다. 주실의 북쪽부분 한가운데 높이 21 cm의 관대가 놓였다. 관대는 3개의 큰 석판으로 만들었는데 크기는 너비(동서) 2.51 m, 길이(남북) 2 m이다.

전실과 주실의 모든 벽면은 바깥 흙의 압력을 잘 받아 내도록 하기 위하여 평면상 조금씩 외부로 휘어 나가게 하였다. 벽면은 수직선이 아니며 곡선을 이루고 있다. 벽면의 곡선은 밑 부분에서는 완만하게 만들어져 있고, 천장부분에서는 급히 굽혀 올려서 벽면이 2중 곡면으로 이루어졌다. 천장은 전실에서는 2단의 내쌓기, 주실에서는 4~5단의 내쌓기를 한 위에 개석(蓋石)을 덮었다. 여기에서 특이한 것은 주실의 천장 내쌓기가 나선형식으로 되어 있다.

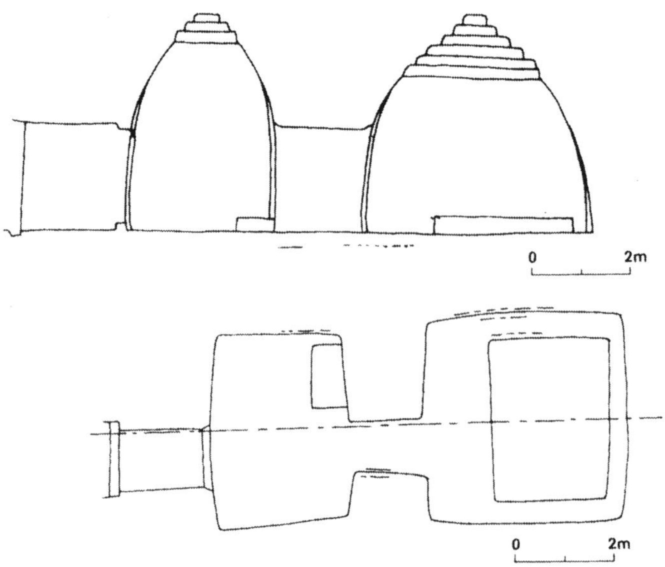

그림 43.
덕흥리 고분
평면 및 단면도

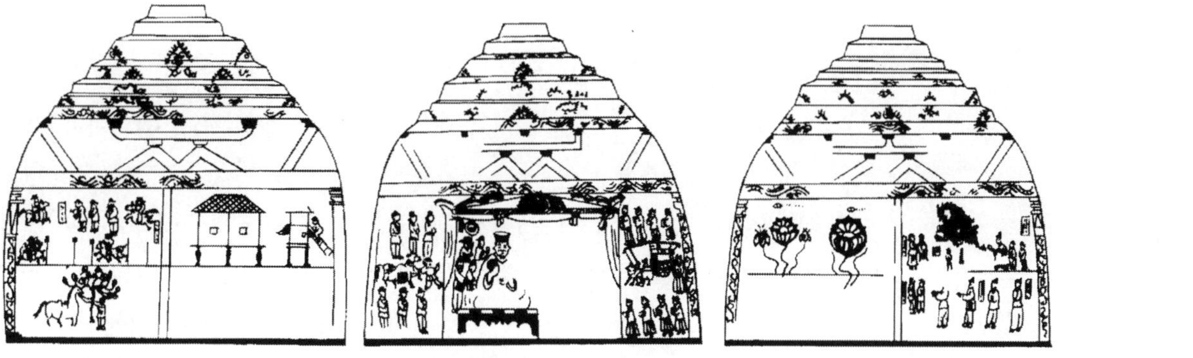

그림 44.
덕흥리 고분 2중 공포도

이 고분에는 여러 가지의 벽화와 그것을 설명하는 600여 자의 글자가 씌어져 있어서 유명하다. 무덤 안의 통로 좌우의 벽면에는 문지기 괴물과 몇몇 사람들을 그렸으며, 무덤 문을 기원 409년 2월 2일에 닫았다고 기명되어 있다. 무덤 안길을 지나 전실에 들어서면 북쪽 벽 정면에 이 무덤 주인공이 진(鎭)이라는 이름을 가졌고, 고구려 유주(幽州)지방을 다스린 지방장관이었으며 77세에 죽어 기원 408년 12월 25일 여기에 옮겨 묻었다고 기록되어 있다. 주실의 벽화 내용은 북벽 서쪽 부분에 주인공이 장방(帳房) 안에 앉아 관리들과 하인배들을 거느리고 정사를 보는 장면이 그려져 있다. 앞 칸 서쪽 벽에는 두 단으로 나누어 13개 군의 태수들이 줄지어 서서 유주차사(差使)인 진(鎭)에게 찾아와 하례(賀禮)를 드리거나 지시를 받는 모습이 그려져 있다.

전실 동쪽 천장에는 사냥하는 그림이 그려져 있다. 말을 탄 사냥꾼들이 범, 사슴과 노루, 멧돼지 등을 사냥하는데 모두 통쾌하고 용맹스럽게 보인다. 전실 남쪽 천장에는 은하수를 사이에 두고 소를 끌고 가는 견우(牽牛)와 검정개를 데리고 서 있는 직녀(織女)를 그렸다. 그밖에 전실 천장에는 별 그림들과 고구려 사람들의 신앙관계를 보여 주는 선인(仙人), 괴물 등의 그림들이 있다. 전실 천장 정석(頂石)에는 연꽃무늬 하나를 크게 그렸다.

전실의 네 모서리에는 기둥과 공포를 그리고 그 사이사이에는 도리 그림을 이어 댔다. 기둥에는 ∽형의 연속무늬를 그리고 도리에는 구름물결무늬를, 도리 위에는 불꽃무늬들을 그렸다. 주실 천장 아랫부분에는 도리, 기둥과 주두 및 창방, 도리 그림이 있다. 특히 여기에 있는 2중 공포의 그림은 매우 독특하다. 덕흥리 고분은 고구려의 훌륭한 건축술과 고구려의 국력이 강대함을 잘 보여 주는 것이라 생각된다.

4) 중기 토총묘

고구려 전성기인 6세기 전반을 중심으로 하는 고구려 중기 토총묘들은 전실의 좌우에 있던 측실(側室)이 없어지고, 폭이 주실(主室)과 같아지며, 벽화도 주인부부를 주실 북쪽 벽에 배치하였다. 중기에 속하는 분묘로는 집안(集安) 지방에 있는 쌍실총(雙室塚), 무용총(舞踊塚), 각저총(角抵塚), 귀갑총(龜甲塚) 등과 평양지방에 있는 쌍영총(雙楹塚), 성총(星塚), 부부총(夫婦塚) 등이다. 무용총의 주실 서쪽 벽에 있는 수렵도(狩獵圖)는 고구려 무사(武士)들이 호랑이와 사슴을 사냥하는 광경을 묘사한 것이다. 하늘을 상징하는 조형문양(鳥形文樣)이 날고 있으며, 산과 동물들 및 활 쏘는 무사들의 모습이 힘차게 약동하고 있어, 고구려 사람들의 힘찬 기상을 상징적으로 잘 표현하고 있다.

쌍영총은 가장 오래된 것일 뿐만 아니라 건축적으로 매우 중요한 세부를 나타내고 있는 것이다. 이 분묘는 용강(龍岡) 동쪽에 위치하는 진지동역(眞地洞驛) 서남쪽 1.7 km 떨어진 곳에 있으며, 외형은 훼손되었으나 내부의 구조 장식은 매우 기묘하며 우수하게 만들어져 있다. 묘실은 주실과 전실이 있으며, 그 중간에는 아름다운 8각 기둥 2개가 있어서 쌍영총이란 이름으로 불리게 되었다. 전실의 크기는 동서 2.3 m, 남북 2.25 m이고, 주실은 동서 2.77 m, 남북의 길이는 서측이 2.94 m이고, 동측이 3.01 m이다. 모두 벽 상부는 3중으로 내쌓은 다음 상부에 모서리 삼각형 내쌓기를 2단 반복하여 좁혀 쌓고, 천장 개석(蓋石)을 덮었으며, 연도(羨道)는 남면 중앙에 있고 길이가 9척 정도이나, 옛적에 도굴된 흔적이 있어 구조를 분명하게 알 수 없다. 구조는 전부 치석하지 않은 석재로 싸서 만들었고, 벽 · 천장 · 쌍기둥까지도 회칠을 하여 그 외형을 만들었다.

그림 45.
쌍영총 실측도

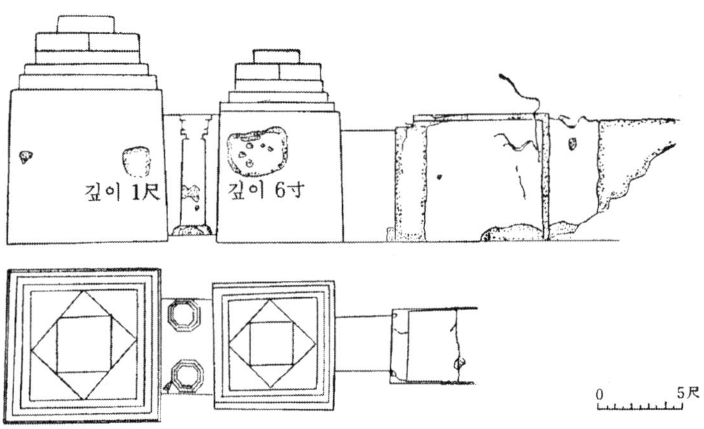

연도의 좌우 벽에는 각종 인물화를 그리고, 천장에는 구름문양을 그렸다. 전실에 들어가는 입구의 좌우에는 역사도(力士圖)가 있고, 전실의 동서 벽에는 창룡(蒼龍), 백호가 힘차게 그려져 있으나 파손이 심하였다. 남벽의 입구에는 사람 입상이 있으나 잘 분별하기 힘들 정도였으며, 모서리 부분에는 기둥과 그 위에 2중 첨차로 된 공포(栱包)와 창방(昌枋), 도리를 나타내는 모양을 그렸고, 창방 상부에는 모서리와 중앙에 직선형의 인자대공(人字臺工)이 그려져 있으며, 천장부분 밑을 받치는 것처럼 표시되어 있어서, 당시의 목조건축의 세부를 알 수 있게 되어 있다. 벽 상부 1차 내쌓기 부분에는 당초문양, 2차 내쌓기 부분에는 봉황문양 및 구름문양, 3차 내쌓기 부분에는 기발한 문양이 있으며, 천장 중심 면에는 연꽃문양을 그렸다.

전실과 주실 중간에 있는 2개의 8각 기둥에는 주두(柱頭), 주초(柱礎)가 있고, 주신(柱身)은 위가 좁고 밑이 넓게 되었으며, 주초와 주두에는 연꽃문양이 그려져 있고, 주신의 주위에는 붉은색 바탕에 노란색으로 반룡(蟠龍)을 그렸다. 그 화법은 웅건하고 기묘하며, 매우 특이하고 진귀한 것이라고 생각된다. 이 기둥의 형식은 고전(古典)시대 그리스 건축의 오더양식과 흡사한 점이 있으며, 당시의 문화적 연관성을 나타내는 것으로 생각된다. 벽 모서리 부분에는 전실(前室)과 같은 방법으로 기둥과 공포가 그려져 있다.

그 세부를 자세하게 설명한다면, 기둥은 거의 수직으로 섰고, 기둥머리는 모를 둥글게 하였으며, 주두(柱頭)와 소로는 같은 모양으로 되어 있어서, 굽의

그림 46.
쌍영총 주실의 내부

단면은 심한 곡선을 이루었다. 첨차(簷遮)는 양단이 수직으로 끊기고, 그 밑 부분은 경사지게 직선으로 끊겼다. 첨차의 양단에 소로를 받는 곳은 약간 위로 올라가도록 하였고, 첨차의 윗몸에 공안형(栱眼形)을 만들었으며, 굽 받침을 가진 소로를 놓았고, 첨차를 중앙에 놓인 소로는 굽 받침이 없이 직접 놓였기 때문에 좌우의 첨차보다 크게 그려져 있다. 대첨차도 소첨차와 같은 모양으로 되어 있다.

기둥과 공포는 윤곽에 흑선을 치고, 몸체에는 붉은색으로 칠해서 아무 문양(文樣)도 넣지 않았다. 벽 상부에 그린 인자대공 위에 소로가 있으며, 주두와 같은 모양으로 그려져 있고, 도리에는 고사리형 문양을 그려 놓았다. 벽 상부 1차 내쌓기에는 사방문양(斜方文樣)을, 2차 내쌓기 이상은 기발한 문양을, 천장 중앙에는 연화문양을 모두 붉은색으로 그려 놓았다. 인자대공 사이의 소벽(小壁)에는 남면에 쌍봉, 다른 곳에는 꽃병문양을 그렸다.

북벽에는 중앙에 누각을 그리고, 그 안에 장막(帳幕)을 그려서 속에 주인공의 부부상을 그려 놓았으며, 누각은 계단, 공포, 지붕, 용마루 장식 등이 그려져 있다. 주인 좌우에는 시종하는 남녀가 그려져 있으며, 동벽에는 승려를 포함한 아홉 사람들이 일어서서 공례(供禮)하는 모습이 그려져 있다. 양 벽에도 막과 천개형상(天蓋形狀)이 그려져 있으나 내부의 그림내용은 분명하지 않다. 이 묘는 내부구조가 기묘할 뿐만 아니라, 풍속도가 매우 사실적이고 건축세부가 도시되어 있어서, 당시의 건축문화의 내용을 잘 나타내고 있다.

5) 후기 토총묘

고구려 후기 토총묘는 6세기 후반부터 7세기 전반에 걸쳐서 만들어진 것으로, 풍속도가 없어지고 사신도(四神圖)가 주벽을 차지하게 된다. 초기 및 중기 토총의 벽화에는 불교사상에 의한 연화문양이 도처에서 나타나 있는 데 비하여, 후기에 와서는 도교(道敎)의 영향을 많이 반영하고 있다. 묘실평면은 단실(單室)로 되어 있는 것이 많으며, 잘 치석(治石)한 큰 화강석을 사용하여 석실을 만들고, 표면에 직접 벽화를 그리는 방법이 많이 사용되었다.

후기에 속하는 것으로는 집안의 사신총(四神塚), 서강(西崗) 17호분, 강서(江西) 우현리(遇賢里) 대총(大塚), 대동(大同) 호남리(湖南里) 사신총(四神塚), 중화(中和) 진파리(眞坡里) 1호분, 동4호분 등을 들 수 있다. 이 중 가장 대표적인 것은 우현리 대총(大塚)이며, 강서 우현리에 사방이 산으로 둘러 있는 광활한 평야의 중앙에 삼총(三塚)이 나란히 서 있는 중에서 가장 큰 것이다. 이 토총의 기저(基底)는 약 170척, 높이는 29척으로, 연도(羨道)가 전부 파괴

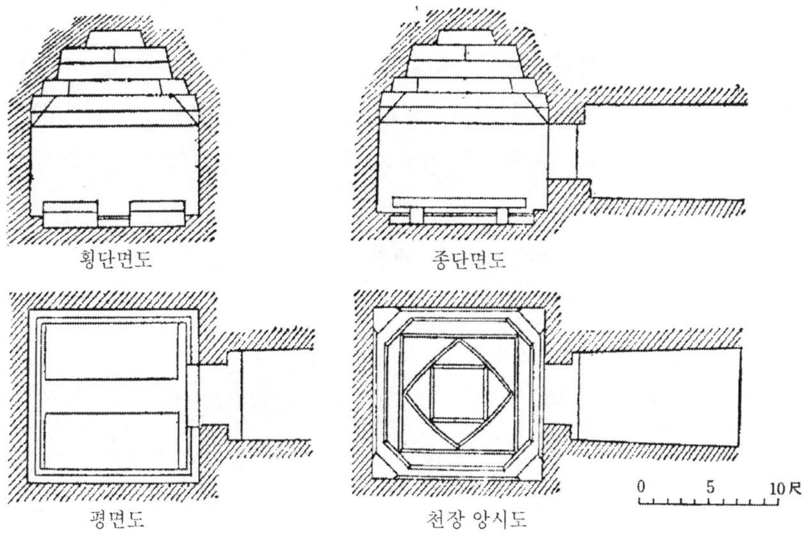

그림 47.
우현리 대총 실측도

되었던 것으로 보아 전에 발굴된 흔적을 알 수 있으며, 또 묘실은 단실식(單室式)으로 되어 있다. 묘실은 동서 3.1 m, 남북 3.14 m, 천장 높이 3.48 m로, 네 벽과 천장은 모두 양질의 대형 화강석으로 축조되었고, 공법은 매우 정교하다.

특히, 천장의 구조는 보통 예와 달라서 벽의 최상부에 석재를 28 cm의 폭으로 안쪽으로 약간 경사지게 돌렸으며, 상부에 두께 27.6 cm와 30 cm의 석재를 사용하여 내쌓기를 2단으로 한 다음, 모서리 삼각형 내쌓기를 2단으로 만들어 좁혀 쌓아 올리고, 93 cm각의 천장 개석(蓋石)을 놓았다. 특히 벽상부의 제1단 내쌓기에는 모서리 부분의 귀를 조금씩 내쌓았으며, 모서리에 접하는 하부의 벽 모서리가 삼각 면을 형성하여 마치 평면형의 펜덴티브(pendentive)를 사용한 것과 같은 모양을 이루게 만들어서 매우 특이한 것으로 생각된다. 내쌓기 석면은 모두 경사면으로 하였고, 특히 모서리 삼각형 내쌓기 부분석재의 중간안쪽을 약간 곡면이 되도록 정교하게 다듬었다.

연도는 세 곳에서 폐쇄하였던 것으로 추측되며, 지금은 묘실 입구만 남아 있고, 돌문을 사용하지 않고 블록형 석재를 여러 개 겹쳐서 입구를 봉쇄하였던 것으로 생각되며, 이를 위하여 선도의 폭을 외부로 좀 펼쳐지게 만들었다. 묘실 안에는 관대(棺臺)로 사용한 석상(石床)이 동서로 2개 나란히 놓였으며, 부장품(副葬品)은 하나도 발견되지 않았다.

묘실의 남벽 입구의 주연(周緣)에는 인동문양(忍冬文樣)을 만들고, 좌우에는 쌍봉, 즉 주작(朱雀)을 그렸으며, 다른 3면에는 창룡(蒼龍), 백호, 현무(玄

武)를 그렸다. 이 사신도(四神圖)는 구성이 장대하고 그린 방법이 기운생동하고 있어서, 웅혼한 기상과 품격을 지니고 있다. 벽 상부의 제1차 내쌓기 측면에는 인동문양, 제2차 내쌓기 측면에는 천인(天人), 구름문양, 신선, 산악 등이 그려져 있고, 그 하단 면에는 중앙에 연화문양과 인동문양이 있으며, 좌우에 연화가 그려져 있다.

모서리 삼각형 내쌓기 부분의 처음 내쌓은 측면에는 중앙에 인동변형 문양, 좌우에는 기린을 그리고, 하단에는 모서리에 연화와 인동문양, 좌우에 쌍봉을 그렸다. 2차 모서리 삼각형 내쌓기의 하단 면에는 우부(隅部)에 연화와 인동문양, 좌우에 쌍봉을 그렸다. 천장 중앙에는 황룡도(黃龍圖)를 그렸으며, 이 황룡은 구름 사이로 움직이는 듯하고 네 모서리는 아름다운 연꽃무늬로 장식하였다. 이 묘실의 기묘한 건축구조와 신비스러운 박력은 느끼게 하는 내면적 생명이 약동하는 웅장한 사신도(四神圖)는 고구려 문화와 예술의 특징을 잘 대표한다고 생각된다.

고구려의 지하분묘 속에서 볼 수 있는 훌륭한 문화의 이상과 가치는 낙랑문화의 그것보다 위대함이 있다고 생각된다. 낙랑 문화는 세계에서도 가장 오랜 연원(淵源)을 가진 한(漢) 문화의 배경이 뒷받침된 것이나, 중국에 비하여 사회문화의 발달이 뒤진 동방 압록강 골짜기의 작은 부족으로 시작된 고구려가 무수한 강적을 사방으로 제어하며, 서역지방의 그리스, 서아시아, 인도, 중국 등 여러 계통의 문화요소를 혼연 융합하여, 이와 같은 고도의 문화를 이룩하였다는 것은 놀라운 일이라 생각되며, 한국 민족의 문화에 대한 흡수력, 동화력 내지는 창의력을 잘 입증하는 것이다.

도판 6
장군총 호석

도판 7
덕흥리 고분 13태수 하례도

도판 8
무용총 벽화 수렵도

도판 9 우현리 대총 천장 황룡도

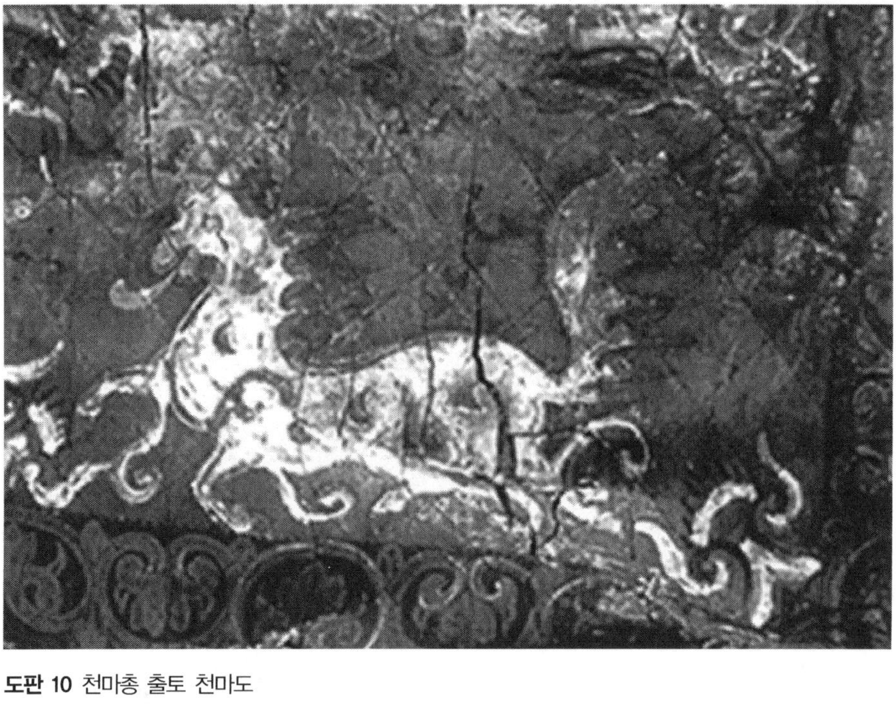

도판 10 천마총 출토 천마도

도판 11 광개토왕비

도판 12 낙랑시대 전

도판 13 고구려시대 전

제6장 백제건축

1. 시대개관

백제는 고구려 주몽(朱蒙)의 아들 온조(溫祚)를 시조로 하는 작은 부족국가였던 백제(百濟)를 기반으로 시작된 나라이며, 3세기 중엽 고나왕(古尒王) 때에는 한강 유역 일대를 지배하는 한 부족연맹 국가로 발전되었다. 그러나 백제(百濟)가 고대국가로 출발하게 된 것은 4세기 중엽 정복군주(征服君主)인 근초고왕(近肖古王, 364~375) 때였다. 그는 마한(馬韓)을 멸하여 그 영토를 전부 차지하였으며(369), 고구려 평양성까지 진격하여(371), 고국원왕(故國原王)을 전사(戰死)하게 하였다.

이 때에 백제는 경기, 충청 및 전라의 전역과 강원 및 황해의 일부까지 점유하게 되고, 서쪽으로는 중국의 동진(東晋)과 남쪽으로는 일본과 통하였으며, 왕위계승의 기틀이 마련되기 시작하였다. 이어서 침류왕(枕流王) 1년(384)에는 불교가 들어와 새로운 관념체계가 세워졌다.

4세기 말에는 고구려의 광개토왕과 장수왕의 압력으로 말미암아 수세에 몰리게 되어, 백제는 중국의 송(宋) 및 위(魏)의 남북 양조(兩朝)와 통하고, 신라와 동맹을 맺어서 이에 대항하였다. 그러나 개로왕(蓋鹵王) 21년(475)에 당시 수도인 한성이 함락되고 문주왕(文周王)은 남쪽 공주(公州)로 수도를 옮겨서 국맥(國脈)을 이어 나가게 되었다.

그 후 성왕(聖王)은 유신(維新)의 정치를 위하여 넓은 평야가 있는 사비(泗沘 : 현재의 부여)로 이도(移都)하고 국호를 남부여(南扶餘)라 개칭하였으며, 불교를 진흥시키고 중국의 남조(南朝)인 양(梁) 및 진(陳)과 일본과의 연결을 더욱 강화하였다.

성왕 30년(552)에는 일본에 불경, 불구(佛具), 불상을 보내어 불교를 전하였으며, 각 방면의 학자와 장인(匠人)이 일본으로 건너가서 백제 문화를 전하여, 일본 문화발전에 직접적으로 공헌하게 된 것도 이 때의 일이다. 또 성왕은 옛 국토인 한강유역의 회복을 꾀하여 신라 진흥왕(眞興王)과 동맹하고 북진하였으며(548), 일시 한강하류를 점령하였다. 그러나 도리어 신라 진흥왕은 한강하류의 백제 영토를 점령하므로, 분격한 성왕은 신라를 공격하다가 전사하게 되고, 이로 말미암아 삼국 사이에 혈투가 벌어지게 되었다.

7세기 고구려가 주력을 대수당전(對隋唐戰)에 돌리고 있는 틈을 타서 백제는 신라의 방어선을 낙동강선으로 후퇴시키는 데 성공하였다. 그러나 궁지에 몰린 신라는 당(唐)의 지원을 얻게 되었으며, 당은 소정방(蘇定方)으로 하여금 13만 대군을 거느리고 서쪽으로 침입공격하고, 신라는 김유신(金庾信) 등으로 5만의 군사를 거느리고 동쪽으로 백제를 협공하게 되었다(660). 용맹하기로 유명한 백제의 계백장군(階白將軍)이 분전하였으나, 의자왕(義慈王)은 향락에 젖어 있었으며, 간신들은 사리를 도모하기에 바빴다. 백성들은 전쟁에 지쳐 정부로부터 이반(離反)하게 되어, 마침내 백제는 나당(羅唐) 연합군에게 멸망하고 말았다.

백제는 고구려와 민족적인 배경이 같으므로 문화특성에 있어서 친근성이 엿보이기는 하지만, 북방의 고구려가 웅대하고 강력한 국력에 의해 웅건하며 세찬 기상이 넘치는 예술문화를 남기고 있는 데 비하여, 남방의 백제는 그 감각이 같지 아니하고, 온아하고 유려(流麗)하며 정(情)이 두터운 느낌을 주는 예술문화의 특성을 남기고 있는 것은 매우 주목할 만한 점이다.

백제는 건국 초기에는 북으로 낙랑 및 대방군(帶方郡)에 접하여 그 문화의 영향을 받았을 것이며, 서쪽으로는 황해 맞은편에 있던 동진(東晋), 송(宋), 제(齊), 양(梁), 진(陳) 등의 문화의 영향을 받아 백제 문화가 발달되었다. 백제의 문화는 사비(泗沘)에 도읍을 정하고 있었을 때 최성기를 이루었다. 그 당시에 이 문화를 동쪽으로 신라에 전하여 주고, 남쪽으로는 일본에 전하여 줌으로써 동방문화의 발달에 선구적인 역할을 하였다. 백제 문화의 발전상을 전해 줄 수 있는 유물과 기록이 적게 남겨져 있는 것이 매우 유감된 일이다. 당시 백제 사람들이 신라 또는 일본에 건너가서 남겨 놓은 귀중한 문화업적들은 백제 문화가 훌륭하였음을 잘 전해 주는 것으로 생각된다.

2. 도성계획

(1) 한산성시대 성곽 및 공주산성

백제는 처음 하남(河南) 위례성(慰禮城)에 잠시 도읍하였다가 온조왕 13년(B.C. 6년)에 한산(漢山) 밑으로 천도하였으며, 근초고왕 26년(371)에 한산성(漢山城)으로 이도(移都)하였고, 문주왕(文周王) 1년(475)에 공주(公州)로 이도한 다음, 성왕 16년(538)에 소부리(所夫里), 즉 사비(泗沘 : 현재의 부여)로 천도하였다.

처음 위례성(慰禮城)에 도읍을 정하였을 때의 기록을 삼국사기에서 찾아본다면, 부아산(負兒山)에 올라가 바라보아서 살기 적합한 곳인 하남 위례성에다 도성을 만들었음을 알 수 있다. 부아산은 북한산의 주봉(主峰)으로 추측되고, 하남은 현재 서울 강동구로 추정된다.

위례성 시대는 한강 남쪽을 중심으로 하여 풍납리(風納里) 토성, 몽촌(夢村) 토성, 남한상성, 이성산성(二聖山城), 아차산성(阿且山城) 등이 축성되었다. 풍납리 토성은 그 규모가 가장 크고 유물도 많이 발견되었으며, 위치로 보아 백제의 위례성으로 보는 견해가 있다. 풍납리 토성의 서쪽 벽은 대홍수시(1925) 유실되고 동벽 1500 m, 남벽 200 m, 북벽 300 m정도가 남아 있다. 몽촌토성은 최근 발굴조사에서 상한(上限) 년대가 3세기까지 올라갈 가능성을 보이는 토성으로, 성벽의 둘레 2285 m, 성벽 높이 7~30 m 정도이며, 자연지형을 잘 이용하여 축성하였고 기저부에 해자(垓字)가 있음이 밝혀졌다.

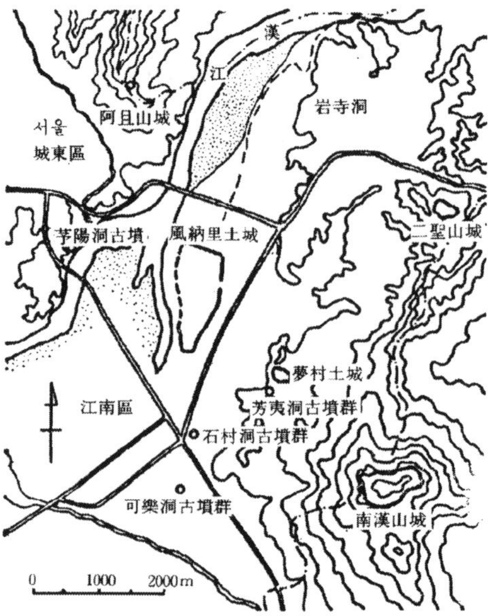

그림 48. 백제의 한성시대 성곽 위치도

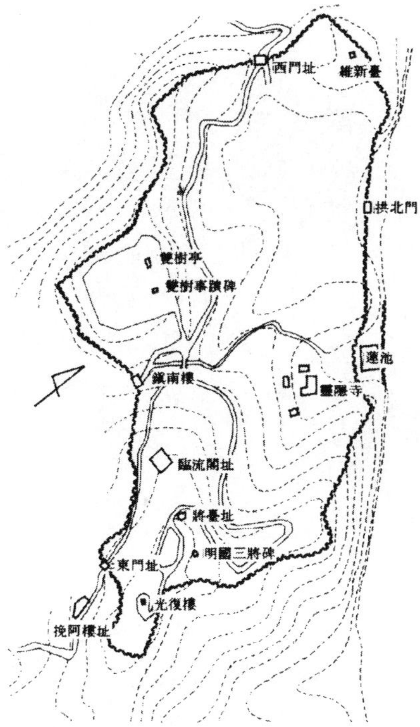

그림 49.
공주산성 유적 분포도

그 뒤 고구려에 쫓겨서 문주왕 1년에는 공주로 이도(移都)하게 되었다. 현재 시가지 북쪽에 있는 공주산성은 북쪽이 금강(錦江)으로 차단되어 있으며, 중간에 약간의 평지를 둘러싸고 험준한 산이 있어서 자연적 성곽을 형성하고 있으므로, 이 지세를 이용하여 산성을 쌓았는데, 비교적 규모가 작아서 폭 430 m, 길이 860 m에 불과하다. 한쪽은 강폭이 넓고 수심이 깊은 금강에 면하고, 세 방향이 험준한 산으로 싸여서 견고한 요새를 형성하였다.

성벽은 석축으로 되었고, 남북에 각각 진남문(鎭南門) · 공북문(拱北門)이라 칭하는 문이 있으며, 현재의 성은 후세에 수축(修築)된 것이다. 산성 안에는 백제시대의 도와편(陶瓦片)이 산재하여 발견되었으며, 당시의 궁궐건물들이 위치하였던 궁성(宮城)으로 생각된다.

이 산성은 1980년 공주사범대학교 백제문화연구소에서 발굴 조사하였는데 『삼국사기』에 기록된 임유각지(臨流閣址)가 출토되었다. 건물의 평면은 대체적으로 정방형을 이루고 있으며 남면이 5간, 동면이 6간인 건물터로서 초석 밑에 있는 적심석(積心石)이 2~3장의 부정형 판석을 맞추어 편평히 놓은 것이었다. 이러한 석심석은 백제에서 흔히 사용했던 것으로 익산 미륵사지(彌勒寺址)에서도 일부 볼 수 있는 기법이다. 그러나 고대에는 이 적심석 자체를 초석으로 이용했을 가능성도 있다. 이 건물지의 출토된 유물은 토기조각과 기

그림 50.
백제 연지와 누각지 복원

와조각인데 토기는 회색무문토기로서 백제계의 것이 많지만, 백제 8판 연화문의 막새조각은 1점만 출토되고 통일신라시대와 고려시대의 특징을 보이는 문양이 있는 막새기와가 많이 출토되어 백제 이후에도 건물이 유지되었음을 알 수 있다.

만아루지(挽阿樓址)는 성의 동문지 동쪽 밖에 있는데, 원래의 토성을 낮추어 기초를 만들어 그 위에 건축하였던 것으로 그 규모는 남북 길이 약 18 m, 동서 폭이 약 6.6 m이다. 건물터의 기단을 이룬 석축 원형 일부가 노출되었다. 그 쌓은 수법은 춤이 낮고 길이가 짧은 각석(角石)을 밑에서부터 약간 안으로 들여쌓기를 하여 마치 고구려의 국내성(國內城)의 성벽 돌쌓기나 근래의 발굴조사된 부소(扶蘇)산성 안에 있는 남문지 양측에 쌓았던 성벽과도 같았다.

이곳에서 출토된 연화문 막새기와는 단판(單瓣) 8엽문으로서 자방(子房) 안 연밥이 많이 붙은 6세기에 속하는 백제 와당이었다. 공산성에서는 이밖에 폭이 2.4 m, 비도(扉道) 길이가 6.45 m 되는 소규모의 동문지가 발굴조사 되었으며 양변에 석축을 쌓았던 것 같다. 이 역시 출토되는 백제 토기조각으로 보아 백제시대에 축조된 것으로 추정된다.

또 성곽의 북동쪽에 있는 영은사(靈隱寺) 밖에는 연지(蓮池)와 누각지(樓閣址) 등이 발굴조사 되었으나, 전자는 축조연대를 확인할 수 없었고 후자는 조선시대의 누각지였다.

지금 남은 건물들은 조선시대 후기의 것이거나 그 후에 세워졌던 것이다. 이 공산성은 백제의 궁성과 연결되었던 성곽으로 추정되므로 궁(宮)의 중심은 이 남쪽에 위치하였던 것으로 믿어진다.

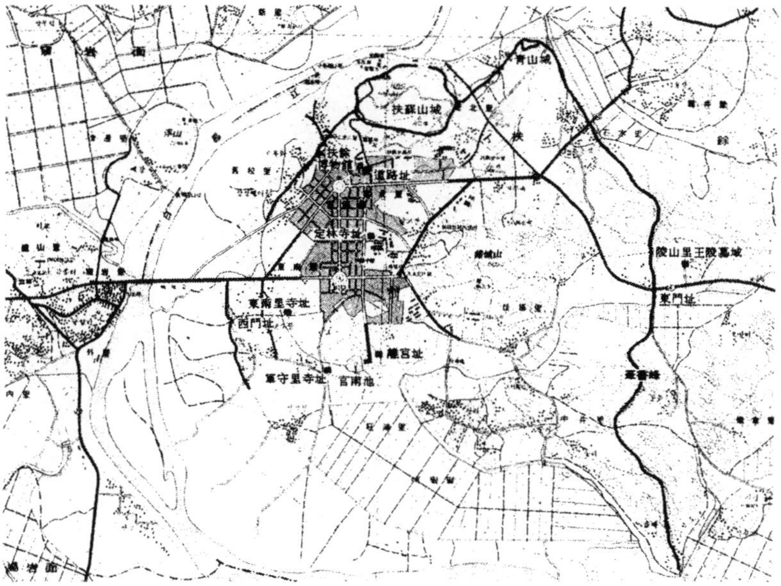

그림 51.
사비 외성 위치도

(2) 사 비 성

성왕 16년(538)에 축조한 부여 사비성(泗沘城)은 재래의 축성법에 큰 개혁을 가져왔으며, 중국의 축성법을 최초로 응용하여 새로운 발전을 하게 된 것으로 생각된다. 삼국시대의 재래 도시는 배산임수(背山臨水)의 분지(盆地) 또는 평지에 남향을 하여 자리를 잡고 도성을 만들어서 평시의 주거하는 곳으로 하였다. 이 도성 근방에는 준험한 산곡(山谷)을 이용하여 산성을 따로 만들어 전란시(戰亂時)의 피난처로 삼았다. 따라서 외침방비를 위한 산성과 도시가 분리되어 있어서, 방비에 불합리한 점이 적지 않았다. 이와 같은 결점을 개량하여 사비성은 도성 안에 부소(扶蘇) 산성을 만들고, 시가지를 포함하여 축성함으로써 한국의 산성식과 중국의 시가지 포위식 축성법을 절충하여 만든 것으로, 매우 특이한 것이다.

사비성은 부여를 감싸고 흐르는 금강을 자연적 참호로 하고, 북에서 동으로 기복하는 산을 자연적인 장벽으로 삼아, 산 능선에 토축성벽(土築城壁)을 만들어 동서 4.25 km, 남북 5.0 km 정도의 지대를 포위하였다. 사비성 외성(外城) 안을 5부로 구획하였고, 각 부에 5항(巷)이 있어 사서민(士庶民)들이 거주하였으며, 그 평면형이 반월 모양으로 되어 반월성(半月城)이라 칭하기도 하였다. 도성의 북쪽 금강에 임하는 곳에 있는 부소산(扶蘇山) 위에 산성을 만들었으며, 이 산성 안에는 2개의 봉우리가 동서로 대치하고, 그 사이에 약

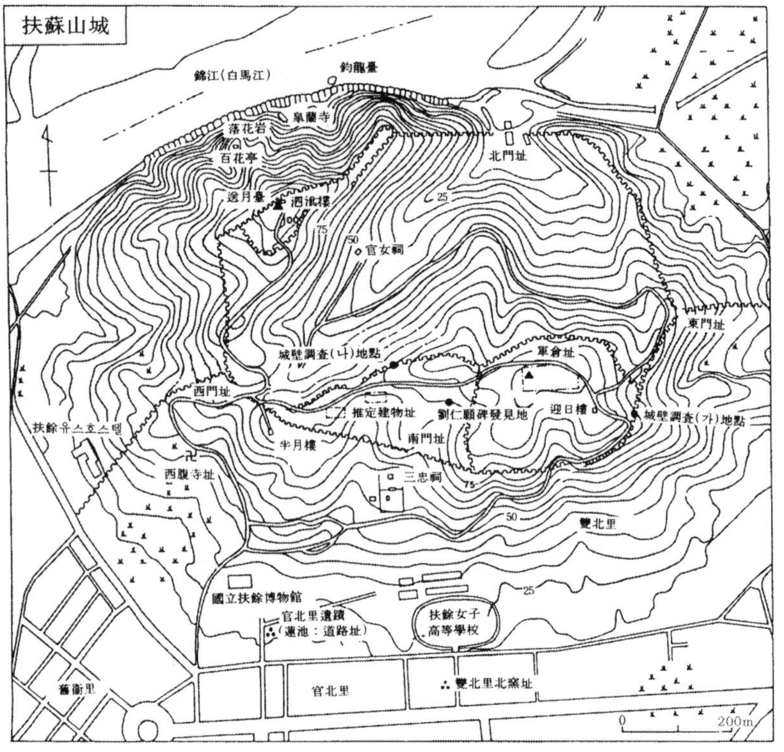

그림 52.
부소산성 유적 분포도

간 넓은 평지가 있으며, 곳곳에 샘물이 있다. 서봉(西峰)은 송월대(送月臺)라 부르고 높이 100 m이며, 그 끝쪽 금강(錦江)에 임한 곳에 있는 절벽은 백제가 멸망할 때 삼천궁녀가 몸을 던진 곳으로 유명한 낙화암(落花巖)이다. 동쪽은 영월대(迎月臺)라 하고 2중의 성벽으로 최고지점을 돌려 쌓았으며, 성벽 안에는 창고지로 보이는 건물지가 있어서 백제시대에 타다가 남은 곡물이 쉽게 발견될 수 있었다. 이와 같이 산과 하천의 자연지형을 이용하고 시가지를 포함하여 견고한 도성을 만들어, 그 속에 내(內) · 중(中) · 외(外)의 3중으로 된 산성을 만든 것은 매우 특이한 것으로, 특기할 만한 사실이다.

사비성 내부와 그 주변에는 약 15개소에 불사지와 건물터가 있다. 가람배치(伽藍配置)가 확인된 유적은 5개소이며, 이들 모두가 1탑식 가람배치 형식으로 되어 있는 불사들이다. 이 중에서 가장 대표적인 것은 시가지 중심에 위치한 정림사지(定林寺址)이다. 예전의 부여 박물관에 인접한 곳의 발굴조사에서는 백제시대의 남북대로(南北大路)가 발견되었는데 정림사지는 이 남북대로의 연장선에 면하여 그 동쪽에 위치해 있다. 당시 성 안에는 만호가 넘는 집들이 있었던 것으로 추측된다.

3. 궁궐건축

(1) 궁궐건축

삼국사기에 따르면 온조왕 15년(B.C. 4)에 한강 남쪽에 있던 한도(漢都)에 조성하였던 백제의 궁궐건축은 「검소하되 누추하지 않았으며, 화려하되 사치스럽지 않았다」라고 기록되어 있으니, 처음의 궁궐의 조영(造營)이 소박하였음을 알 수 있으며, 비류왕(比流王) 17년에는 궁 서쪽에 사대(射臺)를 신축하여 연무(鍊武)를 하였다고 한다. 근초고왕이 한산성도를 조영할 때부터 모든 왕의 궁궐조영이 번다해지게 되었고, 진사왕(辰斯王) 때 궁실을 중수하여 못을 파고 조산(造山)을 만들어 갖가지 화초와 기이한 새들을 길렀다고 전하니, 그 당시 조원기술(造園技術)이 많이 발달하였던 것과 궁실(宮室)의 사치하였던 것을 알 수 있다.

웅진(熊津 : 공주)에 이도(移都)한 후 동성왕(東城王)은 궁 동쪽에 임류각(臨流閣)을 조영하였는데, 높이가 50여척이었다고 하며, 영소영대(靈沼靈臺)를 만들어 기화요초(奇花瑤草)와 기이한 새와 짐승을 방치하였다고 하니, 궁실의 규모가 크고 화려하였음을 알 수 있다. 동성왕 11년에는 남당(南堂)에서 연회를 하고 웅진교(熊津橋)를 가설하였다고 기록되어 있다.

성왕 16년에 조영한 사비성(泗沘城)은 혁신한 새로운 도성임은 앞에서 말한 바와 같으나, 도성 안에는 사비궁을 비롯하여 망해궁(望海宮), 황화궁(皇華宮), 태자궁(太子宮), 그 밖의 훌륭한 궁들이 곳곳에 있었던 것으로 생각된다. 특히, 삼국사기 무왕(武王) 35년(634) 조(條)에 보면, 궁남(宮南)에 못을 파서 현재 동십리(東十里)에 있는 청마산성(靑馬山城) 남쪽 계곡에서부터 20여리를 인수(引水)하였다. 못에 돌아가며 버드나무를 심고 못 중간에 섬을 만들어 방장선산(方丈仙山)을 본 땄다고 하였다.

궁남지(宮南池)는 우리나라의 궁원(宮苑) 연못으로 가장 큰 것으로, 범위가 3만여평이었으며, 옛 모습을 찾을 수 있는 못의 형태가 아직도 남아 있다. 1966년 5월 제방을 만들었을 때 못 중앙섬에서 백제시대의 토기 및 전(塼) 등을 발견하였다. 그 뒤에 의자왕(義慈王)은 망해정(望海亭)을 궁남에 조영하였고, 태자궁을 사치하게 만들어서 민원(民怨)을 샀다고 하며, 자온대(自溫臺)에 탕유(蕩遊)하여 국가가 멸망하게까지 되었다.

궁궐건축의 유례는 없으나 이상과 같이 문헌에 의하여 역대의 제왕(帝王)이 호사스러운 궁실과 원지(苑池)를 마련하였던 것을 알 수 있다. 백제 건축은 매우 발달하였던 것으로, 이와 같은 백제의 건축기술은 인접한 신라와 바다를 건너서 일본에 전해지고, 백제 장인(匠人)들에 의하여 처음에 세워졌던 일본 법륭사(法隆寺)는 동양최고의 목조건축 양식을 나타내는 건물로서 옛날 모습을 비교적 잘 보존하고 있어, 백제시대의 건축수법을 잘 전하여 주는 것으로 생각된다.

그뿐만 아니라 원지(苑池)를 만드는 백제의 조원기술(造園技術)도 일본에 전해진 것으로, 일본서기(日本書記) 추고천황(推古天皇) 20년조를 보면, 백제에서 온 노자공(路子工)은 온몸에 흰 얼굴이 있는 자로 해외로 추방하려 하였으나, 그가 산악형(山岳形)을 만드는 재주가 있으므로, 남정(南庭)에 수미산(須彌山)을 만들고 오교(吳橋)를 만들게 하였다는 기록으로 그 사실을 알 수 있다.

(2) 일반건축 형식

백제시대에 궁궐건축을 위시하여 불사건축에 사용되었던 백제의 일반적 건축수법은 고구려의 일반적인 건축형식과 같은 것이 사용되었을 것으로 생각된다. 이와 같은 일반적인 건축형식은 신라와 일본에 전해지게 되었던 것으로, 그 세부적인 건축수법이 일본 나라(奈良)에 있는 법륭사(法隆寺)에서 고대 양식을 비교적 잘 보존하고 있는 금당(金堂), 5층탑, 중문 및 회랑(廻廊) 일부에 나타나 있다. 이 건축세부는 고구려의 건축세부 형식과 상통하는 점이 매우 많으며, 기둥에는 배흘림(entasis)이 있고 기둥 위에는 주두(柱頭)가 있어서 그 굽이 곡면으로 되었고, 굽 받침이 있으며, 소로도 주두와 같은 모양으로 되어 있다. 첨차와 소로에 의해 공포(栱包)가 짜여지되 외부에서는 첨차와 소로가 운형(雲形)으로 되어 있는 것이 매우 특이하며, 이와 같은 수법은 백제 장인이 많든 것으로 전하는 법륭사에 있는 옥충주자(玉蟲廚子)에도 나타나

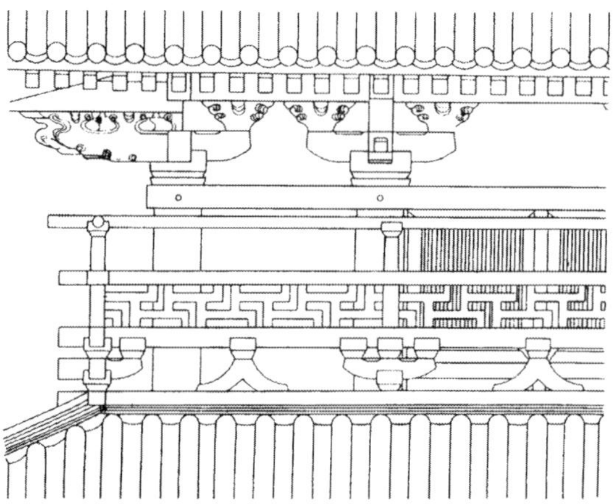

그림 53.
일본 법륭사
금당 2층 부분

있다. 운형공포(雲形栱包)의 특색은 첨차가 곡선화한 것과 소로가 이두계(二斗系)인 점이라 생각되며, 한시대(漢時代)의 첨차 끝에 이두(二斗)를 놓은 공포형식과 기본적으로 같은 것임을 알 수 있다.

고구려 건축에서는 직선으로 된 인자대공(人字臺工)이 사용되었으나, 법륭사에서는 곡선으로 만들었다. 중국에서 북위(北魏)가 직선으로 된 인자대공을 사용했고 수(隋) 및 당(唐)이 곡선으로 된 인자대공을 사용하였던 사실을 참작할 때 고구려는 북조(北朝)의 영향을 많이 받고, 백제와 일본은 남조(南朝)의 영향을 받음으로써 이와 같이 세부적으로 다소의 차이가 생기게 된 것으로 추정된다. 법륭사의 처마는 부연(浮椽)이 없고 각형 서까래를 사용하였으나, 옥충주자는 서까래가 원형이고, 그 위에 평고대(平高臺)를 놓아서 기와를 입힌 것으로, 현재 한국에서 쓰고 있는 건축기법과 같다.

현재 부여 박물관에 소장되어 있는 백제시대 유물로 추측되는 금동소탑편(金銅小塔片)은 한 층의 탑신과 지붕의 모양을 완전히 갖추고 있으며, 처마 밑에 있는 공포형식에서 하앙(下昻 : 일본의 오다루기) 형식과 비슷한 것이 나타나 있는 것으로 보아서, 깊게 나온 처마를 합리적으로 받쳐 올리기 위한 하앙형식의 구조재가 법륭사 건축 공포부분에서 2출목(出目)을 받치는 데 사용되었던 것과 같이, 백제 건축에서도 이 방식이 사용되었을 것으로 추측된다.

이 하앙은 기다란 각재(角材)를 서까래와 비슷하게 공포 위에 걸어 공포와 같이 결구(結構)하여 그 외단(外端)을 돌출시켜서 처마를 받치게 하고, 내단(內端)은 지붕구조 속에 넣어 내리누르도록 하여, 공포를 지점으로 한 지렛대와 같은 작용을 갖게 만들어, 깊게 나온 처마를 받쳐 올리도록 하는 부재이다. 이와 같은 기법은 중국에서 시작되어 백제를 거쳐서 일본으로 전해졌을 것으로 생각된다. 한국에서는 유일한 예로서 완주(完州) 화암사(花巖寺) 극락전 건물에 그 실례가 남아 있을 뿐이다. 그러므로 그 명칭을 중국 송(宋) 시대

그림 54.
부여 박물관 소장
백제 청동소탑편

의 이명중(李明仲)이 편찬한 영조법식(營造法式 : 1103, 唐과 宋時代의 건축 기법을 集大成한 서적)에 기록된 것에 따라 하앙(下昻)이라 부른다.

이 탑편(塔片)의 지붕처마에 나타나 있는 서까래는 사각형의 단면을 가로방향으로 눕혀 사용한 것으로, 이와 비슷한 형식은 중국 남방계 건축에서 지금도 그 예를 찾아볼 수 있다. 백제시대에 이와 같은 형식이 사용되었던 것으로 추측되고, 한편 법륭사의 모든 건물에 각형(角形) 서까래가 사용된 사실과의 연관성을 찾아볼 수 있다.

(3) 와당 및 전

백제시대에 궁궐 및 불사에 사용되었던 와당(瓦當)을 살펴본다면, 부소산성(扶蘇山城)에서 많은 수막새 기와와 암키와의 파편이 발견되었고, 치미(鴟尾)의 잔편(殘片)도 출토되었다. 백제 와당은 주연부분(周緣部分)이 좀 넓고 높으며, 그 안에 연화문(蓮花文)을 넣었다. 중앙에 씨방(子房)이 적고, 그 속에 연자(蓮子)가 9개 배열되어 있으며, 연꽃잎이 길게 되어 있고, 일반적으로 8개의 꽃잎을 돌렸으나 9개로 된 것도 있다. 가장 작은 모양의 와당(瓦當)은 지름 5 cm 미만의 것도 있었다.

연화문은 고구려의 것과 달리 꽃잎 내부에 판맥(瓣脈)이 나타나 있지 않고 매우 부드러운 것이 특색이며, 고구려가 낙랑과 중국 북조(北朝)의 양식을 따르고 있는 데 비하여, 백제는 남조(南朝)의 양식을 따르고 있는 것으로, 이와 흡사한 양(梁)시대의 와당이 남경에서 출토되었으며, 경주와 일본 법륭사 및 아스카(飛鳥)시대 불사지에서도 출토되고 있다(도판 25 참조).

암키와는 모두 문양이 없으며, 그 위에 양문(陽文) 또는 음문(陰文)으로 각자(刻字)한 것이 보통이나, 부여에서 출토된 한 예에는 기와 전면에 복선능형(複線菱形)을 그리고, 그 안에 사화문(四花文)을 넣은 문양을 가진 것이 있어 매우 특이하다. 용마루 양단에는 치미(鴟尾)를 놓았으며, 출토된 잔편은 일본 법륭사와 옥충주자에 나타나 있는 치미와 같은 형상임을 알 수 있다.

백제의 전(塼)으로는 궁궐 및 불사건축에 사용된 것과 분묘에 사용된 것의 두 종류가 있다. 궁궐 또는 불사 등 주요 건축물에 사용되었던 유명한 백제 정방형 문양전(文樣塼)으로, 1937년 3월에 부여 규암면(窺岩面)에서 출토된 것은 크기가 한 변 29 cm, 두께 4 cm로서 네 귀의 안에 홈이 패어 있고, 표면에는 연화문, 와운문(渦雲文), 봉황문, 반용문(蟠龍文), 귀면문(鬼面文), 산경문(山景文) 등이 양문(陽文)으로 나타나 있다. 이와 같은 문양전이 약 30장 가량 지하에 남북으로 나란히 깔려 있는 것이 발견되었다(p.162 참조).

봉황문(鳳凰文)은 원형 주문대(珠文帶) 안에 도안화(圖案化)되어 회전하는 모양으로 활력있게 표현하였다. 와운문은 원형 주문대 안에 8개의 익형문(翼形文)을 배치한 것 등 섬세하고 활기 있는 모양을 나타내고 있다. 특히 산경문(山景文) 전(塼)에서는 특유한 규각(圭角)이 있는 바위 봉우리를 전경(前景)으로 하여 둥근 윤곽을 가진 많은 봉우리가 중첩되며, 그 위에 수목이 점철(點綴)하여 있는 추상화와 같은 표현은 현대적인 표현방법과 상통하는 점을 찾아볼 수 있다.

1923년 6월, 공주 초등학교 교정의 지하 약 1.5 m에서 많이 나온 유문전(有文塼)은 주로 분묘에 사용되었던 종류로, 장방형과 사다리꼴의 두 가지가 있다. 바닥 면에는 승문(繩文)과 양문(陽文)의 문자가 있고, 길이 면에는 중앙 또는 단부(端部)에 엽전문양 단화문(團花文)을 만들고 사격형문(斜格形文)을 만들었으며, 마구리면에는 단독으로 연화문 또는 2개의 단화문을 나타냈다. 그 문양은 일면 한대(漢代)의 수법과 일면 남북조식(南北朝式)의 연화문과 인동문(忍冬文)의 수법을 갖고 있어 낙랑 시대의 것보다 견고하고 치밀하며, 섬세 교묘하여서 매우 우수하다.

이 유문전은 중국 남경(南京) 부근에서 출토된 양(梁) 시대의 유문전과 비슷한 점이 있으며, 또 백제 유문전 중에는 그 측면에는 문구(梁良○爲師矣)가 있어 그 당시 중국의 남쪽 나라인 양(梁)의 영향을 받았음을 나타내고 있다.

백제 유문전으로 특이한 것은, 부여지방의 불사지에서 발견되어 부여 박물관에 보관되어 있는 중공 블록형 전(塼)이다. 길이와 폭이 27 cm, 높이가 13 cm로서 현재 사용하는 중공(中空) 블록과 흡사한 형식을 갖고 있으며, 표면에는 연화문과 인동문이 있다. 이와 흡사한 전은 중국의 육조시대 전분(塼墳)에서도 발견되어, 불사건축 외에 분묘에도 사용되었을 것으로 추측된다.

4. 불사건축

(1) 가람배치 및 사지

불교가 처음으로 백제에 들어온 것은 침류왕(枕流王) 1년 때(384)로 호승(胡僧) 마라난타(摩羅難陀)에 의하여 전해졌으며, 이듬해에는 한산(漢山)에 불사를 창건하였고, 불사의 조영(造營)이 많아지기 시작하였다고 생각된다. 그 뒤 성왕(聖王)에 의하여 불교가 많이 진흥되었으며, 성왕 19년(541)에는 양(梁)으로부터 공장(工匠), 화사(畵師)를 청하여 와서 불사의 당탑(堂塔)을 장엄하게 조영하기 시작하였다. 기록에 의하면 왕흥사(王興寺), 칠악사(漆岳寺),

천왕사(天王寺), 도양사(道讓寺), 미륵사(彌勒寺), 사자사(獅子寺), 북부 수덕사(修德寺), 전주 보광사(普光寺), 전주 경복사(景福寺) 등이 있었다.

그러나 현재 그 대부분의 불사들은 유적을 찾아볼 길이 없다. 현재는 익산(益山) 미륵사지와 부여 정림사지(定林寺址), 부여 군수리(軍守里), 가탑리(佳塔里), 동남리(東南里)에 있는 이름없는 절터와 부여 은산면(恩山面) 금공리(琴公里) 금강사지(金剛寺址) 및 은산군 적성면(積城面) 현북리(懸北里) 절터, 공주 대통사지(大通寺址), 서혈사지(西穴寺址) 등의 절터가 남아 있어서 백제의 가람배치(伽藍配置)의 대강을 알아볼 수 있다. 2007년에는 부여군 규암면에 있는 왕흥사지가 발굴조사 되었다.

가람(伽藍)은 범어(梵語)의 상가라마(Sangarama)에서 유래된 것으로, 음역(音譯)하여 승가라마(僧加羅摩) 또는 가람이라 하며, 의역(意譯)하여 중원(衆園) 또는 승원(僧院)을 뜻한 것으로, 석씨요람(釋氏要覽)에 보면 「승가찰마는 범어의 제목이다. 혹은, 승가라마라고 칭하는데 이것은 중원을 말한다. ……원은 나무를 심어 자라게 하는 장소이다. 불제자들이 이 곳에 살면서 도의 근본이 되는 성과(聖果)를 심어 자라게 하는 것을 의미한다」라고 되어 있다. 가람의 제도와 배치는 시대에 따라 변천 발전되었다.

이 제도의 기본은 인도에서 유래된 것이라고 생각되나, 가람배치의 형식은 중국의 궁전건축과 인도의 불탑요소가 복합되어 형성된 것이다. 낙양가람기(洛陽伽藍記)에 의하면, 불전과 남문은 궁전건축의 태극전(太極殿 : 정전)과 단문(端門 : 정문)과 같았다고 기록되어 있으며, 태극전과 같은 불전을 만드는 방식은 인도에서는 찾아볼 수 없는 것으로, 중국에서부터 시작되었다. 이와 같은 가람배치 방식이 한국에 들어와서 백제시대에는 1탑식 가람배치의 발전을 보게 되었다고 생각되며, 이 배치형식이 일본으로 전해져서 「백제양칠당(百濟樣七堂) 가람배치」라 호칭되고 있었다.

1탑식 배치방법은 평지가람(平地伽藍)으로서 1탑을 중심으로 하여 금당(金堂), 강당(講堂), 중문(中門) 등을 배치하고 회랑(廻廊)을 만든 것이다. 초기 가람배치는 고구려 청암리(淸岩里) 사지(寺址)의 배치와 같은 것으로, 이와 같은 실례는 부여 군수리(軍守里) 사지(寺址)에서 찾아 볼 수 있으며, 당시 백제 장인(匠人)들의 손으로 건축되었던 일본 아스카(飛鳥) 사지(寺址)에서도 그 실례를 볼 수가 있다.

가장 전형적인 백제 가람배치는 1탑을 중심으로 하여, 중문 · 탑 · 금당 · 강당의 건물 중심들이 자오선상에 놓이게 좌우대칭으로 배치하고, 회랑을 돌린 것이다. 그 예로는 부여 정림사지와 백제 장인들에 의하여 지어진 신라의 황

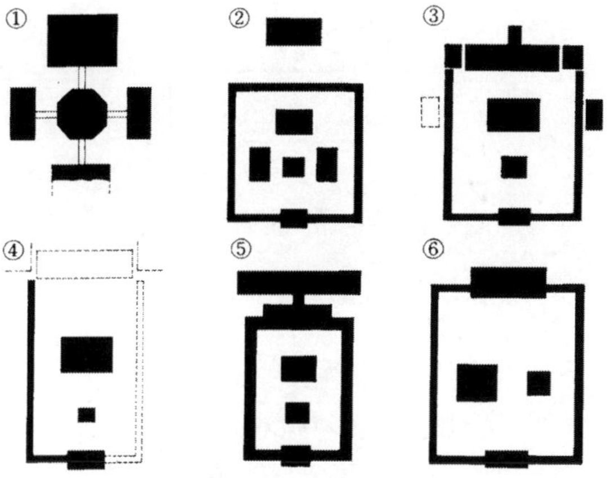

① 평양 청암리사지 ② 일본 아스카사지 ③ 부여 군수리사지
④ 정림사지 ⑤ 금강사지 ⑥ 일본 홋기지(法起寺)

그림 55.
1탑식 가람배치 비교

룡사지(皇龍寺址) 및 일본의 사천왕사(四天王寺)를 들 수 있다. 익산의 미륵사지는 1탑식 가람배치가 3개 복합하여 서탑원(西塔院), 동탑원(東塔院), 중탑원(中塔院)의 3개 탑원(塔院)이 병립형식으로 건축되었던 것이다. 부여 금공리(琴公里)에 있는 금강사지(金剛寺址)는 1964년과 1965년에 발굴 조사되었으며, 중문, 탑, 금당 및 강당을 동서 중심축선에 따라 동향하여 건축한 1탑식 가람배치이다.

또 다른 종류의 배치방법으로는 중문과 강당의 중심을 자오선상에 좌우대칭으로 배치하고, 회랑 안에다 탑을 서쪽에, 금당을 동쪽에 배치하는 것이 있다. 백제시대 사지 중에서는 이 같은 예가 아직 발견되지는 않았으나, 남원 만복사(萬福寺)와 개성 연복사(演福寺)에서 실례를 찾아볼 수 있다. 이 형식은 일본으로 전해져서 법륭사의 동전서탑(東殿西塔) 배치와, 법륜사 및 법기사(法起寺)의 서전동탑(西殿東塔) 배치를 만들게 된 것으로 추측되고, 당시의 일본 아스카(飛鳥) 시대의 가람은 백제의 1탑식 가람배치를 사용하였다.

군수리(軍守里) 사지(寺址)는 1935년과 1936년에 발굴 조사된 것으로서, 부여 남쪽 평지에 강을 면하여 위치하고 있다. 남쪽으로부터 중문, 탑, 금당, 강당의 유지(遺址)가 있으며, 금당 좌우에 건물지(建物址)가 있고, 강당 좌우에 종루(鐘樓) 및 경루(經樓)로 보이는 건물지가 있다. 탑지는 13.8 m의 정방형이고, 거기서 8 m 떨어진 금당지(金堂址)는 동서 27 m, 남북 18 m이며, 여기서 18 m의 거리에 있는 강당은 동서 50 m, 남북 18 m이며, 북쪽 벽에는 동서 4.8 m, 남북 9 m의 튀어나온 부분이 달려 있는 것이 특이하다.

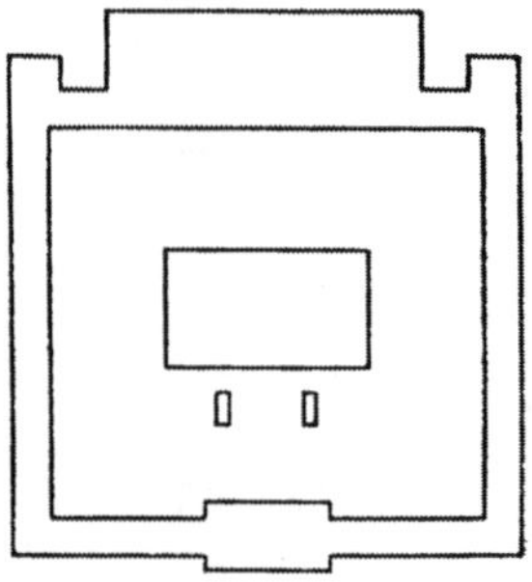

그림 56.
동남리 사지

중앙에 있는 금당 동서 벽에서 25.5 m 떨어진 위치에 남북 15 m, 동서 13.2 m의 건물지(建物址)가 하나씩 있는데, 발굴조사 당시 완전한 발굴을 하지 않았으나 그 배치방법이 고구려 시대의 청암리 사지의 배치와 흡사한 점이 있는 것을 알 수 있으며, 제2차 세계대전 후 일본의 아스카(飛鳥) 사지(寺址)의 발굴조사를 통해 군수리 사지도 금당 3동(棟)이 탑을 중심으로 동서 북방으로 있었던 것을 알게 되었다. 이와 같은 3금당식(三金堂式) 가람배치는 당시 일본에 전해진 것으로 생각된다.

부여 동남리(東南里) 사지(寺址)는 군수리보다 북쪽 성산(城山) 밑에 있는 사지로서, 1938년에 조사된 것이다. 이 사지의 가람배치는 군수리 것과는 달리 금당, 강당 및 중문의 중심이 자오선상에 오는 것이며, 금당 앞에 탑지(塔址)가 없고, 그 대신 좌우에 석조(石槽)가 둘 있는 것이 특이하다.

(2) 미륵사지

미륵사지(彌勒寺址)는 익산 금마면에 있으며, 그 사역(寺域)은 매우 광대하다. 삼국유사 백제 무왕조(武王條)에 「신통력으로 하룻밤 사이에 산을 무너뜨려 못을 메워 평지로 만들었다. 이에 미륵삼존의 불상을 모실 불전과 불탑 및 회랑들을 3곳에 세우고 현판을 달아서 미륵사라 하였다」라고 기록되어, 무왕(武王)이 재위하였던 시대인 7세기 초기에 창건되었던 것이라 생각된다.

미륵사의 가람배치는 서탑원(西塔院), 동탑원(東塔院), 중탑원(中塔院)의 3개 탑원(塔院)이 병립형으로 배치된 것으로, 그 중 서탑원지(西塔院址)에는 한국 최대의 석탑의 일부가 현재 남아 있으며, 이 서탑 중심에서 북방 31.8 m 되는 곳에 서금당지(西金堂址) 중심이 놓여 있다.

서금당은 정면이 5간(12.7 m), 측면 4간(9.1 m)으로 기둥 사이가 거의 같다. 초석(礎石)형상이 진기하며, 초석의 크기는 사방 75 cm에 높이 85.5 cm로, 상부는 높이 13.5 cm, 지름 54 cm 전후인 원형으로 만들었고, 초석 모서리에는 마루의 귀틀을 놓았던 자리 같은 것이 만들어져 있어, 마루를 깔았던 것으로도 추측된다.

동탑원은 서탑원과 대립되도록 배치되었으며, 그 규모가 동일하다. 그러나 동탑지(東塔址)는 종전의 일부 학자에 의하여 주장되었던 목탑설(木塔說)에 반하여, 1974년 8월의 발굴조사로 석탑기단의 유구(遺構)를 찾아냄으로서, 동탑도 서탑과 같은 석탑구조임을 밝혀낼 수 있었다. 서탑원과 동탑원 앞에는 각각 거대하고 정교하게 만들어진 당간지주(幢竿支柱 : 큰 佛法會가 있을 때 大佛畫를 게양하는 기둥을 지탱하는 石柱)가 서 있다.

미륵사지의 본격적인 발굴조사는 1980년부터 시작되었으며, 그 결과 이 사지는 전체 배치의 중심에는 주체격(主體格)이 되는 중원(中院)에 규모가 큰 목탑지(木塔址)와 금당지(金堂址)를 동남향을 한 축선(軸線)에 따라 배치하고, 그 주위에 회랑지(廻廊址)가 놓여 있다. 중원의 좌우에는 종(從)이 되는 동원·서원이 대칭으로 자리 잡고 있으며, 동원·서원의 북쪽 회랑은 각각 금당 뒤쪽에 남북으로 길게 뻗은 승방지(僧房址)와 중원 뒤쪽에 있는 대강당지와 연결되어 있다. 중원의 탑지, 금당지, 중문지는 규모가 크며, 동남향을 한 축선(軸線)에 따라 배치되고, 그 주위에는 회랑지(廻廊址)가 연결되어 있다.

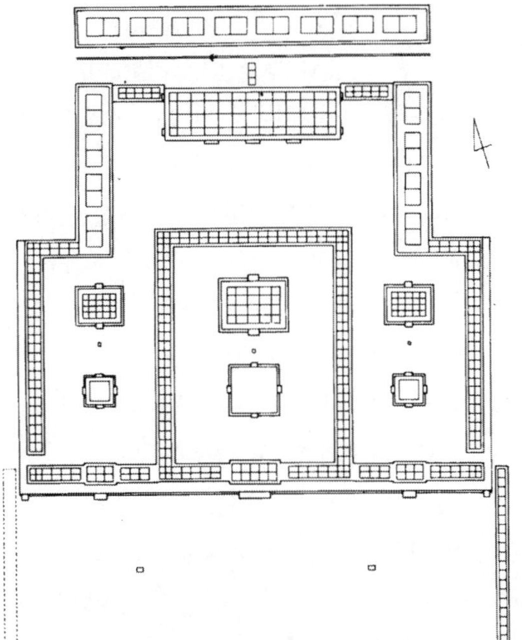

그림 57.
미륵사지 가람 배치도

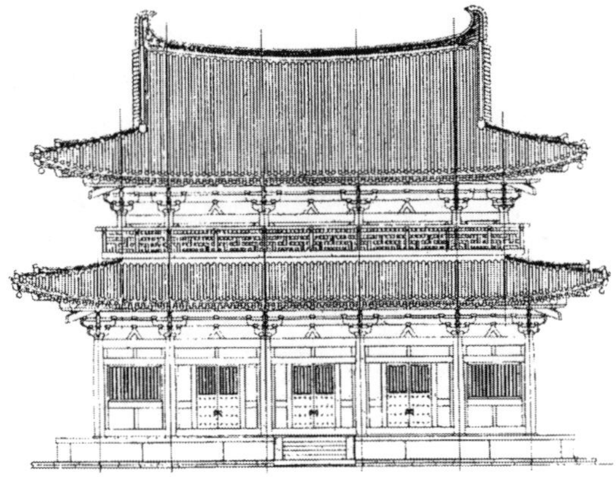

그림 58.
미륵사지 중탑원
금당 복원도(장경호 작성)

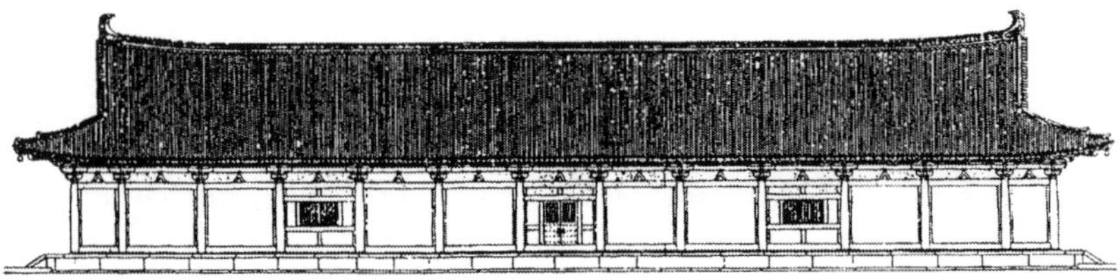

그림 59.
미륵사 강당 복원도
(장경호 작성)

동 · 서 금당지의 크기와 구조형태는 같으며, 탑지와 같은 형식의 2중 기단 위에 높이 약 1 m 되는 초석을 배열하여 정면 5간, 측면 4간으로 되어 있다. 그 건물 밑 기단 내부에는 목조마루 밑에 공간을 두어 마루를 보존하기 위한 배려를 한 것으로 믿어진다. 중원의 금당지에서도 역시 같은 형식의 유구가 노출되었는데 그 규모는 정면 총 길이가 약 19.8 m, 측면이 14 m여서 동 · 서원 금당의 12.7 m×9.1 m와 비교하여 볼 때 크다.

이 사지의 평면배치 계획은 거의 완벽하게 대칭성을 가지고 있으며, 영조척(營造尺)으로는 고구려척(1.155~1.176 곡척)이 사용된 것이 조사되었다. 동서 기단 끝까지의 길이는 490 고구려척이며, 중원의 동서회랑 중심 거리는 190 고구려척, 남북회랑 중심 거리는 246 고구려척이다. 동원 · 서원의 동서회랑 중심 거리는 140 고구려척이며, 북쪽 강당구역에서 동서 승방지(僧房址)의 외측기단 거리는 379 고구려척으로, 중문지에서 강당지 중심 거리인 380 고구려척과 거의 같은 길이라 할 수 있다.

이 사지에서는 기단(基壇)의 복원이 가능할 정도로 기단석이 비교적 잘 남아 있었다. 목탑지(木塔址)는 상층 기단의 지대석(地臺石) 일부가 남아 있었고, 중금당지(中金堂址)는 상층 기단의 면석(面石)까지 남아 있었다. 동금당지(東金堂址)와 동석탑지에서는 상층 기단의 면석(面石)까지, 강당 및 승방지에서는 갑석(甲石)까지 확인되었으며, 금당과 탑지의 기단은 대체로 같은 기법

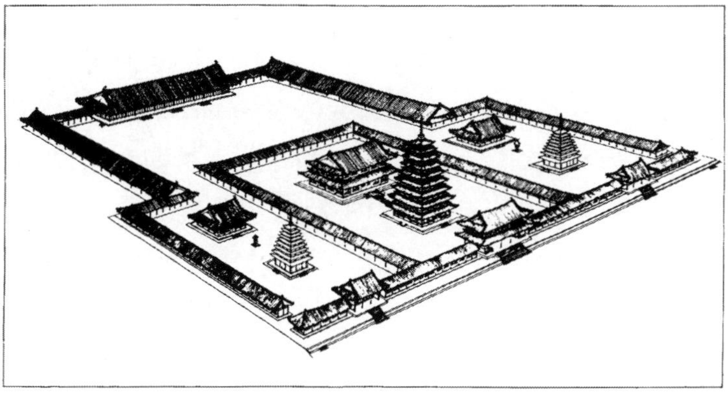

그림 60.
미륵사 가람 추정도
(장경호 작성)

으로 이루어져 있었다.

지금까지 미륵사지 발굴조사에서 출토된 유물의 수는 약 18,000여 점이나 된다. 출토된 유물의 종류를 보면 기와편들과 도토류(陶土類)가 주종을 이루고 석재와 금속류, 목재조각과 곡물류 또 인골(人骨) 등도 출토되어 당시 사찰 내의 생활상을 엿볼 수 있었다.

이 중에서도 창건시대를 추정하는 데 가장 참고가 되는 자료는 평기와와 막새기와이다. 특히 연화문수막새는 그 문양으로 보아 백제의 사비(泗沘)시대, 즉 부여로 천도한 후에 사용된 문양인데 이보다 앞서는 문양은 한 점도 찾아볼 수 없었다. 이러한 점으로 보아 미륵사의 창건은 『삼국유사』의 기록대로 무왕(武王)시대에 이루어진 것이 거의 확실하다. 기와류 중에 7판의 녹유(綠釉)연화문 서까래 와당은 당시 기와에 유약을 발라 사용한 증거로, 그만큼 화려한 건축을 조영했다는 것을 알 수 있다. 동원 승방터 북쪽에서 출토된 치미는 백제의 치미 중 가장 원형이 잘 남아 있는 것이다. 기와 중에는 '미륵사'

그림 61.
미륵사지 녹유연화문
서까래 와당

(彌勒寺), '묘봉원'(妙奉院), '금마저관'(金馬渚官). '태평흥국'(太平興國) …… 등의 명문(銘文) 기와가 출토되었다.

금속류로는 금동 판각불(板刻佛), 금동 방울, 동마(銅馬), 철발(鐵鉢) 등이 출토되었고 그밖에도 토제불두(土製佛頭), 벽화편 등 귀중한 자료가 출토되었으며, 특히 건축부재로서 난간소로, 서까래, 널문 재료 등이 출토되었다. 또한 석탑의 노반석(露盤石)과 옥개석(屋蓋石)이 출토되어 석탑이 9층탑이었다는 고증을 얻었으며 그 외에 유리제품도 많이 출토되었다.

(3) 정림사지

정림사지(定林寺址)는 부여시 중심부에 위치하며, 백제시대에 세워진 5층 석탑과 고려시대의 것으로 보이는 석불좌상(石佛坐像)이 마주보고 서 있다. 이 사지는 1942년 발굴조사에서 중문, 탑, 금당 및 강당이 남북 중심축선에 따라 배치되고, 중문에서 강당에 이르는 회랑(廻廊)이 있는 1탑식 가람배치인

그림 62.
정림사지 가람배치 발굴도

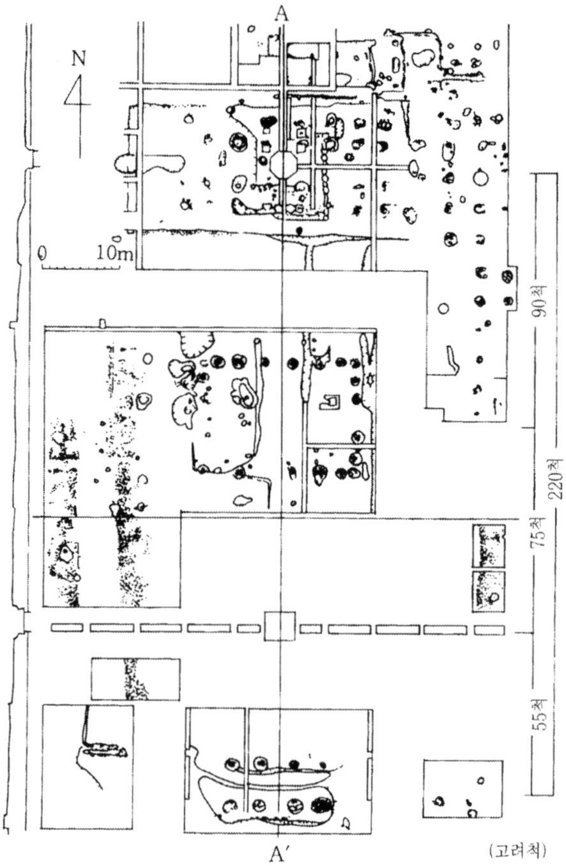

것이 밝혀졌다. 1942년 발굴조사 때에 "태평 8년 무진 정림사 대장당초"(太平 八年 戊辰 定林寺 大藏當草)라는 명문와(銘文瓦)가 출토되어 정림사지임을 알 수 있었다.

1979년과 1980년의 조사에서는 금당기단(金堂基壇)이 동서 20.5 m, 남북 15.6 m인 2중 기단으로 되어있고, 하층 기단에는 차양간(遮陽間)의 기둥을 받치는 초석(礎石)의 적심(積心)이 남아 있었다. 따라서 금당건물은 정면 5간, 측면 4간이며, 외주(外周)에는 차양간이 달린 것으로 추정된다. 강당기간은 그 규모가 동서 27 m, 남북 13.1 m였고, 건물은 정면 7간, 측면 3간으로 추정되었다.

1984년에는 사역(寺域) 남쪽의 연못에 대한 발굴이 실시되고, 사지 전역의 정비와 연못의 복원이 있었다. 정림사는 583년 백제가 사비(泗沘)로 도읍을 옮긴 후 얼마 되지 않은 시기에 창건된 것이다.

(4) 왕흥사지

왕흥사지(王興寺址)는 부여 규암면에 위치하고 있으며 사찰 전면 남쪽 320 m 되는 곳에 금강(錦江)이 현재 흐르고 있으며, 그 강변에는 부소산과 낙화암이 바라보인다. 2007년에는 발굴된 왕흥사 목탑지는 그 평면이 사방 14 m이다. 목탑지 남쪽 18 m 되는 곳에는 중문(中門)이 서 있었으며, 그 전면에는 폭 13 m, 길이 62 m가 되는 방축을 만들어서 금강 쪽으로 돌출하게 하여 선박이 닿게 만든 시설의 흔적이 지하에서 발굴되었다. 중문 좌우 동서 방향에는 계속하여 석축을 축조하여 왕흥사 전면 회랑 앞까지 금강의 강물이 인접하게 만들었던 흔적이 땅속에서 발견되었다. 목탑지 동서에는 각각 19 m 떨어진 곳에 동서 회랑지 및 부속 건물지가 발견되었으며, 목탑지 북쪽에는 남북을 향한 중심축선상에 금당지와 강당지가 있는 것으로 추정되었다.

2007년 10월에 이 목조탑 심초석(心礎石) 중앙 사리공(舍利孔)에서 사리장엄구(莊嚴具)와 각종 장식품들이 발견되었다. 이중에서 청동제 사리합(직경 7.5 cm, 높이 8 cm) 몸체에서 한문자가 29자 새겨져 있다. 그 내용은 "정유년(557) 2월 15일 죽은 왕자를 위해 백제왕 창(昌 : 위덕왕의 생전이름)이 찰주(刹柱)를 세웠다. 본래 사리를 2매 넣고자 했는데 부처님의 조화로 사리가 셋이 되었다."(丁酉年二月 十五日百濟 王昌爲亡王子立刹本舍 利二枚葬時 神化爲三)라고 적혀 있다. 청동제 사리합 안에는 은으로 만든 사리병을 넣고 그 안에 다시 금으로 된 사리병을 담은 "3중 세트" 형식으로 되어있다. 이같이 온전한 모습을 갖고 있는 백제의 사리장엄구가 발결된 것은 "무령왕릉 이후

백제 최고의 발굴"이라고 평가되고 있다. 사리장엄구 주변에서는 각종 금장식, 귀고리, 구슬 등이 나왔으며 출토된 구슬은 8000점이 넘었다.

무왕(武王) 35년(634)조에는 "춘이월 그 절이 강에 인접하게 만들었고(春二月 成其寺 臨水) 채색으로 장식하여 장려하였다.(彩飾壯麗) 왕이 매번 배를 타고 들어가 향을 피웠다.(每乘入寺行香)"고 기록되어 있다. 따라서 왕흥사는 위덕왕(威德王)이 국가적으로 조영하기 시작한 대사찰이었으며, 557년 2월 15일 목탑 심초석 사리공(舍利孔)에 사리를 넣었다. 634년에는 금강의 강물을 인수(引水)하여 왕흥사가 강물에 인접하게 만들었으며 모든 건물과 시설들이 준공되었고 무왕이 방문할 때마다 배를 타고 절에 들어가 향을 피게 되었다. 왕흥사의 복원도는 강물에 인접하여 웅장하게 서 있는 이 사찰의 장엄한

그림 63.
왕흥사지 배치도
(국립문화재연구소 제공)

경관과 왕이 이 절을 방문할 때 사용한 선박의 모습이 잘 표현되어 있다고 생각된다.

그림 64.
왕흥사 사리장엄구
(국립문화재연구소 제공)

그림 65.
왕흥사 복원도
(국립문화재연구소 제공)

5. 불 탑

불탑은 범어의 스투파(stupa)에서 유래된 것으로 분묘를 뜻하며, 음역(音譯)하면 탑파(塔婆)라 하고, 의역(意譯)하면 불탑(佛塔)이라 한다. 이 불탑은 원래 불사리(佛舍利)를 안치하기 위한 것으로, 인도에서 시작되었다.

그림 66.
불탑 비교도

최초의 불탑형식은 기단과 복발(覆鉢)과 상륜(相輪)으로 되었던 것이다. 기단 위에 탑신(塔身)을 겸한 반구형(半球形)의 복발을 토석(土石)으로 쌓아서 그 표면에 석회를 발라서 만들고, 그 위에 판석(板石)을 정방형으로 짜서 평두(平頭)를 만들어 그 속에 불사리(佛舍利)를 두며, 평두(平頭) 위에 간주(竿柱)를 세워 상륜을 만든 것이다. 상륜은 5륜(輪)으로 하는 것이 원칙이나 이것이 변형하여 7, 9, 13륜이 되는 것, 또는 3, 2 혹은 단륜(單輪)으로 되는 예도 있다.

탑파형식은 인도에서 시작되어, 간다라(健陀羅) 지방을 거쳐 중국에 들어와서 변모를 많이 하게 되었으며, 중국식 목조누각(木造樓閣) 건축 등의 영향을 받아서 탑신(塔身) 부분이 각 층마다 지붕을 갖는 다층탑이 되었다. 그러나 스투파(stupa)의 기본요소였던 기단, 복발, 상륜을 그대로 보존하고 있다.

불탑의 형식은 한국에 들어와서 더 한층 변화하게 되었으며, 목조불탑을 석조로 번안(飜案)하여 인도 및 중국에서 볼 수 없는 독특한 석탑(石塔)의 형식이 백제시대에 생기게 되었으며, 불탑형식은 신라와 일본으로 전하여진 것으로 생각된다. 불교가 전래되면서부터 한국에서도 목조불탑이 많이 건립되었으나 전쟁으로 소실되고, 석조불탑만이 남아서 옛 건축문화를 전해 주고 있다.

백제 석탑으로 가장 오래되고 가장 큰 규모의 것은 7세기 초에 건립된 미륵사지 서탑(西塔)이다. 현재는 동쪽 벽면과 북쪽 벽면의 일부만이 6층까지 남아 있어 높이가 11 m이나, 발굴 조사 때 출토된 동탑(東塔)의 노반석(露盤石)과 최상층 옥개석(屋蓋石)에 의해 9층 탑으로 추정된다. 이 불탑은 화강석을 쌓아 만들어서 목조탑을 석조로 번안한 면모를 가장 잘 나타내고 있는 것으로, 한국 석탑의 시원적(始源的)인 형식을 갖고 있는 것이다.

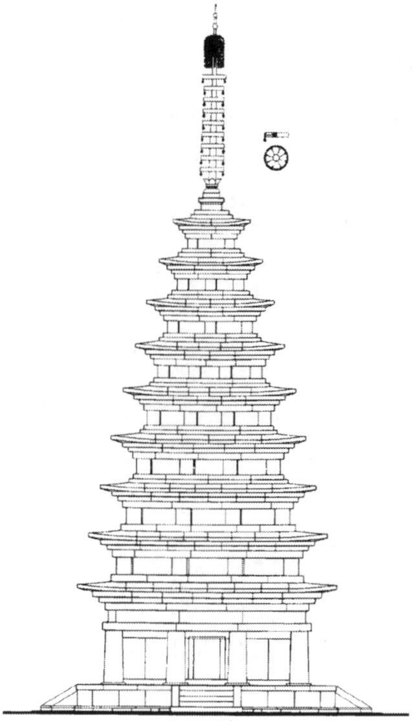

그림 67.
미륵사 동탑 복원도

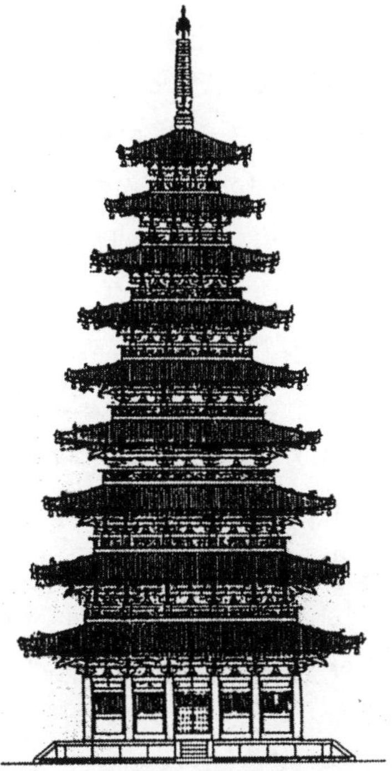

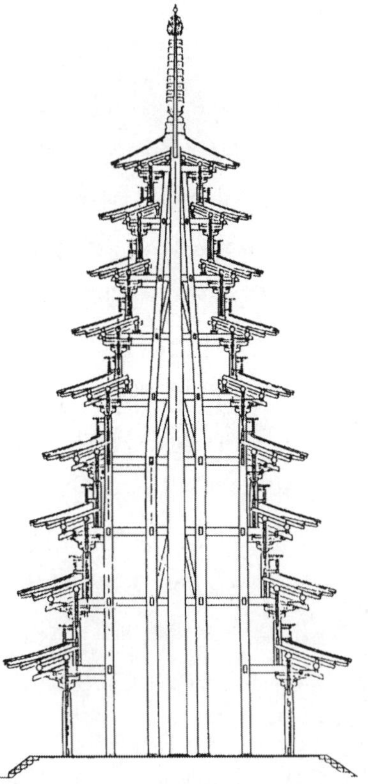

그림 68.(좌)
미륵사 중원 목탑 복원도
(장경호 작성)
그림 69.(우)
미륵사 중원 목탑 단면
추정도(장경호 작성)

미륵사 서탑(西塔)은 석탑(石塔)으로 높이가 낮은 1층 기단 위에 서 있으며, 정방형의 평면을 가지고 각 층 탑신(塔身)이 사방 3간으로 되어 있다. 1층 탑신 동쪽 면 길이 8.2 m이며, 배흘림(entasis)을 가진 사각기둥을 세웠는데, 그 모서리를 약간 죽여서 둥근 모양을 내게 하였고, 크기는 폭 73.5 cm, 높이는 2.02 m 내외의 좌우 변간(邊間)의 벽면을 석재로 쌓았고, 그 중앙에 탱주(撑柱)를 세웠으며, 중앙간 벽면에는 문선석(門楦石)을 세워 개방된 입구를 만들어 내부로 통하며 십자형이 되어 있고, 그 중심에는 99 cm 정도의 정방형 석주(石柱)로 만든 심주(心柱)가 서 있다. 이 상부에는 나무기둥이 서 있어서 상륜부(相輪部) 끝까지 이르게 되고, 목조탑파의 찰주(刹柱)와 같이 끝을 금속으로 쌓아서 상륜을 달았던 것으로 추측된다.

1층 탑신의 기둥은 초석(礎石) 위에 놓이고, 기둥 상부에 창방석(昌枋石)과 평방석(平枋石)이 있으며, 그 위에 낮은 벽을 만들고 3단의 옥개(屋蓋) 받침돌을 내쌓아서 공포(栱包) 형식을 간결하게 표현하였고, 그 위에 엷은 옥개석을 덮었다. 지붕의 물매는 매우 작고, 처마선은 모서리에 가서 약간 들려 올라가도록 하였다. 이와 같은 방법은 각 층의 옥개석 처마 모서리에 반복되어, 경쾌하고 매우 부드러운 외관(外觀)을 나타내게 만들었는데, 이것은 백제 석탑의 공통된 특징이다.

2층 탑신은 높이가 1층보다 급격히 줄어졌으며, 벽의 길이가 상층으로 갈수록 점차 감소되어 전체적으로 안정된 외관을 나타내고 있다. 이 탑의 조영(造營)에는 고구려척을 사용하였던 것으로 생각되며, 기단 모서리 부분에 놓여 있는 석조각 동물은 매우 고졸(古拙)한 외형을 갖고 있다. 이 석탑은 목조탑을 석재의 재질을 감안하여 적절하게 번안(飜案)하여 만든 석조 불탑이다. 돌을 다듬은 솜씨가 날카롭게 보이는 모서리 부분을, 목재를 다루듯이 약간 죽여서 만들었기 때문에, 돌로 만들었으면서도 조금도 딱딱하거나 찬 맛이 없고, 부드럽고 온아(溫雅)한 기분을 느끼게 하는 것은 매우 기이한 특징이다.

미륵사 중원(中院) 목탑지(木塔址)에서는 조사결과, 북쪽 기단 일부와 계단이 노출되었는데 기단형식은 동 · 서 석탑(石塔)의 기단형식과 같이 지대석(地臺石)과 면석(面石) · 갑석(甲石)을 갖춘 기단에 바깥쪽에는 방형(方形)의 판석(板石)을 맞추어 깔아 2중 기단형식을 만들었다. 이 기단의 크기는 한 변이 약 18.5 m로 추정되어 석탑의 기단 10.4 m에 비하여 큰 차이를 보여준다. 이 비례로 보아 이 목탑(木塔)의 높이는 석탑의 약 2배에 가까웠을 것으로 추측된다.

정림사지(定林寺址) 석탑은 부여 시내에 있는 불사지에 위치하며, 완전한 형태를 가진 5층 석탑이다. 초기적인 석탑형식에서 발전하여 양식화됨으로써 전아(典雅)하고 간결하며, 그 두드러진 아름다운 외관은 백제 건축미를 대표하는 것이라 생각된다. 이 탑의 1층 탑신에는 대당평백제국(大唐平百濟國)이라는 각명(刻銘)이 있어, 백제의 멸망의 비분(悲憤)을 전하는 탑이어서 일제시대에는 평백제탑(平百濟塔)이라 속칭되기도 하였으나, 이 탑이 놓여 있는 사지(寺址)에서 정림사(定林寺)라고 각명된 기와편이 발견되어 정림사지 석탑으로 칭하게 되었다.

이 탑에서 북쪽 약 29.4 m 되는 곳에는 연화좌대 위에 파손이 매우 심한 앉은 모습의 석불이 있을 뿐이며, 이 탑은 남면을 하고, 그 중심이 석불의 중심축선과 일치되고 있어서, 당시의 가람배치(伽藍配置)의 기준이 되었던 것을 알 수가 있다. 석탑의 높이는 최하부에 있는 지대석(地臺石) 상면에서부터 복발(覆鉢) 상면까지 8.82 m이고, 지대석의 폭은 4.88 m이며, 그 상면에 비교적 얕은 1층 기단을 만들었다.

1층 탑신에는 배흘림을 가진 모서리 기둥이 약간 안쏠림을 갖도록 세워졌으며, 탑신 하부는 사방 2.42 m로 되었고, 기둥의 폭 51 cm, 높이 1.5 m이다. 1층 탑신 위에는 2단의 옥개 받침돌을 내어 쌓았는데, 위의 것은 두께가 약간 두껍고, 모서리를 죽여서 일부 사면(斜面)으로 된 것을 사용하여, 목조공포의 형식을 간결·단순하게 표현하였다. 옥개 받침돌 위에 얹혀진 옥개석(屋蓋石)은 엷으며, 처마곡선이 미륵사지탑에서 보는 바와 같이 모서리를 약간 들어 올라가도록 만들어서 사지탑에서 보는 바와 같이 모서리를 약간 들어 올라가도록 만들어서 경쾌하고 부드러운 멋을 나타내고 있다.

2층 탑신의 높이가 1층에 비하여 급격히 줄어드는 것이 미륵사지 석탑과 같으며, 2층 이상의 탑신(塔身) 폭은 점차적으로 감소되나, 높이는 많이 감소되지 않아서 미륵사지 석탑보다 고준(高峻)한 모양을 나타내고, 매우 아름다운 외관(外觀)을 만들었다. 석재편수(石材片數)도 미륵사지 석탑에 비하여 많이 감소되었으며, 모든 면에서 발전되어 간단 명쾌하게 정비된 형식임을 알 수 있다.

이 탑의 조영(造營)에는 고구려척(비율 1.155曲尺)을 사용한 것으로 생각되며, 백제 공장(工匠)들이 주관하여 건립한 신라 황룡사의 사용척(비율 1.1566曲尺)과 근사함을 알 수 있다. 탑의 최하부에 있는 지대석(地臺石) 폭인 14고구려척을 기준척도로 사용하였던 것으로 추측되며, 주요부분의 길이가 완수척(完數尺)으로 되어 있는 것을 알 수 있고, 동시에 전체적으로 간단한 비례관계를 갖고 있음이 입증되고 있다.

이 탑은 목조탑에서 석조로 번안되어 발전된 전형적(典型的)인 석탑으로서, 불행히도 백제시대의 목조탑이 없으므로, 문화적으로 밀접한 관계를 갖고 있는 일본 법륭사의 목조탑과 비교한다면, 후자는 대건축물인데 반하여 정림사지 탑은 석조물이므로 재료 및 구조가 본질적으로 다르게 되어, 그 디자인 계획상 많은 차이를 가져오게 된 것으로 생각되며, 이것은 원리상으로 보아 당연한 것이라 할 수 있다.

법륭사 탑의 형태와 같은 체감률(遞減率)을 가진 석탑을 상상한다면, 그 하부가 너무 낮아지고 전체가 둔중(鈍重)한 느낌이 날 것이다. 이 같은 결점을 없애기 위하여 1층 탑신을 특히 크게 하고, 2층 이상의 탑신을 법륭사와 같이 등차적 체감을 하여 숭고하고도 전아(典雅)한 석탑 모양을 만든 백제 사람들의 비범한 솜씨를 알 수 있다.

이와 같은 백제 석탑의 형식은 세부적 변화가 있기는 하였으나, 백제의 옛터이던 충남, 전라지방에서는 고려시대에 이르기까지 계속 사용되었으며, 그 대표적인 예로는 익산 왕궁리(王宮里) 5층 석탑(통일 신라 시대), 부여 장하리(長蝦里) 3층 석탑(고려시대) 등을 들 수가 있다.

6. 분 묘

조적식(組積式) 구조로 만들어진 공주 송산리(宋山里) 6호 벽화 전축분(塼築墳)과 1971년에 발견되어 발굴 조사된 공주 무령왕릉(武寧王陵)은 백제 고분으로 매우 유명하며, 특히 무령왕릉은 발굴조사 당시에 도굴을 당하지 않은 상태로 분묘 안의 모든 것이 그대로 남아 있어서, 백제 문화의 전모를 잘 전하여 주는 것으로 매우 귀중한 예이다.

송산리 6호분은 공주 송산리의 금강쪽으로 뻗은 산 끝의 남쪽 경사면에 건설되었으며, 그 묘실의 평면은 장방형이고, 폭 2.25 m, 길이 3.64 m로 토압(土壓)에 대하여 유리하도록 평면의 각 변이 밖으로 약간 휘어나가 있는 흔적을 찾아볼 수 있다. 남벽 중앙에는 연도(羨道)가 있고, 그 바닥 밑에는 배수구를 만들어 외부로 통하도록 해서, 묘실 안의 습기제거에 대하여 세심한 고려가 되어 있음은 특기할 만한 것이다.

벽면은 크기가 폭 약 15 cm, 길이 약 30 cm, 두께 약 4.5 cm 정도의 문양전(文樣塼)을 사용하여 몇 장을 길이방향으로 쌓은 다음, 그 위에 마구리를 일렬로 세워서 쌓는 방법을 반복하였는데, 길이방향으로 쌓는 문양전의 단수

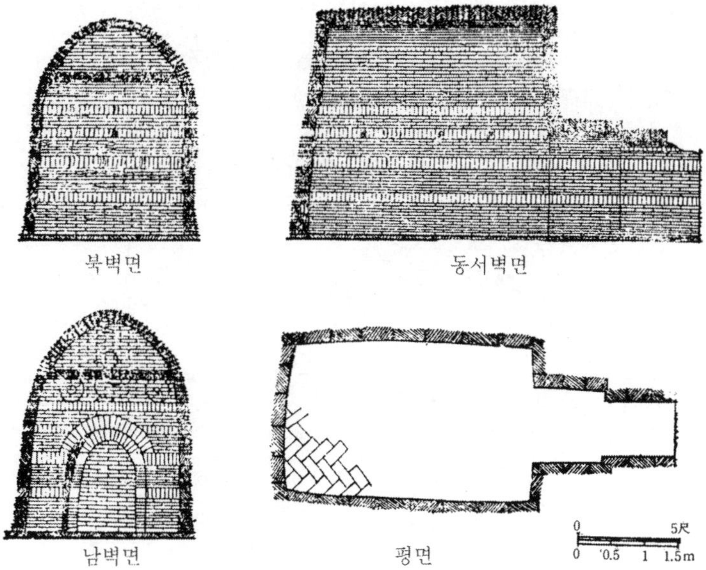

그림 70.
송산리 6호 벽화 전축분 구조도

(段數)는 처음에는 10단, 다음은 8단, 4단으로 상부로 올라가면서 단수가 감소되도록 하였으며, 세로방향 쌓기의 제3열에는 북벽에 1개, 좌우 벽에 3개씩의 광배형(光背形) 소감(小龕) 모양을 만들어, 내부조명을 위한 등잔을 놓았었다.

남북 양단의 벽은 수직으로 쌓아 올렸으나, 동서의 긴 벽은 세로방향 쌓기의 제4열 상면까지 약간 안쏠림을 갖게 쌓아 올리고, 그 윗부분은 볼트(vault) 구조로 만들었다. 이 곳에 사용된 전형상(塼形狀)은 쐐기형 단면으로 만들어 사용하였으며, 특히 연도(羨道)의 홍예부분에는 정식홍예 쌓기로 하였다. 전(塼)은 모양에 따라서 각각 구별될 수 있도록 대방(大方), 중방(中方), 급사(急使), 사대(使大) 등의 문자를 각명(刻名)하여 놓았다.

이 분묘에 사용된 문양전(文樣塼)은 공주 초등학교 교정에서 발견된 문양전과 동일하며, 사격문(斜格文), 연화문, 반연화문을 나타내며, 전의 표면에는 백색, 흑색, 청색의 안료를 칠하여 장식하였다. 또, 4벽면에는 사신도(四神圖)를 그려 놓았는데, 그림이 있는 부분에만 진흙을 발라서 토벽을 만들고, 그 위에 호분(胡粉)으로 사신도를 그렸으며, 남쪽 벽 연도 출입구의 윗벽에 있는 주작(朱雀) 양쪽에는 해와 달을 그려 놓았다. 이 전축고분(塼築古墳)은 중국 장사(長沙)에서 발견된 남제(南齊) 영원명전(永元銘塼 : 499년)으로 쌓은 전축고분과 그 구조가 흡사한 점으로 보아, 화남(華南) 지방의 남조식(南朝式) 전분(塼墳)의 영향을 받은 것으로 생각된다.

그림 71.
백제전(공주 출토)

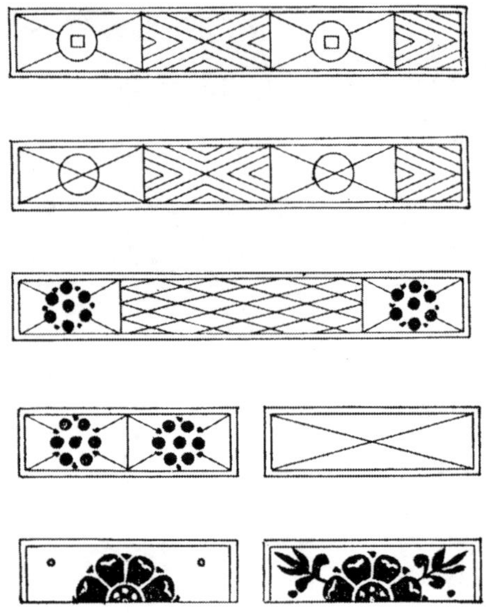

1971년 7월 초에 송산리 6호분 후면에 배수시설 공사를 하는 도중 그 옆에서 발견된 무령왕릉(武寧王陵)은, 1971년 7월 8일 하오에 발굴 조사반에 의하여 연도 입구가 개봉되었으며, 우유빛 같은 가스가 흘러나오면서 1447년 동안 고이 보존된 왕릉내부가 드러나게 되었다. 이 왕릉은 송산리 6호분과 거의 같은 규모와 양식으로 만들어진 전축분(塼築墳)으로, 전(塼)이 형상과 문양도 같은 연화문, 엽전문, 사격문(斜格文) 등으로 되었으며, 그 형상에 따라 대방, 중방, 급사, 사대(使大) 등 문자가 양각(陽刻)되어 있는 것도 같다. 이 왕릉 연도 앞의 연문(羨門)에 있는 전축벽은 폭 4 m, 높이 3 m이며, 그 중앙의 하부에 폭 1.45 m, 높이 1.04 m의 아치로 된 연문이 있으며, 이 개구부(開口部)는 전을 쌓고 강회(強灰)로 다져서 완전히 봉해져 있었다.

이 왕릉은 폭 1.04 m, 높이 1.45 m, 길이 2.9 m의 볼트형의 연도가 있고, 그 뒤에 있는 묘실(墓室)의 평면은 폭 2.7 m, 길이 4.2 m의 장방형이며, 동서 양측벽이 약간 내경(內傾)하였으며, 높이 2.93 m의 볼트구조로 되었고, 남북벽은 수직으로 쌓여 있다. 벽을 쌓는 방법은 전(塼)을 4단 길이로 쌓고, 그 위에다 마구리를 세워서 쌓는 방법을 반복하였다. 볼트 천장을 연화문이 반쪽씩 아름답게 양각된 것을 짝지어 세워 쌓고, 그 다음에 사격문(斜格文)과 단화문(團花文)이 새겨진 전을 길이로 3줄 쌓는 방법을 반복해서 볼트를 구축하였으며, 그 수법이 송산리 6호분보다 매우 정연하고 정교하다.

동서단(東西端)에는 각각 2개씩과 북쪽 벽 중앙에 1개의 광배형(光背形)의 소감(小龕)을 만들었으며, 그 안에는 자기(磁器) 등잔이 있어 불을 밝혔던 흔적이 역력히 남아 있었다.

묘실 바닥 앞부분의 폭 90 cm 가량은 그 바닥이 묘실과 연도 바닥 면보다 21 cm 아래로 내려가 있어서, 묘실 안의 습기 및 배수에 대한 배려가 되었던 것으로 추측되며, 배수구가 10 m 가량 만들어져 있었다.

발굴 조사반이 연문(羨門)을 열었을 때 연도(羨道) 앞부분에는 자기 그릇과 청동제 6이호(耳壺)가 서쪽 벽 가까이 놓였었고, 그 뒤에는 왕의 지석(誌石 : 35×41 cm)과 왕비의 지석(誌石)이 놓였으며, 지석 위에는 엽전(葉錢)이 놓였었다. 왕의 지석에는 기명이 있어 연대와 왕의 이름이 정확하게 밝혀진 것으로, 삼국시대의 왕릉에서 지석이 나온 것은 최초이다.

지석 뒤 연도의 중앙에는 머리에 뾰족한 쇠붙이가 붙어 있는 석수(石獸 : 천록벽사 天祿辟邪) 조각이 놓여 있어서, 입술을 붉게 칠하고 살아 있는 듯이 연문쪽을 응시하며 지키고 서 있었다. 묘실 안에는 목관(木棺)들이 일부 썩어서 쓰러져 있었으나, 두께 5 cm의 관재(棺材)는 독특한 옻칠 때문에 비교적 그 형태를 잘 갖추고 있었다. 유해는 발견되지 않았으나, 금 또는 도금한 보관금식(寶冠金飾), 귀걸이, 목걸이 장식 등은 원형을 잘 보존하고 있었다. 특히, 우리나라에서 처음 발견된 오라금관식(烏羅金冠飾)은 특수한 인동문양(忍冬文樣)의 디자인으로 되어 머리에 꽂도록 만들어진 것으로, 현재까지 발견된 고구려 금관과 신라 금관들과는 매우 다른 형식을 갖는 것으로 특이하며, 비대칭적인 디자인과 부드럽고 두터운 선 등 백제 문화의 특성을 잘 나타내고 있다고 생각된다.

이 왕릉은 그 고분형태가 노출되지 않아서 다행히 도굴을 당하지 않고, 옛 모습을 그대로 간직하고 있었던 유일한 백제 왕릉으로서, 모두 12종 80여점의 부장품(副葬品)이 1447년간 제자리를 지키고 있어서, 백제 문화연구에 매우 귀중한 자료가 되고 있다.

부여 동쪽 약 4 km 되는 능산리(陵山里)의 구릉에는 왕릉이라고 전해지는 봉토분(封土墳)이 6개가 놓여 있어, 부여 시대의 고분형식을 잘 나타내고 있다. 그 중 대표적인 예로는 유명한 능산리 벽화고분을 들 수가 있으며, 이것은 동측 하부에 있는 토총(土塚)으로, 사방의 벽 및 천장은 표면을 물갈기로 하여서 잘 연마한 편마암(片麻岩)의 대형판석을 사용하여 짜서 만들었고, 바닥에는 장방형의 전석(塼石)을 깔고 폭 1.28 m, 길이 2.43 m의 관대(棺臺)를 만들어 놓았다.

벽화는 남쪽 입구의 상부에는 주작(朱雀)인 봉황(鳳凰)을 그리고, 동쪽 벽에 창룡(蒼龍), 서쪽 벽에 백호(白虎), 북쪽 벽에 현무(玄武)를 그렸으며, 천장에 연화, 비운(飛雲) 등의 문양(文樣)을 직접 돌 위에 그려 놓았다. 사신도(四

神圖)는 지금 백호의 머리부분만이 잘 나타나 있고, 다른 것은 거의 분별하기 힘들게 되어 있으나, 천장에 있는 연화 및 비운문양(飛雲文樣)은 선명하게 남아 있다. 이것은 강서(江西) 우현리(遇賢里) 대묘(大墓) 등에 있는 고구려 후기의 양식과 같아서, 그 당시의 고구려와 백제 사이의 문화교류 관계를 잘 나타내는 것이라 생각된다.

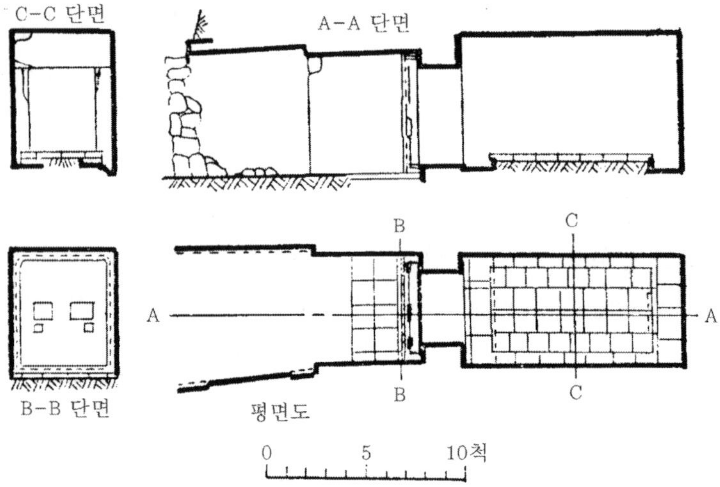

그림 72.
능산리 벽화고분 실측도

도판 14 무령왕릉

도판 15 무령왕릉 주실의 소벽감

도판 16 무령왕릉 출토 오라금관식

도판 17 백제 중공전(군수리사지)

도판 18 백제 산수문전

도판 19 백제 봉황문전

도판 20 백제 와운문전

도판 21 백제 귀면문전

제7장

신라 건축

1. 시대개관

신라는 혁거세(赫居世)를 전통적인 시조로 하는 삼한(三韓) 중의 조그마한 부족국가였던 사로(斯盧)가 핵심이 되어, 4세기 후반경부터 처음으로 국가체제를 갖추게 되었으며, 삼국 중에서 가장 뒤떨어져서 출발한 나라였다. 이 시기의 왕은 나물마립간(奈勿麻立干 : 356~402)으로 낙동강 동쪽의 경북일대를 지배하는 대부족 연맹체를 형성하는데 성공하였고, 이사금(尼師今) 대신에 마립간(麻立干)이라는 칭호를 사용하게 되었다. 마립(麻立)은 머리를 뜻하고, 간(干)은 군주를 뜻하는 것으로서, 이 때부터 왕권이 강화 확립된 것을 의미한다.

이 때 신라의 정치적 및 사회적 발전은 고구려의 후원에 힘입은 바가 많았으며, 나물마립간 45년(400)에게 광개토왕은 군사 5만을 보내어, 신라에 침입한 왜병을 축출하였다. 근년에 '국강상 광개토지호태왕(國岡上 廣開土地好太王)'의 명문(銘文)이 있는 청동합(靑銅盒)이 경주에서 발견되어 그 사실이 확증되었다. 초기에 신라의 왕권은 고구려의 세력을 배경으로 확립되었으나, 차차 고구려의 지원은 신라의 발전을 간섭하는 질곡(桎梏)으로 화하게 되었다. 고구려의 압력을 배제하기 위해서 신라는 백제와 동맹을 체결하였고(433), 고구려의 장수왕이 백제의 한성(漢城)을 함락시켰을 때에 자비마립간(慈悲麻立干)은 1만의 군대를 보내서 백제를 원조하게 되었다.

지증왕(智證王 : 500~540) 때에는 국호를 신라로 정하고, 중국식 왕호(王號)를 사용하였으며, 법흥왕(法興王 : 514~540)은 율령(律令)을 반포하고, 관등제도('官等制度)를 정하여서(520) 고대국가로서의 체제를 정비하였다. 특히, 법흥왕 14년(527)에 불교가 공인됨으로써 이 종교가 국가통일을 위한 사상적인 뒷받침이 되었다.

법흥왕 19년(532)에 본가야(本伽倻)와 진흥왕 23년(562)에 대가야(大伽倻)가 신라의 영토로 병합되어서, 낙동강 중류와 하류 일대에 독립세력으로 남아 있던 가야연맹이 망하고, 가야의 인물과 문화는 신라에 흡수되어, 신라의 문화발전에 공헌한 바가 적지 않았던 것으로 생각된다. 삼국통일의 공이 컸던 김유신(金庾信)은 본가야 최후의 왕인 구형(仇衡)의 손자요, 가야의 음악은 가야금과 함께 신라에 전해져서 새로운 발전을 보게 되었다.

신라의 대외발전을 비약적으로 촉진시킨 것은 진흥왕(眞興王 : 540~576)이었다. 그는 백제 중흥의 영주(英主)인 성왕(聖王)과 공동작전을 펴서 거칠부(居柒夫)로 하여금 고구려 땅인 한강 상류지역을 점령하게 하였으며, 신라는 이에 만족하지 않고, 이 때 작전으로 한강유역을 점령하였던 백제군을 또 다시 축출하여 한강유역 전부를 독점하였다. 이로 말미암아 신라는 황해를 거쳐 중국과 교통할 수 있는 문호(門戶)를 획득하였으며, 장차 삼국을 통일할 수 있는 기초를 만들게 되었다.

진흥왕은 또 동북으로 멀리 옥저(沃沮)와 동예(東濊)의 옛 땅인 함남지방까지 진출하였다. 이와 같은 진흥왕의 위대한 정복사업은 창녕(昌寧), 북한산(北漢山), 황초령(黃草嶺) 및 마운령(磨雲嶺)에 있는 순경비(巡境碑)에서 잘 설명되고 있으며, 이 때에 신라군의 핵심이 되어서 용전(勇戰)한 것은 유명한 화랑(花郞)들이었다.

이와 같은 신라의 정복사업은 고구려와 백제를 모두 적으로 만들게 되고, 따라서 국경지대에서는 쉴새없이 전투가 계속되게 되었으며, 두 나라를 상대로 하여 고투를 면치 못하게 되고, 백제의 침공으로 위기에 처하게 된 신라는 당(唐)의 원조를 얻는 데 성공하였다. 당은 신라를 도와서 백제를 먼저 정복한 다음, 고구려를 남북으로 협공하여 멸망시켰으며, 백제의 땅에 5도독부(都督府)와 고구려의 땅에 9도독부를 두어 직할령(直轄領)으로 하였다. 그러나 종국에 가서는 신라가 무력으로 당과 맞서게 되었으며, 문무왕(文武王) 11년(671)에 사비성(泗沘城)을 함락시켜서 백제 구토(舊土)에 대한 지배권을 장악하였다. 문무왕 16년(676)에는 당이 안동도호부(安東都護府)를 평양으로부터 신성(新城 : 만주의 무순, 撫順 부근)으로 옮기게 됨으로써 한반도 지배권이 확립되어, 실질적인 한반도의 통일이 성취되었다.

처음에는 신라가 한반도의 동남부에 위치하여 중국 문물에 직접적으로 접할 수가 없었으며, 고구려와 백제를 통하여 간접적으로 그 문물을 받아들일 수밖에 없었다. 따라서 신라의 문화발전은 삼국 중에서 가장 뒤지게 되었다. 그러나 이와 같은 형편은 어떤 의미로서는 다행한 것이 되어, 중국 북조(北朝)

의 영향으로 발전한 고구려 문화와 남조(南朝)의 영향으로 발전한 백제 문화를 동시에 받아들이게 됨으로서, 각각 특이한 요소를 종합하여 신라 문화를 형성하는 바탕을 만들었다.

따라서 고구려와 백제가 외래문화의 영향을 많이 받았던 것과는 대조적으로, 신라는 오히려 그 고유의 문화특성을 비교적 잘 지속시킬 수가 있었으며, 외래적인 영향을 받게 되어도 그 양식이나 기술을 잘 흡수 소화하여, 신라적인 감각으로 새로 창조하다시피 한 것에 신라 조형문화의 특색이 있다고 생각된다. 이와 같은 특색을 간직한 이유는 그들의 강렬한 민족정신과 호국사상(護國思想)에 기인된 것이며, 건국 초기에 있어서 왕의 칭호를 순수한 고유어를 사용하였던 것으로도 그 일면을 알 수 있다. 외래종교인 불교도 호국사상과 합일되게 받아들여졌고, 또 진흥왕 때 생긴 화랑도(花郞道) 정신이 여러 면으로 영향을 미치게 되어서, 모든 조형예술 활동이 호국사상과 민족번영을 기원하기 위하여 이루어졌다고 해도 과언이 아니다.

2. 도성계획

신라는 건국 이래로 약 1000년 동안 그 수도가 경주에 위치하였으며, 한 번도 이도(移都)하지 않은 것은 고구려 및 백제와 다른 점이다. 이와 같이 시종일관 같은 지역에 수도가 있었다는 것은 이 땅이 선조(先祖)가 처음부터 나라를 세운 도성이었고, 또 주위에 둘러 있는 산악들이 자연의 성곽을 형성하여, 방어에 유리하였던 까닭이라 생각된다. 경주는 분지(盆地)로 형성되어 동쪽에는 명활산(明活山)이 있으며, 동남쪽 평야의 중간에는 낭산(狼山)이 놓여 있고, 북쪽에는 금강산, 서쪽에는 옥녀봉(玉女峰)과 서악(西岳)이 있으며, 남쪽에는 남산(南山)이 놓여 있다. 주위의 산에서 흘러내리는 하천은 남쪽에 남천(南川), 서쪽에 서천(西川), 북쪽에 북천(北川)이 되어, 우회하여 흘러서 북쪽에 모여 영일만에 이르게 된다.

신라가 처음으로 도읍을 만든 정확한 위치는 자세히 알 수 없으나, 삼국유사에 의하면 고허촌(高墟村)의 혁거세(赫居世)를 왕으로 추대하고, 궁실(宮室)을 남산 서쪽에 있는 고허촌에서 만들었다고 한다. 「삼국사기」 혁거세 21년조(B.C. 37)에는 "서울에 성을 쌓고 이름을 금성(金城)이라 하였다"라고 기록되었으며, 같은 26년조에는 "봄 정월에 궁실을 금성에서 만들었다"라고 기록되어 있다.

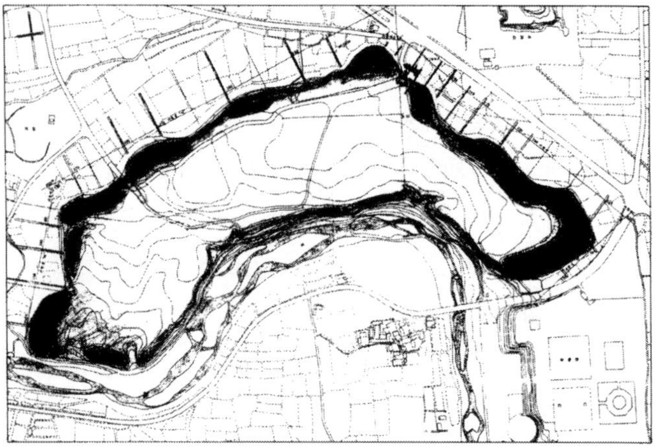

그림 73.
경주 월성 지형도

삼국사기 지리지(地理志)에는 파사왕(婆娑王) 22년 금성 동남쪽에 월성(月城)을 쌓아서 혹은 재성(在城)이라고도 했는데 "둘레가 1023보(步 : 1보는 1.2 m)이며, 새로 만든 월성 북쪽에 만월성(滿月城)이 있는데 그 둘레가 1838보이다. 시조(始祖)가 일찍이 금성에 와서 살았고 후세에 이르러 흔히 두 월성에 살았다"라고 기록되어 있다.

비교적 타당성 있는 추정을 따른다면, 남천(藍泉)을 중심으로 해서 봉황대(鳳凰臺)로부터 미추왕릉(味鄒王陵)에 이르는 고분군과 속칭 성터로 불리는 구성지(舊城址) 일부가 남아 있는 부분을 연결하는 지구가 금성으로 추정되고, 이 곳이 제일 처음으로 시가지화한 곳이라 생각된다. 금성은 평지에 만든 토축(土築)의 도성(都城)으로 추측되며, 기록에 의하면 동서남북의 4문이 있었던 것을 알 수 있다.

그 후 파사왕 22년(101)에 월성을 만들고, 왕이 이 곳에 궁실을 옮긴 다음부터는 도시가 월성과 금성 사이로 발전되었던 것으로 추측되며, 남천(藍泉)과 교리(校里)를 연속하는 부분이 중심지가 되었을 것으로 생각된다. 월성은 남천 북쪽 기슭에 있는 작은 구릉 위에 있으며, 크기 30 cm 내외의 돌과 흙을 혼용해서 쌓은 성벽으로, 그 기본형상이 백제의 풍납리(風納里) 토성과 같은 것으로 추측되고, 그 평면형이 반월형(半月形)이므로 반월성이라고 부르게 되었다. 그 크기는 길이가 약 770 m이고, 폭 220 m 정도이며, 성벽의 높이는 20~40척으로서 성안의 지반 높이는 성외(城外) 보다 높게 되어 있고, 남천에 면한 절벽으로 된 부분은 성벽을 만들지 않았다. 이 월성은 왕궁과 관아(官衙)가 있었던 것으로 생각된다.

삼국사기에 의하면 자비마립간(慈悲麻立干) 12년(469)에는 「서울의 방리

(坊里) 이름을 정했다」 라는 기록이 되어 있어, 도시가 점차적으로 발전하고 확장됨에 따라서 시가를 정비하고 방리 이름을 정하였음을 알 수 있다. 소화(炤和)마립간 9년(487)에는 월성 성벽 위에 기와를 덮은 것을 알 수 있으며, 같은 12년(490)에는 「처음으로 서울에 시장을 열어서 여러 지방의 산물이 거래되게 만들었다」 라고 되어 있다. 지증(智證)마립간 10년(509)에는 「서울 동쪽에 시장을 만들었다」 라 하였으므로, 서울 안에 2개의 시장이 설치되어 상업 중심지가 생기고, 도시기능을 제대로 갖추게 된 것이라 생각된다. 법흥왕(法興王) 15년(528)부터는 불교를 국교로 받아들이게 됨으로써 흥륜사(興輪寺), 황룡사(皇龍寺), 분황사(芬皇寺) 등 불사가 속속 건립되어, 도시의 건축 경관이 한층 더 훌륭하게 되었을 것으로 추측된다.

신라 왕경(王京) 주위의 산악에는 남산성(南山城), 명활산성(明活山城), 선도산성(仙桃山城) 등의 여러 산성을 만들게 되었다. 동경잡기(東京雜記)에 의하면 명활산성은 554년에, 남산성은 591년에 처음으로 축조된 것으로 기록되어 있으나, 실상은 그보다 훨씬 먼저 만들어진 것으로 추측된다.

이 산성은 모두 화강암으로 된 산허리가 나타나 있는 산정부분에 포용되어 있는 곡지(谷地)를 활용하여, 견고하고 높은 석축(石築)으로 성벽을 둘러쌓은 것이다. 성 안에는 평지와 몇 개의 계곡이 포함되어 있으며, 샘물이 있어 식수를 얻을 수 있도록 되어 있다. 석축은 다듬은 돌을 높이 6 m 전후로 쌓았던 것이나, 지금은 대부분이 붕괴되어서 돌무지로 변해 있다.

신라 왕경은 최초에 금성을 만들고, 다음에 월성이 축조되어 확장되게 되었으므로, 처음에는 자연 발생적인 취락(聚落)에서부터 시작하여 점진적으로 도시를 건설하게 되었던 것으로 추측된다. 금성과 월성 사이가 되는 남천과 교리를 연결하는 부분이 중심지가 되고, 이 부분의 가로는 자연 발생적인 불규칙한 형상으로 만들어졌다.

그 다음에는 북으로 발전되어, 조선왕조 시대의 경주 읍성(邑城)이 있던 지역으로 시역(市域)이 확장되었던 것으로 생각되며, 이 지역은 동쪽과 남쪽 일부에 구성지가 남아 있었다. 1929년 조사하였을 때에 이 성터는 경주 읍성지(邑城址) 동쪽 220 m 정도에 있는 북천(北川) 유역에서 정남(正南)으로 연장되어 440 m 정도 계속되고, 서남방향으로 굽어져 남천과 능묘군(陵墓群)을 동에서 남으로 에워싸고 있었다. 이 지역은 다소 부정형이나 대략 1.3 km 사방의 크기가 되어, 그 중앙에는 약간 북쪽에 치우쳐서 조선왕조 시대의 경주읍 성지(城址)가 있으며, 집경전 유기(集慶殿 遺基)가 그 중앙에 놓였고, 그 앞이 시장으로서 넓은 도로가 있으며, 그 동쪽에는 객사동경관(客舍東京館)이 놓여 있다. 삼국사기 지리지에 기록된 만월성(滿月城)은 그 규모가 훨씬 적기는 하나, 이 읍성지 부분에 위치하였던 것으로 추측된다.

그 뒤 신라 말기부터 통일신라 초기에 걸쳐서는 동쪽으로 시역이 확장되기 시작하여 황룡사를 중심으로 발전되었을 것으로 생각되며, 이 지역의 시가지 개발은 정전법(井田法)에 의하였다.

백제의 사비성(泗沘城)과 고구려의 장안성(長安城)은 도시의 시가지를 포위하여 외성(外城, 羅城이라고도 칭함)을 만들었는데, 신라 왕경에서는 외성의 형적을 찾아볼 수 없다. 왕경 안에 있던 금성, 월성 및 만월성은 견고한 요새로 만들어서 그 속에 왕궁을 만든 궁성과 같은 것으로 그 규모가 작았으며, 도시 전체의 외곽을 둘러쌓은 외성은 없었으나, 도시주위의 산정(山頂)에 여러 산정을 만들어서 외성역할을 하게 하였던 점이 매우 특이한 것이다.

3. 궁궐건축 및 기타 건축

(1) 궁궐건축

신라시대의 궁궐건축은 그 유구(遺構)가 없었으나, 기록에 의하면 시조인 혁거세(赫居世)가 처음 왕위에 올랐을 때에는 궁실을 남산 서록(西麓)에 있는 고허촌(高墟村)에 만들었다고 하며, 그 위치는 현재 창림사지(昌林寺址)가 있는 곳으로 생각된다. 혁거세 21년(B.C. 37)에는 금성(金城)을 만들고, 그 곳에 궁실을 조영(造營)하였다고 한다. 또, 파사왕 22년(101)에는 월성을 만들고, 그 곳에 이거(移居)한 것을 알 수 있다.

삼국사기에 의하면, 그 뒤에 「고해이사금(沾解尼師今) 3년(248) 가을 7월 남당(南堂)을 만들었다」 「같은 5년(251) 봄 정월 남당에서 청정(聽政)을 시작하였다」라고 기록되어 있어서, 남당(南堂)이라는 정청(政廳)이 건축되었음을 알 수 있다.

진평왕(眞平王) 44년(622)조에 보면, "처음 왕이 왕위에 오른 지 7년에 대궁(大宮), 양궁(梁宮), 사양궁(沙梁宮) 세 곳에 각각 신하를 두었는데, 이 때에 이르러 내성(內省)에 사신(私臣) 한 사람을 두어 삼궁(三宮)일을 겸하게 했다"라고 되어 있으므로, 이것은 궁내성(宮內省)과 같이 궁내의 일을 돌보는 부서였을 것으로 생각된다.

다음에는 진덕왕(眞德王) 5년(651)조에는 「봄 정월 초에 왕이 조원전(朝元殿)에 나와 백관(百官)들의 신년축하를 받았다. 신년하례는 이 때부터 시작되었다」라 되어 있어서, 백관의 하례(賀禮)를 받는 조원전이 건축되었음을 알 수 있으며, 이 곳은 외국의 국사(國使)를 인견(引見)하는 곳으로도 사용된 의식용 건축물이었다고 생각된다.

건국 초부터 궁실의 조영은 비교적 검소하였던 것으로 추측되며, 기록에 의하면 「일성이사금(逸聖尼師今) 10년(143) 봄 2월, 궁궐 지붕 수리함」, 「벌휴이사금(伐休尼師今) 3년(196) 봄 2월, 궁실 중수함」, 「미추이사금(味鄒尼師今) 5년(276) 봄 2월, 신하가 궁실 개작을 주청함」이라 되어 있어서, 궁궐이 여러 차례에 걸쳐 중수(重修)되어서 사용된 것을 알 수 있다.

신라는 일찍부터 낙랑과 고구려 및 백제의 건축문화의 영향을 받았을 것으로 생각되며, 궁궐건축에 사용된 일반적인 건축형식은 고구려와 백제에서 사용되던 것과 같은 형식이 사용되었을 것으로 추측되고, 따라서 초기적인 공포형식(栱包形式)을 갖추어 기와를 덮은 집을 지었을 것으로 생각된다.

현재까지 발견된 신라시대의 와당(瓦當)은 비교적 그 수가 적고, 월성 부근과 왕경에 위치하였던 대가람지(大伽藍址)에서 발견된 것이 있으며, 그 모양이 백제의 와당과 매우 흡사하다. 와당의 주연(周緣)이 넓고 높으며, 중앙의 씨방(子房)이 적고, 그 속에 9개 정도의 연밥(蓮子)이 있으며, 비교적 긴 모양을 가진 8개의 연꽃잎 문양이 새겨져 있어서, 매우 훌륭한 표현을 갖고 있다고 생각된다(도판 25 참조). 신라시대의 암막새(女瓦當) 기와는 아직까지 발견된 것이 없다.

(2) 기타 건축

신라시대의 건축유물이 대부분 없어졌으나, 첨성대(瞻星臺)만은 경주 남쪽 불국사로 가는 가로 옆에 높이 솟아 있어서 그 당시의 건축기술의 우수하였음을 나타내고 있다. 이것은 신라시대 말경 27대 선덕여왕(善德女王) 때 축조된 것이다. 동경잡기(東京雜記)에 보면 "첨성대는 관부(官府)의 동남쪽 3리(1.3 km)되는 곳에 있으며, 치석한 돌로 만든 대(臺)로서 위는 정방형이고 아래는 원형으로 되어 있다. 높이 19척이며 그 속에 사람이 오르내리게 되어 있고 기상과 천물을 관측했다"라는 기록이 있어서, 천문(天文)과 기상을 관측하는 천문대로는 동양 최고의 것으로 자랑할 만한 것이라 생각된다.

첨성대는 하경이 5.18 m이고, 높이가 8.82 m(29.1척)이며, 동경잡기의 높이 19척과 차이는 당시 오기(誤記)일 것으로 추측된다. 그 최하부에는 정방형의 지대석을 2단 놓고, 그 위에 잘 다듬은 화강석을 원통형으로 쌓아 올리되, 그 형태가 매우 특이하다. 상부로 올라가면서 점차로 지름이 약간씩 좁혀지도록 쌓았으며, 전체 높이의 3분의 1되는 곳부터는 지름이 더 많이 좁혀지도록 만들어서 외부윤곽의 경사가 급해지다가, 3분의 2 되는 곳부터는 다시 회복되어서 거의 수직으로 쌓아 올리고, 최상부에 가서는 약간 외부로 퍼진 듯한 모양으로 만들었다. 그 정상부에는 길이 8.5척의 장대석(長大石)을 정자형(井字型)으로 짜서 2단을 올려놓았으며, 당시에는 이 곳에 천문계측을 위한 장치가 되어 있었던 것으로 추측된다.

전체 석축(石築)은 27단으로 쌓였으며, 돌의 외면을 매단(每段)마다 수직이 되게 쌓였으나, 돌의 상하단의 모서리를 약간씩 죽여서 쌓았으므로, 매우 부드러운 맛을 느끼게 만들었다. 제12단과 제17단 사이에는 정방형의 입구가 놓여 있으며, 그 부분에서부터 안쪽 상부는 중공(中空)으로 되어 있고, 그 내부의 표면은 다듬지 않은 돌 모양이 그대로 나타나 있어서, 그 표면을 딴 재료로 감싸서 사용하였던 것같이 생각된다. 밑에서 2/3 높이 되는 곳에는 4개소에 돌기물(突起物)이 나와 있으며, 정상부에도 8개소에 돌기물이 나와 있어서, 그 외관(外觀)에 변화를 갖게 하였다.

첨성대는 경주에 남아 있는 석조물(石造物) 중에서 가장 규모가 큰 것으로, 전체의 형태와 윤곽은 매우 부드러우면서도 단아(端雅)한 곡선미를 갖고 있어서, 한국 고유의 형태감각을 잘 나타내고 있는 것으로 생각된다.

첨성대에 관하여 근래에 와서 여러 가지의 연구가 발표되고 있다. 특히 첨성대가 서 있는 지대석(地臺石) 정방형의 대각선 방향이 동지(冬至) 때의 일출몰(日出沒) 각도를 정확히 나타내고 있다는 사실이 확인되었다. 첨성대 외형(外形)은 고대 토기(土器)의 원형 기대(器臺) 모양과 흡사하며, 석축부분의

그림 74.
첨성대 입면과 회전곡면 모선

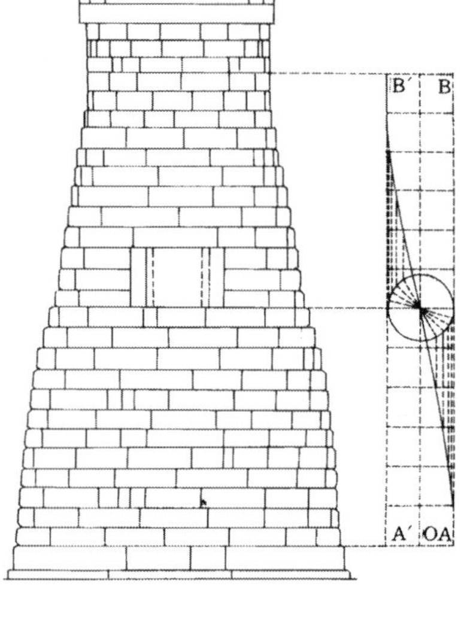

1단에서 24단까지는 회전곡면(回轉曲面)의 모선(母線)을 나타내고 있다. 제1단 밑면은 회전곡면 모선의 시작점으로 동지, 12단의 윗 끝은 그 모선의 중간점으로 춘추분(春秋分), 24단의 윗끝은 그 모선의 종점으로 하지(夏至)에 해당한다고 설명하는 해석은 흥미를 느끼게 하며 주목할 만한 사실이라 생각된다.

삼국사기 지증왕(智證王) 6년조(505)에 「겨울 11월, 처음으로 소관 부서에 명하여 얼음을 저장하게 하였다」라는 기록이 있어서, 일찍부터 신라에는 얼음을 저장하여서 얼음을 여름에 사용하였던 것을 알 수 있다. 현재 월성(月城)에 남아 있는 석빙고 유기(石氷庫遺基)는 그 입구 홍예 이마돌에 조선 영조(英祖) 17년에 이 곳에 옮겨서 개축(改築)된 것이란 기록이 있으며, 그 축조방법(築造方法)은 대략 변동없이 이축되었던 것으로 추측된다. 이 석빙고는 전부 화강석으로 쌓았으며, 입구 문이 내외 2중으로 되어 있고, 내부 문은 폭 1.38 m, 높이 1.68 m로 돌문이 있었던 흔적이 있다. 굴 내부는 폭이 약 4.8 m, 길이 16.8 m 정도이고, 높이는 약 2.4 m로 되어, 장방형 석재를 쌓아 올려서 상부는 비교적 정교한 솜씨로 원통형 볼트구조로 만들었다. 땅 속에 덮여 있는 부분은 자세히 알 수 없으나, 매우 많은 석재를 사용하여 만들었을 것으로 생각된다.

4. 불사건축

(1) 불교사지

신라시대에 불교가 전래된 것은 눌지왕(訥祇王 : 411~457) 때 불승 아도(阿道 : 墨胡子)가 고구려를 거쳐 신라에 들어와서 포교(布教)한 것이 시초였으나, 이것은 지방에 있어서의 개인전도로서 박해 속에 끝나고 말았다. 그 뒤 양사승(梁使僧)인 원표(元表)에 의하여 비로소 신라 왕실에 불교가 알려지게 되고, 유명한 이차돈(異次頓)의 순교를 계기로 법흥왕 14년(527)에 국교로 받아들여졌으며, 이 때부터 신라 왕실(王室)은 불교신봉과 불사의 조영에 있어서 매우 적극적이며 선봉적인 역할을 하였다.

진흥왕 이후부터는 중국 및 인도로 유학구법(留學求法)을 하는 승도(僧徒)가 날로 늘어났으며, 서민으로 수계봉불(受戒奉佛)하는 사람이 태반을 넘게 되고, 불사의 조영(造營)이 차차로 성황을 이루게 되었다. 신라 불사건축으로 가장 먼저 건축된 불사는 흥륜사(興輪寺)와 영흥사(永興寺)였다. 그것에 뒤이어서 건축된 주요한 불사로는 황룡사(皇龍寺), 지원사(祇園寺), 실제사(實際

寺), 분황사(芬皇寺), 영묘사(靈廟寺) 등이 창건되었다.

법흥왕 21년(534)에 착공된 흥륜사는 10년 뒤인 진흥왕 5년(544)에 완성되는데, 삼국유사에 의하면 금당(金堂)과 탑, 좌경루(左經樓), 남문, 좌우회랑(左右廻廊) 및 남지(南池) 등이 있었다고 한다. 현재는 경주 남쪽의 남천(南川) 못미처에 금당지(金堂址)만이 남아 있을 뿐이며, 이것은 동서 약 166척(고구려척 140척), 남북 약 101척(고구려척 80척), 높이 8척의 대규모의 토단(土壇)이고, 원래 이 토단에는 정방형의 평반석(平盤石) 상면에 2중으로 돋은 주좌(柱座)를 만든 우수한 초석이 있어서, 정면 7간, 측면 4간의 건물이었음을 알 수 있으나, 현재는 그 초석조차 없어졌다.

금당 앞에 있던 탑은 삼국유사의 기록에 의하면, 신라 풍속으로 도성의 남녀가 매년 봄철에 이 탑을 싸고도는 복회(福會)의 의식이 있었다고 한다.

1978~1982년 문화재연구소에서 흥륜사지로 추정되는 곳을 발굴 조사한 바 있다. 그 결과 기단이 8각으로 된 동 · 서 2개의 탑지가 확인되고 동쪽 회랑지가 확인되었는데, 탑자리의 규모는 전체 지름이 10.5 m이고 1변이 약 4.5 m였으며, 탑자리 상호간의 중심거리는 약 59.2 m였다. 이 탑자리는 자연석렬(石列)로 이루어졌는데 2단의 기단과 그 밖에 좀 거리를 두어 또다시 석렬이 둘러 있었다.

동탑지에서 중심거리 약 17 m 되는 곳에 단랑(單廊)의 동회랑지가 일부 발견되었으며 양간(梁間)이 2.7 m, 도리간이 약 3.5 m였다고 한다. 이 사지는 2탑식 가람배치로 되어 있으며 동서의 폭이 99 m가 되는 사지였다. 여기서 출토된 유물은 삼국시대 말에서부터 통일신라시대 말까지에 속하는 것들이다. 귀면와(鬼面瓦)와 '영묘지사'(靈廟之寺)라는 명문와(銘文瓦)도 출토되었다. 이 발굴조사에서 유구층으로 보아 초창기와 그 붕괴층 그리고 그 후의 중창기(重創期)의 유구토층이 뚜렷이 구분되었다고 하며, 밝혀진 유구는 통일신라시대 유구로 추정되고 있다.

(2) 황룡사지

황룡사(皇龍寺)는 월성 동북에 위치하고 있다. 1976년에 시작되어 1983년까지 계속된 황룡사지의 본격적인 발굴조사 결과로는 크게 3차의 가람배치(伽藍配置) 형태의 변화가 있었던 것으로 밝혀졌다. 진흥왕 14년(553) 창건 때 불사지는 그 후에 만들어진 건물 유구(遺構) 밑에 흔적이 남아 있으며, 그 중앙구(中央區)에는 백제식의 1탑식 가람배치가 되었었고, 금당의 동서쪽에는 단랑(單廊)으로 구획된 동구(東區) · 서구(西區)가 있어 동서 북쪽에 긴 승방지

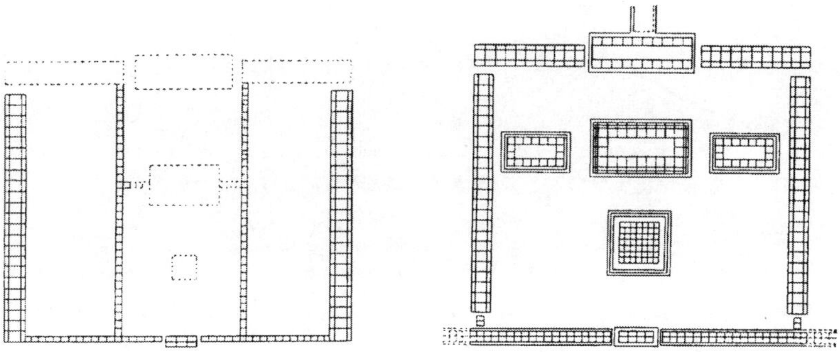

그림 75.
황룡사지 창건 및 중건 가람 배치도

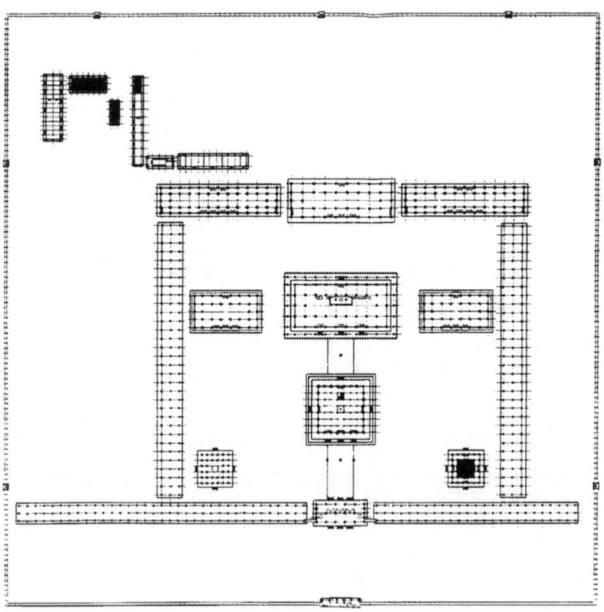

그림 76.
황룡사지 최종 가람배치

(僧房址)가 둘러 있다.

중건(重建) 때는 584년에 큰 규모의 금당이 재건되고, 그 뒤에 목조 9층탑이 완공되어(645) 새로운 면모를 갖추게 되었다. 이 때 금당과 목탑의 규모가 커짐에 따라 2개의 단랑이 없어지고 중금당(中金堂) 좌우에 동서금당(東西金堂)이 배치되었다. 중금당은 정면 9간, 측면 4간의 몸채 주위에 차양간(遮陽間)이 돌려져 있다. 동서의 금당은 정면 7간, 측면 4간에 차양간이 돌려져 있다.

황룡사 최종가람(最終伽藍) 배치는 목탑 동남쪽에 종루(鐘樓)와 목조 서남쪽에 경루(經樓)가 각각 정면 5간, 측면 5간의 건물이 놓이게 되었고, 이에 따라서 중문과 남측회랑(南側廻廊)이 남쪽으로 옮겨져서 건축되었던 것으로 추측된다.

그림 77.
황룡사 금당 복원도
(김동현 · 이형재 작성)

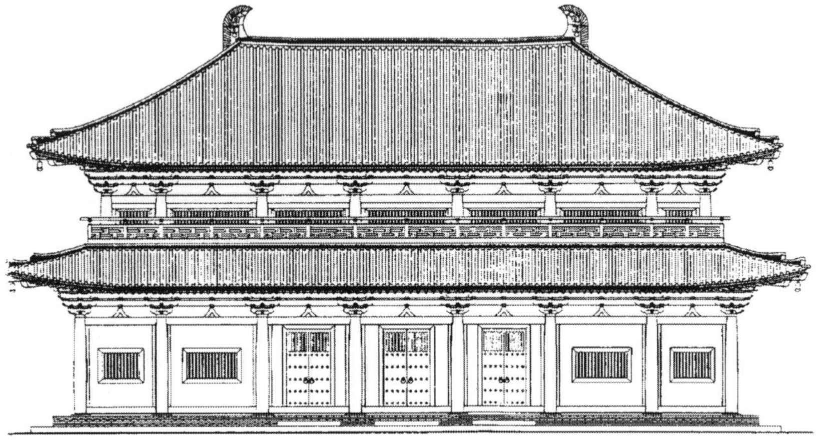

그림 78.
황룡사 동서금당 복원도
(김동현 · 이형재 작성)

황룡사 9층탑은 한국 최대의 목조불탑 건축이었던 것으로, 고승 자장(慈藏)의 청을 받아들여서 지어진 것이라 하며, 삼국유사에 의하면 백제의 유명한 장인 아비지(阿非智)를 초청하여 건축하였음을 알 수 있다.

이 탑의 규모와 형식에 관한 삼국유사의 기록에 의하면, 탑의 높이가 노반(露盤) 이하 183척이며, 상륜부(相輪部)가 42척으로 총 높이가 225척의 거대한 탑이었고, 외적(外敵)의 침입에 대비한 방어와 국가진호(國家鎭護)를 기원하여 각 층을 신라의 주위에 둘려 있던 9개국의 침임을 막기 위한 의미를 갖게 만들었음을 알 수 있다. 이 탑은 벼락을 맞아서 여러 차례 중건(重建)되었으며, 제6차 중건(1096) 후에 몽고군의 병화(1238)로 탑과 모든 건물이 소실되었다.

탑의 평면은 사면이 7간으로 1층의 1변은 73.12척인데, 비율 1.160척의 고구려척을 사용한 것으로 추정되며, 주간이 9 고구려척인 것으로 추정된다. 황룡사는 1탑 3금당식 배치형식을 따른 것으로, 신라 최대의 불사였다.

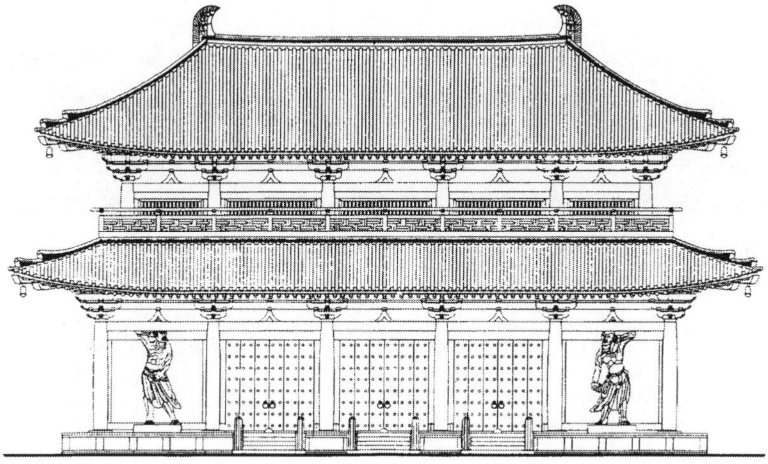

그림 79.
황룡사 중문 복원도
(김동현 · 이형재 작성)

그림 80.
황룡사 목탑 복원도
(김동현 · 이형재 작성)

(3) 분 황 사

신라시대의 수많은 불사건축들이 폐멸되었으나, 분황사탑(芬皇寺塔)만은 그 일부가 남아 있어서 옛 모습을 보이고 있음은 다행한 일이다. 분황사는 경주 동쪽에 있는 불사로서 선덕여왕 3년(634)에 처음 창건된 것이며, 현재는 안산암(安山岩)을 전(塼)과 같은 모양으로 다듬어서 축조한 분황사 모전탑(模塼塔)의 일부와 당간지주(幢竿支柱)가 남아있다. 동경잡기에는 분황사 9층탑은 신라 3개 보물의 하나(新羅三寶之一)로서 최초에는 9층탑이었던 것이 임진란(壬辰亂) 때 그 반이 훼손되고, 그 뒤 무모하게 개축한 어리석은 중에 의하여 현재와 같이 3층까지만 남게 되었다고 전한다.

현재 탑의 모양은 정방형 기단 위에 서있고, 1층 탑신이 사방 21.5척(일제 때 수리 전의 실측값은 24.55척)으로, 상부에 있는 내어쌓기 부분까지의 높이 8.75척으로 되어 있으나, 후세에 많이 변형된 것으로 보이며, 당초의 규모와 사용 척도를 알아보기 어렵다. 2층과 3층의 1변의 길이는 점차 감소되고, 2층의 높이는 1층보다 현저하게 감소되어서 안정감을 나타내고 있다. 각 층의 처마는 작은 석편(石片)을 6단 내어 쌓아서 만들고, 7단째가 지붕 처마 끝이 되고, 지붕면은 10단을 단형(段形)으로 들여쌓아서 만들었으며, 지붕 처마선은 모서리 부분에 가서 약간 들려 올라가는 기분을 느끼도록 만들어져 있어서, 여기서도 한국적인 지붕 윤곽미의 편모(片貌)를 찾아볼 수 있다.

1층 탑신에는 4면에 입구를 만들고, 좌우에 석조 인왕상(仁王像)이 힘차게 고부조(高浮彫)로 조각되었으며, 그 디자인이 매우 훌륭하고 정교하며 웅건하

그림 81.
분황사 배치도

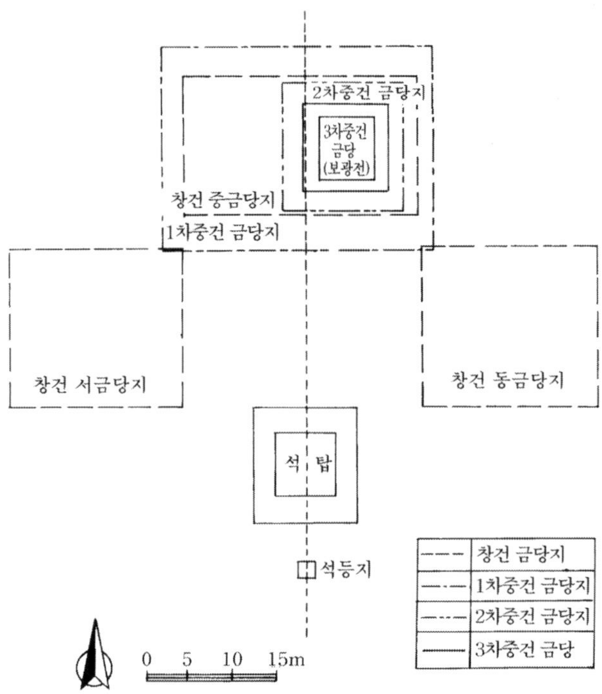

다. 정방형단 네 모서리에는 특이한 형상으로 조각되어 있는 석사자(石獅子), 석해구(石海狗)들을 배치하였다. 이 모전석탑은 신라 사람들이 창안한 것으로, 중국에서도 그 예를 찾아볼 수 없는 것이다.

1990년부터 경주 문화재 연구소에서 이 사역(寺域)을 연차적으로 발굴·조사하여 창건 때의 가람배치와, 그 이후의 금당지(金堂址)의 변화과정과 석탑 앞에 있는 석등지(石燈址) 등을 확인하였다. 창건 당시 분황사 배치는 현재의 석탑을 중심으로 그 북쪽에 3개의 금당이 품자형(品字形)을 이루고 있었음을 알게 되었다. 중금당지(中金堂址)에는 동서 26.6 m, 남북 15.4 m의 장방형 석군(石群) 유구가 나타났으며, 동·서의 금당지는 동서 20 m, 남북 18 m의 석군 유구가 있다. 제1차 중건(重建) 때에는 창건 중금당지뿐만 아니라 동·서의 금당지의 유구에까지 걸쳐지는 정면 7간, 측면 6간의 큰 규모의 금당이 건축되었다. 제2차 중건 때에는 보광전(普光殿)과 그 동편에 걸쳐서 정면 3간, 측면 3간의 금당이 서향으로 건축되었으며, 제3차 중건 때에 건축한 것이 현존하는 보광전이다.

5. 분 묘

신라시대의 분묘는 경주, 안동, 대구, 양산, 선산지방 등에 산재하고, 가야(伽倻)의 분묘는 고령, 성주, 창녕, 함안 등에 산재하고 있다. 그 외형은 모두 큰 봉토분(封土墳)으로 되어 있으나, 내부구조는 적석목곽분(積石木槨墳)과 석곽분의 두 형식으로 나누어지며 소수의 석실분이 있다.

적석 목곽분은 지하에 광(壙)을 파고 그 바닥에 냇돌을 깐 다음, 그 위에 목곽(木槨)을 놓고 이 목곽 안에 관과 명기(明器)를 두었다. 목곽의 주위와 상부에는 냇돌을 중첩하여 쌓은 다음, 내부에 우수(雨水)가 침입하는 것을 막기 위하여 점토는 피복(被覆)하고, 그 위에다 봉토(封土)를 한 것이다. 그 봉분형(封墳形)은 비교적 경사가 심한 만두형(饅頭形)으로 만들어지는 것이 보통이다. 이와 같이 냇돌을 쌓아서 만들었으므로 발굴이 매우 곤란하며, 도굴의 위험을 면할 수가 있는 장점을 가졌다. 적석 목곽분은 시일이 경과하면 목곽은 썩어 내려앉게 되어서, 같은 목곽 안에 합장(合葬)을 할 수 없으므로 봉토 일부를 깎고 목곽을 신설하거나 무덤 바로 옆에 새로 묘를 만들게 된다. 따라서 전자의 경우는 같은 봉토 안에 1개 이상의 목곽이 들어가는 다곽식(多槨式) 묘가 되고, 후자의 경우는 분묘의 봉토가 연접(連接)되어 표주박형 분이라고

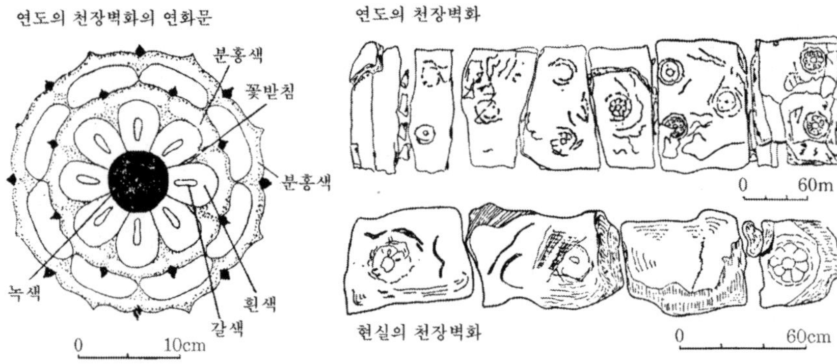

그림 82.
고령 벽화고분의 천장벽화

불리는 연봉형(連峰形) 묘가 된다. 현존하는 신라 고분 중에서 최대의 크기를 가진 것은 경주의 봉황대(鳳凰臺)로서 높이 20 m, 밑 부분 지름 80 m나 되는 거대한 봉토분묘로 되어 있다.

금관총(金冠塚)은 1921년 9월에 경주 노서리(路西里)에서 주택공사 중 우연히 발견된 것으로, 금관과 수많은 부장품(副葬品)이 나왔으며, 순금제 복식품, 무기, 마구(馬具), 금동기(金銅器), 도기, 옥 장식품 등이 있고, 말안장 등자(鞍鐙)의 금동투조물(金銅透彫物)에는 옥충(玉蟲)의 깃을 붙여서 장식한 것이 있어서, 일본 법륭사(法隆寺)에 있는 옥충주자(玉蟲廚子)의 선구적인 유품임을 알 수가 있다.

금령총(金鈴塚)은 경주 노동리(路東里)에 있으며, 1924년에 발굴된 것으로 부장품 속에 금방울이 들어 있었고, 그 구조가 발굴조사에 의하여 잘 밝혀진 것이다. 지하에 동서로 긴 광(壙)을 파고, 그 속에 길이 5 m, 폭 2 m, 높이 1.5 m의 목곽을 넣은 다음 그 안에 목관(木棺)을 동침(東枕)으로 안치하였으며, 부장품을 넣어 놓았었다고 한다.

1963년에 발견된 고령 고아동(古衙洞) 벽화고분은 남북으로 긴 묘실(3.8 m×2.7 m)의 남쪽 벽 서쪽에 입구가 있고 그 앞에 연도(羨道)가 달린 구조이다. 천장은 동서 양쪽 긴 벽이 서로 안쪽으로 기울어져 터널형을 이루어, 공주의 벽화전분(壁畫塼墳)과 흡사한 모양을 갖고 있다. 벽화는 천장 및 벽면의 진흙바닥에 회칠을 하고, 그 위에 청록색 · 홍색 · 갈색으로 연꽃과 그 밖의 초화문(草花文)을 그린 것이며, 탈락이 심해서 세부를 밝히기 힘드나, 연도의 천장석에 있는 것은 석면에 직접 그린 것으로 선명하게 남아 있어, 그 연화문(蓮花文)이 부여 능산리 고분의 연화문과 비슷한 점이 있다.

1973년 4월에 시작되어 9월에 성공적으로 끝마친 경주 155호 천마총(天馬塚) 고분 발굴 조사는 매우 큰 성과를 거두었다. 가장 장엄하고 화려한 금관, 금내관(金內冠), 금관장식, 금제 허리띠 등을 비롯하여 신라시대 미술을 대표할 천마도(天馬圖)를 그린 장니(障泥 : 말의 배가리개 도판 9 참조)와 칠기 등 수많은 부장품이 출토되었음은 획기적인 수확이며, 이 모든 것들은 신라 예술문화의 훌륭함과 고대 삼국의 밀접한 문화교류 관계를 잘 나타내고 있는 것으로 생각된다.

도판 22 경주 신라시대 고분군 지역

도판 23 황룡사 치미

도판 24 경주 첨성대

낙랑 와당

낙랑 와당

고구려 와당(평양)

고구려 와당(평천리)

고구려 와당(청암리)

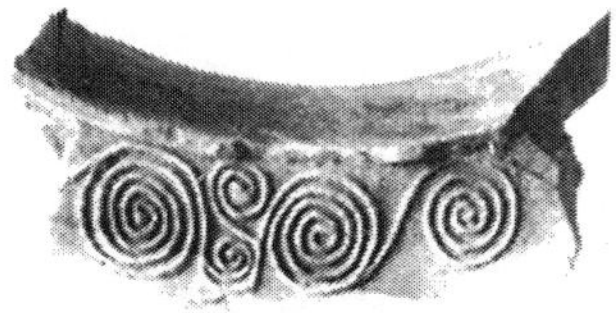

고구려 와당(평양)

고구려 와당(토성리)

백제 와당(동남리 사지)

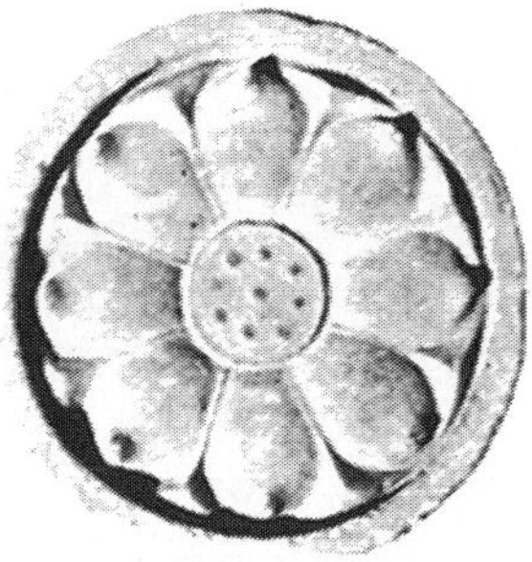

백제 와당(부여)

백제 와당(왕궁리 사지)

신라 와당

신라 와당

도판 25 낙랑, 고구려, 백제, 신라의 와당

제8장 통일신라 시대개관 및 도성계획

1. 시대개관

신라의 삼국통일은 과거 고구려의 활동무대였던 만주의 넓은 땅을 통일신라의 영역 안에 포함시키지 못하여서, 불완전한 것으로 생각되기도 하지만, 한국의 민족과 문화를 통일시키기 위한 토대를 만든 것으로서, 역사적으로 매우 중대한 의미를 가진 것이었다. 특히 통일신라가 한반도에서 당(唐)의 세력을 무력으로 몰아내어 정치적인 독립을 지키는 데 성공한 것과, 삼국을 통일하여 확대된 영토 및 인구를 지배하게 된 것은 통일신라의 사회와 문화발전을 촉진시키는 기초가 되었다.

통일신라시대에 있어서 지배적인 역할을 한 사상은 불교였으며, 신문왕(神文王) 2년(682)에는 당제도(唐制度)를 따라서 국학(國學)이 신설되고, 왕권의 확립을 위하여 유교의 정치이념을 채용하려는 새로운 경향이 있었다. 그러나 사회적인 제약으로 그 발전이 저지되었고, 불교는 더욱 융성 발전하여서, 위로는 군주를 비롯하여 모든 사람들에게 존숭을 받았다. 의상(義湘)은 중국 화엄종(華嚴宗)의 대종사(大宗師)인 지엄(智儼)에게 지도를 받은 뒤 부석사(浮石寺)를 창건하고 화엄종을 전하였으며, 원효(元曉)는 당나라에 유학하지 않았으나, 여러 종파의 모순과 장점을 보다 높은 입장에서 융화 통일할 것을 주장하는 사상체계인 해동종(海東宗)을 창시하여서, 당나라에서도 존경을 받았다. 이 때 불교는 교종(敎宗)의 5교(五敎)와 선종(禪宗)의 9산(九山)이 있었으며, 신라 문화의 발전을 추진하는 원동력이 되었다.

통일신라 시대에 들어와서는 성골(聖骨) 대신에 진골(眞骨)이 왕위를 계승하게 되고 왕권이 전제화(專制化)하였으나, 신라 사회의 대본(大本)이 되는 골품제도(骨品制度)에 의한 귀족연합의 전통은 그대로 유지되었다. 골품제도에 기반을 두었던 통일신라의 귀족사회가 붕괴하기 시작한 것은 혜공왕(惠恭王) 4년(768)에 일어난 대공(大恭)의 내란이 일어났을 때부터였으며, 이 때부터 귀족 사이에 왕권과 정권의 쟁탈전이 발생하기 시작하였다. 이와 같은 통일신라 사회 몰락의 징조는 중앙뿐만 아니라 지방에서도 나타나게 되고, 진성여왕(眞聖女王) 시대부터는 더욱 악화되어서 온 나라가 내란(內亂)에 휩쓸리게 되었다.

그 당시 지방의 농민 반란군을 토대로 하여 일어난 견훤(甄萱)과 궁예(弓裔)는 각각 새로 정권을 수립하여 통일신라와 대항하게 되었다. 견훤은 상주지방의 농민출신으로 완산주(完山州 : 현재 전주)를 근거지로 하여서 의자왕(義慈王)의 숙원을 갚는다는 구호 아래 후백제(後百濟)를 건국(892)하였다. 궁예는 헌안왕(憲安王)의 서자(庶子)로서 일찍이 불승(佛僧)이 되었다가 송악(松嶽 : 현재 개성)을 근거지로 하여, 고구려의 부흥을 구호로 삼아서 후고구려(後高句麗)를 건국하였다.

그 후 궁예는 수도를 철원(鐵原)으로 옮기고 국호를 태봉(泰封)으로 하였으나, 폭군으로 타락하게 되어서 부하들에게 축출되고, 송악지방의 호족출신(豪族出身)이었던, 왕건(王建)이 여러 장수들의 추대를 받아 왕위(918)에 오르게 되었다. 왕건은 국호를 고려(高麗)라 하고 서울을 개성으로 옮겼으며, 고구려의 후계자로 자처하였다.

고려와 후백제는 계속해서 교전상태에 놓이게 되었고, 통일신라의 쟁탈을 위하여 그 외곽일대가 전선으로 화하였으며, 드디어 후백제는 후퇴를 강요당하게 되고, 국내의 정세도 불리하게 되었다. 이 때에 명목만 유지하던 통일신라의 마지막 임금인 경순왕(敬順王)은 고려에 항복함으로써(경순왕 9년, 고려 태조 18년, 935) 왕건은 통일신라 전통과 권위를 계승하는 지위를 확보하게 되었으며, 후백제까지도 멸망시켜서(936) 후삼국(後三國) 통일에 성공하게 되었다. 따라서 한국 역사상 최대의 내란기였던 후삼국시대는 약 50년 만에 청산되었으며, 고려 왕조가 시작되었다.

통일신라시대에 한국 문화는 찬란한 발전을 하였으며, 삼국시대의 소박성을 벗어나서 문화의 황금시대를 이루게 되었다. 이 시대의 문화발전에 큰 영향을 미친 것은 중국 전성기의 당(唐) 문화였으며, 통일신라는 당과 국교를 재개하여 유학생과 유학승(留學僧) 등을 빈번히 파견하여서 당 문화를 섭취하는 데 힘을 썼다. 그러나 통일신라 사람은 자주성이 강하였으므로, 직접 받아들인 문화도 어느덧 환골탈태(換骨脫態)하여, 독자적인 특성을 지닌 것으로 발전시킨 것은, 통일신라 문화의 위대한 점이라고 생각된다. 통일신라의 초기와 중기는 그 문화가 건전하고 힘찬 발전을 하였으며, 전성기는 8세기 중엽에 있던 불국사와 석굴암의 건축으로 상징될 수 있다.

민족의 호국사상(護國思想)을 밑바탕으로 천재적인 소질을 힘껏 발휘하여서, 외래문화를 잘 흡수 동화하고 그들의 전통적인 고유의 특성을 잘 발전시켜, 문화와 예술의 독창적인 경지를 성취한 통일신라의 공적은 매우 훌륭한 것이라 생각된다. 특히 통일신라시대의 문화는 그 연원(淵源)과 맥락이 고려시대와 조선왕조 시대를 거쳐서 현재까지 계승되어 온 것으로, 현대의 한국 사회기구와 생활형태 속에서도 그 내력과 줄기를 찾아볼 수 있어서, 많은 친근성과 중대한 의미를 갖고 있다고 생각된다.

2. 도성계획

신라 왕경(王京)인 경주에는 분황사에서 서쪽 약 110 m 및 서남쪽 약 550 m 되는 곳과 황룡사 남대문지(南大門址)에서 서서남방 약 110 m 되는 곳 및 황룡사의 서남쪽 등에 고대의 왕궁 및 저택의 담 벽터로 추측되는 견고한 돌담이 남아 있었다. 이와 같은 돌담들은(1929년 7월 조사) 당시에 포항으로 가는 국도에서 분황사 서쪽부분에 이르는 동서 1100 m, 남북 880 m의 지역과 구황리(九黃里) 부락 남방에서 낭산(狼山) 북쪽에 이르는 동서 880 m, 남북 660 m의 지역 등에도 연속되어 있어서, 이 구역은 통일신라시대 도성 중심지였던 것으로 생각된다. 그뿐만 아니라 남천(南川, 蚊川이라고도 칭함)에 있는 일정교지(日精橋址), 월정교지(月精橋址), 효불효교지(孝不孝橋址) 및 서천(西川)의 귀교지(鬼橋址) 등이 남아 있어서, 이와 같은 모든 유지(遺址) 들이 통일신라의 왕경의 모습을 고찰하는 데 좋은 자료가 된다.

고대 신라의 도성(都城)은 처음에 자연발생의 취락형태(聚落形態)에서부터 발전된 것으로 생각되며, 남천(藍泉)에서 교리(校里)에 이르는 최고(最古)의 시가지 부분에서는 불규칙적인 가로망 형상이 사용되었던 것이다. 그 후에 도시가 북쪽으로 확장되었을 때 정전법(井田法)이 일부 사용되었던 것으로 추측하는 경우도 있으나, 고구려가 장안성(長安城)을 만들었을 때(586) 한반도에 정전법이 일부 사용되기 시작하였던 것을 생각하면, 문화적으로 훨씬 뒤졌었던 신라가 고구려에 앞서서 정전법을 사용하지 않았을 것이며, 따라서 신라 왕경에 정전법이 사용되기 시작한 것은 통일신라 때에 들어서서 도시가 황룡사를 중심으로 개발되었을 때로 추측된다.

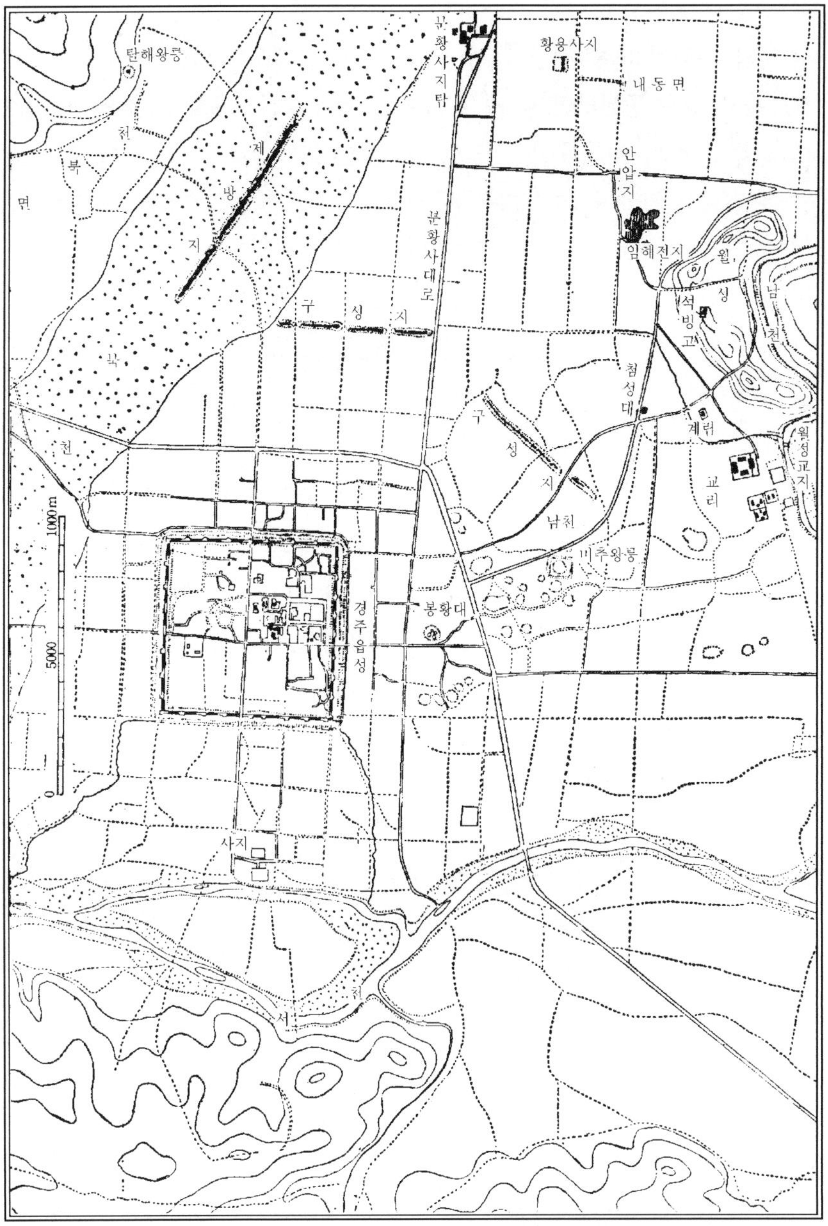

그림 83.
경주부근 유적도

동경잡기(東京雜記)와 동국여지승람(東國輿地勝覽)에는 「신라 정전유적(井田遺蹟)이 아직 남아 있다」라고 기록되어 있으며, 이와 같은 기록에서 정전유적으로 특기되어 있는 것은 평양과 남원의 정전유적의 기록이 있을 뿐으로, 한국에서는 매우 특이한 것이었음을 알 수가 있다.

삼국사기에 의하면 문무왕(文武王) 21년(681) 6월 「왕이 서울을 새로 만들기를 원하여 승 의상(義湘)에게 의견을 물으시니, 이에 답해 말하기를 비록 초야모옥(草野茅屋)에 살지라도 정도(正道)를 행한즉 복업(福業)이 길 것이나, 그러하지 못하면 비록 힘들여 새 서울을 만들지라도 무익할 것이라 하였다. 이를 듣고 왕은 중지하였다」라는 기록이 있어, 왕이 새로 서울을 만들려고 하였으나, 의상의 충고를 받아 들여 중지하였다.

신문왕(神文王) 9년(689) 가을 8월에는 달구벌(達句伐 : 현재 대구)로 이도(移都)하려 하였으나 이루지 못하였다는 기록이 있다. 효소왕(孝昭王) 4년(695)에 서시(西市)와 남시(南市)가 설치되었다고 기록되어 있는 것으로 보아서, 이 시기를 전후하면서 황룡사 부근을 중심으로 하는 제2기의 신라 왕경(王京) 확장이 이루어진 것으로 생각된다.

통일신라시대 도성확장은 구성지(舊城址)의 동쪽에 남북 1.3 km 사방으로 발전된 것으로, 대략 그 중앙에 황룡사가 위치하였고, 서남 모서리 430 m 사방은 월성(月城)에 접하여 동궁지(東宮址)와 안압지(雁鴨池)가 위치한 부분이 되며, 그 남쪽 끝 도로는 효불효교(孝不孝橋)를 거쳐서 남천 맞은편에 이르게 되어 있었다. 이 부분 시가지의 가로망 형성에는 정전법(井田法)이 사용되었으며, 고구려척으로 대략 400척 정도의 간격을 가진 격자형 구획을 하였으며, 동서방향의 길이는 400 고구려척이나, 남북방향의 길이는 360~480 고구려척이 되어 일정하지 않게 구획되었던 것으로 추측된다.

주요 가로의 폭은 중앙대로가 80 고구려척, 그 밖의 구획로는 40 고구려척으로 되어 있었던 것으로 추측되며, 분황사 대로라 칭하였던 큰 가로는 그 당시의 폭이 80 고구려척이었을 것으로 추측되고, 동서를 연결하는 중앙대로의 역할을 하였을 것으로 생각된다.

제3기의 경주 도성계획 발전은 동남쪽에 있는 내동면(內東面) 일대 및 서남부분의 내남면(內南面) 일대와 북천(北川)을 건너 서북쪽에까지 시역(市域)이 확장되었을 것으로 생각되며, 이 지역에서는 정전식 가로망의 형적을 찾아볼 수가 없다. 동남쪽 내남면 지역은 남천(藍泉)과 교리(校里) 지구의 원초적인 불규칙한 가로형상의 영향을 받아 동서방향으로는 불규칙하나 남북방향으로는 비교적 직선으로 된 도로의 형적을 남기고 있으며, 내남면 지역에는 가로형적이 현재는 거의 없다.

이와 같은 몇 차례에 걸친 도성확장에 의하여 헌강왕(憲康王) 때 경주 왕경은 대규모의 도시로 발전되어 성황을 이루었다. 삼국사기에 의하면 「헌강왕 6년(880) 9월 9일 왕과 좌우의 신하가 월상루(月上樓)에 올라가 사방을 바라보니, 서울에 집들이 즐비하고 노래와 피리소리가 그치지 않았다. 왕이 시중(侍中 : 당시 행정수반) 민공(敏恭)을 보고 말하기를 "내가 듣기에 지금 민간에서 지붕에 기와를 덮고 이엉을 잇지 않으며, 숯불로 밥을 짓고 나무땔감을 쓰지 않는다 하니, 과연 그러하냐고 물어 보았다." 민공이 답하기를 "신(臣)도 역시 일찍이 그러하다는 말을 들은 바 있습니다. 운운"이라 기록되어 있다. 그 당시 경주에는 기와집이 연접되었고, 숯으로 밥을 지어서 연기의 공해를 볼 수 없으며, 가무(歌舞)가 그치지 않는 형편으로, 전에 이와 같은 예를 들은 바 없을 만큼 번영하였던 것을 알 수 있다.

또 「왕도(王都) 길이 3715보, 넓이 3018보, 35리 6부」라고 기록되어 있으며, 삼국유사에는 「신라가 전성(全盛)할 때 서울 안은 178,936호가 있었고, 1360방 55리가 있었다」라고 기록되어 있어서, 신라 전성시의 왕경은 그 규모가 광대하였음을 알 수 있다. 인구가 약 100만에 가까운 것으로 추측되고, 당시 대도시였을 것으로 생각되며, 도시는 크게 6부(部)로 구분되어서 방(坊)이 1360개, 리(里)가 55개가 있었다.

통일신라의 왕경은 큰 평야에 위치한 것이 아니고, 지형이 비교적 변화가 많을 뿐만 아니라, 하천들이 굽이쳐서 흐르고 있으므로, 시가지 구획에 정전

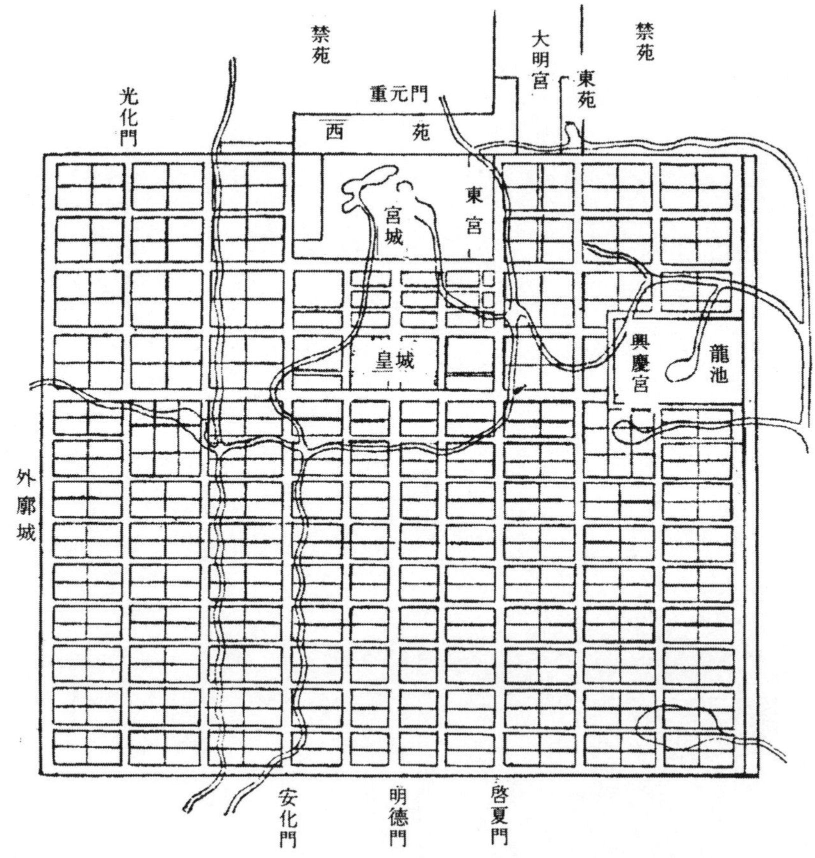

그림 84.
중국 당 장안성도

법(井田法)을 전면적으로 적용할 수는 없었을 것으로 생각된다. 통일신라시대에 도시확장 제2기에 주로 정전법이 사용되어서, 그 초기에는 일부 격자형 가로가 사용되었으나, 후기에는 불규칙하게 되어 고구려의 장안성(長安城) 일부에 사용된 것과 같은 정확한 격자형의 가로망 형상을 이루지는 못한 것으로 생각된다. 오히려 자연적인 지형이 도시가로의 형성에 영향을 미쳤을 것으로 생각되며, 따라서 자연적인 수법이 나타나게 되고 친근감을 갖게 하는 것으로, 중국의 당제도(唐制度)를 그대로 모방하여 만든 일본의 평안경(平安京)과는 다른 점이라고 생각된다.

특히, 궁성(宮城)인 월성(月城)이 처음에는 남천(南川)으로 한정되어 도시 남단에 있다가 도시가 점차 발달됨에 따라서 왕경의 중심에 위치하게 된 점도 장안성(長安城)과는 크게 다른 것으로, 도시 전체의 계획면으로 보아 합리적인 결과를 가져오게 된 것으로 생각된다.

제9장 통일신라 궁궐 및 불사건축

1. 궁궐건축

(1) 궁 궐

통일신라 궁궐의 조영(造營)이 융성하게 된 것은 삼국통일의 대업을 이룬 문무왕(文武王) 때부터였다. 삼국사기에 의하면 「문무왕 14년(674) 2월 궁 안에 못을 파고 조산(造山)하여 화초를 심고 진기한 새와 짐승을 길렀다. 문무왕 19년(679) 2월에는 궁궐을 중수하였는데 매우 장엄하고 화려하였다」라고 기록되어 있다. 월성 동북쪽에 당(唐) 장안성(長安城)의 금원(禁苑)을 모방하여 안압지(雁鴨池)를 만들고 무산십이봉(巫山十二峯)을 본 딴 조산을 하였으며, 임해전(臨海殿)을 세워 왕과 신하가 연회하고 외국사신들을 영접하는 장소로 사용하였다.

안압지는 경주 읍성터의 동남쪽과 월성 동북쪽에 위치하며 연못의 면적은 15,658 m^2되는 유적이다. 1975년 발굴조사 결과에 의하면, 연못의 크기가 동서 200 m, 남북 180 m이고 호안(護岸) 석축의 길이는 1005 m이다. 그 형상은 남안(南岸)이 거의 직선이며 북안(北岸)은 비교적 완만한 곡선을 나타내고, 동안(東岸)은 우리나라 남서 해안선을 연상하도록 다양한 모습으로 만들어져 있다. 서안(西岸)은 장대석(長臺石)으로 축조된 건물터의 기단들이 요철을 가지고 못에 돌출되어, 변화 있는 인공경관을 이루어 이 곳에서 동안의 조경을 감상하게 되어 있다.

서안쪽의 집터 위에는 수개의 건물지가 있으며, 그 중심부에 있는 주건물지 3동은 남북 축선상(軸線上)에 배치되고, 못에 돌출된 건물지들과 회랑(廻廊)들로 연결되어 있다. 발굴조사 이전부터 지상에 노출되어 있었던 석수구(石水溝 : 폭 30 cm, 깊이 15 cm)의 배치형태는 건물지 기단들에서 약 2~3 m 거리로 건물지 중간에 놓였던 것임이 밝혀졌다.

남안(南岸)에도 또한 회랑으로 연결된 몇 개의 건물지가 있다. 안압지의 서남쪽 귀에는 서쪽으로 약 20 m 떨어진 곳에 정면 7간, 측면 5간의 정전(正殿) 건물지가 확인되고 이 건물지의 남북 축선상(軸線上)으로 북쪽에 정면 5간과 측면 5간의 중전(中殿) 건물지가 있다. 정전 남쪽에는 넓은 중정(中庭)이 있으며, 그 앞쪽에 정면 3간, 측면 2간의 중문지(中門址)가 있다.

중전지(中殿址) 뒤에 같은 축선상 북쪽으로 또 다른 5간×5간의 내전(內殿) 1의 자리가 노출되었다. 이 5간 사방의 건물지 좌우에는 횡축선상(橫軸線上)에 2개의 장방형 건물지가 있는데 동쪽의 것은 바로 연못 제2호안(護岸) 위에 위치하며, 정면 6간, 측면 3간의 내전(內殿) 2건물지로 추정되며, 서쪽의 것은 정면 5간, 측면 3간의 내전(內殿) 3건물지로 추정되고 있다. 내전 3건물지 북쪽에는 다시 3간×4간의 누각 건물지가 있고, 단랑(單廊)으로 좌우에 연결되어 있다. 못 가운데 동북쪽으로 돌출되어 있는 제4호안 위에는 제3건물지인 정면 5간, 측면 4간의 건물지가 있다.

안압지 남쪽에도 호안(護岸)에서 약 30 m 떨어져 동서로 길게 뻗은 건물지들이 있다.

서안(西岸)의 유적 중전지(中殿址)의 동서 양편에 단랑(單廊)터가 연결되고 있음을 알 수 있고, 이들은 북쪽에 있는 내전지(內殿址)들과도 서로 연결된다. 이 건물들은 정전, 중전, 내전 등의 주건물 3동을 중심으로 남북축을 맞추어 그 주위에 회랑(廻廊)이 둘러져 있다. 앞에 언급한 석수로(石水路)는 일부가 남안(南岸) 서남쪽에 있고 남북으로 뻗은 동회랑(東廻廊)의 동측에서 시작되어 중앙건물 동회랑 앞에서 서쪽으로 꺾었다가 북으로 그 회랑을 관통하고, 회랑과 건물터의 기단에서 바깥쪽으로 약 3 m 떨어져 돌아가고 있다. 그 윗면은 현재 지표면과 비슷한 높이에 있어 과거 지표면과도 큰 차이가 없었을 것으로 생각되며, 구배도 북에서 남으로 흐르게 되어 있다.

이 건물지들은 동궁지(東宮址)로 추정되며, 국빈을 영접하고 연회하는 장소로 사용한 곳이라 생각된다. 동궁의 동북부 모서리 제3돌출 호안 위에 있으며, 안압지 호수중앙에 자리잡은 5간×4간의 제3건물지가 임해전이었을 것으로 생각된다. 안압지 및 동궁지 유적들은 통일신라시대 건축문화가 훌륭했음을 나타내고 있다.

안압지 출토 유물들인 첨차, 소로, 난간, 동자주 및 와전(瓦塼) 등은 그 당시의 건축기술을 잘 나타내며 통일신라시대 궁전이 훌륭했음을 잘 알 수 있다.

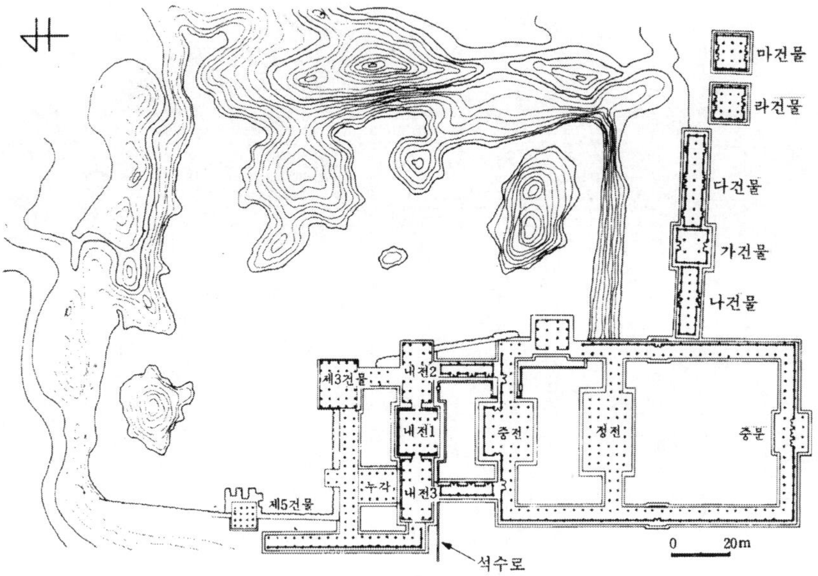

그림 85.
안압지 및 동궁지 배치도

경주 남쪽에 유명한 포석정(鮑石亭)이 있다. 이것은 고대 중국에서 시작된 유상곡지연(流觴曲之宴)에서 본을 받은 것으로, 둘레 약 6 m 내외가 되는 범위에 전복(鮑魚) 윤곽형상이고, 화강석으로 석구(石溝)를 만들어 물을 흐르게 하고, 술잔을 띄워 보내면서 시를 읊고 연회하던 곳이다. 연장 길이 18 m 정도 되는 석구의 다양한 곡선의 아름다움은 아담하고 교묘하며, 주위에 둘려 있는 나지막한 담과 어울려서 자연스러운 한국적인 운치를 잘 나타내는 조형물이다.

(2) 일반건축 형식

궁궐과 불사건축에 사용되었던 통일신라 일반건축 형식은 점차로 당(唐) 문화의 영향을 받았을 것으로 추측된다. 당시의 건축양식은 중국 서안(西安)의 대안탑(大雁塔 : 704년) 1층 서쪽 문 이마돌에 음각(陰刻)된 불전도(佛殿圖)와 중국 오대산(五臺山) 불광사(佛光寺 : 857년) 및 일본 나라(奈良)에 있는 당초제사(唐招提寺) 금당(金堂) 등의 건축물에서 그 기법을 찾아볼 수 있다.

통일신라시대의 대방광불 화엄경 변상도(大方廣佛 華嚴經 變相圖, 754년)에 나타나 있는 불전도에는 부연(浮椽)이 있는 중층(重層) 지붕의 건물이 그려져 있으며, 하층에는 주심포식의 특징을 나타내고 있다. 또한 당시 석조물 등에 나타나 있는 목조건축의 세부수법에서 그 때 건축양식의 일부분을 알아볼 수 있다.

그림 86.
서안 대안탑 불전도

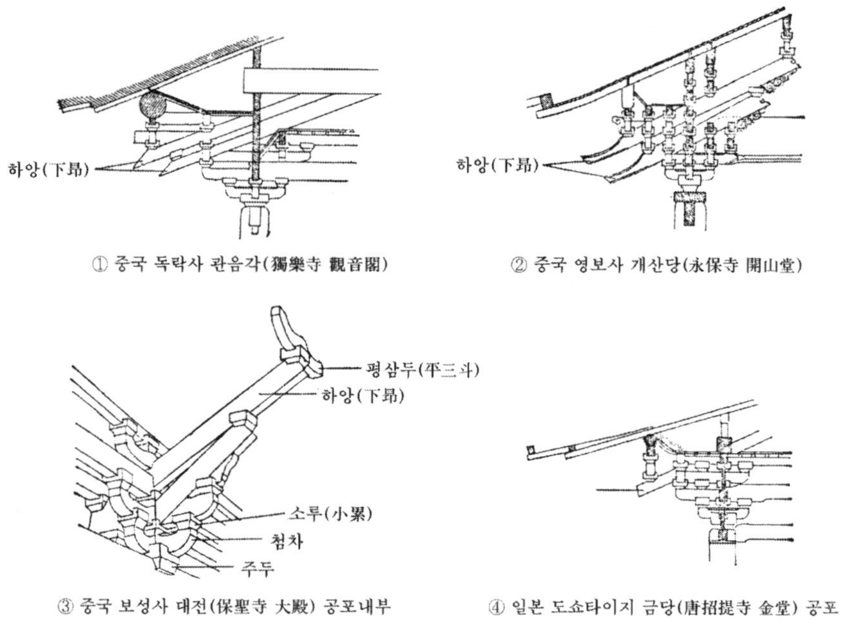

그림 87.
통일신라시대 목조건축 형식

특히 안압지(雁鴨池) 발굴조사에서 발견된 첨차, 주두(柱頭), 소로 간벽(間壁), 단장여(短長舌), 연못, 부연, 평고대, 연함, 난간 등의 부재들은 매우 귀중한 자료로서 통일신라시대 건축양식을 보여 준다.

안압지에서 발견된 첨차들의 마구리 상부는 직절(直切)하였고 그 하부는 교두형(翹頭形)으로 되었으며, 이 부분은 3~4단으로 사절(斜切)하여 영조법식(營造法式 : 중국 송시대 1103년에 편찬된 건축기법의 집대성서)에 있는 권쇄

(卷殺)의 공법을 나타내고 있다. 첨차의 상부에는 공안형(拱眼形)이 있고 소로를 놓는 곳에는 촉을 끼우기 위한 구멍이 있다. 주두(柱頭)와 소로는 접시받침이 없고 굽이 곡면으로 되어 있다.

단장혀는 길이 176 cm, 높이 16 cm, 폭 16 cm이며, 중앙에는 길이 25 cm의 소로 흔적이 있고 상면은 굴도리를 받을 수 있게 곡면으로 파여져 있다. 출토된 난간살의 모양은 실상사(實相寺) 백장암(百丈庵) 3층 석탑의 난간조각 모양과 같이 卍자 변형 난간모양으로 되어 있으며, 일본 법륭사(法隆寺) 금당(金堂)의 난간 모양과도 같다.

그림 88.
대방광불 화엄경 변상도
(김동현 작성)
통일신라시대의 건축양식을 나타내고 있음

그림 89.
안압지 출토 목조부재 실측도

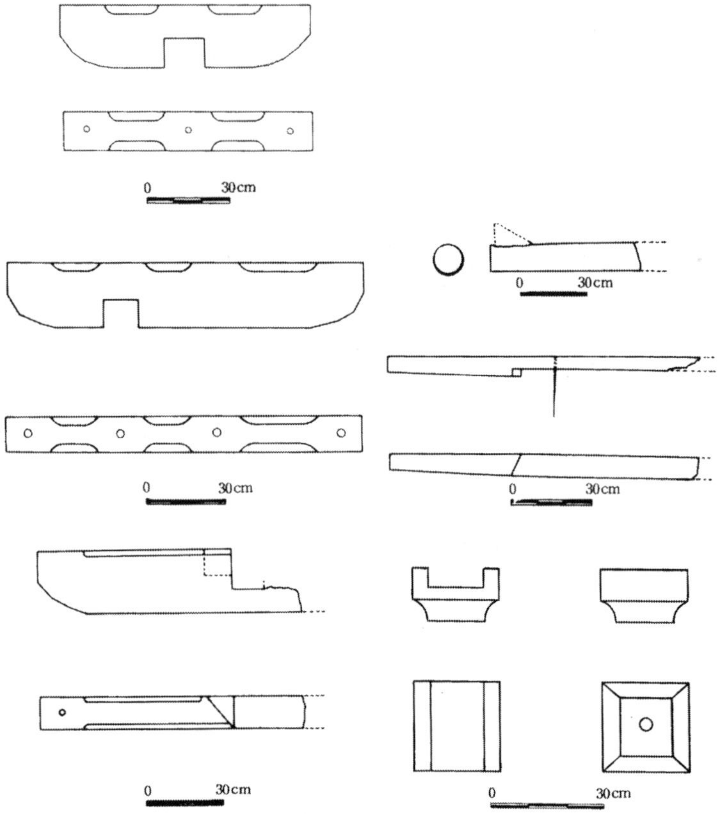

일반건축 형식의 공포(栱包)는 삼두계(三斗系)의 기본적 형식과 2출목(出目) 및 3출목(出目)의 주심포식(柱心包式) 공포가 사용되었다. 3출목일 때에는 하앙형식(下昂形式)이 사용되었던 것으로 생각되며, 외단부 출목 소로 위에는 행공첨차가 사용되었고, 또한 단장혀를 놓고 외목도리(外目道里)를 받는 형식이 사용되었다.

공포는 주상부(柱上部)에만 놓이고 공포 사이의 벽에는 동자 주대공(童子柱臺工) 또는 인자대공(人字臺工)이 사용되었다. 내부에는 공포 상부에 대량(大樑)을 건 다음 그 위에 대공(臺工)을 놓아서 종량(宗樑)을 받치고 종대공(宗臺工)과 솟을대공을 짜서 종도리(宗道里)와 중도리(中道里)를 받쳤으며, 원형단면의 장연(長椽)을 걸고 처마에는 각형단면의 부연(浮椽)을 사용하였었다.

(3) 와당 및 전

궁궐과 불사에 사용된 통일신라의 와당(瓦當) 및 전(塼)은 삼국시대의 것보다 문양(文様)의 종류가 다양하고, 그 모양이 정교해져서 우아할 뿐만 아니라 한국 고유의 특색을 많이 나타내고 있다. 수막새 기와(男瓦當)는 원형 이외에 타원형, 심엽형(心葉形)에 가까운 것도 있으며, 그 문양이 많이 발전하여 다양화하여지고 복잡하게 된 것이 특색이다. 문양은 연화문(蓮花文), 보상화문(寶相花文), 동물문으로 대별할 수 있으나, 연화문이 가장 많이 사용되었다. 연화문은 신라 시대에는 단판(單瓣)이 든 것이 복판(複瓣)으로 만들어지고, 꽃잎 사이에 자엽(子葉)이 생길 뿐 아니라 경감문(鏡鑑文)에서 보는 바와 같이 꼭지를 중심으로 한 외구(外區), 내구(內區)의 구별을 세운 것도 있다. 주연(周緣) 부분에는 주문(珠文) 대신 당초문, 소화문(小花文) 또는 보상화문을 돌린 것도 있는데, 이와 같은 수법은 중국과 일본에서 찾아볼 수 없는 한국 특유의 것이다.

수막새 기와문양 중 특수한 것을 몇 가지 들어 설명하여 본다면 다음과 같다. 사천왕사지(四天王寺址)에서 발견된 와당의 문양은 화판면(花瓣面)을 좌우로 나누고, 그 속에 심(芯)에서부터 나온 자엽(子葉)을 두었으며, 중앙씨방(子房) 주위에는 주문대(珠文帶)를 돌리고 주연에는 소화문(小花文)을 배치한 것으로, 한국 고유의 와당 모양을 나타내고 있다. 같은 사지(寺址)에서 발견된 것으로는 문양이 긴 모양의 16개 복판(複瓣) 연화문으로 되어 있어서 마치 국화문과 흡사하며, 주연에는 주문대(珠文帶)를 배치하여 전체가 간명하고 운치 있는 멋을 나타내고 있다.

분황사에서 발견된 것으로는 복판연화문(複瓣蓮花文)으로 되어서 외측 화판면에 인동문양(忍冬文樣)을 넣은 것이 진귀하며, 중앙씨방 주위에도 주문대를 돌려서 디자인이 매우 교묘하다.

오릉(五陵) 부근에서 발견된 보상화문(寶相花文)을 가진 와당은 중앙씨방 안에도 4개의 꽃잎을 넣었으며, 그 주위에 8개의 연꽃잎을 돌리고 다시 주위에 대형의 8개 보상화잎을 돌린 다음, 주연에는 주물을 조밀하게 만든 것으로 매우 아름답고 우수하다. 황룡사에서 발견된 것은 중앙씨방 주위에 심을 돌리고 그 주위에 복판(複瓣)의 보상화문을 만들었으며, 주연에 작은 보상화문을

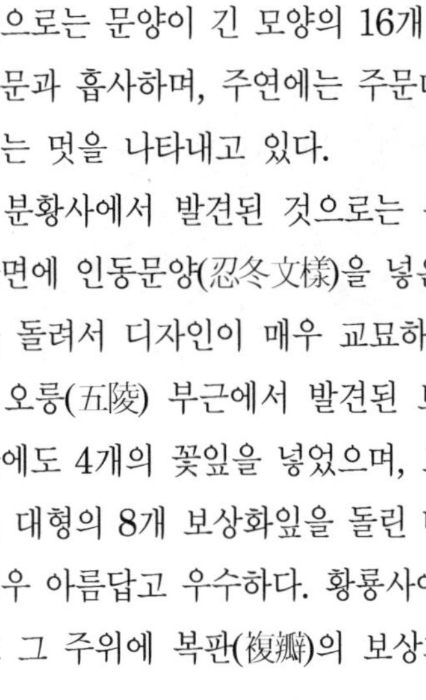

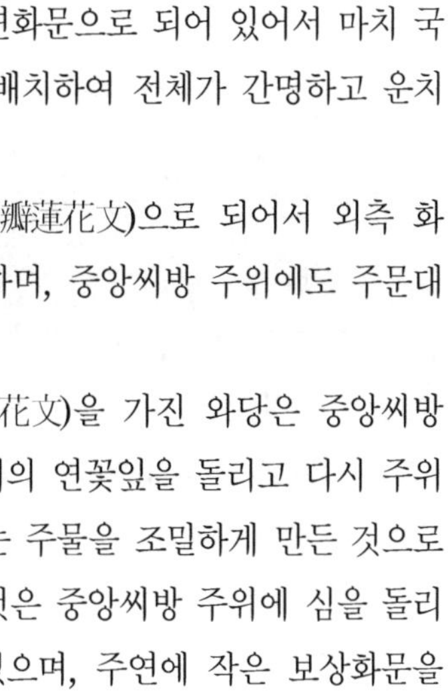

그림 90.(좌)
통일신라 귀면와
그림 91.(우)
통일신라 와당

돌린 것으로 매우 특이한 통일신라 고유의 와당이라 생각된다.

동물문양은 봉황, 가릉빈가(伽陵頻伽 : 극락정토에 살고 있다는 새), 용, 기린, 토끼 및 두꺼비 등의 불교 혹은 전설에서 유래된 새와 짐승을 단독 또는 연화문 내구(內區)에 배치한 것인데, 특히 페르시아 계통의 특색을 나타내고 있는 수하쌍금문(樹下雙禽文)을 가진 와당은 경주에서 그 와범(瓦範 : 와당을 성형하는 바탕이 되는 것)으로 생각되는 조각석(彫刻石)이 발견되었다.

암막새 기와(女瓦當)의 문양은 여러 종류가 있으며, 다양한 변화를 갖고 있다. 그 문양의 종류는 당초문(唐草文), 인동 당초문(忍冬唐草文), 보상화문, 기린문, 봉황문, 용문(龍文), 천인문(天人文), 수면문(獸面文), 서조문(瑞鳥文) 등이 있다. 이 중 가장 많이 사용된 것은 당초문(唐草文)이다.

월성(月城)에서 발견된 당초문 기와, 사천왕 사지에서 나온 인동문 기와, 인왕사지(仁旺寺址)에서 나온 보상화문 기와 등이 훌륭하고, 월성에서 발견된 것으로 중앙에 보상화문이 있고, 좌우에 서조비운(瑞鳥飛雲)을 넣은 것은 디자인이 매우 우수하며, 오릉 부근에서 발견된 것으로 용문양을 가진 것은 매우 사실적이라서, 통일신라시대 예술의 탁월함을 나타내는 것으로 생각된다.

지붕 용마루 양단에 있는 치미(鴟尾)의 파편과 사래의 끝에 붙이는 괴면기와 등도 많이 발견되었으며, 특히 사천왕사지에서 발견된 괴면기와는 사실적으로 뛰어나며 매우 훌륭하다.

통일신라시대에는 궁궐 및 불사의 벽면이나 바닥을 장식하기 위한 문양전(文樣塼)이 많이 사용되었으며, 그 중에서 사천왕사지 출토의 사천왕상(四天王像) 조각전(彫刻塼) 같은 것은 대표적인 예라고 하겠다. 바닥에 까는 방형전(方形塼)은 표면 중앙에 보상화문을 두고 모서리에 우화문(隅花文)을 배치한 다음 측면에는 당초문을 돌린 것들이 많으며, 장방형 또는 삼각형의 전(塼)도 종종 발견되고 있다.

통일신라시대의 와당 및 전(塼)은 정교하고 화려한 문양을 갖고 있으며, 그 문양의 다양함과 자유자재한 처리방법 및 기법의 뛰어남은 중국과 일본보다 월등하게 훌륭한 점이 있다고 생각된다. 와당과 전의 조각세부가 정교하고 소홀한 점이 없으며, 하나하나 머리를 짜내서 디자인을 고안한 것으로, 이러한 공장(工匠)의 성실성과 열의에 넘쳤던 마음가짐이 통일신라 문화를 뛰어나게 발전시킨 기본요인의 하나가 되었을 것으로 생각된다.

2. 불사건축

(1) 가람배치

신라의 불사건축은 삼국통일 이후에 더욱 융성하게 되었으며, 이 때 창건된 불사로 문헌상에 나타난 유명한 불사는 50여개가 넘는다. 이 불사 중에서 통일신라시대의 주요한 건축유물 또는 조형물(造形物)이 현재까지 남아 있는 것을 들어 보면 다음과 같다.

표 2
통일신라시대 건축유물

불사명	지방	건축연대	건축유물
부석사(산)	영주	문무왕 16년(676)	석탑, 석등, 당간지주
사천왕사	경주	문무왕 19년(679)	사지, 당간지주
망덕사	경주	신문왕 4년(684)	사지, 당간지주
불국사	경주	경덕왕 10년(751)	석단, 동서석탑, 부도, 당간지주
석굴암	경주	경덕왕 10년(751)	석굴, 석탑
감은사	경주	신문왕 2년(682)	동서석탑, 금당지
해인사(산)	합천	애장왕 3년(803)	석탑, 석등
범어사(산)	동래	흥덕왕 9년(834)	석탑, 석등
화엄사(산)	구례	경덕왕 13년(754)	석단, 동서석탑, 석등, 4사자석탑, 당간지주
동화사(산)	대구	흥덕왕 7년(832)	석탑
선암사(산)	순천		석탑, 석단
보림사(산)	장흥	경문왕 10년(870)	석탑, 석등, 부도
법주사(산)	보은	진흥왕 초창	
		성덕왕 중수	석등, 석연지
실상사	남원	흥덕왕 3년(828)	동서석탑, 석등, 부도
(산)은 산지가람을 표시함.			

통일신라시대의 가람배치(伽藍配置)는 불사리(佛舍利)를 안치한 탑을 중심으로 하였던 1탑식 가람배치에서 발전하여 불상을 안치한 금당(金堂)을 중심으로 하고, 그 앞에 2개의 탑을 시립(侍立)하는 2탑식 가람배치로 변화하게 되었다. 사천왕사지와 망덕사지(望德寺址)는 가장 오래된 2탑식 가람배치를 갖고 있으며, 감은사(感恩寺), 불국사 및 실상사 등은 전형적인 2탑식 가람배치로 된 불사이다. 2탑식 가람배치의 특성은 중문(中門), 도서 2개의 탑, 금당, 강당(講堂) 및 회랑(廻廊)의 건물들이 자오선을 중심축으로 좌우대칭하게 배치되고, 금당은 중앙에 놓이게 되며, 2개의 탑은 금당과 중문의 중앙에 오고, 동서회랑 사이를 4분한 점에 좌우대칭으로 놓이게 된다. 이와 같은 배치방식은 당(唐) 문화의 영향으로 말미암은 것으로 생각되며, 당시 중국 및 일본에서도 같은 가람배치 형식이 사용되었다.

그림 92.
2탑식 가람배치 비교

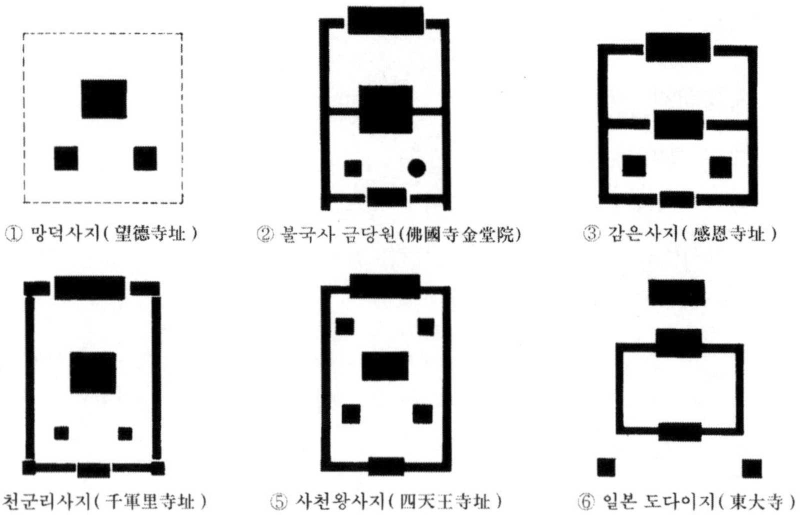

이와 같은 2탑식 가람배치는 경주 왕경(王京) 부근에 많이 조영(造營)된 평지가람(平地伽藍)에 주로 사용되었으나, 통일신라 중기부터 밀교(密敎)가 전해지고 선종(禪宗)이 성행하게 됨에 따라 불교의 내적 성찰(省察)을 중요시하는 경향이 생기게 되었다. 따라서 이에 적합한 환경을 찾아서 심산유곡(深山幽谷)인 태백산, 금강산, 가야산, 지리산 등 깊은 산 속에 산지가람(山地伽藍)이 많이 조영되게 되었다. 산지가람은 평지가람(平地伽藍)과는 달리 변화가 많은 지형에 적합하도록 계획되어, 좌우대칭의 배치형식을 따를 수 없게 되었다. 밀교에 적합한 내밀성(內密性)이 있는 특질을 갖게 되며, 탑의 위치도 일정하지 않게 되어 건축배치에 변화가 많이 생기게 되었다.

(2) 불 사 지

2탑식 평지가람의 초기형식을 대표하는 것은 사천왕사지(四天王寺址)라고 생각된다. 이 불사지는 경주 내동면(內東面)에 있는 낭산(狼山) 남쪽 구릉 위의 전망 좋은 곳에 자리 잡고 있다. 문무왕(文武王) 19년(679)에 처음 창건된 것으로, 호국신(護國神)인 사천왕에게 당나라 군사의 침공을 격퇴하고, 나라를 수호하는 것을 기원하기 위하여 창립된 것이다. 현재는 중문지(中門址), 2개 탑지(塔址), 금당지(金堂址)가 있으며, 금당과 강당 사이에 좌우 경루지(經樓址)가 마주 놓여 있어서 특이하다. 사천왕사지 배치는 1탑식 가람배치에서 전형적인 2탑식 가람배치로 발전되기 전인 중간단계의 배치형식이라 생각되며, 일본의 약사사(藥師寺)의 배치형식과 흡사하다.

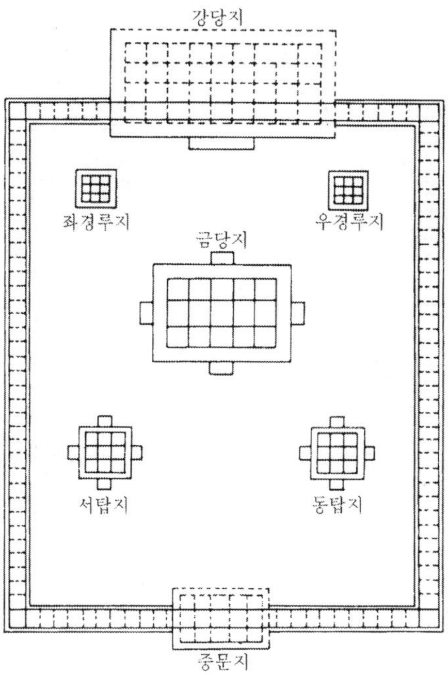

그림 93.
사천왕사지 배치도

강당지(講堂址)와 회랑지(廻廊址)는 현재 찾아볼 수 없으나 금당지는 초석(礎石)이 정연하게 남아 있으며, 통일신라의 조영척(造營尺)은 비율이 0.984척인 당척(唐尺)을 사용한 것으로 추측되고, 정면 5간 58.25척(60당척), 측면 3간(39당척)으로 되어 있다. 초석(礎石) 상면은 정방형으로 조출(彫出)되고 각 변이 2.48척 내외이며, 그 위에 2중 원형(하경 1.96척, 상경 1.45척)으로 원형주좌(圓形柱座)를 만들어서 전형적인 통일신라시대의 초석 모양을 나타내고 있다.

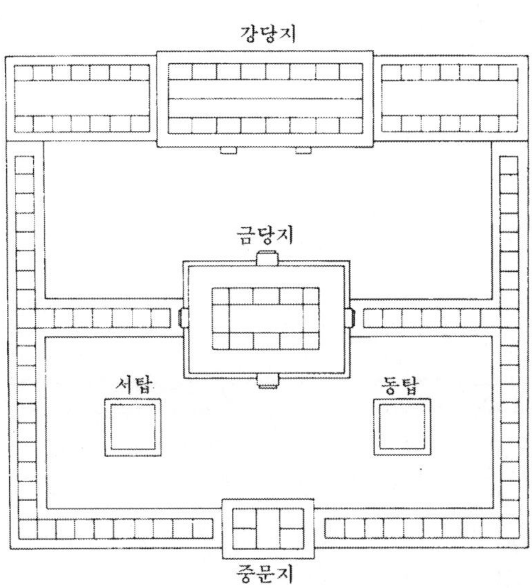

그림 94.
감은사지 배치도

동탑지(東塔址)는 금당지 동남쪽 79.2척 되는 곳에 높이 약 5척되는 정방형 토단(土壇) 위에 7개의 초석과 1개의 중심주 초석이 남아 있으며, 사방 3간으로 1변의 길이가 21.21척이다. 좌우 경루(經樓)는 금당 중심축 북쪽 69.15척에 위치하고, 높이 1.5척의 토단 위에 있으며, 초석지(礎石址)가 완전히 남아 있어서 사방 3간으로 1변의 길이가 14.7척이고, 초석형태가 매우 독특하고 우수하다. 이 사지의 남쪽에 당간지주(幢竿支柱)와 귀부(龜趺) 한 쌍이 있으며, 이 사지에서 유명한 사천왕 조소상(彫塑像)의 벽전(壁塼)을 비롯하여 대형 보상 화문전(寶相花文塼) 및 우수한 문양(文樣)을 가진 와당(瓦當)들이 발견되었다.

월성 양북면(陽北面) 용당리(龍堂里)에 있는 감은사지(感恩寺址)는 신문왕(神文王) 2년(682)에 처음 창건되었다. 삼국유사 만파식적조(萬波息笛條)에는 문무왕이 왜구를 진압하기 위하여 가람건립(伽藍建立)을 시작하여 이를 성취하지 못하고, 그의 아들인 신문왕이 유지를 받들어 완공하였는데, 문무왕이 바다의 용으로 화하여서 왜구의 내습을 방비하는 것으로 믿었으며, 금당하부

그림 95.
감은사 금당지 실측도

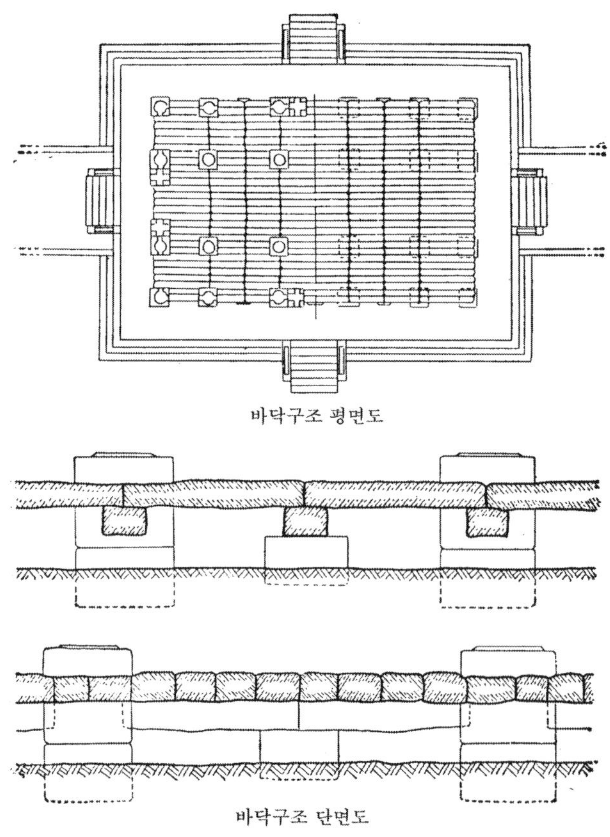

(金堂下部) 동쪽에 구멍을 1개 만들어 용이 들어와서 머무를 수 있도록 하였다고 하는 사중기(寺中記)의 전설이 기록되어 있어서 유명하다.

이 사지는 1959년에 발굴 조사되었다. 감은사지의 배치는 중앙에 금당(金堂)이 있고, 전방 약 16 m 되는 곳 좌우에 2개의 3층 석탑이 서 있으며, 그 앞 16 m 되는 곳에 중문지(中門址)가 있다. 금당 후방 32 m 되는 지점에는 강당지(講堂址)가 있고 회랑지(廻廊址)가 둘려 있으며, 중회랑(中廻廊)이 금당 좌우측면 중앙에 연결되어 있었던 것으로 생각된다. 금당지에는 가공한 석재로 정연하게 2단으로 만든 기단(基壇)이 있으며, 그 크기는 동서 약 24 m, 남북 약 18 m이고, 4면 중앙에 각각 돌계단이 있다.

감은사 금당지는 정면 5간(약 15 m), 측면 4간(약 9 m)이며, 바닥의 구조는 남북으로 일직선이 되게 4개씩의 초석(礎石)을 배열한 다음, 그 위에 긴 석판을 동서방향으로 깔아서 돌마루를 만들고 그 상면에 건물을 세웠다. 중앙과 그 좌우의 주간(柱間)은 초석 간격이 크므로 중간에 보조초석을 두었다. 이 같은 구조형식은 특이한 것이다. 금당기단 바닥구조 밑에는 동쪽 측면에 적은 개구부가 있으며, 여기서부터 작은 도랑을 길게 파서 중앙에 있는 불좌대(佛座臺) 밑에 이르게 만들어 놓은 흔적이 있어, 위에서 언급한 전설과 부합되는 점이 있다.

(3) 불 국 사

경주 외동면(外東面) 토함산(吐含山) 기슭 송림 사이 전망 좋은 곳에 위치하고 있는 불국사(佛國寺)는 2탑식 평지가람 배치로 건축된 대표적인 불사이다. 건축 계획면에 매우 뛰어난 특징을 갖고 있어서 토함산의 산정 부근에 있는 석굴암과 함께 한국 불사 중 가장 훌륭한 건축으로 유명하다. 이 불사는 법흥왕 27년(536)에 처음 창간되었으나, 그 후 수차의 개축(改築)을 거쳐서 경덕왕(景德王) 10년(751)에 중창(重創)된 것이다.

전설에 의하면 당시의 재상(宰相)인 김대성(金大城)이 51세 되던 때에 현세의 부모를 위하여 불국사를 중건하고, 전세(前世)의 부모를 위하여 석굴암을 건축하였다고 전한다. 불국사 역대기(歷代記)를 보면 「신라 경덕왕 10년 중창 ……불국사의 구름다리와 보탑(寶塔)은 그 조각 솜씨와 석목지공(石木之功)이 동도(東都)의 모든 불사 중에서 가장 우수하였다」 라고 되어 있으며, 여기에 기록되어 있는 대소의 건축물 명칭은 90여개를 넘는다. 불국사는 중건(重建)된 후에도 여러 번 중수(重修)되어 오다가 임진왜란 때 왜병에 의하여 건물들이 전소(全燒)되고 석조물만이 그대로 남아 있게 되었다. 현재 남아 있

그림 96.
불국사 배치도

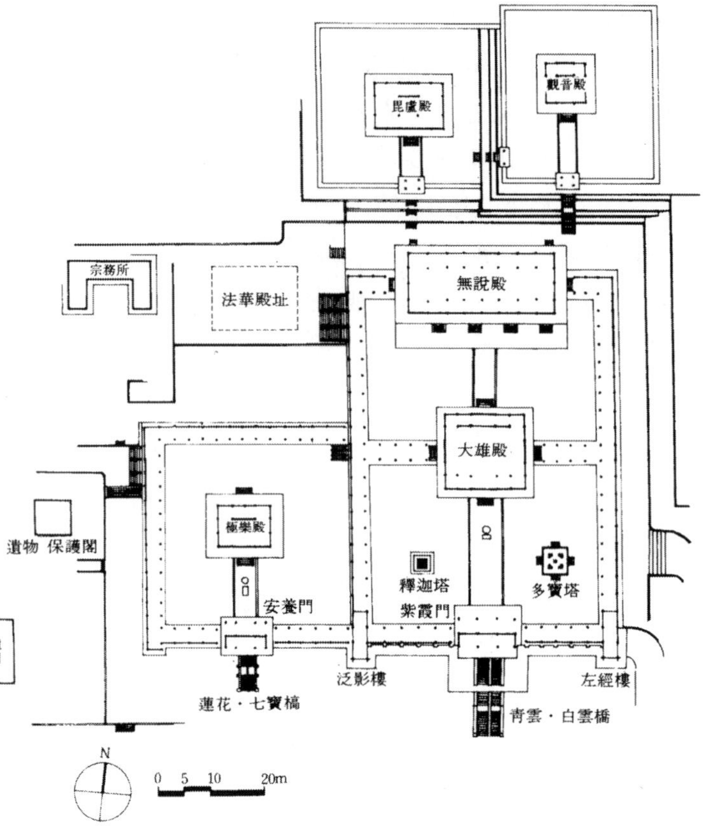

는 상하 2층의 석단(石壇)과 석교(石橋), 동서석탑, 석등(石燈), 건물기단(建物基壇), 불전지(佛殿址), 당간지주(幢竿支柱) 등은 중건되었을 때 만들어진 것이다. 대웅전(大雄殿), 자하문(紫霞門), 범영루(泛影樓), 극락전(極樂殿) 등의 목조건축은 임진란 이후에 재건된 것이며, 1902년까지도 무설전(無說殿)과 자하문의 서측회랑(西側廻廊) 등이 남아 있었으나 그 후에 없어지고, 1923년에 대수리를 하였을 때에 옛적의 모습을 손상시킨 점이 적지 않아서 아쉬운 점이 없지 않았다.

불국사 가람배치는 금당(金堂)인 대웅전을 중심으로 천계(天界)를 상징하는 부분이 되는 금당원(金堂院)이 상층석단(上層石壇)에 배치되고, 극락전을 중심으로 서방정토(西方淨土)를 상징하는 부분인 서원(西院)이 하층석단(下層石壇) 서쪽에 배치되어 있다. 석단 앞에는 구품연지(九品蓮池)가 있었던 것으로 추정되며, 금당원이 주가 되고 서원을 종(從)으로 하여서 산세와 전망을 고려하여 전체 건축공간이 오묘하며, 훌륭하게 구성되어 있다. 대웅전과 극락전이 놓여 있는 상하중층(上下重層)의 석단은 그 축조방법이 변화가 많고 기묘한 가운데에도 통일성을 갖고 있어, 석단의 아름다운 구성이 그 위에 서 있는 건물들을 한층 더 돋보이게 만들고 있다.

불국사 대웅전(金堂) 전면에 있는 하층석단의 중앙 돌출부에는 청운교(靑雲橋), 백운교(白雲橋)의 두 석교(石橋)가 놓여 있고, 동서단부(東西端部)에는 익루(翼樓) 기단부가 돌출되어 있으며, 동서익루 부분을 포함한 금당원(金堂院) 전면의 하층석단의 길이는 171.78척(175당척 : 唐尺)이다. 하층석단은 지상 약 8척까지 대형 자연석을 쌓았는데, 수법이 고졸(古拙)하여 초창기에 축조된 것으로 추측되며, 그 상부 높이 4.15척은 잘 다듬은 석재인 지방석(地枋石), 동자주석(童子柱石), 상방석(上枋石), 감잡이돌, 갑석(甲石) 등으로 결구(結構)를 하고 격간(格間)에는 면석(面石)을 끼워서 축조하였다.

석재가 결구되는 곳에는 감잡이돌 끝부분이 돌출되도록 만들어서, 목조의 보뺄목과 같은 구조적인 기능을 가질 뿐만 아니라, 외관(外觀)에 변화를 가져오며, 간명하고 장중한 감을 준다. 특히 범영루(泛影樓)와 중앙 돌출부와의 중간에는 특이한 반원형상의 토수구(吐水口)가 돌출되어 흥취를 더하도록 만들었다.

중앙 돌출부(48척×23척)의 전반은 그 하부를 대형 자연석적(自然石積)으로 하지 않고 상부의 석축방법이 지하까지 연장되었으며, 지방석(地枋石)이 중방석(中枋石)이 되고, 그 아래에 하중방석(下中枋石)을 하나 더 넣어서 석주(石柱)를 연결하도록 하였다. 전면 중앙에 놓여 있는 백운교는 19단의 돌계단(높이 12.22척)으로 되어 있고, 양측과 중앙에 계단 측석(側石)이 있으며, 양측에는 난간이 서 있던 장부구멍이 약 6척 간격으로 있고, 상하단에는 난간기둥이 서 있다.

난간기둥의 돌은 끝은 둥글고 삐죽하게 다듬었으며, 원형 도란대를 끼우는 구멍이 파였고, 그 아래는 도란대를 받치는 소로형(굽이 곡면형임)과 배흘림을 가진 동자주(童子柱) 모양을 조각하여서 특이하다. 백운교 상단에는 폭 7척이 되는 계단참이 있으며, 하부에는 홍예를 짜서 개구부(開口部)를 만들어 계단 전체의 외형이 변화가 있고 매우 아름답다.

금당원(金堂院)의 상층석단은 중앙부와 동서 익루부(東西翼樓部)의 돌출된 곳을 제외하고는 하층석단보다 약 7.2척 후퇴하여 쌓아졌으며, 약 10.1척마다 석주(石柱)를 세웠으며, 갑석(甲石)으로 상부를 연결하였고, 격간(格間)은 정형(整形)으로 된 자연석을 쌓아 놓았다.

중앙 자하문(紫霞門) 하부는 10.5척 돌출되어 있으며, 폭 37척, 높이 10.4척으로 그 세부는 목조건축의 수법을 매우 잘 나타내고 있다. 즉 동서양측 상층 기단의 갑석상부에는 첨차 모양의 석재를 돌출시켜서 폭이 좁고 긴 모양의 옥개석(屋蓋石)을 받치게 하고, 그 위에 다시 갑석을 놓은 다음 자하문이 서있게 만들었다.

청운교는 백운교 위 자하문 앞에 놓여 있으며, 16단으로 되어 있어서 그 세부는 백운교와 같다. 서쪽 범영루가 놓여 있는 부분은 건물의 전반을 상층기단 밖으로 돌출시켜서 기묘한 형상으로 만든 2개의 석조 지주로 받치도록 만들었다. 범영루의 지주(支柱)는 18개의 돌을 반턱거리 맞춤을 갖고 십자형으로 결구하여 중첩시켜서 만들었으며, 상부 8개의 돌은 하나하나의 끝부분이 운형(雲形)에 가깝게 조각하고 하부 8개의 돌은 끝부분이 호형(弧形)을 이루게 하여 전면에서 본 전체적인 윤곽선이 안상(眼象) 모양의 개구부가 되도록 만들었다. 그 구성이 기발하고 디자인이 변화무쌍하여 날씬하고 우아한 멋을 갖고 있는 것으로, 다른 데서 그 예를 찾아볼 수 없는 매우 특이한 것이다.

금당원 전면에 있는 하층석단은 범영루 서쪽으로 연장되어, 서원(西院)의 건축물들이 놓이는 부분과 연결되어 있으며, 따라서 서원부분의 석단은 하층석단만으로 되어 있고, 전면의 길이는 128.18척(130당척)으로 중앙이 돌출되어, 불국사 안양문(安養門)과 연화교(蓮花橋), 칠보교(七寶橋)가 놓였으며, 서단(西端)에 돌출부가 있고, 동단(東端)은 범영루 밑에 있는 돌출부에 연결된다. 이 석단의 구조는 금당원 전면에 있는 상층석단의 축조방법을 2중으로 만든 것으로, 상방석(上枋石) 및 중방석(中枋石)과 직각으로 결구된 2개의 감잡이돌의 단부(端部)가 많이 돌출되어 있다. 그 위의 것은 상면에 상판석(床板石)을 얹히도록 가공한 흔적이 있다. 중방석(中枋石)과 결구되는 아래 감잡이돌의 단부는 첨차형과 흡사하게 만들었으며, 그 돌출부분의 음영(陰影)이 석단 벽면에 깃들여 매우 변화 있는 외관을 만들고 있다.

서원석단의 서쪽 측면은 중건 당초의 축조수법을 비교적 잘 보존하고 있는 것으로, 은은하게 부드럽고 아름다운 석단의 모습을 잘 나타내고 있다. 연화교(蓮花橋)와 칠보교(七寶橋)는 규모는 좀 작으나 그 세부수법이 청운교, 백운교와 비슷하며, 양교(兩橋) 사이에 있는 계단참 하부에는 홍예를 짜서 개구부(開口部)를 만들어 외관이 매우 아름답다.

불국사의 상하층 석단의 구조법은 기본적으로 목구조법을 나타내고 있는 것으로 생각되며, 변화 있는 축조법과 규각(圭角)이 두드러지지 않고 부드러운 감을 느끼게 하는 돌다듬은 솜씨, 상하양교(上下兩橋)와 홍예문의 구상, 범영루 하부지주(下部支柱)의 구상 등, 석재의 대소장단과 그 연관관계를 면밀하게 계획 설계하여 만든 것으로서, 이 시대의 건축기술이 탁월하였음을 잘 나타내고 있다.

금당원의 중문(中門)인 자하문(紫霞門)은 1781년에 중창(重創)되었으나, 평면과 외관(外觀)은 당초의 건물규모와 같은 것으로 추측되며, 초석(礎石)은 통일신라 중기의 특징을 갖고 있다. 정면 3간 34.4척(35당척), 측면 2간 16.8척(17당척)으로 중간에는 3개의 문이 있으며, 단층 팔작집으로 되어 있고, 내부에 우물천장이 있다. 2출목(出目) 다포식(多包式) 공포를 갖고 있으며, 치목(治木)이 약간 조잡한 감이 있으나, 외관을 멀리서 바라볼 때 그 비례관계가 매우 적절하여서, 청운교 · 백운교와의 전체적인 짜임새가 매우 훌륭하고 아름다우며, 형태 · 규모 · 세부수법 등 모든 것이 한국 건축문화의 특징을 잘 나타내고 있다.

자하문 동쪽에는 동경루지(東經樓址)가 있으며, 서쪽에는 범영루가 있어서 각각 5간 행각(行廊)이 양측에 연결되어 있었던 것이나, 1972년 복원공사를 하기 이전까지는 초석(礎石)만이 남아 있었다. 범영루는 정면 1간, 측면 2간이며, 팔각집으로 합각부분(合閣部分)이 정면이 되어서 전체 외관에 변화를 주고 있다. 공포는 3출목 다포식으로 수법이 자하문과 동일하여 같은 연대에 만들어진 것이다.

자하문을 들어서면 한국 석탑 중 대표적 걸작인 동쪽의 다보탑(多寶塔)과 서쪽의 석가탑(釋迦塔)이 마주 서 있다. 석가탑은 전형적인 통일신라 석탑을 대표하는 것으로, 전체 비례가 매우 아름답고 남성적이며, 다보탑은 이와 대조를 이루고 변화무쌍하여 기이한 형태를 갖고 있어 통일신라시대 특수형의 석탑을 대표하는 것으로, 양 탑의 구성은 매우 비범한 것이다.

금당원의 중심건물인 불국사 대웅전(大雄殿)은 1765년에 중창(重創)된 것이다. 통일신라시대에 만든 기단(基壇) 위에 놓여 있으며, 4면 중앙에 돌계단이 있고, 정면 5간 50.4척(52당척), 측면 5간 45.6척(46당척)의 단층 팔작집으로 되었으며, 공포는 3출목(出目) 다포식(多包式)으로 되었고, 내부에는 우물천장을 만들었다. 외관은 중후한 감이 있으나, 그 규모는 옛것을 그대로 따른 것으로 추측된다.

대웅전 뒤에 있는 무설전지(無說殿址)는 정면 8간(97.2당척), 측면 4간(36.5당척)으로 되어 있다. 비로전지(毘盧殿址)는 무설전지 왼쪽 뒤 높은 곳에 있으며, 정면 5간(46.2당척), 측면 3간(29.7당척)으로 되었고, 관음전지(觀音殿址)는 그 동방에 더 높은 내지에 있어서 정면 3간(28.4당척), 측면 3간(27.2당척)이다. 이 전지들은 각각 기단과 석단 및 초석들이 남아 있었으며, 외부초석에는 지방석(地枋石)이 놓여있고, 전후 중앙에는 문비좌석(門扉坐石)이 남아 있는 것이 특이하였다.

서원(西院)의 중심건물인 불국사 극락전은 고려 명종(明宗) 2년(1172)에 중창(重創)되고 1750년에 중수(重修)된 것이다. 정면 4간 35.9척, 측면 3간 27.95척으로 된 팔작집으로 되어 있으며, 안양문(安養門)은 근래에 중창되었으나 그 비례와 수법이 기존건물과 조화되지 않아서 잘 어울리지 않는다고 생각된다.

불국사의 건축은 매우 우수하고 세밀한 디자인 계획에 의하여 이루어진 것으로, 모든 부분에서 훌륭하고 아름다운 비례관계를 찾아볼 수 있으며, 척도기준은 동서 양탑의 중심 거리의 2분의 1인 43당척이 사용되었고, 그 4배가 금당원의 폭이 되며, 5배가 길이가 된다. 이 건축이 갖고 있는 참신하고도 기지(機智)에 넘치며, 통일성이 있는 가운데 변화가 있는 디자인 계획, 석조물에 나타나 있는 조영(造營)의 뛰어난 솜씨, 품위 있는 정취 및 규모의 장대함보다는 친근감을 느끼게 하는 인간적인 척도개념(human scale) 등, 이 모든 특징은 한국 문화의 특성을 잘 나타내고 있다.

그러나 1972년에 시행된 불국사 복원공사에서 무설전을 비롯하여 회랑(廻廊), 비로전(毘盧殿), 관음전(觀音殿) 등의 건물들을 복원하였으며 기단부(基壇部) 석조물(石造物)의 일부가 수리되어, 불국사 전체의 건축경관을 되찾게 된 것은 다행한 일이라고 생각되나, 그 반면에 오히려 과거의 모습을 적지 않게 손상한 감이 드는 점도 있는 것은 매우 애석한 일이다.

(4) 화 엄 사

구례 지리산쪽의 계곡 속에 위치하는 화엄사(華嚴寺)는 산지가람(山地伽藍)의 대표적인 예이며, 선교양종(禪敎兩宗)의 대표적 불사로 그 당시의 위용(偉容)을 비교적 잘 보존하고 있는 불사이다. 화엄사 사적기(史蹟記)의 기록에 의하면 처음 창건은 진흥왕(眞興王) 5년(554)으로 되어있으나, 경덕왕(景德王) 때에 왕명으로 재건되었으며, 그 후 임진왜란 때 병화(兵火)로 5000여간의 건물과 사보(寺寶)가 소실되었고, 현재 있는 목조건물들은 그 후에 중건(重建)된 것들이다. 현존하는 통일신라시대의 유물로는 각황전 서남쪽에 위치한 언덕인 효대(孝台) 위에 있는 사사자(四獅子) 3층 석탑 및 석등이 유명하다. 또한 동서 5층 석탑, 각황전(覺皇殿) 앞 대석등(大石燈), 원통전(圓通殿) 앞 사사자 석탑, 당간지주(幢竿支柱), 대석단(大石壇) 및 석계(石階) 등이 있다. 이 모든 석조물들은 경덕왕 13년(754)에 만들어진 것으로 추정된다.

화엄사 가람(伽藍)배치는 대략 계곡의 방향을 따라서 남북의 축선(軸線)을 기준으로 하였으며, 경사된 지형을 수단(數段)으로 나누어서 정지(整地)하여 건물을 적절히 배치하였으며 주위의 지형과 잘 조화가 되도록 계획되어 있어서, 산지가람(山地伽藍)의 배치특성을 잘 나타내고 있다. 노송(老松)이 울창한 계곡을 따라 올라가면 해탈문(解脫門)이 있고, 북방 65 m에 금강문(金剛門)이 있으며, 그 북쪽 30 m 되는 곳에 천왕문(天王門)이 있다. 이 문에서 북방 45 m 되는 곳의 석단 위에 보제루(普濟樓)가 있으며 그 동쪽 석계(石階)를 올라서면 장방형 대지(臺地)가 있어, 동서 2개의 5층 석탑이 놓였고, 그 뒤쪽에 대석단(大石檀)이 있으며, 그 위에는 대웅전과 각황전(覺皇殿)이 놓여있다.

대지 동쪽에는 승방(僧房) 적조당(寂照堂)이 있고, 북쪽 대석단(大石壇)위에는 명부전(冥府殿) 및 삼전(三殿)이 있으며, 대웅전 서쪽에는 원통전(圓通殿)과 나한전(羅漢殿)이 있고, 보제루 서쪽에는 종루(鐘樓)가 있다. 각황전 서남쪽 높은 대지인 효대(孝臺) 위 전망이 좋은 곳에는 조형이 특이한 것으로 유명한 사사자 3층 석탑이 동향으로 배치되어 있다.

화엄사 가람배치는 자오선상에 건물 등의 중심을 두는 원칙을 일면 따르면서, 이에 구애되지 않고 각황전을 동서 축선상에 배치하여 좌우대칭으로 되지 않는 것은 지형상 당연한 것으로 생각되며, 건물배치와 공간구성이 입체적으로 형성되어, 산지가람의 특성을 잘 나타내고 있다. 특히 동서석탑(東西石塔)의 위치가 대웅전을 중심으로 좌우대칭이 아니고, 서쪽으로 편재하여 있어서 파격적인 예이며, 지형관계로 회랑(廻廊)이 없다.

화엄사 해탈문(解脫門)은 1636년에 만들어진 것으로 조선왕조 중기의 우수한 일주문(一柱門)이다. 기둥 간격 12.5척, 기둥 전후에 첨주(添柱)를 두어서 공포를 받쳤으며, 비교적 가는 창방(昌枋)과 평방(平枋)은 중간에서 약간 휘어 올라가도록 가공하였고, 공포는 3출목(出目) 다포식(多包式)으로 보간포작(補間包作)은 정면에 2개, 측면에 1개가 있다. 부연(浮椽)이 있으며, 지붕은 팔작집으로 조선왕조 중기의 수법을 잘 나타내는 것으로 생각된다.

화엄사 대웅전은 1636년에 재건된 것으로 정면 5간(62.8척), 측면 3간(37.6척)이며, 단층 팔작집으로 남면하였다. 기둥은 배흘림을 가졌으며, 공포는 3출목 다포식으로 되어 있고, 내부에는 우물천장을 만들었다. 각황전은 현존하는 한국 불사 건축물 중 가장 규모가 큰 것으로, 통일신라시대의 석각(石刻) 화엄경판(華嚴經板)을 수장하고 있어 유명하며, 1703년에 재건된 것이다.

각황전(覺皇殿) 본래의 이름은 장육전(丈六殿)이다. 사전(寺傳)에 의하면 문무왕 10년(670) 의상대사가 3층 4면 7간의 장육전을 건립하여 사방 벽에 화엄석경(華嚴石經)을 새겼다고 하므로 당시의 모습을 짐작할 수 있다. 조선왕조시대 숙종(肅宗) 25년(1699)에 현재의 각황전이 비로소 중건되었다. 이 건

그림 97.
화엄사 배치도

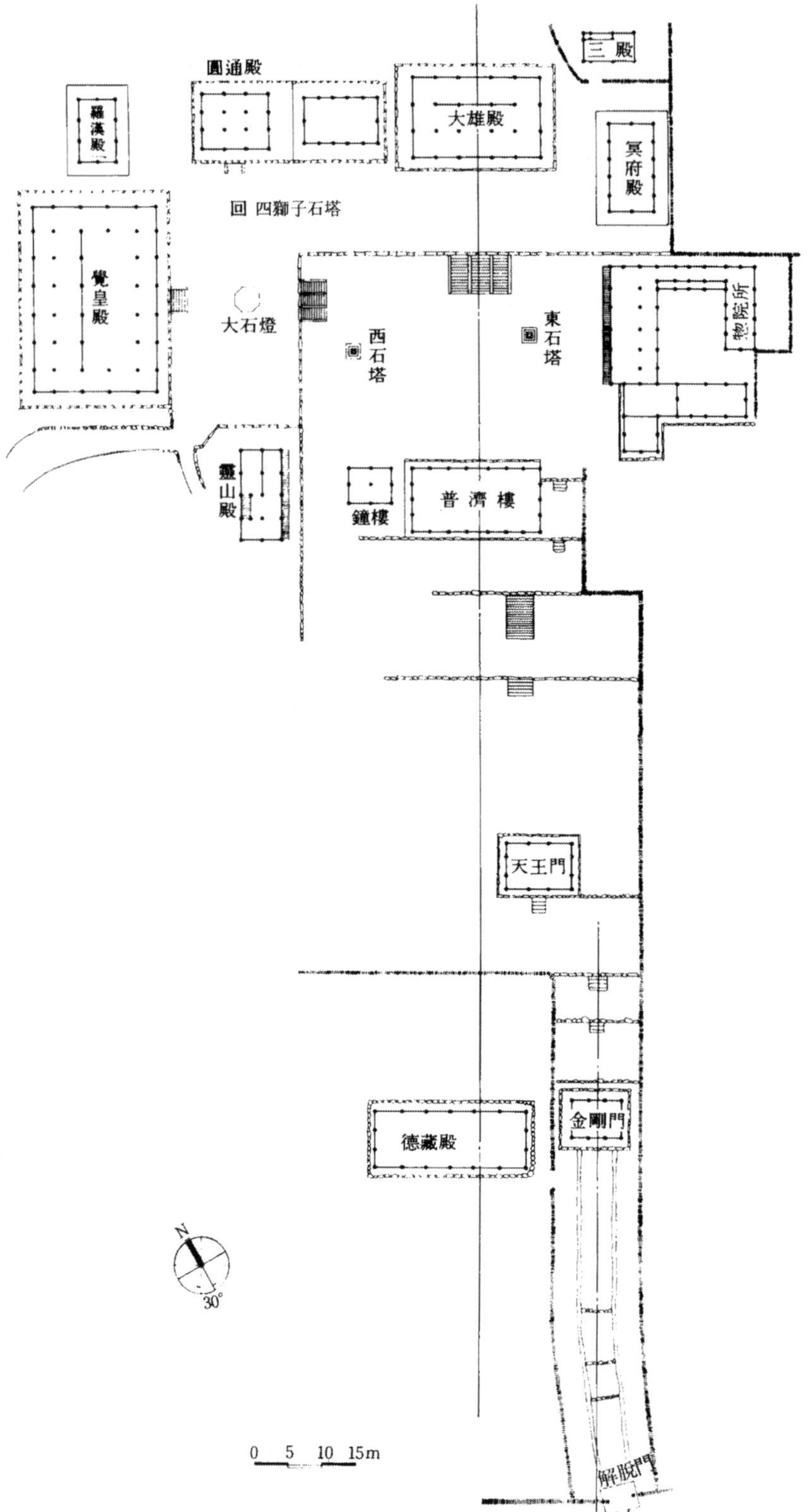
圓通殿
三殿
大雄殿
冥府殿
羅漢殿
回 四獅子石塔
覺皇殿
大石燈
西石塔
東石塔
物院所
靈山殿
鐘樓
普濟樓
天王門
金剛門
德藏殿
N
30°
0 5 10 15m
解脫門

물은 정면 7간, 측면 5간이며 공포는 다포식 내외 2출목이며 2층 팔작지붕으로 되어 있어 그 건축 외관이 매우 우람하다. 길이가 30여 m에 달하는 석조 기단은 신라시대의 것으로 보이며 건물의 내부는 통층(通層)으로 되어 웅장한 공간 분위기를 형성하고 있으며 고주(高柱)와 평주(平柱) 사이에는 격자 천장이 가설되어 있다.

각황전 바로 앞에는 통일신라시대 후기에 만들어진 거대한 석등이 놓여 있으며 국내 석등 중 최대 작품이며, 전체 조각이 소박하면서도 웅대하여 그 뒤에 서 있는 각황전과 잘 조화를 이루고 있다.

제10장 통일신라 불탑 및 석굴

1. 불 탑

(1) 초기 불탑

삼국시대의 불탑(佛塔)은 불교가람(佛教伽藍) 건축에서 중심이 되는 중요한 의미를 가진 것이었으나, 통일신라시대에 금당(金堂)을 가람배치(伽藍配置)의 중심으로 하고, 그 앞에 동서 2탑이 시립(侍立)하는 형식으로 발전되었다. 통일신라 초기에는 목조탑이 많이 건축되었을 것으로 생각되며, 대표적인 것은 사천왕사 탑(四天王寺塔)과 망덕사(望德寺) 탑을 들 수 있으나, 현재는 각각 동서 양탑(兩塔)의 초석과 중심 주초석(中心柱礎石)이 남아 있을 뿐이다. 그 유지(遺址)를 보면, 신라시대의 목조불탑보다 규모가 적어져서 평면이 20여척 평방(平方)이고, 높이는 3층 내지 5층이었을 것으로 생각되며, 황룡사(皇龍寺)의 대탑(大塔)과 같은 것은 없었다.

통일신라시대부터 석조탑의 건축이 현저하게 발달하였으며, 매우 우수한 석탑들이 많이 남아 있다. 신라의 석탑은 분황사(芬皇寺) 모전(模塼)탑에서부터 발전되어, 전형적인 석탑형식이 형성된 것으로, 처음에는 백제 석탑건축의 특성인 목조번안(木造飜案)의 요소와 전탑(塼塔)의 요소를 혼합하여서, 통일신라 석탑의 초기적 형식이 만들어졌으며, 이 대표적인 예는 의성(義城) 탑리(塔里) 5층 석탑에서 찾아볼 수 있다. 의성 탑리석탑은 단층기단 위에 서있는 5층 석탑으로 총 높이 9.65 m이다. 1층 탑신(塔身)은 목조건물 형식을 나타내고, 옥개석(屋蓋石) 부분은 전탑 모양으로 되어 있어서, 목전혼합(木塼混合) 형식을 표현하고 있는 것으로 생각된다.

기단 지대석(地臺石)의 1변의 길이는 4.53 m이며, 그 위에 우주(隅柱)와 중간 탱주(撑柱) 2개를 세우고 그 사이에는 면석(面石)을 끼웠다. 기단부분 기둥은 모두 약간 민흘림을 갖도록 하여, 매우 안정감을 갖도록 만들었다. 1층 탑신은 매우 특수한 디자인을 가진 것으로, 지대석(地臺石)을 돌린 다음 모서리에 민흘림이 있는 각주(角柱)를 세우고, 기둥 위에는 굽이 곡면으로 된 주두(柱頭)를 만들었으며, 작은 창방석(昌枋石)과 평방석(平枋石)을 갖고 있다. 이 기둥의 비례는 전체적으로 힘 있는 표현을 나타내고 있다.

1층 남쪽 벽 중앙에 입구가 있으며, 목조건물의 문선(門楦)과 같은 것이 있어 그 주변에 2중의 몰딩을 돌렸고, 입구의 크기는 폭 1.17 m, 깊이 0.73 m, 높이 1.42 m이다. 탑신 상부에 있는 옥개받침은 1층이 4단이고, 2층 이상은 5단으로 내어 쌓았으며, 그 위에는 각각 6단의 단형(段形)으로 들어가게 쌓아서 옥개석(屋蓋石) 부분을 만들었다.

2층 이상의 탑신부(塔身部)는 매우 얕으며, 각 면의 중앙에 기둥형상을 만들었다. 탑의 폭이 상층으로 올라가면서 점차 감소되는 데 비하여, 옥개석과 옥석받침의 높이는 거의 감소되지 않음으로서 탑의 외관은 고준(高峻)하여지고 위용(威容)을 나타내도록 만들었다. 이 석탑의 기단형식, 탑신, 옥석받침 형식 등은 계승 발전되어서, 통일신라의 전형적인 석탑형식을 이루게 된 것으로, 매우 중요한 의미를 갖는 것이다.

의성 탑리 5층 석탑의 뒤를 따라 만들어진 통일신라시대의 석탑들은 목전(木塼) 혼합형식을 발전시켰으며, 백제 및 고구려의 불탑양식 영향도 함께 받아서, 석재가 갖고 있는 특성을 잘 살려서 세부에 독특한 변화 및 전체적으로 간명한 표현을 갖도록 조영(造營)되었다. 이와 같은 초기 전형적 불탑형식에 속하는 석탑에는 월성(月城) 암곡리(暗谷里) 고선사지(高仙寺址) 3층 석탑, 용당리(龍堂里) 감은사지(感恩寺址) 동·서 3층 석탑, 충주 탑정리(塔亭里) 7층 석탑 등이 있다.

이 중 대표적인 예는 감은사지 동·서 석탑이다. 이 3층 석탑은 682년에 건립된 것으로 동·서 석탑이 같은 외형을 갖고 있으며, 동탑(東塔)의 총 높이는 3층 정상부까지 약 9.5 m이고, 상부에 철제찰주(鐵製擦柱)가 약 3.4 m 더 올라가 있다. 기단은 2층으로 되어 있으며, 기단 하부에는 지대석(地臺石)을 돌리고, 그 위에 하층기단(폭 23척, 높이 2척)의 면석(面石)과 갑석(甲石)이 있으며, 갑석상면에는 상층기단을 받기 위한 2단의 굄돌이 있다. 상층기단(폭 16척, 높이 5.63척)은 우주(隅柱), 2개의 탱주(撑柱), 갑석 및 면석으로 구성되어 있다.

1층 탑신은 이중으로 된 굄돌 위에 모서리는 각주(角柱)를 세우고, 그 사이를 한 장의 면석(面石)을 세워서 만들었으며, 폭 9.62척, 높이 9척이다. 탑신

위에는 옥개받침을 두었다. 상부에 있는 옥개석(屋蓋石)은 처마 단부(端部)의 두께가 비교적 엷으며, 많이 돌출되었고, 처마하단은 수평으로 되었으나 상단은 모서리가 약간 반곡되어 올라가서 지붕처마 곡선을 나타내고 있다. 처마끝이 수직면이 아니고 약간 경사각을 이루도록 되어 있으며, 지붕의 구배(勾配)는 비교적 완만하다. 2층과 3층의 탑신은 1층에 비하여 매우 낮으며, 각 부분의 크기가 점차 감소되어서 안정감이 있는 외형을 나타내고, 3층 옥개석 위에는 노반(露盤)이 있으며, 철제찰주가 솟아 있다. 전체적으로 균형이 잘 잡혀 있고 안정감을 가지며, 세부의 비례관계가 좋고, 힘차고 단아(端雅)한 외관(外觀)을 갖고 있다.

(2) 중기 불탑

중기의 전형적인 석탑은 8세기 중엽에 많이 조영(造營)된 것으로 수법이 많이 단순화되었으며, 하층기단의 탱주(撑柱)의 수가 줄고 탑신(塔身)과 옥개석(屋蓋石)이 각각 단일석(單一石)으로 만들어지며, 전체의 높이도 초기 탑파보다 대략 1~2 m 정도 낮아지게 되는 경향이 있다. 중기에 속하는 석탑으로는 경주 불국사 석가탑(釋迦塔), 월성 나원리(羅原里) 5층 석탑, 경주 구황리(九黃里) 3층 석탑, 천군리(千軍里) 3층 석탑, 월성 장항리(獐項里) 동·서 5층 석탑, 안동 오동(五洞) 3층 석탑, 창녕 술정리(述亭里) 3층 석탑 및 중원 탑평리(塔坪里) 7층 석탑 등이 있다. 이 중 대표적인 것은 불국사 석가탑(釋迦塔)이다.

석가탑은 불국사의 서탑(西塔)으로 공장(工匠) 아사달(阿斯達)의 전설로 말미암아 무영탑(無影塔)이라고도 칭한다. 높이가 7.4 m, 기단 폭이 4.3 m로, 탑 주위의 지면에는 연화(蓮花)를 조각한 8방금강좌(八方金剛座)가 있다. 2층 기단 위에 1층 탑신이 놓였는데, 탑신석(塔身石)은 단일석(單一石)으로 그 모서리에 우주(隅柱)를 조각해 만들었으며, 옥개받침과 옥개석을 단일석으로 조각하여 만들었다. 1층 탑신이 높아서 단정(端正)한 감을 주며, 각층 옥개석 정상부에 있는 2단의 굄을 특별히 확연하게 만든 점이 특이하다. 이 탑은 전체와 세부의 비례관계가 훌륭하게 고안되어 아름다운 균형을 이루도록 만든 것으로, 조형의 정교함과 남성적이며 힘 있는 자태는 중기의 전형적인 석탑 중 뛰어나게 훌륭한 것이다.

불국사의 동탑(東塔)인 다보탑(多寶塔)은 석가탑(釋迦塔)과는 대조적인 구성을 갖고 있으며, 통일신라 중기 특수형 석탑을 대표하는 것이다. 이 탑의 높이는 10.4 m로서 매우 변화 많은 외관(外觀)을 나타내고 있으나, 1층 기단 위에 4층의 탑신(塔身)을 가진 석탑으로 볼 수 있다. 정방형 기단 4면에 각각

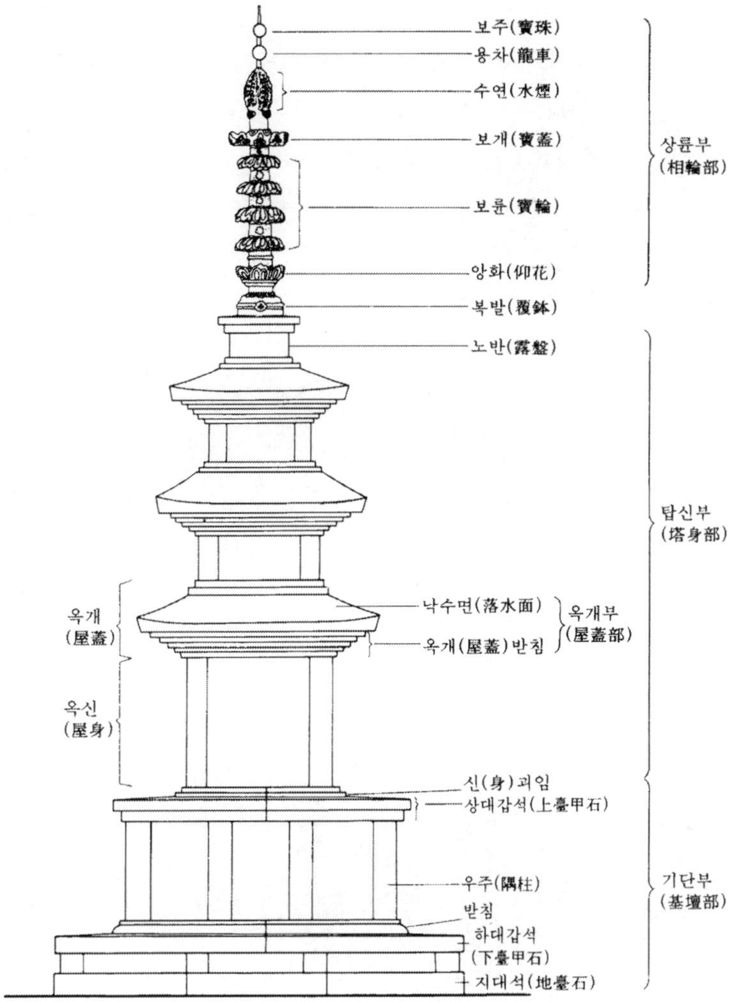

그림 98.
한국 석탑의 각 부분 명칭

10단의 돌계단을 놓고, 그 앞 좌우에는 하방상원(下方上圓)으로 된 민흘림을 가진 동자주(童子柱)를 세웠다. 기단의 네 모서리에는 훌륭한 솜씨로 조각된 작은 석사자(石獅子)를 놓았었던 것으로 추측되나, 현재는 1개만이 남아 서면(西面) 중앙에 놓여 있다.

1층 탑신은 중앙에 정방형 심주석(心柱石)이 있고, 두꺼운 모양의 ㄱ자형 단면을 가진 우주(隅柱)가 서 있다. 우주상단에는 두툼한 첨차형(簷遮形)을 2중으로 조출(彫出)하여 놓았으며, 그 위에 정방형 옥개석(屋蓋石)을 올렸는데 두께가 매우 엷고 치마 끝의 하단은 수평이다. 그러나 상단은 모서리가 약간 들려 올라가 미묘하고 경쾌한 멋이 나타나게 만들었다.

2층 탑신부 밑에는 정방형 평면의 난간을 돌렸으며, 그 모서리와 중앙에 동자주(童子柱)가 서 있다. 그 상부에는 굽이 곡면으로 된 주두(柱頭)가 있고,

원형 도란대를 돌려서 단순화된 난간살 모양을 갖고 있으며, 모서리 부분에 원형 도란대를 맞추어 놓은 솜씨는 마치 목재를 가공하듯 만든 것으로, 그 정교함이 경탄할 만하다.

2층 탑신부(塔身部)는 높이와 폭이 1층에 비하여 현저하게 줄어들었으며, 중앙내부에 팔각형의 심주석이 있고, 그 외부에 좀 공간을 두고 모서리 부분에 8개의 가공된 돌을 놓아, 8면에 단순화한 안상(眼象) 모양의 작은 개구부(開口部)를 형성하였다. 2층 탑신부 위에는 하단에 몰딩이 있으며, 상단이 돌출한 팔각형의 판석(板石)이 있고, 그 주변에 3층 부분의 난간을 만들고, 탑신을 세웠다. 이 난간기둥은 상단 모양이 둥글고 짧은 각주(角柱)로 되어 있으며, 기둥외부 밑에는 연꽃잎을 조각하여 놓아서 아름답다.

3층 탑신은 특이한 형상으로 되었으며, 중앙에 팔각형의 심주석이 있고, 그 주변에 공간을 두어 각우부(角隅部)에 8개의 세장(細長)한 원주(圓柱)를 세웠

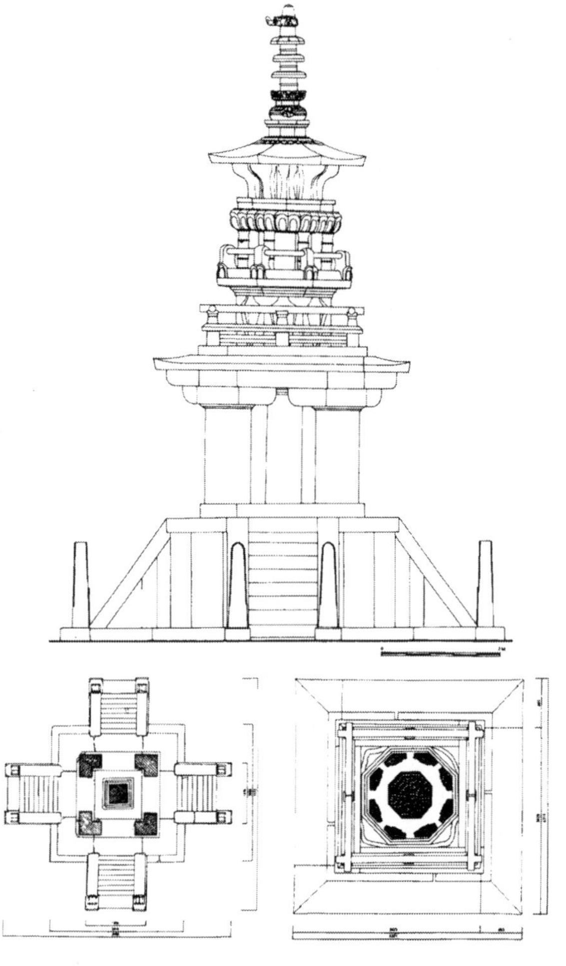

그림 99.
다보탑 입면과 평면도

으며, 기둥면에는 각각 대나무 마디 같은 것을 4개 만들었다. 이 원주는 연꽃의 대를 상징하는 것으로 추측된다. 그 위에 4층 부분 밑에는 앙연판(仰蓮瓣) 조각을 돌린 팔각형 판석을 놓고 판석상면에 4층 탑신의 팔각형 심주석을 놓고, 그 주변에 8개의 장화(長靴) 같은 진기한 모양의 조각물을 세웠는데, 이것은 연화 속의 꽃수술을 확대 강조한 형상으로 추측된다.

4층 탑신의 상부에는 팔각형으로 된 옥개석(屋蓋石)을 덮었으며, 처마가 매우 많이 나오고 처마 모서리 상단이 들려 올라가 미묘한 곡선을 이루고 있다. 이 옥개석은 허리가 홀쭉한 2, 3층 및 4층의 탑신 모양을 사이에 두고, 묵직한 1층 탑신과 적절하게 균형이 잡혀 매우 아름다운 조화를 이루고 있다. 옥개석 위에는 팔각형 노반(露盤), 둥근 복발(覆鉢) 및 아름다운 앙화(仰華)가 있으며, 3개의 상륜(相輪)과 보개(寶蓋)가 있다. 그 위에 있어야 할 수연(水煙)과 보주(寶珠) 등이 없어졌다.

다보탑은 그 형태를 근본으로 환원시켜서 생각한다면, 기단(基壇) 위에 방각(方閣)이 있고 그 위에 원형을 뜻하는 8각의 2층 탑신이 있는 형식으로, 이것은 일본에 있는 목조 다보탑(石山寺塔 및 金剛三昧院塔)에서 볼 수 있는 방각(方閣) 위에 반원 구형탑신을 두고, 그 위에 원형평면 탑신을 만든 형식과도 공통되는 점이 있다고 생각된다. 이 다보탑 양식의 유래는 마하승(摩訶僧)지율(祇律)에 나타난 조탑파설(造塔婆說)에 있는 「탑 만드는 법은 하층이 사각형이고 난간을 돌리며, 그 위에 원형평면이 겹쳐지고 네모난 지붕이 사방으로 뻗쳐 나온다. 그 위에 노반을 덮고 긴 상륜을 만든다」라는 기록이 잘 설명해 주고 있다.

불국사 다보탑은 디자인의 변화가 매우 많고 기이하며, 독창성이 넘쳐흐르는 것으로 석가탑과는 대조가 되어서 요조숙녀와 같은 여성적인 아름다움과 우주의 모든 아름다운 요소를 한 몸에 지니고 있는 걸작이며, 석가탑과 아울러서 그 구성의 비범함은 통일신라시대의 훌륭한 건축문화를 잘 대표하는 것이라고 생각된다.

(3) 후기 불탑

통일신라 석탑은 8세기 후기부터 차차 변화하기 시작하여 9세기에 들어서면, 통일신라 후기 석탑양식을 나타내게 된다. 탑의 규모가 더 작아지고 외관(外觀)이 매우 섬세해지며, 장식적으로 되어서 기단면석(基壇面石)이나 옥개석(屋蓋石) 등에 불상, 사천왕상(四天王像), 천인상(天人像), 십이지상(十二支像) 등을 조각한 것들이 많다. 추녀 끝이 매우 얇아지며, 추녀 끝면이 현저한 경사각을 이루게 되고, 옥개 받침 부분이 얇아지며, 종래의 5단이 4단으로 줄어든 것이 많다. 때로는 상층기단의 탱주(撑柱)가 1개 줄어든 것도 있으나, 대형 석으로 쌓아서 건물기단과 같이 만든 예[경주 남산리(南山里) 동·서 3층 석탑, 서악리(西岳里) 3층 석탑]도 찾아볼 수 있다.

후기 전형적인 석탑에 속하는 3층 석탑으로는 위에 기록한 석탑 외에 경주 효현리(孝峴里), 경주 남산 용장사(茸長寺), 월성 외동면 원원사지(遠願寺址), 남원 실상사(實相寺 동·서 석탑), 의성 관덕동(觀德洞), 봉화 서동리(西洞里), 문경 내화리(內化里), 문경 봉암사(鳳巖寺), 대구 동화사(桐華寺) 금당암(金堂庵), 동화사 비로암(毘盧庵), 산청 단속사지(斷俗寺址), 합천 월광사지(月光寺址 동·서 석탑), 동래 범어사(梵魚寺), 장흥 보림사(寶林寺 동·서 석탑), 해남 대흥사(大興寺) 진응전(眞應殿) 앞 및 양양 진전사지(陳田寺址) 등에 있다. 5층 석탑으로는 화엄사(華嚴寺) 동·서 석탑 등에 있어서 그 수가 매우 많다. 이 중 대표적인 예로는 실상사(實相寺) 동·서 3층 석탑이 있다.

실상사 동·서 3층 석탑의 수법과 규모는 거의 동일하다. 2층 기단 위에 서 있고, 상하 기단 중앙에 탱주가 1개씩 있으며, 상하 갑석(上下甲石) 윗면의

그림 100.
실상사 석탑 입면도

낙수면(落水面) 구배(勾配)는 매우 급하고, 하대갑석(下臺甲石) 상부 몰딩(moulding)은 각형(角形)과 4분의 1 호형(弧形)으로 형성되어 있다. 이 탑의 특이한 점은 기단(基壇)과 1층 탑신에 있는 우주(隅柱) 및 탱주(撑柱)의 조각방법으로, 그 안쪽에 줄을 하나씩 더 새겨 장식적인 효과를 나타내었다. 옥개(屋蓋)와 옥개받침이 단일석(單一石)으로 되었으며, 각 층의 옥개받침은 4단으로 되어 있다. 옥개석의 낙수면의 구배(勾配)가 매우 많으며, 처마 끝면이 매우 얇다. 옥개상부의 굄은 1층과 2층이 2단, 3층은 1단으로 매우 섬약(纖弱)하게 조출(彫出)되어 있다.

특히 이 탑은 상륜부(相輪部)가 거의 모두 보존되어 있으며, 탑의 총 높이가 8.4 m로 매우 아담하고 균형이 잘 잡힌 모양의 탑이다. 세부수법이 섬세하고 기단이 탑신에 비하여 매우 높아진 것과 장식적인 수법이 많아진 것 등 후기 전형석탑의 특성을 잘 나타내는 것이며, 실상사가 창건되었던 흥덕왕(興德王) 3년(828)에 만들어진 것으로 추정된다.

후기의 특수형 석탑으로 대표적인 것은 화엄사(華嚴寺) 4사자 3층 석탑, 실상사 백장암(百丈庵) 3층 석탑 및 월성 옥산리(玉山里) 정혜사지(淨惠寺址) 13층 석탑이 있다.

화엄사 각황전 남쪽 효대(孝臺)에 서 있는 사사자(四獅子) 3층 석탑은 자장율사(慈藏律師)가 인도에서 온 연기조사(緣起祖師)의 어머니에 대한 효성(孝誠)을 기념하기 위해 세웠다는 전설이 있다. 그 까닭에 이 탑이 서 있는 언덕을 효대라 칭한다. 이 탑의 총 높이 5.5 m로서 하층기단 각 면에는 각각 3개의 면석(面石)에 주악 천인좌상(奏樂天人坐像)을 조각하였다. 상층 기단부는 네 모서리에 4개의 사자의 좌상을 세우고, 중앙에는 대덕상(大德像)을 세웠다. 사자상 위에는 앙연화(仰蓮花)를 주변에 조각한 주두석(柱頭石)을 얹은 다음 정방형 대석판(大石板)의 갑석(甲石)을 받쳤으며, 이 대갑석 위에 전형적 3층 석탑이 놓여 있다. 전체의 구성이 매우 묘하여, 갑석 상부에 있는 3층 석탑이 마치 중천(中天)에 떠 있는 듯한 감을 느끼게 한다. 전체적으로 잘 조화된 균형미, 상례(常例)를 벗어난 특출한 구성, 우수한 세부수법과 정교한 조각 등 매우 훌륭하다. 탑 앞에 있는 기묘한 석등(石燈) 밑에 앉아서 찻잔을 들고 있는 승려상(僧侶像)은 연기조사의 모습이라고 하며 매우 유머러스하고, 전체적 구성효과를 한층 더하고 있다고 생각된다.

실상사 백장암 3층 석탑은 총 높이 약 5 m이며, 난간을 조각한 1매의 기단석 위에 세장(細長)한 3층 탑신이 놓여 있다. 각 층 탑신은 하부에 변형된 완자형(完字形)의 난간을 조각하고, 상부에 공포(栱包)를 조각하여 놓아서 당시의 목조건축 수법이 나타나 있어 주목되며, 탑신 4면에는 1층에 보살(菩薩) 및 신장(神將), 2층에는 주악(奏樂) 천인좌상이 각 면에 2구(軀)씩, 3층에는 천인좌상(天人坐像)이 각 1구씩 조각되어 있으며, 옥개받침 대신에 앙영화 조각을 하여 놓은 것이 매우 특이하다. 상륜부는 노반(露盤), 복발(覆鉢), 보개(寶蓋), 수연(水煙)이 완전하게 찰주(擦柱)에 중첩되어 있음은 희귀한 예라 생각된다.

정혜사지(淨惠寺址) 13층 석탑은 기단석 위에 2단의 괴돌을 놓았으며, 그 위에 있는 1층 탑신은 모서리에 굵은 각주(角柱)를 세우고, 좀 들어가서 작은 기둥을 세워 감실(龕室)을 만들었다. 기둥 위에는 3단의 두툼한 옥개받침을 돌리고 1층 옥개석을 얹었다. 1층 위에는 급격하게 크기가 줄어든 12층의 탑신을 만들어 놓았는데, 각 층마다 탑신부가 없이 옥개와 옥개받침이 단일석(單一石)으로 되어 있고, 옥개받침은 모두 3단으로 되어서 중국의 첨탑양식(簷塔樣式)을 본딴 것으로 생각된다. 1층이 높고 커서 기단같이 보이며, 상부의 12층의 탑신은 이와 대조가 되게 저면이 작고 매우 고준(高峻)한 외형을 가져서 전체적으로 알맞게 균형이 잡힌 특이한 외관을 형성하고 있다.

전북 익산군 금마면(金馬面)에서 남으로 약 2 km 되는 곳 전주방향 도로변에 자리 잡은 왕궁리(王宮里) 5층 석탑은 백제 석탑의 외형을 갖고 있으나, 그 석재 구성방식과 디자인 계획수법이 신라 일반석탑 양식을 따른 것으로 매우 특이하다. 이 탑은 8~9세기경에 건립된 것으로 추정되며, 탑신(塔身)이 약간 북으로 기울고 기단부(基壇部)가 후세(後世)에 보강되어 흙으로 덮여 있었기 때문에 높은 토단(土壇) 위에 서 있는 것 같았으나, 1965년 11월 보수공사에서 조사된 결과, 1층탑 하부 중앙에 적석(積石)으로 된 찰주(擦柱)와 그 주위의 토단 안에서 정방형의 단층기단을 결구(結構)하였던 갑석(甲石), 면석(面石) 등의 파재(破材)가 다수 발굴됨으로써 기단의 원형을 짐작하게 되었다. 탑기초 모서리에는 부등변 8각 고주형(高柱形) 초석(礎石)이 있어서 1층 탑신의 모서리를 받고 있으며, 그 사이에는 장대석(長大石)이 수단(數段) 쌓아 올려 있었다. 이 기단부는 새 돌로 복원 보수하여서 토단이 제거되었다.

각층 탑신은 우주(隅柱)가 조출(彫出)되고 배흘림과 안쏠림이 없어서 통일신라 석탑양식과 같고, 옥개받침이 3단으로 형성되어 미륵사지탑(彌勒寺址塔)과 흡사하나, 3단으로 조출(彫出)된 4장의 석판(石板)으로 구성되어서 그 방식이 고선사(高仙寺) 석탑 및 감은사(感恩寺) 석탑과 같음을 알 수 있다. 옥개석의 모양은 정림사지탑(定林寺址塔)의 형식을 그대로 모방하여 추녀 끝이 원만하게 반곡(反曲)되어 있으나, 옥개석 돌출의 비율은 통일신라 일반석탑에 더 가까우며, 옥개석 상부에는 상부탑신을 받기 위한 단형(段形)의 굄을 조출하였다.

이 탑은 각 부분의 비례구성과 각 층의 체감율(遞減率)이 신라 석탑에서 볼 수 있는 것과 같이 등차적(等差的)으로 되어 있어서 알맞게 조화되고, 장중하고 안정된 자태를 보이고 있다. 특히, 백제 옛 땅에 위치하여 있으며, 지역적 및 전통적인 영향으로 말미암아 백제 양식과 통일신라 양식이 혼합 절충하여 표현된 것으로, 고려시대의 혼합 절충식 석탑에 선행(先行)되는 과도기적 양식을 나타내는 탑으로 주목할 만한 것이다.

통일신라의 석탑은 외래문화의 영향을 받으면서도 한국의 지역적 특색과 고유의 문화특성을 잘 나타낸 것으로 변화가 많고, 풍부한 예술적 구상력을 표현한 것으로 높이 평가할 수 있다.

(4) 전 탑

통일신라 후기인 8~9세기경에 만들어진 것으로 추측되는 전탑(塼塔)은 안동 부근에 4기(基)와 칠곡에 1기가 남아 있고, 청도에 잔탑(殘塔)이 2기 있다. 이 중 대표적인 예는 안동 동부동(東部洞) 5층 전탑으로 안동역의 서쪽에 위치하며, 그 남방 약 20 m 되는 곳에 당간지주(幢竿支柱)가 남아 있어, 이 곳은 동국여지승람(東國與地勝覽)에 기재되어 있는 법림사지(法林寺址)로 추측된다. 이 탑은 1층 기단이 있었던 것으로 추측되나, 현재는 토단으로 되어 있고, 그 위에 몰딩이 있는 장대석 3단을 놓은 다음, 1층 탑신을 크기 27.5 cm ×12.5 cm×1 cm의 흑회색전(黑灰色塼)으로 마구리가 보이도록 쌓았다.

1층 탑신 남면의 폭은 2.58 m이고, 중앙에 폭 55 cm, 높이 47 cm의 감실입구(龕室入口)가 있다. 1층 외벽 상부의 옥개받침은 처음에 전(塼) 2장 두께로 1단을 내서 쌓고, 그 다음에는 1장 두께로 8단을 내쌓은 다음 처마로 받치게 하였다. 2층 탑신 상부의 옥개받침도 같은 방법으로 하되 8단으로 내쌓았고 3, 3층은 6단, 4층은 4단, 5층은 3단 내어 쌓았으며, 1~2층과는 다르게 최초의 내어쌓기를 1장 두께로 하였다. 각 층마다 지붕면에는 기와를 덮었으며, 제2층 남면 중앙에는 인왕상(仁王像) 2구(軀)를 부조(浮彫)한 돌이 끼어 있고, 탑 정상부에는 연화(蓮花)를 각(刻)한 복발형(覆鉢形)의 돌이 놓여 있다.

칠곡 동명면(東明面)에 있는 송림사(松林寺) 5층 전탑은 상륜부가 남아 있어서 특이하며, 이와 같은 상륜(相輪)은 다른 탑에도 조선왕조시대 전반기까지 남아 있었던 것으로 생각된다.

2. 석 굴

석굴건축은 기원전 인도의 초기불교 가람(伽藍)에서 시작된 것으로, 도시에서 떨어져 있는 한적한 곳에 자연암벽을 뚫어 석굴을 만들고, 그 곳에서 불승들이 수도하던 곳이다. 석굴에는 탑원굴(塔院窟)인 '차이티아(Chaitya)'와 승원굴(僧院窟)인 '비하라(Vihara)'의 두 종류가 있다. 탑원굴은 앞부분이 장방형이고, 내부는 원형인 평면으로 되어 있으며, 그 곳에는 불탑을 안치하여 탑파 주위를 돌면서, 승도(僧徒)들이 불교의식을 거행하는 장소로 금당(金堂)에 해당하는 곳이다. 승원굴은 사각형 평면의 굴실(窟室)을 중앙에 두고, 그 주위에 소형의 굴실들을 여러 개 만들어 놓아서, 승도(僧徒)들의 주거처 및 수행처로 사용하던 승방(僧房)에 해당하는 곳이다.

이와 같은 불교석굴 건축은 현재 인도에 약 1000개에 가까운 것이 남아 있다고 하며, 이것이 고대 중국에 전래되어서 육조시대(六朝時代)부터 시작하여 대규모의 석굴들이 개착(開鑿)되었고, 돈황석굴(敦煌石窟 : 366), 운강석굴(雲岡石窟 : 465), 용문석굴(龍門石窟 : 483) 등이 유명하다. 중국 석굴은 대부분이 탑원굴(塔院窟)에 해당하는 것으로, 굴 전면입구를 후대에 목조건물을 추가하여 놓은 경우도 있다.

이와 같은 석굴건축은 삼국시대부터 한국에 전해졌을 것으로 추측되며, 서산(瑞山) 마애불은 백제시대에 처음으로 시도된 석굴사의 석불이었던 것으로 추측되기도 한다.

1962년에 발견된 군위군(軍威郡) 부계면(缶溪面) 남산동(南山洞) 양산(陽山) 중복(中腹)에 있는 군위 삼존석굴(三尊石窟)은 거대한 자연암벽 하부에 뚫린 작은 석굴이다. 지상 6 m 높이에 있는 입구를 거의 원형에 가깝고, 굴 안의 평면은 대체로 정방형을 이루었으며, 천장은 대략 돔 형태를 이루어서 그 높이는 약 4.25 m이다. 굴 안에는 중앙에 석굴암 본존불 좌상(本尊佛坐像 : 높이 2.88 m)이 있고, 그 향우측(向右側)에 관음보살 입상(觀音菩薩立像 : 높이 1.8 m)과 향좌측(向左側)에 세지보살입상(勢至菩薩立像)이 있으며, 이 석굴과 삼존불상은 통일신라 초기(660~700)에 만들어진 것으로 추정된다. 석불은 삼국시대 이래의 소박하고 장중한 수법이 계승 표현되었으며, 무거운 양감(量感)과 엄숙한 위엄을 나타내는 듯하고 고졸(古拙)한 멋을 나타내고 있어서 경주 석굴암에 선행되는 시원적(始源的)인 양식을 갖고 있는 것으로 생각된다.

그림 101.
석굴암 평면도

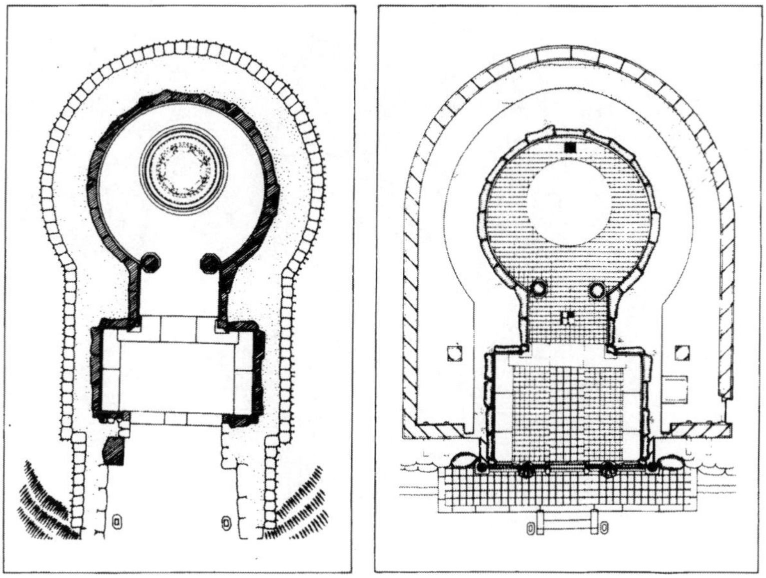

8세기 중엽에 김대성(金大城)에 의해서 조영(造營)된 경주 토함산(吐含山) 봉우리 동쪽에 있는 석굴암(石窟庵)은 새로운 창안에 의하여 화강석으로 석굴(石窟)을 인위적으로 축조한 다음 그 위에 봉토(封土)를 만들어서 외관이 자연의 석굴과 같이 보이도록 한 것이다. 석굴조영과 굴 안의 여러 불상은 통일신라시대의 건축기술과 조형예술의 정수(精粹)를 응집한 것으로, 그 시대의 건축문화의 찬란함을 잘 나타내고 있다.

석굴암은 지름 23.6척(24당척)의 원형평면을 가진 주실(主室)과 비도(扉道) 및 21.3척×11.4척의 크기(1963년 개수이전의 상태)를 가진 전실(前室)로 되어 있으며, 전방후원(前方後圓)의 평면을 가진 탑원굴(塔院窟)의 형식을 따른 것이다.

특히 정면의 방향은 동남 30°의 방향이어서 동지에 동해에서 해가 떠오를 때의 햇빛의 방향과 일치하게 되어 있다. 1913년 일본인들에 의한 중수(重修) 때 비도와 석굴 원실(圓室)과의 중간에 있는 2개의 석주 윗부분에다 아치형의 양석(梁石)을 가로지름으로써 실내 궁륭천장에 설치된 광배(光背)의 온전한 모습을 전실에서 잘 볼 수 없게 된 것은 매우 유감스러운 일이다.

건축공간의 구성은 주실 원형평면의 반지름인 12당척(唐尺)을 척도기준으로 하여서 계획된 것으로 생각되며, 주실 중심에서 전실의 압벽면까지 31.4당척($12\times3\times\frac{\sqrt{3}}{2}$), 지반(地盤)에서 벽석상단까지 12당척, 상부 감실상연(龕室上緣)에서 천개석(天蓋石)까지 12당척 등의 치수를 갖고 있다.

그림 102.
석굴암 평면도
(1963년 개수 전)

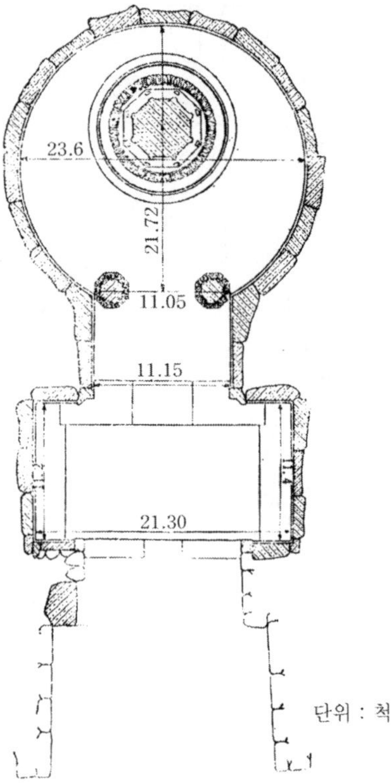

주실의 벽면은 높이 2.9척(3당척)의 안상(眼象)을 얕게 조각한 요석(腰石) 위에 높이 8.8척(9당척)의 장판석(長板石)들을 돌아가며 세웠다. 본존불상(本尊佛像) 후면 중앙에 위치한 판석(板石)에는 십일면관음입상(十一面觀音立像)이 어진 어머니와 같은 온화인자한 양태(樣態)를 갖고 서 있다. 그 좌우에는 각각 5구(軀)씩 10대불제자(大佛弟子) 입상들이 골격이 두드러진 체구와 고삽(苦澁)한 면상(面相)을 갖고 있다. 비도(扉道) 입구쪽 좌우에는 제1석에 천부입상(天部立像), 제2석에 보살입상(菩薩立像)이 자비스러운 얼굴을 보이고 있어서, 주실 벽면의 모든 조상(彫像)은 뛰어난 솜씨로 양각(陽刻)되어 있다.

이 장판석들의 상단에는 높이 1.45척의 이마돌(帶石)을 돌리고, 그 위에 10개의 감실(龕室 : 높이 3.7척)들을 두었으며, 그 속에는 8개의 보살좌상을 안치하여서 하늘 위에서 부처의 성역(聖域)을 찬미하는 것 같이 만들었고, 본존불상 머리위치에 해당하는 뒤쪽 벽면중앙의 십일면관음상 위쪽에는 주위에 연화문양(蓮花文樣)을 조각한 큰 원형의 광배석(光背石)을 만들어 놓았다.

감실상부에 있는 돔 천장 부분의 돌쌓는 방법은 매우 기묘하게 되어 있으며, 석재를 원주대상(圓周帶狀)으로 하여 5단으로 쌓았는데, 각단마다 10장의 면석(面石)으로 되어, 최하단이 가장 크고 위로 올라가면서 크기가 체감(遞減)되어 있다.

그림 103.
석굴암 단면도
(1963년 수리공사 후)

제3단부터는 면적 사이에 감잡이돌을 설치하여서 그 내단부(內端部)가 길게 적심(積心) 속에 파묻히도록 만들어 면석을 안정하게 지탱하는 기능을 갖게 하였다. 그 외단부를 병두(鉼頭)형상으로 만들고 감잡이돌 양쪽면에 면석 두께와 같은 너비의 홈을 만들어 경사된 면석(面石)을 꼭 맞게 끼워서 잘 지탱하게 하였다. 이와 같은 돔 구조와 내부 디자인의 고안은 돔 천장 공간을 매우 변화 있게 연출하고 있다. 최상부에는 주위에 연화문양을 조각한 거대한 원형 천장 개석(蓋石)이 놓여 있는데, 세 조각으로 금이 간 흔적이 있다.

특히, 돔형상은 반구형(半球形)보다 약간 높게 포물면을 형성하므로, 돔 내부공간을 시각적으로 한층 돋보이도록 되어 있어서, 포물면이 갖고 있는 구조적으로 유리한 기능과 아울러서 디자인 고안의 오묘함을 높이 찬양하지 않을 수 없다.

주실(主室)의 중심에서 약간 뒤로 치우쳐서 놓여 있는 석굴암의 본존불 원조상(圓彫像)은 상하 주위에 연화문을 돌려 조각한 좌대석(하대경 12.57척, 상대경 10.43척, 높이 5.4척) 위에 안치되었으며, 불상은 높이 11.3척이 되는 결가부좌(結跏趺坐)한 항마촉지인(降魔觸地印)의 석가여래상(釋迦如來像)으로 만들어서, 구제(救濟)의 자비로운 빛이 넘치는 온화한 모습을 하고 앉아 있다. 이 불상 아래와 위로 둘려 있는 연화문양의 조각은 밝게 비치는 원광(圓光)이 떠 있는 듯한 모양을 나타내고, 본존불상(本尊佛像)은 전체적으로 아름다움의 절정을 이루는 것으로 생각된다. 본존불상 뒤 십일면관음상 앞에는 소형대석(小型臺石)이 있어 그 위에 탑상(塔像)이 있었으나, 1908년 이래 분실되었다.

주실 입구 좌우에는 특이한 형태의 8각주가 서 있으며, 기둥 밑과 상부 기둥돌 접합부에는 각각 복연화문과 앙연화문을 돌린 석반(石盤)을 놓았고, 상부는 홍예형의 이마돌을 걸어서 기둥이 돔 천장에 도달하게 하였다. 비도(扉道) 좌우의 벽에는 위엄이 넘치는 사천왕상(四天王像)이 조각되어 있다. 전실 서쪽벽 좌우에는 각각 1구(軀)씩 질타(叱咤)하는 모습의 금강역사상(金剛力士像)이 세워져 있으며, 그 조각수법이 박력이 넘치고 특이한 것으로 유명하다. 전실 벽면에는 위하(威嚇)하는 모습의 팔부중신상(八部衆神像)이 배열되어 있는데, 1913년 수리공사 때 좌우 두 벽에 각 3구씩 배열하고 동쪽 입구 좌우 측벽에 1구씩 놓았었다.

1963년 개수공사를 시행할 때에 전면에 법당(法堂)을 복원 · 재현한다는 명목하에 동쪽 벽에 꺾인 부분의 신상(神像)들을 좌우로 펴서 좌우 벽에 각각 4구씩 병렬하였다. 따라서 전실의 길이가 종전 11.4척에서 15척으로 변경되어 전실 평면이 거의 정방형에 가깝게 되고, 전실 상부에는 측면에 팔작지붕을 가진 목조건물을 만들었다. 그러나 건축 디자인 및 계획적인 안목과 공간 구성의 원리인 통일성을 주로 하여 변화를 갖도록 한다는 점에서 생각하여 본다면, 주실(主室)이 크고 전실(前室)이 작았던 종전의 평면이 보다 더 건축 디자인면에서 타당한 것으로 생각된다. 특히 전실을 만들 경우일지라도 전실 팔작지붕의 합각부분(合閣部分)이 겸재(謙齋)의 골굴석굴도(骨窟石窟圖)에 나타나 있는 것과 같이, 정면에 오도록 하여야 합리적이라고 생각된다. 1963년 개수시에 만든 목조지붕은 그렇게 되지 못하여, 봉토(封土)와 지붕이 연결되는 부분이 불합리하고 외형도 서로 조화를 이루지 못해서 외관(外觀)의 부조화를 초래한 것을 부인할 수 없다. 따라서 1963년 개수시의 개변(改變)은 많은 의문점을 내포하고 있다.

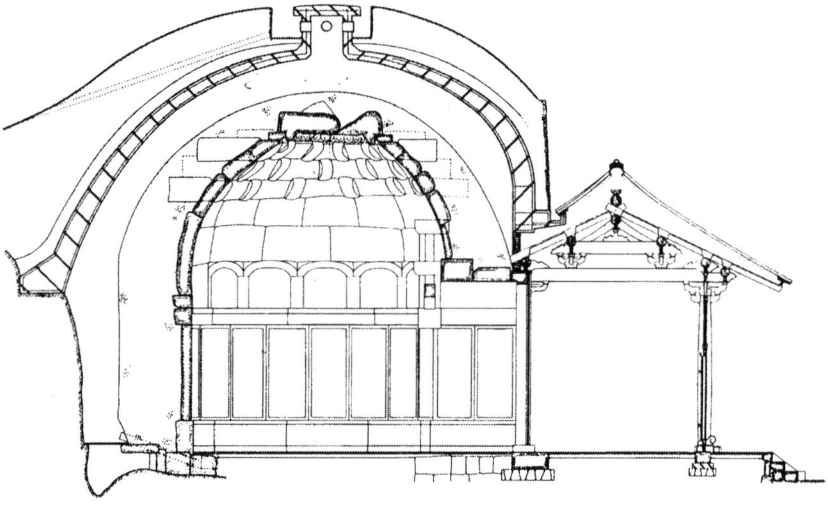

그림 104.
석굴암 주실과 돔 및 전실지붕 단면도
(1963년 수리공사 후)

석굴암 조영계획에 있어서는 건축 디자인의 세련된 구성기법이 사용되었으며, 척도기준의 사용과 평면 기하학적 기법이 사용되어서 통일된 구상아래 짜임새 있게 조영(造營)된 내부 건축공간 구성의 절묘함은 찬탄할 만한 것이다. 인도를 비롯하여 중국에 석굴건축이 많으나, 불국사 석굴암과 같이 전체적으로 우수하고 주도면밀한 조영계획에 의하여 건축됨으로써 그 내부공간이 종교적으로나 예술적으로 함축성 있고 통일성을 갖게 하여서 거의 완벽에 가까운 석굴건축을 만든 예는 찾아보기 힘들다고 생각된다.

제11장 통일신라 주거건축, 분묘 및 부도

1. 주거건축

통일신라시대에 목조건축 기술이 많이 발달됨에 따라서 주거건축의 양상도 큰 발전을 하게 되었다고 생각된다. 경주 왕경(王京)에 있던 주거건축들은 매우 훌륭하였으며, 분황사(芬皇寺) 십자로를 중심으로 화려한 주거건축이 즐비하였고, 대저택들은 남천(南川) 기슭, 낭산(浪山) 중복, 무산(茂山) 밑, 북천 및 서천 기슭, 선도산(仙桃山) 밑과 서악일대(西岳一帶)에 있었던 것으로 추정된다. 당시 기록에 남아 있는 삼십오금입택(三十五金入宅)과 사절유택(四節遊宅)의 명칭들은 그들의 풍성하고 사치스럽던 주거생활을 잘 나타내는 것으로 생각된다.

문헌에 의하면 주택의 규모, 양식 및 사용재료에 대하여, 사회계층에 따라 제한을 두었으며, 통일신라 가사(家舍) 건축규제가 사용되었던 것을 알 수 있다. 삼국사지 제33지(志) 옥사조(屋舍條)에는 진골(眞骨), 육두품(六頭品), 오두품(五頭品) 및 사두품(四頭品) 이하와 백성으로 구분하여서 기록되어 있다. 중신(重臣)에서부터 서민에 이르기까지 통일신라 사회의 기본이 되었던 골품제도(骨品制度)에 의한 신분 및 자격에 따라서 주거건물의 규모, 기단(基壇)과 공포(栱包) 및 대문의 형식, 담 벽의 높이와 형식, 실내바닥, 치장, 병풍, 발, 자리 등의 장식물에 이르기까지 규제가 되어있었다.

삼국사기 옥사조(屋舍條)의 진골(眞骨)에 대한 기록을 보면, 통일신라 진골의 주택은 방의 길이와 폭이 24척을 넘지 못하고, 막새기와를 쓰지 못하며, 처마에는 부연(浮椽)을 달지 못하였고, 지붕박공에는 조각한 현어(懸魚)를 달지 못하였다. 그러나 육두품(六頭品)이 시공할 수 없는 공포와 종량(宗梁)을 사용할 수 있었다. 금은 주석과

돌 등으로 건물을 장식할 수 없었다. 단청(丹靑)을 할 수 없었고, 기단은 3중계(重階)를 만들 수 없으며, 담장에는 보를 사용하여 회랑(廻廊)과 같이 만들 수가 없었고, 벽면에 석회칠을 하지 못하였다. 실내에 거는 발(簾)에는 비단을 둘리는 것과 병풍(屛風)에 수를 놓는 것을 금하였으며, 평상(平床)에는 침향목(沈香木)이나 대모(玳瑁 : 열대지방 바다거북과 유사한 동물의 등껍데기) 등으로 장식을 만드는 것을 금하였으나 중문(重門)과 사방문(四方門)을 만들 수 있었고, 마구간에 수용하는 말의 수에 제한이 없었다.

사두품(四頭品) 이하와 백성들의 주택은 방의 길이와 폭이 15척을 넘지 못하고, 산느릅 나무를 건축재료 사용하지 못하였으며, 기단에는 산석(山石)을 쓰지 못하고, 담 벽의 높이는 6척을 넘지 못하였으며, 대문과 사방문을 만들지 못하였고, 말은 두 필까지 수용할 수 있게 되어 있었다. 이와 같은 규제내용을 본다면 당시의 주거건축이 많이 발전되어서 매우 훌륭한 건물을 짓고 살았음을 알 수 있다.

경주 왕경(王京) 안에서는 대부분의 서민주택들도 기와를 덮었고, 취사(炊事)에 나무를 쓰지 않고 숯을 사용하였다고 한다. 그뿐만 아니라 신당서(新唐書) 동이전 신라조(東夷傳 新羅條)에 보면 「여름에는 음식물을 얼음 위에 놓아 먹었다」고 하므로, 그 당시의 생활이 매우 부유하고 태평하였음을 알 수가 있다. 삼국유사 진한조(辰韓條)에 있는 삼십오금입택(三十五金入宅)과 사절유택(四節遊宅)의 기록들은 통일신라 전성기의 저택명을 전하는 것으로, 지금은 그 당시의 모습을 찾아볼 길이 없으나, 기록에 나타나 있는 고아(古雅)한 주택이름 등으로 보아서, 운치있고 풍미가 넘치는 화려하고 훌륭한 저택들이었을 것으로 추측된다.

2. 분묘 및 부도

(1) 분 묘

통일신라시대 왕실의 능묘(陵墓)에는 석실묘(石室墓)가 사용되었으며, 그 위치도 교외에 있는 구릉지대로 옮겨지고, 당(唐) 문화의 영향을 받아 형식이 갖추어진 능묘제도를 만들게 되었다. 한편 불승도(佛僧徒)들의 분묘인 부도(浮屠)의 조영이 성행하기 시작하여 훌륭한 부도들이 많이 남아 있다.

통일신라시대에 만들어진 유명한 능묘로는 태종 무열왕릉(太宗 武烈王陵), 괘능(掛陵), 각간묘(角干墓), 신문왕릉(神文王陵), 성덕왕릉(聖德王陵), 경덕왕릉(景德王陵), 흥덕왕릉(興德王陵) 및 김유신(金庾信) 묘 등이 있다. 이 시대에서 가장 발전된 능묘의 제도는 봉분 밑에 요석(腰石)을 두르고 12지상(支像)을 부각(浮刻) 또는 원조(圓彫)하여 배치하며, 난간석이 둘려 있다.

12지(支)는 방위, 시간 등 우주의 공간과 시간의 한계를 상징하는 것으로, 특히 도교(道敎)가 성행한 당시대의 부장품(副葬品) 장식으로 많이 사용되었으나, 봉토(封土) 밑 부분에다 두른 12지 호석(護石)은 통일신라 사람들의 창안이며, 현재까지 발견된 것 중 가장 오래된 예는 김유신 묘(673)의 호석이다.

묘 앞에는 상석(床石)이 놓이고 참도(參道) 양측에는 문인석(文人石), 무인석(武人石), 돌사자와 귀부(龜趺) 또는 이수(螭首)를 가진 비석 등이 놓이게 된다. 이와 같은 제도는 재래의 수법과 당(唐)의 묘 제도가 가미되어서 만들어진 것으로 생각된다.

신문왕릉은 봉토 주위에 삼각형 입석(立石)이 44개소에 방사형으로 배열되었을 뿐이고, 성덕왕릉은 30개의 입석(立石)이 방사형으로 둘려 있고, 그 사이에 12지 호석이 원조(圓彫)로 만들어져 있는데, 그 조각이 뛰어나게 훌륭하며, 그 앞에 석난간(石欄干)을 두르고 석상(石床)을 놓았다.

괘능(掛陵)은 원성왕릉(元聖王陵)으로 추정되며, 얕은 구릉 남쪽에 위치하고 12지 호석, 석난간, 석상 이외에 문인석 한 쌍, 무인석 한 쌍, 석사자 두 쌍이 묘 앞 참도(參道) 양쪽에 차례로 서 있다. 흥덕왕릉 무인석은 중동의 이란 사람 형상으로 되어 있어서 유명하다. 이것은 당의 용병(傭兵)으로서 이름을 떨치던 중앙아시아 사람을 나타내고 있는 것이며, 능묘의 수호자로서 위력을 보이려고 한 것이라 생각된다.

능묘제도가 가장 완비된 흥덕왕릉은 재래의 왕릉과는 달리 지상(地相) 선택에도 치중하여서 배산임수(背山臨水)하고, 좌청룡(靑龍), 우백호(白虎)의 명당유택(明堂幽宅)을 선택하였다. 능역(陵域)을 상하 단지(段地)로 만들고, 봉토의 전후좌우에는 성덕왕릉과 같이 석사자(石獅子)를 각각 배치하였다. 봉토 밑에는 잘 다듬은 호석을 돌리고 호석 사이에는 탱주(撐柱)에 12지상을 부조(浮彫)하였으며, 그 밖에다 석난간을 돌리고 봉토전면에 간단한 석상을 두었다. 하단에는 남쪽에서부터 무인석, 문인석을 각각 한 쌍씩 참도(參道) 양쪽에 마주 세웠으며, 참도 앞 동쪽에다 비석을 세웠다. 이와 같이 완비된 능묘의 제도는 풍수설(風水說)에 의한 택지(擇地) 방법과 함께 후세에 전해지게 되며, 고려시대 및 조선시대에까지 계승되어 왕릉의 기본형식으로 사용되었다.

능묘의 특이한 예로서 월성(月城) 용당리(龍堂里) 감은사(感恩寺) 앞바다에 있는 대왕암(大王巖)은, 1967년 5월 조사에 의해 문무왕(682년 사망)의 유골이 바닷물 속에 안치된 수중릉(水中陵)이라는 것이 발견되었으며, 대왕암 중심부에 있는 십자형 못 속에 유골을 장치하고, 그 위에 큰 돌을 침하(沈下)하여 뚜껑돌로 한 것이라 추측되고 있다.

(2) 부 도

불교에서는 교리에 따라서 화장(荼毗)을 하게 되므로 분묘 대신에 대덕(大德)의 유골을 안치하는 부도(浮屠)가 생기게 되었다. 원래 부도는 불(佛 : Buddha)을 의미하고 부도(浮圖)는 탑파(stupa)라는 뜻을 갖고 있는 것이나, 한국에서는 부도(浮屠)가 고승의 유골이나 사리(舍利)를 안치하는 탑을 지칭하는 말로 사용되고 있다. 통일신라의 부도는 기본형식이 8강당식이며, 그 밖에 석종형(石鐘形) 부도가 남아 있다.

일반적 형식의 통일신라시대 부도는 정방형 지대석(地臺石)을 놓고, 그 위에 8각 하대석(下臺石), 8각 간석(竿石) 또는 중대석(中臺石), 8각 상대석(上臺石), 8각 탑신좌석(塔身坐石), 8각 탑신석(塔身石), 8각 옥개석(屋蓋石)과 상륜부(相輪部)의 순서로 구성되어 있는데, 상대석에는 보통 복연화문을 돌리지만, 하대석이나 간석(竿石) 받침 주위에는 사자를 새긴 것, 복연화문을 새긴 것, 구름문양 또는 운용문(雲龍文)을 새긴 것들 중의 한 가지나 또는 혼용하여 조각하였다. 이 부도(浮屠)의 형식은 당대(唐代)의 사리탑의 영향을 받아서 발전되었을 것으로 생각되며, 대체적으로 시대가 내려갈수록 기단부(基壇部)의 크기가 커지고, 또 장식이 번잡해지는 경향이 있다.

통일신라 부도 중 가장 대표적인 것을 들면 다음과 같은 것이 있다. 원주 흥법사지(興法寺址) 염거화상부도(廉巨和尙浮屠 : 844), 현재 국립중앙박물관에 있으며, 대석에 사자를 조각하였다. 창원 봉림사(鳳林寺) 진경대사보월릉공탑(眞鏡大師寶月凌空塔 : 932), 현재 국립박물관 내에 있으며, 대석에 연화문양을 조각하였다. 장흥 보림사(寶林寺) 보조선사창성탑(普照禪師彰聖塔 : 880년경), 운문식으로 되어 있다. 울산 대화리 대화사지(大和寺址) 십이지부도(十二支浮屠), 석종식으로 되어 있다.

염거화상(廉巨和尙) 부도는 높이 1.67 m이며, 완전한 통일신라 부도의 대표적인 예라고 할 수 있다. 정방형의 지대석(地臺石) 위에 각 면에 사자를 양각(陽刻)한 8각 하대석(下臺石), 그 위에 안상(眼象)을 새긴 8각 간석(竿石) 및 복판(複辦)으로 된 복연화문 상대석이 있는데, 세 부분이 단일석으로 되어서 얕은 것이 특색이다. 상대석 위에 안상을 새긴 8각 받침을 얻고, 그 위에 8각 탑신과 8각 옥개석을 덮었다. 탑신에는 문비형(門扉形)과 신장상(神將像)이

그림 105.
부도의 각 부분 명칭

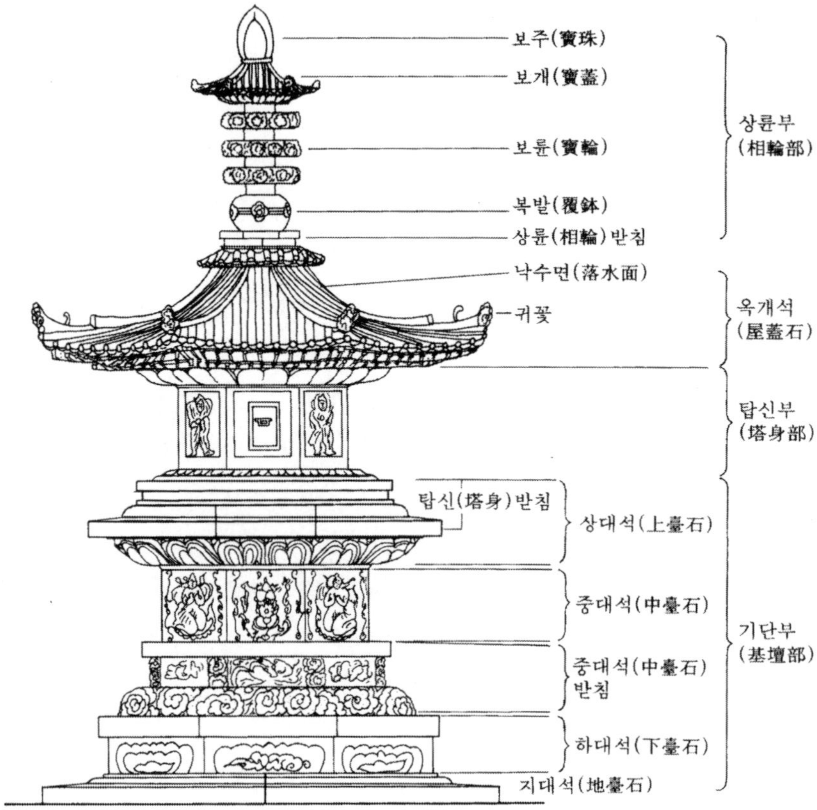

각 면에 하나씩 교대로 돌려 있고, 처마 밑에는 연목(椽木)과 단순화된 두공(頭工) 같은 것이 새겨져 있다.

진경대사보월릉공탑은 중대석(中臺石)에 풍성 화려한 연화문을 조각하였고, 지대석에는 연화문과 안상을 조각하였으며, 탑신은 8각형으로, 그 위에는 큰 옥개석을 얹고 보주연좌(寶珠蓮座)를 놓아서 그 형태와 수법이 아름답다. 전체 균형이 염거화상(廉巨和尙)부도와 같으나, 간석(竿石)이 고복석형(鼓腹石形)이 되어 역시 후기의 것임을 나타내고 있다.

연곡사 동부도(東浮屠)는 상륜부(相輪部)가 구비된 8각당 형식 부도의 대표적인 예라고 하겠으며, 하대석(下臺石) 각면에는 안상(眼象) 속에 사자를, 간석(竿石) 각면에는 운용(雲龍)을 각(刻)하였다. 앙연화문으로 장식된 상대석 위에는 상, 중, 하에 구형(球形)으로 된 장식을 가진 난간을 돌렸으며, 그 격간(格間) 안상 속에는 가릉빈가(迦陵頻伽 : 극락정토에 살고 있다는 새)를 양각하였다. 탑신 8면벽에는 전후에 문비형(門扉形), 좌우에 보여(寶輿)가 있고, 4벽에는 사천왕상(四天王像)이 양각되어 있다. 모서리에는 각주(角柱)와 그 위아래에 창방(昌枋)과 지방(地枋)을 만들고, 기둥 위에는 밑 부분이 곡면으로 된 주두(柱頭)가 각(刻)해져 있는 것과, 기둥에 약간의 안쏠림이 있는 것 등, 그 당시의 목조건축 수법을 나타내는 것으로 생각된다. 옥개석은 부연(浮椽)을 각(刻)하였으며, 내림마루에 귀꽃형이 없다. 상륜부는 전체에 비하여 좀 과장된 감이 있으나 완전한 모양을 갖추고 있으며, 그 디자인의 다양함과 장식이 아름다워서 매우 훌륭한 부도라고 생각한다.

울산에서 1962년에 발견된 대화사지(大和寺址) 12지상 부도는 통일신라시대의 석종식(石鐘式) 부도로서는 유일한 예로, 안상을 새긴 장방형 기단석 위에 얹힌 높이 1.1 m의 포탄형으로 되어 있으며, 허리부분에는 수두인신(獸頭人身)의 상반신을 벗은 12지상(支像)이 부각(浮刻)되었고, 한쪽면에 12지상 머리 바로 위를 기저(基底)로 하는 첨두마제형감(尖頭馬蹄形龕)이 깊숙이 패어 있다. 이것은 한국에서 스투파(stupa)형에 가까운 부도로 지금까지 발견된 것 중 가장 오래된 예이다.

도판 26
불국사(1972년 복원공사 이후)

도판 27
불국사 대웅전

도판 28 범영루(泛影樓 : 1960년 촬영)

도판 29 석굴암 주실(돔구조 상부)

도판 30 군위 삼존불 석굴

도판 31 석굴암 본존불

도판 32 석굴암 11면관음보살상

도판 33 석굴암 주실 주위벽 10대제자상

도판 34 의성 탑리 석탑

도판 35 감은사지 석탑

도판 36 실상사 석탑

도판 37 실상사 백장암 석탑

도판 38
정혜사 13층 석탑(촬영시 실측 중)

도판 39 백장암 석탑 2층 탑신 부분

도판 40 송림사 전탑

도판 41
사천왕사지 녹유전

도판 42 흥법사 염거화상 부도

도판 43 연곡사 동부도

도판 44 김유신묘

도판 45
김유신묘 12지 호석

연화문 남와당

보상화문 여와당

기린문 와당

연화문 남와당

도판 46 통일신라 와당

보상화문 장방형전

보상화문 방형전

도판 47
통일신라 방형전

제12장 발해 건축

1. 시대개관

고구려가 멸망한 뒤에 그 국토의 남쪽 일부가 통일신라의 지배 밑으로 들어갔지만, 그 나머지의 방대한 영토는 통일된 신라에 의하여 지배되지 못하였다. 요동(遼東) 지방은 중국 당(唐)의 지배 밑에 들어가서 안동도호부(安東都護府) 관할 하에 놓였다. 처음에 당은 고구려의 유민(遺民)을 무마하기 위하여 보장왕(寶藏王)을 요동도독(遼東都督)·조선 군왕으로 봉하였지만 그는 반란을 꾀하였기 때문에 곧 소환되었다. 다음에는 그의 아들이 안동도독으로 임명되어 요동에 왔는데, 그의 자손은 같은 직을 계승하여 점점 독립적인 지위를 확보하게 이르렀으며, 소위 소고구려국이라고 부르기도 하였다.

이에 대해서 역시 고구려의 지배 밑에 있던 송화강(松花江) 연안에 이르는 넓은 지역, 즉 옛날 부여국(扶餘國)이 있던 지역을 중심으로 새로 건국된 것이 발해(渤海)였다. 발해를 건국한 것은 부여계통의 후손으로 생각되는 고구려의 장군 대조영(大祚榮 : 高王)이었다. 고구려가 멸망할 때(668)에 영주(營州 : 현재의 朝陽) 지방에 옮겨 갔던 대조영은 거란인(契丹人)의 반란을 계기로 무리를 거느리고 동쪽으로 와서 동모산(東牟山 : 길림성 돈화 부근)을 근거로 자립하고, 698년 진국왕(震國王)이라 칭하였으며, 고구려 부흥의 기치를 들고 건국한 나라이다. 713년에 국호를 발해(渤海)로 고쳤다. 발해에는 고구려의 유민뿐만 아니라 현재 중국의 동북지방 일대에 거주하던 말갈사람이 많이 예속되어 있었다. 이들은 고구려가 현재 중국의 동북지방을 지배할 당시에 그 지배 밑에 있었지만, 발해가 건국되자 이에 예속된 것이다. 비록 발해를 형성한 주민 중에는 말갈사람들이 상당히 있었다고 하더라도, 그 지배층인 고구려의 유민들은 고구려를 부흥시킨다는 뚜렷한 자각을 가지고 있었다. 발해는 뚜렷한 자각을 가지고 있었다. 발해가 일본에 보낸 국서(國書)에서 스스로를 고려국(당시 중국과 일본에서는 고구려를 고려라고 불렀음)이라고 하였다.

이러한 발해가 국제적으로 차지하는 위치도 극히 미묘하였다. 당(唐)의 압력을 배제하면서 건국한 발해는 처음 당과 적대적이었다. 심지어 무왕(武王 : 719~737) 때에는 해군을 보내어 당의 등주(登州 : 산동반도)를 공격한 일도 있었다(732). 한편, 발해는 통일신라와도 대립적인 위치에 있어서 통일신라는

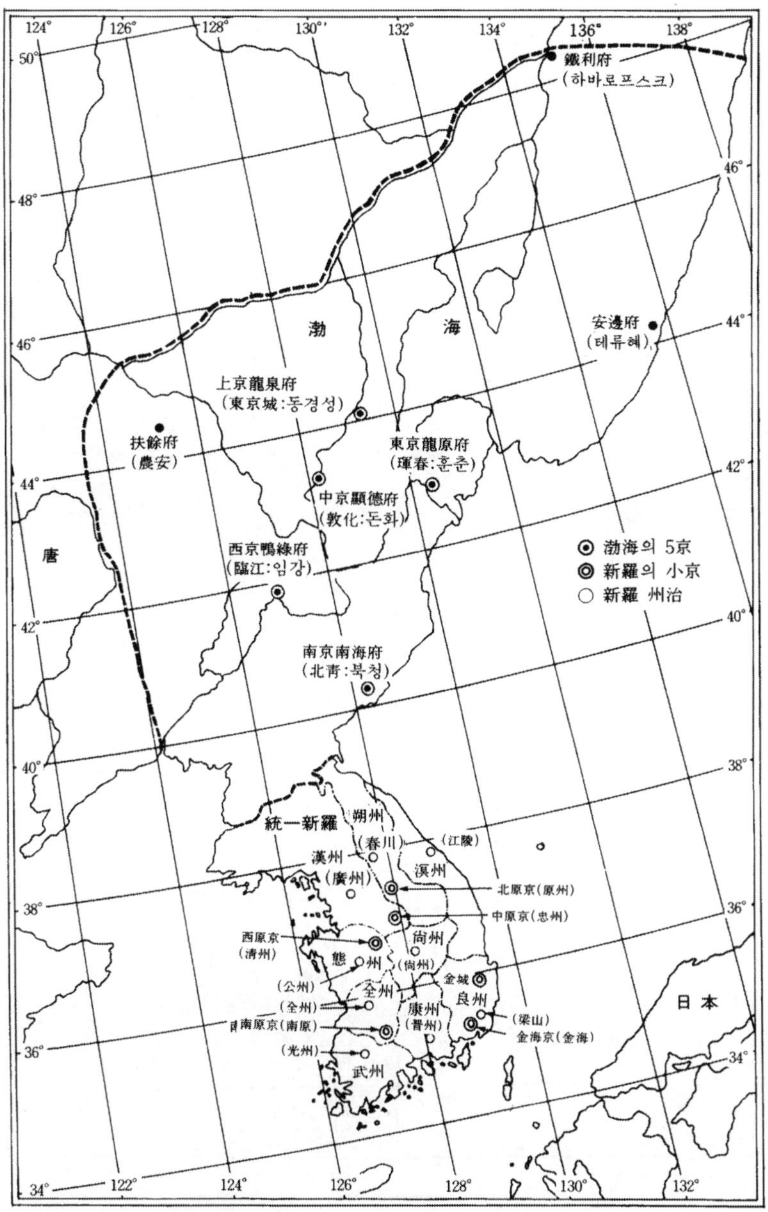

그림 106.
통일신라와 발해지도
(8세기)

그 북쪽 경역에 장성(長城)을 쌓은 일까지 있었다(721). 통일신라가 그 국경선을 대동강과 원산만으로 국한시키지 않을 수 없었던 것은 이러한 발해의 압력에 원인이 있었다. 그러므로 통일신라와 당이 연합하여 발해를 협공한 것은 당연하다고 하겠다(733). 이와 같이 통일신라와 당의 연합세력의 압력을 받은 발해는 북으로 돌궐(突厥)과 통하고, 남으로는 멀리 바다를 건너 일본과 연결하였다. 그러나 국제관계가 안정된 뒤에는 통일신라와도 자주 교류관계를 가졌던 것으로 보인다.

이러한 국제 정세하에서 무왕(武王)은 영토를 확대하여 중국의 동북지방 일대를 차지하고 강대한 독립왕국으로 발전하게 만들었다. 뿐만 아니라 문왕(文王 : 737~794) 때에는 당에서 안록산(安祿山)의 난(亂)이 일어난 것을 계기로 소고구려국에도 힘을 뻗어 요동반도까지 지배하였다. 한편으로는 당과도 통하여 그 제도와 문화를 섭취하기에 이르렀으며, 이러한 발해가 영토에 있어서나 문화에 있어서 전성기를 이룩한 것은 선왕(宣王 : 818~830) 때였다. 이 시기에 발해는 동으로 연해주(沿海州), 서로 개원(開原), 남으로 함남(咸南), 북으로는 송화강에 이르는 방대한 영토를 차지하게 되었다.

발해는 지방에도 정연한 행정구획을 정비하였다. 국도(國都)인 상경(上京) 용천부(龍泉府 : 길림성, 동경성)을 중심으로 중경(中京 : 길림성 돈화) · 동경(東京 : 간도 혼춘) · 남경(南京 : 한남 북청) · 서경(西京 : 통화성 임강)의 5경이 있었으며, 이 밖에도 중요한 도시가 사방에 건설되어 15부(府)라 일컬어졌고, 외국과 연결하는 5도(道)의 교통망이 정비되었다.

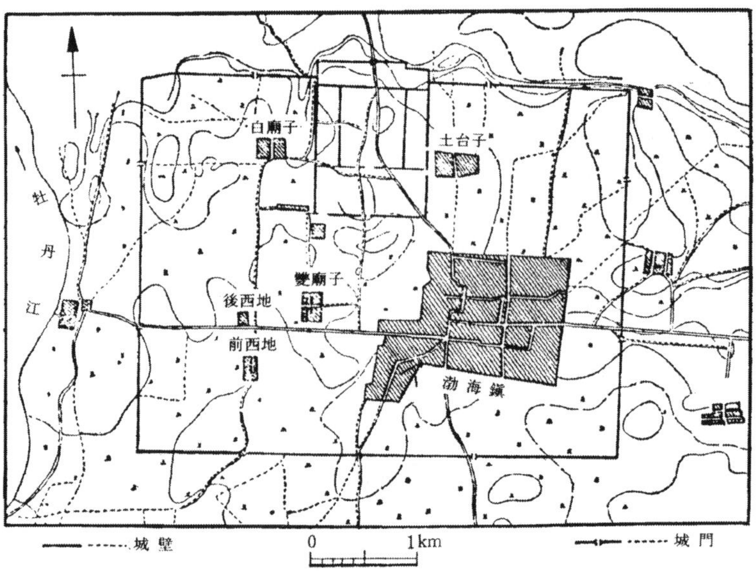

그림 107.
발해 상경 용천부 위치도

발해는 당(唐)과 평화적인 외교관계를 수립한 이후 그 문화를 적극적으로 받아들였다. 많은 유학생이 당에 파견되었고, 당나라에서 과거에 합격하는 사람들도 통일신라와 같이 많이 있었다. 이러한 관계로 정치제도 이외에도 당의 것을 모범으로 해서 이룩된 것이 많았다. 예를 들어, 도성(都城)이던 상경(上京)의 규모는 당의 장안성(長安城)에서 모범을 취한 것이었다. 외성(外城 : 羅城)을 두른 중앙의 북편에는 내성(內城 : 皇城)을 쌓고, 그 안에 궁전이 있었다.

발해의 사상으로는 불교가 널리 행해지고, 유고 또한 지배층에서 중요시되었다. 불교의 신앙형태는 상경을 중심으로 하는 지역은 관음신앙(觀音信仰)이 주가 되었으며, 서경(西京)과 동경(東京)을 중심으로 하는 지역은 석가모니불과 다보불(多寶佛)을 병좌(竝坐)시킨 2불병좌불상(二佛竝坐佛像)으로 대표되는 법화신앙(法華信仰)이 주가 되었다. 특히, 러시아 연해주 아브리코스 사지(寺址)에서는 그리스도교 네스트리우스파(派)인 경교(景敎)의 십자가가 새겨진 점토판이 발견되어서 불교와 경교의 접합을 시사하는 점이 있어 매우 특이한 것으로 생각된다. 현재 숭실 대학교 박물관에 소장되어 있는 불상양식의 마리아상, 십자가, 십자문 장식 등이 경주에서 출토된 것이라고 전하며, 당시에 당(唐)에 전파되었던 경교(景敎)가 발해와 통일신라에도 유입되었고 그것이 불교와 관련을 맺고 있었음을 시사해 준다. 또한 불사지(佛寺址) 등 유적에서 나오는 불상 · 석등(石燈)들의 유물이나, 정혜(貞惠) · 정효(貞孝) 두 공주의 분묘양식은 불교와 밀접한 관련을 가졌으면서도 비문에는 유교적인 사상을 표현하고 있어서 유교와 불교가 공존하고 있음을 발견하게 된다.

발해의 문화에는 고구려적인 요소가 많이 포함되어 있다. 예를 든다면 5경제(京制)는 고구려의 5부제(部制)에 기초를 두었던 것 같다. 또, 상경의 궁성 서구(西區) 침전터(寢殿址)에서 발견된 온돌시설이라든가, 혹은 고분의 횡혈식(橫穴式) 석실분의 구조 등에서도 고구려적인 요소를 찾아볼 수 있다. 그리고 불사지에서 발견된 불상의 양식이나 막새기와(瓦當)의 연꽃무늬 등에도 고구려적인 색채가 뚜렷이 나타나고 있다.

발해는 해동성국(海東盛國)의 칭호를 들을 정도로 고도의 문화국가를 건설하였었다. 그러나 지배층인 고구려 유민(遺民)과 피지배층인 말갈민족과의 이질적인 요소가 결합하여 이루어 놓은 이 국가는 내부에 취약성을 지니고 있었다. 이러한 취약성이 926년 거란에 의하여 쉽게 멸망하게 되는 원인이 되었다.

뿐만 아니라 발해(渤海)가 망한 뒤에 그 문화는 후대에 계승되지를 못하고 말았다. 그것은 이 문화를 담당한 발해의 지배층인 고구려 유민이 고려로 망명하여 버렸고, 이 지방에 거주하던 말갈민족은 그를 계승할 능력이 없었기 때문이었다. 이 말갈인들은 이후 거란(契丹)의 지배를 받게 되었지만, 뒤에 금(金)을 건국하고 거란을 축출함으로써 현재 중국의 동북지방의 주인공으로 등장하게 되었다.

그러므로 발해의 멸망과 함께 그 영토는 한국 민족의 역사무대에서 사라져 버리고 말았다. 발해는 한국 민족이 정치적으로나 문화적으로 중국의 동북지방을 지배한 최후의 국가였다.

2. 도성계획

발해는 698년에 나라를 세울 때 수도를 동모산(東牟山)에 정하였다. 동모산은 그 유적이 지금의 돈화(敦化) 오동성지(敖東城址)이며, 그 후 755년에 수도를 상경(上京) 용천부(龍泉府)로 옮겼다. 한동안 수도를 동경(東京) 용원부(龍原府)로 옮긴 일이 있었으나, 794년에는 다시 상경 용천부로 돌아와서 그 곳에서 마지막 시기까지 있었다. 그러므로 상경 용천부는 발해의 대표적인 도성이며 약 200년간 발해의 수도로 번영하였다. 이 곳의 유적은 발해 문화의 면모를 잘 보여 준다.

발해는 전국을 5경 15부(府) 62주(州)로 나누어서 통치하였다. 5경은 정치, 경제, 군사적으로 특별히 중요한 도성(都城)에 설치하였는데, 그것은 상경 용천부, 중경(中京) 현덕부(顯德府), 동경 용원부, 서경(西京) 압록부(鴨綠府), 남

그림 108.
상경 용천부 도시계획

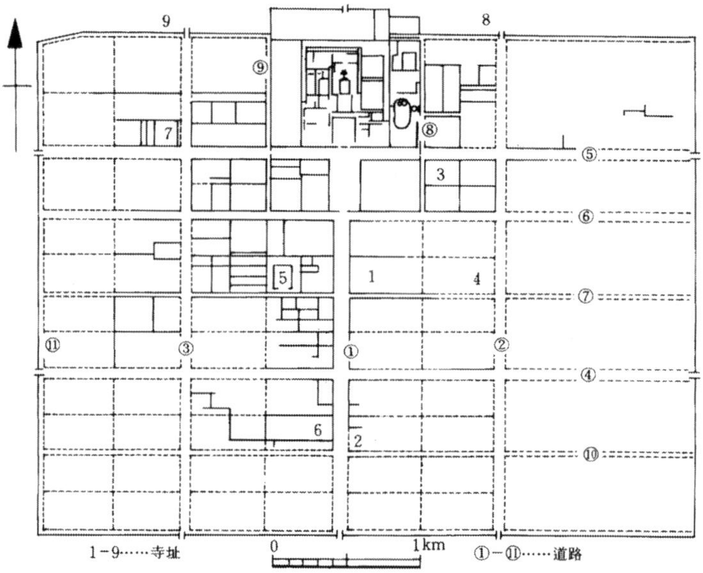

경(南京) 남해부(南海府)이다. 이 가운데서 중경 현덕부는 지금의 돈화(敦化) 오동성(敖東城)이며 동경 용원부는 지금의 혼춘(琿春) 팔련성(八連城)이다. 서경 압록부와 남경 남해부는 아직 지적할 말한 유적을 찾지 못하고 있다.

발해는 상경 용천부를 중심으로 하고 지방에도 도성을 건설하여 정연한 통지체계를 세웠다. 상경 용천부 성지(城址)는 오늘의 흑룡강성 영안현(寧安縣) 동경성(東京城)에 있으며, 주위가 수백리나 되는 평탄한 분지 가운데에 자리잡고 있다. 남쪽에는 경박호(鏡泊湖)가 있으며 거기서 흘러내리는 목단강(牧丹江)이 성의 남쪽과 동쪽 및 북쪽으로 감돌아 흐른다. 이 곳은 땅이 기름지고 관개(灌漑)에 편할 뿐만 아니라 주위가 산으로 둘러싸여서 천연의 요새를 이루었다. 동경성의 둘레는 16,296 m이며, 동벽과 서벽이 남벽과 북벽보다 좀 짧아서 동서로 약간 긴 장방형으로 되어 있다.

상경 용천부의 외성(外城) 성벽은 속을 돌로 쌓고 표면에 흙을 발랐는데 잘 남은 부분은 그 높이가 3 m이다. 외성 밖에 인접하여 해자(垓子)를 돌려서 팠다. 외성에는 동 · 서에 각각 2개, 남 · 북에 각각 3개 등 모두 10개의 성문이 있다. 이 가운데에서 남쪽의 가운데 문과 북쪽의 3문으로 되어 있고 나머지는 단문(單門)으로 되어 있다.

상경 용천부 도시계획은 가로(街路)가 바둑판 모양으로 정연하게 배치되었으며, 가장 넓은 광로(廣路)는 황성(皇城) 남문에서 외성 남벽의 가운데 문으로 뻗은 것인데 그 너비는 110 m이다. 이 대로(大路)에 의하여 성은 동반성(東半城)과 서반성(西半城)으로 나뉘어져 있다. 큰 가로들에 의하여 바둑판 모양으로 갈라진 외성의 각 구역 안에는 당시 주거와 상점, 시장터 같은 것이 있던 방리(坊里)가 있다. 방리의 크기는 동서의 길이가 465~530 m, 남북 너비는 큰 것이 350~370 m, 작은 것이 235~265 m이다. 이런 방리가 모두 81개가 있으며, 그리고 동반성에는 5개, 서반성에는 4개의 사지(寺址)가 있다.

성의 북쪽 한복판에 용천부 궁성(宮城)과 황성(皇城)이 있다. 궁성은 남북으로 좀 긴 장방형을 이루고 그 둘레는 약 4 km이다. 궁성은 중심구역, 북쪽 구역, 동쪽 구역 및 서쪽 구역의 4개 구역으로 되어 있다. 궁성 외벽과 각 구역의 벽은 모두 외성(外城)의 성벽과 같이 쌓았는데 지금 남아 있는 높이는 3~4 m이다. 궁성에서 가장 중요한 곳은 중심구역이며 그 둘레는 약 2.6 km이다. 중심구역의 남벽 한가운데의 4~5 m 되는 높은 벽 위에 궁성 정문지(正門址)가 있다. 높은 기단 위에 줄지어 있는 커다란 초석(礎石)들은 이 문의 웅장하였던 모습을 상상할 수 있게 한다. 이 정문 양쪽에는 너비 약 5~6 m 정도의 측문(側門)이 있으며, 가운데 정문은 왕이 드나드는 문이고 관리들은 좌우 양쪽 문으로

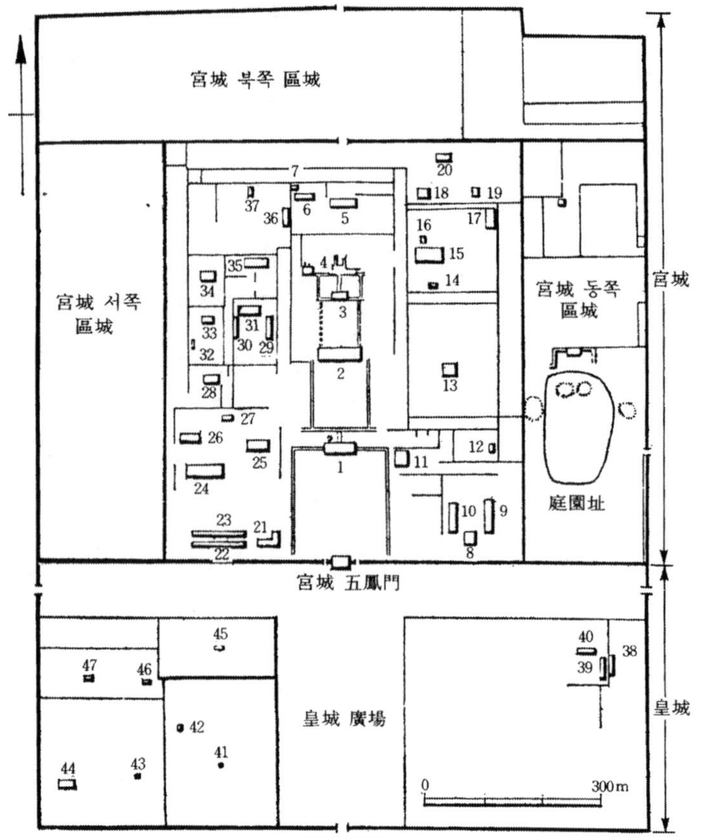

그림 109.
상경 용천부 궁성과 황성 배치도

출입했다.

중심구역은 남북으로 놓인 벽에 의하여 다시 중구, 동구, 서구의 세 부분으로 갈라졌으며 그것은 또 다시 작은 구역으로 갈라졌다. 작은 구역 안에는 모두 건물지(建物址)와 그 밖의 유지(遺址)들이 있는데 지금까지 알려진 것만도 37개이다. 중구에는 7개의 궁전지('宮殿址)가 있다. 상경 궁성의 제1~5궁전지는 영안현지(寧安縣誌)에 오중전(五重殿)이라고 기록되어 있다. 이 5개의 궁전터는 궁성에서 가장 중요한 건물지로 그 규모도 매우 웅장하다. 그 중에서도 제 1, 2궁전지가 가장 웅장하며 제4궁전지는 온돌시설까지 갖추었다. 이 궁전들은 회랑(廻廊)에 의하여 서로 연결되었다. 제3궁전지는 왕이 일상적으로 정사(政事)를 보던 곳이라 생각된다. 중심구역을 둘러싼 동쪽 구역, 북쪽 구역, 서쪽 구역에는 궁성의 부속시설이 있었다. 특히, 동쪽 구역에는 못과 조산(造山) 및 8각 정자 같은 것으로 아름답게 꾸민 정원이 있었다.

황성(皇城)은 궁성 남쪽에 있다. 동서로 긴 장방형으로 생겼는데 성벽은 궁성의 성벽과 같은 방법으로 쌓았다. 황성에는 동문, 남문, 서문 등 3개의 문

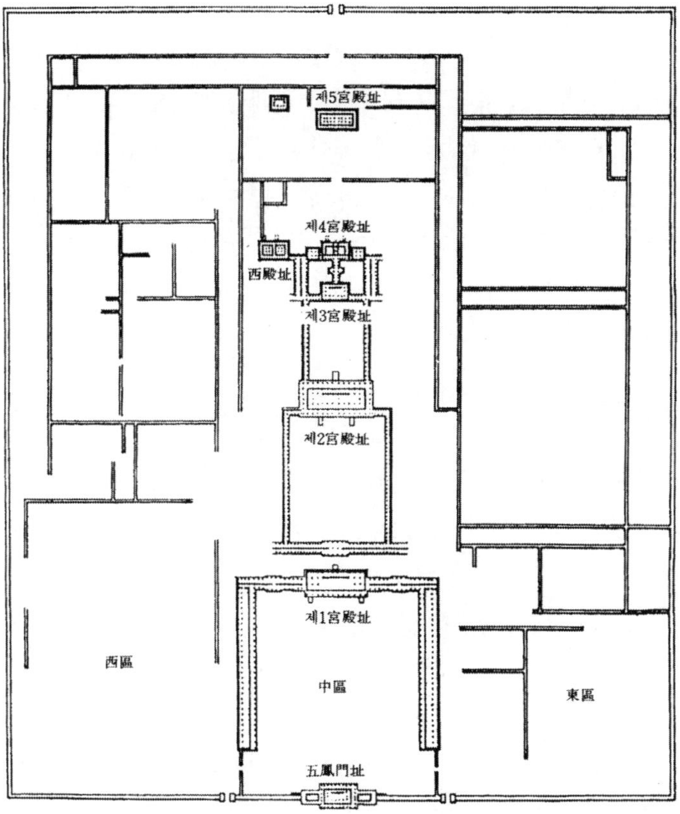

그림 110.
용천부 궁성 중심구역의 중구 궁전 배치도

이 있는데 동문과 서문에는 단문(單門), 남문에는 3개의 문이 있다. 황성은 중구와 동구 및 서구로 나뉘는데 중국의 궁성 앞 광장으로 시설물이 없으며 동구와 서구는 중앙정부 기관인 3성(省) 6부(部)가 있던 곳이다. 궁성과 황성에는 외성지역에서는 볼 수 없는 호화로운 유약(釉藥)기와를 이은 수십 채의 웅장한 궁전들과 관청 및 화려한 놀이터가 있고 성벽은 외성보다 견고하게 쌓았다.

상경(上京) 안에는 동서남북 어느 방향으로나 거침없이 통할 수 있도록 직선으로 뻗은 큰 가로와 외성을 따라 순환로를 만들었다. 가로는 위치와 역할에 따라서 그 규모를 달리 하였는데 11개의 대로들은 너비가 여섯 가지 종류로 되어 있다. 이것은 가로의 기능을 고려하여 거기에 알맞은 규모로 계획한 것을 보여 준다. 도시건설의 계획성은 방리(坊里)의 배치에서도 잘 나타난다. 한복판의 큰 광로(廣路, 너비 110 m)를 주심으로 하여 성을 동·서 두 구역으로 나누었으며, 다시 황성(皇城) 앞을 지나는 대로를 기준으로 하여 그 북쪽에는 큰 방리를, 그 남쪽에는 작은 방리를 두었으며, 4개의 방리가 정전형(井田型)으로 계획되어 하나의 단위를 이루도록 정연하게 구획하였다.

3. 건　축

발해(渤海) 건축의 종류와 그 구조형식에 대해서는 원형을 남기고 있는 것이 없으므로 그 건물지(建物址) 및 유물들을 연구 조사한 내용을 살펴보며, 또한 그 당시의 건물 모양을 복원하여 추정한 자료들을 참고해 보기로 한다. 발해의 건축유적 중에서 대표적인 것은 주로 상경(上京) 용천부(龍泉府)에서 발견되었으며, 이 곳에서는 몇 개의 성문과 궁전, 불사, 정원, 우물들의 유지(遺址)가 남아 있다.

(1) 궁궐건축

상경 용천부 궁성(宮城)의 중심구역에서는 지금까지 37개의 건물지(建物址)가 발견되었다. 이 중에서 중요한 것은 궁성 중심구역의 중구(中區)에 있는 제1~5궁전지(宮殿址)들이다. 지금의 오봉루(五鳳樓 : 당시의 궁성 남문인 오봉문루)에 올라서면 이 궁성의 중심을 남북으로 지나가는 축을 따라서 상당한 간격을 두고 제1궁전지부터 제5궁전지까지 차례로 놓여있다. 1, 2, 3, 4 궁전은 회랑(廻廊)으로 둘려 있고 5 궁전은 따로 독립되어 있다.

용천부 궁성 제1궁전지의 기단(基壇)은 동서 길이 55.6 m, 남북 너비 약 24 m의 장방형 주건물 좌우에 사방 6 m가 넘는 양익부분(兩翼部分) 건물이

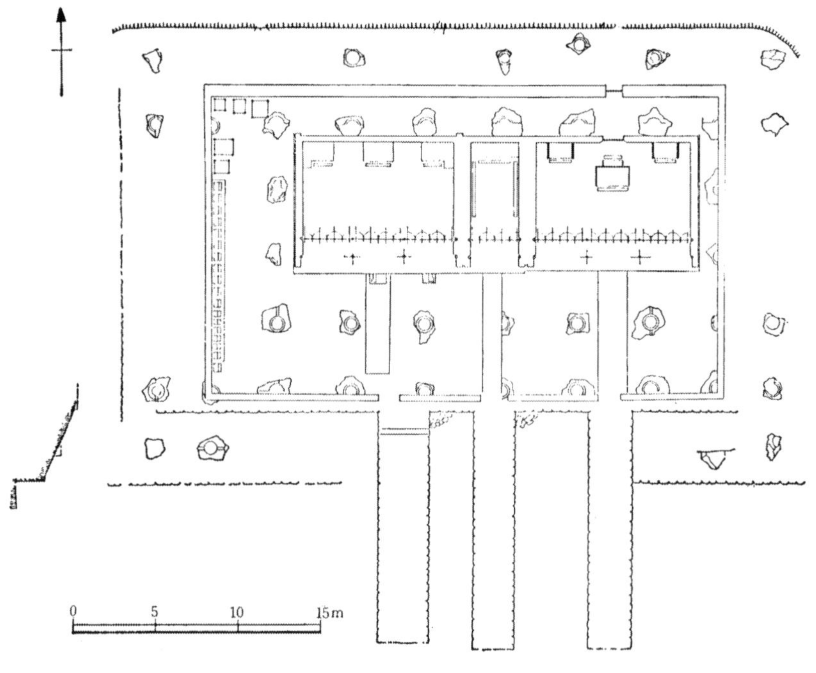

그림 111.
용천부 오봉문지 실측도

붙어 있다. 결국, 평면이 □ 형으로 되어 있으며, 이 평면은 고구려 안학궁(安鶴宮)의 남궁(南宮) 제1궁전지의 기단과 같은 형식이다. 기단의 높이는 3 m에 가깝다. 주건물 부분의 기단 위에는 아직 많은 주춧돌들이 남아 있다. 그 배열상태로 보아 여기에는 정면 11간, 측면 4간의 큰 건물이 놓여 있었던 것을 알 수 있다.

제1궁전에서 초석(礎石)에 기둥이 닿는 부분에는 녹유(綠釉)를 바른 주좌장식와(柱座裝飾瓦)를 기둥 밑에 끼워 놓았다. 지붕에는 녹유를 바른 기와와 곱세 기와, 귀면(鬼面) 기와, 치미(鴟尾) 등을 사용하였다. 고구려의 요업기술을 이어받아 더욱 발전시킨 발해에서는 건축물에 쓰는 녹유 기와류의 비중을 훨씬 높이는 한편, 주좌장식와 및 녹유 장식판 같은 새로운 종류의 것도 많이 만들어 썼다. 용천부 궁성 제2궁전지도 역시 평면형이 제1궁전지와 같으며, 그 규모는 제1궁전지보다 훨씬 커서 동서 길이 약 120 m, 남북 너비 약 30 m에 이른다.

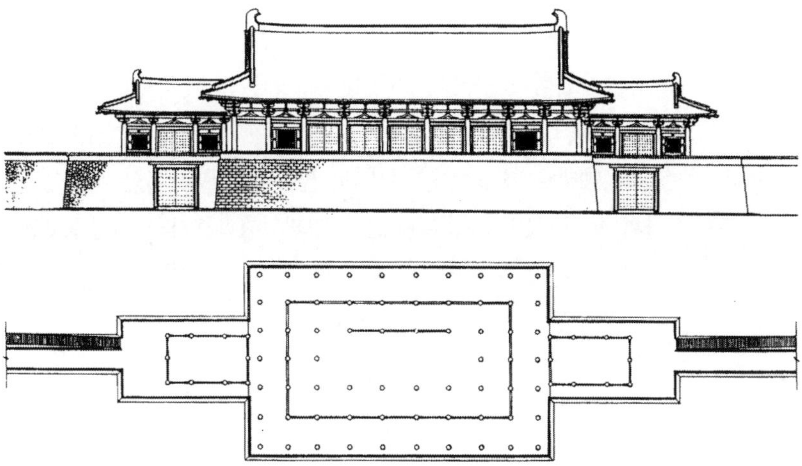

그림 112.
오봉문 추정 복원도
(장철녕 작성 문물, 1994. 6. 게재)

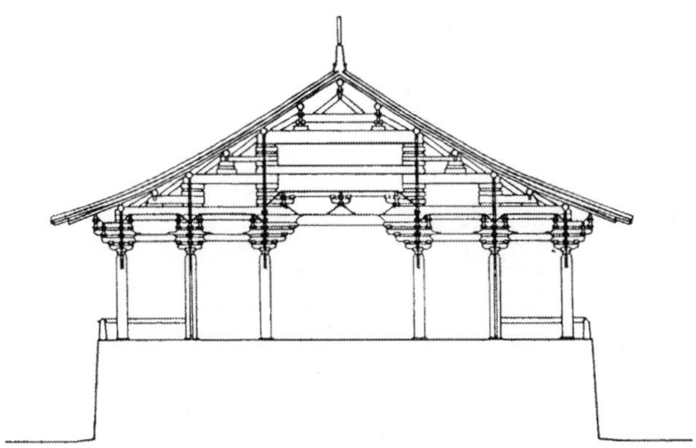

그림 113.
오봉문 단면 추정 복원도
(장철녕 작성)

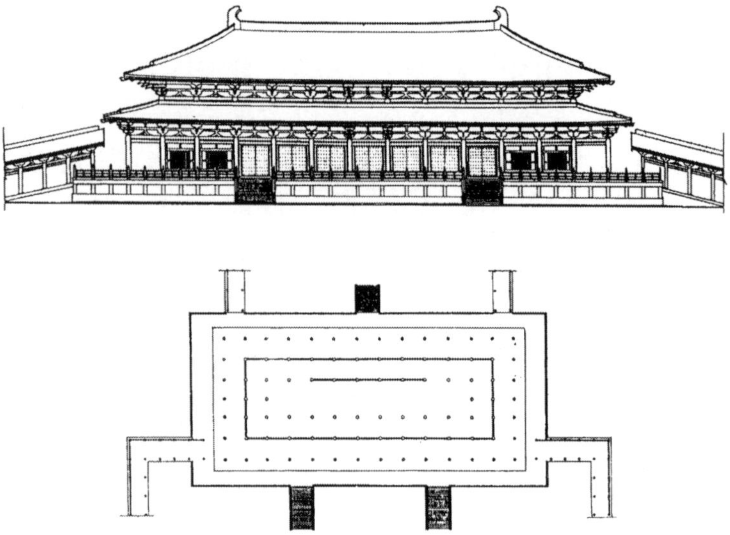

그림 114.
용천부 궁성 제2궁전 추정 복원도(장철녕 작성)

제3궁전지는 장방형 평면으로 되었다. 정면 7간, 측면 4간으로 된 제3궁전터는 높이 약 1.8 m의 기단이 남아 있다.

용천부 제4궁전지는 주건물지(主建物址)와 동익전지(東翼殿址), 서익전지(西翼殿址)들로 제4궁전터 주건물의 기단은 낮은 편이고 동서 길이 21.6 m, 남북 너비 15 m이다. 기단 위에 전랑(前廊)이 만들어지고 거기에 기둥들이 서 있었는데 주춧돌의 상태로 보아 정면 9간, 측면 5간이었다. 기단 위에는 각각 정면 · 측면 3간의 동 · 서 익전지(翼殿址)가 있다. 주건물지의 내부구조는 동

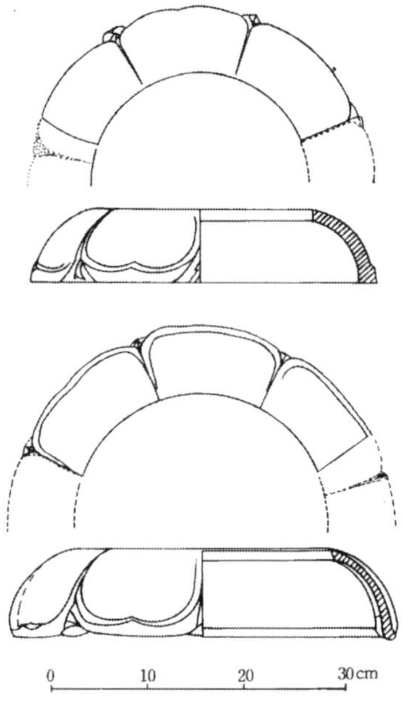

그림 115.
주좌장식와

서의 두 방이 크고 중간 방이 작으며, 동서의 두 방은 온돌이 있었다. 방에서 고래들이 벽을 따라 설치되고 북쪽으로 크게 낸 굴뚝 2개가 있다. 방 안은 회바닥 마감을 하고, 기둥 밑에는 주좌장식와가 사용되고, 지붕의 요소에 귀면와(鬼面瓦)와 녹유(綠釉) 장식판이 사용되었던 것으로 추정된다. 동서의 익전지(翼殿址)는 부수 시설용 건물인데 동쪽 익전은 부엌이었던 것 같다. 거기에서 뻗어 나온 도랑에는 물고기뼈와 짐승뼈들이 있었다.

제4궁전의 서쪽에 위치하고 있는 서전지(西殿址)는 역시 온돌이 있는 산림집 형식이다. 동서 길이 28.5 m, 남북 너비 15 m의 장방형 기단(基壇) 위에 정면 9간, 측면 5간의 회랑이 둘러서 있고 그 안에 3개의 방으로 된 몸체가 있다. 동쪽과 서쪽의 방 안에는 넓고 낮은 두 고래온돌이 놓였다.

용천부 제5궁전지는 동서 길이 37.3 m, 남북 너비 18.2 m의 장방형 평면이며, 그 위에 정면 11간, 측면 5간으로 된 주춧돌이 있고 벽체는 2중벽으로 쌓았다. 궁전들은 궁성 남벽에서 시작된 회랑(廻廊)들에 의하여 서로 연결되어 있었다. 다만 제4궁전 터, 제5궁전 터 사이에만 회랑이 없는데, 그것은 제5궁전이 그 밖의 궁전들과 다른 용도의 것으로 추측된다. 궁전 터를 가운데 두고 그 양쪽에서 남북으로 향한 회랑 사이의 거리는 북쪽으로 가면서 차츰 좁아졌다.

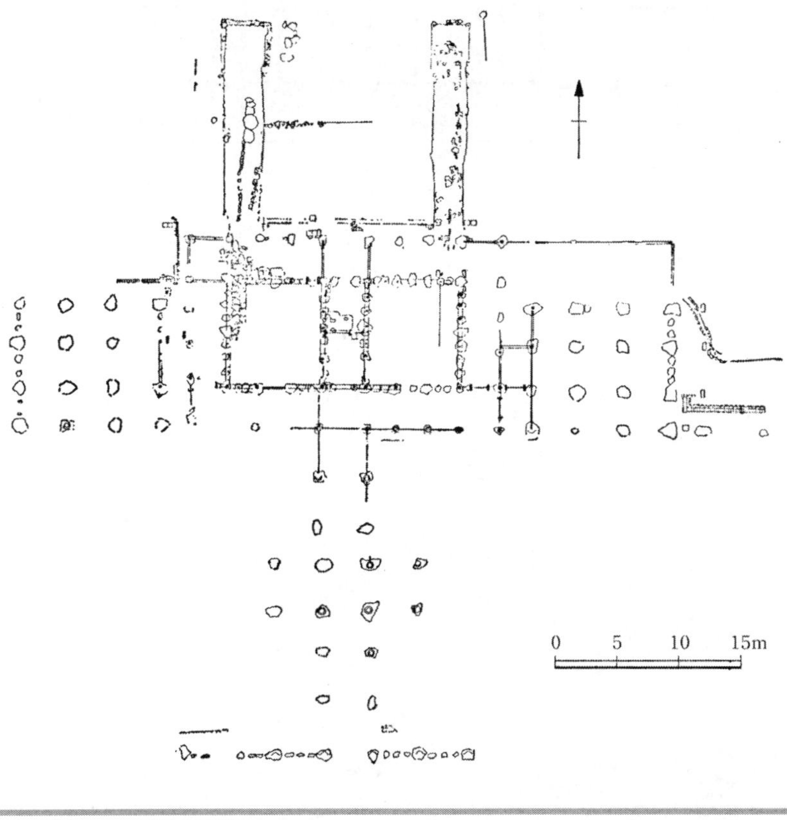

그림 116.
용천부 제4궁전지 실측도

이상 5개의 궁전지는 그 용도에 따라 그 위치, 크기, 내부구조가 다르게 되어 있다. 제1궁전과 제2궁전은 당시 조회(朝會) 또는 국가 의식(儀式)을 행하던 곳으로 생각되며, 궁성의 앞부분에 위치하였다. 왕과 그 측근이 정무(政務)를 처리하며, 일상생활을 하던 건물인 편전(便殿)과 침전(寢殿)은 제3, 4의 궁전으로 궁성 중간에 위치하였다. 출토된 유물들로 판단해 볼 때 궁전들은 녹유(綠釉)의 장식물로 주좌(柱座)를 만들고 녹유를 입힌 치미(鴟尾), 귀면기와 등으로 장식하여 매우 화려하였다. 정사(政事)에 사용한 건물은 웅장하고 침전(寢殿)은 우아하게 만들어진 것으로 생각된다. 최근에 발표된 용천부(龍泉府) 궁전건축들의 추정 복원도들에 따르면, 그 당시 발해의 궁궐건축이 매우 웅장하였음을 알 수 있다.

그림 117.
용천부 제4궁전
추정 복원도(장철녕 작도)

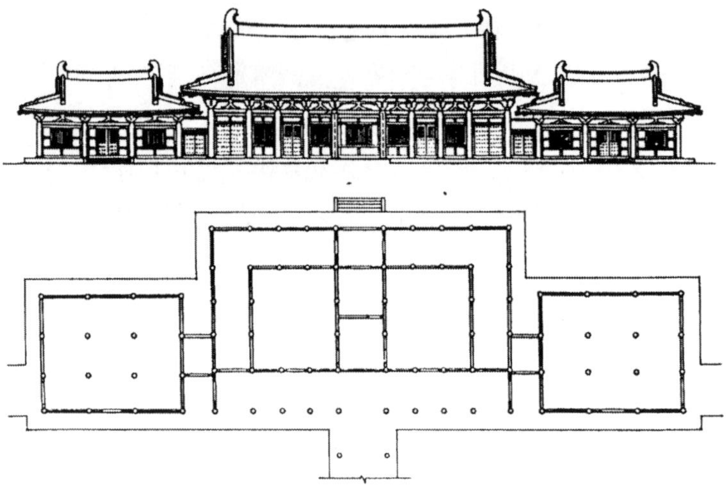

그림 118.
용천부 제4궁전 사쪽의
서전지

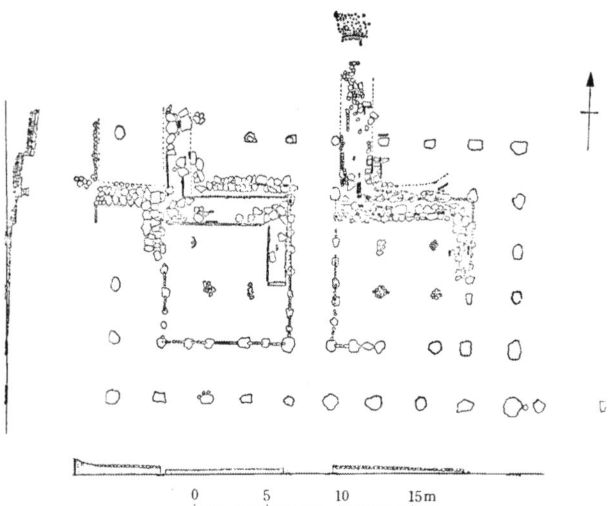

발해 주거지 가운데에서 잘 알려진 것 중의 하나는 상경(上京) 용천부 궁성의 중심구역에 있는 서구(西區)의 침전지(寢殿址)이다. 이 집터 앞뒤 쪽에는 이와 비슷한 집터들이 더 있으며, 서구의 침전지는 기본 구조상 발해왕의 침전이었을 상경 용천부의 제4궁전지나 그 서전지(西殿址)와도 비슷한 데가 많다. 서구의 침전지는 거의 정남향을 하였다. 기단(基壇)은 흙과 모래를 여러 겹 다져 쌓았는데 그 정면은 장방형이며 동서 길이 28.95 m, 남북 너비 17.31 m이다. 기단의 높이는 15 cm 정도인데 주변을 돌아가면서 잘 다듬은 돌로 기단석을 놓고 잇대어 벽돌로 물도랑을 만들었다. 기단 위에는 주건물과 그 주위에 돌린 회랑이 있다.

몸체는 동서 길이 19.5 m, 남북 너비 7.55 m이며, 동서로 나란히 놓인 3개의 방으로 이루어졌는데, 동쪽과 서쪽의 방은 크고 서로 같으며 가운데 방은 그보다 작다. 몸체에는 5개의 문자리가 있다. 남쪽 회랑(廻廊)에서 동쪽 방과 서쪽 방으로 드나드는 문이 하나씩 있고, 동쪽·서쪽 방에서 가운데 방으로 통하는 문도 역시 하나씩 있다. 나머지 2개의 문은 가운데 방에 있는데 그 하나는 가운데 방을 남북으로 나눈 중간 벽에 있고, 다른 하나는 가운데 방에서 북쪽 회랑으로 드나들게 되어 있다. 따라서 가운데 방은 동쪽·서쪽 방에 봉사하는 시설이 있었던 보조적인 방이었다. 고구려의 전형적인 살림집을 보면 이 가운데 방은 순전히 통로로만 썼던 것인데, 발해에서는 그것을 발전시켜 일정한 기능을 수행하는 방으로 만들었던 것이다. 몸체 벽의 두께는 42~54 cm까지 되며, 벽체 양면에는 기단석(基壇石) 안쪽을 따라 돌면서 주춧돌들이 남았다. 회랑에 세운 기둥간 수는 정면 10간, 측면 5간이다.

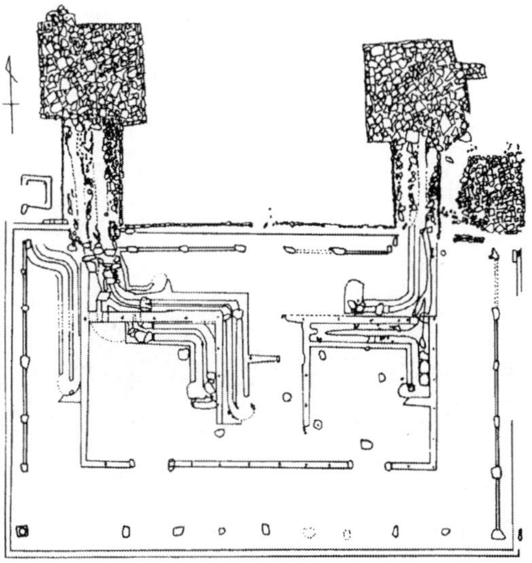

그림 119.
용천부 궁성 서구 침전지

서구의 침전지에는 우리나라 중세기 초의 전형적인 온돌이 있다. 이 한 집터에 7개의 온돌이 있는데 이것은 당시 온돌발전의 한 구체적인 과정을 보여준다. 온돌들의 고래 수는 1~2개이다. 여기의 온돌형식을 보면 서쪽 화랑의 것 외에는 모두 두 고래온돌 하나에 외고래 온돌이 하나씩 붙어 있다. 외고래 온돌은 대체로 두 고래온돌이 굴목과 잇닿은 곳에서 두 고래온돌과 합쳐졌다. 외고래 온돌은 그 구조와 위치로 보아 두 고래온돌에 불이 잘 들게 하기 위한 기능을 수행한 것이다. 이 집의 북쪽에 있는 2개의 굴뚝은 유난히 크다. 이 집의 여러 개 온돌의 연기는 다 이 굴뚝으로 빠져 나가게 되어 있었다. 발해(渤海) 온돌의 이러한 구조는 고구려에 비하여 일보 더 발전된 것으로 생각된다.

(2) 불사건축

발해에서는 불교가 성행하였다. 상경(上京) 용천부(龍泉府) 불사지(佛寺址)는 10개가 넘으며, 그 밖에 동경(東京) 용원부(龍原府), 서고성(西古城), 연해주(沿海州) 지방에서 불사지가 수없이 발견되었다. 그 중에서 대표적인 것은 상경 용천부의 제1사지(寺址)와 제9사지(그림 108 참조)이다. 제1사지는 외성(外城) 중앙대로의 동쪽 길가에 있고 제9사지는 외성 북쪽 성벽 바깥에 있다. 제9사지와 대칭되는 위치에 또 다른 하나의 제8사지가 있다.

제1사지는 후세 사찰의 금당지(金堂址)만 발굴되었다. 이 불사(佛寺)의 전반적 규모는 대단히 큰 것이다. 제1사지의 기단평면은 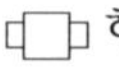 형으로 생겼는데 그 동서 길이는 50.66 m, 남북 너비는 가운데가 20 m, 양쪽 끝부분이 9.2 m이며 기단의 높이는 1.2 m이다. 기단에 오르내리는 계단은 앞에 2개, 뒤에 1개가 있다. 기단 위에는 본체와 동·서 기단 및 그 사이의 통로로 이루어진 건물지가 남아 있다.

본채는 정면 5간(17.9 m), 측면 4간(14.32 m)으로서 그 안은 기둥을 2열로 하여 내진(內陣), 외진(外陣)을 이루게 하였다. 다른 주초석(柱礎石)들 사이에는 벽체의 흔적이 뚜렷한데, 다만 남쪽 주초석들 사이에만 벽체의 흔적이 없다. 계단이 마주 서 있는 모양으로 보아 문자리였던 것으로 추정된다. 문 안에 들어서면 넓은 공간을 거쳐 내부에 이른다. 내부에는 불상들을 놓았던 자리가 있다.

본채 앞 넓은 공간에서 좌우로 통하는 문을 나서면 각각 3간의 통로를 거쳐 동·서 측실(側室)에 이른다. 동·서 측실은 다같이 정면 3간, 측면 3간의 정방형 평면이고 그 한 변의 길이는 6.9 m이다. 두 측실의 기단에는 따로 계단이 없으므로 그것들은 다 본채를 향해 있었으며, 동쪽의 것은 경루(經樓), 서쪽의 것은 종루(鐘樓)로 사용한 것으로 추측된다.

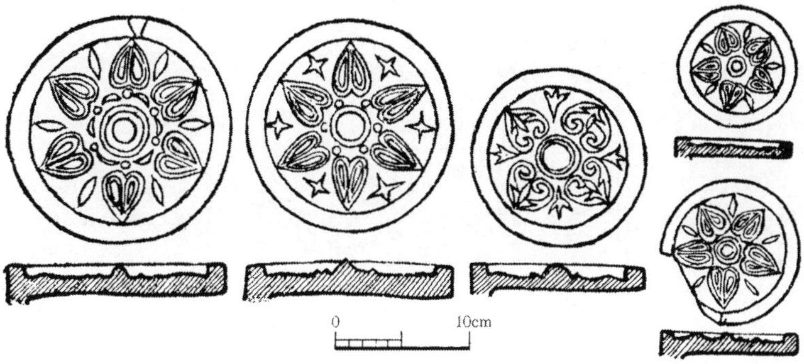

그림 120.
용천부 출토 기와

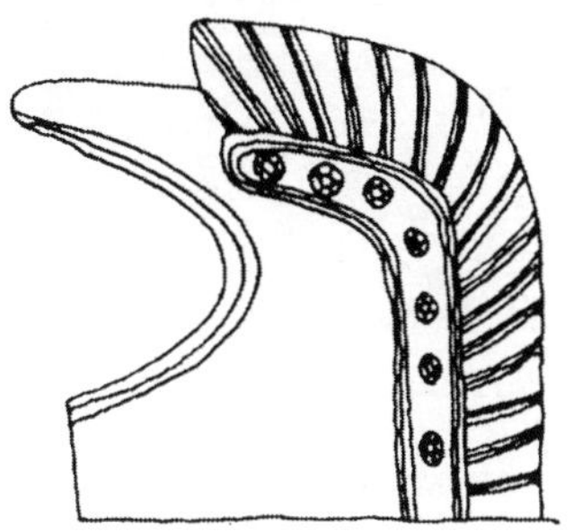

용천부 제1궁전지 출토 치미

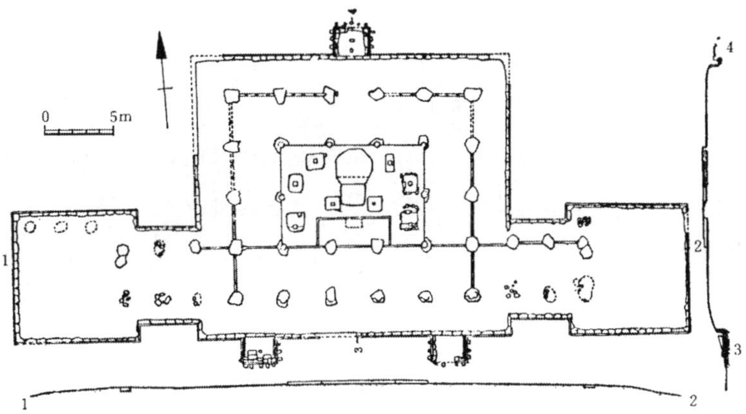

그림 121.
용천부 제1호 사지의 금당지

용천부 제1사지에서는 녹유(綠釉)를 바른 치미와 귀면(鬼面) 기와, 발해의 기와들이 많이 나왔다. 이것은 이 건물이 매우 화려한 건물이었다는 것을 보여 준다. 본채 주춧돌의 배치와 거기에서 출토된 귀면기와 위치에 비추어 볼 때 본채는 2중의 우진각 지붕이었으며 측실(側室)들은 네모지붕이었던 것으로 추측된다.

발해 불사(佛寺)들의 건물배치 형식에 대해서는 아직 사지(寺址) 전체를 다 발굴한 예가 없으므로 정확한 것은 알 수 없다. 다만, 상경 용천부의 제5사지와 제6사지를 시굴(試掘)한 결과를 가지고 얼마간 추측해 볼 수 있는데, 이 두 사지에서 공통적으로 남쪽에 대문이 있고, 북으로 가면서 마당을 거쳐 금

그림 122.
용천부 제9호 사지의 금당지

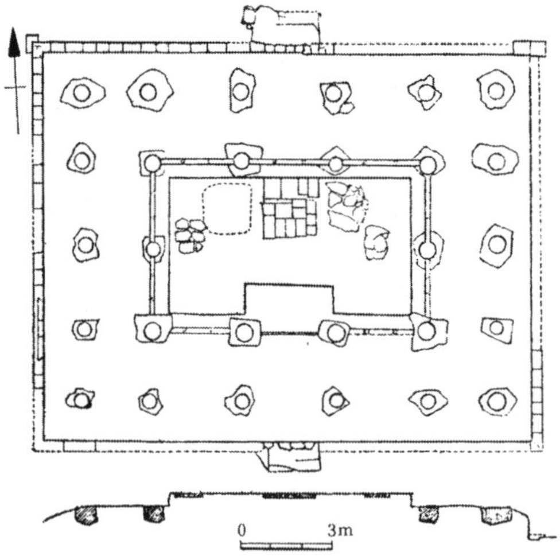

당(金堂)과 강당(講堂)이 차례로 놓였으며, 마당 좌우에도 건물지(建物址)들이 있다. 지금은 없어졌으나 탑은 아마 이 마당 가운데에 있었을 것이다. 그러고 보면 발해의 불사들은 첫째로 남북 일직선상에 문, 탑, 당(堂)을 놓는 형식으로 배치되어 있었다고 생각된다. 혹시 2탑식도 있지 않았겠는가 하는 것을 생각할 수 있으나 그것은 앞으로 밝혀야 할 문제이다.

길림성(吉林省) 장백현(長白縣) 서북쪽에 위치한 탑산(塔山)에는 영광탑(榮光塔)이라 칭하는 전탑(塼塔)이 있다. 이 탑은 높이 12.86 m의 5층탑이며 내부에는 공간이 있어 상하로 연결되어 있다. 탑은 밑에 기단이 없으며 굄 같은 얕은 석축이 있고 상륜부분과 찰주(擦柱)를 갖고 있는 큰 규모의 전탑이다.

그림 123.
영광탑

각 층의 탑신에는 우주(隅柱)의 표현이 없으며 중앙에 감실이 있다. 옥개의 상하에는 층단이 있어서 전탑의 특색이 나타나 있으며, 각 층 추녀 위에 반전된 형태는 특이하다. 탑 밑에는 묘실이 있어서 묘탑의 성격을 띠고 있다. 이 탑의 형태는 기본적으로 통일신라시대 전탑과 동일한 점이 매우 주목된다.

발해의 불사들에는 석등이 있었다. 석등은 한국의 석탑과 마찬가지로 특별하게 발전한 석조물이다. 상경(上京) 용천부 제2사지(그림 108 참조)에 있는 상경 석등(石燈)은 발해 사람이 만든 석등 중에서 가장 훌륭하고 아름다운 것이다.

상경 석등은 8각 평면의 지대석(地臺石)과 그 위에 복연화문을 조각한 하대석, 배흘림을 갖고 있는 묵직한 간석(竿石)이 매우 특이하다. 양연화문을 조각한 하대석(下臺石) 위에 있는 화사석(火舍石) 부분에는 8각 정자를 본떠서 만든 8개의 기둥과 그 위에 공포(栱包)들이 표현되어 있으며, 또한 기와 모양을 조각한 8모 지붕, 그 위에 층층이 뻗어 오른 정상부의 장식 등으로 발해의 건축과 조형예술을 연구하는데 귀중한 자료가 된다. 상경 석등에는 크기를 점차적으로 줄인 체감법, 서로 잘 어울리게 한 대조수법을 비롯하여 여러 가지 건축적 수법들이 재치있게 적용되어 있으며, 황금비 등 합리적인 비례관계들을 찾아볼 수 있다. 뿐만 아니라 석등의 평면과 입면은 원, 삼각형, 사각형, 팔각형 등 기하학적 도형들을 결합하는 도식적 방법에도 잘 부합되고, 그 시공이 정밀하므로 여기에서 발해 시대의 건축에 쓰던 척도인 발해척(渤海尺)의 크기(35 cm 안팎)도 알 수 있게 한다.

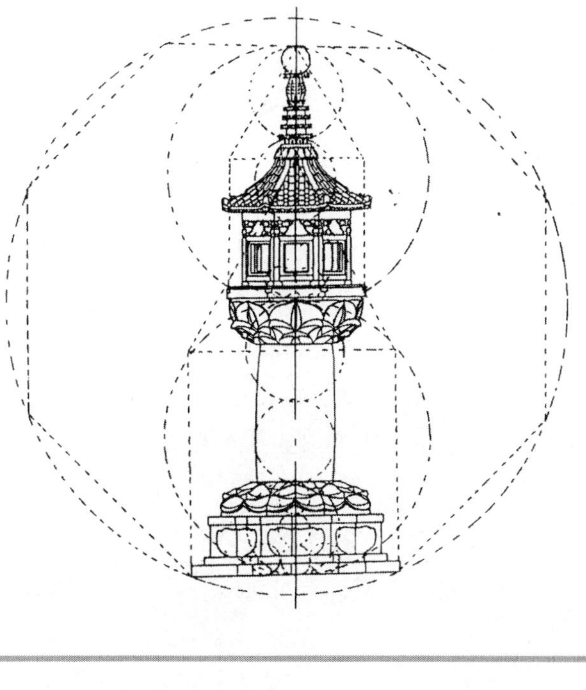

그림 124.
용천부 상경 석등 비례 분석도

상경 석등은 발해 사람들이 고구려의 훌륭한 문화유산을 계승하고 이것을 발전시켜서 아름답고 훌륭한 석등형태의 전형을 만든 것으로서 높이 평가되며, 그 후에 고려는 물론이고 요(遼)와 기타의 국가들에게 석등과 석탑제작에 있어서 긍정적인 영향을 미치는 역할을 하였다고 생각된다.

이상 살펴본 건축지(建築址)와 시설의 유적은 목적과 용도가 다른 건축물의 구조와 그 특징을 잘 나타내고 있었다. 건축물의 양식과 구조, 장식내용과 기법 등이 다양하며 조화를 갖고 있는 점에서 발해(渤海)의 건축문화는 매우 높은 수준의 것임을 알 수 있다. 발해 건축의 특징은 웅장하고 아름다우며 견고하였음을 보여 준다. 특히, 녹유(綠釉)를 입힌 기와를 사용하고 녹유의 주좌장식와(柱座裝飾瓦)를 사용하여 기둥의 밑 부분을 장식한 것은 다른 곳에서 볼 수 없는 고유한 것으로 높이 평가할 수 있다. 또한 전(塼)의 이음새와 돌의 맞춤새 등 특수한 고안을 하여 안정성있게 건축한 점 등은 독특하다. 이와 같이 발해 건축은 고구려의 건축기술을 계승 발전시켜 훌륭한 건축문화를 형성하였다고 생각된다.

(3) 정 원

용천부 궁성에는 동쪽 구역에 정원지가 있다. 동쪽 구역은 남북의 길이 720 m, 동서의 폭이 213 m이다. 이 구역 북쪽에는 담장이 둘러 있는 작은 정원이 몇 개 있고, 그 남쪽에는 연못을 만들고 축산(築山)을 하여 누정(樓亭)들을 배치하였던 아름다운 발해의 정원지가 있다. 용천부 궁성 정원은 뒤쪽이 높고 앞쪽으로 완만하게 경사를 갖게 만들었다. 북쪽 중앙에 누각지(樓閣址)가 있고, 그 앞에 연못이 놓여 있다. 연못 속에는 2개의 섬이 있고 8각 유리정(瑠璃亭)이 서 있었으며, 못가에 좌우대칭으로 축산이 되어 있으며, 못 남쪽 넓은 곳에는 건물지들이 있다.

정원 북쪽 중앙에 있는 누각지는 동서 길이 24.15 m, 남북의 폭이 13.8 m이며, 외진(外陣)에는 동서에 각 8개, 남북에 각 6개의 초석(礎石)이 있으며 내진(內陣)에는 동서에 각 3개, 남북에는 각 6개의 초석이 있다. 내진 안쪽에는 초석이 없다. 이 건물의 남쪽에는 3간×2간의 문간이 있었으며 건물의 좌우에는 장랑지(長廊址)가 있고 그 끝에 소정지(小亭址)가 있다. 초석의 간격은 모두 3.45 m였으며, 그 규모와 위치로 보아서 정원중심에 있었던 누각지로 추정된다.

이 누각의 정면에 있는 2개의 섬은 높이 약 2.7 m, 기부(基部)의 지름 30 m, 정부(頂部) 지름 9 m 정도가 되는 것으로, 섬 위에는 8각정의 집터가 있다.

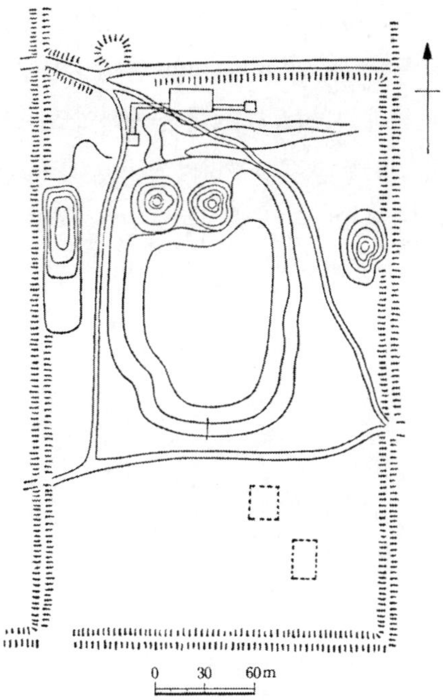

그림 125.
용천부 궁성 정원지

여기에서는 녹유(綠釉)의 연화문 주좌장식와(柱座裝飾瓦), 녹유와(綠釉瓦) 및 와당(瓦當) 등과 도금된 금속편들이 수없이 출토되었다. 따라서 이 정자의 기둥 밑에는 아름다운 주좌 장식기와가 사용되고 금빛이 찬란한 금속으로 장식되었으며, 지붕 꼭대기에는 보주(寶珠)가 있고 녹유와로 덮인 아름다운 건물이었을 것으로 추측된다. 8각정의 원형 모양은 외성(外城)의 제2호 사지(寺址)에 있는 상경 석등(石燈) 모양에서 추측이 가능하다고도 생각된다. 동서 2개의 섬 밑에는 다리가 놓였던 자리가 있다.

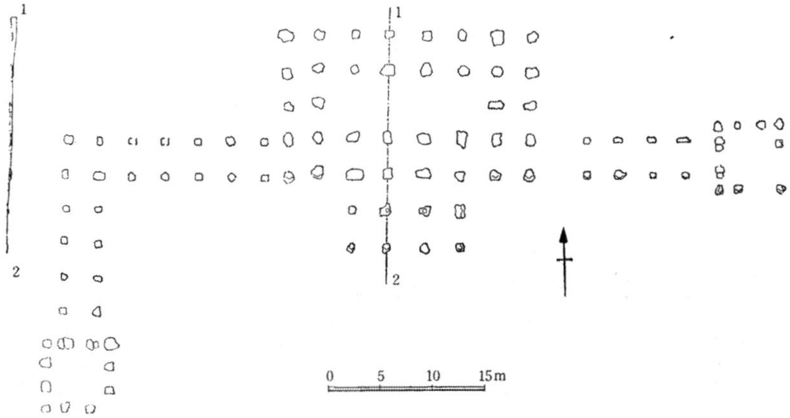

그림 126.
용천부 궁성 정원 누각지

못의 좌우에는 축산(築山)이 있다. 2개의 섬과 이 축산들은 못을 파낸 흙으로 만들어진 것이다. 동산에는 기화(奇花)의 진목(珍木)을 심었던 것으로 생각된다. 못 남쪽에는 초석과 와편(瓦片)들이 산재하여 있으므로 건물들이 서 있음을 짐작하게 한다. 이 정원은 고구려의 안학궁(安鶴宮) 안의 정원지 또는 통일신라의 안압지(雁鴨池)의 유적과 상통하는 점이 많으며, 발해의 궁원(宮苑) 역시 고구려와 신라의 전통을 계승한 것이라고 생각된다.

4. 분 묘

발해의 분묘는 길림성(吉林省) 돈화현(敦化縣) 육정산(六頂山), 화용현(和龍縣) 북대(北大), 흑룡강성 영안(寧安) 삼령둔(三靈屯), 남양(南陽) 및 대주둔(大朱屯) 등에 있으며, 여기에는 발해시대의 고분들이 수없이 많다.

육정산은 돈화현성(敦化縣城)의 남쪽 약 5 km 되는 곳에 있는 낮은 산이다. 이 산은 동서로 펼쳐진 6개의 봉우리로 되어 있으며 그 속에는 그윽하고 조용하며, 남향을 한 넓은 산기슭이 두 곳에 있어 고분이 매우 많이 자리 잡고 있다. 서쪽의 것은 제1고분군, 동쪽의 것은 제1고분군이라 칭한다. 제1고분군 속에 문왕(文王)의 딸인 정혜공주(貞惠公主) 분묘가 있다.

삼령둔의 고분군은 상경 용천부의 북쪽에 있다. 이 곳에 있는 분묘는 현재 알려진 발해 고분 중에서 규모가 제일 크고 훌륭하므로 왕릉(王陵)으로 추측된다. 정혜공주와 삼령둔 고분은 발해의 대표적인 분묘이다.

정혜공주 분묘는 경사면을 정지한 다음 돌을 쌓아 묘실(墓室)을 만들었으며, 연도(羨道)와 주실(主室)로 되어 있다. 주실은 사각형으로 그 길이와 폭은 2.7~2.9 m이며 남아 있는 벽 높이는 1.5 m이었다. 2단의 삼각형 모서리 내쌓기를 하였으며 천장정석(天障頂石)을 놓았다. 현재의 상태는 수복(修復)된 것으로 당초와는 다르지만, 그 구조형식은 본래 것과 흡사하게 만든 것이다. 현재 천장 높이는 약 2.4 m이며 주실(主室) 남쪽 중앙에 폭 1.1~1.2 m, 길이 약 2 m의 연도(羨道)가 있고, 연문(羨門)은 절석(切石)으로 막아 놓았다. 연도와 주실의 벽에는 회를 바른 흔적이 있어 원래 묘실이 깨끗이 회를 바른 것으로 생각된다. 주실 바닥에는 전(塼)이 깔려 있었다. 고분의 배치는 서남향이고 묘위에는 흙으로 덮었다.

삼령둔(三靈屯) 고분은 묘실이 반지하식으로 되어 남쪽을 향한 분묘이다. 묘실은 연도와 주실로 되어 있으며, 현무암을 장방형으로 잘 다듬어서 견고하

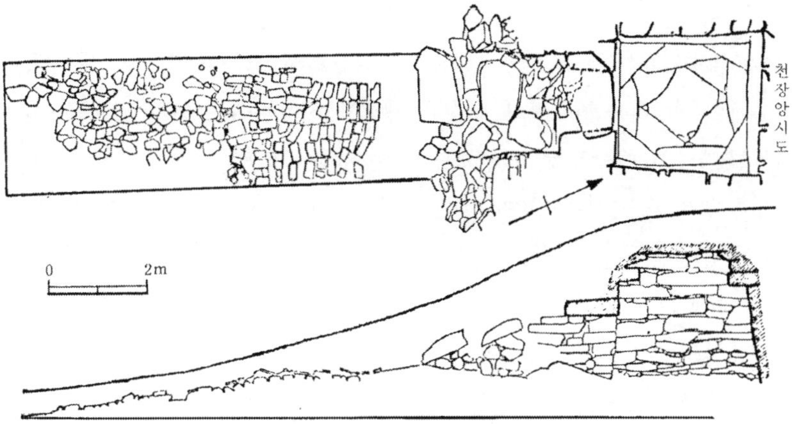

그림 127.
정혜공주 분묘
평면과 단면도

게 쌓았다. 표면에는 회를 바른 흔적이 있다. 주실은 길이 3.9 m, 폭 2.1 m, 높이 2.4 m이며 남쪽 벽 중앙에 연도가 있다. 연도는 길이 4 m이며, 앞으로 나가면서 펼쳐져 있고 연문에서는 폭 2.09 m이다. 묘위에는 흙을 덮고 그 위에 기와지붕을 만든 것으로 추측되며, 현재 봉분(封墳) 위에는 다듬어진 초석(礎石)이 동서로 길게 열을 지어 4개씩 놓여 있고, 그 주위에 와편(瓦片)이 산재하였다.

고분의 주위에는 토담을 돌려서 묘역(墓域)을 만들었으며, 동서 123 m, 남북 121 m로 토담을 만들었고, 현재 남아 있는 토담의 높이는 약 1 m 정도이다. 이 묘역에는 녹유(綠釉) 기와를 비롯해서 발해의 기와편(蓋瓦片)이 많이 출토되어, 이 곳에 훌륭한 건물들이 서 있었음을 추측하게 한다.

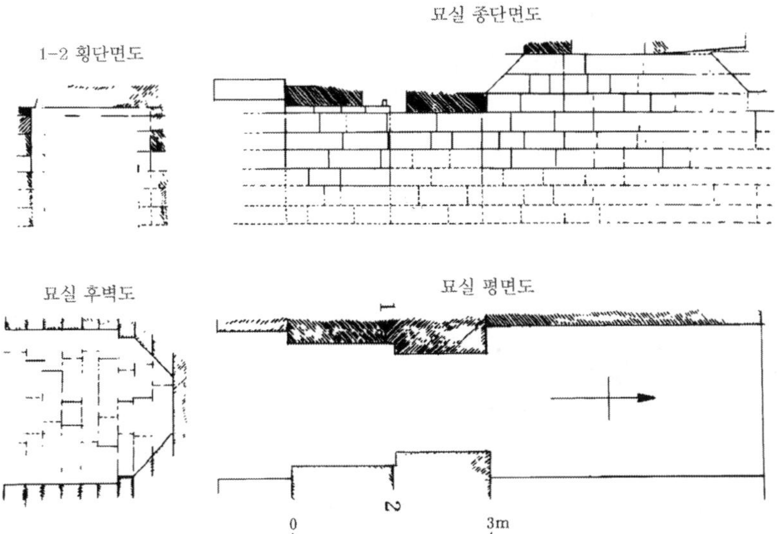

그림 128.
영안 삼령둔 고분
평면과 단면도

특히, 길림성(吉林省) 화룡현(和龍縣)에 있는 정혜공주(756~792) 분묘의 벽화가 밝혀져서 주목을 끌고 있다. 이 분묘에서는 묘지기, 시종, 주악하는 사람 등 12명의 인물들이 흑색의 선과 채색을 사용하여 그려져 있는데, 이들은 두건(頭巾)과 가죽장화를 착용하고, 아래 양옆이 트인 풍성하고 긴 단령(團領)의 두루마기를 입고 허리띠를 맨 모습을 하고 있다. 이러한 복식(服式)은 고구려 후기의 전통을 계승한 것으로 믿어지는데, 이와 비슷한 복식이 일본의 성덕태자(聖德太子) 및 왕자상(王子像)에서도 볼 수 있어서 주목된다. 어쨌든 이 인물들의 기록적 성격, 측면관(側面觀) 위주의 표현, 통통한 몸매, 풍성한 옷차림 등에는 어딘지 고구려의 전통 및 당(唐) 시대 미술의 영향이 혼합되어 있는 것같이 감지되지만, 동서에 고구려나 당의 회화와는 구분되는 특성이 엿보임을 부인할 수 없다.

도판 48 발해 상경석등

도판 49
발해 와당(상경 제4궁전지 출토)

도판 50 발해 문양 전(상경 출토)

제13장 고려 시대개관, 도성계획 및 궁궐건축

1. 시대개관

고려 태조 왕건(王建)은 통일신라의 역사와 전통과 권위를 이어받게(太祖 18년, 935) 되었다. 북진정책을 써서 청천강(淸川江)까지 국경을 넓히고, 개성에 정도(定都)하여 한반도의 중부를 정치문화의 중심지로 만들어 한국 전토(全土)에 신흥의 기풍을 조성하였다.

태조(太祖)는 십훈요(十訓要)를 만들어서 불교를 국가대업의 근본으로 삼은 이념과 풍수지리설(風水地理說)의 존중, 사탑남조(寺塔濫造)에 대한 방지, 북방개척의 중요성 등을 강조함으로써 후대의 정치 및 사상면에 훈계가 되도록 하였다.

제4대왕 광종(光宗)은 당시 커졌던 귀족의 세력을 누르고 과거제도를 실시하여(광종 9년, 958) 문치주의(文治主義)로 전환시키고, 관료조직을 수립함으로써 고려의 왕권을 강화하였으며, 개경(開京)을 황도(皇都)라 부르고, 연호(光德, 峻豊 등)를 만들어 그의 위대한 뜻을 과시하였다. 과거제도의 실시로 상징되는 문치주의는 점차적으로 문신의 귀족세력을 대두하게 만들었으며, 왕실의 외척(外戚)으로서 정치를 좌우하는 명문세족(名門世族)이 나타나게 되었다. 중앙에는 문무양반(文武兩班)이 생기게 되었으며, 정치적 권력을 독점하게 된 귀족들은 농장(農莊)을 만들어서 그들의 경제적 기반을 형성하게 되었다.

고려는 건국 후 얼마 안 되어 대외적으로 복잡한 환경에 놓이게 되었는데, 그것은 북송(北宋)이 중국을 통일할 뿐만 아니라, 거란(契丹)이 만주를 근거로 대두해서(916) 북송과 대립하는 새로운 형세에 놓이게 되었기 때문이다. 거란은 문화적으로 북송보다 후진된 나라였으나 군사적으로는 강하였으므로, 고려는 북송에 대한 문화적 욕구에 따른 친송정책(親宋政策)과 거란의 군사적 압력의 중간에서 고민하여야 하는 곤경에 빠지게 되었다. 성종(成宗) 12년(993)에는 거란의 제1차 침입이 있었으나, 서희(徐熙)의 훌륭한 외교적 활약으로 난국을 타개할 수 있었다. 현종(顯宗) 9년(1018)에 있었던 거란(후에 遼가 됨)의 제3차 고려 침입은 강감찬(姜邯贊)에 의하여 구주(龜州)에서 대파되고, 거의 전멸되다시피 되어서 거란의 고려에 대한 정복정책은 실패하였으며, 양국은 강화(講和)하여(1019) 평화적인 관계를 유지하게 되었다.

요(遼)와의 평화가 수립될 무렵, 새로 고려를 괴롭히게 된 것은 여진(女眞)이었다. 윤관(尹瓘)은 여진 사람들의 거주지였던 함흥평야와 백두산 이북 지방을 점령하고 1107년에는 여진을 정벌하기 위해서 9개소에 성을 쌓았다. 그러나 그 후 여진은 통일건국에 성공하여 국호를 금(金)으로 하였으며, 금은 요(遼)를 멸망시킬 뿐 아니라(1125), 북송의 서울 변경(汴京 : 開封)을 함락시키고, 송은 양자강(揚子江) 이남으로 쫓겨 가게 되어 남송(南宋)이라 칭하게 되었다.

금(金)은 고려에 대하여 종종 압력을 가해 왔으며, 당시의 이자겸(李資謙)은 자신의 정권을 유지하기 위하여 대외적 평화관계를 갖고자 금과 굴욕적인 외교관계를 맺게 되었다(인종 4년, 1126). 그러나 문화적 선진국인 남송과는 상인들의 내왕으로 무역관계가 계속되었으며, 개경(開京)의 주요항구인 예성항(禮成港)은 당시 국제항구로서 매우 번영하였다.

고려의 귀족세력의 대두는 필연적으로 그들의 상호항쟁을 가져오게 하였으며, 이자겸의 난(亂), 묘청(妙淸)의 난 등이 일어나게 되었고, 그 중에서도 가장 큰 것은 의종(毅宗) 24년(1170)에 일어난 무신(武臣)의 난이었다. 이 난은 문존무비(文尊武卑)의 기존체제에 반항하여 일어난 것으로, 정권이 문신으로부터 무신으로 넘어가게 되었으며, 무신은 중방(重房)을 중심으로 정권을 장악하게 되었다. 이 정권교체는 사회적인 혼란을 야기 시켜서, 무인 상호간의 정권쟁탈, 천민(賤民)들의 반란 등을 가져왔으나, 최충헌(崔忠獻)으로 비롯된 최씨 무인정권은 이 혼란을 수습하고, 독재의 기초를 확립하게 되었다. 그러나 얼마 안 되어서 몽고 침입에 의한 대외적인 시련을 겪게 되었다.

몽고의 제1차 침입이 끝난 뒤에 고종(高宗) 18년(1231) 최우(崔瑀)는 몽고와의 항쟁을 결심하고, 그 이듬해에 서울을 강화(江華)로 옮겼다. 이것은 바다를 두려워하는 몽고의 약점을 찌른 것이었다. 이러한 항몽정책(抗蒙政策)으로 고려는 몽고의 재침을 보게 되어, 전후 20여년간에 6차에 걸친 침입을 당하게 되었으며, 그 동안 강화로 들어간 귀족들은 안정된 환경 속에서 개경(開京)과 다름없는 호사스러운 생활을 계속하였으나, 육지의 일반국민들은 비참한 경우를 당하게 되어서, 인구는 줄고 농촌은 황폐해졌으며, 많은 문화재가 소실되었다. 그 후 최씨정권은 강화도에서 몰락하고(1258) 몽고와 강화가 결정되었으며, 개경에 환도(還都)한 다음부터 고려는 몽고의 지배하에 놓이게 되었다.

당시 몽고의 세조(世祖)는 국호를 원(元)이라 하고, 남송(南宋)을 멸망시켰으며, 유럽과 아시아 대륙에 걸친 대제국(大帝國)을 건설하였다. 고려는 원의 정동행성(征東行省)의 감시를 받는 공국(公國)으로 격하되었으며, 원의 부마국(駙馬國)으로서 왕권의 안전을 보장받게 되었으나, 원의 고려에 대한 경제적인 착취가 오랫동안 전란으로 시달린 국민을 많이 괴롭혔다. 그러나 그 후 몽고 자체가 뒤흔들리게 되자, 고려의 왕권도 운명을 같이하는 수밖에 없었다.

고려시대의 불교는 태조의 십훈요(十訓要) 이래로 많은 융성(隆盛)을 보았으며, 대각국사(大覺國師) 의천(義天)은 고려 초기 불교계에 새로운 혁신의 기운을 불러 일으켰다. 그는 송나라에 유학하여 정원(淨源)에게는 화엄(華嚴), 자변(慈辨)에게는 천태(天台)를 배우고, 교선상의(教禪相依)를 주장하여 교종(教宗)을 주로 하고 지관(止觀)을 중시하는 천태종(天台宗)을 개종하였다. 무신란(武臣亂) 이후 불교는 새로운 경향이 생겨서 선종(禪宗) 9산(山)의 종명(宗名)을 조계종(曹溪宗)이라 하고 진흥을 꾀하였다. 이 종풍(宗風)을 크게 일으킨 사람은 보조국사(普照國師)였다. 그는 점오돈수(漸悟頓修)로서 선(禪)을 주로 하는 선교조화(禪教調和), 정혜쌍수(定慧雙修)를 주장하였다.

그 후 원(元)으로부터 라마교(喇嘛教)의 영향이 들어오게 되었으며, 이와 아울러 요술을 쓰는 괴승(怪僧)들을 배출하여서 불교가 황폐해졌으나, 충숙왕(忠肅王) 때에 인도승 지공(指空)이 원에서 들어와 무생계(無生戒)를 전함으로 선계(禪界)에 새 바람을 일으켰다. 고려 말에 태고(太古), 나옹(懶翁) 두 사람은 원에 유학하여 태고는 임제(臨濟)의 간화선(看話禪)을 들여왔고, 나옹은 지공(指空)의 인가(印可)를 받아 와서 그의 제자들을 통하여 해동 조계종(海東曹溪宗)의 선풍(禪風)을 조선시대에 전해 주게 되었다.

이와 같이 선종의 융성은 세속적인 불교를 부인하여 현실세계와 유리(遊離)되어 갔으며, 한편 불교의 밀교적(密教的)인 요소와 도참사상(圖讖思想) 및 고유 민간신앙 등의 혼합경향이 민간에 침투하여 미신화한 민간불교를 형성하게 되어 사회적 물의를 자아내게 되었다.

고려시대의 전반기에는 과거제도를 비롯하여 국가 의례(儀禮)제도 등 유교문화의 제도적인 정비가 확산되어 갔다. 김부식(金富軾)이 『삼국사기』에서 보이는 유교적인 역사의 인식도 이 시대 유교사상의 심화양상을 보여 주는 것이라 하겠다. 고려 후반기 때는 안유(安裕)가 원(元)으로부터 주자학(朱子學)을 들여와서 새로운 학풍을 형성하여 활기를 띠었다. 예종(睿宗)은 고려의 역대 왕들 가운데서 도교 신앙이 가장 돈독하였으며 국가를 위채 소재초복(消災招福)하는 과의적(科儀的)인 도교행사가 확고한 지위를 차지하게 만들었다.

고려 말에 이르러서는 정치와 종교의 말기적인 사태에 덧붙여서 왜구(倭寇)가 창궐하여 해안지대의 기름진 땅을 무인지경으로 만들게 되었고, 대왜구(對倭寇) 작전에 두각을 나타낸 이성계(李成桂)는 위화도(威化島)의 회군(回軍)으로 정치실권을 장악해서 조선왕조를 건국하는 계기를 이루게 되었으며, 이씨의 역성혁명(易姓革命)은 공양왕 4년(1392)에 이루어지게 되었다.

고려시대는 정치와 문화의 발전과정에 따라서 다음과 같이 구분해서 고찰해 볼 수 있다. 즉, 고려 태조 때부터 시작하여 금(金)과 대외적 평화관계를 갖게 된 인종(仁宗) 4년(1126)까지의 190여년간을 고려 초기로 생각할 수 있다. 고려 초기에는 통일신라의 예술문화를 그대로 계승하였고, 불교의 존숭과 아울러 주로 북송의 문화영향과 일부 요(遼)의 문화영향을 받아서, 모든 제도 및 문물(文物)에 많은 발전을 보아 문화가 백화난만(百花爛漫)하였다.

초기의 말경에 개경(開京)에 왔던 송사(宋使)의 한 사람인 서긍(徐兢)이 고려의 문물을 높이 평가한 것도 이 때의 일이었으며, 「고려 공장(工匠)의 기술은 지극히 정교하며, 그 뛰어난 재주를 가진 자는 모두 관청에 귀속된다」라고 기록되어 있다. 고려 공기(工技)는 탁월하였으며, 모든 공예는 관(官)에 귀속되었고 건축공사를 주관하던 장작감(將作監)은 그 부서의 하나였다. 초기에는 통일신라시대부터 사용되어 오던 일반목조 건축형식을 바탕으로 북송(北宋)과 요(遼)의 건축형식의 영향을 일부 받아서 형성된 고려 주심포(柱心包) 제1형식이 사용되었다. 건축물의 대표적인 유례로는 안동 봉정사(鳳停寺) 극락전(極樂殿)과 예천 개심사(開心寺) 5층 석탑 등이 있다.

고려 중기는 1126년에서부터 시작하여 원과 강화관계(講和關係)를 맺은 고종(高宗) 45년(1258)까지의 130여년간이다. 12세기 중엽을 전후한 반세기 동안은 태평기의 물질적 및 정신적 배경을 뒷받침으로 하여 동양에서 가장 우수한 고려청자가 제작되었다. 이 시기에는 중국의 예술문화 활동의 중심이 남방으로 옮겨짐에 따라서 남송의 복건(福建) 지방 건축형식의 영향이 한국에 전해지게 되고, 종래의 목조건축 형식에 혼합되어서 형성된 고려 주심포 제2형식이 사용되게 되었다. 이 시기의 대표적인 건축물 유례로는 영주 부석사(浮石寺) 무량수전(無量壽殿), 예산 수덕사(修德寺) 대웅전과 남계원지(南溪院址) 7층 석탑 등을 들 수 있다.

고려 후기는 1258년부터 조선의 역성혁명(易姓革命)이 일어난 1392년까지의 130여년간으로서, 이 시기에는 강대한 원나라의 세력권 안에 포함되게 되어, 그 세력으로 말미암아 몽고의 풍속, 문물제도들이 들어와서 문화의 순수성이 저하되었다. 충렬왕(忠烈王) 이후로는 국세(國勢)가 날로 기울어져서 문화도 점점 쇠퇴하였으며, 예술문화 활동의 원동력이었던 불교자체가 타락 부패함으로써 순수하고 기력(氣力)에 넘치는 예술문화를 만들지 못하였다. 이 시기에는 원의 영향으로 대륙에서 일반적으로 사용되었던 다포식(多包式)의 건축수법이 사용되게 되었다. 이 시기의 건축물의 대표적 유례로는 연탄(燕灘) 심원사(心源寺) 보광전(普光殿)과 경천사지(敬天寺址) 10층 석탑을 들 수 있다.

고려시대는 불교의 선종사상(禪宗思想)의 영향으로 말미암아 문화와 예술이 객관적 형식에 구애되지 않고, 주관적 심성(心性)을 고조하는 동기를 이루게 되었으며, 이와 아울러서 왕위무상(王位無常), 병란(兵亂)의 빈발, 귀족의 쟁패(爭霸) 및 횡포 등으로 사회적인 불안은 국민생활에 소극적이며 허무적인 경향을 초래하여서, 식재연명(息災延命)과 적멸위락(寂滅爲樂)을 소원하게 되었다. 따라서 고려의 예술은 명랑한 이상적인 순수성이 적어지고, 정서에 살고 형이상(形而上)에 젖은 낙극(樂極)의 애조(哀調)와 적조(寂照)의 기운을 다분히 나타내게 되며, 한국 예술문화의 일부 특징을 이루는 적조미(寂照美), 정적미(靜寂美)가 구체적으로 형성되게 된 것이 이 시대부터였다고 생각된다.

2. 도성계획

고려의 국도(國都) 개성(開城)은 태조 2년(919)에 정도(定都)하였으며, 북쪽에는 송악(松嶽)을 등지고, 남쪽에 용수산(龍峀山)을 바라보는 분지에 자리잡은 도성(都城)으로서, 고려가 개국되기 22년 전에 왕건(王建)이 궁예(弓裔)의 지시를 받아 이 곳에 발어참성(勃禦塹城)을 축조하였고, 이 듬해부터 궁예가 전후 8년간이나 도읍하던 곳이었으며, 그 후는 왕건이 성주(城主) 노릇을 하던 그의 연고지였다. 발어참성의 옛터는 지금 분명치 않은 곳이 많으나, 만월대(滿月臺) 뒷산에서 서편으로 펼쳐진 자리와 동편으로 펼쳐진 자리에 그 흔적이 남아있었다. 예전 송도(松都) 고등학교 목장에서 송고 실업장 서쪽 경계를 지나서 남으로 남성병원(南星病院)이 있는 산을 돌아가는 줄기가 그 옛터로 생각되고, 만월대에서 보이는 앞에 막힌 고개 언덕이 발어참성의 남쪽 부분이었던 것으로 추측된다고 한다.

고려 태조가 개성에 정도(定都)한 것은 이 곳이 민리(民利)와 안보에 적합한 조건을 갖고 있었고, 자가세력(自家勢力)의 근거지였던 까닭이라고 생각되며, 특히 통일신라 말기에 국가 및 개인의 현세적 이익과 행복을 희구할 목적으로 대두된 풍수지리설에 많은 영향을 받았던 것으로 생각된다.

도선선사(道詵禪師 : 826~898)가 만들었다고 하는 풍수도참설(風水圖讖說)은 당(唐) 말기에 일행(一行) 선사에 의하여 형성된 중국의 감여설(堪輿說)과 한국 고래의 샤머니즘적인 점정요소(占定要素), 불교의 선근공덕(善根功德) 사상, 도교(道敎)의 음양오행(陰陽五行) 사상 등이 결합된 것이다. 지형과 지세가 국가나 개인의 길흉(吉凶)과 밀접한 관계가 있는 것으로 설명하고, 자리에는 쇠왕순역(衰旺順逆)이 있어 순하고 왕성한 곳, 즉 명당(明堂)을 택하여 양택(陽宅 : 주거)이나 유택(幽宅 : 분묘)을 만들면 국가나 개인이 복리를 누릴 수 있다고 생각하는 것이다. 이 풍수도참설은 고려 초부터 널리 믿어지게 되어서 많은 영향을 미쳤고, 후에는 일상생활의 지도원리로 생각하게 되었다. 실상 이 풍수사상은 미신적 추복기원(追福祈願)의 요소를 제거한다고 하면, 자연에 적응하고 귀화(歸化)되려는 정신의 발로라고도 생각될 수 있겠다.

의종(毅宗) 때 김관의(金寬毅)가 만든 편년록(編年錄)에는 고려의 발상(發祥)과 개성지리(開城地理)에 대한 설명이 전부 풍수설에 의하여 설명되어 있으며, 또 인종(仁宗) 때 왔던 송사(宋使)의 한 사람인 서긍(徐兢)이 만든 고려도경(高麗圖經)에도 그와 같이 기록되어 있어서, 후대에 만든 설명들이기는 하나 개경(開京)의 지리와 만월대(滿月臺) 궁궐의 위치는 풍수설에 잘 맞고 있음을 알 수 있다.

고려 태조가 처음 왕궁을 창건하였을 때의 주위 2600간이 되는 궁성을 만들었다고 하며, 궁성외부에 있는 모든 관청 및 시민부락을 포함하는 외성(外城)은 축조하지 않았고, 방리(坊里)를 정하여 5부(部)로 나누어 시전(市廛)을 두었던 것으로, 도성은 자연지형과 그 기능에 따라 비교적 자연스러운 형상으로 발전하게 되었다.

그 후 거란의 내구(來寇)가 거듭됨에 따라 강감찬(姜邯贊)의 주청(奏請)으로 현종(顯宗)이 이가도(李可道)에 명하여 외성을 축성(築城)하게 되었으며, 전후 21년이 걸려 현종 20년(1029) 8월에 완성하였다. 개경(開京)의 외성은 전부 토성으로 만들었고 성 둘레 길이 29,700보(步), 낭무(廊廡)가 13,000간, 높이 27척, 두께 12척이라 하였으며, 성 주위에는 대문 4개, 중문 8개, 소문 13개가 있었다. 이 공사에 징발된 장정(壯丁)이 344,000명에 달하였다고 한다. 이 외성 안에 포함된 관청 및 시민부락은 동서남북 및 중부(中部)의 5부와 35방

(坊) 344리(里)로 되었다.

고려도경(高麗圖經) 성읍국성조(城邑國城條)에 의하면 「그 성 주위가 60리 이고 산이 둘려 있으며, 모래와 자갈이 섞인 땅인데 그 지형에 따라 성을 쌓았다. 밖에 참호와 여담(女墻)이 없으며 낭무가 있다」라고 기록하였다. 외성지(外城址)를 돌아보면 곳곳에 토사(土砂)로 만든 성터가 산세를 좇아서 구불구불 굴곡하고, 밖으로 참호가 없으며, 성벽에 여담이 없다. 성 줄기 위에는 돌자갈이 많이 산재되어 있어서 낭무가 있었던 자리로 추측되며, 성의 동남부나 서남부 같은 곳은 낮은 것을 알 수 있었다고 한다.

고려도경과 중경지(中京誌)에 의하면, 고려 중기 이후 외성에는 정동(正東)에 숭인문(崇仁門), 동남에 보정문(保定門)과 수구문(水口門), 정남에 고남문(古南門), 서남에 승전문(勝戰門), 정서(正西)에 오정문(午正門), 정북(正北)에 북성문(北城門), 동북에 탄현문(炭峴門)이 남아 있었다고 한다. 선의문(宣義門)은 왕성(王城)의 정문으로 왕과 사신의 출입에 사용되었으며, 누문(樓門)으로 되어 있어서 옹성(瓮城 : 성문 앞을 방어하기 위하여 그 주위를 옹위한 성)을 가지고 있었으며, 가장 크고 화려한 장식을 많이 하였고, 그 중앙의 문은 왕과 사신이 출입 때에만 개방하였으며, 다른 사람들은 편문(偏門)으로 출입하였다고 한다.

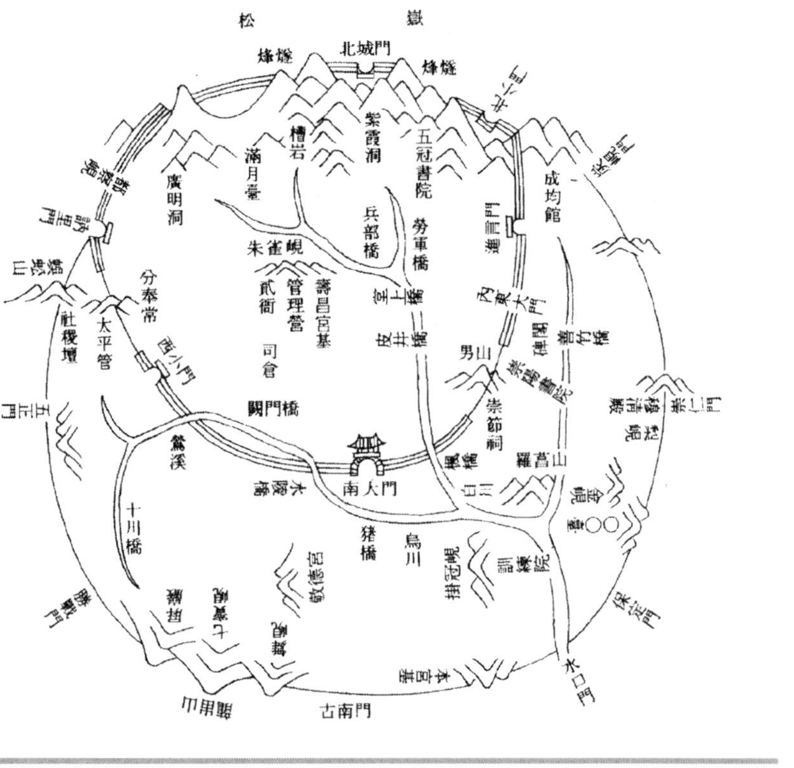

그림 129.
개 경 도

고려도경 성읍국성조(城邑國城條)에 의하면 「경시사(京市司)에서 홍국사(興國寺) 다리까지와 광화문(廣化門)에서 봉선고(奉先庫)까지 긴 행랑(行廊) 수백간을 만들었으며(중간 생략), 관부(官府) 궁사(宮詞) · 도관(道觀) · 별궁(別宮) · 객관(客觀)들이 모두 지형에 따라 여러 곳에 널려져 있다」 고 하였다. 또한 주요가로에는 장랑(長廊)이 연결되었으며, 모든 건물들이 지형에 따라 여기저기에 산재하고, 민가들은 수십 호씩 취락(聚落)을 이루어서 시민부락이 형성되고 있었음을 알 수 있다.

고려사의 고종세가(高宗世家) 19년조(1232)에는 「이 때 나라가 융성하고 태평한지 이미 오래되어 서울의 호수가 10만에 이르렀으며 도시가 번성하였다 운운」 이라 하였으니, 국력이 성장됨에 따라 도시가 많이 발전되어서 인구 50만 이상의 도시가 되었던 것을 알 수 있으며, 중경지(中京誌)에는 「고려 때 번성할 시기에는 서울 외성 안에 집들이 즐비하게 서 있어 오정문부터 서강에 이르기까지 집들이 연이어 서 있었다」 라고 하였으므로, 개성교외인 서강(西江)까지도 집들이 연속하여 서 있었음을 알 수 있다.

고려 태조는 평양을 매우 중요시하여 성을 쌓고 서경(西京)이라 하였으며, 「서경은 가장 융성하여 성시(城市)가 왕성과 대략 같은 모습이었다」 라고 기록되어 있으니, 개경 다음으로 큰 도성(都城)을 만들어서 이 곳에 국왕이 순주(巡住)하도록 하였다. 그 후 고려 초기 중엽에 들어서면서부터 지리도참설(地理圖讖說)에 의한 연기사상(延基思想), 즉 국도 개경의 지기(地氣)가 쇠하여 왕업(王業)이 길지 못할 우려가 있으므로, 기업(基業)의 연장을 위하여 지기가 왕성한 길지(吉地)를 택해서 이경(離京)을 만들고 순주하여야 한다는 사상이 대두되어 인심을 지배하게 되었다. 성종(成宗)은 신라 고도(古都)인 경주에 동경(東京)을 설치하고, 문종(文宗) 20년에는 남경(南京)을 설치하게 되어 개경 이외에 삼경(三京)의 도읍을 갖게 되었다.

숙종(肅宗) 6년(1101) 9월에 남경 개창도감(開創都監)을 두고, 지리를 선택하여 백악(白嶽) 남쪽인 지금 서울에 건도(建都)하게 되었으며, 그 때의 남경궁지(南京宮址)는 경복궁보다 북쪽인 신무문(神武門) 뒤인 청와대 부근이었던 것으로 추측되고 있다. 이 때의 남경범위는 동쪽은 낙산(駱山), 서는 안산(鞍山), 북은 백악(白岳), 남은 신용산(新龍山) 끝에 이르렀으며, 이 때는 궁성(宮城)만 만들었고 외성은 없었던 것으로 생각된다.

고려 중기 말엽에는 몽고의 침략과 병화(兵禍)를 피하고 장기항전을 하기 위하여 강화도에 강도(江都)가 만들어졌다. 천도에 앞서 고종(高宗) 19년(1232) 6월에 궁궐을 지었고, 천도한 후 개경(開京)에 준한 본격적인 궁궐과 관청들이 영조(營造)되었다. 강도의 도성을 송악(松嶽) 아래 만월대(滿月臺)와 흡사한 지형을 택하여 궁궐을 지었으며, 내성(內城), 중성(中城), 외성(外城)의 3중으로 되어 있었고, 여지승람(輿地勝覽)의 기록에는 내성은 둘레 3874척으로 조선시대의 내성과 일치한다고 하며, 중성은 둘레 17,760척, 외성은 토성(土城)으로 둘레 37,070척이었다고 한다.

고려 말 공양왕 3년에는 왜구에 대비하기 위하여 개경의 내성 축성이 시작되었으나, 그 후에 중지되었다가 고려조가 망하고 조선 태조 2년에 옛터에 따라 석축(石築)으로 된 내성을 완성하게 되었다. 지금 서쪽 눌리문(訥里門)으로부터 송악으로 올라가는 부분과 성균관(成均館) 서북으로 연결되는 석축성곽(石築城郭)은 이 때에 쌓은 내성지(內城址)의 일부분이다. 이 내성의 전체 둘레는 20리 40보 이었고, 그 때 만든, 남대문은 지금까지 남아 있으며, 눌리문, 북성문(北城門), 북소문(北小門)에 문홍예가 남아 있을 뿐, 다른 곳의 문지(門址)는 찾아볼 수가 없다.

개성 남대문은 개성에 내성을 쌓을 때(1391~1393)에 건축하였다. 내성에는 본래 남쪽에 남대문, 동쪽에는 동대문, 서쪽에 눌리문이었고, 그 밖에 진언문(進言門), 동소문, 서소문, 북성문 등 7개의 성문이 있었다. 그러나 지금은 남대문에만 문루가 남아 있다. 남대문의 문루는 여러 차례 보수를 거듭하여 오다가 1899년에는 크게 보수하였는데 1950년 12월 전화를 입어 소실되었으며 1954년에 원상태로 복구되었다. 문루는 정면 3간(13.63 m), 측면 2간(7.96 m)이다. 기둥은 돌기둥 위에 나무기둥을 이어 세웠다. 밑의 돌기둥은 높이 1 m이며 그 네 모서리를 죽였다. 그 위에 나무기둥은 듬직하게 생긴 배흘림이 있는 기둥이다.

주간(柱間)을 정면 가운데 간을 좀 넓혀 중심부분을 강조하였고 네 모서리의 기둥들은 귀솟음과 안쏠림을 갖게 하였다. 기둥 위에 창방과 평방의 양쪽 끝은 살짝 들려 있어서 건물이 훨씬 아름답게 보인다.

공포는 다포식(多包式)으로서 짧은 제공에 첨차를 맞추어 내외 2출목으로 짜 올렸다. 문루의 널마루는 가운데 한 간에만 깔고 내부 연등천장으로 하여 건물내부를 밝게 만들었다. 전체적으로 건물의 검소한 모습은 고려 말기와 조선왕조 초기 공포의 특징을 잘 나타내고 있다.

지붕은 겹처마의 팔작지붕으로 되어 있으며 용마루, 박공마루, 추녀마루, 지붕면이 모두 아름다운 곡선을 이루었다. 날아갈 듯이 가볍게 쳐든 추녀는 굳건히 서있는 몸체에 어울리게 경쾌한 모습을 보여 주며 우리나라 전통건축의 뛰어난 건축미를 잘 나타내고 있다. 문루에는 그 성격에 어울리는 단청을 하였다.

3. 궁궐건축

(1) 궁 궐

고려의 왕궁지(王宮址)인 만월대(滿月臺)에는 지금도 문지(門址)와 전지(殿址)들의 형적이 남아 있으며, 문헌기록을 참고하여서 당시의 건축의 면모를 살펴볼 수가 있다. 만월대는 송악 남쪽 기슭에 있는 높은 대지로 좌우에 구릉이 둘러 용호지세(龍虎之勢)를 나타내고, 그 앞에 주수(主水)와 객수(客水)가 합류되어 흐르며, 남쪽에는 주작현(朱雀峴)을 넘어서 멀리 진봉산(進鳳山)을 바라보니, 소위 사신상응(四神相應)하는 훌륭한 명당의 땅 이었다. 이 왕궁은 상례적으로 평지에 건축된 궁궐과는 달리 산기슭의 지형에 따라 높은 대지에 위치하며, 몇 개의 단을 형성하여 건축되었으므로 매우 특이하다.

고려도경(高麗圖經)의 기록을 보면, 「지붕들이 연이어져 있으며, 둥근 기둥에 모난 주두로 되어 있고, 단청과 장식이 아름다워 바라보면 담담하게 깊고 넓은 멋이 있다. 송악산 등성이에 의지하여 있어 길이 울퉁불퉁하고 걷기 어려우나 고목들이 우거져 있어 악사(嶽祠) 및 산사(山寺)에 가까운 모습이 있다」라고 되어 있어서, 송악산에 의지하고 고목이 우거져 있어 궁궐건축의 원경이 악사 및 산사에 가까운 감이 있었으며, 담담한 아름다움을 갖고 있었다고 하였다.

궁성 주위에는 13개의 문이 있으며, 그 중 정동(正東)에 있는 광화문(廣化門)은 주요가로와 연결되어 있었고, 건축의 규모제도가 외성정문(外城正門)인 선의문(宣義門)과 같았으나, 옹성(甕城)이 없고 장식은 더 화려하였다고 한다. 광화문의 위치는 전에 남성병원(南星病院)의 북쪽 기슭과 인삼 제조장 사이에 있는 광화교(廣化橋) 부근이라고 추측되나, 그 유지(遺址)는 찾아볼 길이 없다. 광화문을 지나서 서쪽으로 가면 궁궐의 정남에 있는 승평문(昇平門)에 이르게 되며, 이 곳에는 중루(重樓)와 그 좌우에 양관(兩觀)이 있었고, 3개의 문이 병렬하여 제도가 광대하고 문 4귀에 동화주(銅火珠)로 장식했었다고 하며, 좌우편에는 2개의 동덕문(同德門)이 있었다고 기록되어 있으나, 지금은 그 흔적을 찾아볼 수 없다.

이 곳을 지나면 주수(主水)가 되는 광명천(廣明川)이 서쪽에서 동쪽으로 흐르고 있었으며, 그 위에 돌로 된 만월교(滿月橋)의 형적이 남아 있다. 이 광명천 좌우에는 동락정(同樂亭)이 2개 있었으며, 낮은 담이 이를 둘러싸고 신봉문(神鳳門)까지 이르렀고, 신봉문은 가장 장대하고 훌륭하였다고 하며, 지금도 초석지(礎石址)가 남아 있다. 신봉문을 들어서면 넓은 앞뜰이 있으며, 동쪽으로는 세자궁(世子宮)으로 통하는 춘덕문(春德門), 서쪽으로는 왕이 거처하는 곳으로 통하는 태초문(太初門)이 있었으며, 북쪽으로 10여보 더 가면 창합문(閶闔門)이 있어 왕의 조서(詔書)를 받들어 맞이하던 곳이라 하며, 그 좌우에 승천문(承天門)이 있었다고 기록되어 있으나, 지금은 창합문지(閶闔門址)가 이완된 석단(石段) 위에 남아 있을 뿐이다.

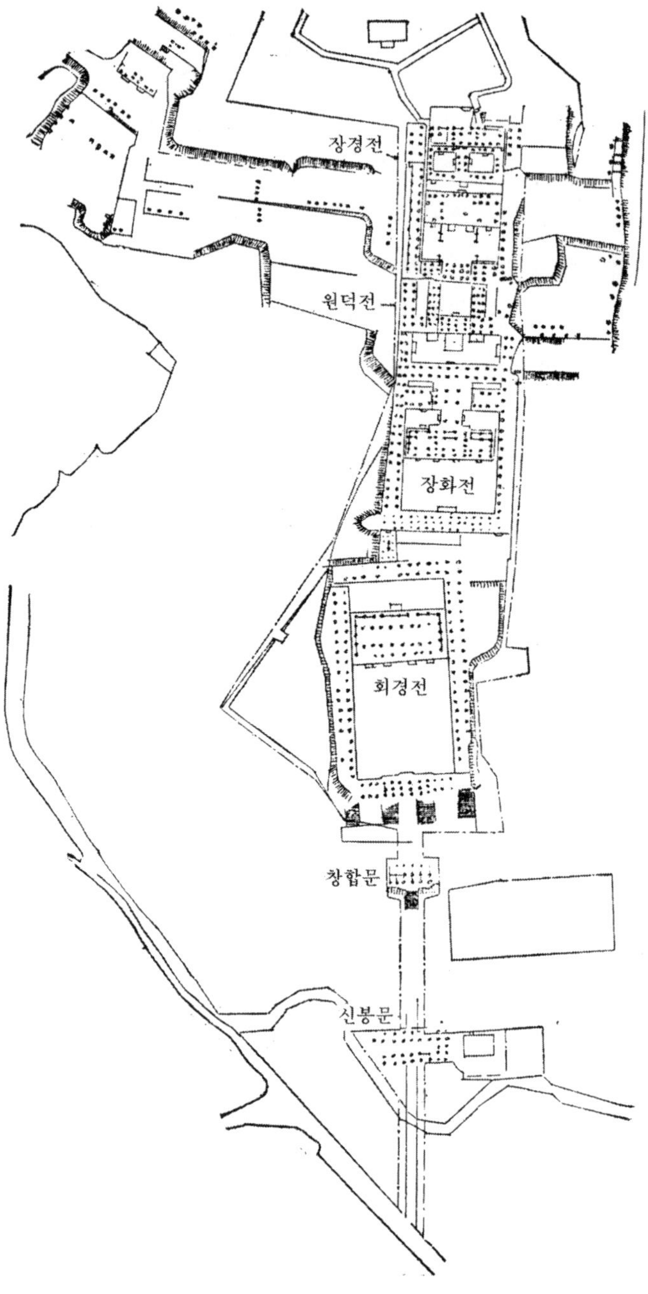

그림 130.
만월대 유적 평면도

이 곳부터는 지세(地勢) 때문에 중정(中庭)이 좁아지고, 정면에 50여척 되는 석단(石壇)과 3개의 석계(石階)가 있고, 그 위에 궁궐의 정전(正殿)과 그 문 및 회랑이 놓여 있었다. 전면 고대(高臺) 중앙에는 회경전(會慶殿)이 솟아 있어 3개의 문과 회랑이 병렬하고, 24개의 줄지어 서 있는 창들과 갑주를 입은 병사가 엄중히 경비하고 있었다고 기록되어 있다. 이 문은 정면 5간, 측면 3간으로 초석지(礎石址)가 완연히 남아 있다.

회경문을 들어서면 회랑으로 둘려 있는 정방형에 가까운 넓은 중정(中庭)이 있고, 그 정면에 회경전(會慶殿)이 장관을 이루었다. 동서에 2개의 계단이 있어 붉게 칠한 난간이 둘려 있고, 구리로 꽃무늬를 만들어 장식하고, 그 규모는 매우 커서 웅장하고 아름다움이 모든 건물 중에서 제일이었으며, 양측 무랑(廡廊)이 30간이 되었다. 후대에 와서는 밭으로 변해서 초석만이 남아 있어 당시의 평면을 알아볼 수 있을 뿐이며, 정면 9간, 측면 3간으로 중앙이 3간이고, 그 좌우는 2간씩 협실(夾室)이 되고, 그 사이에 각각 1간씩 조금 작은 주간(柱間)으로 연결되도록 되어 있던 것으로 생각된다. 서무랑(西廡廊)에는 회동문(會同門)이 있어 임천각(臨川閣)에 통하였다고 하며, 임천각은 누각(樓閣)과 같은 건물이었으나 수 만권의 장서가 있었다고 한다.

회경전 뒤에는 지세(地勢)가 더 높아진 곳에 장화전(長和殿)이 있어 동서에 회랑이 둘려 있었으며, 이 곳에는 진귀한 보물과 금 및 비단 등이 저장되어 있어서 경비가 엄하였다고 한다. 장화전 뒤 지세가 더욱 높은 곳에 원덕전(元德殿)이 있어서 규모는 크지 않았으며, 왕이 거처하는 곳이 아니고 유사시에 근신(近臣)들과 의결하는 처소로 사용되었다. 회경전 서북쪽에는 건덕전(乾德殿)이 있었으며, 회경전보다 규모가 작았고, 북쪽에는 침전(寢殿)인 만령전(萬齡殿)이 있어 규모는 작으나 장식이 화려하였다. 회경전의 동쪽에는 장령전이 있었으며, 그 북쪽에 연영각(延英閣)이 있어서 진사(進士)의 친시(親試)를 보는 곳이었다고 하고, 이 밖에도 원덕전 뒤에 장경전(長慶殿)을 비롯하여 여러 전각(殿閣)과 정사(亭榭)가 있었다고 기록되어 있다.

고려 초기에는 개경(開京)의 궁궐(滿月臺) 외에 서경(西京)에 태조 이래 장락궁(長樂宮 : 만수대 아래)이 있었으며 문종(文宗) 35년(1081)에는 장락궁에서 동서쪽으로 10여리 되는 명당인 곳에 좌궁(左宮 : 능라도 맞은편)과 우궁(右宮 : 대동 용산면)을 세우고 순어(巡御)하였고, 예종(睿宗) 11년(1116)에는 서경에 용언궁(龍堰宮 : 평양 박물관 위치)을 만들었으며, 고려 중기에 들어서서 인종(仁宗) 6년(1128)에는 대화궁(大花宮 : 대동 부산면 남궁리)을 만들었다.

의종(毅宗)은 오락과 풍류생활을 즐겼으며, 왕궁 동쪽에 이궁 수덕궁(壽德

宮)을 만들고, 의종 11년(1157)에는 민가 50여 호를 철거하고, 태평정(太平亭)을 지어서 화초와 기이한 과수들을 심어 아름답고 진기한 것들을 배열하고, 정남쪽에는 못을 파서 관란정(觀瀾亭)을 만들었다. 그 북쪽에는 양이정(養怡亭), 그 남쪽에는 양화정(養和亭)을 지었는데, 양이정은 청자기와로 덮고, 양화정은 종(椶)으로 덮었다고 한다. 또 옥석(玉石)을 갈아서 환희, 미성(美城)의 2개 대(臺)를 일으키고, 괴석(怪石)을 모아서 선산(仙山)을 만들며, 먼 곳에서 물을 끌어서 비천(飛泉)을 만드는 등, 매우 아름다운 정원을 만들었다고 한다.

명종(明宗) 4년(1174)에는 국도(國都) 주위에 삼산(三山) 또는 삼소(三蘇)를 숭배하는 경향이 생겨, 국가기업(國家基業)을 연장하기 위하여 좌소(左蘇 : 장단 白鶴山), 우소(右蘇 : 개풍 대성면), 북소(北蘇 : 황해 신계 郡村面) 등 삼소에 궁궐을 경영하고 순주(巡駐)하였다.

고려 후기 초에는 강도(江都)에서 개경(開京)으로 환도하게 되고, 충렬왕(忠烈王) 3년(1277)에 원(元)의 공장(工匠)을 초치하여 원의 궁전건축 형식을 본받아서 수녕궁(壽寧宮)을 짓고 궁궐로 삼았다. 그 궁 안에는 3층각이 지어지고 유리기와로 지붕을 덮었으며, 양전(凉殿)과 향각(香閣)이 있어서 초여름에는 모란, 작약(芍藥), 두견화 등이 피어 상화연(賞花宴)을 베풀었다고 한다. 그 후 충선왕(忠宣王)은 모후(母后)인 제국대장(齊國大長) 공주를 추복(追福)하기 위하여 수녕궁을 민천사(旻天寺)로 만들어서 고려 후기의 유명한 불사가 되었다.

공민왕(恭愍王) 19년(1370)에는 수창궁(壽昌宮) 옛터에다 다시 궁궐을 조영(造營)하였다. 원래 수창궁은 만월대 궁궐 다음가는 규모를 가진 것으로, 역사기록에 비로소 보이기 시작한 것은 현종(顯宗) 2년 때부터였으나, 전쟁으로 소실되었다. 우왕(禑王) 7년에 이 궁을 다시 조영하기 시작하여 우왕 10년에 준공하였으며, 이 곳은 후에 이성계가 등극(登極)한 곳으로 조선 초기에 일시 궁궐로 사용되었다.

(2) 와당 및 전

궁궐과 불사건축에 사용되었던 고려시대의 와당(瓦當) 및 전(塼)들은 개성 만월대(滿月臺)와 평양의 대화궁(大花宮) 및 주궁지(珠宮址)와 개성을 중심으로 하여 산재하는 불사지(佛寺址) 등에서 발견되어, 당시의 건축 모습을 추측할 수 있게 한다. 초기의 와당(瓦當)은 대체로 신라 형식을 계승한 것이 사용되었다. 만월대에서 발견된 연화문의 수막새 기와에는 주연(周緣)에 주문(珠文)을 돌리고 그 안에 비교적 풍만한 8개의 연꽃잎을 만들었으며, 그 안에 있는 중앙 씨방(子房) 주위에는 심(芯)을 돌렸다. 당초문(唐草文)과 쌍봉문(雙鳳文) 또는 귀면문(鬼面文)으로 된 수막새 기와의 예도 있다. 암막새 기와에도 통일신라 형식과 흡사한 당초문, 보상화문(寶相華文)이 사용되었고, 수면(獸面)을 나타낸 와편(瓦片)은 매우 기교가 뛰어난 것임을 알 수가 있다.

고려 초기의 와당은 통일신라 형식을 따라서 그 문양이 활력이 있고, 디자인 구성이 훌륭해서, 통일신라의 와당에 비해 그다지 손색이 없던 것으로 생각된다. 고려시대에도 치미(鴟尾)와 귀면망와(鬼面望瓦)가 사용되었던 것으로 그 잔편(殘片)이 많이 발견되었다. 송(宋)의 영향으로 지붕추녀 마루에 잡상(雜像)이 사용되게 되어 그 잔편이 발견되었고, 수막새 기와를 고정하는 방초정(防草釘 : 철제의 못)을 덮기 위한 보주형(寶珠形 : 淸時代 명칭은 釘帽) 기와가 사용되었다.

고려 중기의 와당은 수막새 기와에 사용된 연화문(蓮花文)이 첨두형(尖頭形) 연꽃잎으로 변하게 되었으며, 또 와당의 문양과 기교가 통일신라보다 점점 뒤지게 되었다. 당시 것으로 고려의 특징을 대표하는 와당으로는 반구형(半球形)의 귀목(鬼目)을 배치한 것이었다. 이것은 벽사적(辟邪的) 의미를 갖고 있는 것으로 추측되며, 수막새는 중앙에 반구형의 테를 두른 귀목을 만들었고, 암막새에는 이것을 와당면에다 2개 배치하였다. 중기말엽에 이르러서는 취두(鷲頭)가 사용되기 시작하였으며, 치미는 점차로 사용되지 않게 된 것으로 추측된다.

고려 후기의 와당은 원(元)의 영향으로 암막새 하부의 윤곽이 처져 내려와서 뾰족한 형상을 이루게 되었으며, 내부 중앙에는 범자(梵字)를 두고 좌우에 운문(雲文)을 만들었으나, 수막새도 주연(周緣)이 비교적 넓고 내부에 범자를 배치한 것이 경천사지(敬天寺址)에서 발견되었다.

만월대에서 발견된 전(塼)은 표면이 보상화문(寶相花文) 또는 연화문(蓮花文)으로 된 매우 우수한 것이다. 단벽(壇壁)의 외면을 장식하기 위한 것으로 생각되며, 신륵사(神勒寺) 5층 전탑에 사용된 전은 반월형 윤곽 속에 우아한 초화문양(草化文樣)을 배치한 것으로 상당히 세련되고 우수한 것임을 알 수가 있다.

고려시대에 사용된 청자(青磁)기와는 특히 유명하며, 1968년에 강진(康津) 대구면(大口面) 사당리(沙堂里)에 있는 요지(窯址)에서 각종 규격을 가진 청자 상감문 기와가 다수 발굴되었다. 이 청자기와의 종목은 완형(完形)의 수막새 기와, 암막새 기와, 적색기와 및 보주형 기와 등을 비롯하여, 귀면망와(鬼面望瓦) · 치미로 보이는 단편(斷片)들까지 포함되어, 모든 종류의 기와가 출토되었다. 수막새에는 목단문, 당초문, 연화문, 보상화문 등이 양각(陽刻)되었으며, 암막새에는 짜임새 있고 섬세 화려한 당초문을 양각하였다.

목단문을 가진 수막새 기와의 크기는 지름 8.2 cm, 두께 0.8 cm 정도로서, 사실적인 일지목단(一枝牡丹)을 양각한 아름다운 모양을 가진 기와이다. 심원(心圓) 안에 목단문을 배치하고 쌍선대(雙線帶)를 두른 다음, 큰 점으로 된 주문대(珠文帶)를 만들었으며, 그 외곽에 다시 쌍선대를 둔 다음 주연의 둔덕을 약간 높게 만들어서 마무리한 것이나, 매우, 정선된 태토(胎土)에는 회청색계의 청아(淸雅)한 청자유약이 약간 두껍게 씌워져 있고, 약간의 유열(釉裂)이 나타나 매우 운치가 있게 보인다. 암막새 기와 중에는 표면에 보상 당초문을 양각한 것도 있어서 주목을 끌게 한다.

이 청자기와는 저화도(低火度)의 재질을 갖고 있는 기와를 다루듯이 마음대로 자를 수가 없으므로, 기와가 쓰이는 부위에 따라 필요한 형상으로 설계 주문되었던 것으로 생각되며, 청자기와 중에는 사용될 부위를 명시하기 위하여 뒷면에 누서면남구(樓西面南口) 등과 같이 건물의 부위가 각명(刻銘)되어 있는 단편(斷片)들도 발견되었다. 고려시대에 청자기와는 12세기 초부터 사용되었을 것으로 생각되며, 의종(毅宗) 때 이궁(離宮) 수덕궁(壽德宮) 안에 만든 양이정(養怡亭)을 덮었던 청자기와는 이 요지에서 만들어진 것으로 추정되고 있다.

제14장 고려 목조건축 형식

1. 고려 주심포 제1형식

(1) 건축형식 특성

고려 건국 초에 궁궐 및 불사건축(佛寺建築)에 사용된 일반적인 목조건축 형식은 통일신라시대의 건축형식을 그대로 계승하였을 것으로 추측되나, 그 후 고려는 점차 문화적으로 앞섰던 송(宋) 문화의 영향을 많이 받아들이게 되었으며, 일부 요(遼)의 영향도 받아서 발전되었을 것으로 생각된다. 고려는 송에 대한 문화적 욕구로 말미암아 공식적인 사신의 교환을 비롯하여 불승(佛僧)의 교류 또는 송상(宋商)의 내왕 등으로 송의 문물을 더 많이 받아들이게 되었다.

당시 송과 불교문화의 교류는 빈번하였으며, 송에서 성행하기 시작한 선종(禪宗)은 고려에 큰 영향을 주었고, 대각국사(大覺國師 : 義天)와 인연이 깊었던 중국 항주(杭州) 혜인원(慧因院)은 고려사(高麗寺)라는 명칭까지 붙게 되었다고 한다. 고려 초기 말엽인 선화(宣和) 6년(1124)에 개경(開京)에 왔던 송 사신 서긍(徐兢)이 기록한 고려도경(高麗圖經)의 그림으로 된 부분은 소실되어 없어졌으나, 글로 된 부분이 현재까지 남아 있어서, 당시의 고려의 제도 및 풍속과 건축을 참고 할 수 있는 좋은 자료가 되고 있다. 고려도경의 안화사조(安和寺條)에는 「흙일과 목수가 만들어 놓은 것 및 장식한 것 등 공들여 만든 것이 중국의 제도를 은근히 모방하였을 뿐 아니라, 경치가 아름다워서 병풍 속에 있는 듯하다」란 기록이 되어 있어서, 고려 초기의 불사들이 중국의 제도를 많이 본받았던 것을 알 수가 있다.

이 당시 건물로서 중국에 남아 있는 유례를 살펴본다면 돈황(敦煌) 막고굴(莫高窟)에 오대(五代) 및 송 초기의 목조건축(970~980)과 하북(河北) 용흥사(龍興寺) 마니전(摩尼殿 : 971), 요(遼)의 하북 독락사

(獨樂寺) 관음각(觀音閣 : 984) 및 만주의현(滿洲義縣) 봉국사(奉國寺) 대웅전(大雄殿 : 1012년경) 등이 있으며, 이 건물의 건축수법은 송의 이계(李誡 : 明仲)가 편찬한(1103) 영조법식(營造法式)에 수록된 수법을 따랐다고 생각된다.

고려 초기에 중국을 비롯한 한국 및 일본에서 사용된 일반건축 형식의 특징은 공포(栱包)가 주심포식(柱心包式)으로, 기둥 위에 공포는 2출목(出目), 3출목까지도 사용되었으며, 하앙(下昻)을 사용하였고, 특히 행공첨차(行工簷遮)를 사용하는 수법이 사용되게 되었다. 주간(柱間)에는 창방(昌枋) 위에 동자주대공(童子柱臺工)을 두고, 그 위에 도리방향(道里方向)을 참차(簷遮)와 소로를 짜서 주심도리(柱心道里)를 지지하였다. 그 후 첨차부분이 발전되어 출목(出目)이 생기게 되고, 후에는 평방(平枋)없이 창방(昌枋) 위에 간단한 주간포작(柱間包作)을 사용하는 데까지 발전되었던 것으로 생각된다.

고려 초기에 통일신라시대의 건축형식을 바탕으로 하고, 주로 송(宋)의 초기 건축수법의 영향을 받아 발전 사용된 일반목조 건축형식을 양식장으로 구분하여 주심포 제1형식이라 칭하기로 한다면, 이 형식에 속하는 유례는 한국의 가장 오래된 목조건물로 추정되는 안동 봉정사(鳳停寺) 극락전(極樂殿)이다.

(2) 봉정사 극락전

봉정사 극락전은 경북 안동군 서후면(西後面) 천등산(天燈山)에 위치하며, 1972년 9월에 해체 조사한 결과, 종도리(宗道里)에 홈을 파서 만든 기문장처(記文藏處) 속의 한지(漢紙)에 기록된 조선시대 인조 3년(1625)에 만든 상량문(上樑文)에 의하면, 능인대덕(能仁大德)에 의하여 창건되었으며, 6대 조사(祖師)들에 의하여 중수(重修)되고, 공민왕(恭愍王) 12년(1363)에 지붕부분을 중수하였다고 되어 있어서, 그 처음 창건은 적어도 12세기 말 내지 13세기 초경으로 소급될 것으로 추측되고 있다. 이 건물은 석조기단(石造基壇) 위에 놓여 있고, 정면 3간, 측면 4간의 단층 맞배지붕으로 되어 있다. 원기둥을 사용하여 배흘림이 뚜렷하고, 공포는 주심포식으로 주두(柱頭) 위 첨차에 1출목 소로가 있고, 그 위에 대첨차(大簷遮)가 놓여서 2출목 소로가 있어 대량의 뺄목과 단장여(短長舌) 및 그 위에 있는 외목도리(外目道里)를 받게 되어 있다.

주두와 소로의 형상은 굽 받침이 없고, 그 굽 부분이 곡면으로 되어서 통일신라시대의 수법을 계승하였다. 첨차의 끝부분 밑면은 한국 주심포식에 공통되는 특징으로 되어 있는 특이한 형상, 즉 S자형 곡선을 2개 결합하여 중괄호의 형상을 경사지게 만든 모양으로 만들었다. 이것은 연꽃잎 형상에서 착상된 장식요소라고 생각된다. 이 모양은 불국사의 연화교(蓮花橋)와 칠보교(七

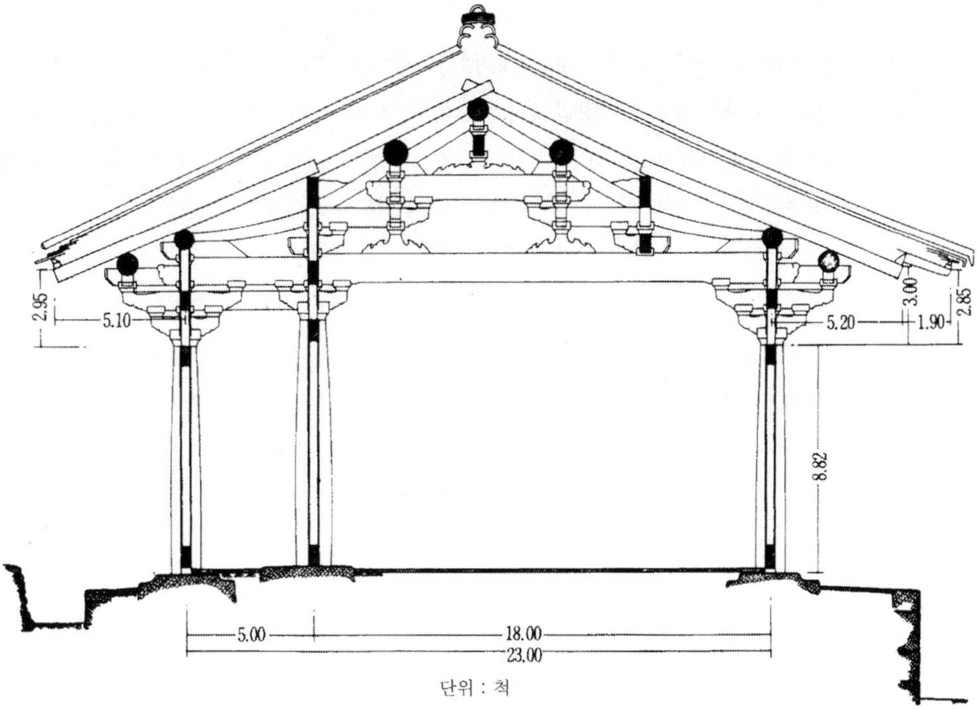

그림 131.
봉정사 극락전 단면도

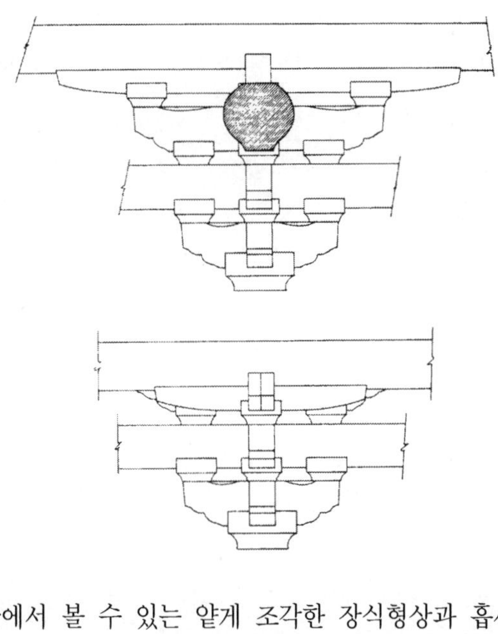

그림 132.
봉정사 극락전
공포 상세도

寶橋)의 돌계단에서 볼 수 있는 얕게 조각한 장식형상과 흡사하다고 생각된다. 특히, 첨차의 상부 끝면은 수직면으로 되어 있어서(한국에서는 유일한 예임), 중국 및 일본의 그 당시 건물유례에서 보편적으로 찾아볼 수 있는 수법을 나타내고 있다.

지붕구조는 2중으로 보를 걸었으며, 대량(大梁) 위에 고기(古奇)한 형상으로 조각한 복화반(伏花盤 : 중국 봉국사 대웅전에 있는 것과 같은 형상으로 되었음)을 중앙에 놓고, 그 위에 계량(繫梁)을 짜서 종량(宗梁)을 지지하였다. 종량 중앙에는 같은 형상이나 좀 운두가 낮고 가로방향으로 펼쳐진 모양의 복화반을 놓아서 종도리(宗道里)를 받고 있다. 종도리 좌우에는 약간 곡률(曲率)이 있는 솟을대공을 걸었으며, 중도리와 주심도리 사이에도 같은 모양의 사재(斜材)가 연결되어 있다. 그 형식이 해방 후에 발견되어 중국의 가장 오래된 목조건축으로 추정되고 있는 산서(山西) 오대산(五臺山)에 있는 남선사(南禪寺) 대전(大殿 : 782)의 가구방식(架構方式)과 흡사한 점이 많으며, 도리 밑에는 각각 단장여를 사용하였다. 내부천장은 없으며, 연등천장(徹上明造)으로 되어 있다, 이 건물에서 볼 수 있는 주두(柱頭)와 소로의 형상과 복화반의 형상은 단편적이기는 하나, 통일신라 및 고려 중기 이전의 석조물에서 그 예를 찾아볼 수 있다.

(3) 부석사 무량수전

주심포 제1형식과 제2형식의 중간적인 건축형식으로 되어 있는 영주 부석사(浮石寺) 무량수전(無量壽殿)은 1916년 수리할 때, 서남쪽 모서리 추녀와 사래 사이에서 발견된 「이 금당은 외구로 인한 화재를 겪은 다음 홍무(洪武) 9년(1376)에 개조되었다」라고 기록한 묵서명(墨書銘)으로 홍무 9년에 개조된 것이 발견되었다. 그러나 건축 년대가 확실한 주심포 제2형식의 대표적인 건축인 수덕사(修德寺) 대웅전(1308) 및 부석사 조사당(1377)과 비교하여 볼 때, 건축 양식상으로 시대가 앞서는 양식의 요소를 보다 많이 가지고 있으므로, 부석사 조사당 보다 약 100년 내지 150년 앞선 13세기 이전의 건축형식을 지니고 있는 것으로 추측되고 있다. 수원의 창성사(彰聖寺)에 있는 진각국사(眞覺國師) 대각원조탑비(大覺圓照塔碑)의 「임자년(壬子年, 1372)에 부석사에서 살았으며, 전우(殿宇)를 옛것과 같이 다시 조영하였다」라는 비문에 의하면, 당시 종전의 건물과 같이 중건된 것을 알 수 있다.

부석사 무량수전은 낮은 석조기단(石造基壇) 위에 놓였으며, 정면 5간, 측면 3간이고, 단층 팔작지붕으로 된 건물로서, 원형기둥에 배흘림이 뚜렷하고 공포는 추심포식으로 되어 있으나, 기둥 외부에 헛첨차를 사용하지 않았다. 주두 위에다 첨차와 소로를 놓고 그 위에 대첨차를 놓아 2출목을 만들었으며, 2출목에 놓인 행공첨차(行工簷遮)는 퇴량(退梁)의 보뺄목과 접합되었고, 퇴량의 외단부는 고졸(古拙)한 앙설형상(仰舌形狀)으로 만들어졌다. 그 위에는 단장여와 외목도리가 놓이게 된다. 이 단장여는 끝의 밑부분이 일반적인 첨차와

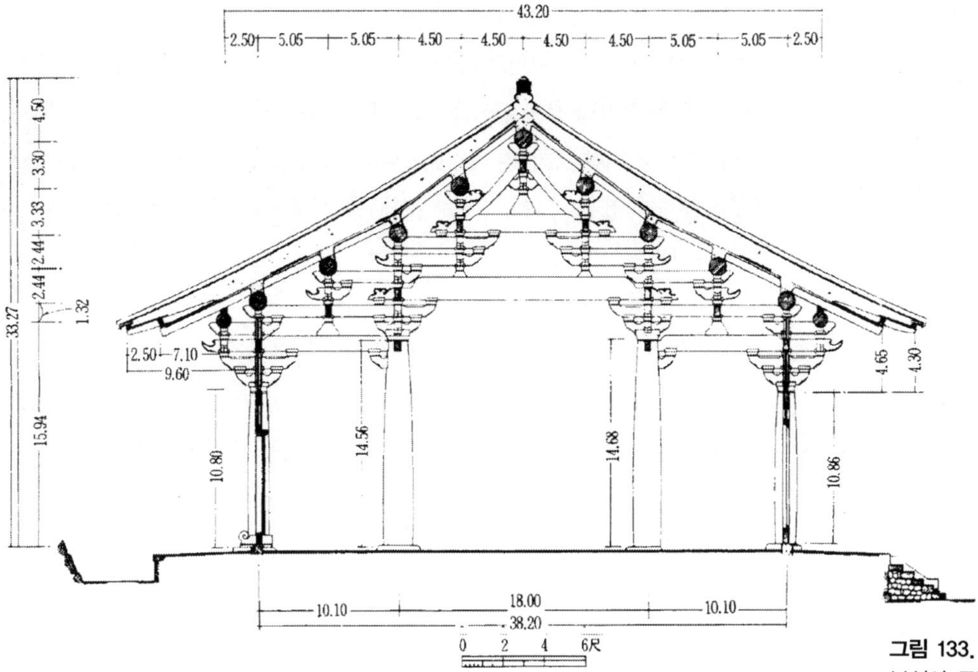

그림 133.
부석사 무량수전 단면도

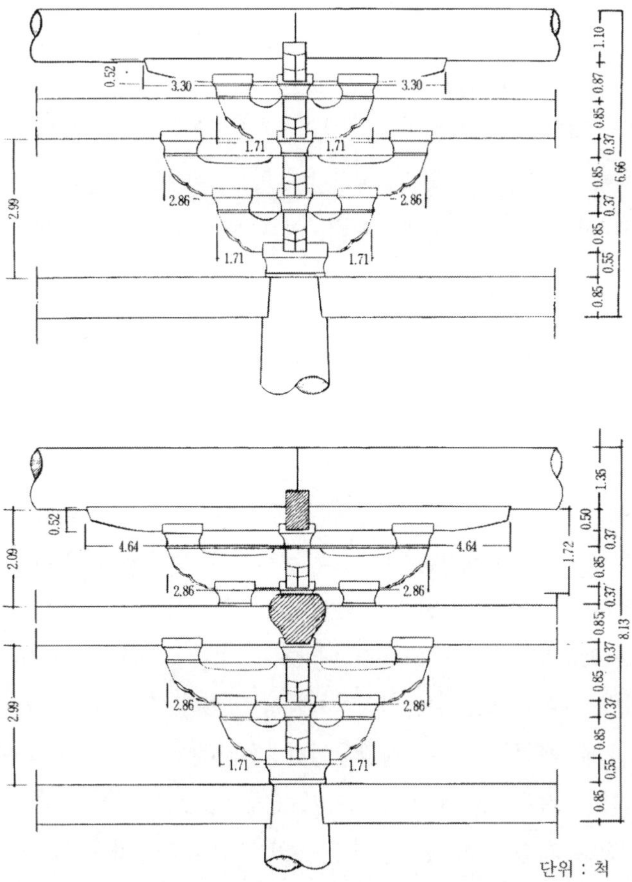

단위 : 척

그림 134.
부석사 무량수전
공포 상세도

같이 호형(弧形)으로 되어 있고 S자를 2개 연결한 모양을 하지 않았다.

주두와 소로의 형상은 주심포 제1형식의 특징을 가진 굽을 갖고 있으며, 첨차 하부 끝면은 S자를 2개 연결한 모양으로 되어있고, 첨차의 끝면 상부는 수직면보다 약간 경사되게 잘려져 있다. 내부 고주(高柱)에 퇴량(退梁)을 꽂은 밑에는 헛첨차(중국명칭 丁頭栱 또는 挿栱)를 사용하여 주심포 제2형식의 수법을 일부 나타내고 있다.

내부 고주 위에는 주두(柱頭)를 놓고 그 위에 공포를 짜서 대량(大梁)을 놓았으며, 보위에는 화반(花盤)의 처음 형식으로 생각되는 사다리꼴의 부재(部材)를 놓고 포대공(包臺工)을 짜서 종량(宗梁)을 받치고 있으며, 그 위에 도리(道里)를 받고 있다. 이 대공과 좌우의 도리 사이에는 각각 직선재로 된 버팀보인 계량(繫梁)을 사용하여 접합하였으며, 외부로 향한 끝부분에는 2출목 상부에 있는 양서형(仰舌形) 또는 그 위에 특수한 모양으로 각(刻)하였고, 내부로 향한 끝부분에는 보통첨차와 같은 형상으로 만들었다. 수평재로 되어 있는 계량은 이 건물이 갖고 있는 특징이다.

종량(宗梁) 중앙에도 같은 형식의 대공(臺工)을 두어서 종도리(宗道里)를 받쳤으며, 종도리 좌우에는 직선재로 된 솟을대공을 사용하고, 모든 도리 하부에는 단장혀를 사용하였다. 이 건축양식은 여러 점으로 보아 수덕사(修德寺) 대웅전보다 오래된 형식을 가지고 있는 것으로 생각되며, 건물의 규모가 비교적 크고 외관(外觀)이 장중하며, 안정감이 있고, 내부는 정돈된 아름다운 구조미를 나타내고 있어서, 한국에서 가장 아름답고 훌륭한 목조건물이다.

2. 고려 주심포 제2형식

(1) 건축형식 특성

고려는 물자교역을 장려하는 정책을 써서 외국상인을 우대하였으므로, 남송(南宋)의 천주(泉州) 및 명주(明州)와 고려의 개경 서쪽에 있던 예성항(禮城港)을 내왕하여 교역을 하였던 송상(宋商)은, 부득이하여 공식적 국교가 끊겼던 기간 중에도 외교와 문화교류를 대행하는 역할을 하였다. 송사(宋史)의 기록에 의하면, 「왕성에는 중국인이 수백 명 있었다. 민인(閩人)들이 많았으며 장사하기 위해 배를 타고 온 사람들이다. 은밀하게 기능을 시험하여 벼슬을 주어 유인하고, 혹은 강제로 종신토록 유하게 만들었다」라고 하여 송의 귀화인(歸化人)으로 개경에 거주하는 자가 많았으며, 대다수가 복건지방(福建地方)

사람인 민인(閩人)이라 하였다.

고려 중기에는 남송(南宋)과 교역이 많게 되었으므로 남송의 문물이 많이 유입되었으며, 복건지방의 목조건축 형식이 점차 유입되었다고 생각된다. 특히, 최씨일가(崔氏一家)가 무신중방(武臣重房) 정치를 하였던 13세기 전반을 중심으로 하는 시기에는, 그 영향을 가장 많이 받게 되었던 것으로 추측된다.

남송 시대에 건축된 복건지방 양식의 목조유례가 중국에서 많이 발견되지는 않았으나, 천주(泉州)에 그 양식을 나타내는 공포형상을 가진 전탑(塼塔)이 있으며, 복건(福建), 절강(浙江), 강소지방(江蘇地方) 등에서는 현재도 이 지방 형식을 나타내는 건물을 찾아볼 수 있다. 남송 복건비장의 목조건축 형식이 비교적 순수하게 남아 있는 당시의 건물의 예로는, 일본의 동대사(東大寺) 남대문(南大門 : 1200년경)이 있다. 특히 복건성과 해협을 건너서 마주보고 있는 대만에는 대부분의 불사, 도관(道觀), 공자묘(孔子廟)의 목조건물들이 이 양식으로 건축되었으며, 지금도 복건지방 양식을 비교적 순수하게 보존하고 있는 건물이 많은 것은 특이한 사실이다. 이것은 종래 대만에 살았던 중국인의 7분의 6이 민인(閩人)이었다는 사실과, 지금도 대부분의 대만 사람들이 민남어(閩南語)를 사용하고 있는 사실과 연관지어 생각할 때 당연한 추세였을 것으로 생각된다.

고려 주심포 제2형식의 공통된 특징은 공포(栱包)가 주심포식(柱心包式)으로 제일 밑에 헛첨차(기둥 위에 꽂아서 외부로만 돌출시킨 첨차 : 중국 명칭은 插栱)를 사용하며, 공포가 건물외부 전면에만 짜여지고 내부 및 기둥의 좌우 양측에는 짜여지지 않으므로 복잡하지 않고 출목수(出目數)가 적다. 주두(柱頭) 및 소로는 그 하부의 굽이 곡면을 형성하고, 하단에 굽 받침이 있는 것이 다른 형식과 크게 다른 특징이다. 내부의 보 밑에는 공포가 없으며, 보아지 형식이 사용되었다.

보의 단면은 항아리형에 가까우며, 보의 윗면에는 좌우의 어깨부분을 둥글게 만들고 보의 밑 부분의 폭은 첨차의 폭과 같게 만들었다. 보 끝부분의 접합부분은 첨차 폭으로 마름질하여 보 끝의 단면을 장방형으로 만들었으며, 기둥을 뚫고 나가 보뺄목을 만들어서 기둥상부의 공포와 짜여지고, 그 위에 외목도리(外目道里)를 받는다. 도리 밑에는 단장여(短長舌)를 사용하였다.

보위의 도리 사시에는 모두 한쪽 끝이 굽어있는 우미량(牛尾梁)으로 연결하였다. 우미량은 그 외형이 복잡하고 특수한 구조미(構造美)를 형성하는 것이 특징이며, 따라서 천장이 없이 연등천장(徹上明造)으로 되어 있다. 한국 재래의 주심포식에다 이와 같은 남송 복건지방 건축형식의 영향을 받아서 형성된 건축형식을 양식상 구분하여 주심포 제2형식이라 칭한다. 이 건축형식의 형성과정을 살펴본다면 일본의 경우와 같이 일시에 유입된 것이 아니고, 장기간을 두고 점차 유입된 것으로 생각된다. 처음에는 종래의 주심포 제1형식에다 새로 전해진 건축형식이 부분적으로 가미되어 사용되었던 것으로 추측된다. 복건지방의 목조건축형식을 직접적으로 모사(模寫)한 것이 아니고, 부분적인 수법을 취사선택하여, 재래의 형식과 혼합 조화시켜서 발전시킨 것이 한국의 특이한 점이라고 생각된다.

그 한 예를 든다면, 복건지방의 형식을 비교적 순수하게 나타내고 있는 일본 및 대만에 있는 건축은 전면 기둥이 도리까지 올라가서 주두(柱頭) 위에 바로 주심포식(柱心包式)를 받게 되어 있으나, 한국의 주심포 제2형식은 창방(昌枋)과 같은 위치에 직각되는 방향으로 헛첨차를 기둥에 꽂고, 그 바로 위에 주두를 놓는 방법을 사용하여서 재래의 주두위치를 그대로 따르고 있다는 점이다.

이와 같이 고려 주심포 제2형식은 특징 있는 세부형식이 순차적으로 채택되어 재래양식과 결합하고 동화되어서, 고려적인 특색 있는 양식을 구성하였다고 생각된다. 그뿐만 아니라, 경우에 따라서는 양자의 형식에 구애되지 않고 자유로운 형식으로 조영(造營)된 부석사(浮石寺) 조사당(祖師堂)과 같은 건물도 나오게 되었다. 특히, 이 형식은 고려 후기에 다포식 공포가 사용되게 된 후에도 다포식과 절충하여 사용되어서, 한국에서는 이 수법이 비교적 오랜 명맥을 유지하였다고 생각된다.

한국의 주심포 제2형식은 보통 2출목(出目)에서 끝나고, 1출목(出目)에서는 도리(道里) 방향으로 첨차를 놓지 않는 것이 보통이며, 첨차 위의 소로배치가 상하 동일선상에 오지 않는 것이 특징이다. 특히 첨차 하단면은 S형을 2개 연결하여 중괄호 표지를 기울여 놓은 모양으로, 초각(草刻)한 것이 고려 주심포 형식에 공통된 특색이다. 이 모양과 약간 흡사한 모양으로 된 첨차가 대만에 있는 복건식(福建式) 건축에 사용되고 있음은 주목할 만한 점이라 생각된다.

고려 주심포 제2형식으로 되어있는 건물유례로는 강릉 객사문(客舍門), 예산 수덕사 대웅전(1308), 황주 성불사(成佛寺) 극락전(1320년경), 후세에 개조보수된 부분이 있는 강화 정수사(淨水寺) 법당(法堂 : 14세기) 등이 있으나, 그 중에서도 대표적인 것은 수덕사 대웅전이다.

(2) 수덕사 대웅전

예산(禮山) 수덕사 대웅전은 석조기단 위에 정면 3간, 측면 4간이고 단층 맞배집으로 된 건물이다. 배흘림이 있는 원형기둥을 사용하였으나, 측면중앙 고주(高柱)만은 각주(角柱)로 되어 있다. 공포는 주심포 제2형식으로 기둥상부에 창방(昌枋)과 같은 높이에 헛첨차를 꽂아서 1출목의 소로를 놓아 도리방향의 첨차없이 주두 위에 놓이는, 보 방향으로 놓인 첨차를 받았다. 이 첨차의 상부에는 2출목 소로를 놓아서 퇴량의 보뺄목과 행공첨차를 접합한 것을 지지하였으며, 그 위에는 단장혀와 외목도리를 놓았다.

헛첨차 위에 있는 첨차(簷遮)와 보뺄목의 외부 끝에는 쇠서형(牛舌形)으로 만들었으며, 그 형상이 매우 특유한 쇠서 모양을 하고 있다. 내부의 퇴량 밑에는 초각을 한 보아지형으로 만들었다. 주두 및 소로는 주심포 제2형식의 굽있는 것을 사용하였으며, 첨차 끝부분의 형상도 주심포 제2형식의 전형적인 초각(草刻)을 하였다. 단장여는 외목(外目)과 주심도리(柱心道里)에만 사용되었고, 다른 도리 밑에는 보통 장여단면의 반만한 운두로 계속되는 반장여(半長舌)를 사용하였다.

도리 사이를 연결하는 부재로는 일부곡률을 가진 특이한 모양의 우미량(牛尾梁, 그 형태가 소의 꼬리 같은 모양을 하고 있음)을 사용하였으며, 바깥쪽 끝부분에는 특수한 초각을 하였고, 안쪽 끝부분에는 보통 첨차와 같은 초각을 하였다. 도리와 우미량이 짜여 있는 밑 부분에는 보 상면에 특수하고 화려한 초각으로 된 화반(花盤)을 놓고, 그 위에 첨차와 소로를 가지고 포대공(包臺

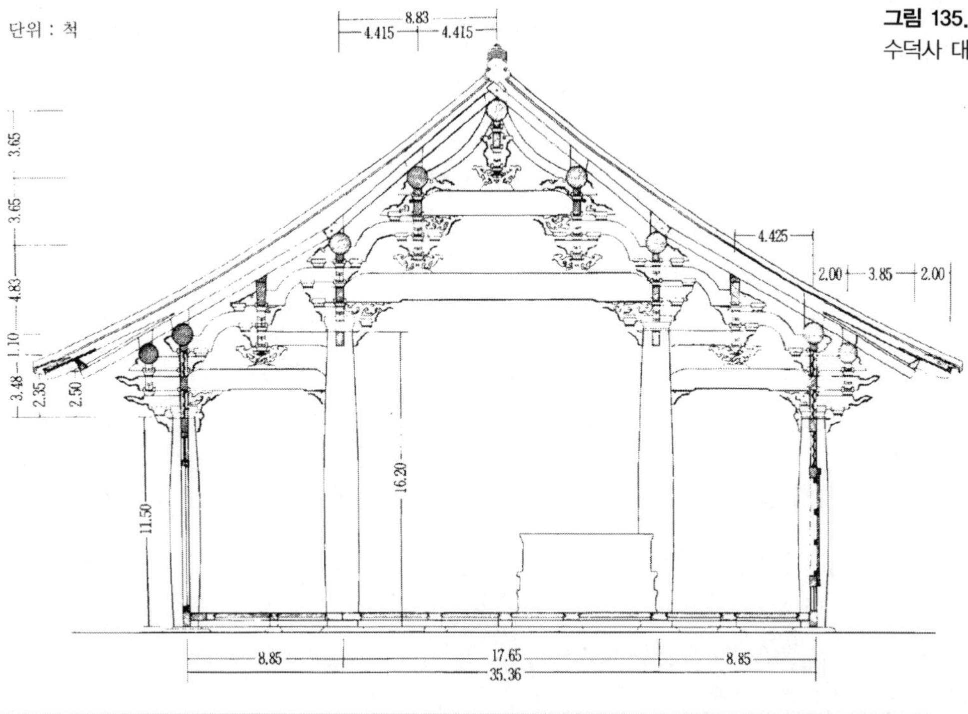

그림 135.
수덕사 대웅전 단면도

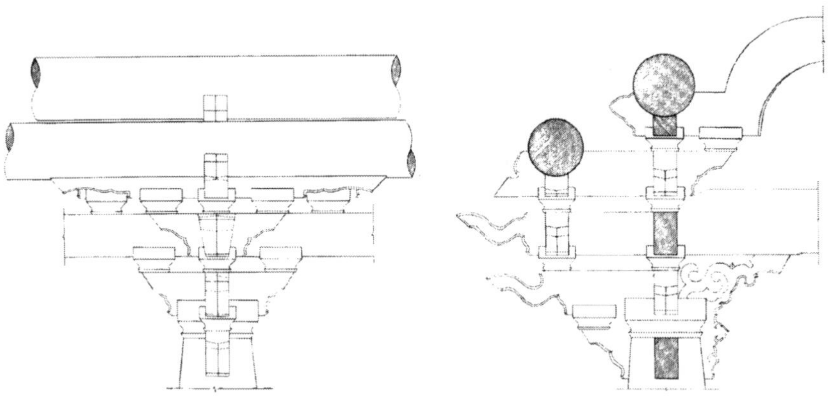

그림 136.
수덕사 대웅전 공포 상세도

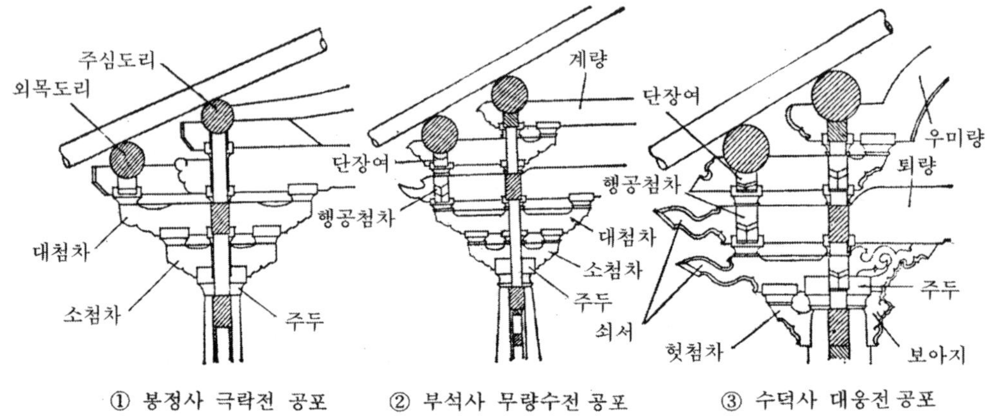

그림 137.
고려 주심포 공포형식 비교도

工)을 짜서 지지하였고, 솟을대공은 약간 곡률이 있는 부재(部材)를 써서 종도리(宗道里) 좌우에만 두었다.

보의 단면은 하단을 첨차 폭으로 맞추어 수평으로 만들었으며, 하단에서 위로 올라가면서 둥글게 곡선으로 만들어 배가 부르게 하고, 위로 가면서 다시 좁아 들어서 상단은 평탄하게 만들었다. 보와 기둥 결합되는 부분은 좌우에서 마름질하여 장방형 단면을 만들어서 접합하였는데, 치목(治木)이 매우 정교하고 아름답다. 그뿐만 아니라 건물 각부의 치목(治木)이 정밀하고 많은 공을 들인 것으로, 이 건물은 조화되고 간명한 외관(外觀)과 기능적이고 세련된 내부의 구조미를 가지고 있어서, 매우 훌륭하고 아름다운 건축이다.

(3) 강릉 객사문

강릉 객사문(江陵 客舍門)은 고려시대 주심포 제2형식의 특성을 매우 잘 나타내고 있는 건물이다. 고려 태조(太祖) 19년(936)에 강릉 객사로 임영관(臨瀛館)을 창건하였다고 기록되어 있다. 공민왕(恭愍王) 15년(1366)에는 객사문에 임영관이라는 현판을 왕이 친필로 썼으며 현재 이것이 객사문에 걸려 있다. 이 건물은 정면 3간(38.54척), 측면 2간(15.38척)의 맞배지붕으로 된 건물이다. 3개의 출입문이 있어 남향을 하고 서 있으며 소박하고 매우 아름다운 건물이다.

원주(圓柱)의 배흘림이 매우 아름답고 현저하게 나타나 있으며 기둥 높이의 중간이 가장 굵고 상단에서는 가장 가늘게 되어서 약 12 cm의 차이를 나타내고 있다. 주두와 소로의 굽(하반부분)은 곡면(曲面)으로 되고 하단에 굽 받침이 있으며 주두 밑에 헛첨차를 사용하고 있다. 헛첨차와 두공(頭工)첨차는 끝 윗부분을 사절(斜切)하고 그 밑 부분에는 쌍 S 자형으로 만들었다. 항아리 모양의 단면으로 되어 있는 대량(大梁)은 기둥 위에서 춤이 낮아지고 보의 폭도 첨차의 폭과 같이 좁아져서 장여를 가로질러 행공(行工)첨차와 직각으로 짜여져 있다. 보뺄목은 초기적인 간고(簡古)하고 힘찬 쇠서형상으로 되어 있다.

그 위에는 외목도리와 주심도리의 밑 부분을 연결하는 짧은 계량(繫梁)을 놓았으며 이것이 외목도리 밑에 있는 단장여(短長舌)와 짜여져 있다. 이 계량 상부에는 우미량을 놓아서 주심도리와 중도리의 밑 부분을 연결하여서 결구

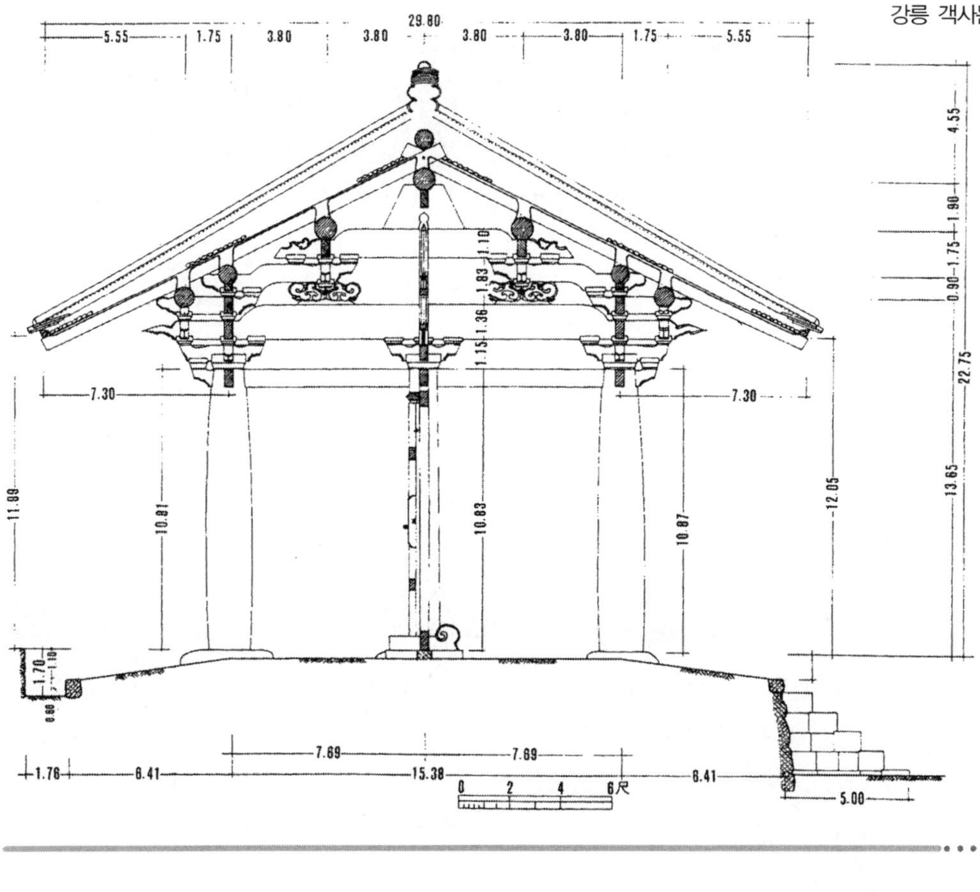

그림 138.
강릉 객사문 측면도

하였다. 중도리 밑 부분의 대량(大梁) 위에는 당초문을 아름답게 투각(透刻)한 화반(花盤)을 놓고 그 위에 포대공(包臺工)을 우미량과 짜서 종량(宗梁)과 중도리를 받쳤다. 종량의 중앙에는 간결한 제형(梯形) 대공을 놓아서 종(宗)도리를 받쳤다. 종량 끝 상면에 초각은 매우 특이하고 아름답다.

판문(板門)이 달려 있는 중앙의 각주(角柱) 위에도 주두를 놓고 대량(大梁)을 받치고 있으며 각주 밑에 있는 신방목(信枋木)의 형상은 매우 특이하다. 그러나 판문들은 후대의 것이다. 처마에는 단일재로 되어 있는 장연(長椽)이 길게 뻗어 나와서 아름다우며 지붕 측면에 있는 박공판(朴工板)의 형상도 특이하고 지붕 밑에 있는 내부의 가구의 아름다운 모습이 측면에서도 잘 나타나 보인다. 강릉 객사문은 고려시대 주심포 제2형식의 특성을 매우 잘 나타내는 아름다운 건물이다.

3. 고려 다포식

(1) 건축형식 특성

다포식(多包式) 건축양식은 고려시대 중기부터 사용된 것으로 추정된다. 서울 간송(澗松) 미술관에 소장된 금동삼존불감(金銅三尊佛龕)에는 평방(平枋)없이 창방 위에 주간포작(柱間包作)이 사용되고 있어 매우 주목할 만한 것이다. 송(宋) 시대 1103년에 발간된 영조법식(營造法式)에도 평방없이 창방 위에 주간포작이 있는 도양(圖樣)이 있으며, 한국에서도 고려 중기부터 다포식이 사용되기 시작한 것으로 생각된다.

고려 후기에 들어와서는 원(元)의 문화에 대한 영향을 많이 받게 되었으며, 원에서 중요한 건물에 전체적으로 사용되던 다포식(多包式)의 건축형식이 한국에도 보급되기 시작하였다. 예종(睿宗) 10년(1115)에 왕비(齊國大長公主)를 위한 신궁(新宮)인 수녕궁(壽寧宮)을 조영(造營)하였을 때는, 원의 공장(工匠)을 초빙하여 다포식에 의한 궁궐건축을 하였던 것으로 추측되며, 한편으로는 당시 고려의 선종(禪宗)을 부흥시킨 불승 혜근(惠勤)에 의하여 불사건축에 다포식 건축이 도입되어 사용되게 되었다.

다포식은 창방(昌枋)과 기둥 위에 평방(平枋)을 얹어 놓고, 그 위에 주상포작(柱上包作)과 주간포작(柱間包作)을 배치하는 것이며, 특히 주두(柱頭)와 소로의 굽이 사면(斜面)이 되고, 굽 받침이 없는 것이 큰 특징이라 생각된다. 특히, 이 형식에서는 하앙(下昻)의 형태와 첨차가 한 몸으로 된 부재로 만들어지게 되며, 이전에 가지고 있던 하앙은 구조적인 기능이 없어지게 되고 제공이라 칭한다. 다포식의 제공은 구조적인 기능보다도 공포의 외형적인 형태에 주안목(主眼目)을 두어 입체적으로 발전시켜서 차차로 제공(齊工 또는 諸工) 첨차(簷遮)의 수가 많아지며, 매우 힘차고 아름다운 외관을 형성하게 되었고, 내부 천장은 보통 우물천장을 만들어 주요가구(主要架構)를 은폐하게 되었다.

이와 같은 공포형식의 발생은 송(宋)시대 · 요(遼)시대에서부터 북송(北宋)의 정통계 공포형식에서 점차적으로 발전 · 형성되게 된 것으로 생각되며, 원(元)이 대륙을 통일하였을 때 이 건축형식이 대륙전반에 사용되게 된 것이다. 다포형식에 의한 고려시대의 목조건물 유례는 수가 많지 않으나, 1349년에 만든 경천사지(敬天寺址) 10층 석탑은 대표적인 다포식의 목조건물 외관을 그대로 정교하게 조각한 것으로서 유명하며, 그 양식을 참고하는 데 많은 도움을 준다. 이 형식에 속하는 고려 말의 목조건물 유례로는 심원사(心源寺) 보광전(普光殿 : 1374)과 석왕사(釋王寺) 응진전(應眞殿 : 1386)등이 있다.

다포식은 초기에 있어서 전통적인 수법인 주심포 제1형식을 기본으로 하고 다포식을 절충한 형식도 사용되었으며, 그 후 조선시대의 건축 활동에 있어서는 주로 다포식이 사용되게 되었다.

(2) 심원사 보광전

황해도 연탄(燕灘)에 있는 심원사 보광전은 홍무(洪武) 7년(1374)에 목은(牧隱) 이색(李穡)의 원당(願堂)으로 건립된 것이다. 이 건물은 정면 3간, 측면 3간이며, 단층 팔작지붕으로 되어 있고, 공포는 3출목(出目) 다포작(多包作)으로 되어 있다. 창방(昌枋)과 평방(平枋) 위에 주두(柱頭)를 놓아서 주상(柱上)과 주간(柱間)에 공포를 배치하였다. 첨차 위에 초제공(初齊工), 이제공(二齊工)을 놓아서 포작(包作)을 만들었는데, 외부의 제공뿌리 쇠서형상은 소박하고 강건하여 초시적(初始的)인 특징을 갖고, 내부는 모두 교두형(翹頭形)으로 되어 있다. 제3출목 위에 놓여 있는 살미첨차인 한대(限大)의 끝부분은 삼분두형(三分頭形 : 3개의 斜面으로 刻해서 메뚜기 머리와 흡사하게 만든 형상(중국명칭 螞蚱頭)으로 만들었으며, 행공첨차 위에는 외목도리(外目道里)를 받기 위하여 장여를 2개 겹쳐서 삽입하여 높이를 맞추는 수법을 쓴 것이 특이하다.

건물의 측면에서는 기둥 위치에 관계없이 공포를 배치하였는데, 이러한 수법은 이 건물에서만 볼 수 있는, 매우 특수하고 초시적인 모습을 나타내는 것이라 생각된다. 또 외부의 모서리부분 공포상부에는 인물상을 배치하여 사래(蛇羅)와 추녀(春舌)를 받게 만들었으며(江華 傳燈寺 大雄殿도 같은 예가 있

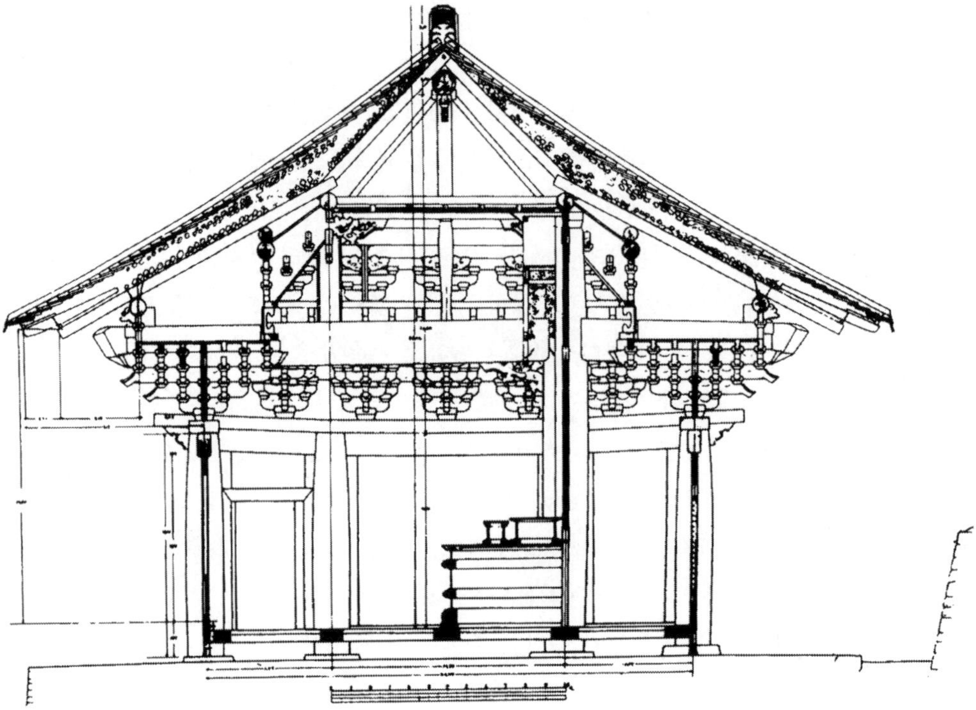

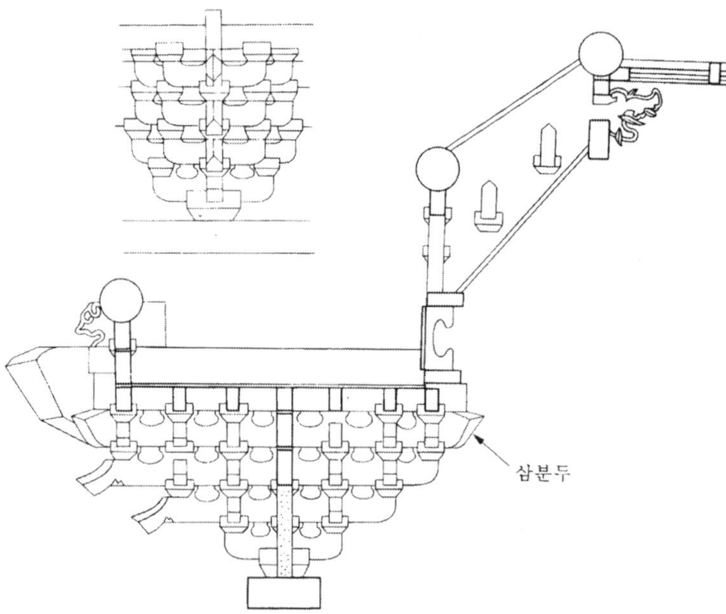

그림 139.(위) 연탄 심원사 보광전 단면도

그림 140.(아래) 심원사 보광전 공포 상세도

음), 매우 진귀한 것이라고 생각된다. 중앙에 있는 우물천장을 받는 부재에는 일본의 다포식 불사건축에서도 볼 수 있는 모양의 특수한 초각을 만들어서 매우 특이하다.

4. 고려 주심포 제3형식

(1) 건축형식 특성

고려 후기에 다포식(多包式)이 한국에 보급되기 시작한 이후에 주심포(柱心包) 형식은 전통적인 수법에 구애되지 않고 다포식의 세부수법을 점차적으로 채택하여 자유로운 형식을 갖고 다양한 면모를 나타내는 건물들이 세워지게 되었다. 이와 같은 건축형식을 고려 주심포 제3형식이라 지칭한다면, 이에 속하는 고려시대 말기의 건축유례로 영천 은해사(銀海寺) 거조암(居祖庵) 영산전(靈山殿), 영주 부석사(浮石寺) 조사당(祖師堂), 곡성 관음사(觀音寺) 원통전(圓通殿)이 있다. 관음사 원통전은 1374년에 중건된 것으로 추정되고 있으며, 부석사 조사당은 1377년에 건축된 사실을 입증하는 묵서명(墨書銘)이 발견되었다. 은해사 거조암 영산전은 정확한 건축시기를 알 수 없으나, 건축 양식적인 특성으로 보아서 고려시대 후기의 건물로 추정된다.

고려 주심포 제3형식은 다포식의 수법을 따라서 주두(柱頭)와 소로의 굽 형상이 사면(斜面)으로 되어 있고 하단에 굽 받침이 없는 것이 공통된 특징이다. 고려시대 전통적인 주심포식의 수법을 따라서 주두 밑에 헛첨차를 사용하며, 외목도리 밑에 단장여(短長舌)를 사용하였고, 종도리를 받치기 위하여 그 좌우에 솟을대공(臺工)을 사용하였다. 보의 단면은 항아리형을 사용하기도 하고 장방형에 가까운 단면을 사용하기 시작하였다. 이와 같이 다포식의 수법을 절충하여 사용하는 방법은 조선시대 초기에도 계승 사용되었으며, 주심포식 건축에서 다양한 변화를 형성하게 만들었다.

(2) 은해사 거조암 영산전

은해사 거조암(居祖庵) 영산전(靈山殿)은 경북 영천군에 있으며, 정면 7간(103척), 측면 3간(34.6척)으로 단층 맞배지붕의 건물이다. 평주(平柱) 위에 있는 주두(柱頭) 밑에는 헛첨차가 2중으로 놓여져 있어서 보강된 것은 매우 특이하며, 유일무이한 예라고 하겠다. 1출목(出目)의 위치가 주심(柱心)에서 많이 돌출되어 있으며, 행공첨차(行工簷遮)와 직교하는 살미첨차 외단(外端)이 쇠서형(牛舌形)으로 되어 있다. 이 쇠서의 형태는 건물규모에 비해 볼 때 섬약(纖弱)한 모양을 하고 있다고 생각된다. 첨차 하단에는 전통적인 주심포 형식의 쌍S자형으로 만들었다. 외목도리 밑에는 비교적 춤이 얕은 단장여가 사용되었으며, 이와 직교되는 퇴량(退梁) 뺄목의 초각이 매우 특이한 모양을 하고 있다.

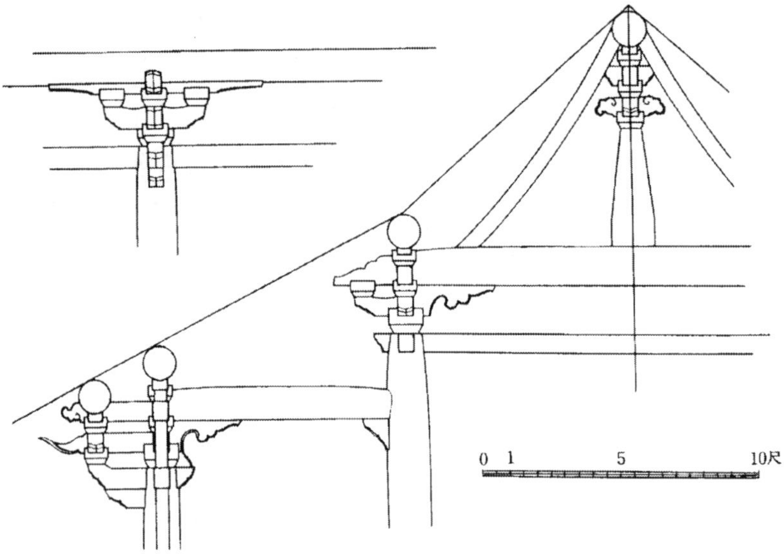

그림 141.
은해사 거조암 영산전 단면도

주두 안쪽에 있는 보아지는 그 형상이 힘차게 초각되어 있으며, 어느 면으로는 일본 가마구라(謙倉)시대의 화반(花盤 : 일본 명칭은 가에루마다) 하단부분의 형상을 뒤집어 놓은 것과 상통하는 형태를 갖고 있다고 생각된다. 내부 고주(高柱) 위에 대량(大梁)을 받는 보아지에도 같은 모양의 초각을 하였다. 고주 위에 있는 대량 중앙에는 사다리꼴 모양의 종대공(宗臺工)을 놓았으며, 이 상부에 놓이는 화반은 퇴량 빼목의 초각을 반전(反轉)해 놓은 모양의 초각 형상으로 만들었다. 그 위에는 종도리를 받는 포작(包作)을 놓았으며, 그 좌우에는 간결하고 힘찬 형태를 한 솟을대공을 설치하였다.

이 건물은 정확한 건축연대를 알 수 없으나, 건축수법이 세부에 집착하지 않고 대범한 모습을 하고 있는 양식적인 특색을 보여 부석사 무량수전의 수법과 그 모습이 상통하는 점이 있다.

(3) 부석사 조사당

부석사(浮石寺) 조사당(祖師堂)은 영주군에 있으며 정면 3간(30.7척), 측면 1간(13.2척)의 단층 맞배지붕으로 된 건물이다. 공포는 2출목이지만 헛첨차 위에 있는 소로가 그 위에 있는 첨차의 소로중간에 놓여 있어 매우 특이하다. 대량 위에 십자형으로 짜여 있는 포대공(包臺工)을 놓아서 종량(宗梁)을 받고 있으며, 그 중앙에 사다리꼴 대공을 놓아 종도리를 받쳤으며, 그 좌우에 솟을대공이 설치되어 있다. 대량의 단면은 항아리형에서 장방형으로 변형되는 과정의 모양으로, 역시 밑이 좁고 위가 넓은 단면으로 되어 있다.

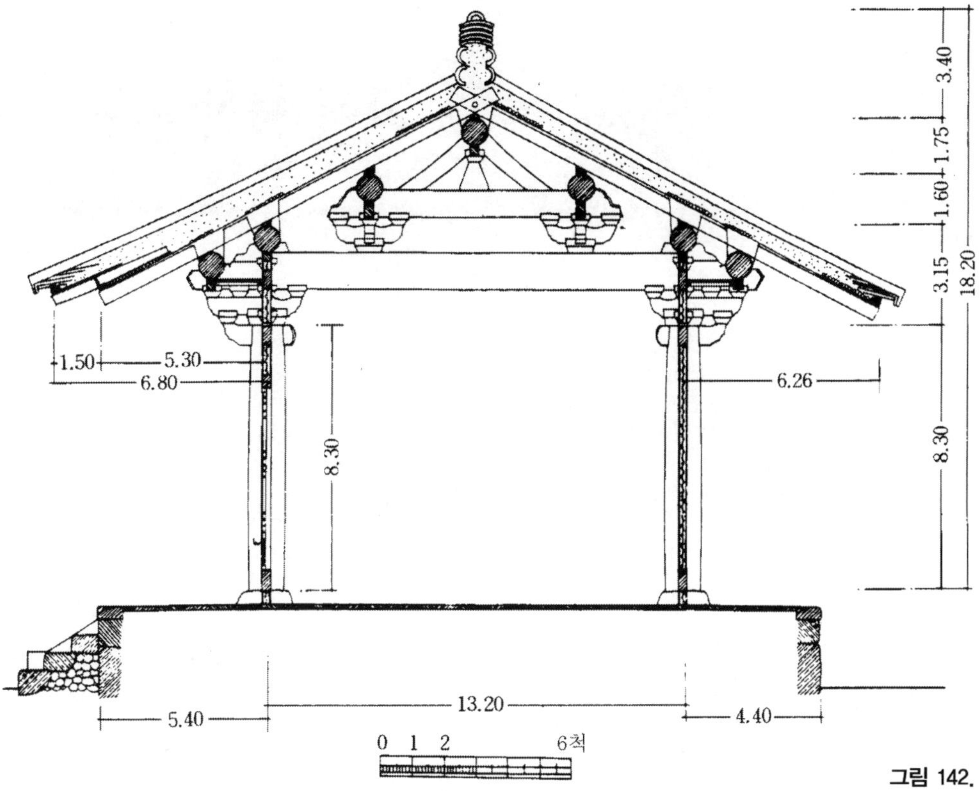

그림 142.
부석사 조사당 단면도

첨차의 높이는 폭의 2배가 되어 가늘게 느껴지며 공안형(栱眼形)으로 만들었는데, 무량수전과는 달리 전체를 파내어서 만든 것이다.

주심포 제3형식의 건물 중에서도 다른 건물과 특히 다른 점은 첨차 형상이다. 즉 첨차 끝의 윗부분은 약간 사절(斜切)을 하였으며, 그 밑 부분은 2단으로 약간 휘어 들어가게 깎아내어 절선형(折線形)이 명료하게 나타나도록 만들어서 권쇄(卷殺)의 수법(송대 영조법식 참조)이 두드러지게 나타나게 하였다. 여기에 나타난 권쇄의 수법은 한국에 현존하는 목조건물 중에서 유일하게 남아있는 예이다. 다음에는 두공과 가구부재에 초각(草刻)을 하지 않는 것이 특색이다.

이 건물 내부 입구 좌우에는 보살상(菩薩像), 사천왕상(四天王像) 등 고려시대 말기에 그려진 벽화가 있었는데, 일제시대 수리를 해서 무량수전으로 옮겼다가가 현재는 벽화 보존각을 신축하여 이 곳에 보관되고 있다.

제15장 고려 불사건축

1. 가람배치

통일신라시대부터 계승된 불교는 고려시대를 통하여 항상 융성하였으며, 고려 태조는 궁궐건축과 때를 같이하여 개경 안에 법왕(法王), 자운사(慈雲寺), 내제석사(內帝釋寺), 사나사(舍那寺), 천선사(天禪寺), 신흥사(新興寺), 문수사(文殊寺). 원통사(圓通寺). 지장사(地藏寺)의 10개 불사를 창건하였다. 이와 같은 태조의 숭불정신(崇佛精神)은 후대의 고려 왕들에게 계승되어 외적조복(外敵調伏)과 국가안태(國家安泰)를 위하고, 개인의 명복(冥福)과 전화위복을 위하여 원찰(願刹)의 경영이 성행하게 되었다. 송사(宋史)에는 「고려 왕성 안에 불사가 70구(區)가 있었다」라 기록되어 있으며, 고려도경의 잡속시수조(雜俗施水條)에도 「왕성의 장랑(長廊)에는 매 10간마다 막을 치고 불상을 모셨다」라고 기록되어 있음을 보아서, 왕성(王城)은 그 당시 불사의 경역과 같은 면모를 가졌음을 짐작할 수 있다.

그 중에도 특기할 만한 것은 제3대 정종(定宗)이 개국사(開國寺), 제4대 광종(光宗)은 불일사(佛日寺)를 건축하였고, 제11대 문종(文宗) 때에 창건된 흥왕사(興王寺)는 거대한 가람정사(伽藍精舍)로서 금탑(金塔)까지 만든 화려한 것이었다고 하며, 제16대 예종(睿宗)이 건축한 안화사(安和寺)는 이인로(李仁老)가 지은 파한집(破閑集)에 「건축구조와 단청장식의 교묘함이 해동(海東)에서 제일이다」라고 하였다. 또, 보제사(普濟寺 : 후에 演福寺로 개칭됨)의 정전(正殿)은 장려함이 왕궁을 능가하였고, 5층 탑은 높이가 200척을 넘었다고 한다. 문종(文宗) 때의 문신귀족인 이자연(李子淵)은 예성강 연란 벽란도(碧瀾渡) 동쪽 강에 임한 곳에 중국 윤주(潤州)에 있는 감로사(甘露寺)를 본떠서 불사를 창건하여 이름도 똑같이 감로사라고 하였다고 한다.

이 밖에도 개성교외에 있었던 영통사지(靈通寺址), 현화사지(玄化寺址) 등이 알려져 있으며, 현화사지의 7층 석탑은 고려의 특색을 잘 나타내는 절충형식 석탑으로 각 층에 훌륭한 불상이 조각되어 있다. 또한 지방 각지에도 새로 창건 또는 재흥(再興)되는 불사가 많았으며, 그뿐만 아니라 이 시대의 불사경영은 국외까지 진출되었다. 중국 항주(杭州)의 고려사, 흥안주(興安州)의 신라사, 통주(通州)의 광복사(廣福寺) 등은 문헌상에 나타나 있는 그 예들이다.

고려시대에 창건된 불사의 위치는 도선선사(道詵禪師)의 풍수도참설에 의거하여 점정(占定)되었으며, 풍수사상이 불사조영(佛寺造營)에 많은 영향을 끼쳤음을 사찰사료(寺刹史料)에 기재되어 있는 수많은 풍수도참설에 의한 가람연기(伽藍緣起)에 관한 기록을 보아 알 수 있다.

고려시대 가람배치 형식은 통일신라시대에 사용되던 2탑식 가람배치가 계승 사용되었으며, 한편 삼국시대의 1탑식 가람배치도 겸하여 사용되었다. 흥왕사(興王寺)는 2탑식 가람배치의 대표적인 예라고 생각되며, 불일사(佛日寺)는 1탑식 가람의 대표적인 예라고 하겠고, 특히 이 두 불사는 주요 불전이 건축된 가람좌우에 동원(東院)과 서원(西院)이 부속 인접되어 건축되었던 것으로서, 고려시대 가람배치의 특징을 잘 나타내는 것이다.

그뿐만 아니라 개성 연복사(演福寺, 전의 普濟寺)는 동전서탑식(東殿西塔式)의 배치를 갖고, 남원 만복사(萬福寺)는 서전동탑식의 배치를 갖고 있어서, 전자는 일본 법륭사(法隆寺), 후자는 법기사(法紀寺)의 배치와 유사함을 알 수가 있다. 이와 같은 한국의 가람배치의 예는 일본보다 3~4세기의 시차를 보이고 있으나, 삼국시대에 이미 사용되었던 것으로 추측되기도 한다.

고려시대의 불교의 융성은 그 이면(裏面)에 잡다성을 내포하게 만들었으며, 점차로 한국 재래의 민간신앙에 의한 샤머니즘적인 요소와도 다분히 혼합되었고, 교율적(教律的) 방면보다는 밀교적(密教的) 방면이 전반적으로 성행하였으므로, 이와 같은 영향으로 종래의 정제(整齊)한 가람제도(伽藍制度)가 차차로 잡연(雜然)한 배치로 변하였다. 금당(金堂)이 대웅전, 능인보전(能仁寶殿) 또는 나한보전(羅漢寶殿) 등으로 개칭되며, 칠성각(七星閣), 응진전(應眞殿), 영산전(靈山殿), 진전(眞殿), 산신각(山神閣) 등 그 밖의 잡다한 건축들이 생기게 되었다. 이와 같이 고려 중기 이후의 불사는 평지가람(平地伽藍)도 자유로운 배치를 가진 것이 많이 조영(造營)되었다.

특히 도읍에서 멀리 떨어진 심산유곡(深山幽谷)의 사신상응(四神相應)하는 승경(勝景)을 이루는 곳에는 산지가람(山地伽藍)들이 많이 창건 또는 중창(重創)되었다. 그 배치형식은 지세(地勢)에 따라 자유로운 배치를 따랐으나, 가람

중심 건물을 남면하는 원칙은 계속 존중되었다. 특히 건물대지(建物臺地)가 높아짐에 따라 중문(中門)이 누각형식(樓閣形式)으로 변하고, 부석사(浮石寺)의 예에서 보는 바와 같이 누각 밑에 있는 계단을 거쳐서 불전 앞 대지에 이르는 형식이 사용된 것이 특색이다.

고려시대의 불사는 그 당시의 조형예술의 정수를 나타냈던 것으로 생각된다. 지금은 대부분이 폐멸(廢滅)되고, 불사유지(佛寺遺址)들과 몇 개의 목조건물 유례 및 수많은 석탑, 부도(浮屠) 등의 석조물들이 남아 있다.

2. 불 사 지

(1) 흥왕사지

고려시대의 2탑식 가람배치를 대표하는 흥왕사(興王寺)는, 고려 초기 가장 융성했던 문종시대(文宗時代)에 국력과 문화를 집결하여 장엄한 가람으로 건축되었다. 이 불사는 문종 10년(1056)에 덕수현(德水縣)에 터를 잡고 처음 창건되어, 11년 후인 문종 21년에 준공하게 된 것이다. 건물규모가 2800간이었다고 하며, 문종 24년에는 3층 건물로된 자씨전(慈氏殿)을 새로 건축하고, 불사 주위에 성벽을 쌓게 하였다. 문종 32년에는 금탑(金塔)을 조성하였는데, 이은(裏銀)이 427근의 중량이요 표금(表金)이 144근의 중량이었다고 하며, 문종 34년에는 금탑을 외호(外護)하기 위한 석탑이 조성되었다고 한다.

그림 143.
흥왕사지 유적 평면도

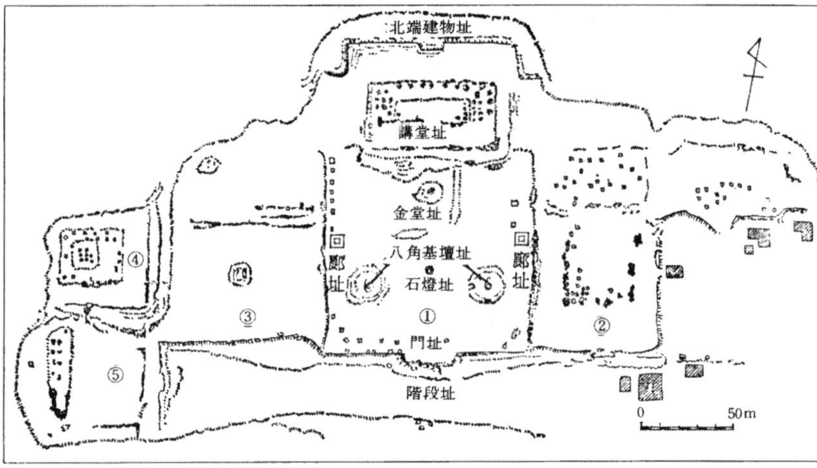

① 주가람지 ② 동가람지 ③ 서가람지 ④ 서쪽 언덕의 건물지 ⑤ 서남단의 건물지

그뿐만 아니라 흥왕사는 문화사상 지보(至寶)로 생각되고 있는 팔만대장경(八萬大藏經) 간행사업(義天의 續藏經雕造)이 실현되었던 곳이기도 하다. 그러나 이 국가적인 불사는 몽고 병란(兵亂)에 불타 없어지고, 충숙왕(忠肅王) 17년에 중건되어 왕년의 면목을 일부 되찾았으나, 얼마 안 되어 다시 퇴폐되어서 조선왕조 중기에 편찬된 동국여지승람(東國與地勝覽)에는 고적조(古蹟條)에 기록되었다.

왕흥사지의 위치는 개풍 봉동면(鳳東面) 흥왕리(興旺里)에 있으며, 주위에 산들이 둘려 있는 분지(盆地)로서 광활하면서도 아늑하고 사신상응(四神相應)하는 명당임을 알 수 있다. 4면을 두른 산 능선을 따라서 토성지(土城址)가 있어 불사의 경역임을 알 수 있으며, 가람이 배치되었던 곳은 분지 서북쪽의 높은 대지로서, 동쪽으로부터 서쪽을 향하여 점차 높아지고 있다. 그 중앙부에 일단 높게 만들어진 곳의 중앙에 주가 되는 가람지가 있고, 좌우에 동원(東院)과 서원지(西院址)가 있다. 그 서쪽 높은 대지 위에는 독립된 건물지(建物址)가 있고, 서남 모서리에도 건물지가 남아 있다.

이 사지는 최근까지도 초석(礎石)이 정연하게 배치되어 있었으나, 무심한 촌사람들에 의해 파괴되었다. 1948년 조사에 의하면 중앙의 주가람지(主伽藍址)는 남단에 석축(石築)이 있고, 그 위의 평탄한 지역에 몇 개의 건물지가 있었다고 한다.

최북단은 높은 대지로 되어 있고, 동서의 끝부분은 축대(築臺)로 구획되어 있으며, 대지(垈地)의 규모나 형상은 만월대(滿月臺)의 정전구역(正殿區域)과 유사한 점이 있으나 동서로 더 광활함을 알 수 있다. 남쪽 끝 중앙에는 계단지(階段址)로 석계(石階)와 석계측석(石階側石)들이 산재하며, 그 위에는 문지(門址)의 초석(礎石) 몇 개가 남아있다.

문지 뒤에는 자오선 중심축 좌우에 정팔각형 석조기단(石造基壇)이 있어 파괴가 심하나 목조탑지(木造塔址)로 추정된다. 2개 탑지의 중심거리는 63.5 m로 기단의 지대석(地臺石) 한 변 길이는 5.69 m이며, 기단의 높이는 1.5 m로 추정된다. 탑기단의 우주석(隅柱石)은 좌우 양쪽 면에 장방형의 윤곽선을 만들고, 그 안에 당초문(唐草文)을 양각(陽刻)하였다. 이 8각 목조탑은 고구려의 전통적인 요소를 바탕으로 하여, 송(宋) 및 요(遼) 등의 불탑양식의 영향을 받아서 만들어졌을 것으로 추측된다. 양탑지(兩塔址)에서 좀 북쪽에 변장(邊長) 90 cm의 정연한 정팔각형의 지대석(地臺石)이 발견되어서 8각 석등의 유구(遺構)임을 알 수 있다. 2단의 중대석(中臺石)에는 각 면마다 우아한 화문(花文)과 운문(雲文)이 양각되어 있고, 석등파편(石燈破片)들이 산재되어 있었다.

금당지(金堂址)는 일부 거대한 파편이 퇴적되어 남아 있을 뿐이고, 중앙부는 완전히 농토로 변하였으며, 방형초석(변장 70 cm 정도)이 3개 남아 있을 뿐이었다. 강당지(講堂址)는 금당(金堂) 북방에 2단의 기단 위에 놓여, 거대한 유공초석(有孔礎石)이 수열(數列)로 배치되어 있어 그 특이한 구조가 주목된다. 북단 건물지(建物址)에는 양쪽 끝에 종루(鐘樓), 경루(經樓)가 있었던 것으로 추측된다. 금당지의 남과 서쪽에 회랑지(回廊址) 초석(礎石)이 배열되어 있으며, 동쪽은 회랑지의 파괴가 심하고, 북쪽은 흔적이 분명하지 못하였다.

(2) 불일사지

장단군 진서면(津西面)에 있는 불일사지(佛日寺址)는 1탑식 가람배치(伽藍配置)로 되어 있어서 흥왕사(興王寺)와 같이 중앙·동서구로 구획되어 있다. 사역내(寺域內) 중앙에는 지금도 석조(石造) 5층탑이 있고, 그 전면에 중문(中門)과 그 뒤에 금당(金堂) 및 강당지(講堂址)가 있다. 이 중앙가람 좌우에는 회랑지(廻廊址)로 둘려 있는 동원(東院) 및 서원지(西院址)가 있으며, 서원지 앞쪽에는 계단(戒壇)이 있어서 담으로 둘려 있던 흔적이 있다. 이 가람을 중심으로 부근의 계곡에는 많은 불암(佛庵)들이 있었던 형적이 남아 있는 것으로 추측된다.

그림 144.
불일사지 배치도

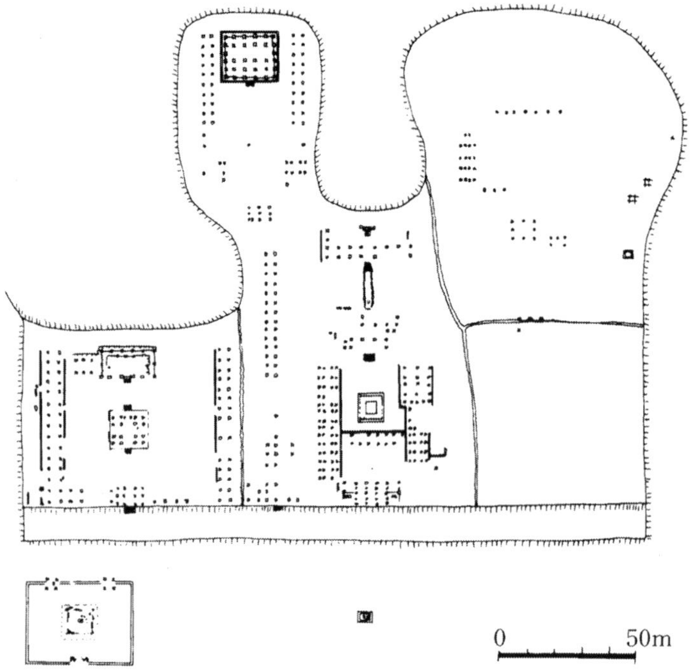

(3) 만복사지 및 광통보제사

만복사지(萬福寺址)는 남원에 있다. 동국여지승람에 「동쪽에 5층탑이 있으며 서쪽에 2층의 불전이 있고, 불전 안에 있는 부처 높이는 35척인데 고려 문종(文宗) 때 창건된 것이다」 라는 기록이 있다. 1979년 발굴조사에 의하면, 중문 북쪽에 5간의 목탑지(木塔址)가 있으며, 이를 중심으로 동·서·북에 금당지(金堂址)가 있다. 서금당은 주건물이었던 것으로 가장 크며 5간×4간으로 되어 있다. 북금당지(北金堂址) 북쪽에는 강당지(講堂址)가 있으며, 동금당지(東金堂址) 북쪽에는 그 중심축선에 5층 석탑과 석불이 배치되어 있다.

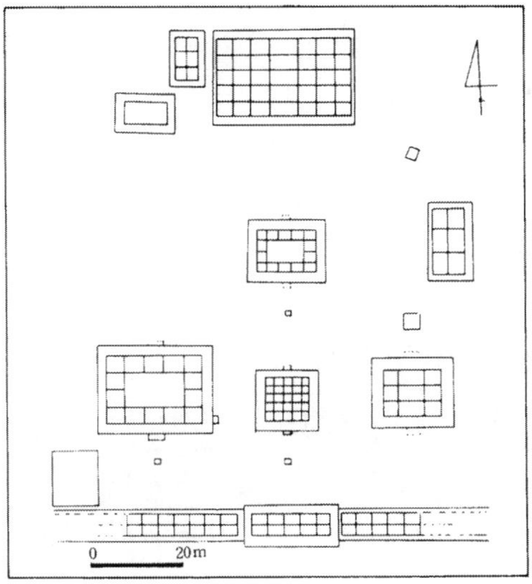

그림 145.
만복사지 배치도

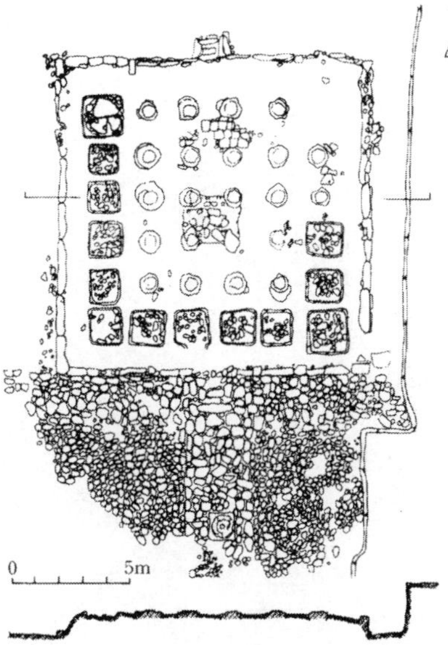

그림 146.
만복사지의 목탑지 발굴 평면도

광통보제사(廣通普濟寺 : 후에 演福寺로 개칭)는 왕부(王府)의 남쪽 태안문(泰安門) 안에 있었다고 하며, 고려도경(高麗圖經)의 기록에 의하면 「정전(正殿)은 매우 웅장하여 왕궁보다 더하였고(중간 생략), 정전 서쪽에 높이 200척이 넘는 5층탑이 있었으며, 그 후에 법당, 그 옆에 승방(僧房)이 있었는데 100명을 수용할 수 있었다」라고 되어 있어, 동전서탑식(東殿西塔式)의 가람 규모를 대략 알 수 있다. 그 후 고려 말과 조선왕조시대 초에 중건을 보았으며, 「건물들이 1000여간」에 이르렀다고 하였으나, 현재는 유지(遺址)조차 찾아볼 수 없게 되었다.

(4) 흥덕사지

흥덕사지(興德寺址)는 충북 청주에서 청주대교(淸州大橋)를 건너 제방을 따라 북쪽으로 1 km쯤 가다가 왼쪽 평야 건너에 있는 양악산(梁岳山) 동남 기슭에 위치한다. 지금은 이 장소가 운천동(雲泉洞)에 속한다. 지형으로 보아 남서와 서북 및 동북쪽은 구릉으로 둘러싸인 좁은 지역에 평지를 이용하여 남향한 가람을 배치하였다. 이 지역은 택지(宅地)개발로 인하여 거의 파손되었던 것을 1985년에 발굴조사가 시행되었다. 이에 앞서 이 부분에서 686년 만들어진 신라 사적비(寺跡碑)가 조사 보고된 바가 있고, 1984년에는 이 절터로부터 좀 떨어진 곳에서 운천동사지(雲泉洞寺址) 발굴조사가 있었다. 이곳에서

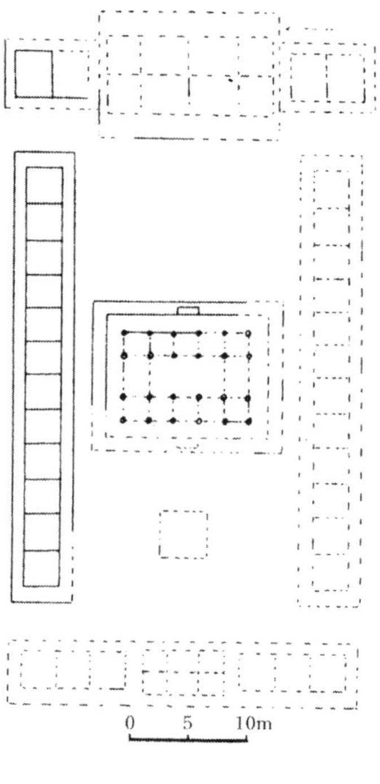

그림 147.
흥덕사지 배치도

청동제 도가니가 여러 점 출토되어 주목을 끌었으며 한편 흥덕사지에서는 '주향지사'(柱香之寺) 명와(銘瓦)와 '흥덕사'(興德寺) 명(銘)의 청동제 금구(禁口 : 꽹과리 비슷하게 생겨 절에서 의식을 할 때 사용하는 것) 파편이 발견되었고 청동제 불발(佛鉢) 뚜껑에서도 '흥덕사'란 이름이 나타났다. 따라서 이곳이 고려 때(1377) 백운화상(白雲和尙)이 초록한 『불조직지심체요절』(佛祖直指心體要節)을 주자(鑄字) 인쇄한 청주목(淸州牧)의 흥덕사 터로 확인된 것이다.

발굴조사 중 서회랑지에서 '대중 3년'(大中 三年 : 849) 명(銘)이 있는 기와가 출토되어 이곳에는 통일신라 말경에도 절이 있었던 것으로 추측이 된다. 이 절터의 가람배치는 반 이상이 유실되어 그 성격을 확인할 수 없지만, 현재의 유구(遺構)를 근거로 하여 남북축선상에 주요 건물을 배치한 1탑식 가람으로 추정되며 석탑재가 출토되는 것으로 보아 석탑이 있는 가람으로 생각된다. 현재 비교적 잘 남아 있는 유구로는 금당지와 강당지가 있고 회랑터 일부가 노출되었다. 남쪽에서부터 중문과 석탑 및 금당과 강당들이 축에 맞추어 배치되었고 그 주위에는 회랑이 있는 가람으로 추정된다. 금당지는 정면 5간, 측면 3간이며 기단의 규모는 동서 53척, 남북 39척이다. 강당지는 유실이 많이 되어 확실하게는 않지만 정면 4간, 측면 2간으로 추정되고 있다.

3. 부 석 사

부석사(浮石寺)는 경상북도 영주의 태백산맥과 소백산맥 사이에 위치한 봉황산(鳳凰山) 중턱에 있는 사찰로서 『삼국사기』나 『삼국유사』의 창건기록에 의하면 문무왕(文武王) 16년(676)에 의상대사(義湘大師)가 창건한 사찰이다. 『송고승전』(宋高僧傳)에 기록된 창건설화에는 의상과 그를 사모한 중국 아가씨 선묘(善妙)의 사랑이 종교적으로 승화되어 부석사(浮石寺)의 창건을 도왔다는 아름다운 전설이 있다. 의상이 당나라에 가서 알게 된 선묘가 의상(義湘)이 귀국하는 길에 바다에 몸을 던져 용이 되어 배를 보호하고 인도했으며 나중에는 공중을 나는 바위로 변해 이곳을 점지해 주었다는 것이다. 지금도 이곳 무량수전(無量壽殿)의 서북쪽에는 부석(浮石)이 놓여 있고 그 앞뜰에는 석룡(石龍)이 묻혀 있다 하며 또 동북쪽에는 선묘각(善妙閣)이 있다.

부석사는 의상이 중국에 가서 배워 온 화엄종(華嚴宗)을 전하는 근원적 도량으로 알려진 곳이며, 현재 남아 있는 고려 중기의 목조건물인 무량수전과 고려 말기의 조사당(祖師堂) 건물이 남아 있어 고려시대 건축문화를 대표하는 사찰이다. 산지가람(山地伽藍)으로서 전체의 배치축은 서남향을 하고 있으나 무량수전만은 방향을 바꾸어 남향을 하도록 하였다. 다만 이 건물 안에 안치한 불상은 동향을 하여 특이하다. 사찰 경내에는 초창기부터 있었던 것으로 추정되는 자연의 거석(巨石)으로 치석(治石)하여 쌓은 석축단이 9개의 석단을 형성하여 지형을 따라 순차적으로 높이 쌓여져 있다. 제일 높은 석단 위에 사방을 전부 조망할 수 있는 위치에 무량수전이 자리 잡고 있다. 그 동쪽 높은 곳에 좀 떨어져서 한편에는 조사당(祖師堂)이 있다. 다른 북쪽 편에는 자인당(慈忍堂)과 응진전(應眞殿)이 있다. 무량수전 앞쪽으로는 부석사 안양문(安養門)을 위시하여 범종각(梵鐘閣), 취현암(醉玄庵), 응향각(凝香閣), 요사채 등이 놓였는데 이들 목조건물은 모두 조선왕조시대에 중창된 건물들이다.

그림 148.
부석사 배치 분석도

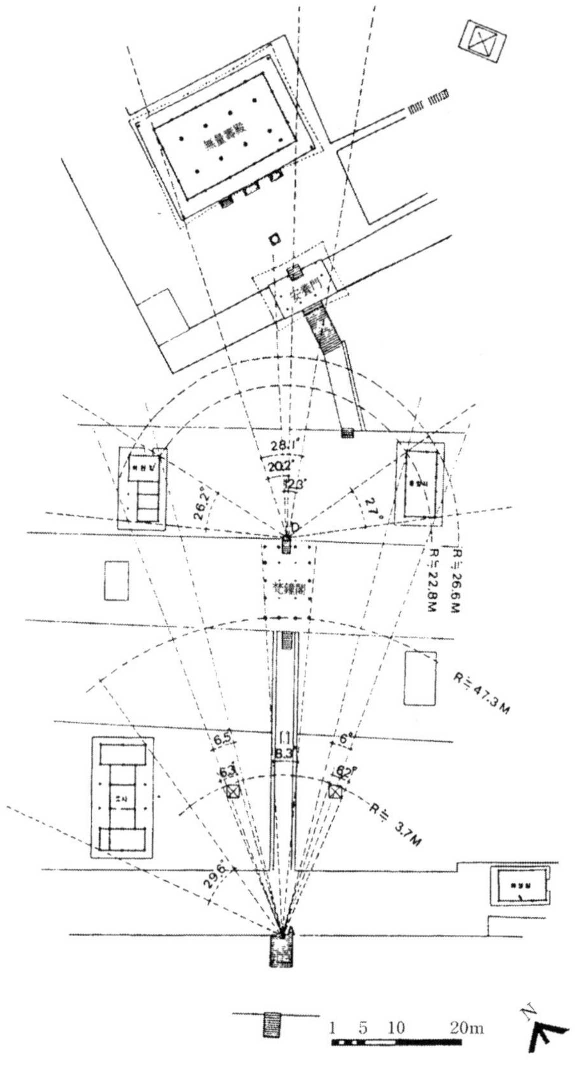

그림 149.
부석사 범종각

무량수전 앞에 놓인 석등과 그 동쪽에 놓인 3층 석탑, 그리고 사지 입구 계단 앞에 있는 당간지주 등은 통일신라 초창기 때 것으로 추측되지만 정확한 건립연대는 알 수 없다. 가람 동쪽 언덕 너머에는 고려시대 원융국사(圓融國師)의 행적을 기록한 바가 있다. 또 범종각 앞 양쪽에는 동방사지(東方寺址)에서 옮겨 온 동·서 3층 석탑이 있다. 이곳에는 또한 보존각(保存閣)이 서 있어 국보로 지정된 조사당(祖師堂)의 벽화와 무량수전 안의 소조여래좌상(塑造如來坐像)이 보존되어 있다. 앞에 언급한 무량수전과 조사당 그리고 석등 등을 합하여 5점의 국보가 있다. 그 외에 1977년부터 1980년까지 대대적인 정비공사를 시행하여 일주문(一柱門)과 조계문(曹溪門) 그리고 주지실을 새로 짓고 진입도로 등을 정비하였다.

통일신라시대 초기에 화엄종을 처음 전한 의상대사(義湘大師)가 창건한 부석사는 화엄종의 주존불(主尊佛)인 비로자나불(毘盧遮那佛)을 모신 대적광전(大寂光殿)과 같은 불전이 서 있어야 할 것인데 이와는 달리 무량수전과 안양문(安養門), 그리고 아미타불 소존상(阿彌陀佛 塑彫像)이 안치되어 있어서 정토종(淨土宗)의 전형적인 사찰임을 알 수 있다. 정토사상(淨土思想)을 반영하는 이 사찰은 불교의 이상향(理想鄕)인 서방(西方) 정토를 상징적으로 나타내는 양식을 갖고 있다고 생각된다. 부석사는 경역(境域)을 가파른 경사면에 계단식으로 9개의 석단을 쌓아 크게 상·중·하 3단(壇)으로 나누고 가장 높은 곳에 무량수전을 건축하였다.

정토(淨土)신앙의 근본이 되는 경전은 무량수경(無量壽經), 아미타경(阿彌

陀經), 관무량수경(觀無量壽經)이다. 이 경전들은 서방정토인 극락세계에 이르는 단계를 크게 3단계로 상징화하여서 생각하고 있다. 즉 중생들의 근기(根機)를 3종류로 나누어 설명하여 삼배생상(三輩生想)이라 하고 이것을 또 3배수로 세분화하여 9계단으로 나누어서 구품왕생(九品往生)이라고 설명하고 있다. 부석사에 있는 9개 석단은 이와 같은 교리를 상징화하여 나타내고 있다고 생각된다. 정토사상은 아미타불이 주재하는 극락정토에 왕생하고자 하는 믿음을 말한다. 아미타(阿彌陀)는 범어(梵語) 아미타아유스(Amitayus)를 음역한 것으로 이것을 의역(意譯)하면 무량수(無量壽)라 칭한다. 서방정토의 구현(具現)이 부석사 창건의 의도하는 바였으며 이 사찰은 서방극락으로 가는 길목임을 상징하고 있는 것으로 생각된다.

부석사의 가람배치는 매우 특이하며 누하진입(樓下進入) 형식을 취하고 있다. 지형에 따라 큰 자연석으로 쌓아올린 9개의 석단들을 만들어 그 대지 위에 건물들을 배치하였으며 제일 위에 놓인 가장 높은 석축 기단 위에는 본전 건물인 무량수전이 놓여 있다. 이 석단들은 상 · 중 · 하단으로 구분되며 이 단들은 각각 상 · 중 · 하품(品)의 3단이 있어 전부 9품으로 구성되어 있다고 생각된다. 특히 초창기에 만들어진 것으로 생각되는 거석(巨石)으로 쌓은 상단과 중단의 대석단들은 크고 작은 석재들을 교묘하게 축조하여 웅장한 모습을 갖고 있어 참배자들에게 숙연함을 느끼게 하고 또한 한국의 고유한 고졸(古拙)한 멋을 풍기고 있어서 훌륭하고 아름답다.

5번째 석단 위에 서 있는 누각건물인 부석사 범종각(梵鍾閣)은 진입로를 향하여 팔작지붕으로 되어 있고 그 반대쪽은 맞배지붕으로 되어 있어서 매우 특이하다. 이 사역의 중문에 해당하는 이 누각건물 밑으로 진입하여 안쪽에 있는 계단을 올라가면 누마루의 개구부를 벗어나자마자 6번째 석단 위에 올라서게 된다. 이때 앞을 바라보면 눈앞에 높이 솟아 있는 8번째 석단 위에 부석사 안양문(安養門)과 그 뒤 9번째 석단 위에 자리 잡고 있는 무량수전의 2개 건물 모습이 30°각도를 틀고서 정남향으로 서 있어 함께 어울린 두 건물의 모습이 한층 더 아름답게 보인다. 가장 높이 만들어진 석계단을 올라가서 안양루 밑을 지나 9번째 석단 앞에 올라 설 때는 어두운 누마루 밑에서 개구부 위를 바라보면 눈앞에 아름다운 석들이 먼저 나타나며 그 뒤에 본당 건물인 무량수전의 아름다운 모습이 밝고 넓은 하늘을 배경으로 극적으로 돋보이게 전개된다.

이와 같이 누하진입(樓下進入)형식을 취하여 좁은 공간을 지나 넓은 공간으로 진입하도록 만들어서 새롭고 특이한 공간감을 갑자기 갖게 하는 것은 한국의 산지가람(山地伽藍) 공간구성에 나타난 고유한 수법이다. 누하진입의 특성은 주건물을 멀리서부터 노출시키지 않고 누의 건물로 차단시킨 다음 누 밑을 지나 좋은 계단을 오르면서 시계가 갑자기 터지며 주요 건물이 극적으로 눈앞에 전개되게 하는 방법이다. 부석사에서는 누하 마지막 부분에서 경사가 급한 계단을 만들어 누하 공간이 마치 스크린과 같은 차폐 역할을 하여 매우 극적인 공간 변화를 느끼게 만든다고 생각된다.

여기서 느끼게 되는 특이한 공간감은 우리가 평지가람의 중문을 들어서면서 중정 앞에 있는 본전을 바라볼 때에 회랑으로 감싸여진 공간 분위기를 느끼는 것과 유사한 감각을 연상하게 한다. 산복(山腹) 중턱에 높이 자리잡은 무량수전을 향해 여러 개의 석단을 올라가는 진행과정에서 누문을 통과하면서 느끼게 되는 공간감의 변화는 매우 특이하며, 이 사찰에서 전체적으로 조화를 느끼게 하는 특유한 건축공간 구성방법은 매우 훌륭한 우리나라 산지가람배치의 특성이라고 생각된다.

무량수전은 부석사의 본당이다. 이 본당 건물에서 바라보는 승경은 과연 통일신라시대 불교사찰의 위용을 대표한다고 할 수 있다. 현존하는 건물은 고려시대 중기의 가장 우수한 목조건물이다. 1916년 수리공사 때 발견된 묵서명(墨書銘)에는 1376년 재건된 것으로 기록되어 있으나 1377년 재건된 조사당(祖師堂)에 비하여 건축양식상 적어도 100년 내지 150년 정도 앞서는 것으로 생각되며 13세기의 완숙한 건축양식을 나타내고 있다.

무량수전은 높은 대지(臺地) 위에 남향하고 서 있다. 기단은 화강석으로 정연하게 축조되었으며 통일신라시대의 모습을 보존하고 있다. 이 기단 동쪽 면석에는 다음과 같은 명문(銘文)이 있어 주목된다. 즉 '충원 적화면 석수 김애선'(忠原 赤花面 石手 金愛先)이라 하였으므로 모든 석물들이 김애선에 의해 이루어졌음을 짐작하게 만든다.

건물의 평면구성은 정면 5간(18.7 m), 측면 3간(11.57 m)이며, 초석 위에 알맞은 배흘림 기둥을 세웠으며, 주심포식(柱心包式)의 단층집으로 팔작지붕의 모양은 몸체와의 비례관계가 잘 조화되어 안정감을 주는 매우 아름다운 건물 외관을 이루고 있다.

건물 내부의 가구는 배흘림이 현저한 고주(高柱) 위에 소첨차와 대첨차를 놓고 단면이 항아리 모양인 대들보를 얹어 내부의 주공간을 구성했으며 그 사면에 퇴량(退梁)을 걸어서 부차적인 공간을 형성하였다. 대들보와 퇴량 위에는 힘있게 뻗은 계량(繫梁)들을 사용하여 도리들의 밑 부분을 연결하도록 배치함으로써 장중하면서도 견고한 느낌을 주도록 구성되어 있다. 특히 고주로부터 최상단에 있는 종도리(宗道理)에 이르는 가구재들이 본존불(本尊佛)을 중심으로 좌우 균제를 이루며 근엄한 중심공간을 형성하고 있다. 본존불상이 건물 내부의 서쪽에 위치하여 동면을 하고 있어 특수하다. 이와 같은 예는 매우 드물며 내부공간에서 주공간과 부차적인 공간의 상관성이 특이하게 느껴지는 특별한 불전이다.

이 건물의 건축양식은 봉정사 극락전(鳳停寺 極樂殿)보다 한 단계 발전한 주심포형식을 나타내고 있으며 가구방법과 세부수법이 정연하며 장식적인 요소가 많이 나타나지 않고 직선재의 중첩으로 구성된 내부 천장 공간의 아름다움과 장엄함은 건물 외관의 세련된 모습과 아울러 한국의 가장 뛰어난 건축물이라 생각된다. 조사당(祖師堂)은 무량수전 동북쪽 약 100 m 지점 언덕 숲 속에 있다. 의상조사(義湘祖師)의 영정(影幀)이 봉안되어 있던 곳이다.

4. 봉 정 사

경북 안동군 서후면(西後面)에 있는 봉정사(鳳停寺)는 한국에서 제일 오래된 목조건물인 극락전(極樂殿)이 있는 사찰이다. 극락전의 보수공사 때에 발

그림 150.
봉정사 배치도

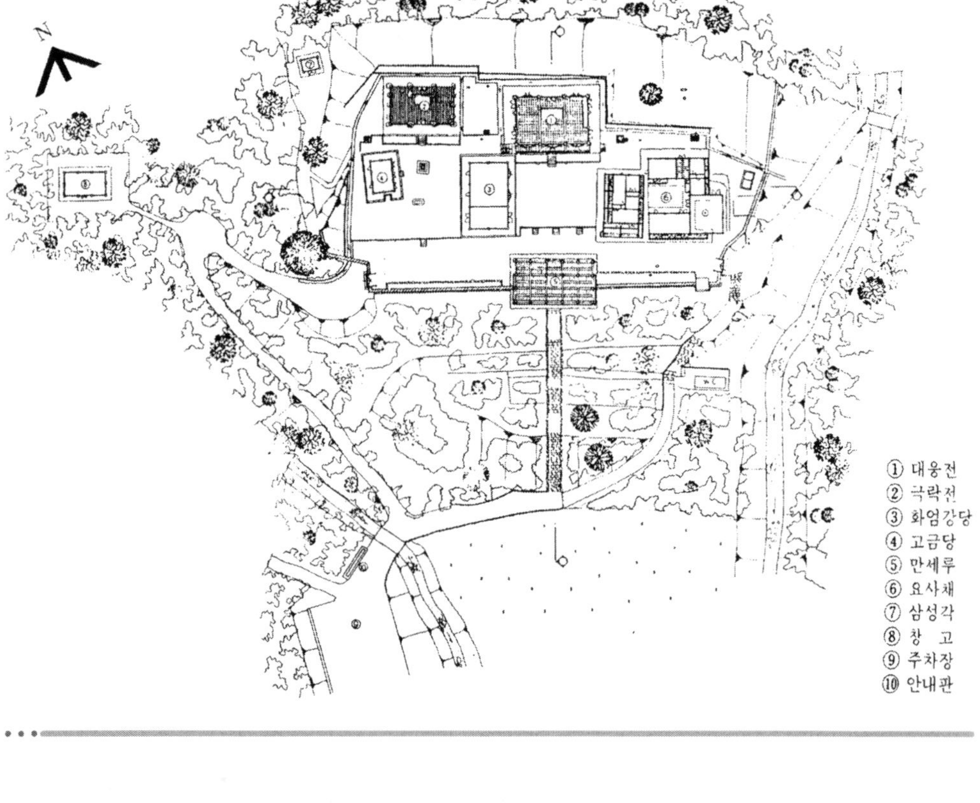

견된 상량문에 의하면 능인대덕(能仁大德)이 신라시대에 창건한 것으로 되어 있다. 이 사찰은 안동에서 계류를 따라 북쪽으로 100 km 정도 거리에 있는 천등산(天燈山) 중턱에 자리 잡고 있다. 천등산은 북쪽에 있는 소백산맥 줄기의 하나이며, 여기에는 보문산(普門山), 학가산(鶴駕山) 등이 솟아 있고 남쪽으로는 자백봉(自白峯)이 멀리 바라다 보인다.

대장동(台庄洞)에서 계류를 따라 올라가면 높은 석축 위에 세워진 담장과 덕휘루(德輝樓) 건물이 남쪽을 향해 튀어나오듯이 서 있다. 이 건물은 비록 작지만 5개의 석축으로 만든 대지(臺地) 위에 서 있어 날개를 펼 듯한 지붕의 모습이 아름답다. 밑에서 덕휘루의 기단까지의 높이는 12 m이며 여기서 다시 3.6 m 높이로 되어 있는 석축 위에 중정이 있고 대웅전은 그 위 1.1 m 높이에 서 있다. 이 사찰은 누하진입형식으로 되어 있으며, 덕휘루의 전후에 약간의 높이 차이를 만들고 문루 밑에서는 시계(視界)의 변화가 생기지 않는 완만한 진입방법으로 되어있다. 누 밑을 통과하면 약 1 m 가량 높은 지방 위에 건물들이 정연히 자리 잡고 있다.

봉정사(鳳停寺) 가람배치는 대지가 3단으로 나누어져 있으며 하단부분은 덕휘루가 서 있는 공간이며, 중단부분에는 봉정사 화엄강당(華嚴講堂)과 요사(寮舍)가 있고 상단부분에는 대웅전과 극락전 등 가장 중요한 건물들이 배치되어 있다. 하단부분은 누문까지 높은 계단을 올라온 여운을 계속 이어 주는 역할을 하며 옆으로 긴 낮은 공간을 구획지어서 중정에 이르는 매개공간 역할을 한다. 하단부분에서 서쪽으로 이동하면 화엄강당을 지나면서 극락전이

그림 151.
봉정사 대웅전 공포

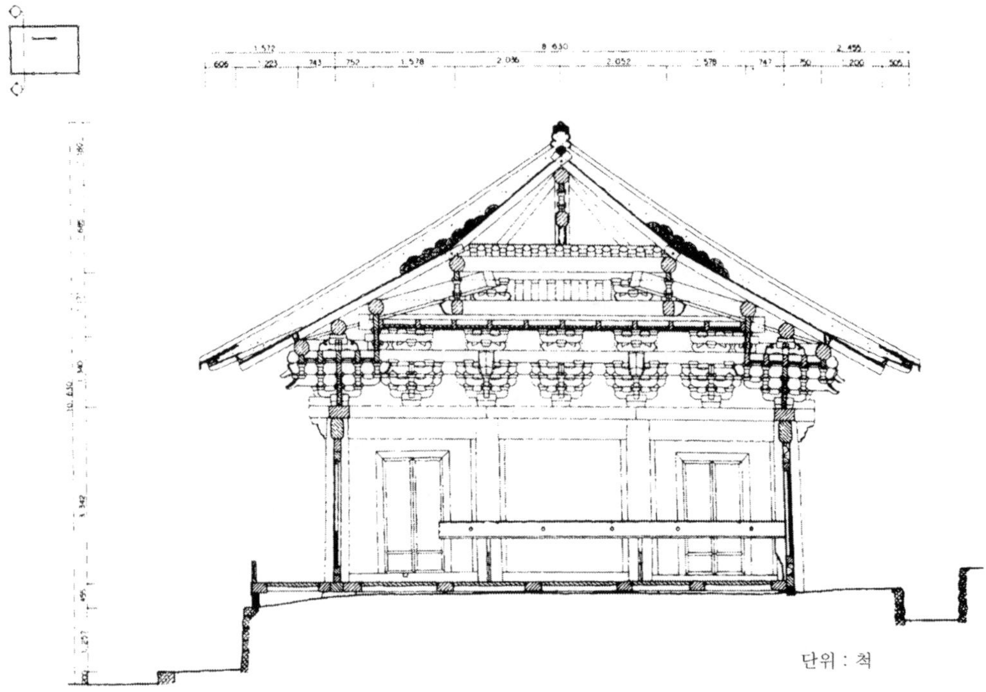

그림 152.
봉정사 대웅전 단면도

나타난다. 극락전 앞에는 고려시대의 3층 석탑이 서 있고 그 서쪽에는 고금당(古今堂)이 서 있어 고졸(古拙)한 공간 분위기를 형성하고 있다. 이곳에서 남쪽으로는 낮은 담장 너머로 개방된 조망을 바라볼 수 있으며, 서쪽에는 서문 뒤에 산경(山景)이 시야에 들어온다. 중단부분에 있는 대웅전 좌우에 있는 화엄강당과 요서건물의 배치는 대칭이 아니면서 동적 균형을 이루고 있으며 극락전 앞뜰의 공간도 동적인 균형을 이루고 있다. 극락전과 화엄강당 사이로 공간이 트이면서 대웅전으로 이어지는 곳에는 독립된 굴뚝이 서 있어서 특이하게 보인다.

대웅전에서 남쪽을 바라보면 덕휘루가 기둥 사이로 시원한 조망을 할 수 있다. 예전에는 대웅전과 덕휘루 사이에 진여문(眞如門)이 있었다고 한다. 이 문이 있으면 그 앞에 중정은 지금보다 더 짜임새 있는 공간 분위기를 가졌을 것이라고 생각된다. 진여문지의 위치에서 보면 대웅전의 아름다운 건축의 모습이 매우 돋보이게 되며 화엄강당의 깊은 추녀와 길게 돌출된 박공부분들이 잘 어울려 보인다.

봉정사의 가람배치는 대웅전과 극락전을 중심으로 한 병렬배치의 모습을 갖고 있는데, 통일신라시대의 불국사(佛國寺)의 배치에서도 그 예를 볼 수 있다. 이와 같은 2원(院) 배치방식은 각각 석가모니불(釋迦牟尼佛)의 사파(娑婆)세계(동쪽)와 아미타불(阿彌陀佛)의 서쪽 서방정토세계를 상징적으로 나타내고 있다.

봉정사 극락전은 한국의 최고(最古) 목조건축으로 고려 초기 주심포(柱心包) 제1형식의 건축양식을 갖고 있는 유일한 건물이다. 1972년 수리공사 때 17세기경에 툇마루를 만들었던 것을 철거했으며 전면에 세살문을 없애고 은해사 영산전(銀海寺 靈山殿) 전면에 있는 살대 있는 창과 같은 고식(古式)의 창모양으로 바꾸었다. 건물 내부의 단청을 옛적 모습을 그대로 간직하고 있어 매우 귀중한 예가 되고 있다.

봉정사 대웅전은 조선왕조 초기의 대표적인 다포식 건축이며 단층 팔작지붕으로 정면 3간(13.42 m), 측면 3간(8.82 m)의 건물이다. 공포는 내외 2출목으로 구성하였으며 그 수법은 서울 숭례문(그림 **164** 참조)과 관룡사(觀龍寺) 대웅전(색도판 p.33 참조)과 같은 모양을 갖고 있어 조선왕조 초기의 특색을 잘 나타내고 있다. 두공(頭工)은 내외부의 끝부분이 상부는 직절(直切)하고 하부는 교두형으로 되어 있다. 살미의 제공(齊工 : 또는 諸工)의 외단은 짧고 강직하게 아래로 뻗어 있으며 보 머리는 삼분두(三分頭)형으로 되어 있어 조선왕조 초기 건물의 형식을 갖고 있다. 첨차는 마구리를 직절하고 하부는 교두형으로 되었으며, 소로 사이에는 공안형(栱眼形)을 만들었다. 포작(包作)은 전반적으로 번잡한 느낌을 주지 않고 조선왕조 초기 건축의 건실한 모습을 갖고 있다. 천장은 대들보 상면에 맞추어 우물천장을 가설하였고 3간 모두 층급(層級)이 없는 천장을 만들었으므로 내부공간이 확 트인 느낌을 준다. 건물 앞면에는 매 간마다 4분합의 세살문을 달았으며 벽이 없어 전부 창호로 개방될 수 있게 되어 있다. 건물 내부 단청은 금(錦)단청이며, 색조는 극채색으로 조선왕조 초기에 많이 사용된 것이다. 외부의 단청은 많이 퇴락하였으나, 내부 단청은 비교적 선명하게 남아 있어 내부 고주에 그려진 운룡(雲龍) 문양 등에서 옛 모양을 찾아볼 수 있다.

극락전의 기단 밑 동쪽에 동향으로 서 있는 봉정사 화엄강당은 조선왕조 중기에 중수(重修)된 것으로 단층 정면 3간(11.08 m), 측면 2간(7.085 m)의 주심포식(柱心包式) 맞배지붕 건물이다. 공포는 외 1출목으로 주두 밑에 헛첨차가 있고 그 외단은 익공(翼工)형태가 되어 있다. 그 위의 살미도 같은 익공이며, 익공형태들이 매우 힘차게 표현되어 있어 특이하다. 주두 위에 있는 벽부두공(壁付頭工)의 끝은 쌍 S 자형으로 되어 있으며, 행공(行工)첨차는 춤이 매우 높고 초각이 매우 장식적이다. 내부의 보아지는 매우 힘찬 초각 형태를 갖고 있으며 건물 측면의 종대공과 중대공(中臺工)에는 화려한 초각을 하였다.

극락전의 기단 아래 서쪽에 있는 봉정사 고금당(古今堂)은 조선왕조 중기에 중건(重建 : 17세기)된 것이며 정면 3간(5.68 m), 측면 2간(3.77 m)의 주심포식 맞배지붕 건물이다. 포작은 외 1출목으로 헛첨차를 두었으며, 그 외단이 익공형으로 되어 있다. 그 위에 살미도 같으며 서로 간격이 없이 중첩되어 있다. 도리와 장여의 결합방식은 도리의 하단을 평탄하게 깎아 장여와 맞춘 통례와는 다르게 장여의 상면을 둥글게 파내어서 도리와 맞춘 고식(古式)의 수법을 사용했다. 이와 같은 수법은 부석사 조사당(祖師堂), 송광사 하사당(下舍堂), 관용사 약사전(藥師殿), 해인사 장경판고(藏經板庫), 개목사 원통전(圓通殿), 전등사 대웅전 및 약사전 등에서도 사용되고 있다.

5. 수 덕 사

충남 예산군 덕산면(德山面)에 있는 수덕사(修德寺)는 고려시대 중기의 대표적 건물인 대웅전으로 유명하다. 이 사찰 주위에는 가야산(伽倻山) 줄기를 타고 3면에 원효봉(元曉峯), 용봉산(龍鳳山), 삼준산(三峻山), 일월산(日月山) 등이 둘러 서 있다. 이 산들에 근원을 둔 수많은 계류들이 와룡강(臥龍江)으로 합쳐져 서산만을 향해 흐르고 있으며, 이 강의 상류에 있는 덕숭산(德崇山)의 남쪽 언덕에 수덕사가 위치하고 있다.

이 사찰은 백제시대에 지명대사(智明大師)가 창건하였다는 전설이 있으나 정확한 초창연대는 알 수 없다. 하단에는 통일신라시대 문무왕 5년(665)에 만든 것으로 전하는 5층 석탑이 서 있다. 대웅전은 1937년 수리공사 때에 발견된 묵서명(墨書銘)으로 고려 충렬왕 34년(1308)에 건립된 것으로 밝혀져서 건립연대가 확실한 중요한 건물이다.

수덕사는 근래에 와서 인근에 상가들이 가까이 형성되어 주변 환경이 많이 파괴되어 원래의 모습을 찾아보기 힘들다. 수덕사 가람배치는 일주문(一柱門)을 지나면 경사로를 좀 지나서 정면 3간, 측면 2간의 맞배지붕으로 된 금강문(金剛門)이 서 있었다. 이 문을 지난 다음에는 숲 속에 심히 가파르고 높이 올라가는 돌계단이 있어(현재는 파괴되어 없음) 매우 인상적이었다. 이 계단을 오르면 2단의 석축이 소박한 수법으로 축조되어 있으며 제1단은 거석적(巨石積)으로 되어 높이가 3 m 정도이며, 제2단은 2.4 m의 높이로 되어 있다. 이 대지입구에는 2개의 석주가 양쪽에 서 있었다. 그러나 최근 이 부분이 전부 철거되고 격에 맞이 않게 큰 규모로 우화루(羽化樓)를 신축하여 옛모습을 찾아볼 수 없게 훼손한 것은 매우 유감스러운 일이다.

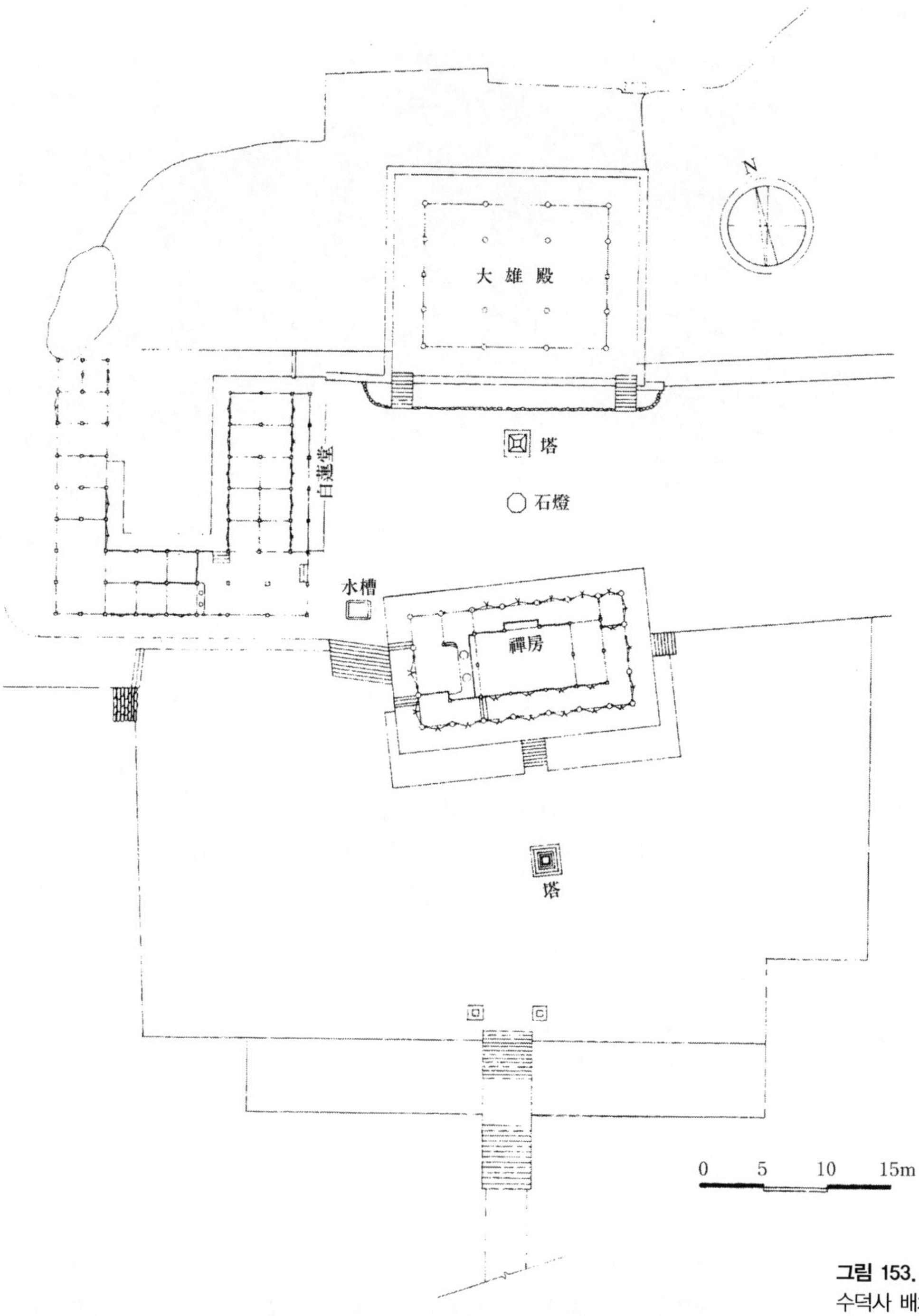

그림 153.
수덕사 배치도

대지(臺地) 위 넓은 뜰에는 5층 석탑이 서 있고 그 뒤에는 다시 2.4 m 높이로 치석하여 정교히 쌓은 석단이 있으며, 그 위에 선방(禪房)건물은 정남향을 하지 않고 약간 동남쪽으로 틀어져 배치되어 있는 것이 특이하다. 5층 석탑은 선방건물의 중심축선상에 위치하여서 대지입구에서 바라보면 약간 사각

그림 154.
수덕사 대웅전 측벽의 구조미

(斜角)방향으로 서있어 석탑의 입체감과 건물까지의 깊이를 더 느끼게 하는 동시에 대웅전 앞에 있는 중정으로 진입하는 방향을 좌측으로 자연스럽게 유도하여 우각진입(隅角進入)이 되게 하였다.

선방건물 서측을 돌아 백연당(白蓮堂)과의 사이에 놓인 약간 사(斜)방향으로 길게 만든 2m 높이의 돌계단을 올라서 우각진입을 하면 중정 북쪽에 장중하고 아름다운 대웅전 건물이 박력 있는 모습으로 나타난다. 중정 앞에 선방건물이 대웅전에 대하여 약간 사각(斜角)을 이루고 서 있어 중정의 평면이 제형(梯形)을 이루고 있는 까닭에 우각진입하는 어귀에서 볼 때 대웅전의 입면과 측면의 일부분을 사각으로 함께 볼 수 있어서 중정공간의 극적인 효과가 일층 강조되어 있다고 생각된다. 특히 예전에 우각진입하는 어귀에 놓여 있었던 수조(水槽)는 기능적인 면과 상징적인 면에서 뜻이 있는 것이었으나 현재는 그 흔적을 찾아볼 수 없음이 유감이다.

수덕사 대웅전은 고려시대 중기를 대표하는 주심포(柱心包) 제2형식의 건물로서 한국 목조건물 중에서 가장 아름답고 정교한 수법으로 모든 면에 정성을 다하여 건축한 가장 우수한 건물이다. 깊은 지붕으로 된 박공부분의 측벽에 부각(浮刻)된 목조기구의 구조미는 박력이 있고 뛰어나며 전체적으로 균형이 잘 잡혔으며 목구조의 세부가 매우 세련되게 시공된 건물이다.

특히 도리 사이의 구조를 연결하는 우미량(牛尾梁)의 굽어 올라간 모습은 매우 아름다우며 이 부재는 나무결이 평행하게 굽어 올라가 있음을 볼 때 큰 평판상(平板狀)의 나무에서 마름질해서 잘라 만든 것이 아니라 수간(樹幹)에서 갈라져 나온 큰 가지부분을 택해서 치목한 것을 알 수 있으며, 장인들의 매우 합리적이며 슬기로운 기술과 지혜를 감탄하지 않을 수 없다. 보 끝의 접합부분의 정교한 짜임새는 마치 유기적인 생물체의 아름다움을 연상하게 만든다. 건물 외부의 단청은 많이 퇴락하였으나 내부의 단청은 옛 모습이 그대로 보존되어 있으며 사면 벽의 벽화가 남아 있다.

6. 통 도 사

신라 선덕왕 15년(646)에 자장율사(慈藏律師)가 창건한 통도사(通度寺)는 개산조사(開山祖師)인 자장율사에 의해 석가모니의 진신사리(眞身舍利)가 안치됨으로써 우리나라의 삼보(三寶)사찰 중에 불보(佛寶)사찰로 유명하다. 경남 양산군 영취산(靈鷲山) 밑에 있으며 그 산의 지맥(地脈)은 불사리를 안치한 통도사 금강계단(金剛戒壇)을 중심으로 하여 비룡농주형(飛龍弄珠形)의 형국을 이루고 있다. 이곳의 주산(主山)의 모습이 석가모니가 설법하였던 인도에 있는 영취산(靈鷲山)과 통하므로 통도사라고 칭하였다고 하며, 또한 승려가 되는 사람들은 모두 이 계단(戒壇)을 통한다는 의미를 이 사찰의 명칭이 뜻한다고 한다.

통도사 가람배치는 매우 특이하며 평지에 위치하였음에도 직교식으로 건물들을 배치하지 않고 오히려 산지가람처럼 건물들이 불규칙하게 배치되어 있다, 사리탑 전면에 남쪽을 향해 대웅전이 서 있는 상로전(上爐殿) 부분이 신라시대 초창기부터 건축되었던 곳이다. 상로전 부분에서 동쪽을 향해 내려가면서 중로전(中爐殿) 부분과 하로전(下爐殿) 부분의 건물들이 각기 고려시대와 조선왕조시대에 걸쳐서 건축되었다. 이곳의 당탑(堂塔)들은 여러 차례의 중건과 수리를 거듭했으며 적지 않은 변화가 있었으나 그 건물 위치는 처음과 차이가 없는 것으로 생각된다.

동서로 길게 뻗은 상 · 중 · 하로전(上 · 中 · 下爐殿) 부분은 각각 하나의 독립된 사찰과 맞먹게 구성되어 있다. 상로전의 중심 건물인 금강계단(金剛戒壇)과 대웅전은 부처님의 진신사리(眞身舍利)를 모신 곳으로 믿음의 근원과 같은 구실을 한다. 중로전 부분의 중심 건물인 대광명전(大光明殿)은 비로자나불을 모심으로 부처님의 법신(法身)인 진리 당체(當體)를 표방하고 있다. 하로전 부분의 영산전(靈山殿)은 역사적 인간이 고타마 붓다의 이상적 인간상을 귀감으로 삼아 그를 존숭하도록 만든 법당이다. 석가모니의 팔상(八相)은 우리 인간들이 따라야 할 이상적인 모습인 것이다. 이 사역 안에 있는 건물들 가운데 불전(佛殿)에 속하는 것을 분류해 기록해 보면 다음과 같다.

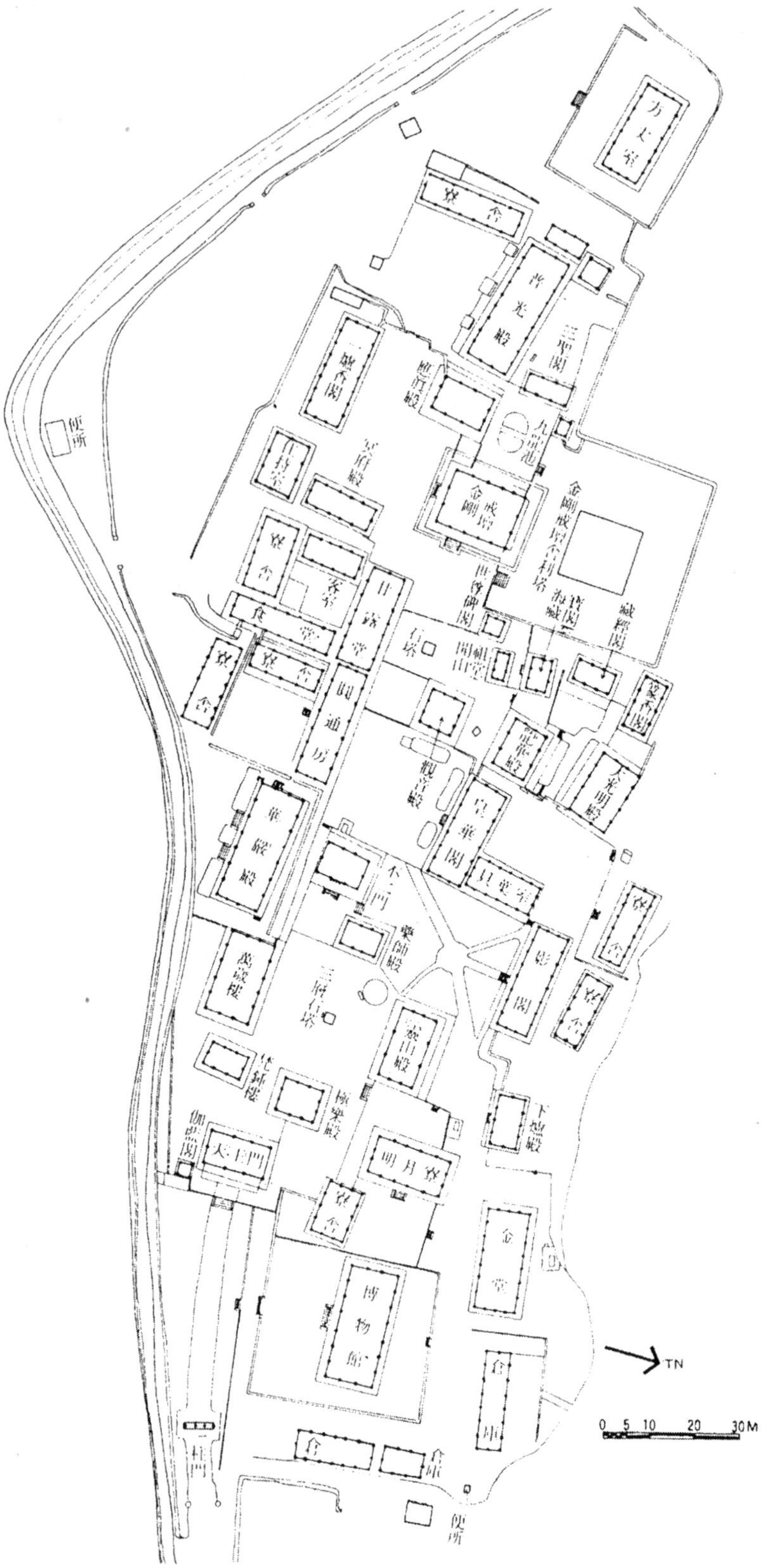

그림 155.
통도사 배치도

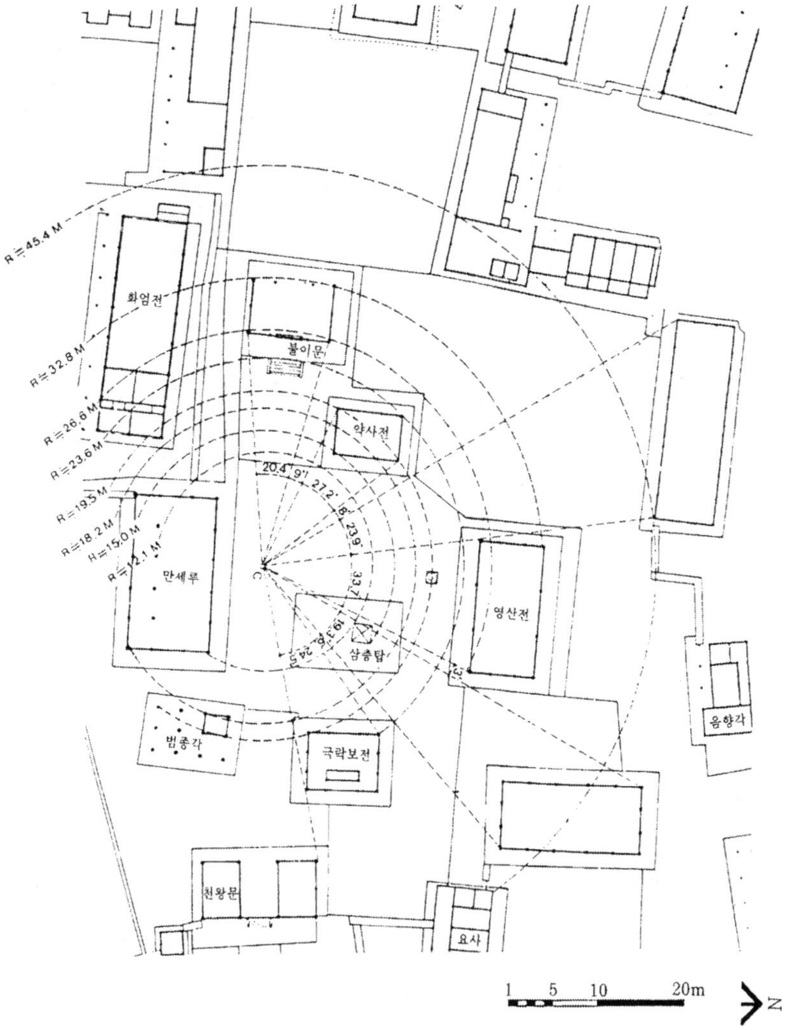

그림 156.
통도사 하로전 부분
건물배치 분석도

상로전 부분 : 대웅전, 나한전(羅漢殿), 명부전(冥府殿), 삼성각(三聖閣), 산영각(山靈閣)

중로전 부분 : 대광명전, 용화전(龍華殿), 관음전, 해장보각(海藏寶閣)

하로전 부분 : 영산전, 극락전, 약사건, 가람각(伽藍閣)

이상의 13개 불전들은 회랑을 두르지 않고 배치되어 있다. 사역의 동쪽 끝에 있는 일주문(一柱門)을 지나서 천왕문(天王門) 앞 계단을 올라서면 하로전 부분의 건물들이 주진입로 방향과 약간 사각(斜角)을 이루는 듯이 배치되어 있다. 특히 천왕문과 불이문(不二門) 사이의 중간 지점에서 히로전 부분의 중심 건물인 영산전(靈山殿)의 정면 방향을 바라보면 이 건물을 중심으로 이 부분의 모든 건물들이 그 주위에 정연하게 둘러서 있음을 알 수 있다.

그림 157.
통도사 중로전 및 상로전
부분 건물배치 분석도

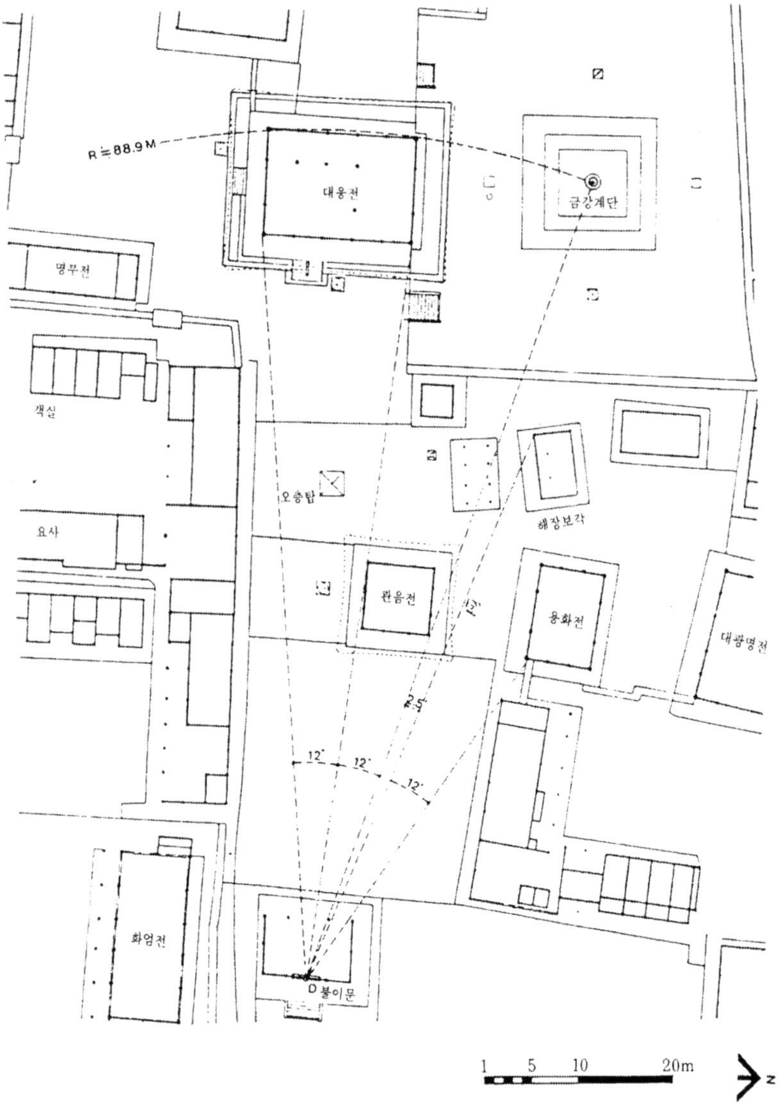

다음에 불이문(不二門) 앞 계단을 올라서서 그 문턱에 들어서면 중로전 부분의 건물들이 서북쪽으로 전개되듯이 배치되어 있다. 또한 서쪽에 보이는 관음전(觀音殿)과 좀더 거리를 두고 서 있는 상로전 부분의 대웅전이 웅장한 모습으로 시계에 들어온다. 관음전을 조금 지나 5층 석탑 북쪽 면 앞에 서서 바라보면 동서방향으로 전개되는 크고 작은 수많은 건물들의 경관이 인간적인 척도 개념을 느끼게 하며 아담하고 소박한 한국적인 정경을 매우 잘 나타내고 있다.

끝으로 상로전 부분에 이르면 대웅전과 금강계단으로 이루어지는 클라이맥스의 극적인 공간이 전개되어서 참배자들의 마음을 승화시키며 그 분위기는

그림 158.
통도사 불이문에서 중로전 및 상로전 부분 조망

대웅전 내부공간에 들어서면 그 절정에 도달한다. 특히 대웅전 천장에는 국화와 모란꽃이 조각되어 있으며 아름다운 단청의 색채는 내부공간의 운치를 드높여 주고 있다. 또한 대웅전의 기단부분과 계단 이석(耳石)의 조각문양이 매우 특이하다. 대웅전의 동쪽 앞뜰을 지나 남쪽에 있는 큰 뜰에 이르면 남향으로 서 있는 대웅전 건물의 외관이 매우 웅장하다. 이 광장 서쪽에 있는 응진전 뒤에는 구룡지(九龍池)가 있으며 그 주위에 삼성각(三聖閣)과 산영각(山靈閣)이 둘러서 있고 북쪽에는 사리탑이 서 있는 공간으로 이어진다.

통도사 배치계획은 매우 특색이 있다. 이와 같은 특성은 기하학적인 불사 배치의 구성원칙이 고려시대와 조선왕조시대를 거치면서 점차적으로 변천되고 시지각적인 체험을 중요시하는 공간구성방법이 계속 발전되어서 이루어진 결과라고 생각된다. 통도사의 배치계획의 규범은 점차 질적으로 변화되었으며 그 결과 축(軸)의 전위(轉位), 시거리(視距離)의 증가, 이에 따른 시각도(視角度)의 감소, 시각상(視覺像)의 복합성과 건물의 중첩 및 조소적(彫塑的)인 형태에 감지 등 여러 가지 효과들이 두드러지게 나타나게 되었다고 생각된다. 따라서 일견하여 무질서하게 보이는 통도사의 건축 경관은 그 실상을 음미해 본다면 실제적으로는 시지각적인 체험을 고려하여 질서 있게 계획된 것이라고 생각된다.

통도사 대웅전은 조선왕조시대 인조(仁祖) 19년(1641)에 중건된 것이다. 그러나 신라시대의 우아한 연화문을 가진 기단과 계석(階石)이 있어 초창기의 건물 모습을 추측할 수 있게 만든다. 이 건물은 정면 3간(10.4 m), 측면 5가(15.8 m)이며 다포식으로 되어 공포는 외 3출목, 내 4출목이고 매우 아름다

그림 159.
통도사 대웅전 내부 천장

운 외관을 갖고 있다. 지붕은 T자형으로 되어 특이하며, 1961년 수리공사 때에 수백 장의 철제기와가 발견되었고 이것들이 재사용되었다. 막새기와의 상부에는 백자기로 만든 연봉형 장식이 있으며 지붕 상부의 T자형 용마루 교차점에는 청동제 보주(寶珠)가 놓여 있어 특이하다.

건물 내부 천장에는 국화와 모란꽃이 조각되어 있으며 아름다운 단청으로 화려하게 장식되어 있어 건물 내부공간의 운치를 한결 드높여서 클라이맥스를 이루는 공간 분위기를 형성하고 있다. 특히 건물 안쪽 중앙에 불단을 만들었으나 불상이 없다. 그 까닭은 건물 바로 후면에 진신불사리(眞身佛舍里)를 안치한 금강계단이 있기 때문에 불상을 모실 필요가 없는 것이다. 최근에는 대웅전 북쪽 벽면에 대형 유리창을 설치하여 참배자들이 대웅전 내부에서 금강계단 위의 사리탑을 바라 볼 수 있게 만들어 놓았다.

통도사 금강계단 사리탑(金剛戒壇 舍利塔)은 신라시대 선덕왕 15년(646)에 초창된 다음 7차의 중수를 하였다. 그 형태는 상하의 넓은 기단 중심부분에 직경 1.5 m 정도의 복연판석(伏蓮瓣石)과 양연화석의 받침돌을 놓고 그 위에 석종형(石鐘形)의 부도를 올려놓았다. 이 부도에는 동쪽과 서쪽 면에는 비천상(飛天像)을 남과 북쪽 면에는 사리함(舍利盒)의 형상을 조각하였다. 상층 기단의 4면에도 비천상을 돌아가며 조각하여 불사리에 대한 공양의 의미를 나타내고 있다. 1911년 제7차 중수공사를 할 때 계단(戒壇) 주위에는 석조담장을 돌렸으며 석문(石門)을 만들었는데, 이때 금강계단이 크게 변형되어 옛적 모습이 많이 손상되었다.

제16장 고려 불탑

1. 목조불탑

고려시대에 있어서도 목조불탑은 불탑 본연의 면목을 갖고 있는 것으로 생각하여 중요시 되었고, 태조(太祖)는 황룡사(皇龍寺)의 목조탑을 본받아서 삼국통일의 성취를 기원하기 위해 개성에 7층탑과 평양에 9층탑을 세웠다고 한다.

광통보제사(廣通普濟寺)는 고려 태조가 개경(開京)에 건립한 10개 불사 중의 하나였던 천선원(天禪院)이었을 것으로 추측되고, 후에는 연복사(演福寺)라고 불리게 되었던 불사이며, 고려도경(高麗圖經)에 의하면 보제사 목조탑은 「불탑의 5층 높이가 200여척」이라 기록되어 있다. 고려 말 조선왕조 시대 초에 개수(改修)되었을 때, 기록에 의하면 사방 5간의 건물이었음을 알 수 있다. 주간(柱間) 거리는 알 수 없으나 10척 정도로 추정한다면, 황룡사 9층탑(7간, 기변 길이 72.8척, 높이 225척)이나 현존하는 법주사(法住寺)의 조선시대 목조 5층 탑 건물인 팔상전(捌相殿 : 5간, 기변 길이 37척, 높이 80척)에 비하여 매우 고준(高峻)한 것이었음을 짐작할 수 있다.

연복사 중창기에는 「옛터를 파서 목석(木石)을 채워 기초를 견고하게 하였다. 사방 5간으로 매우 크고 넓었으며, 5층 건물로 편석(扁石)을 덮었다. 단청(丹靑)을 칠하여 금벽색(金碧色)이 휘황하였고, 위에는 불사리(佛舍利)를 안치하며, 가운데에는 대장경(大藏經)을 두고, 아래에는 비로초상(毘盧肖像)을 두었다」라고 기록되어 있어서, 기저(基底)와 노반부분의 형상과 건물외형 및 내부장치의 모습을 비교적 잘 알 수 있다. 이 밖에도 고려 목조불탑의 존재가 문헌이나 유지(遺址)에 의하여 추정될 수 있는 것으로, 개국사탑(開國寺塔), 중광사탑(重光寺塔), 진관사(眞觀寺) 9층탑, 흥왕사(興王寺) 8각형평면 쌍탑,

민천사탑(旻天寺塔) 및 만복사 탑 등이 있다.

2. 석조불탑

고려 초기의 석탑은 주로 신라와 백제의 석탑형식을 계승 발전시켰으며, 한편 중국의 문화영향으로 다각형 평면의 탑형식이 사용되기 시작하였다. 고려 석탑은 일반적으로 통일신라 석탑에서 볼 수 있는 장중하고 힘 있는 맛이 적어지고, 아담한 감을 주는 특색을 나타내게 되었다. 전체적으로 탑의 규모가 작아지고 고준(高峻)해지며, 옥개석(屋蓋石) 단면(端面)이 두꺼워지는 대신 옥개받침이 얇아지고, 그 모서리가 직각이 안 되고 둥글게 하는 수법이 사용되었으며, 장식적으로 섬교(纖巧)한 감을 준다.

고려 석탑의 형식은 매우 변화가 많으며, 개경(開京)을 중심으로 하여 현존하는 석탑을 양식면에서 고찰하여 1) 통일신라 계승형식, 2) 백제 계승형식, 3) 절충형식, 4) 특수형식으로 분류할 수 있다. 통일신라 및 백제의 계승형식은 고려 초기에 사용되었으며, 한편 이 두 양식의 요소가 서로 절충된 형식도 병행하여 사용되기 시작하고, 중기에는 절충형식이 보다 더 발전되어 고려적인 특징을 많이 나타내게 되었으며, 고려의 전형적인 석탑형식을 완성하게 되었다. 특수형식에는 송(宋) 및 요(遼)·원(元)의 영향으로 말미암은 다각형 평면의 탑과 일반전형 탑형식을 변형하여 만든 일반 변형탑 등이 있다.

(1) 고려 초기 석탑

1) 통일신라 계승형식 석탑

통일신라 계승형식 석탑에 공통되는 특징은 2층의 기단(基壇)을 갖고 있으며, 1층을 받기 위한 굄돌이 간략화되고, 고려 석탑의 특징을 나타내는 정방형의 받침돌을 끼워 놓은 예가 많다. 옥개석(屋蓋石)과 옥개받침이 단일석(單一石)으로 되어 옥개받침 단수(段數)는 대부분 4단 또는 3단으로 상층으로 갈수록 감소되며, 받침의 높이도 매우 얇아지고, 모가 없이 비스듬하게 둥글게 되었다. 처마 끝면의 두께는 매우 두꺼워지며, 상부 낙수면(落水面)의 구배(勾配)는 급경사를 이루게 되고, 처마 하단은 모서리가 미소한 반곡(反曲)을 나타내게 되었다. 이 통일신라 계승형식은 점차 발전되어서, 통일신라 양식과는 확연하게 구별될 수 있는 세부형식의 변천을 가져오게 되었다. 예천 개심사지(開心寺址) 5층 석탑(1010), 정두사지(淨兜寺址) 5층 석탑(경복궁 소재), 금강산 정양사(正陽寺) 3층 석탑 등이 이 형식에 속한다.

대표적인 예로 개심사지 5층 석탑은 구성과 양식이 상당히 간소화되어서, 고려적인 특색을 잘 나타내도록 정형화(定型化)된 것이다. 하층기단은 지대석(地臺石)과 중석(中石)을 단일석(單一石)으로 만들고, 12지상(支像)을 안상(眼象) 속에 조각하였으며, 상층기단에는 중앙에 탱주(撐柱)가 있으며, 각 구(區)에 팔부신상(八部神像)을 1개씩 조각하였다. 상대갑석(上臺甲石)은 상면에 매우 작은 경사를 가진 한 장의 돌로 되었고, 그 위에 연화문(蓮花文)이 조각된 정방형 석재를 얹어서 1층 탑신을 받고 있다. 탑신과 옥개석(屋蓋石)은 단일석으로 되었으며, 1층 탑신 남쪽에는 문비형(門扉形)과 그 좌우에 인왕상(仁王像)을 조각하였다. 옥개받침은 각 층마다 4단으로 되어 옥개석 상부의 굄 조출(造出)이 없어지고, 처마 단면(端面)이 매우 두꺼워졌으며, 낙수면의 경사는 완만하다. 모서리 상단의 반곡(反曲)이 강하게 나타나고, 처마 밑에는 홈을 파서 물끊기가 되어 있으며, 노반의 각 면에는 안상(眼象)이 있고, 복발(覆鉢)에는 횡대(横帶)와 4면에 꽃문양의 부조가 있다.

2) 백제 계승형식 석탑

백제의 고토(故土)에는 백제 문화의 영향으로 백제 계승형식 석탑이 세워졌으며, 정림사지 탑과 흡사한 양식과 수법을 나타내고 있으나, 디자인과 계획 및 예술적인 구성미는 미흡한 점이 많으며, 그 세부양식은 간략화 되고 규모도 축소되었다. 그러나 이 계승형식은 중기의 고려 석탑양식 발전에 미친 영향이 매우 큰 것으로 생각된다. 이 형식의 탑으로는 비인(庇仁) 5층 석탑(11세기), 부여 장하리(長蝦里) 3층 석탑(12세기), 정읍 은선리(隱仙里) 3층 석탑(11세기), 계룡산 자매탑(姉妹塔), 귀신사지(歸信寺址) 3층탑 등을 들 수 있다.

대표적인 예로서 비인 5층 석탑은 단층기단을 갖고 있으며, 지대석(地臺石), 중석(中石), 갑석(甲石)이 각각 별개로 되었고, 중석(中石) 각 면은 탱주(撐柱)가 없고, 갑석 위에는 굄돌없이 1층 탑신이 놓였다. 1층 탑신은 배흘림이 없는 4개의 우주(隅柱)와 4개 면석(面石)은 별석(別石)으로 구성되고, 2층 이상의 탑신(塔身)은 단일석으로 모서리 기둥을 모각(模刻)하였으며, 옥개석에 추녀가 많이 돌출되었고, 모서리 부분의 반곡(反曲)이 경쾌하게 되어 있다. 옥개석 상부에는 추녀마루가 나타나 있으며, 옥석받침은 2단으로 되며 별석으로 되어서, 정림사지 탑과 흡사하게 되어 있다. 현재 제4층 옥개(屋蓋)석은 없어졌으며, 제2층 이상의 탑신 폭이 격감되어서 안정감이 작아 보이나, 세부수법에 있어서 정림사지 탑을 충실하게 모방하고 있다고 생각된다.

3) 절충형식 석탑

고려 절충형식 석탑은 통일신라와 백제 석탑의 세부수법을 절충하여 만든 것이며, 이 형식의 특징은 다음과 같다. 기단부(基壇部)가 2층으로 되어 있으며, 탑신(塔身)이 단일석으로 된 것이 많다. 옥개받침은 4단 또는 3단으로 단의 두께가 얇아졌으며, 그 모서리를 비스듬하고 둥글게 만들었다. 초기에는 옥개석(屋蓋石)의 끝면이 평박(平薄)하고 광활하여 낙수면의 구배(勾配)가 완만하였다. 점차로 돌출이 작아지고 처마 끝면이 두꺼워지며, 따라서 낙수면의 구배도 급해진다. 이 형식의 불탑 실례는 무량사(無量寺) 5층 석탑(10세기), 보원사지(普願寺址) 5층 석탑(10세기), 금산사(金山寺) 5층 석탑(10세기), 현화사지(玄化寺址) 7층 석탑(1020) 등이 있다.

대표적인 예로서 보원사지(普願寺址) 5층 석탑은 세부에 있어서 통일 신라식의 영향을 많이 받은 것으로 생각되며, 하층기단(下層基壇) 각 면을 3부분으로 나누어 사자상을 조각하였으며, 상층기단에는 각 면에 2개씩 8부 신상을 조각하였다. 상대갑석(上臺甲石) 위에 정방형 받침돌 1개가 놓이고, 1층 탑신은 4개로 구성되었다. 각 면에 문비형(門扉形)을 조각하였고, 2층 이상은 탑신이 단일석으로 되어 있다. 옥개석은 평박하고 추녀가 길며, 모서리 추녀마루의 반곡(反曲)이 많다. 처마하단의 모서리 부분은 백제식의 영향으로 약간씩 들려 반곡되어 있어서 매우 아름다운 윤곽선을 형성하고 있으며, 상륜부(相輪部)에는 노반(露盤)과 철제찰주(鐵製擦柱)가 남아 있다.

4) 특수형식 석탑

한국 고유의 석탑형식을 바탕으로 하여 송(宋) 및 요(遼)의 다각형 불탑형식의 영향을 받아서, 종전의 형식과는 다른 팔각형 또는 육각형으로 된 다각형 평면의 석탑형식이 발전되었다. 이와 같은 다각형의 고려 특수형식 석탑의 예로는 월정사(月精寺) 8각 9층탑(11세기 경), 금산사(金山寺) 6각 다층탑(10세기), 평양 영명사(永明寺) 8각 5층탑, 평양역 구내 6각 7층탑, 묘향산 보현사(寶賢寺) 8각 13층탑, 평양역 구내에 있는 8각 7층탑 등이 있다.

그 중 대표적인 월정사 8각 9층 석탑은 기단(基壇), 탑신(塔身), 옥개(屋蓋)가 모두 8각형 평면으로 되어 있으며, 하층기단 중석(中石)에는 각 면에 2개씩 안상(眼象)을 만들고, 갑석에는 연화문(蓮花文)을 돌렸으며, 상층기단 중석(中石)은 모서리에 기둥을 모각(模刻)하고 상대갑석 상면에는 경사된 낙수면을 이루었으며, 그 위에 1층 탑신을 받기 위한 팔각형 받침돌이 끼어 있다.

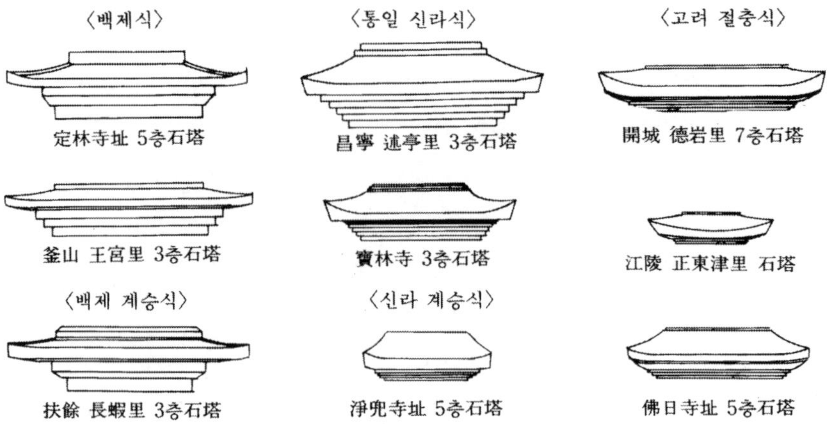

그림 160.
석탑 옥개석 형태 비교도

1층 탑신의 4면에 작은 감실(龕室) 모양을 만들었으며, 각 층 탑신 모서리에는 기둥 모양을 모각(模刻)하고, 옥개받침은 각형과 원호형의 몰딩(moulding)으로 만들어져 있다. 처마 밑 끝은 평면으로 되고, 상단면(上端面)의 모서리가 약간 반곡(反曲)되어 있다. 탑 위의 상륜부(相輪部)는 금동제(金銅製)의 보개(寶蓋), 보륜(寶輪), 수연(水煙) 등이 남아 있어서 후대에 보수된 것으로 보이나, 완전한 모양을 갖춘 것으로 귀중한 예라고 생각된다. 전체적으로 상층에 올라가면서 체감률(遞減率)이 작고, 탑 폭이 높이에 비하여 작으므로 매우 고준(高峻)한 감을 주나, 상륜부와 어울려서 탑의 외형이 잘 조화된 매우 우수한 팔각형 탑이라고 생각한다.

그림 161.
신복사지 3층석탑

일반석탑 형식을 변형하여서 만든 일반 변형탑에는 각 층마다 탑신하부(塔身下部)에 난간을 간략화한 모양의 판석(板石)을 삽입한 형식과, 화엄사(華嚴寺) 4사자 석탑을 모방하여 만든 것 등이 있으며, 이와 같은 형식의 예로는 신복사지(神福寺址) 3층 석탑(11세기), 서울 홍제동 5층 석탑(1045), 사자빈신사(獅子頻迅寺) 다층석탑 등이 있다.

신복사지 3층 석탑은 하층기단 하대석(下臺石) 위쪽에 연화문(蓮花文)이 조각되어 있고, 중석(中石)에는 그 면에 3개씩 안상(眼象)이 새겨져 있으며, 3층 기단 밑에는 받침돌이 끼워져 있고, 이와 같은 받침돌이 각 층 탑신 밑에 모두 삽입되어 있는 것이 이 탑의 특이한 점이라 할 수 있는데, 목조탑에 있는 각 층의 난간 모양이 간략화 된 양식으로 추측된다.

옥개석(屋蓋石)은 통일신라 말기의 일반식을 따라서 평박(平薄)하나, 옥개받침은 3단으로 되었으며, 추녀하부가 약간 들려 있는 것은 고려 석탑형식의 특징을 나타내는 것이라 생각된다. 상륜부(相輪部)에는 노반(露盤)과 복발(覆鉢)이 있고, 그 위에 앙화(仰花)와 보주(寶珠)가 놓여 있다. 1층 탑신 남쪽에는 정방형의 작은 감실(龕室)이 마련되어 있는데, 전체적으로 석재결합 방식이 간략화 되고, 탑 높이에 비하여 탑의 폭이 넓어서 매우 안정감 있는 외관을 나타내고 있다.

(2) 고려 중기 석탑

1) 절충형식 석탑

중기에는 고려 절충형식 석탑이 더 발전되어서, 신라와 백제형식의 특성을 혼합 융화시키고, 고려의 특색을 가미하여 그 형식의 세부(細部)에서 새로운 수법을 나타내게 되었으며, 한국의 소박하고 고졸(古拙)한 향토미를 나타내게 되어, 고려 석탑을 대표하는 독특한 형식이 형성되었다.

전체적으로 보아서 탑이 더 고준(高峻)하여지고 옥개받침이 더 얇아졌으며, 기단부가 일종의 좌대(坐臺)같이 만들어진 것이 특색이라고 생각된다. 옥개석의 부드러운 곡선미, 기단(基壇) 및 탑신부(塔身部)의 정교한 조각미, 소규모이면서도 알맞게 조화된 체감률(遞減率)에서 오는 율동미 등의 고유한 아름다움을 갖고 있다. 석재의 구성이 간결하고 정교하게 다루어졌으며, 사용한 석재의 수도 감하여져서 조각물로써의 의태(意態)를 보여 준다.

이 형식의 석탑에 공통된 특징은 기단(基壇)형식이 2층으로 되어 있으나, 구성이 자유로워져서 탱주(撑柱)가 생략되고, 안상조각(眼象彫刻)을 한 예도 있다. 상하갑석(上下甲石)의 끝면을 둥근 호형(弧形)으로 만들고, 연화문(蓮花文)을 조각하거나 또는 몰딩을 만들며, 기단부에 장식을 많이 가하여 불좌대에 같은 모양으로 변화하였고, 상대갑석(上臺甲石) 위에는 1층 탑신을 받기 위한 방형(方形)의 굄돌을 두었다. 옥개석은 구배(勾配)가 많아지며, 비교적 끝면이 두껍게 되고, 옥개받침은 4단 또는 3단으로 얇게 각(刻)해졌으며, 옥개석의 처마 모서리 반곡(反曲)이 경쾌해지며 부드러운 윤곽선을 형성하고, 처마하부가 곡면을 이루어서 들려 올라간 것이 많다. 이 형식에 속하는 석탑으로는 개성 남계원지(南溪院址) 7층 석탑(13세기, 국립중앙박물관 소재), 강릉 정동진리(正東津里) 3층 석탑, 의주공원(義州公園) 7층 석탑, 불일사지(佛日寺址) 5층 석탑 등이 있다.

고려 중기 석탑을 대표한다고 생각되는 남계원지 7층 석탑은 원래 개성 덕암리(德岩里) 남계원지에 있던 것을 국립중앙박물관으로 이건한 것이다. 기단(基壇)은 2층으로 되어 있고, 정방형의 7층탑으로 탑신석과 옥개석이 각각 단일석으로 되어 있으며, 제2층 이상은 체감률이 매우 작고, 일면 중후(重厚)하면서도 고준(高峻)한 외관을 이루고 있다.

옥개받침은 각 층마다 3단으로 얇게 각(刻)해져 있고, 옥개석(屋蓋石)의 처마곡선은 통일신라 석탑이나 백제 석탑에서 볼 수 없는 아름다운 형태를 갖고 있으며, 이 탑은 고려의 특색을 가장 잘 나타내는 대표적인 석탑이다.

2) 모 전 탑

고려 모전탑(模塼塔)은 선산(善山)과 경주를 중심으로 3, 4개 건립되었으나, 고려시대의 모전탑을 대표하는 것은 고려 중기에 건립된 것으로 추측되는 강진 월남사지(月南寺址) 3층 석탑(12세기)이다. 이 탑은 단층의 기단(基壇)을 갖고 있으며, 중석(中石)은 귀기둥과 면석(面石)이 별개의 돌로 되어 있다. 1층 탑신(塔身)은 여러 개의 장판석(長板石)으로 되었으며, 2층 이상도 거의 같은 수법을 따르고 있다. 옥개형식(屋蓋形式)은 처마의 아래위가 모두 3단을 이루고, 다수의 석재(石材)를 쌓아서 만들었으며, 같은 방식으로 3층까지 되어 있고, 상륜(相輪)은 정방형의 돌 위에 보주형(寶珠形) 돌이 놓여 있다. 전체적인 형태가 고준(高峻)해지고, 석재의 구성에 매우 고심한 것을 알 수 있으며, 받침이 3단으로 간략화 되고, 석재의 결합방식이 자유로운 점 등으로 통일신라 모전탑 및 의성탑리(義城塔里) 5층 석탑과는 판이한 외관을 나타내며, 고려의 시대감각을 느끼게 하는 점이 있다고 생각된다.

(3) 고려 후기 석탑

1) 일반형식 석탑

고려 후기의 절충형식, 계승형식 및 일반변형 형식에 속하는 석탑은, 그 비례구성이 기단부(基壇部)가 점점 더 높아지며, 기단부의 폭이 탑 높이에 비하여 적어지고, 각층 폭의 체감률이 작아져서 전체의 외관(外觀)이 더 고준(高峻)해진다. 후기에 들어와서는 석탑의 장중하고 힘 있는 외관이 없어지고, 아담한 고려 석탑의 특색과 감퇴되어서, 퇴화된 감을 느끼게 한다.

홍천 희망리(希望里) 3층 석탑(13세기)은 통일신라 계승형식이라고 하겠으나, 탑신부분의 폭이 기단부분에 비해서 급격히 감소되고, 옥개받침이 있기는 하나 매우 섬약(纖弱)하게 되어 있다. 천곡사지(泉谷寺址) 7층 석탑(13세기)은 일반변형 형식으로서 전체 모양이 안정감이 적고, 옥개받침 대신 연화문(蓮花文)을 조각하여 고려 탑의 퇴화된 모습을 보여 준다.

일반적으로 고려 후기 석탑을 대표한다고 생각되는 공주 마곡사(麻谷寺) 5층 석탑은 절충형식에 속하는 것으로, 2층 기단을 갖추었으나 상하기단의 폭이 거의 동일하며, 그 폭에 비하여 높이가 훨씬 높은 관계로 단층기단으로 오인되기 쉽게 되어 있으며, 각 층의 체감률이 매우 작아서 탑이 매우 고준해 보인다. 상층기단 모서리 기둥에는 재래의 각주형(角柱形)과는 달리 2개의 요출선(凹出線)을 만들었으며, 상하갑석(上下甲石)은 장판석(長板石)으로 구성되고, 몰딩이나 부가적인 장식이 없다. 상층기단 갑석 위에는 1층 탑신을 받기 위한 두꺼운 2장의 굄돌을 끼웠다.

각 층의 옥개석과 탑신석(塔身石)은 각각 단일석(單一石)으로 되고, 1층 탑신 남쪽에는 문비형식(門扉形式)과 제2층 탑신석 4면에는 불상을 각(刻)하였으며, 제3층 탑신석 모서리 기둥은 내부에 부주(副柱)를 각하였다. 제2층과 최상부 풍마동(風磨銅)이 놓인 부분은 그 석재의 재질과 형태가 다른 것과 판이한 것으로 보아서 후세에 첨가된 것으로 추측된다. 각 층의 옥개받침은 매우 섬약하게 2단으로 되었으며, 추녀마루 곡률(曲率)이 매우 심하고, 낙수면이 구배(勾配)가 많으며, 처마 모서리의 반곡(反曲)이 매우 많아서 처마곡선이 원주(圓周) 곡선에 가깝다고 할 수 있다. 탑 정상에는 상륜(相輪) 대신으로 라마보탑(喇嘛寶塔) 모양의 청동제 풍마동이 놓여 있어서, 당시의 원(元)의 문화적 영향을 나타내는 특이한 예라고 생각된다. 후기의 이 형식에 속하는 다른 석탑은 만복사지(萬福寺址) 5층 석탑(14세기), 여주 창리(倉里) 3층 석탑(14세기), 강화 하점면(河岾面) 5층 석탑(14세기), 중초사지(中初寺址) 3층 석탑

(13, 14세기) 등이 있다.

2) 특수형식 석탑

경천사지(敬天寺址) 10층 석탑은 개풍 광덕면(光德面) 경천사지에 있던 것을 경복궁에 이건(移建)한 것으로, 아자형(亞字形) 평면으로 된 3층 기단 위에 같은 평면형의 제3층의 탑신(塔身)이 있고, 제4층부터는 정방형의 7층 탑신이 놓여 있으며, 각 층의 탑신은 목조건축 형식을 그대로 모각(模刻)해서 만들었다. 1, 2, 3층 옥개(屋蓋)는 팔작지붕으로 되어 있으며, 제2층은 합각부분(合閣部分)이 정면을 하고, 제3층은 중첨(重簷)으로 되어서 상부지붕의 합각부분이 정면을 향하였다. 처마 모서리의 반곡(反曲)이 많으며, 각 층의 옥개석 상부에는 난간을 조각하여 받침돌을 삼았다.

다포식 목조건축의 세부양식과 옥개부분의 기와 용마루 등을 사실적(寫實的)인 그대로 정교하게 조각하였으므로, 당시의 다포식 목조건축 양식을 참고하는 데 좋은 자료가 되고 있다. 또, 기단(基壇)과 탑신(塔身)에는 십이불회(十二佛會)를 주제로 석가여래상과 보살군상(菩薩群像)을 조각하여 놓았고, 제1층 탑신의 이맛돌에 명문각(銘文刻)이 있어, 1348년 건립된 것으로 추정되며, 당시 원(元)의 공장(工匠)이 와서 만들었다는 이야기가 전해지고 있다.

3) 전 탑

여주 신륵사(神勒寺) 5층 전탑(塼塔)은 신륵사 경내(境內) 한강상류에 임한 언덕 위에 위치하며, 2층 석조기단(石造基壇)위에 전(塼)으로 만든 5층탑이다. 각 층마다 내어 쌓아 옥개부분을 만들고, 정상부에 노반(露盤)과 상륜(相輪)을 만들었다. 기단은 여러 개의 석재를 사용해 견고하게 쌓았고, 각 층 탑신(塔身)은 체감률이 선율적으로 되어 있으며, 옥개 처마부분의 내어 쌓기가 적으므로, 다른 탑파(塔婆)에서는 보기 드문 경쾌하고 아름다운 외형을 가진 특수한 전탑이다. 전(塼)에는 반원형 윤곽에 우아한 초화문양(草花文樣)을 만들어 놓아서 매우 아름답다.

제17장

고려 기타 건축, 정원, 분묘 및 부도

1. 기타 건축

(1) 도관 및 신사

당(唐)의 무덕(武德) 연간(620년경)에 고구려로 전래되어 왔던 도교(道敎)는 고려 초기에 융성하였으며, 예종(睿宗)은 도교를 매우 숭상하여서 복원관(福源觀)을 지어 고진도사(高眞道士) 10여인이 있게 하였다고 한다. 이 복원관은 왕부(王府)의 북쪽에 있었다고 하며, 대문은 부석지문(敷錫之門)이라고 방(榜)을 붙였고, 복원관 안에는 삼청상(三淸像)과 혼원황제(混元皇帝)를 그렸는데, 수염머리가 자색이었다고 하며, 송나라의 그림과 같은 것으로 그 모습의 표현이 아름다웠다고 한다. 고려사(高麗史)에 의하면 도교의 종교건축인 도관(道觀)에서 기복과 기우(祈雨), 장수 건강을 위한 기도와 제사가 성행하였다고 하며, 도관은 또한 소격전(昭格殿)이라고도 청하였고, 그 위치는 만월대(滿月臺) 뒤쪽 매우 풍치 있는 곳이었다고 추정된다.

고려 후기부터 도교는 군사에 관련된 신앙으로 국가적 보호를 받게 되었으며, 충선왕(忠宣王) 때에는 대청관(大淸觀)을 정식으로 관제(官制)에 편입하였다고 한다. 고려시대에는 민간신앙에 의한 신사(神祠)들도 많이 조영(造營)되었던 것으로 생각되며, 송산묘(崧山廟), 동신사(東神祠), 합굴룡사(蛤窟龍祠), 오룡묘(五龍廟) 등이 기록에 남아 있다.

(2) 공공(公共) 건축

1) 국 자 감

성종(成宗) 2년 때 송(宋)으로부터 문선왕(文宣王) 묘도(廟圖)와 제기도(祭器圖) 및 72현찬기(賢贊記)가 전해 오게 되어, 성종 11년에 국자감(國子監)이 생기게 되고, 그 안에 문선왕묘(文宣王廟)를 만들었다. 그 위치는 고려도경(高麗圖經)에 「예전에는 남쪽 회빈문(會賓門) 안에 있었다」 라고 기록되었으며, 정전(正殿)은 선성전(宣聖殿)이라 하고, 벽 위에는 72현상(賢像)을 그렸고(선종 8년), 예종(睿宗) 4년에는 칠재(七齋)를 두고, 국학(國學)을 세웠다고 한다.

고려도경에는 「전의 제도는 매우 좁았는데 지금은 예현방(禮賢坊)으로 옮겼으니 학생이 많이 불어났기 때문에 그 제도를 키운 것이다」라고 기록하였다. 그 후 몽고 병란을 치른 다음 충목왕(忠穆王) 1년에 숭문관(崇文館)이 재건되고, 이것이 개성의 성균관(成均館)으로 변천되었다.

2) 순 천 관

순천관(順天館)은 문종(文宗)이 별궁으로 지었던 대명궁(大明宮)을 문종 32년에 순천관(順天館)으로 개칭하여 외국사신의 관사(館舍)로 사용한 것으로서, 규모가 장대하고 외관이 왕궁과 비슷하였다고 한다. 대문 좌우에는 30간의 행랑채가 둘러 있고, 중문(中門)을 들어서면 좌우에 작은 정자가 있었으며, 그 사이에는 주악(奏樂)을 위한 3간 집이 있었고, 그 북쪽에 순천관이 있었다.

정청(政廳)은 5간, 그 좌우에 2개의 집이 각 2간 있으며, 동서 2개의 계단에는 난간을 두고, 위로는 비단의 발과 막을 쳤으며, 4면에는 꽃을 수놓은 병풍을 둘렀다고 한다. 정청 뒤에 낙빈정(樂賓亭)이라는 큰 정자가 있고, 동쪽에는 정사(正使), 서쪽에는 부사(副使)가 거처하는 각 3간의 집이 있었고, 뜰안에는 화초를 심었으며, 그 뒤에는 언덕을 올라서 산 중턱에 있는 향림정(香林亭)에 이르게 되었다고 한다. 향림정은 사각평면의 정자로 난간이 둘려 있고, 매우 경치가 훌륭하며, 「창을 열면 산을 바라보게 되고 맑은 물이 감돌며, 높은 소나무와 이름 있는 화초가 울긋불긋 서로 그늘을 만들고 있다」라고 고려도경에 기록되었으며, 정사(正使), 부사(副使) 및 상부관원들이 차를 즐기며 바둑을 두고 담소하면서 염증(炎蒸)을 식히던 곳이었다.

정청 동남쪽에 있는 청풍각(淸風閣)은 그 규모가 5간으로 기둥없이 공포(栱包)로만 짜올려서, 금속장식과 단청이 화사하여 외관(外觀)이 가장 훌륭하였다고 하며, 사신이 예물을 두는 곳이라 하였다. 이 밖에도 수행원들이 거처하는 건물들이 많았으며, 뒷산 계류(溪流)에서 끌어들인 물은 동쪽 못으로 모이고, 이것이 동편으로 흘러서 관 외부에 계류와 합류하도록 되어 있었다고 한다. 이와 같이 훌륭했던 순천관도 몽고 병란에 의하여 소실되었으며, 그 후에 성균관이 이 자리에 세워졌다.

3) 성 균 관

개성 성균관(成均館)은 고려 초기에 처음 세우고 조선왕조시대에 중건한 유교의 교육기관이다. 성균관은 개성시 부산동에 있다. 성균관 부근은 큰 소나무들이 우거지고 아늑하고 조용하다. 원래 이 건물은 11세기 초에 고려의 별궁인 대명궁(大明宮)으로 건설되었다. 그 후에 이 궁전은 때때로 외국에서 오는 사신들의 숙소로 쓰면서 그 이름도 순천관이라고 부르다가 몽고병란에 불타 없어졌다. 이곳에 숭문관(崇文館)을 건축하여 유교경전을 보관 연구하는 곳으로 사용하다가 성균관으로 변천되었다.

고려 말기에 성균관의 대사성(大司成)은 당시 이름난 유학자인 이색(李穡)이었으며 정몽주(鄭夢周)와 같은 학자들이 여기에서 유학을 가르쳤다. 조선왕조시대 서울에 성균관이 건축된 다음부터 개성의 성균관은 지방의 유교 교육기간인 향교로 되었다. 지금의 건물은 1602년에 대성전(大成殿)과 서재(西齋)를, 1605년에 동무와 서무, 명륜당(明倫堂)을, 그리고 1610년에 동재(東齋) 등을 건축하여 모두 8년 걸려서 옛 모습대로 복구한 것이다.

개성 성균관은 송악산 동쪽 기슭 말바위 뒤 조금 비탈진 곳에 넓게 대지를 잡고 남북 중심축에 따라 대성전을 중심으로 한 북쪽 구역과 명륜당을 중심으로 한 남쪽 구역으로 나뉘어 배치되었다. 북쪽 구역 맨 뒤 제일 높은 기단위에는 대성전이 있고 그 앞뜰 좌우에는 동무(東廡)와 서무(西廡)가 있으며 대성전 서쪽에는 계성사(啓聖祠)가 있다. 남쪽 구역 맨 뒤 중심에는 명륜당이 있고 그 동쪽에는 향실(香室), 서쪽에는 존경각(尊經閣)이 있으며 그 앞 좌우에는 동재와 서재가 마주 서 있다. 남쪽 구역을 둘러싼 담장 한가운데에 외삼문(外三門)이 있다. 남 · 북 두 구역 안의 건물은 200여 간에 달한다. 이밖에 부속건물이 10여 채가 측면 3간(9.75 m)에 초익공(初翼工)집으로 겹처마 합각지붕으로 만든 우수한 건물이다. 개성 명륜당은 유학을 가르치던 강당으로서 정면 5간(19.3 m), 측면 3간(9.34 m)이며 바닥에 마루를 깔고 초익공집으로 겹처마를 한 규모가 큰 맞배집의 건물이다.

2. 주거건축

고려시대 주거건축은 유구(遺構)가 남아 있지 않으나 문헌자료에 의하여 당시의 상황을 알 수 있다. 고려도경(高麗圖經) 권3 민거조(民居條)에는 「왕성(王城)은 비록 크나 산과 언덕으로 되어 평지가 작으므로, 민가는 지형에 따라 높고 낮게 서 있고 초가지붕으로 이은 것이 많으며, 그 중 열의 하나 둘 정도는 기와를 이은 부유한 집들 이었다」라고 기록되어 있다. 이는 당시 중국의 도시민가와 비교하여, 개경(開京)의 주거건축의 모습을 좀 빈약하게 묘사한 것 같은 느낌이 드나, 고려시대의 주거건축 상태를 짐작할 수 있는 것으로 생각된다.

당시의 귀족과 부유층은 호화스러운 주거생활을 하였던 것으로 추측되며, 고려도경 권28 와탑조(臥榻條)에는 주택의 실내상황을 말하면서 「침상 앞에 낮은 평상(平床)을 놓고 3면에 난간이 있으며, 비단요 위에다 자리를 깔아서 가구들의 모양이 전혀 이풍(夷風)을 느끼지 않고, 서민들은 주로 온돌을 만들어 불구들을 놓아서 그 위에서 잠을 잔다. 겨울철은 매우 추우나 명주나 명주 솜들은 매우 귀하다」라고 기록되어 있어, 당시의 귀족계급은 송(宋)의 귀족과 다름없는 생활을 하였던 것으로 추측되며, 일반서민들 사이에서는 온돌에서 기거(起居)하였음을 알 수 있다.

고려시대에는 온돌 난방방식이 널리 보급되었던 것으로 생각된다. 근래 개성가옥의 제도가 다른 지방과 다른 점이 엿보이며, 안방(內室)은 3간의 긴 방을 이루어서 정남을 향하여 배치하고, 그 북쪽 벽에는 3간통의 받침을 경영하는 것을 볼 수 있는데, 이와 같은 특징은 고려시대부터 유래된 것으로 짐작되기도 한다.

3. 정 원

(1) 모정 및 원지

고려시대 모정(茅亭) 및 원지(園池)는 많이 사용되었고, 불교의 선사상(禪思想)과 도교(道敎)의 무위자연(無爲自然) 사상에 많은 영향을 받은 것으로 생각되며, 은일(隱逸)과 청적(淸寂)의 심취로 말미암은 소산이었다고 하겠다. 모정은 향을 피우고 차를 달이며, 참선(參禪)하기 위한 선암방장(禪庵方丈)에서 출발하여서, 속세를 떠나 한적한 생활을 하려는 노자의 사상과 합일(合一)되었고, 원지는 연꽃을 심고 갈대를 가꾸어 선(禪)을 깨닫기 위한 사지(寺池)에서 출발하여서, 자연에 소요(逍遙)하려는 은사(隱士)의 법도와도 합치되었던 것으로 생각된다.

이와 같은 모정, 원지의 정경은 당시의 문집기록에서 수없이 찾아볼 수 있다. 당시의 모정, 원지의 조영목적(造營目的)은 주로 자연의 신비성과 숭고성에 감응되어 합덕(合德)하려는 데 있었던 것으로 추측되며, 노자(老子) 및 장자(莊子)의 자연에 귀일(歸一)하려는 사상과 상통되는 점이 많았으며, 노불(老佛)을 합일시킨 무위공관(無爲空觀)에 그 원리를 두고 있었던 것으로 생각된다. 따라서 고려의 모정, 원지의 경영은 인간적 공기(工技)를 대자연 속에 녹여 버림으로서, 자연에 회귀(回歸)하여 자연과 하나가 되기 위한 환경을 만들려는 것에 주안점이 있었던 것으로, 일본의 정원미가 인공의 미, 노력의 미, 초사(焦思)의 미를 통하여 얻어진 아름다움이라면, 한국의 정원미는 무위자연의 미, 방일(放逸)의 미, 무아의 미를 통하여 얻어진 아름다움이고, 불교적으로 말하면 전자는 자력적인 것이고, 후자는 타력적인 것이라고 생각할 수도 있다.

(2) 문수원 선원

강원도 춘성군 청평리 경운산(慶雲山) 기슭에 꾸며진 문수원(文殊院) 선원(禪苑)은 고려시대 초기(1090~1110)에 이자현(李資玄 : 1061~1125)에 의해

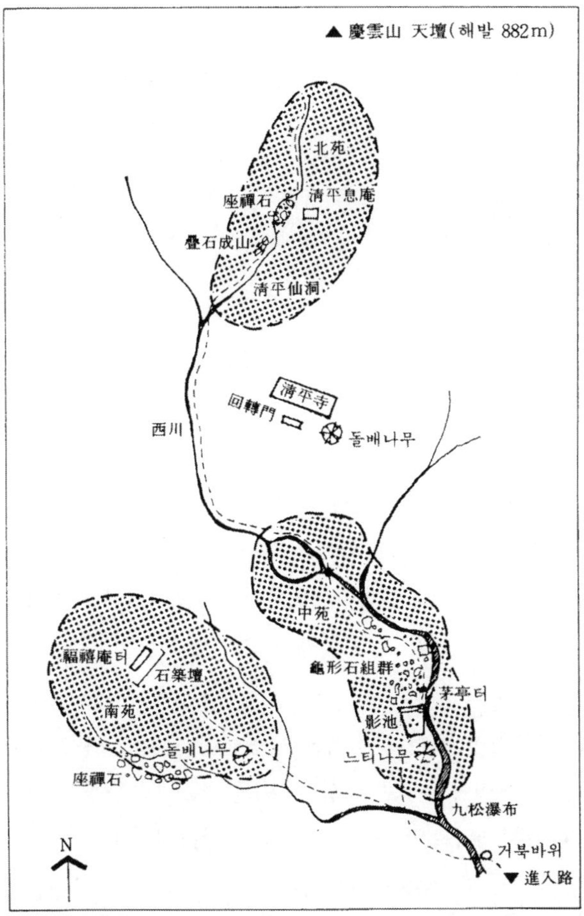

그림 162.
문수원 선원 배치도

조성되었다. 이자현은 거사(居士) 불교를 일으킨 대표적인 인물로서 정토신앙(淨土信仰)이나 관음신앙(觀音信仰) 대신 지혜를 상징하는 문수보살(文殊菩薩)에 대한 신앙이 두터워, 도가적(道家的) 입장에서 불교를 받아들였기 때문에 산수가 뛰어난 경운산에 고려시대의 선원(禪苑)을 꾸미게 되었다.

문수원 선원의 규모는 총 43,200여 m^2이고, 연장 거리는 22 km에 이르며, 세 구역으로 나누어진다. 문수원 선원의 입구인 거북바위에서 객사(客舍)터와 영지(影池)까지가 중원(中苑)이고, 경운산 남쪽 산록부분에 자리한 복희암지(福禧庵址) 일원이 남원(南苑)이며, 청평사(淸平寺)에서 청평 선동(仙洞)을 거쳐 청평 식암지(息庵址) 일원이 북원(北苑)에 해당된다.

이 중원(中苑)은 완경사지에 꾸며진 평정(平庭)으로 연못과 개천가의 정자, 야산형의 돌산, 상징적인 구형 석조군(龜形石組群) 등이 주경(主景)을 이루고, 남원(南苑)은 청평사 남쪽 계곡에 위치한 계정(溪庭)으로 문수원의 종속적인 선원(禪苑)이며, 경운산 중택에 깊숙이 자리한 북원(北苑)은 산정(山庭)으로 문수원의 핵심공간이다. 또한, 이들 세 공간의 기능은 중원이 문수원의 진입공간으로 개방적이고 상징적인 꾸밈새를 갖추고 있으며, 남원과 북원은 독립적인 암자가 있는 패쇄적인 공간으로 돌과 물이 주가 되어 꾸며져 있었다.

4. 분묘 및 부도

(1) 분 묘

고려 왕릉은 주산(主山)을 뒤에 두고 남면하였으며, 주산의 좌우지맥(左右支脈)이 창룡백호(蒼龍白虎)를 이루고, 주수(主水)와 객수(客水)가 그 앞에 합류하여 흐르는 명당의 땅에 위치하도록 만들었다. 분묘는 주산 앞 약간 언덕진 곳에 자리 잡고, 주위에는 통일신라 형식을 따라서 12개의 호석(護石)을 두었는데, 초기에는 그 면이 방위에 일치하도록 만들었으나, 후기에는 각 모서리가 방위를 지시하도록 하였다. 호석에는 12지(支)의 입상(立像) 혹은 좌상(坐像)을 부조(浮彫) 하였고, 드물게 음각(陰刻)한 것도 있으며, 그 기공(技工)은 간단소박하다.

봉분의 주위 약 2척 떨어진 곳에는 통일신라시대 것보다 약간 높은 돌난간을 돌렸으며, 묘 전면중앙에는 석상(石床)을 놓고, 좌우에는 팔각형의 망주석(望柱石)을 세웠다. 묘 앞은 단지(段地)를 형성하여, 그 밑 제2단에는 중앙에 장명등(長明燈)을 두고, 제3단 좌우에는 문석(文石), 무석(武石)을 각각 2쌍씩 마주 세웠으며, 제4단은 넓은 평지로 들어서서 정자각(丁字閣)과 비각을 세웠다. 그러나 현재는 대부분 초석만이 남아 있을 뿐이다. 고려시대의 능묘(陵墓)는 통일신라 제도를 계승하였으나, 새로 망주석, 장명등, 정자각, 비각 등을 만들고, 석사자(石獅子), 석양(石羊), 석호(石虎)들을 봉분의 주위에 배치하여서 그 제도가 정비되게 하였다.

고려 왕릉은 주로 개성 부근에 다수 산재하고 있으나, 그 중 대표적인 것은 고려 태조의 현릉(顯陵)과 공민왕(恭愍王)의 현릉(玄陵)이다. 태조 현릉은 만수산(萬壽山) 남쪽의 명당(明堂)을 택하여 조영하였으며, 봉분의 주위에는 12개의 각형호석(角形護石)을 돌렸고, 각 면의 요석(腰石)에는 12지신상(支神像)이 박조(薄彫)되었다. 봉분의 주위에는 높은 돌난간을 돌렸으며, 전면에 석상과 장명등이 있고, 망주석이 대치되는 고려 능묘제도를 따랐다. 봉분 네 모서리에는 석사자를 세우고, 앞쪽에 정자각과 그 우측에 비각이 있으나, 이것은 모두 조선 후기에 만들어진 건물들이다.

공민왕 현릉은 제도가 가장 정비되고 훌륭한 것으로, 후에 조선시대 왕릉 형식의 표준이 된 것이다. 이 능묘는 공민왕 14년에 사망했던 왕비 노국공주(魯國公主)가 죽자 그를 위하여 대공사를 일으켜서 만든 것으로, 우선 왕비의 능(陵)을 만들고, 그 옆에 왕의 수능(壽陵 : 왕의 생존시에 만든 능)을 만들었다. 원래 고려 때의 왕릉과 왕비 능(陵)은 다른 곳에 만들었는데, 한 경역 안에 두 능을 만드는 새로운 제도가 이때 시작되었다.

이 능은 봉명산(鳳鳴山) 밑에 명당에 위치하며, 서쪽에 현릉(玄陵), 동쪽에 정릉(正陵 : 왕비 묘)이 나란히 서 있으며, 봉분호석의 지대석(地臺石) 및 갑석(甲石)은 연화문(蓮花文)을 각(刻)하고, 면석(面石)에는 12지상(支像)을 조각하였다. 봉분의 주위에는 각각 돌난간을 둘리어 중간에서 서로 인접되고, 봉분의 중앙전면에 각각 석상(石床)과 장명등(長明燈)이 놓여 있다. 또, 2개 봉분 공통으로 1쌍의 망주석(望柱石)과 2쌍의 문석(文石) 및 무석(武石)이 단지(段地)에 따라 층층으로 대립되어 있다. 이들 석조물들은 모두 힘차고 아름답게 조각되어 있어서, 매우 훌륭한 외관(外觀)을 갖춘 능묘(陵墓)로 생각된다.

(2) 부 도

고려시대는 초기부터 불교가 융성하여 명승(名僧)이 많이 배출되었으므로, 승도(僧徒)의 묘인 부도(浮屠)가 매우 많이 조영되었으며, 그 중에는 왕명에 의하여 만들어진 것도 적지 않다. 고려시대 부도는 처음에 대체적으로 통일신라 양식을 계속하였으나, 점차로 고유한 형식을 형성하게 되어서 부도의 형식이 더욱 발달하고, 매우 훌륭한 것을 많이 만들어낸 것은 고려의 특색이라고 생각된다. 후기에 들어서는 수법이 약간 퇴화된 점도 있으나, 새로 인도계 형식을 따른 것도 생기게 되었다. 총괄적으로 고려시대에는 우수한 부도가 매우 많이 만들어졌으며, 이 형식을 분류하여 통일 신라식의 8각당 형식의 것과 기타 특수형식으로 크게 나눌 수 있다.

8각당 형식의 부도는 통일신라 말기의 부도 모양으로 대석(臺石) 부분이 비교적 큰 것이 많았으나, 염거화상(廉居和尙) 부도를 모방한 듯한 복고형식(復古形式)도 있다. 현재 남아 있는 대표적인 8각당식 부도로는 흥법사(興法寺) 진공대사탑(眞空大師塔 : 940년, 국립중앙박물관 소재), 고달원지(高達院址) 원종대사(元宗大師) 혜진탑(慧眞塔 : 975), 연곡사(燕谷寺) 북부도(北浮屠, 고려 초), 이화여자 대학교 부도(930), 보현사(普賢寺) 낭원대사(朗圓大師) 오진탑(悟眞塔 : 960년), 봉암사(鳳巖寺) 정진대사(靜眞大師) 원오탑(圓悟塔 : 965), 쌍계사(雙溪寺) 부도(10세기), 실상사(實相寺) 부도(11세기), 대안사(大安寺) 광자대사탑(廣慈大師塔), 갑사(甲寺) 부도(10세기), 경북 대학교 부도(10세기), 용암사(龍岩寺) 부도(12세기), 보림사(寶林寺) 부도(12세기) 등이 있다.

고려시대 특수형식 탑의 부도로는 석종형(石鐘形), 4각 당형, 골호형(骨壺形), 석등형(石燈形), 석탑형, 인도 스투파형 등이 있으며, 그 예로는 금산사(金山寺) 석종(10세기), 정토사(淨土寺) 홍법국사(弘法國師) 실상탑(實相塔 : 골호형, 1017, 국립중앙박물관 소재), 법천사(法泉寺) 지광국사(智光國師) 현묘탑(玄妙塔 : 4간 당형, 1085, 국립중앙박물관 소재), 불국사 사리탑(석등형, 10세기), 신륵사(神勒寺) 보제존자(普濟尊者) 석등(1379), 영전사지(令傳寺址) 보제존자(普濟尊者) 사리탑(舍利塔 : 석탑형, 1388, 국립중앙박물관 소재), 화장사(華藏寺) 지공정혜영조탑(指空定惠靈照塔 : 인도 스투파형, 고려 말) 등이 있다.

홍법사 진공대사탑은 태조가 건립한 것으로, 통일신라 형식을 따라 8각당 형식으로 되어 있고, 기단(基壇) 아래 위에는 화려한 연화문(蓮花文)을 각(刻)하였으며, 간대석(竿臺石)에는 운용문(雲龍文)을 양각하였다. 탑신(塔身) 정면에는 문비형(門扉形)을 각(刻)하고, 옥개석은 부연(浮椽)을 각하였으며, 기와지붕을 모사하여 내림마루(隅棟)마다 귀꽃형을 만들고, 정상에는 보주(寶珠)와 보개(寶蓋)가 놓였다. 특히, 간대석의 운용문(雲龍文)은 매우 힘찬 기상을 나타내고 있어서 특이하다.

고달원지(高達院址) 원종대사(元宗大師) 혜진탑(慧眞塔)은 여주 북남면(北南面)에 있으며, 한국에서 가장 뛰어난 8각형 부도라고 생각된다. 원형단면의 간대석 중앙에는 영귀(靈龜)를 조각하고, 그 좌우에 소룡(小龍)과 비운(飛雲)

모양을 각하였는데, 매우 웅건한 기상을 나타내고 있다. 그 아래 위에는 힘있고 아름다운 앙연화문(仰蓮花文)과 복연화문(伏蓮花文)을 둘렀고, 탑신(塔身)은 팔각형으로 정면에 문비형(門扉形)과 네 모서리에 4천왕상(四天王像)을 각하였으며, 옥개는 2중 보개형상(寶蓋形狀)으로 되어서 내림마루에 귀꽃형을 만들었다. 이 부도는 형태가 기발하고 수법이 웅건하여 매우 훌륭한 부도이다.

금산사(金山寺) 석종형식(石鐘形式) 부도는 고려 초에 만들어진 것으로, 2중으로 된 정방형의 계단(戒壇)이 있으며, 이 계단의 주위에는 주악(奏樂)하는 천인상(天人像)을 부조하였고, 이를 둘러서 석인(石人), 석수(石獸)가 난간같이 배열되어 있으며, 그 전면 중앙에는 5층 석탑이 서 있다. 계단 중앙에는 네 모서리에 입을 벌린 사자를 양각(陽刻)한 정방형 석반(石盤)을 설치하였으며, 그 중앙에 연화문(蓮花文)을 돌리고, 그 위에 포탄형의 석종을 만들어 세웠다. 석종 상부에는 9개 머리가 있는 용머리가 양각되어 있고, 그 위에 연좌보주(蓮座寶珠)가 놓여 있어서 그 구상이 매우 기발하다. 이와 같은 계단과 석종은 양산 통도사(通度寺)와 개성 불일사지(佛日寺址)에서도 그 예를 볼 수 있다.

정토사(淨土寺) 홍법국사(興法國師) 실상탑(實相塔)은 새로운 디자인과 기발한 형태를 가진 부도(浮屠)로서, 팔각형의 대좌석에는 아래 위에 양연화문과 복연하문을 둘렀고, 중간에는 운용(雲龍)을 양각(陽刻)하였으며, 탑신(塔身)은 타원구형의 사리골호(舍利骨壺)를 모방하고, 선유(線紐)가 종횡으로 새겨져 있으며, 그 위에는 1개의 지간석(支竿石)이 놓여 연잎 형상의 옥개석(屋蓋石)을 받들었다. 보개정상(寶蓋頂上)에는 보주(寶珠)가 놓이고, 옥개석 안쪽 면에는 천인이 비천(飛天)하는 아름다운 모양과 연꽃이 운치있게 양각되어 있어서, 수법이 매우 아름답고 디자인이 독특하여 고려의 특징을 잘 나타내는 것으로 생각된다.

법천사(法泉寺) 지광국사(智光國師) 현묘탑(玄妙塔)은 조각의 섬세함과 장식의 풍부한 점으로 수위를 차지하는 것으로 생각되는 사각형의 부도이다. 지대석 모서리에는 용의 발톱이 조각되었고, 기단(基壇)은 상하단으로 되어 있으며, 하단에는 안상(眼象), 상단에는 양연화문이 조각되었다. 그 위에 있는 대좌석의 하단에는 각면 6개 난석(欄石) 속에 화초, 중단(中段)에는 보화(寶花), 상단에는 직선문이 각(刻)하여져 있다. 그 위의 간대석(竿臺石)은 상부에 장막(帳幕) 모양을 장식하고, 4면에는 각각 2개 난중(欄中)에 신선보탑(神仙寶塔) 등이 부조되어 있으며, 그 하부 네 모서리에는 사자상이 놓였었다고 한다.

그 위의 탑신(塔身)에는 정면에 문비형(門扉形)을 만들고, 다른 3면에는 화두창형(華頭窓形)을 양각하였으며, 주위는 영락(瓔珞)으로 장식하였다. 이 화두창형은 서방 아시아 지방의 수법으로 회교(回教)의 영향으로 동방에 유행된 형식이며, 한국에서도 당시 그 영향의 흔적을 여기서 찾아볼 수 있음을 주목할 말한 것이다. 옥개석도 특이한 모양으로 되어 있어서, 보주, 노반(露盤) 등도 전부 섬세한 조각을 하였으며, 매우 현란한 장식을 하였다. 이 부도는 고려 문화의 전성기에 만들어진 것으로 정교하고 섬세한 수법이나, 디자인의 훌륭함은 당시의 청자기(靑磁器)의 아름다움과 통하는 바가 있는 것으로 생각된다. 이 탑은 6·25 동란 때에 포탄으로 대파되었던 것을 복원 수리한 것이다.

장단(長湍) 화장사(華藏寺)의 지공정혜영조탑(指空定惠靈照塔)은 공민왕(恭愍王) 때 인도(印度)에서 들어온 불승 지공(指空)의 부도(浮屠)로서 재래의 형식을 벗어나, 당시 지공이 오래 머물러 있었던 원의 연경(燕京)에서 성행하였던 라마탑의 형식을 본 딴 것으로 생각된다. 팔각형의 단상중앙(壇上中央)에 8각의 기대석(基臺石)을 2층 두어, 그 위에 복연화문을 각(刻)하고, 그 위에 반구형보다 좀 큰 탑신을 놓았으며, 그 상면에는 주위에 연화문을 양각하고, 그 상부에 상륜을 놓았다.

도판 51 봉정사 대웅전

도판 52 부석사 무량수전 앞중정

도판 53 수덕사 진입 공간

도판 54 예천 개심사지 석탑

도판 55 비인 석탑

도판 56 금산사 석탑 및 석종

도판 57 월정사 8각석탑

도판 58 남계원지 석탑

도판 59 월남사지 석탑

도판 60 경천사지 석탑

도판 61 경천사지 석탑 1, 2, 3층

도판 62 신륵사 전탑

도판 63 흥법사 진공탑

도판 64 정토사 홍법국사 실상탑

고려 전(만월대)

고려 전(만월대)

도판 65 고려시대 전

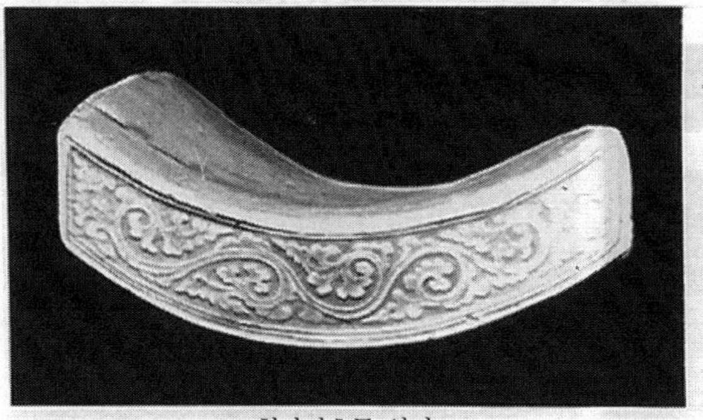

청자당초문 와당

청자연화문 와당

청자와당

고려 여와당

도판 66 고려시대 와당

제 18 장 조선왕조 시대개관 및 도성계획

1. 시대개관

태조 이성계(李成桂)는 국호를 조선(朝鮮)이라 하고, 국도(國都)를 한양(漢陽 : 현재 서울)으로 옮겨서 조선왕조의 면모를 새로이 하였으며, 명(明)에 대한 사대(事大)를 내세워 정치적 권위를 견고히 하려 하였고, 조선왕조의 지도원리로서 유교(儒教)를 내세웠다. 강한 실천력을 가졌던 태종(太宗)은 나라의 기초를 확립하기 위한 개혁을 단행하여서 대외 및 대내적인 안전기반을 형성하였으며, 숭유정책(崇儒政策)을 더욱 추진하는 반면에 불교를 탄압하여 불사의 지나친 건설을 금하였다.

세종(世宗)은 집현전(集賢殿)을 만들어, 학문연구를 진흥해서 훈민정음을 창제하였으며, 과학상의 여러 가지 발명이 있었고, 북방에 대한 적극적인 정책을 채택하여 압록강 상류지역까지 우리나라 영토에 편입되게 만들었다. 성종(成宗) 때에는 조선왕조 초기의 문화가 정비되고 융성하던 태평성대를 이룩했으나, 그 그늘 밑에서 사화(士禍)와 당쟁(黨爭)의 씨가 움트기 시작하였다. 당시의 정치지배 세력을 형성한 양반들은 수도에 집중하여서 요직(要職)을 둘러싸고 분쟁을 유발하게 되었고, 호사방종(豪奢放縱)하였던 연산군(燕山君) 때부터 본격화한 사화는 끊일 사이 없이 계속되었으며, 점차로 붕당(朋黨)이 형성되어 선조(宣祖) 초에는 동인(東人)과 서인(西人)의 당쟁으로 변모하게 되었다.

태평에 젖은 양반들이 안일(安逸) 속에 정쟁(政爭)에만 관심을 기울이고 있을 때에 일본의 도요도미 히데요시(豊臣秀吉)는 일본의 내란을 수습하는 데 성공한 다음 대륙침략의 야만을 품고, 선조 25년(1592)에 왜군을 출동시켜 한반도에 상륙하였다. 왜군은 조총(鳥銃)

을 사용하며 수많은 전쟁경험을 가지고 무방비 상태인 조선왕조를 짓밟게 되었다. 전후 7년에 걸친 왜란(倭亂)으로 몽고(蒙古)의 침입 때 못지않은 큰 피해를 가져오게 되었으며, 문화재의 손실이 막심하여 불국사 및 경복궁 등의 많은 건물들이 소실되었다. 이 전란(戰亂)시기에 대두하기 시작한 청(淸 : 여진)에 의하여 명(明)은 멸망하고, 중국의 왕조가 바뀌게 되었으며, 일본에도 도쿠가와 이에야스(德川家康)가 새로운 바쿠후(幕府)를 만들어서 조선왕조와 수호관계를 맺게 되었다.

그 후 왜란의 상처가 채 아물기도 전인 인조(仁祖) 14년(1636)에 북방으로부터 청(淸)의 침입을 받게 되었다. 이 병자호란(丙子胡亂)은 임진왜란(壬辰倭亂)에 비하여 피해는 적은 편이었으나, 왜란 때 있었던 명군의 원조 등으로 존명관념(尊明觀念)이 많았던 관계로 청에 대한 반감은 매우 높았다.

동서분당(東西分黨) 이후 당쟁은 국난(國難) 중에는 심하지 않았으나, 그래도 당파간의 알력은 면할 길이 없었으며, 후에는 사색당쟁(四色黨爭)으로 발전되어 정치적 및 사회적으로 미친 영향이 매우 컸다. 정쟁의 논점(論點)은 주로 사회성이 결여된 관념적인 것이었으며, 이와 같은 당쟁으로 양반들은 매우 편협하고 배타적이며, 인습(因襲)과 명분(名分)에 얽매이게 되어, 사회적인 혁신과 문화의 발전을 기대할 수 없게 만들었다.

이 때에 서양문화 동점(東漸)의 대세는 한국에도 그 영향을 미치게 되었으며, 선조 후기에서부터 시작되어 인조(仁祖) 때 와서 빈번하였던 서양문물의 이입(移入)은, 세계관에 대한 변혁과 자아(自我)에 대한 반성을 촉구하게 만들었으며, 조선왕조의 정책을 비판하고 제도의 개혁을 주장하는 실학(實學)이 대두하였다. 실학은 실사구시(實事求是), 경세치용(經世致用), 이용후생(利用厚生)을 목표로 하여, 실증적인 것과 독창적인 것을 추구하였으며, 동도서기(東道西器)를 지향하여 전통의 주체성을 지키면서 새로운 것을 섭취하려는 실학사상(實學思想)은, 학문에 새로운 획기적인 발전을 가져오게 하였다.

영조(英祖), 정조(正祖) 때에는 실학이 전성기를 이루었으며, 탕평책(蕩平策)을 써서 널리 인재를 등용하였고, 정조가 만든 규장각(奎章閣)에는 실학자들이 많이 등용되었다. 이 같은 문운(文運)의 흥기(興起)에다가 새로 생긴 청조(淸朝)의 고증학(考證學)의 영향을 받아서 실학은 더욱 융성하게 되어, 수많은 학문적인 업적을 남기게 되었다. 영조와 정조 같은 영명한 군주가 재위(在位)하던 시대는 정계(政界)가 안정되어 많은 발전이 있었으나, 순조(純祖)가 어린 나이로 즉위하자 외척세력(外戚勢力)인 안동 김씨들에 의한 세도정치(勢道政治)가 시작되었으며, 지방행정의 문란이 심해지고 농민에게 과중한 부담이 가해지게 되었으며, 이로 인하여 순조 11년(1811)에 홍경래(洪景來)의 난 등 민란(民亂)이 빈발하였고, 철종(哲宗) 13년(1862)의 진주민란은 그 중에서도 가장 큰 것이다.

철종의 뒤를 이어 고종(高宗)이 즉위하게 되자, 대원군(大院君)은 정권을 장악하여 외척(外戚)의 전횡(專橫)을 막고 왕권을 강화하기 위한 과단성 있는 개혁을 단행하였으며, 노소남북(老少南北)의 사색(四色) 당파의 인물들을 고루 등용하고, 지방이나 계급에 차별을 두지 아니하였다. 그뿐만 아니라 붕당(朋黨)의 근거지인 서원(書院)의 대정리를 단행하여 그 폐해를 제거하려 하였다. 고종 2년(1865)에는 왕실의 위엄을 높이기 위하여 경복궁의 재건에 착수하였으며, 재정상태의 곤란을 무릅쓰고 고종 7년에 이를 완공하였다. 그러나 외세(外勢)에 눈이 어두운 대원군은 쇄국정책(鎖國政策)을 고집하였으며, 유학자(儒學者)들과 국민의 원망을 사서 집권 10년 만에 물러서게 되었다.

그 후에 외척 민씨(閔氏)의 세도가 시작되면서부터 나라를 개방하고, 일본을 비롯하여 구미(歐美) 여러 나라의 수교통상(修交通商)을 맺게 되었다. 이때에 개화파와 보수파의 대립이 생기게 되었으며, 각기 정적(政敵)을 쓰러뜨리기 위하여 외세를 이용하다가 도리어 외세의 침입을 자초하게 되었다. 한국은 여러 외국세력의 쟁충지(爭衝地)로 화하였으며, 마침내 청일(淸日), 노일전쟁(露日戰爭)에 승리한 일본에게 1910년 8월에 한일합방(韓日合邦)이 되어서 국권을 빼앗기게 되었다.

조선왕조 초에 태조는 무학(無學 : 自超)을 왕사(王師)로 맞이하여 그의 조언을 많이 받아들이기도 하였으나, 역대 왕들의 억불정책(抑佛政策)으로 말미암아 종래에 융성하였던 불교예술은 점차로 쇠퇴되어 갔다. 명종(明宗) 때에는 유명한 불승 보우(普雨)를 중용(重用)하여 불교가 한때 생기를 되찾기도 하였다. 그 후에 불교사상은 현정(顯正)의 논리를 주장하여 유가의 배불(排佛) 사상과는 달리 유불선(儒佛仙) 3교의 공존을 추구하였다. 서산대사(西山大師)는 이기설(理氣說)을 융합하여서 유불사상의 일원적(一元的)인 논리를 전개해 나가게 되었다. 그러나 결국에 불교는 민간 부녀자의 신앙대상이 되었을 뿐, 귀족사회에서는 그 세력을 펴지 못하고 말았다.

한편으로는 조선왕조 초기부터 김시습(金時習)을 중심으로 하는 도교의 수련적(修練的)인 단학(丹學)이 융성하였으며 도교계통의 학자들은 진취적이며 자주적인 민족사관을 키워 나갔다. 또한 도가사상에 따른 무위자연, 대교약졸(大巧若拙)의 가치관이 선비와 장인들에게 많은 영향을 미친 것으로 생각된다.

유교지상주의(儒敎至上主義)의 조선왕조시대 사회에서는 유교건축인 문묘

(文廟), 향교(鄕校), 서원(書院) 등이 각지에 융성하게 조영되었으며, 선조(宣祖) 때에는 사액서원(賜額書院)의 수가 100이 넘었고, 예술문화에도 점차로 유교적인 색채가 많아지게 되었다.

예술의 유교적인 특징은 검소질박(儉素質朴)한 것이 장점이요, 섬세한 귀족적 취미보다는 건실하고 평민적이며, 어수룩하고도 소박한 미(美)를 더 느끼게 된다. 유교는 현실적이요 실질적인 사상이며, 윤리(倫理)를 토대로 하여 감정의 발로(發露)를 억제하는 경향이 많았으므로, 이를 배경으로 한 아름다움은 일면 끈기 있으며, 은근하고 선비를 대하는 듯한 감이 있다고 생각된다. 조선왕조시대의 양반들은 문인(文人)의 여기(餘技)로서 서화(書畵)를 즐겼으며, 화가는 중인계급(中人階級)에 비교적 많았고, 공예인은 상인(常人)이나 천인(賤人)으로 천시를 받았다. 그러나 이러한 분위기 속에서도 타고난 소질을 가진 그들은 훌륭한 예술을 이룩하였다.

조선왕조시대의 예술문화는 전대(前代)에서 못 보던 새로운 한국적인 성격을 뚜렷이 드러내고 있다. 이것은 불교의 테두리를 벗어남으로써 생긴 국민 스스로의 잠재적이며 소박한 서민적인 미의식에서 기인되는 것이라고 생각되고, 시대적으로 훨씬 더 친근감을 느끼게 하는 점이 많다고 생각된다.

조선왕조시대는 정치 및 문화의 발전과정에 따라서 다음과 같이 구분하여 생각할 수가 있다. 즉, 태조부터 시작하여 임진왜란(1592)까지의 200년간은 조선왕조 초기로서 처음에는 고려의 문화를 계승하였고, 유교를 지도이념으로 하여 명(明)의 문화영향을 받아, 국운(國運)이 융성함에 의해 경제가 향상되고, 많은 문화발전을 초래하였다.

조선왕조 초기건축은 다포식(多包式) 건축형식과 주심포식(柱心包式) 및 이 두 형식이 절충된 절충식(折衷式)이 겸용되었다. 그 대표적인 건물 유례로는 서울 숭례문(崇禮門 : 1398), 강진 무위사(無爲寺) 극락전(極樂殿 : 1476), 개심사(開心寺) 대웅전(大雄殿 : 1484) 등을 들 수 있다.

조선왕조 중기는 1592년부터 경종(景宗) 말년(1724)까지 130여년간으로 왜란(倭亂)과 호란(胡亂)의 두 국난(國難)을 겪은 다음, 국력이 소모되고 당쟁(黨爭)이 더욱 심하게 되었으나, 한편 존명사상(尊明思想)으로 청(淸)에 대한 적개심이 만연하였으므로 청의 영향을 덜 받게 되었다. 조형예술에 있어서도 한국 고유의 수법이 발전되고 겸재(謙齋), 단원(檀園), 혜원(蕙園) 등에 의하여 한국적 정취(情趣)가 넘치는 새로운 화풍(畵風)이 이룩된 것도 이 시기였다. 그뿐만 아니라 서양문물의 이입(移入)이 시작되어 자아(自我)에 대한 각성과 비판이 가해지고, 신문화 운동인 실학(實學)이 대두하게 되었다.

조선왕조 중기건축은 건축구조와 수법이 독자적인 발전을 하게 되었으며, 중국 및 일본과 많이 다른 면모를 나타내게 되었다. 조선왕조 중기에는 주로 다포식(多包式)이 많이 사용되었으며, 건물의 대표적인 예로는 창경궁(昌慶宮) 명정전(明政殿 : 1616), 법주사(法住寺) 팔상전(捌相殿 : 1624), 금산사(金山寺) 미륵전(彌勒殿 : 1635), 화엄사(華嚴寺) 각황전(覺皇殿 : 1703) 등이 있다.

조선왕조 후기는 영조 원년(1725)부터 순종(純宗) 말년(1910)까지의 180여년간으로서, 전반기에는 실학이 융성하여 새로운 민족사상이 고취되고, 문예부흥의 기운이 농후하였으므로 문화의 정수를 재현함은 물론, 사상계가 다이다채(多異多彩)한 면을 갖게 되었다. 영조와 정조의 탕평주의는 국민에게 소강상태를 만들어, 여유 있는 국민의 정서생활로 말미암아 고유한 한국적 정조(情調)가 보다 더 개발되려 하였으나, 얼마 안 가서 세도정치(勢道政治)가 재현되어 국정이 문란해지고 서학(西學)에 대한 탄압이 가해지기 시작하여서, 세계의 대세(大勢)에 역행하게 되었다. 그 후 대원군의 과단성 있는 개혁이 성과를 못 거두게 되자, 종국에는 외세(外勢)의 침입을 자초하게 되었다.

조선왕조 후기건축은 외형상의 변화를 추구하는 경향이 강해져서 건축장식이 번잡해지고, 후에는 허식에 흐르게 되었으나, 독자적인 세부요소들이 많이 사용되었다고 생각된다. 이와 같은 번다(繁多)한 장식은 일면 서구(西歐) 근세말의 기풍과 상통하는 점을 찾아볼 수 있는 것으로 생각할 수도 있다. 이 시기의 대표적인 건축물로는 불국사(佛國寺) 대웅전(大雄殿 : 1765), 수원 성곽건축(城廓建築 : 1796), 창덕궁(昌德宮) 인정전(仁政殿 : 1804), 경복궁(景福宮) 근정전(勤政殿 : 1870) 등을 들 수 있다.

2. 도성계획 및 성곽건축

태조는 즉위한 때부터 건도문제(建都問題)에 대하여 지대한 관심을 기울였으며, 후부지로서 한양(서울), 계룡산(공주), 모악(母岳 : 서울 서쪽 교외) 등지를 친히 살피다가, 왕사(王師) 무학(無學)의 조언과 중의(衆議)에 따라서 한양(漢陽)을 택하였다. 태조 3년(1394) 10월에 한양으로 천도(遷都)하여 궁궐, 종묘(宗廟) 및 여러 관청 등의 조영(造營)이 착수되고, 다음해에 완성하였으며, 이와 때를 같이하여 한양을 한성(漢城)으로 개칭하였다. 한성의 축성공사(築城工事)는 태조 5년(1396)에 봄과 가을의 농한기(農閑期)를 이용하여 장정(壯丁)을 동원해서 연인원 19만 7470인으로 40여리에 뻗친 거대한 축성을 연일수 98일간으로 완료하였다.

한성의 지세(地勢)를 보면, 북에는 백악(白岳)이 솟아 있고, 산줄기가 동으로 떨어져서 응봉(鷹峯)이 되고, 서쪽으로 뻗어서 인왕산(仁旺山)이 되었으며, 낙타산(駱駝山)이 동북쪽으로 놓이고, 남쪽에는 목멱산(木覓山 : 남산)이 솟아 있어서, 크고 작은 산들이 4면을 옹위(擁圍)하여 천연의 성곽(城廓)을 형성하고 있다. 한성의 성곽은 산 능선을 따라서 축성되었으며, 대소 8문을 만들었다. 그 중 숭례문(崇禮門 : 남대문)과 흥인지문(興仁之門 : 동대문)이 큰 성문으로 중층(重層) 문루(門樓)를 만들었으며, 서족의 돈의문(敦義門), 북쪽의 숙청문(肅淸門), 동북의 혜화문(惠化門 : 동소문), 동남의 광희문(光熙門), 서남의 조덕문(照德門 : 서소문), 서북의 창의문(彰義門)들은 모두 단층문루(單層門樓)를 만들었고, 특히 흥인지문과 서대문에는 문 앞에 옹성(瓮城 : 曲城)을 만들었다. 태조 때에 축성된 성벽의 형식은 높고 험한 곳에는 석축으로 쌓아서 높이 15척, 길이 1만 9200척(營造尺)이 되었으며, 평산(平山)에는 토성(土城)을 쌓아서 높이 25척, 길이 4만 300척(영조척)이었고, 수구(水口)에는 운제(雲梯)를 쌓아서 그 좌우는 석성(石城)을 만들었으며, 높이 16척, 길이 1050척(영조척)이었다고 한다.

한성부(漢城府)의 도시형태가 형성되기에는 태조 3년 때부터 시작하여 세종(世宗) 4년까지 31년이 소요되었다. 태조 5년에는 성곽을 영조하고, 한성을 5부로 구획하여 중부 8방(坊), 동부 12방(坊), 서부 11방(坊), 남부 11방(坊), 북부 10방(坊)을 두어서 방명(坊名)을 정하고, 각 방에 입표(立標)를 하였으며, 고격전(昭格殿)을 건립하였다. 또, 태조 6~7년에는 삼군부(三軍府)와 문묘(文廟)를 건축하게 되었다. 그 후 한성부(漢城府)의 건도작업(建都作業)은 정종(定宗)의 개성 환도(還都)로 일시 중단되었으나, 태종 5년(1405)에 한성으로 다시 환도하게 되어 건도작업이 계속되었으며, 한성이 조선 500년의 수도로서 확고한 기반을 형성하게 된 것은 태종(太宗)의 강력한 시책에 힘입은 바가 크다.

태종은 태조의 왕업(王業)을 계승하여 한성부의 도시건설을 추진하였으며, 주요 간선도로를 정비하고, 시전(市廛)을 건립하여 상가를 형성하였다. 삼도(三道)의 군인(5만2800명)을 동원하여 개천(開川 : 청계천)을 개착(開鑿)하여서 수도의 주요한 기본 배수로를 정비하였다. 개천공사가 완공되자(태종 12년 1412), 행랑조성(行廊造成)을 시작하여서 제1차에 472간, 제2차에는 1361간, 제3차 공사가 끝났을 때에는 도성(都城) 좌우행랑이 2027간이 되었다고 세종실록(世宗實錄)에 기록되어 있다. 이 행랑은 동쪽의 종로 2교(종로 4가)에서 시작하여 서쪽은 혜교(惠僑 : 무교동 입구)까지 이르고, 창덕궁 앞에서 종로 3가까지와 종루(鐘樓)에서 남대문 앞까지 연결되었으며, 종묘(宗廟) 앞에는 5간의 층루(層樓)를 만들고, 현재 종로 입구 네거리에도 2층 5간의 종루를 만들었다.

그 밖에도 창덕궁(昌德宮)을 창건하였으며, 경회루(慶會樓)를 개축하고 군창(軍倉 : 서강 70간, 용산 84간)을 조영(造營)하였으며, 연희궁(延禧宮), 풍양궁(豊壤宮) 등의 이궁(離宮)을 건립하였다. 한성도시의 형태는 태종(太宗)의 다대한 노력과 방대한 국력의 동원으로 이룩되었으며, 세종 4년(1422)에 성곽(城廓) 전부를 석재로 수축(修築)함으로써 성의 모습을 완비하기에 이르렀다. 이 수축공사는 38일간에 연인원 32만여명이 동원되었던 거대한 공사였으며, 이 때에 돈의문(敦義門)을 전에 서울 고등학교 서편 언덕에서 서대문쪽으로 이축(移築)하였다.

정치중심 도시였던 한성의 도성계획은 아름다운 주위자연의 지세(地勢)를 배경으로 궁궐과 관아(官衙)를 중심으로 계획되었다. 중심부의 주요 가로망은 일부 격자형(格子型)을 사용하였으나 도시 전체가 일률적인 격자형 도로망으로 형성된 것이 아니고, 자연지세를 잘 활용하여 계획된 것으로, 자연 발생적인 불규칙한 곡선로와 우회로 및 막다른 골목(cul-de-sac)들이 많이 사용되고 있어서, 중국의 도성계획과는 판이하게 다른 특성을 갖고 있다.

백악(白岳) 앞 명당의 땅에 경복궁과 창덕궁(昌德宮)을 병립(竝立)하여 배치하고, 좌조우사(左祖右社)의 원칙에 따라서 궁궐의 동쪽에 종묘(宗廟), 서쪽에 사직단(社稷壇)을 두었다. 동서 주요 간선도로는 흥인지문(興仁之門, 동대문)

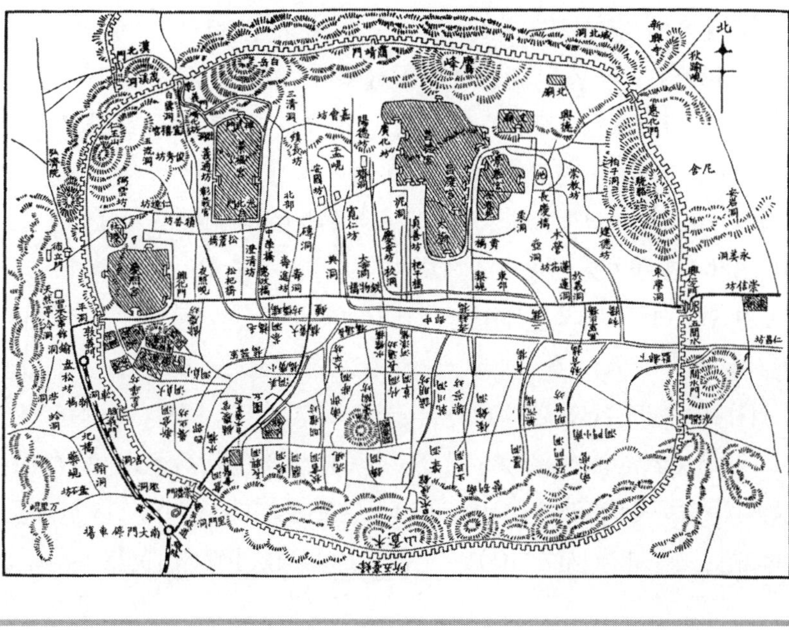

그림 163.
한 성 도

에서 시작되어 종묘 앞과 종루를 지나서 경희궁(慶熙宮 : 해방 후 서울고교 자리) 앞에서 약간 굽어져 돈의문에 이르러서 한성을 남북으로 양분하는 주축(主軸) 대간선 도로를 이루고 있으며, 남북 간선도로는 숭례문(崇禮門, 남대문)에서 시작되어서 호형노선(弧形路線)을 따라서 종루에 연결되어 3교차를 형성하고 있다. 북쪽은 경복궁 앞에서 현재 광화문 네거리까지와 창덕궁 앞에서 현재 종로 3가 네거리까지의 2개의 간선로가 3교차로를 형성하여 동서 주축대로(主軸大路)와 연결되었다.

주요도로의 노단(路端)에는 경복궁, 창덕궁, 경희궁(慶熙宮), 남대문, 동대문 등의 웅장한 건물들이 노단경(路端景 : terminal vista)을 형성하였으며, 주요 간선대로의 좌우에는 연달아서 계속된 행랑건축(行廊建築)이 이채를 나타내고, 도성(都城)의 중심을 이루는 궁궐건축인 경복궁, 창덕궁, 경희궁, 경운궁(慶運宮 : 현재 덕수궁)들과 관아건축(官衙建築), 사묘(寺廟), 시전 등은 당시의 수도 한성의 도시미관을 일관성 있고 특성 있게 만든 주요한 요소들이었다고 생각된다.

한성의 행랑 중에서 가장 번성하였던 곳은 운종가(雲從街 : 현재 세종로에서 종로 네거리)와 종루(鐘樓), 광통교(廣通橋)였으며, 대동법(大同法)이 실시되었을 때(인조 때) 만들어진 한성 시전(市廛)을 대표하는 육이전(六矣廛)도 이 일대에 자리 잡고 있었다. 이 밖에도 큰 시장은 장통방(長通坊 : 현재 관철동, 장교동), 미곡상은 연화동(蓮花洞, 현재 연지동), 우마(牛馬)는 장통방 및 천변(川邊)에서 교역되었다.

도성안의 도로폭은 경국대전(經國大典 : 예종 1년, 1496) 공전 교로조(工典橋路條)에 의하면, 대로 56척(영조척), 중로 16척, 술 11척으로 하였고, 그 양쪽가에다 배수구의 폭을 각 2척씩 두었다. 도로의 거리표시는 주척(周尺 : 0.66曲尺)으로 6척을 1보(步), 360보를 1리(里), 30리를 1식(息)으로 하였으며, 경복궁 앞의 원표(元標)를 기점으로 하여서 매 10리에 소후(小堠), 매 30리에 대후(大堠)를 만들어서, 후(堠)에는 이수(里數)와 지명을 새겼으며, 그 밖에도 5리마다 정자를 세우거나 30리마다 버드나무를 심었다고 한다.

도성 안의 모든 대지(垈地)는 국유(國有)였으며, 신분기준에 따라서 대여하여 사용하게 하였다. 경국대전(經國大典) 호전(戶典) 급조가지조(給造家地條)에 의하면 대군공주(大君公主) 30부(負) 즉 1170평, 왕자옹주(王子翁主) 25부(975평), 1 · 2품(品) 15부(585평), 3 · 4품 10부(390평), 5 · 6품 8부(312평), 7품 이하 양반 4부(156평), 서인(庶人) 2부(78평)였다. 당시의 면적단위인 결부법(結負法)은 1결(結)이 100부, 1부가 10속(束), 100파(把)였으며, 급조가지(給造家地)의 부수(負數)는 삼등전척(三等田尺)을 사용하였고, 삼등전(三等田)의 1결은 3932평이었다고 한다.

한성의 성곽은 그 후 숙종(肅宗) 30년(1704)에 다시 개수되었으며, 이 때 성곽 전체의 치첩(雉堞)이 수축되었다. 태조(太祖), 세종(世宗), 숙종 3대의 왕 때에 한성 축성(築城)은 가장 큰 공사였으며, 현재 남아 있는 성벽에서 지금도 그 시대적인 구조특색을 분별한 수가 있다. 태조 때에 시공된 성벽을 보면 대체로 가공하지 않은 대소의 자연석을 불규칙하게 혼용하여 쌓았으며, 기초석에는 특히 장대(長大)한 돌을 사용한 곳이 많다. 벽면은 대체로 수직면을 이루고, 쌓는 방법이 비교적 조야(粗野)하며, 사이사이에 작은 돌을 끼워서 쌓았고, 그 당시 공사분담 구역을 표시하는 천자문(千字文)의 표지(標識)가 새겨져 있다. 지금 백악(白岳)의 배후에서 성북동에 이르는 곳 몇 개소와 남산 동쪽의 성벽에서 그 흔적을 찾아볼 수 있다.

세종 때에 시공된 것은 성곽 여러 곳에 점철(點綴)되어 있으며, 특색은 장방형 또는 정방형의 가공한 석재를 사용하였으며, 기초부분에 큰 돌을 사용하고, 중간 이상은 차차 작은 돌을 사용하여 성벽면 중앙부가 좀 밖으로 나오게 쌓았다. 이 때 수축(修築)된 성벽에는 여기저기 공사를 담당하였던 주군명(州郡名)이 새겨져 있으며, 백악에서 응봉(鷹峰)에 이르는 사이와 동소문(東小門)에서 낙타산(駱駝山)에 걸친 성벽에서 그 흔적을 찾아볼 수 있다.

숙종(肅宗) 때에 수축한 것은 석재가 아래 위 모두 약 2척의 정방형이고, 돌 사이에 간격없이 쌓아 매우 발달된 정연한 축조법(築造法)을 썼으며, 벽면은 수직면으로 되어 풍화(風化)의 정도가 다른 것에 비하여 적고, 외관(外觀)이 정교하다. 현재도 흥인지문, 광희문(光熙門) 부근 및 백악(白岳) 동쪽의 성벽에서 이러한 예를 찾아볼 수가 있다. 특히, 한성(漢城)의 성벽은 험준한 곳은 높고 낮은 모양에 따라서 층층이 단형(段形)으로 만들어서 축조하였으므로, 일종의 특이한 모습을 가진 성곽미관(城廓美觀)을 형성하였다. 현존하는 성문건축(城門建築)으로는 숭례문(崇禮門)과 흥인지문(興仁之門) 및 서북의 창의문이 남아 있다.

서울의 숭례문은 태조 5년(1396)에 창건되고, 세종(世宗) 30년(1448)에 개수(改修)되었으며, 1962년 개수공사 때 발견된 상량문(上梁文)으로 성종(成宗) 10년(1479)에도 중수(重修)되었던 것을 확인할 수 있었다. 이 성문은 개성(開城) 남대문 다음으로 오래된 것으로, 현존하는 서울의 목조건물 중 가장 오래된 것이다. 문의 기층(基層)은 석축(石築)으로 되어 그 중앙에 홍예문이 있으며, 그 위에 정면 5간, 측면 2간의 중층(重層) 우진각 지붕으로 된 문루

(門樓)가 서 있다.

기둥에는 배흘림이 있고, 공포는 다포식(多包式)으로 하층은 2출목, 상층은 3출목으로 되었으며, 살미 첨차(簷遮)는 모두 외단부(外端部)가 쇠서형(牛舌型)으로 되었는데, 그 형상이 개성 남대문보다 약간 곡률(曲率)을 가진 모양으로 되어 있다. 내단부(內端部)는 모두 교두형(翹頭形)으로 되어 있으며, 주간포작(柱間包作) 살미첨차 상부에는 단부가 삼분두형(三分頭形)으로 되어 있는 한대(限大)가 놓여 있고, 보뺄목도 삼차두형으로 만들어서 조선왕조 초기의 세부수법을 잘 나타내고 있다. 숭례문은 외관이 장중하고 견실하고, 수도 서울 성문다운 당당한 아름다움을 지니고 있으며, 조선 초기 건축을 대표하는 우수한 건축이다.

서울의 흥인지문은 태조(太祖) 6년에 창건되었으며, 단종(端宗) 때에 개건(改建)되었고, 고종(高宗) 6년(1869)에 재건된 것으로, 그 규모는 숭례문과 흡사하나, 세부는 조선왕조 후기 말의 섬교(纖巧)한 수법을 나타내고 있다. 흥인지문 전면에는 반원형의 옹성(甕城)이 있으며, 석축(石築)으로 된 성문기층(城

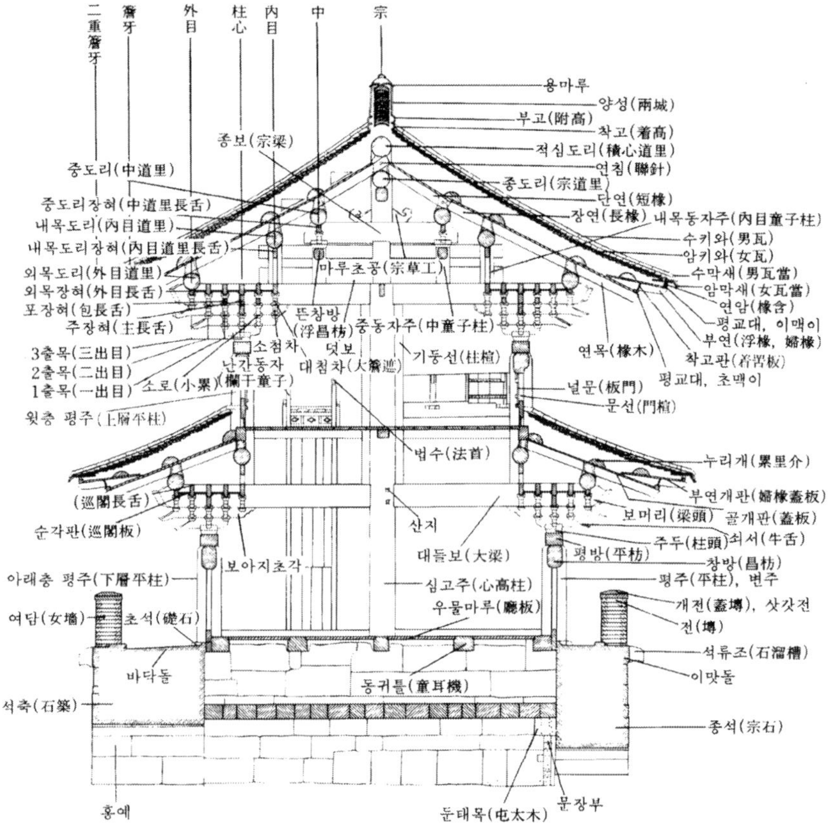

그림 164.
서울 숭례문 단면도

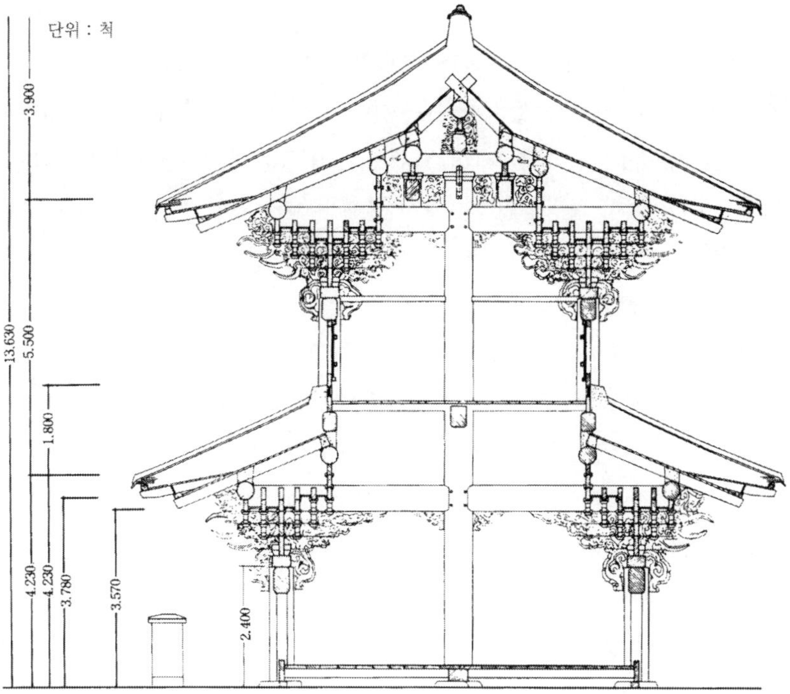

그림 165.
서울 흥인지문 단면도

門基層) 중앙에는 홍예문이 있고, 그 위에 정면 5간, 측면 2간의 중층(重層) 우진각 지붕으로 된 문루(門樓)가 서있다. 기둥 상단에는 안초공(按草工)을 사용하고 공포는 다포식(多包式)으로 하층은 외2출목, 내3출목이며, 상층은 내외3출목으로 되어 있고, 살미첨차의 외단부는 모두 앙서형(仰舌型)으로 되었으며 그 위에 익공(翼工)과 운공(雲工)을 두었다. 첨차의 내단부는 모두 운공형(雲工形)으로 만들었고, 살미 양 측면에는 모두 초각(草刻)을 하였으며, 장식적인 요소가 매우 많아져서 조선 후기 말의 형식을 잘 나타내고 있다.

창의문(彰義門)은 태조 5년에 건립되었고, 영조 17년(1741)에 대수되었으며, 1956년 보수공사 때 그 당시의 묵서명(墨書銘)이 발견되었다. 성문은 중앙에 홍예문을 가진 석축기층 위에 정면 3간, 측면 2간의 단층 우진각 지붕으로 된 2익공식의 문루가 서 있다. 이것은 서울 성곽의 4개 소문(小門) 중 현존하고 있는 유일한 예로서, 견실하고 아름다워 주위의 자연과 훌륭하게 조화를 이루었으며, 균형이 잘 잡혀서 아담한 외관을 가진 성문이다.

3. 읍성계획 및 성곽건축

조선왕조시대에는 행정상 또는 국방상 필요한 요소에 읍성(邑城)을 만들었으며, 전략상 유리한 곳에 전쟁에 대비하여 산성(山城)을 만들었다. 읍성도 곳에 따라서는 일부 평지인 시가지를 포함하고, 일부는 배면(背面)에 있는 산의 산정(山頂)까지 에워싸서 성을 만드는 것이 특색이다. 성곽의 형태는 평양, 개성 등과 같이 내성(內城) 및 외성(外城)으로 된 것과 읍성 평면형이 완산부(完山府 : 전주)와 같이 정방형인 것, 청주목(淸州牧)과 같이 불규칙형인 것 등 각종의 형상이 있었으며, 그 규모는 평양 3만 900호, 충주목(忠州牧) 및 상주목(尙州牧) 2만 3900호, 나주목(羅州牧) 2만 2300호, 완산부(完山府) 2만 1176호 등으로 매우 크지는 않았던 것으로 생각된다. 산성의 예로는 북한산성, 남한산성 등이 대표적인 것이라고 생각된다. 산성의 예로는 북한산성, 남한성지 등이 대표적인 것이라고 생각된다.

조선왕조 읍성계획에 공통되는 특징은 왕권을 상징하는 건물인 객사(客舍)가 가장 중요한 위치에 놓이고, 서쪽에는 문관(文官)이 사용하는 향청(鄕廳)이 놓이게 되며, 동쪽에는 중영(中營), 훈련원, 군기고(軍器庫) 등이 배치된다. 문묘(文廟)와 향교(鄕校)는 한적한 곳에 좀 떨어져서 건축되며, 사직단(社稷壇)은 하늬바람(西風)이 불어오는 서쪽에 놓인다. 남문에서 시작되어 객사(客舍)에 이르는 가로가 남북주축(南北主軸) 간선로를 이루어서, 객사가 노단경(路端景)을 형성하도록 되어 있으며, 동서 간선로는 남북 주축로(主軸路)에 어긋나게 마주쳐서 3교차로를 형성한다. 전체적인 가로망 형성은 자연 발생적이고 불규칙한 요소를 많이 찾아볼 수 있으며, 3교차로 · 우회로 · 막힌 골목들이 사용되었다. 성곽내외에는 순환로를 만들었고, 광장으로는 객사 앞의 중앙광장과 교역(交易)을 위한 성문 앞 광장 등이 만들어졌다.

민가는 5~8호가 주거단위가 되고, 5~8개의 단위가 모여 한 부락을 형성하였던 것으로 추측된다. 주거단위에는 큰 느티나무를 중심으로 대화의 공지(空地)가 마련되었으며, 성내외에 산수(山水)가 수려한 곳에는 정자 등을 마련하는 것이 상례였다. 읍성의 경관은 대부분 비대칭적인 균형을 이루었으며, 진산(鎭山)을 배경으로 하여 정자, 성곽, 문루(門樓), 객사(客舍) 및 관아건물(官衙建物)들이 읍성경관(邑城景觀)을 표상(表象)하는 것이 되었다.

개성(開城)의 내성(內城)은 고려 말 공양왕(恭讓王) 때 축성(築城)에 착공해서 조선왕조 초 태조(太祖) 때 완성된 것으로, 개성의 남대문은 태조 3년(1394)에 건축된 우수한 건물이다. 석축(石築)으로 된 기층중앙(基層中央)에 홍예문이 있고, 그 위에 정면 3간, 측면 2간의 팔작지붕으로 된 단층문루(單層門樓)가 서 있다. 공포는 다포식(多包式) 내외 1출목으로 되었으며, 살미첨차 외단부가 제공으로 되었고, 그 모양이 다른 것에 비하여 웅건한 모양을 가졌으며, 내단부는 교두형(翹頭形)으로 되었고, 그 위에 한대(限大)를 놓았다. 2층량을 걸어서 지붕을 받들고, 연등천장으로 되어 있으며, 문루측면(門樓側面)에는 사각(四閣)의 종루(鐘樓)가 있었으나 지금은 없어졌다. 이 성문은 규모가 크지 않으나 외관(外觀)이 무게있고 단순 소박한 수법을 갖고 있어서, 전체적으로 균형이 잘 잡혀서 우아한 멋을 풍기는 점이 있다고 생각된다.

평양(平壤) 성곽의 내성(內城)은 태종 6년(1406)에 개축(改築)한 것으로, 동남쪽으로 대동강에 면하고, 서북은 금수산(錦繡山), 창광산(蒼光山)에 의거하여, 산기슭을 따라 연속되는 성벽과 강물에 반영되는 누관(樓觀)의 아름다움은 인공적인 장려함보다는 자연과 잘 조화된 한국적인 아름다움을 느끼게 한다. 내성에는 장경(長慶), 보통(普通), 함구(含毬), 칠성(七星), 대동(大同), 정양(正陽) 등의 여러 문이 있었으나, 그 중 가장 중요한 것은 보통문(普通門)과 대동문(大同門)이다.

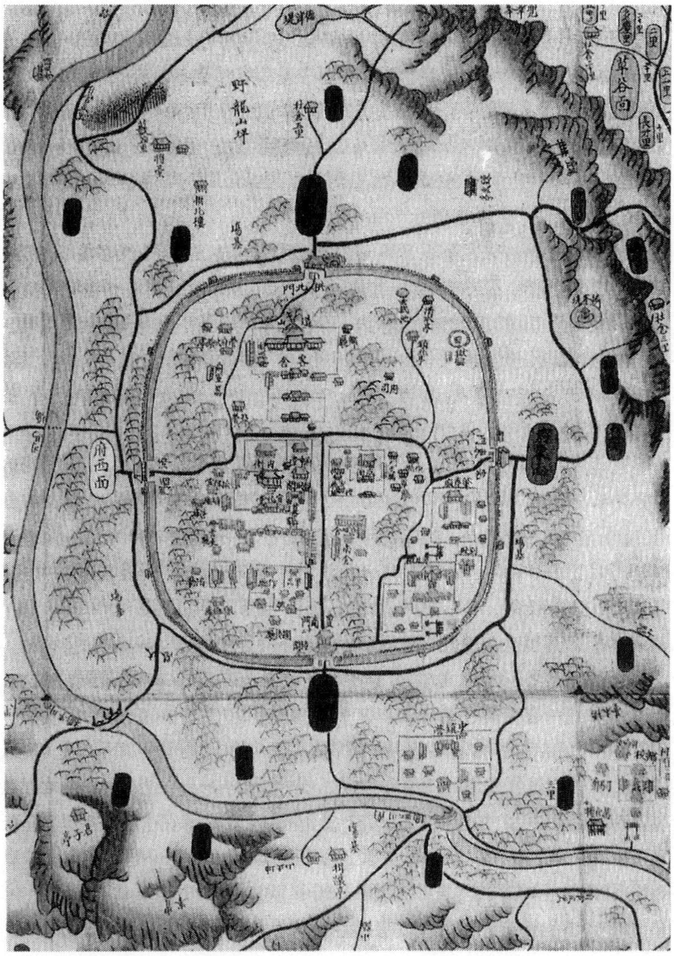

그림 166.
완산성도

평양 보통문은 성종(成宗) 4년(1473)에 개수(改修)된 것으로 조선왕조 초기의 건물이며, 기층(基層) 중앙에 홍예문이 있고, 그 위에 정면 3간, 측면 3간의 중층(重層) 우진각 지붕으로 된 문루(門樓)가 서 있다. 공포는 다포식(多包式)이며, 상하층 모두 2출목(出目)으로 되었으나, 주심포식(柱心包式) 수법이 절충되어 있는 것이 특징이다. 두 번째의 살미첨차의 외단부는 쇠서형상(牛舌形狀)이 S형을 2개 연결하여 중괄호 표지와 비슷한 모양으로 각(刻)해져 있어서 매우 특이하며, 축부(軸部)구조의 방식도 매우 특이하다. 외관이 매우 장중웅건(雄建)한 멋을 갖고 있는 점으로 보아 한국 성문 중에서 매우 우수한 것이라고 생각된다. 평양 대동문은 선조(宣祖) 9년(1576)에 중건(重建)된 것으로 규모와 수법이 전자를 본딴 것으로 생각되며, 그보다 좀 못한 점이 있으나, 한성(漢城)의 여러 문과 비교하여 볼 때 장중한 외관을 갖고 있다고 생각한다.

완산성(完山城)은 후백제(後百濟)의 견훤(甄萱)이 처음 축조하였고, 태조(太祖)가 완산 유수부(留守府)를 두었던 곳이다. 완산성도에 의하면 조선왕조 중기의 읍성전모(邑城全貌)를 잘 알 수 있다. 이 읍성은 북쪽에 미륵산(彌勒山), 남쪽에 고달산(高達山)을 위시하여 동서에도 크고 작은 산들로 둘러싸인 분지에 위치하며, 성곽(城廓)은 사방 하천으로 둘려 있다. 그 성곽평면은 네 모서리를 둥글게 한 정방형에 가까운 모양으로 하여, 석축 성벽(城壁)으로 되어 있다. 판동(判東), 패서(沛西), 풍남(豊南), 공북(拱北)의 4문을 두었으며, 성의 정문인 풍남문은 중층(重層)의 문루(門樓)가 지금도 남아 있다.

이 읍성의 가로망은 격자형(格子型)을 기본으로 하였으나, 필요에 따라서는 곡선형 노선을 사용하여 전체적으로 자유롭고 변화가 있는 구성을 갖고 있다. 남북대로는 풍남문(豊南門)에서 읍성중앙에 위치한 객사(客舍) 앞에 이르고, 특히 객사는 중심축인 남북 대로축(南北大路軸)과 약간 벗어져서 노단경(路端景)을 형성하도록 되어 있는 것이 매우 묘미 있는 점으로 생각된다. 객사 앞에 있는 대로를 끼고 선화당(宣化堂), 동헌(東軒), 책판고(冊板庫), 행랑(行廊) 등의 건물들이 연관되어 배치되어서, 변화 있는 폐쇄 공간(inclosed space)을 형성하여 중심광장과 같은 것을 만들었다. 객사 앞에서 동서의 성문으로 통하는 대로는 남북대로와 어긋나게 마주쳐서 3교차로를 이루도록 되어 있다. 읍성 동남쪽에는 경기전(慶基殿)이 있어 조선왕조의 국조(國祖)를 봉사(奉祀)하였으며, 풍남문 밖에는 중진영(中鎭營)이 있고, 문묘(文廟)는 남천(南川) 건너편 동남쪽에, 사직단(社稷壇)은 서천(西川) 건너 서쪽에 놓여 있다.

풍남문은 1767년에 중건(重建)된 것으로, 조선 후기의 읍성문(邑城門) 건축의 대표적인 예라고 생각된다. 석축 기층(基層) 중앙에 홍예문이 있으며, 그 위에 정면 3간, 측면 3간, 중층(重層)팔작지붕으로 된 문루(門樓)가 서 있다. 공포는 주심포식(柱心包式)이며 외2추목으로 내출목(內出目)은 없이 보아지 형식으로 되었으며, 살미첨차의 외단부(外端部)는 쇠서(牛舌)로 되었다. 하층의 어간(御間) 양편 주상(柱上)에는 용머리 조각을 가진 안초공(按草工)을 만든 것이 특이하며, 창방(昌枋) 위 중간에는 호랑이, 연화(蓮花), 코끼리 모양의 조각을 한 화반(花盤)을 사용하였다. 공포는 매우 장식적으로 되어서 초각(草刻) 장식, 연봉, 봉두(鳳頭) 등이 중첩되었으며, 전체적으로 조각장식이 번다

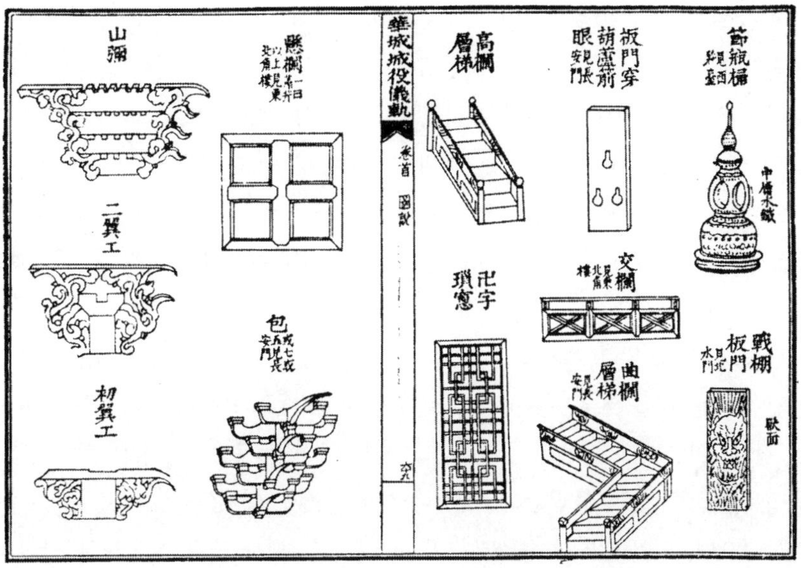

그림 167.
화성성역의궤 도설(1)

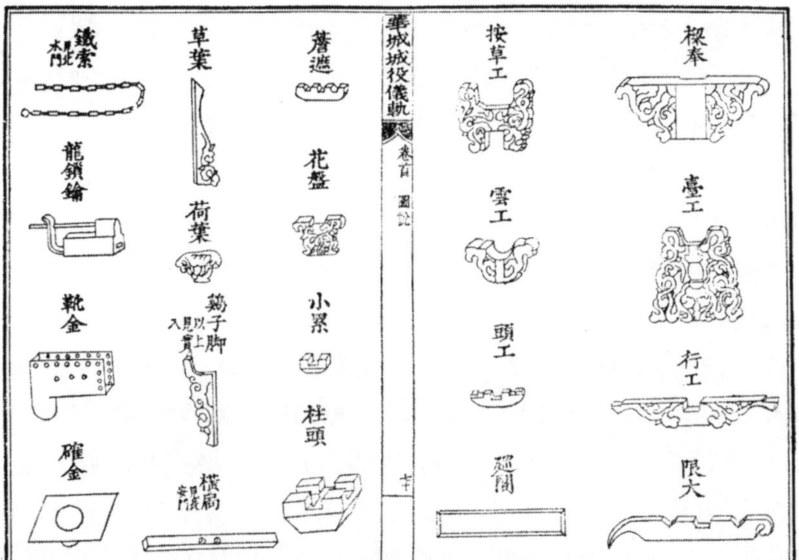

그림 168.
화성성역의궤 도설(2)

(煩多)하게 사용되었다. 그러나 외관(外觀)은 전체적으로 균형이 잘 잡힌 성문이다.

수원(水原) 성곽은 정조(正祖) 18년에 기공(起工)하여 20년(1796)에 낙성(落成)된 것으로, 임진왜란(壬辰倭亂)의 경험과 당시의 실학사상(實學思想)을 바탕으로 하며, 서구식 축성법(築城法)도 참고하여 한국뿐만 아니라 동양에서도 가장 발달된 형식으로 만든 성곽이다. 축성방식이 참신하고 신기축(新機軸)을 이루어 놓은 것으로 생각되며, 이 성곽의 건축계획에 있어서는 「성으로 백성을 보호하고 덕(德)으로 성을 보존한다」고 하는 민본사상(民本思想)을 기본으로 삼고, 실용(實用) 및 기능주의에 입각하여서 총포(銃砲)가 사용된 근대적인 실전방어(實戰防禦) 시설을 갖춘 성곽이다. 시공에 있어서는 생산력의 확대와 경제를 도모하여 거중기(擧重器 : 기중기), 녹로(轆轤 : 회전기) 등 여러 가지 시공기기가 활용되었으며, 기와 · 전(塼) 등 건축 재료의 개량된 제조방법이 사용되었고, 건축의 규격화 및 계획성 있는 시공방법 등을 시도하였던 것으로서, 한국의 근세적인 건축공영의 실태를 잘 나타내는 가장 좋은 실례라고 생각된다.

석축(石築)과 일부 전축(塼築)으로 된 수원성곽은 평지와 배면(背面)에 있는 팔달산(八達山)을 요위(繞圍)하고, 지형의 고저와 굴곡에 따라서 만들었다. 북에 장안문(長安門), 남에 팔달문(八達門)의 2개 대문을 두고, 밖으로는 아담한 옹성문(甕城門)으로 둘러쌌다. 동서에 창용(蒼龍), 화서(華西)의 소문(小門)을 만들었으며, 암문(暗門), 수문(水門), 적대(敵臺 : 대문 좌우에 돌출한 방어대), 노대(弩臺, 공심돈(空心墩 : 방어용의 2층 전탑), 봉돈(烽墩), 치성(雉城), 장대(將臺 : 총대장의 지휘소), 포루(砲樓), 각루(角樓) 등을 요소에 만들었고, 성안에는 행궁(行宮), 사직단(社稷壇), 문묘(文廟), 성신사(城神祠) 등을 세웠다. 그 중에서도 큰 하천을 가로 걸쳐서 서 있는 화홍문(華虹門)과 건너 언덕 위에 맵시있게 서 있는 자그마한 방화수류정(訪花隨柳亭)은 기묘한 형태를 갖고 정취있는 경관을 만들고 있다.

특히, 이 성역(城役)에 대한 시행내용을 상세하게 기록한 화성성역의궤(華城城役儀軌 : 1796)는 가장 완벽한 공사기록으로, 그 내용에는 전교장계(傳敎狀啓 : 왕의 명령과 왕명으로 파견된 감독관의 보고서), 좌목공장(座目工匠 : 공사 담당관 및 장인의 명보), 도설(圖說), 제도양식(制度樣式), 의식절차(儀式節次), 기계기구, 물자내역, 노임재용(勞賃財用) 등의 모든 것이 세밀하게 기록되어 있다. 도설에는 축성배치(築城配置) 계획, 주요성곽 건축물의 입면(立面), 건축 주요부분 상세 등이 명칭과 함께 도시되어 있어서, 그 때의 건축 활동의 전모를 알 수 있는 매우 중요한 한국 건축사료(建築史料)이다. 수원성곽은 6·25사변에 많은 피해를 입었으며, 현존하는 것은 성벽의 일부와 팔달문(八達門), 화홍문(華虹門), 화서문(華西門), 방화수류정(訪花隨柳亭), 서장대(西將臺) 등이 옛날 모습 그대로 남아 있다. 최근에 장안문을 위시하여 많은 부분들이 복원되었다.

제19장 조선왕조 궁궐건축

1. 경 복 궁

(1) 궁궐배치 및 광화문

조선왕조의 궁궐건축들은 왕실의 존엄과 권위를 상징하기 위하여 장대(壯大)하고 화려하게 조영(造營)되었다. 한성(漢城) 안의 궁궐건축으로 현재 남아 있는 것은 경복궁(景福宮), 창경궁(昌慶宮), 창덕궁(昌德宮), 덕수궁(德壽宮)이 있다. 경복궁은 그 중 가장 대표적인 것으로서 태조(太祖) 3년에 처음 건축되었으며, 임진왜란(壬辰倭亂) 때 전소되었다. 그 후에 역대왕(歷代王)에 의하여 재건이 시도되다가 고종(高宗) 2년에 대원군(大院君)의 영단(英斷)으로 재건공사에 착수하여, 고종 7년(1870)에 완공함으로 대궁궐을 재현하였다. 경복궁은 고종이 덕수궁으로 천궁(遷宮)하기까지 30여년간 왕궁으로 사용되었으며, 일제 때에 건물 일부분이 철거되고 내전(內殿)이었던 강령전(康寧殿)과 교태전(交泰殿)이 창덕궁으로 이건(移建)되어서 건축규모가 많이 축소되었다.

경복궁은 배후에 백악(白岳)과 멀리 삼각산(三角山)을 배경으로 하고, 한성(漢城) 중심 좌우에 육조관아(六曹官衙)가 병립(竝立)하여 있는 대로광장에 면해서 평지에 조영(造營)된 궁궐이다. 경복궁의 궁궐배치는 정전(正殿)인 근정전(勤政殿)을 중심으로 하는 일곽(一廓)의 중심건물은 남북 축선상(軸線上)에 좌우대칭으로 배치하였으나, 경회루(慶會樓)와 방지(方池), 향원정(香遠亭)과 연지(蓮池) 및 기타 대부분의 건물들은 모두 그 주축에서 벗어나 비대칭적 구성으로 배치되어 있다. 궁궐의 주위에는 석축(石築)으로 만든 높은 담을 요위(繞圍)하였으며, 궁성 정면의 중앙에는 장엄하고 아름다운 외관을 가진 광화문(光化門)이 서 있고, 그 전면 좌우에는 해태를 남향하여 마주 세웠다. 궁성 전면의 동서 모서리에는 십자각(十字閣)의 성루(城樓)를 두었으나, 현재는 동십자각(東十字閣)만이 남아 있다. 궁성 동면에 건춘문(建春門), 서면에 영추문(迎秋門 : 현재 없음), 북면에 신무문(神武門)이 모두 석조기층(石造基層) 중앙에 홍예문을 갖고, 그 위에 문루(門樓)를 세워서 매우 아담하고 아름다운 외관을 이루고 있다.

광화문을 들어서면 담벽으로 둘러싸인 넓은 전정(前庭)이 있고, 그 후면중앙에 홍례문(弘禮門)이 있었으며, 그 좌우에서 회랑(廻廊)이 시작되어 전정에

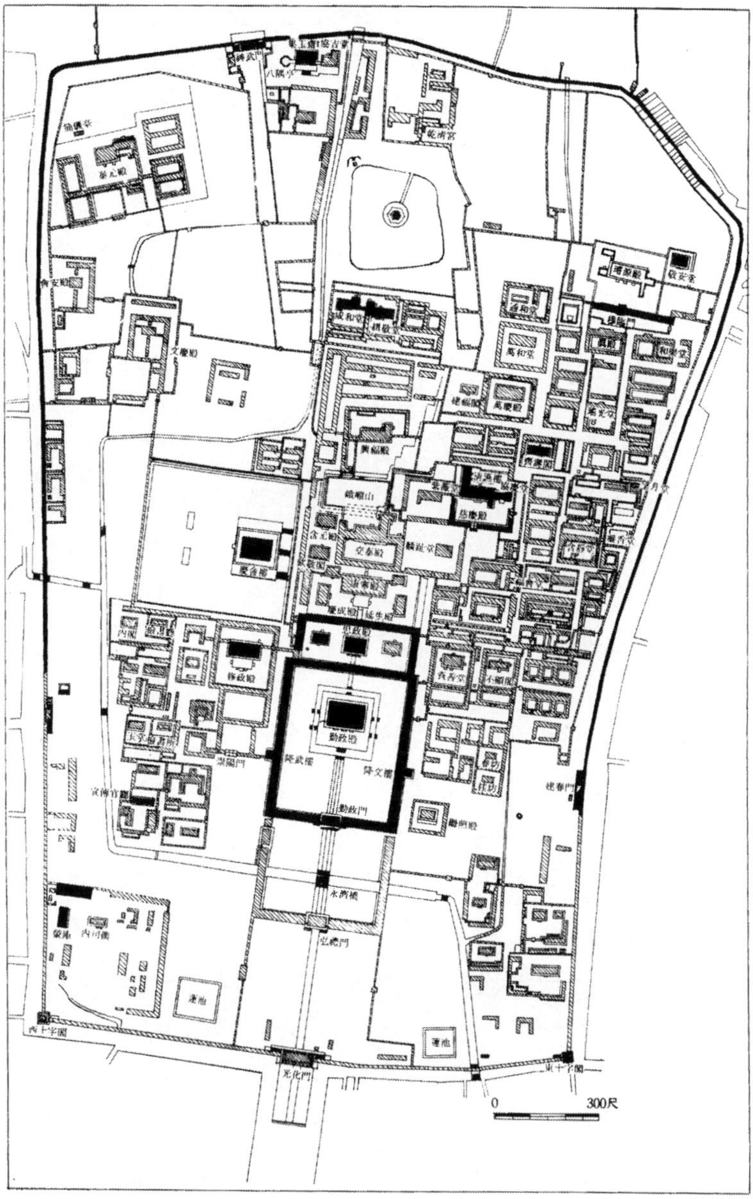

그림 169.
경복궁 배치도

요위되고, 이 문을 들어서면 어구(御溝)가 서에서 동으로 흐르며 영제교(永濟橋)가 있었으나 그 모든 자취가 사라지고 일제 때 건축한 총독부 건물이 가로막고 서 있었는데, 1996년 철거되어 옛 모습을 되찾게 되어 다행이다. 북쪽에는 근정문(勤政門)이 있으며, 좌우에 일화(日華)·월화(月華)의 양쪽 협문이 있고, 회랑이 좌우로 뻗어서 궁의 중정과 근정전(勤政殿)을 요위하였다. 근정문(勤政門)을 들어서면 포석(鋪石)된 넓은 중정이 있고, 그 좌우에 위석(位石)이 나열되어 있으며, 중정 뒤쪽 중앙에 돌난간이 돌려 있는 2층 석조 기단(基壇) 위에 근정전이 웅장하게 자리 잡고 있다. 석조난간에는 하엽상(荷葉狀) 난간석이 나열되었고, 난간기둥에는 십이지좌상(十二支座像)이 원각(圓刻)되었으며, 기단 중앙에는 봉황, 쌍용 등을 부조(浮彫)한 석조답도(石造踏道)가 있고, 그 좌우에 석계(石階)가 있다. 회랑(廻廊)으로 요위(繞圍)된 부분의 건물들은 광화문(光化門)과 근정전을 연결하는 남북 축선상에 좌우대칭으로 배치되었으며, 회랑건축은 매우 단순소박하고 다른 주요건물들과 잘 조화를 이루고 있다.

북에 있는 사정문(思政門)을 나서면 사정전(思政殿)과 좌우에 만춘전(萬春殿)과 천추전(千秋殿)이 회랑으로 둘러싸여 있었고, 그 뒤에 내전(內殿)인 강령전(康寧殿)과 교태전(交泰殿) 등의 아름다운 건물과 정원 및 헤아릴 수 없이 많은 전당(殿堂)들이 나열되어 있었다. 경회루(慶會樓)는 사정전 서북방에 인접하여 만들어진 큰 사각형 연지(蓮池) 속 석조기단 위에 서 있으며, 정전(正殿) 다음가는 웅대한 건물로서 외국사신의 영접과 조정군신(朝廷君臣)의 연회장소로 사용되는 건물이다. 궁궐 북쪽에는 향원정(香遠亭)을 중심으로 연지(蓮池)를 파고 후원(後苑)을 만들었으며, 동쪽에 선원전(璿源殿)과 신무문(神武門), 건청궁(乾淸宮 : 현재 전시관 자리), 집옥재(集玉齋) 등이 배치되어 있었다.

경복궁은 북쪽에 우람하게 솟은 백악(白岳)을 배경으로 하여 아름다운 광화문(光化門)과 그 안에 바라보이는 장엄한 궁궐정전(宮闕正殿) 및 내전(內殿)들이 자연의 풍치와 조화를 이루어서 훌륭한 외관을 형성하였던 것으로, 조선왕조 말기에 건축된 한국 최대의 궁궐건축이다. 이 건축은 자연과 잘 조화되도록 주도한 배려와 면밀한 계획에 의하여 국력을 기울여서 만든 궁궐로서, 그 웅장한 규모와 아름다운 수법은 통일신라시대나 고려시대 건축에 뒤지지 않는 훌륭한 것이라고 생각된다.

일제시대에 조선왕조의 권위를 상징하는 경복궁(景福宮)의 장관(壯觀)을 고의적으로 은폐하고 격하하기 위하여, 이를 가로막아서 당시의 총독부 건물이 지어졌음은 매우 유감 된 일이었으며, 일제 침략자들의 의도를 잘 실증하고 남음이 있는 것이었다. 그러나 광복 50주년을 맞이하여 일제 총독부 건물이 철거되고 경복궁 내의 주요 건물들이 복원되어서 백악(白岳)을 배경으로 한 경복궁의 상징적인 모습이 재현되게 된 것은 매우 다행한 일이라 생각한다.

광화문은 경복궁의 정문으로 일제시대에 건춘문(建春文)을 북쪽으로 이건(移建)되었다가 6 · 25 사변 때 문루(門樓)가 소실되고, 1968년에 당시 중앙청으로 사용했던 일제 때 총독부 건물 앞에 다시 옮겼으며, 문루는 종전의 건축형식을 모방하여 철근 콘크리트 구조로 재건하였다. 종전의 광화문은 석조기층(石造基層)에 3개의 홍예문을 만들었고 그 위에 정면 3간의 중층(重層) 우진각 지붕으로 된 목조문루(木造門樓)가 있었으며, 공포(栱包)는 다포식(多包式)으로 상하층 모두 외2출목, 내3출목으로 조선 후기의 수법을 따라서 외부는 제공(齊工) 뿌리를 앙서형상으로 하고, 내부는 운공(雲工)을 만들었으며, 점차 양 측면에는 모두 파련초각(波蓮草刻)을 하였다. 이 건물은 섬교(纖巧)한 수법과 웅대한 구조를 갖고 있으며, 전체적으로 균형과 조화를 이루어서 장려(壯麗)한 외관을 가진 대궐문으로 가장 뛰어난 왕궁정문 건축이다.

(2) 근 정 전

근정전(勤政殿)은 경복궁의 정전(正殿)으로 정면 5간(100.7척), 측면 5간(70.3척)의 중층(重層) 팔작지붕으로 되었으며, 공포는 다포식 외3출목, 내4출목이고, 외부는 단부(端部)가 앙서(仰舌) 형상으로 된 제공 3개와 익공(翼工)이 놓였다. 기둥상부에서는 익공 위에 대량(大梁)이 놓이고, 주간포작(柱間包作)에서는 익공 위에 운공(雲工)이 놓였으며, 내부는 모두 운공을 만들었고, 살미첨차 양 측면은 모두 한 몸을 이루어 그 면에 파련초각을 하였다. 평주(平柱)와 고주(高柱) 사이는 퇴량(退梁)을 연결하고, 그 밑에는 약간 공간을 띄어서 창방(昌枋)부재를 하나씩 더 짜돌린 것이 특이하며, 중앙 고주간(高柱間)에는 대량을 걸어, 매우 광대한 공간을 만들어서 장엄한 위의(威儀)를 나타내도록 하였다. 고주간 주변을 연결하는 하층 보의 하면에는 상초엽(上草葉)을 달고 양측 고주 몸에 걸쳐서 낙영초엽(落纓草葉)을 붙여 돌아가면서 고주간에 유음초엽(流音草葉)을 만들었으며, 고주상부의 2층 벽은 모두 개방하여 교창(交窓)을 만들어 광활한 건물내부의 채광이 되도록 하였다.

고주상단에는 주두(柱頭)를 놓고 익공(翼工)을 만들었으며, 고주 사이에 있는 우물천장 주변에는 보아지형을 돌아가면서 나열하여 장식하였고, 천장 중앙에는 쌍룡과 보주가 조각 장식되었다. 후면 중앙고주 사이에는 정교하게 장식된 높은 보좌(寶座)가 있으며, 일월오악병풍(日月五岳屛風)이 드리운 앞에

그림 170.
근정전 공포도

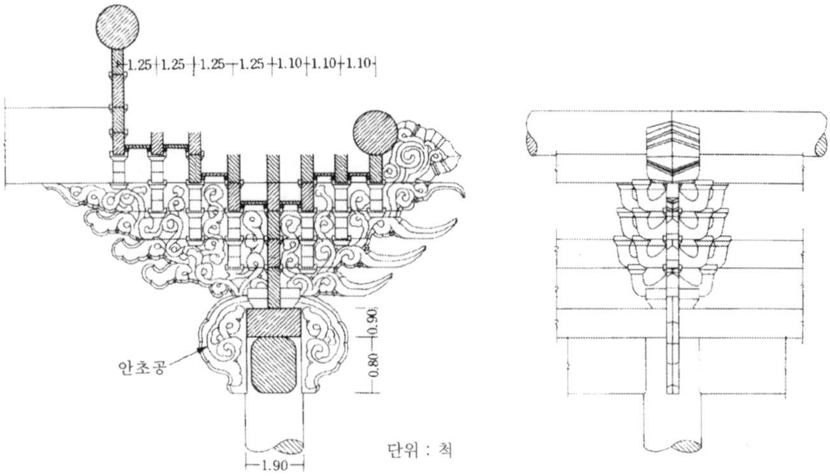

그림 171.
근정전 천장 보개

용상(龍床)이 놓였고, 상부에는 화려하게 꾸며진 보개(寶蓋)가 있다. 단청(丹靑)은 금단청(錦丹靑)으로 현존하는 색조(色調)는 재건당시의 채색이 그대로 남아 있는 것이며, 매우 장중한 멋을 풍기는 것으로 생각된다. 이 건물은 조선왕조 말에 조영(造營)된 가장 거창하고 훌륭한 건축으로 아름답고 풍부한 장식과 섬교(纖巧)한 수법은 지나친 감이 없지 않으나, 조선왕조 말기의 건축문화 특성을 잘 나타내는 매우 귀중한 대표적인 건물이다.

(3) 경회루 및 집옥재

경회루(慶會樓)는 근정전(勤政殿) 서북에 인접된 사각형 연지(蓮池) 속에 동쪽에서 석교(石橋)로 연결된 석단(石壇) 위에 서 있으며, 이 석단과 석교주변에는 하엽형상(荷葉形狀)의 난간석이 돌려져 있고, 서쪽 중앙에는 돌계단이 있어서 수면에 연접되어 있다. 석단의 남쪽과 북쪽에는 비교적 넓은 전정(前

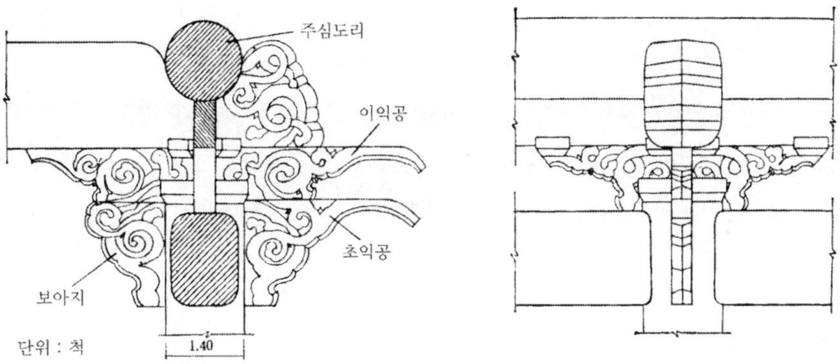

그림 172.
경회루 익공 상세도

庭)이 있고, 그 중앙에 장대석(長大石)으로 만든 기단(基壇) 위에 정면 7간(112.5척), 측면 5간(93.3척)의 팔작지붕으로 된 2층루(層樓) 건축으로 되어 있다. 하층에는 외주방형(外柱方形), 내주원형(內柱圓形)으로 된 48개의 석주(石柱)가 서 있어서, 상층루(上層樓) 마루를 받치고 있다. 석주에는 적당한 민흘림이 있으며, 바닥은 방전(方塼)을 깔았고, 상부는 우물천장을 만들어서 아름답게 단청(丹靑)을 하였다.

하층 안쪽에 있는 한 쌍의 고란층제(高欄層梯)를 올라서면 거대한 목조누각 건물이 서 있으며, 외측 평주(平柱) 밖으로는 계자각(鷄子脚) 위에 하엽(荷葉)과 원죽(圓竹)을 돌린 난간이 적절한 높이로 돌아가 있다. 가구(架構)는 외측의 방형평주(方形平柱)와 원형고주(圓形高柱) 사이에 퇴량을 걸고, 툇간(退間)의 마루가 가장 낮게 되었으며, 고주와 내고주(內高柱) 사이의 마루가 좀더 높게 되었고, 내고주간에는 안쪽의 마루가 제일 높게 만들어졌다. 내고주로 둘려 있는 가장 안쪽 공간은 제일 화려하게 내부장식을 하였고, 내고주 사이에는 돌아가면서 사분합문(四分閤門)을 달았으며, 고주간과 내주간(內柱間)에는 모두 우물천장을 만들었다. 공포는 이익공(二翼工)으로 되었으며, 주간창방(柱間昌枋) 위에는 장화반(長花盤)을 놓았다.

지붕은 용마루를 매우 높게 만들었으며, 합각(合閣)부분을 매우 크게 만들어서 둔중(鈍重)한 감을 느끼게 하고 상층 목조누각 건물이 매우 낮은 감이 있기는 하나, 전체적인 건물의 비례관계를 고찰할 때 오히려 적절한 상호 비례관계를 갖고 있다고 생각된다. 이와 같이 거대한 규모의 건물을 무리없이 수중에 견고하게 건축한 기술은 매우 높이 평가되어야 할 것이며, 거대하고 장중한 누각건축(樓閣建築)이 연지(蓮池)에 반영된 장관은 형용할 수 없이 훌륭한 경관(景觀)을 이루는 것으로 생각된다.

집옥재(集玉齋)는 신무문(神武門) 동쪽에 위치하며, 고종(高宗)의 서재로 사용된 건물로, 경복궁 내의 건물 중에서 가장 중국적 취미를 많이 나타내는 특성을 갖고 있다. 주건물은 정면 5간, 측면 3간의 단층 맞배집으로 되어 있으며, 그 옆에는 중층(重層)의 단랑(單廊)으로 연결된 2층의 팔각형 서고(書庫)가 있다. 주건물은 몰딩과 연화문 등으로 장식된 높직한 기단(基壇) 위에 서 있으며, 초석(礎石) 위에는 고복석(鼓腹石)을 사용하여 매우 특이한 면모를 갖고 있다. 기둥상부에 안초공(按草工)을 사용하였으며, 공포는 다포식 1출목으로 주두(柱頭)의 굽이 매우 높고, 첨차(簷遮)는 내외와 양 측면이 모두 매우 섬세한 파련초각(波蓮草刻)을 하였으며, 제공외부(齊工外部)의 쇠서형을 생략하였음이 특이하다. 행공첨차(行工簷遮)는 운두가 매우 높아서 소로가 다른 건물에 비하여 매우 높이 올라가서 놓여 있다. 건물 전면 툇간(退間)을 전부 개방하였으며, 양 측벽은 박공마루까지 전벽(塼壁)을 쌓아 올렸고, 8쌍의 쌍공(雙孔)을 만들었음이 특수하며, 지붕장식 등도 매우 특색이 있다.

서고는 누형식(樓形式)의 건물로서 주위주간에는 사분합(四分閤)의 광창(光窓)을 만들고, 처마 밑에 낙영(落纓)을 달아서 변화를 주었으며, 게자다리 난간을 둘렀고, 지붕 정상에는 절병통을 놓았다. 전체적으로 건물 디자인이 매우 특수하며, 규모는 작으나 아담한 멋을 느끼게 하는 건물이다.

2. 창 덕 궁

(1) 궁궐배치 및 돈화문

창덕궁(昌德宮)은 태종(太宗) 5년에 처음 건축된 것으로 규모가 경복궁 다음가는 것이었으나, 임진왜란(壬辰倭亂) 때 전소되었던 것을 광해군(光海君) 초기에 재건하였으며, 순조(純祖) 3년에 정전(正殿)인 인정전(仁政殿)은 재차 화재를 입고, 그 이듬해(1804)에 재건된 것 현재 남아있다. 창덕궁 내에는 많은 건물이 보존되어 있으며, 그 중 가장 중요한 것은 인정전을 중심으로 하는 일곽(一廓)의 건물들이고, 경복궁 재건에 모본(模本)이 되어서 후기 말 건축형식에 많은 영향을 미친 것으로 생각된다.

창덕궁의 궁궐배치는 산기슭의 지형에 따라서 한정된 구역 안에 배치되었으므로, 평지궁궐과는 매우 다른 자유로운 배치특성을 갖고 있다. 정문인 돈화문(敦化門)은 인정전의 남북중심 축상(軸上)에 놓여 있지 않고 서남방에 놓여 있다. 이 문을 들어서면, 얼마 안 가서 동쪽으로 꺾여 금천교(錦川橋)가 있으며, 이 금천교는 태종 11년(1411)에 만든 것으로 매우 훌륭하며, 현존하는

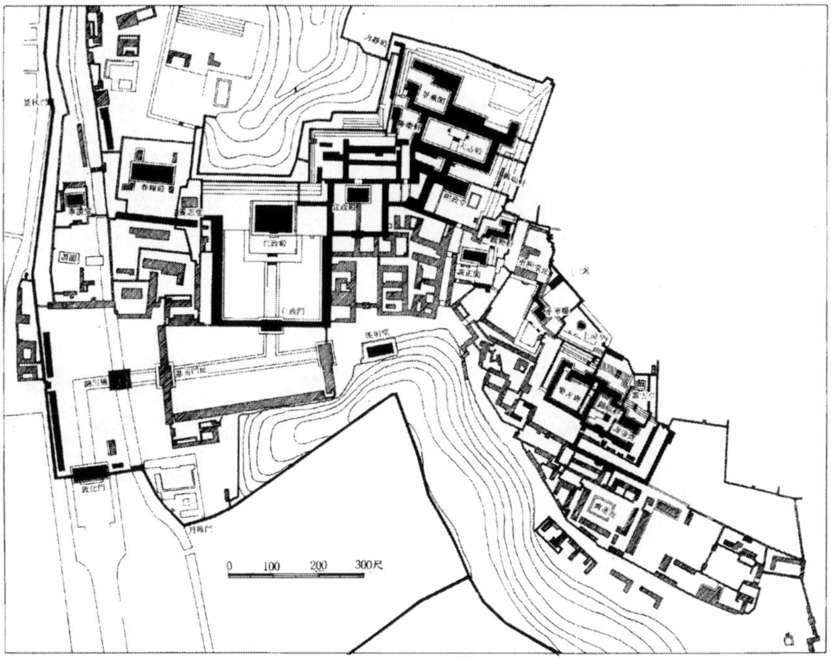

그림 173.
창덕궁 배치도

서울 석교(石橋) 중 가장 오래된 것이다. 북에서 남쪽으로 흐르는 금천(禁川)을 건너서면 서향한 진선문(進善門)이 있으며(1999년 복원), 회랑(廻廊)으로 둘렀던 사다리꼴 전정(前庭) 맞은편에는 숙장문(肅章門)이 있었고(1999년 복원), 이 전정(前庭) 약간 동쪽에 치우쳐서 인정문(仁政門)이 서 있다. 이 문은 전면의 도로와 약간 경사되어서 남면하게 되므로 전체적 배치구성에 변화 있는 묘미를 나타내는 것으로 생각된다.

인정문(仁政門)을 들어서면 회랑으로 요위된 큰 사각형의 내정(內庭)이 있고, 그 중앙 뒤쪽에 있는 2중 석조기단 위에 남면하여 인정전이 놓여 있으며, 인정전과 인정문 및 그 회랑은 남북축선에 좌우대칭으로 배치되어 있다. 내정중앙은 넓은 폭으로 포석(鋪石)이 깔려서 좌우에 위석(位石)이 나열되어 있고, 기단중앙에는 쌍봉을 부조한 석조답도(石造踏道)가 있으며, 그 좌우에 돌계단이 있고, 기단연변(基壇緣邊)에 석난간은 설치하지 않았다. 이 내정(內廷)의 동쪽 문인 광범문(光範門)을 나서면 인정전 동쪽에 인접하여 선정문(宣政門)이 있으며, 다시 회랑(廻廊)으로 둘린 내정중앙 뒤쪽에 선정전(宣政殿)이 있다.

선정전 동쪽에 연접하여 내전(內殿)인 희정당(熙政堂), 그 뒤에 대조전(大造殿) 및 경훈각(景薰閣)이 약간 서쪽으로 치우친 남북 축선상에 좌우 비대칭의 평면배치를 형성하여 몇 개의 중정(中庭)을 끼고 연달아서 건축되어 있다. 이 동남쪽에는 성정각(誠正閣)과 관물헌(觀物軒)이 있고, 그 동남편에 후원(後苑)

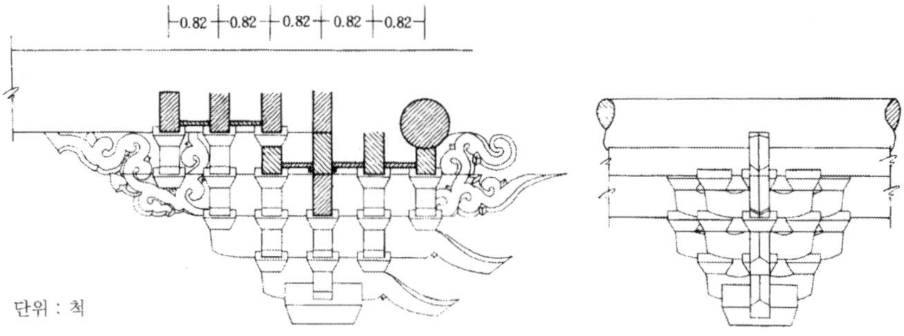

그림 174.
돈화문 공포 상세도

으로 통하는 길 건너에는 승화루(承華樓)가 있다. 그 동남쪽에 낙선재(樂善齋), 금복헌(錦福軒), 수강재(壽康齋)가 내전의 건물들과 같은 방향을 면하고 연속하여서, 각각 중정(中庭)을 끼고 배치되어 있다. 인정전 서북쪽으로 좀 떨어진 숲 속에는 선원전(璿源殿 : 1921년 건립)이 놓여 있으며, 비원으로 통하는 길을 따라서 고개를 넘어 북쪽으로 전진하면 숲 속에 원지임천(苑池林泉)과 누각 및 대사(臺榭) 등이 어우러진 자연적인 궁원(宮苑)을 형성하고 있다.

돈화문(敦化門)은 창덕궁의 정문으로 광해(光海) 1년(1609)에 재건된 것으로, 남면하여 넓은 돌계단이 있는 장대석으로 만든 기단(基壇) 위에 서 있다. 이 문은 정면 5간(73.9척), 측면 2간(21.1척)의 중층(重層) 우진각 지붕으로 만든 누문(樓門)이다. 공포는 다포식(多包式)으로 상하층 모두 외2출목, 내3출목이고, 외부는 쇠서로 된 2개의 제공과 그 위에 익공(翼工)과 운공(雲工)의 옛 모습을 가진 형상으로 초각(草刻)되어 있어, 삼분두형(三分頭形)으로 된 한대(限大)가 익공으로 발전되기 시작하는 형상을 나타내고 있다. 내부는 교두형(翹頭形)으로 된 제공 위에 파련초각(波蓮草刻)을 하여 보아지를 만들어서 보를 받도록 하였다.

아래층의 천장은 대량(大梁)의 측면에 붙여서 우물천장을 만들었으며, 위층은 연등천장으로 하여 지붕 밑 가구가 노출되어 있다. 공포 사이의 포벽(包壁)은 없으며, 가구(架構)가 견실하고 위층에서는 중고주(中高柱)를 생략하여 위층 공간을 넓게 만든 것이 특이하다. 조선왕조 중기의 궁궐누문(宮闕樓門) 건축을 대표하는 건물이며, 전체적으로 옆으로 퍼진 감이 없지 않으나, 단아(端雅)하고 정온(靜穩)한 외관을 갖고 있다.

(2) 인 정 전

인정전(仁政殿)은 정면 5간(81.5척), 측면 4간(61.2척)의 중층(重層) 팔작지붕으로 된 창덕궁(昌德宮)의 정전(正殿)이다. 공포는 다포식(多包式)이며, 아

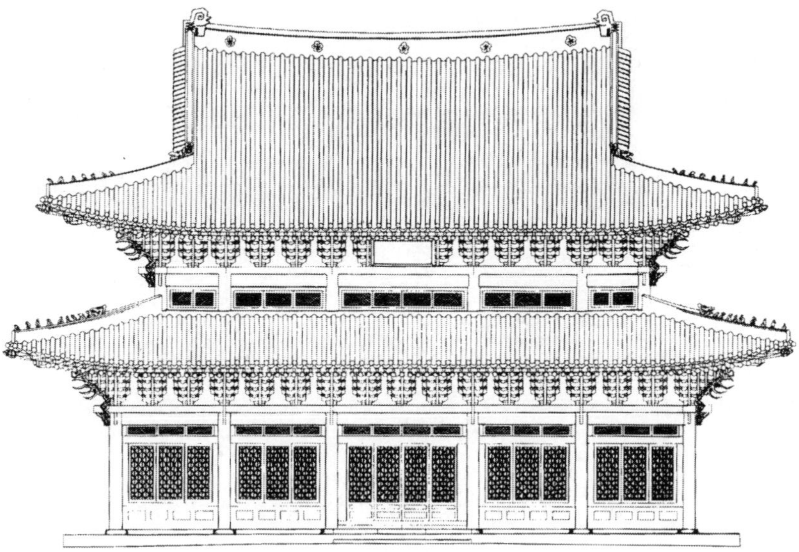

그림 175.
인정전 입면도

래 위층 모두 외3출목, 내4출목이고, 기둥상부에 안초공(按草工)을 사용하였다. 첨차는 외부가 비교적 세장(細長)한 모양의 쇠서를 가진 3제공으로 되고, 기둥상부에서는 그 위에 대량이 놓여서 그 단부(端部)에 외목도리(外目道里)를 받게 되었으며, 주간포작(柱間包作)에서는 3제공(齊工) 위에 익공(翼工) 및 운공(雲工)이 놓여 있다. 내부는 모두 운공을 만들었으며, 살미첨차는 모두 중

그림 176.
인정전 단면도

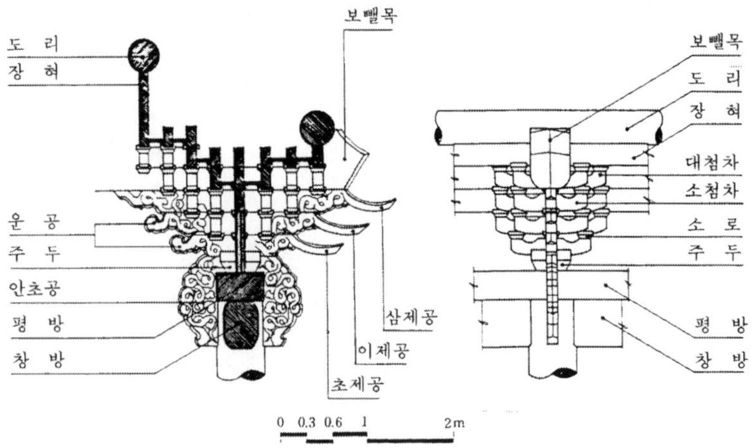

그림 177.
인정전 공포도

첩되어 한 몸이 되고, 그 양면에는 모두 파련초각(波蓮草刻)을 하였다. 가구(架構)는 근정전(勤政殿)과 같이 평주(平柱)와 고주(高柱) 사이에 툇간(退間)을 사방에 둘렀으며, 고주는 상층으로 연장되어 대량을 받고 있다.

중앙고주 사이에는 매우 광대한 공간을 만들어서 장엄한 부위기를 형성하였으며, 고주간 주변을 연결하는 하층 보의 하면과 양측 고주 몸에 걸쳐 고주 사이에 돌아가면서 유음초엽(流音草葉)을 만들었다. 건물내부 중앙 뒤쪽의 고주 사이에는 섬려정교(纖麗精巧)하게 장식된 보개(寶蓋)가 높이 가설되었으며, 이 보개(寶蓋)천장에는 쌍봉(雙鳳)과 보주(寶珠) 및 운문(雲文)이 새겨져 있고, 그 밑에는 나지막한 평상(平床) 위에 용상(龍床)이 놓여 있다. 건물내외에는 매우 화려한 단청(丹靑)을 하였으며, 기둥에는 석간 주색과 보와 공포들은 녹청(綠靑)을 사용하여, 색채가 조화를 이루어 온정(穩靜)하고 아담한 분위기를 만들었다. 이 건물은 조선왕조 후기 초의 건축수법을 대표하는 것으로 생각된다.

(3) 선정전 및 내전

선정전(宣政殿)은 편전(便殿)으로 사용되었던 것으로 인조(仁祖) 26년(1648)에 재건된 것이다. 정면 3간(42.2척), 측면 3간(32.43척)의 단층 팔작지붕으로 만든 건물로서, 평면과 가구(架構)의 구성이 명정전(明政殿)과 흡사한 점이 있다. 공포는 다포식으로 외3출목, 내4출목이며, 외부는 쇠서로 된 3제공과 단부(端部)가 초각(草刻)되지 않은 삼분두형(三分頭形)으로 된 한대(限大)가 있고, 그 위에 운공(雲工)이 도리받침 장혀와 짜여져서 도리를 받고 있다. 내부에서 3제공은 그 단부가 교두형(翹頭形)으로 되고, 그 위의 부분은 파련초각을 하였다. 2개의 고주(高柱)는 전면 중앙에만 놓이고, 전내(殿內) 중앙 후부에는 간략된 보개(寶蓋)가 가설(架設)되어 있다. 이 건물은 가구가 견실하고 내부장식이 번다(繁多)하지 않으며, 질박(質朴)한 감을 주고, 조선왕조 중기수법을 나타내는 건축이다.

창덕궁의 내전(內殿)인 대조전(大造殿)과 희정당(熙政堂)은 1917년에 화재를 입어 1920년에 경복궁의 내전을 이 곳에 이건(移建)한 것이다. 침전(寢殿)이었던 대조전(大造殿)은 석조기단(石造基壇) 위에 정면 9간(88.9척), 측면 4간(38.7척)의 단층 팔작지붕을 가진 2익공(翼工) 집으로, 그 앞에 있는 동서로 긴 중정(中庭)을 끼고 좌우에 익사(翼舍)가 있고 낭사(廊舍)가 둘려 있다. 건물 중앙의 3간 전면에는 기단(基壇)이 돌출되어서 넓게 되었으며, 중앙에 돌계단이 있다. 외평주(外平柱)는 각주(角柱), 내고주(內高柱)는 원형기둥을 사용하고, 내고주 상단에는 팔각형의 주두(柱頭)가 놓여 있는 것이 특이하다. 중앙의 3간은 대청이 되고, 전면의 툇간(退間)은 개방하였으며, 양측 2간은 거실로 사용되었고, 주위의 툇간은 다락 혹은 복도로 사용되었다.

주건물 전면과 익사(翼舍)의 주위에는 아자난간을 둘려서 전체 외관구성에 묘를 얻었다고 생각되며, 대청과 거실은 우물천장이 되어 내장(內裝)이 매우 화려하고, 지붕은 용마루 모양이 없이 기왓골이 그대로 넘어가도록 만들어서 매우 특이하며, 이 방법은 침전(寢殿)의 표지(標識)방법으로 사용된 것으로 추측된다. 그러나 합각(合閣) 마루, 추녀마루에는 다른 건물들과 같이 용두(龍頭)와 잡상(雜像)을 놓았다.

대조전(大造殿) 후면에는 작은 후정(後庭)이 있으며, 매우 아름답고 변화있는 석조단형(石造段形) 정원을 구성하여 놓았고, 그 위의 담에는 창덕궁 후원(後苑)으로 통하는 작은 문이 있다. 대조전 서쪽에는 경훈각(景薰閣)과 융경헌(隆慶軒)이 각각 중정을 끼고 연결되어 있다.

왕이 평상시에 정무(政務)를 수행하던 희정당(熙政堂)은 대조전 전면에 동일한 높이를 가진 석조기단(石造基壇) 위에 서 있으며, 정면 9간, 측면 3간의 단층 팔작지붕으로 된 2익공 집이다. 건물의 구조 및 수법은 대조전과 대동소이하며, 이 건물의 중앙 3간은 대청으로 내부장식은 장엄하고 화려하다. 동서벽에는 아름다운 벽화가 있고, 화려한 단청(丹靑)을 하였다.

(4) 낙선재 및 승화루

낙선재(樂善齋)의 장락문(長樂門)을 들어서면 아름다운 중정(中庭)이 있으며, 맞은편에 건물 서쪽이 앞으로 돌출되어 있는 정면 6간, 측면 2간의 단층 팔작지붕으로 된 낙선재가 남면하여 서 있다. 그 서쪽 돌출부는 밑에 돌기둥을 세워서 높은 누(樓)마루를 만들고, 하부는 온돌의 아궁이를 만들었으며, 민흘림을 가진 각주에는 주련(柱聯)을 달고, 주두 위에 보를 걸고 굴도리를 돌렸다. 창방과 도리받침 장혀 사이에는 소로를 끼고 창방 머리는 초각(草刻)을 하였다. 중앙의 3간은 대청(大廳)을 만들고, 앞뒤에 툇마루를 두었으며, 문비(門扉) 및 광창(光窓)들은 아름답고 특이한 형상의 문살을 사용하여 풍만하고 변화있는 묘를 나타내고 있다. 특히, 온돌방의 장지문은 특수한 운치 있는 문살을 고안하여 사용하였으며, 방한을 고려하여 덧문, 장지문, 갑문의 3중으로 만들어져 있다.

건물후면의 툇마루에는 아름다운 난간을 둘렀으며, 낙선재 후원(後園)은 지형을 따라서 석축단형(石築段形)으로 정원을 형성하여 기석(奇石)을 놓고 화초를 심었다. 뒷문을 나서면 그 위에 2층 누각으로 된 상량정(上凉亭)이 있다. 낙선재는 단청칠을 하지 않았으며, 자유로운 평면계획과 정교한 수법, 변화 있는 장식 디자인, 아름다운 정원구성 등으로 뛰어나게 훌륭한 건축미를 갖고 있어서 궁전 안의 주거건축을 대표하는 건물이다.

승화루(承華樓)는 창덕궁(昌德宮) 내에서 가장 기이한 모습을 가진 누각건축(樓閣建築)으로, 낙선재 서북방에 인접하여 있으며, 평면과 구조가 매우 자유롭고 변화가 많은 구성을 갖고 있다. 그 입구는 서향을 하였으며, 맞배지붕을 정면으로 하여서 폭 1간, 길이 2간의 개방된 공간으로 되어 있고, 입구에서 남쪽으로 꺾여서 길이 4간의 나지막한 단랑(單廊)이 있으며, 그 끝에는 균형이 잘 잡힌 수려(秀麗)한 외관(外觀)을 가진 6각루가 서 있다. 여기서 동남향으로 뻗친 길이 3간의 단랑(單廊)을 지나면, 정면 3간, 측면 1간의 서남면한 승화루에 이르게 되어 있다.

승화루 건물 4면에는 난간을 둘렀으며, 이 난간은 단랑을 거쳐서 6각루(角樓) 주위를 싸고돌았다. 6각루는 석조기단(石造基壇) 위의 귀갑형(龜甲形) 문양으로 정교하게 쌓은 전축벽(塼築壁) 위에 건립되었으며, 장방형 평면의 승화루(承華樓)는 석조기단 위의 돌기둥을 놓고 그 위에 세웠고, 6각루와 함께 2익공집으로 주간(柱間)에는 화반(花盤)을 두었다. 주간에는 돌아가면서 아름다운 문살을 가진 4분합문(四分閤門)을 돌렸으며, 변화 많고 아름다운 난간살을 사용하였다. 이 건물은 규모는 비록 작으나 지형의 고저(高低)를 교묘하게 활용하여, 불규칙한 평면형상을 갖게 몇 개의 건물을 자유롭게 연결해서 건축한 것으로, 디자인이 경쾌하고 풍요하다. 장식이 아름답고 다양하여서 전체적으로 변화와 조화의 묘를 얻어 무한한 흥취를 불러일으키는 건물이라고 생각된다.

3. 창경궁 및 덕수궁

(1) 창 경 궁

창경궁(昌慶宮)은 성종(成宗) 14년(1483)에 창건되었으나, 임진왜란(壬辰倭亂)으로 소실되었다가 광해(光海) 8년(1616)에 명정전(明政殿) 일곽이 재건되었다. 창경궁의 궁궐배치는 창덕궁 동쪽에 위치하며, 정전(正殿)이 동향을 한 궁궐로서 특유한 예이다. 동면을 한 궁담(宮墻) 정면중앙은 약간 들어가 있으

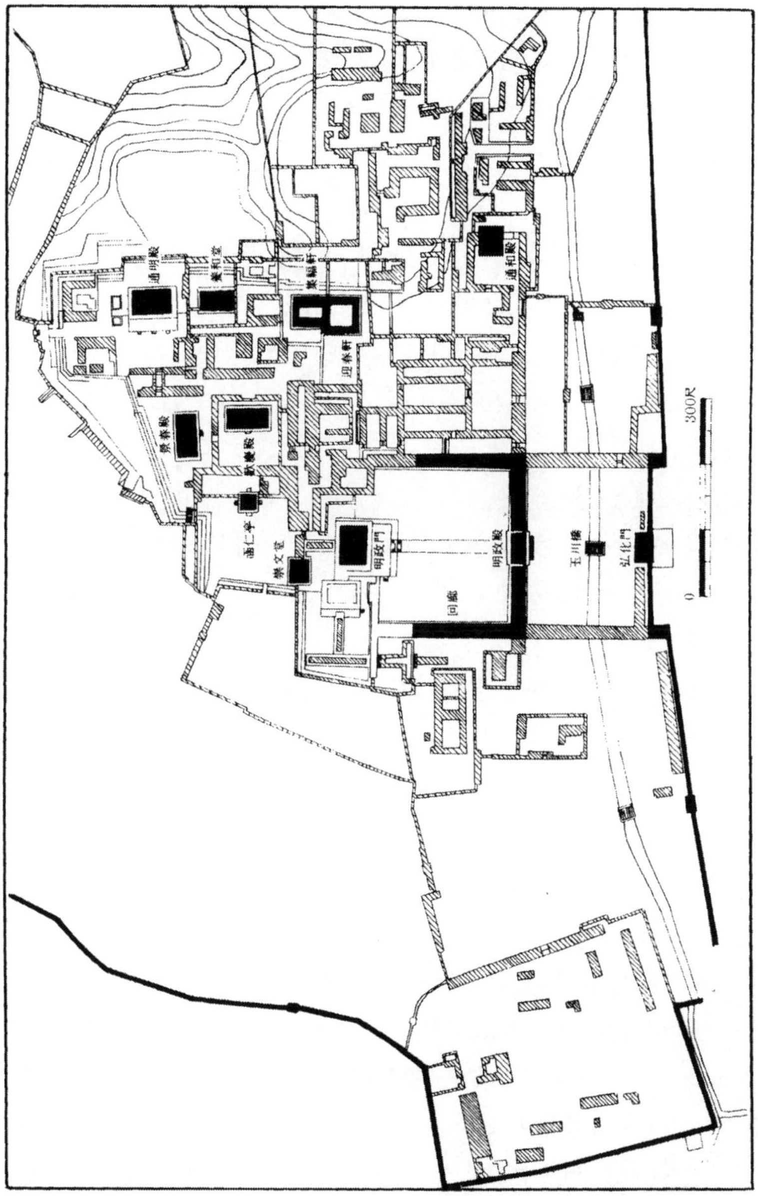

그림 178.
창경궁 배치도

며, 그 중앙에 정문인 홍화문(弘化門)이 있다. 이 문을 들어서면 회랑(廻廊)으로 둘러싸였던 전정(前庭)이 있고 금천(禁川)이 북에서 남쪽으로 흐르고, 중앙에 옥천교(玉川橋)가 놓여있으며, 그 서쪽에 명정문(明政門)이 서 있다. 명정문 내에는 회랑으로 둘려 있는 광활한 중정(中庭)이 있으며, 그 중앙 뒤쪽에 있는 2층 기단 위에 정전인 명정전이 동향으로 서 있다.

정전(正殿)을 중심으로 한 일곽의 건물은 동서주축(東西主軸)을 중심으로 좌우대칭으로 배치되어 있으나, 그 밖의 대부분의 건물들은 이 주축(主軸)과는 관계없는 비대칭의 배치를 갖고 있음은 다른 궁들의 배치와 같다. 명정전 뒤 남쪽에는 문정전(文政殿)이 있었다고 하며, 명정전 뒤 서남쪽에는 숭문전(崇文殿)이 있고, 서북쪽과 서쪽에는 수많은 전각(殿閣)건물들이 연이어 자리를 잡고 있었으나, 일제 때에 동물원으로 개조되어서 모두 철거되고, 통명전(通明殿), 양화당(養和堂), 환경전(歡慶殿), 경춘전(慶春殿) 등의 몇몇 건물만이 남아 있다.

홍화문(弘化門)은 광해군 8년(1616)에 명정전(明政殿)과 같이 재건된 것으로 추측되며, 정면 3간(44.2척), 측면 2간(21.8척)의 중층(重層) 우진각 지붕의 건물로서, 원래는 석조 기단(基壇) 위에 서 있던 것으로 원형기둥에 초시적(初始的)인 형상의 안초공(按草工)을 두었음이 특이하다. 공포는 다포식, 아래 위층 모두 외2출목, 내3출목으로 되어 짜임새는 명정전과 흡사하나 외부 쇠서로 된 2제공 상부의 한대가 초각(草刻)이 되지 않고 삼분두형(三分頭形)으로 되었으며, 그 위에 운공(雲工)이 있다. 가구방식(架構方式)은 돈화문(敦化門)과 대동소이하나 중앙에 고주(高柱)가 모두 상층까지 연장되어 있는 것이 다르다.

명정문(明政門)은 정면 3간(43.0척), 측면 2간(20.20척)의 단층 팔작지붕으로 되어 있으며, 원형기둥 위에는 초시적(初始的) 형상의 안초공(按草工)이 있고, 외2출목, 내3출목이며 홍화문(弘化門)과 수법이 같으나, 주두(柱頭) 위에 놓인 첫 번째 첨차는 쇠서를 만들지 않고 쇠서를 가진 제공(齊工)을 하나만 둔 것이 특이하다. 천장은 양측 합각(合閣) 머리 밑에 복잡한 내부구조 부분을 감추기 위하여 일부분 우물 편천장(片天障)을 하고, 다른 부분은 연등천장으로 만들었으며, 중기의 궁궐중문으로 대표적인 예이다.

명정전(明政殿)은 2층 석조기단 위에 선 정면 5간(60.4척), 측면 3간(32.28척)의 단층 팔작집으로, 후면에는 추가하여 만든 것으로 보이는 개방된 툇간(退間)이 있어서 특이하다. 2층 기단은 지세(地勢)에 따라서 3면에 석축(石築)을 하여 동면중앙(東面中央)에 쌍봉(雙鳳)을 부조한 답도(踏道)를 두고, 좌우

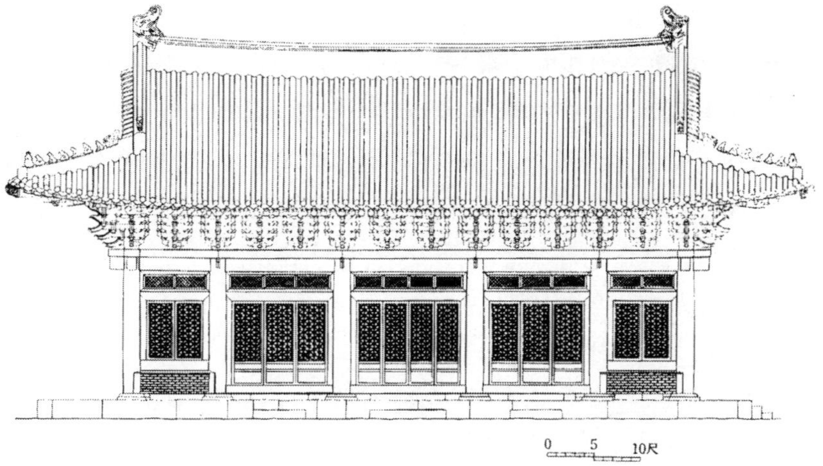

그림 179.
명정전 입면도

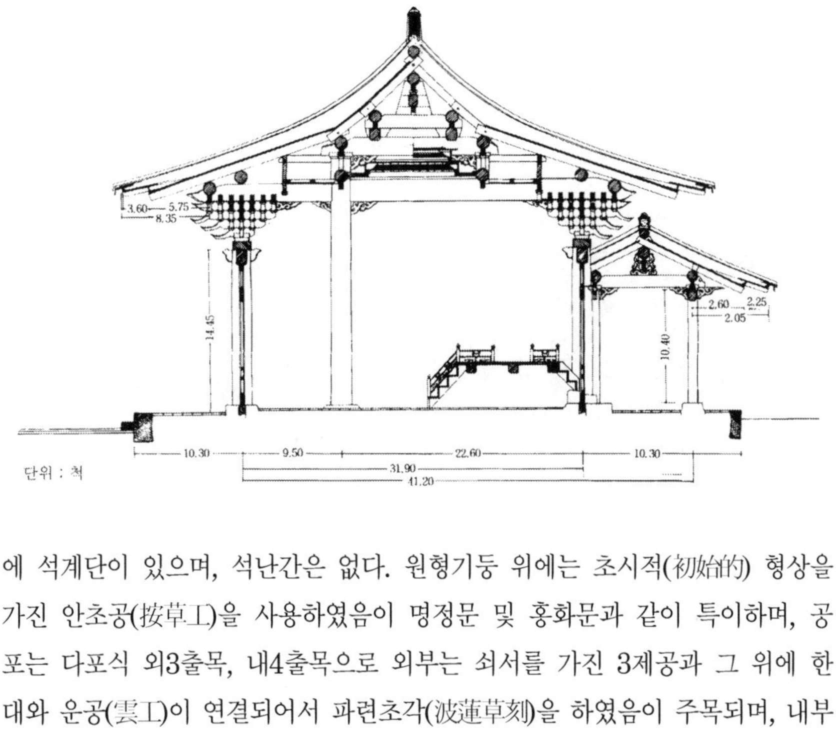

그림 180.
명정전 단면도

에 석계단이 있으며, 석난간은 없다. 원형기둥 위에는 초시적(初始的) 형상을 가진 안초공(按草工)을 사용하였음이 명정문 및 홍화문과 같이 특이하며, 공포는 다포식 외3출목, 내4출목으로 외부는 쇠서를 가진 3제공과 그 위에 한대와 운공(雲工)이 연결되어서 파련초각(波蓮草刻)을 하였음이 주목되며, 내부는 3제공 내단이 교두형으로 되고, 그 위는 운공으로 만들었다.

구조는 선정전(宣政殿)과 같은 수법으로 4개의 내고주(內高柱)가 전면에만 일렬로 배치되어서 툇간(退間)이 전면에만 있으며, 지붕의 구조는 비교적 복잡하여, 대량(大梁) 윗몸에 우물천장을 가설하였다. 문비(門扉) 및 광창(光窓)의 구성 등은 매우 견실하며, 외부 단청(丹靑) 채색은 오랜 시일 동안 박락(剝落)이 심하여 희미하나, 내부는 비교적 상태가 좋아서 천개(天蓋)의 봉황(鳳凰) 등 무늬와 색채가 옛 모습을 남기고 있다. 이 정전(正殿)은 비교적 보존이 잘 되어서 다른 궁전 재건시에 모본(模本)이 되었던 것으로 생각된다. 전체적인 구성이 정제(整齊)하며 구조 및 의장(意匠)이 견실하게 표현되어서, 매우 훌륭한 건축으로 조선왕조 중기의 궁궐건축을 대표하고 있다.

통명전(通明殿)은 창경궁(昌慶宮)의 내전(內殿)으로 순조(純祖) 34년(1834)에 재건된 것으로, 1층의 석조기단 위에 남면을 하고 서 있다. 정면 7간(71.2척), 측면 4간(36.7척)의 단층 팔작지붕으로 된 2익공집으로, 주간(柱間)에는 장화반(長花盤)을 두었다. 바닥 전부에 우물마루를 놓았으며, 전후면의 중앙 3간은 툇간(退間) 부분을 개방하였고, 그 밖의 주간에는 4분합광창(分閤光窓)과 문비(門扉)를 달았다. 내정 서측에는 석연지(石蓮池)를 교묘하게 만들어서 인공을 가한 특수한 형상의 정원을 만들었다.

(2) 덕 수 궁

덕수궁(德壽宮)은 원래 세조(世祖)의 큰 왕자 월산대군(月山大君)의 저택이었던 것을 임진왜란(壬辰倭亂) 직후 선조(宣祖)가 행궁(行宮)으로 사용하였다. 광해(光海) 3년에는 경운궁(慶運宮)이라 칭하였고, 고종(高宗) 말에 궁궐로 사용되어서 고종이 양위한 후 사용한 수궁(壽宮)이므로 덕수궁(德壽宮)이라 칭하게 되었다.

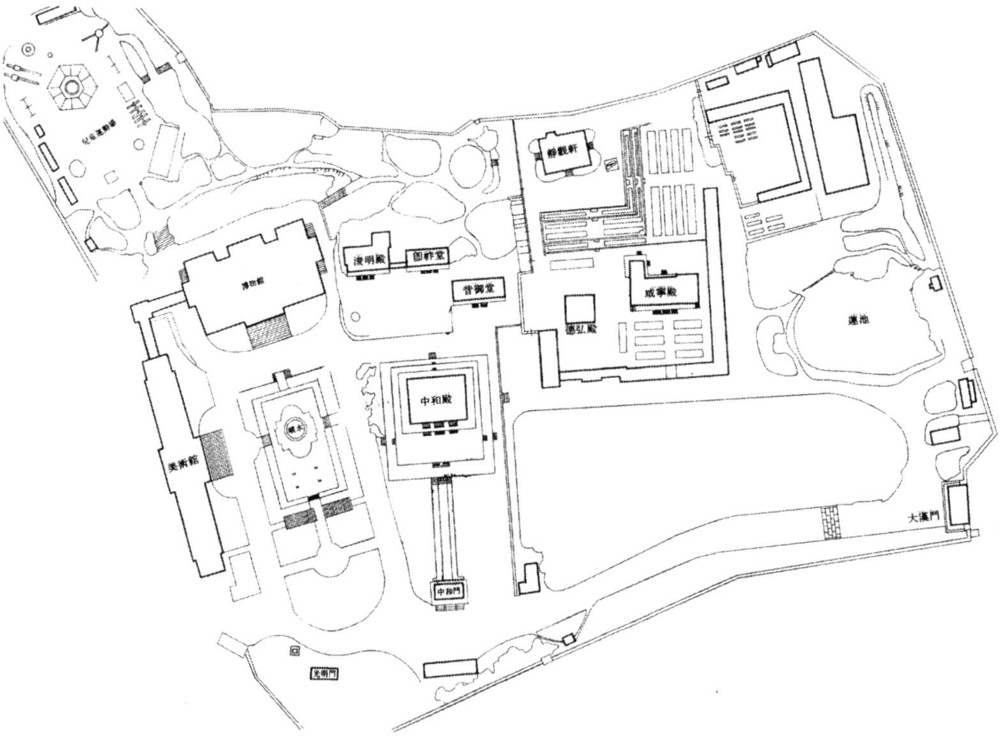

그림 181. 덕수궁 배치도

정전(正殿)인 중화전(中和殿)과 중화문(中和門)은 광무(光武) 6년(1902)에 건립되었다. 중화전은 광무 8년에 화재를 입은 다음, 광무 10년(1906)에 재건되었다. 석어당(昔御堂)은 선조가 거처하였던 곳이며, 즉조당(卽祚堂)은 인조(仁祖)가 즉위한 곳이나 광무 8년에 화재를 입고 그 해에 재건되었다. 특히, 덕수궁은 조선왕조 말에 최초로 서양식 건물을 건축한 궁궐이며, 근대서구의 고전주의파 건축양식을 따른 전박물관(前博物館)과 전미술관의 두 건물은 궁내 서쪽 일곽에 자리 잡고 있어서 이채를 띠고 있다.

중화전(中和殿)은 정면 5간(61.4척), 측면 4간(58.0척)의 단층 팔작집으로 2층 석조기단(石造基壇) 위에 서 있다. 기단(基壇) 중앙에는 쌍봉(雙鳳)을 부각(浮刻)한 답도(踏道)가 있고, 좌우에 석계단이 놓여 있으며, 그 측석(側石) 끝에는 수두형(獸頭形)을 조각하였다. 원형기둥 위에는 안초공(按草工)을 두었고, 공포는 다포식(多包式) 외3출목, 내4출목으로서 외부는 앙서(仰舌)로 된 3제공(齊工) 위에 익공과 운공(雲工)을 두었으며, 내부는 모두 운공을 만들었고, 살미첨차 양 측면에는 모두 파련초각(波蓮草刻)을 하여 후기 말경의 세부 특징을 잘 나타내고 있다.

내부고주(內部高柱) 위에는 2익공식과 같이 주두(柱頭)를 겹쳐서 놓았으며, 퇴량(退梁) 밑에 공간을 두고 창방재(昌枋材)를 하나 더 넣어서 짜돌린 것이 특이하다. 고주간(高柱間)의 주변을 연결하는 하층량(下層梁)의 하단에는, 유음초엽(流音草葉)을 돌아가며 돌렸으며, 고주간의 위층의 천장 주변에는 익공식(翼工式) 수법을 따라서 보아지 형식으로 된 장식을 돌아가며 나열하였다. 중앙후면의 고주간에는 정교한 고단(高壇)의 보좌(寶座)를 만들고, 그 위에는 화려한 보개(寶蓋)를 만들었으며, 모든 건축수법이 근정전(勤政殿)과 흡사하다. 외평주(外平柱) 사이에 둘려 있는 문비(門扉) 및 광창(光窓)에는 아름다운

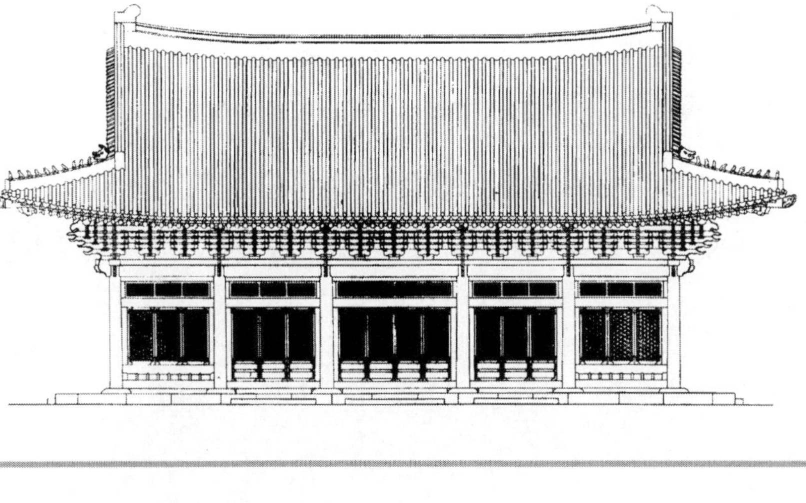

그림 182.
중화전 입면도

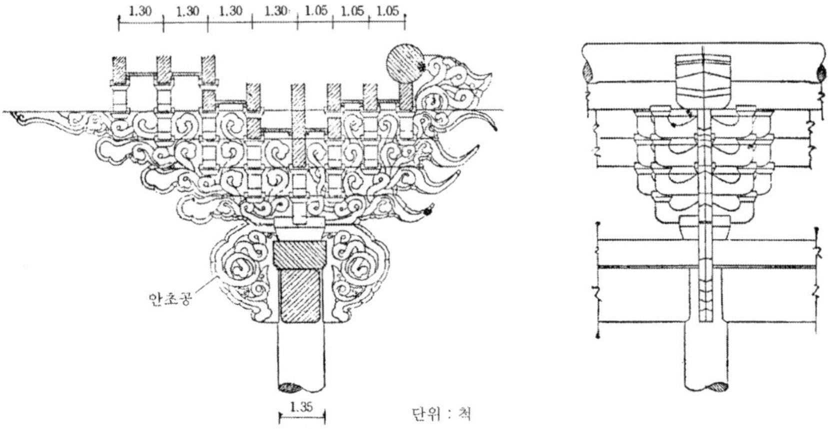

그림 183.
중화전 공포도

꽃살문을 만들었으며, 장중한 지붕의 모양과 아울러서 전체적으로 장관을 이루고 있다.

석어당(昔御堂)은 정면 8간(65.5척), 측면 3간(23.3척)의 2층 팔작지붕의 건물이며, 장대석(長大石)으로 된 기단(基壇) 위에 서 있고, 각주(角柱)를 사용하였다. 아래층은 평주(平柱) 위에 주두(柱頭)를 놓고 익공머리를 생략한 초익공(初翼工)을 만들고, 굴도리를 사용하였으며, 위층은 납도리를 사용하였다. 전면 중앙의 2간의 퇴량(退梁)을 개방하였고, 문비(門扉) 및 광창(光窓)은 격자문(格子文) 살을 사용하여 간결하며, 후면 툇마루에는 아자교란(亞字交欄)을 만들었다. 궁궐건물 중 정전(正殿) 이외의 건물로는 유일한 2층 건축물로서 비교적 소박한 외관(外觀)을 갖고 있으며, 후기 말경에 서울 중심상가인 운종가(雲從街)에 있었던 2층 상가건물들은 이와 흡사한 것이었을 것으로 생각된다.

4. 와당 및 전

궁궐과 불사 등 주요건물에 사용된 조선왕조시대의 와당 및 전(塼)은 대체적으로 고려시대의 수법을 계승하여 사용되었으나, 그 제조법이 조잡해지고, 와당문양(瓦當文樣)도 퇴화되어서 우수한 예가 많지 않다. 암막새 기와는 일반적으로 반월형(半月形), 다릉(多稜) 반월형 또는 첨반월형(尖半月形)이 사용되었으며, 수막새는 원형이 주로 사용되었으나, 후기에는 하단이 좁혀져서 난형(卵形)으로 된 수자문(壽字文)을 넣은 것이 사용되었다.

와당 문양에는 용, 봉황, 간략화 된 귀면(鬼面), 범자문(梵字文), 수(壽) 자문, 당초문(唐草文), 초화문(草花文) 등 여러 가지가 사용되었는데, 그 문양형상이 조선 자기의 철사자기(鐵砂磁器)에 나타나는 괴상한 추상초문(抽象草文)과 상통하는 점을 느낄 수 있다. 이러한 문양와(文樣瓦) 이외에 건립연대와 시주(施主) 및 승려명(僧侶名) 등을 나타낸 유명와(有銘瓦)도 있다. 지붕 용마루와 합각(合閣) 내림새 및 추녀 내림새에는 취두(鷲頭), 용두(龍頭), 잡상(雜像)들이 사용되었으며, 그 형상이 정교하지 않으나 오히려 해학적인 아취(雅趣)를 느끼게 한다.

부석사(浮石寺)에서 발견된 남와당(男瓦當) 중에서 8엽 연화문을 중앙에 두고, 주위에 주문(珠文)을 배치하여서, 그 문양형식이 비교적 간단하고 웅건한 멋을 갖고 있는 것은 초기의 것으로 추측된다. 또, 강희(康熙) 48년(1709)의 기명(記銘) 여와당(女瓦當)도 같이 사용되었고, 범자(梵字)를 넣은 남와당(男瓦當)도 발견되었으며, 같은 부석사에서 발견된 귀면(鬼面) 남와당은 간략화된 문양을 갖고 해학적인 멋을 느끼게 한다. 서울 창덕궁에 사용된 후기의 남와당은 위가 넓고 아래가 좁은 난형(卵形)으로 되었으며, 주위에 두꺼운 연변(緣邊)을 돌리고, 그 중앙에 간략화 된 수(壽) 및 희(囍)의 문자문양이 들어 있다.

여와당으로는 경복궁 안에서 발견된 당초와(唐草瓦)로서 다릉(多稜) 반월형으로 되어서, 그 속에는 용문(龍文)을 부각(浮刻)한 것으로 매우 우수하며, 초기의 와당(瓦當)으로 추측되고 있다. 강화도 내에서 발견된 여와당에는 반월형(半月形)으로 되어 주위에 두꺼운 연변을 돌리고, 내부에 간단한 당초문(唐草文)을 가진 예가 있으며, 문양이 특이한 것이다. 부석사(浮石寺) 불전에 사용된 것으로 천계(天啓) 4년(1624), 순치(順治) 12년(1655), 강희(康熙) 48년의 유명문와(有銘文瓦)가 있다.

조선왕조에 들어와서 전(塼)은 궁궐과 저택의 화문담(花文墻)에 많이 사용되었으며, 화문담에는 대개 반전(半塼)을 썼고, 무늬를 만들기 위하여 특별한 꽃잎형, 기타 여러 형상을 고안하여 사용하였다. 서울의 경복궁과 창덕궁에는 영롱담(玲瓏墻), 십장생도문담(十長生圖文墻), 서수문담(瑞獸文墻), 기금거수문담(奇禽巨樹文墻), 아자문(亞字文), 만자문(萬字文) 등 각종 문양의 화문담(花文墻)이 사용되어 매우 아름답고 운치가 있으며, 이와 같은 수법은 지붕의 합각벽(合閣壁)에도 활용되었다. 전을 대대적으로 사용한 것은 수원성(水原城)으로서 화성성역(華城城役) 때에는 명(明)의 숭정(崇禎) 10년(1637)에 송응성(宋應星)이 저술한 기술서인 천공개물(天工開物) 제7권 도토정(陶土정)을 참고하여, 와전(瓦塼)을 만드는 가마를 개량하고 대량생산을 하도록 하였다. 화성성역 의궤(儀軌)에는 그 방식이 자세히 기록되어 있고, 임원십육지(林園十六志 : 徐有渠 著) 등에도 와전을 만드는 법이 기록되었다.

제20장 조선왕조 목조건축 형식

1. 다 포 식

(1) 건축양식 특성

고려 후기부터 사용된 다포식(多包式) 건축은 주심포식(柱心包式)에 비하여 그 외형이 정비되고 장중한 외관을 갖고 있으므로, 조선왕조 초기에는 주요 건축물 조영(造營)에 이 건축형식이 주로 많이 사용되었다. 태조(太祖)를 위시하여 태종(太宗), 세종(世宗) 등 조선 역대 왕들에 의하여 만들어진 궁궐, 성곽건축(城廓建築), 불사건축, 문묘(文廟) 등의 건물 중에서 중요한 건물에는 다포식이 사용되었다.

조선왕조시대의 다포식 건축형식은 초기에서부터 한국 고유의 독자적인 발전을 하기 시작하였으며, 중기에 이르러서는 그 수법이 중국의 명(明)·청(淸) 시대의 건축과는 상당히 차이가 나게 되었고, 후기에는 건축의 형식미와 그 조형(造形)의 다양화를 지향하여 발전하게 되어, 한국 고유의 독특한 형식을 이루게 되었다. 이 고유한 특색은 공포 부분에 많이 나타나게 되며, 그 외형의 정제화(整齊化), 세부수법의 조형 의장적인 발전 및 장식의 다양화 등에서 찾아볼 수 있다.

조선왕조시대 다포식 건축형식의 세부수법 특징과 시기적인 변천사항을 비교하여 보면 다음과 같다. 일반적으로 원형기둥이 사용되었으며, 주심포식보다는 덜 현저한 배흘림을 가졌다. 그러나 중기 이후부터는 민흘림을 가진 기둥 또는 원통형의 기둥 들이 사용되기도 하였다. 주두(柱頭)와 소로의 굽은 곡면이 아니고 사면(斜面)으로 형성되었으며, 굽 받침이 없는 것이 고려시대의 주심포 제2형식과 다른 점이다. 일반적으로 조선시대의 다포식의 주두(柱頭)는 주심포보다 높이가 더 높다. 이것은 밑에서 올려다보았을 때, 적당한 크기로 보이게 하기 위한 시각적인 배려에 의한 것으로 생각된다. 소로는

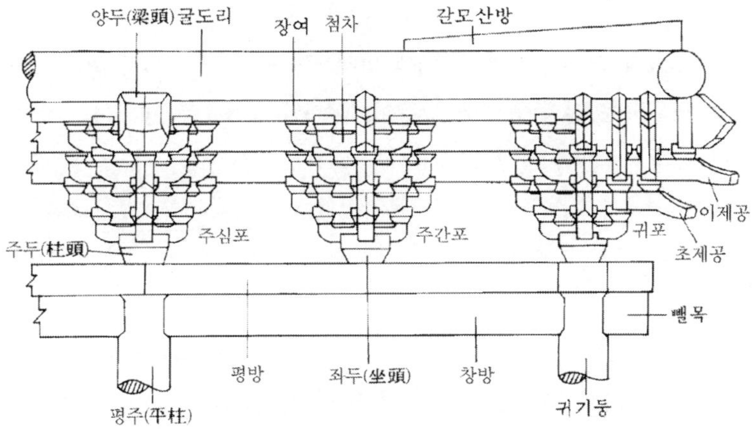

그림 184.
다포식 공포도

첨차 중심에 놓이는 것과 양단에 놓이는 것에 따라 크기에 차이를 두지 않고 같은 것을 사용하였다.

중기부터는 기둥상부 주두 밑에 안초공(按草工)을 두는 수법이 사용되기 시작하였으며, 그 초시적(初始的)인 형태를 명정전(明政殿), 명정문(明政門), 홍화문(弘化門)에서 볼 수 있다. 후기에 이르러서는 이것이 형식화되어 일반적으로 사용되었으며, 이와 같은 세부수법은 한국 건축에서만 사용된 것이다.

다포식은 창방(昌枋) 위에 평방(平枋)을 두고 주간포작(柱間包作)을 갖고 있는 것이 특징이며, 공포의 출목수(出目數)는 보통 2출목이 많이 사용되었으나, 규모가 작은 것은 1출목, 규모가 큰 것은 3출목과 4출목 등이 사용되었다. 중

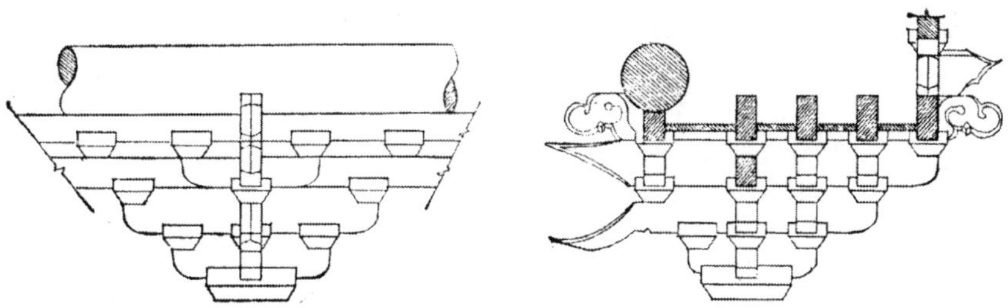

그림 185.
창경궁 명정문 공포도

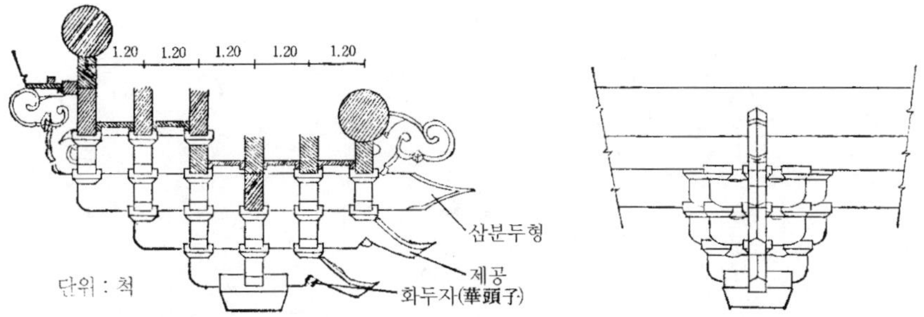

그림 186.
창경궁 홍화문 공포도

기에서부터는 일반적으로 내부의 출목수가 외부보다 많아지게 되었다. 이러한 수법은 장연(長椽)의 구배(勾配)에 의해서 중도리(中道裡)의 위치가 높아짐에 따라 내부 중도리의 높이에 맞추어, 내부의 출목수를 증가하는 방법이다. 이 방법은 내부공간에 장식적인 효과를 더하므로, 내부의 아름다운 분위기를 얻기 위한 조형의장적인 배려가 주목적이었다고 생각된다.

주간포작은 주간(柱間)에 1구(具) 내지 3구(具)가 놓이게 되며, 주간이 넓은데도 불구하고 주간포작을 1구만 배치한 석왕사(釋王寺) 응진전(應眞殿)과 같은 예는 초시적인 형식이라 생각된다. 시대가 경과함에 따라서 점차로 주간포작의 수가 많아지게 되었으며, 특히 중앙 어간(御間)이 넓은 곳에는 주간포작을 1구 더 많이 두는 것이 일반적인 수법으로 되어 있어서 짜임새 있고, 정형화(整形化)된 외관(外觀)을 형성하게 되었다. 후기에 만들어진 경복궁(景福宮) 근정전(勤政殿)은 주간에 4구의 포작(包作)을 배열하여서 매우 장엄한 외관을 형성하였다.

제공첨차의 외부 쇠서(牛舌) 형상은 초기의 것이 직선에 가까운 형상을 가지고 있어서 매우 힘찬 느낌을 주나, 중기에는 약간 곡선으로 형성되어서 보기 좋은 외형을 갖게 되었다. 후기 말에 와서는 앙서(仰舌) 형상을 이루어, 장식적인 면이 강조되어서 화려하고 섬세한 외형을 이루게 되었다. 초기에는 주두(柱頭) 바로 위에 놓이는 첨차는 외부를 교두형(翹頭形)으로 만들고, 2출목부터 쇠서가 되어서 하앙(下昻) 형식이 퇴화된 수법을 나타내는 것이었으나, 점차로 최하부의 첨차부터 시작하여 외부에 모두 쇠서를 두게 되었으며, 중기에는 이 수법이 일반적으로 사용되었다. 중기에는 첨차 쇠서형상이 뻗쳐 나오

그림 187.
창경궁 명전전 공포도

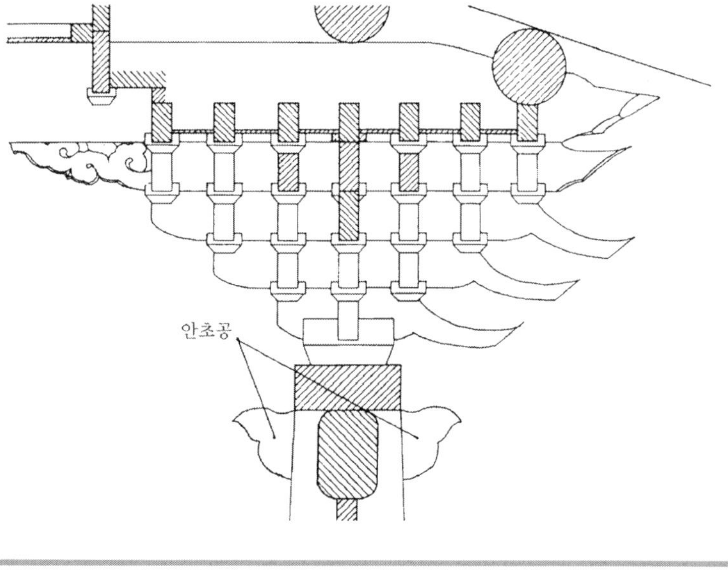

기 시작하는 곳의 밑면에 화두자(華頭子 : 薄刻으로 된 작은 새김질)를 만들었는데, 초기에서는 그 형상이 아직 확연하게 나타나지 않았다.

초기 건축에서는 살미첨차(平枋과 직각방향으로 놓이는 첨차) 위의 한대(限大) 외단을 삼분두형(三分頭形)으로 만들었으나, 중기에는 이것을 길게 뻗쳐 나오게 하여 장식화되는 초시적인 경향이 나타나기 시작하였다(예 : 창경궁 명정전). 중기 말경과 후기에 이르러서는 이것이 보다 더 길게 뻗쳐 나오고, 장식적으로 되어서 익공(翼工)으로 변하게 되었으며, 그 위에 운공(雲工)을 더하여서 외목도리(外目道里)와 짜여지게 만들었다. 외부에 있는 행공첨차에 초각(草刻)을 하는 수법은 주심포식(柱心包式)보다 늦게 나타나게 되며, 일반적으로 통용되지는 않았다.

공포의 내부는 초기건축에서는 살미첨차 단부(端部)를 모두 교두형(翹頭形)으로 만들고, 그 위에 있는 한대머리는 삼부두형으로 만들었는데, 초기 중간경부터 중기건축에서는 한대(限大) 이하 부재(部材)의 내단(內端)을 보아지형으로 만들어서 초각을 하는 경향이 생겼다. 후기에 와서는 살미첨차의 양측면을 한 몸으로 형성하여 파련초각(波蓮草刻)을 하고, 첨차와 한대의 내단을 운형두공(雲形頭工)으로 만들어서 매우 화려하고 장식적인 외관(外觀)을 형성하게 만들었다.

가구(架構)의 방식은 건물규모에 따라서 차이가 있으나, 내고주(內高柱)를 전면에 두는 것과 후면에 두는 것에 따라서 차가 있으며, 외평주(外平柱)에서부터 내고주에다 퇴량(退梁)을 걸고, 내고주는 평주(平柱)보다 높이 하여 2중량(重梁)을 받도록 하는 방식이 일반적으로 사용되었다. 보의 단면은 사각형으로 되어, 그 단면의 밑모서리를 수평선에서 20도 정도 경사지게 모를 깎아 사용하였다. 현재 남아 있는 주요한 조선왕조시대 다포식(多包式) 건축의 실례를 들면 다음과 같다.

(2) 건축물 실례

1) 초기 다포식 건축

조선왕조 초기 다포식 건축 실례에는 다음과 같은 건축물들이 있다. 안동 봉정사(鳳停寺) 대웅전(1392), 안변(安邊) 석왕사(釋王寺) 호지문(護持門, 1392년, 1950년 소실), 개성 남대문(南大門, 1448), 산청 율곡사(栗谷寺, 임진왜란 전 재건, 1679년 중수) 대웅전, 영주 신륵사(神勒寺) 조사당(祖師堂, 1469년 창건이라 전하나 중기수법이 많음), 청양 장곡사(長谷寺) 대웅전(전면은 후기에 개변하였음).

2) 중기 다포식 건축

조선왕조 중기 다포식 건축 실례에는 다음과 같은 건축물들이 있다. 서울 문묘(文廟, 1602년), 서울 창경궁 명정전(明政殿, 1616년), 명정문(明政門) 및 홍화문(弘化門, 1616), 서을 창덕궁 돈화문(敦化門, 1608), 창녕 관용사(觀龍寺) 대웅전(大雄殿 : 1617), 강화 전등사(傳燈寺) 대웅전(1621), 전등사 약사전(藥師殿, 16세기 말), 보은 법주사(法住寺) 팔상전(捌相殿, 1626년), 부여 무량사(無量寺) 극락전(極樂殿, 1679), 청양 장공사(長谷寺) 하대웅전(下大雄殿), 부안 내소사(來蘇寺) 대웅전(1636), 김제 금산사(金山寺) 미륵전(彌勒殿, 1635), 구례 화엄사(華嚴寺) 대웅전(1636), 송광사(松廣寺) 약사전, 영산전(靈山殿, 1639), 양산 통도사(通度寺) 대웅전(大雄殿, 1645), 하동 쌍계사(雙溪寺) 대웅전(大雄殿, 1680), 고창 선운사(禪雲寺) 대웅전(1682), 예천 용문사(龍門寺) 대웅전(大雄殿, 1670년), 동래 범어사(梵魚寺) 대웅전(1680), 구례 화엄사(華嚴寺) 각황전(覺皇殿, 1703), 창녕 관용사(觀龍寺) 대웅전(1712), 부안 개암사(開巖寺) 대웅전(1636~1640), 순천 쌍봉사(雙峯寺) 대웅전(1724), 흥국사(興國寺) 대웅전.

3) 후기 다포식 건축

조선왕조 후기 다포식 건축 실례에는 다음과 같은 건축물들이 있다. 안변 석왕사(釋王寺) 대웅전(1731), 경주 불국사(佛國寺) 극락전(1751), 불국사 대웅전(1765), 합천 해인사(海印寺) 대적광전(大寂光殿, 1769), 수원 팔달문(八達門, 1796), 서울 창덕궁 인정전(仁政殿, 1804), 장수 향교 대성전(鄕校 大成殿), 논산 쌍계사(雙溪寺) 대웅전(1739), 서울 동대문(東大門 : 1869), 서울 경복궁 근정전(勤政殿), 경회루(慶會樓, 1870), 서울 덕수궁 중화전(中和殿, 1906)

2. 절 충 식

조선왕조시대 절충식 건축은 초기에 사용되었으며 다포식(多包式) 건축수법을 주로 하고, 주심포식(柱心包式) 세부수법을 혼합 절충하여 만들어진 건축형식이다. 이와 같은 특성을 가진 선축으로는 평양 숭인전(崇仁殿), 평양 보

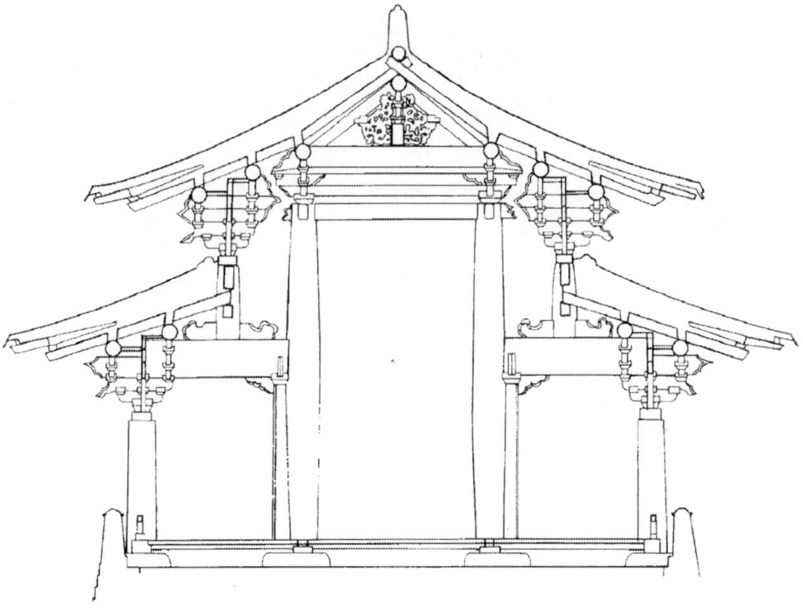

그림 188.
평양 보통문 단면도

통문(普通門), 서산 개심사(開心寺) 대웅전(大雄殿) 등이 있다. 이 건축형식은 다포식과 주심포식의 건축수법을 전반적으로 잘 이해하고, 그 중의 한 가지 수법에 구애되지 않으면서, 공장(工匠)의 조형의사(造形意思)에 따라, 두 가지 종류의 수법을 자유자재로 취사선택하여서 만든 것이다.

평양 숭인전(崇仁殿) 및 보통문(普通門)은 주간포작(柱間包作)을 가졌으며, 다포식과 주심포식의 요소가 각 부분에 혼합되어 사용되었고, 1출목 소로 위에 있어야 할 첨차(簷遮)를 생략한 것이 매우 특이하며 [이와 같은 예는 창경궁 명정문(明政門)과 고창 참당사(讖堂寺) 대웅전에서도 볼 수 있음], 쇠서의 끝 단면을 수평에 가까운 사면(斜面)으로 만든 것이 공통된 특징이다. 보통문은 쇠서의 형상이 매우 특이하며, 고려시대의 주심포 제2형식의 첨차하단(簷遮下端) 부분에 사용되었던 쌍 S 자형을 연결하여 만든 초각(草刻) 형상을 쇠서 상면과 하면에 모두 만들어서 매우 기이하고 특이한 예가 되고 있다.

개심사(開心寺) 대웅전(大雄殿 : 1484)은 정면 3간, 측면 3간의 단층 맞배지붕으로 된 건축으로, 정면의 도리통(道里通)은 다포식(多包式)으로 하고, 측면의 양통(梁通)은 주심포식(柱心包式)을 따랐음이 특징이다. 공포는 외2출목, 내3출목으로 되어 있고, 외부는 살미첨차의 끝이 모두 쇠서로 만들어졌으며, 한대(限大)가 삼차두형으로 되고, 내부기둥 위첨차에는 교두형(翹頭形)을 하나만 만들었으며, 이제공(二齊工) 첨차와 한대를 한 몸으로 하여 보아지 형상을 만들어 파련(波蓮) 초각을 해서 보를 받쳤다. 주간포작에서는 제공(齊工)과 한

그림 189.
개심사 대웅전 단면도

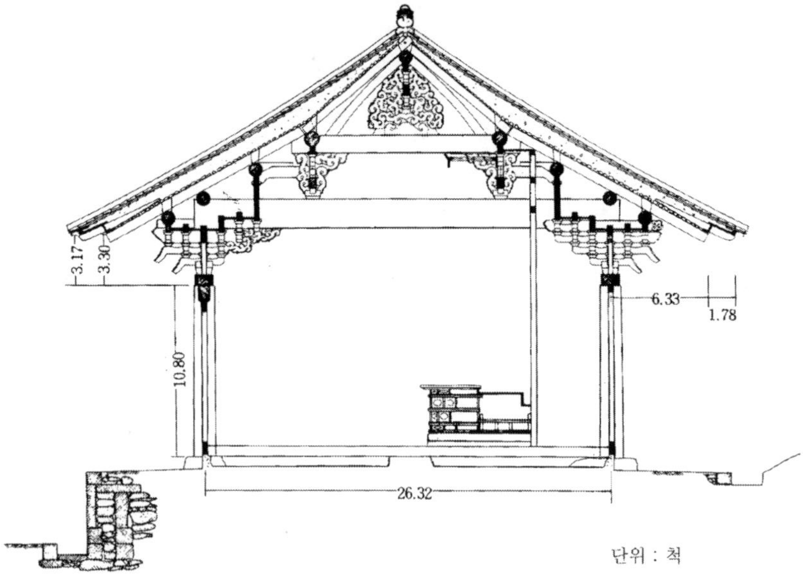

대(限大)의 하단부를 모두 교두형으로 만들고, 그 위에는 초시적(初始的)인 형상의 운공(雲工)을 만들었다.

중도리 밑의 주간에는 장여(長舌) 밑에 좀 띄어서 도리방향으로 방재(枋材)를 두고, 그 위에 화반(花盤)과 평2두(平二斗 : 첨차와 2개의 소로로 된 것)를 배치하여 중도리를 받는 장여를 지지하게 한 것은 매우 특이하다. 대량(大梁) 위의 중도리 외측에 우미량(牛尾梁)을 사용하였으며, 중도리와 2중량을 지지하는 곳에는 화반과 공포로 짜인 대공(臺工)을 사용한 것이 고려의 주심포 제2형식을 따른 것으로서, 다포식에서 동자주(童子柱)를 사용하는 수법과 다른 점이다. 종도리(宗道里)를 받는 곳에는 좌우에 솟을대공을 사용하였으며, 대형화반(大形花盤)과 공포로 짜인 종대공(宗臺工)을 두었는데, 그 형상은 무위사(無爲寺) 극락전(極樂殿, 1476)의 것보다 더 발전된 모양을 갖고, 장식화된 풍만한 아름다운 형상으로 초각(草刻)되어 있다. 측면 고주 위에 도리통으로 주두(柱頭) 밑 부분 내외부에 헛첨차를 사용하였음은 주심포식의 특성을 따른 것이다. 이 건물은 다포식과 주심포식의 수법을 절충하여 한국 고유의 건축형식으로 발전되어 가는 징조를 잘 나타내고 있는 대표적인 예이다.

3. 주심포식

(1) 건축양식 특성

조선왕조시대 주심포식(柱心包式) 건축은 고려 후기 말경에 형성되기 시작하고 조선 초기에 주로 사용된 건축형식으로, 고려시대의 주심포 제2형식의 수법을 바탕으로 하여, 다포식(多包式)의 세부수법의 영향을 받아서 형성된 것이다. 주두(柱頭)와 소로의 굽이 곡면이 아니고 조선왕조 시대의 다포식과 같이 사면(斜面)으로 된 것을 사용한 것이 고려시대의 주심포 제2형식과 크게 다른 점이다. 처음에는 첨차(簷遮) 밑 부분에 쌍 S 자 연결형의 모양이 사용되었으나, 초기 말경의 건물인 송광사(松廣寺) 국사전(國師殿), 송광사 하사당(下舍堂) 등에는 헛첨차 하단부에 복잡하고 다양하게 장식된 형태가 사용되었으며, 중기부터는 고려 주심포식의 특징을 계승한 초각이 사용되지 않게 되었다.

조선왕조시대 건축의 주심포는 일반적으로 1출목 또는 2출목이 사용되었으며, 1출목일 때에는 주심도리(柱心道里)와 외목도리(外目道里)의 간격이 비교적 넓게 되어 있는 것이 특징이다. 초기에는 일반적으로 주두(柱頭) 밑에 헛첨차를 사용하였으며, 짧은 헛첨차를 사용하였을 때에는 1출목과 2출목에 매우 가까이 놓이는 경우(예 : 도갑사 해탈문)도 있다. 그러나 강진 무위사(無爲寺) 극락전(1476)은 헛첨차를 사용하지 않고 주두 위에서부터 첨차를 짜 올라간 점이 특이하다.

쇠서의 형상은 고려 주심포식의 형식을 이어받아서 보다 더 다양화해지고, 처음에는 외목도리(外目道里) 밑에 단장여(短長舌)를 사용하였으나(예 : 곡성 관음사 원통전), 뒤에는 높이가 낮은 계속된 반장여(半長舌)를 사용하게 되었다(예 : 무위사 극락전), 무위사 극락전은 행공첨차(行工簷遮)에는 당초문(唐草文)의 초각(草刻)을 만들었으며, 이 수법은 중기 이후의 주심포 형식에 계속 사용하게 되고, 다포식에서도 이 수법을 사용한 예도 있다.

일반적으로 현저한 배흘림을 가진 원형기둥을 사용하였으며, 정면은 격자형(格子形) 살문 또는 빗살문으로 된 문비(門扉)를 단 것이 많으며, 대부분 양통(梁通)을 3간으로 하고 맞배지붕으로 만들었다. 가구(架構) 방식은 일반적으로 내부에 고주(高柱) 2개를 두고, 그 위에 대량(大梁)을 걸어 평주(平柱)와 퇴량(退梁)으로 구성하였다. 종도리(宗道里) 좌우에는 솟을대공을 두고 보 상부에는 우미량(牛尾梁) 또는 버팀보(繫梁)가 일반적으로 사용되었다. 중도리(中道里)를 받는 부분에는 화반(花盤)과 공포를 조합하여 대공(臺工)을 만들었으며, 종도리 밑에는 대형화반을 만들어 놓았다(예 : 무위사 극락전). 보의 단면은 고려 주심포의 특징을 갖고 있는 것이 드물며, 대부분은 다포식의 보와 같이 구형(矩形) 단면을 갖고 밑 부분 모서리의 모를 깎아서 만들었다. 주심포식 건축에서는 천장을 만들지 않고, 지붕 밑 부분의 구조를 노출시키는 연등천장으로 하는 것이 일반적인 수법이나, 중앙간 일부에 우물천장을 만드는 경우도 있다.

(2) 건축물 실례

무위사(無爲寺) 극락전은 조선시대 초기의 주심포식(柱心包式) 건축을 대표하는 것이다. 정면 3간, 측면 3간의 단층 맞배지붕으로 된 건물로서, 1956년경 수리시 발견된 연기문(緣起文)에 의하여 성화(成化) 12년(1476) 이전에 지어진 것임이 밝혀졌다. 공포는 헛첨차 없이 주두상면(柱頭上面)에서부터 첨차가 짜여지기 시작되고, 2출목으로 되어서 주두 바로 위에 놓인 첨차는 밑 부분에 쌍S자형이 연결된 초각(草刻)하였다. 살미첨차의 외단(外端)은 2개의 쇠서로 되었는데, 그 형상이 장식화된 경향을 보이고 있으며, 행공첨차(行工簷遮)에는 당초문(唐草文)을 초각(草刻)하였음이 특이하다. 그 위에는 두 갈래로 단(段)을 지어서 갈라져 나온 보뺄목(梁頭)이 놓이며, 외목도리는 그 하단의 길게 뽑아낸 뺄목 위에 얹혀지고, 외목도리 받침 장여는 높이가 보통첨차 높이의 반이며, 중도리 받침 장여의 높이는 3분의 2가 된다. 내부는 첨차를 첩놓아 한 몸으로 만들어서 힘찬 모양의 당초문(唐草文)을 초각(草刻)하여 보아지 형상으로 만들었다.

내목도리는 납도리(사각형 단면의 도리)로 되었으며, 내목도리와 중도리(中道里) 사이에는 대량(大梁) 위에 직선으로 된 계량(繫梁)을 두었고, 대공(臺工) 측면에는 모두 아름다운 문양으로 조각되어 수덕사(修德寺) 대웅전의 것보다 더 발전된 형상을 이루고 있으며, 공포(栱包)와 같이 짜서 도리를 받도록 하여 포대공(包臺工) 형식을 만들었다. 종도리(宗道里) 좌우에는 솟을대공을 사용하였고, 연등천장으로 되었으나 중앙간에 우물천장을 만들고, 불단상부에는 천장 일부에다 천장과 일체가 되게 보개(寶蓋)를 만들어 놓은 것이 특이한 예라고 생각된다. 이 무위사(無爲寺) 극락전(極樂殿)은 조선 초기의 주심포식(柱心包式) 건축 중 가장 발전된 형식을 갖추고 있는 대표적인 건물이다.

중기 이후의 주심포식 건축은 많이 조영(造營)되지 않은 것으로 추측되며, 유례가 적고 주심포식이 단순화된 익공식(翼工式) 건축이 많이 사용되게 되었다. 중기 이후의 주심포식은 수법이 많이 다양해지게 되며, 도동서원(道東書院) 강당은 첨차에 매우 특수한 형상의 초각(草刻)을 하였고, 쇠서의 형상도

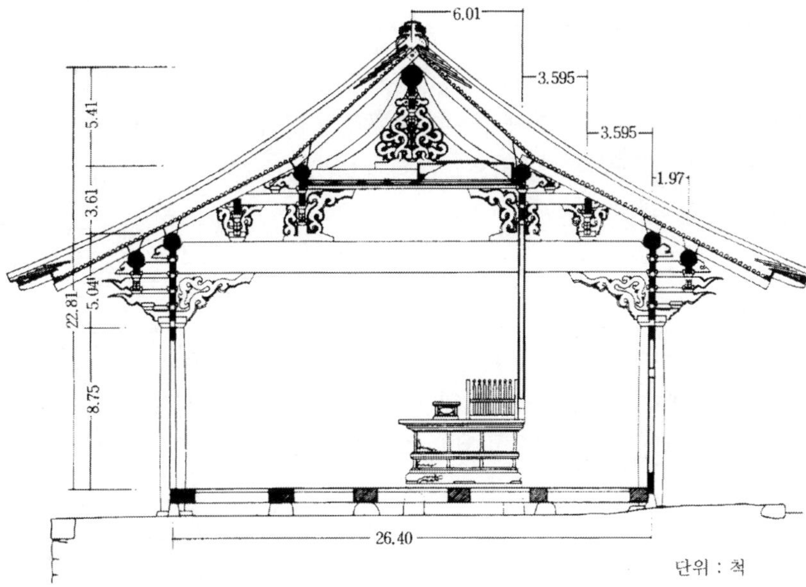

그림 190.
무위사 극락전 단면도

매우 장식화 해졌다. 중기 말경에 재건된 여수 진남관(鎭南館)의 첨차형상은 매우 복잡하게 변화하였으며, 조선왕조 후기에 재건된 풍남문(豐南門)은 주심포식이나 다포식(多包式)의 영향을 많이 받아, 살미첨차의 외단(外端)은 다포식의 쇠서와 같은 모양으로 만들었으며, 다포식과 같이 제공(齊工) 위에 익공(翼工)을 두었다. 주두(柱頭) 밑에는 안초공(按草工)을 사용하되 어간(御間) 기둥은 안초공에 용머리를 조각하였으며, 세부에 장식이 많이 사용되어, 조선왕조시대 후기를 대표하는 주심포 건물이라 생각된다.

현재 남아 있는 주요한 조선왕조시대 주심포식 건축의 실례를 들면 다음과 같다.

1) 초기 주심포식 건축

조선왕조 초기 주심포식 건축 실례에는 다음과 같은 건축물들이 있다. 신천(信川) 패엽사(貝葉寺) 한산전(寒山殿, 1420년경), 강화 정수사(淨水寺) 법당(法堂, 1423), 영암 도갑사(道岬寺) 해탈문(解脫門, 1473), 강진 무위사(無爲寺) 극락전(極樂殿 : 1476), 승주(昇州) 송광사(松廣寺) 국사전(國師殿, 1359), 송광사(松廣寺) 하사당(下舍堂, 1450), 창녕 관용사(觀龍寺) 약사전(藥師殿, 15세기), 강릉 문묘 대성전(文廟大成殿, 15세기), 안동 개목사(開目寺) 원통전(圓通殿, 1457).

2) 중기 주심포식 건축

조선왕조 중기 주심포식 건축 실례에는 다음과 같은 건축물들이 있다. 충무 세병관(洗兵館, 1603), 달성 도동서원(道東書院) 강당 사당(祠堂 : 1604), 홍성 고산사(高山寺) 대웅전(1626), 안동 봉정사(鳳停寺) 화엄강당(華嚴講堂, 17세기 중수), 고금당(古今堂, 17세기 중건), 여수 진남관(鎭南館, 1716년 재건), 나주 향교대성전(鄕校大成殿, 17세기)

3) 후기 주심포식 건축

조선왕조 후기 주심포식 건축 실례에는 다음과 같은 건축물들이 있다. 전주 풍남문(豊南門, 1788), 밀양 영남루(嶺南樓, 1844).

4. 익 공 식

(1) 건축양식 특성

익공식(翼工式) 건축은 발전의 연원(淵源)이 고려시대로 소급된다고 추측되나, 건축수법과 그 형상이 조선왕조 초기에 체계화된 것으로 생각된다. 조선왕조시대에 대규모의 중요한 건축은 다포식(多包式)을 사용하였고, 제2차적으로 중요한 것은 주심포식을 사용한 것이 일반적인 경향이었으며, 그 이외에 중요성이 적은 부차적인 건축에는 전반적으로 익공식 건축이 사용되었다. 따라서 궁궐의 침전(寢殿)과 전각(殿閣), 누정(樓亭), 성곽(城廓)의 일반 문루(門樓), 관아(官衙) 건축, 불사의 전각, 묘사(廟祠), 향교, 서원 등 각종 건축에 이 형식이 사용되었다.

익공식(翼工式) 건축은 익공의 수에 따라 초익공(初翼工)과 이익공(二翼工)의 2종류가 사용되었다. 중기이후에 와서는 익공에 돌출시킨 부분을 생략하여, 뿌리가 없이 둥그스름한 모양의 각(刻)을 한 무익공(無翼工 : 예는 안동 양진당)도 사용되었다. 익공식의 주두(柱頭)와 소로의 굽은 경사면으로 만들어지며, 평방(平枋)과 주간포작(柱間包作)이 없으므로 간단한 주심포식(柱心包式)에 가까운 외형을 갖고 있으나, 출목(出目)이 없는 것이 보통이고, 대규모의 건축에는 외부에 1출목을 두는 경우도 있다. 이 경우에는 모두 행공첨차(行工簷遮)를 두었다. 내부는 출목이 없고 보아지를 만들어서 보를 받도록 하였다.

초익공(初翼工)은 창방(昌枋) 위치에 직교(直交)되게 주두(柱頭) 밑에 익공을 놓게 되어, 그 높이가 창방과 같은 높이이므로 주두와 같이 짜이게 된다.

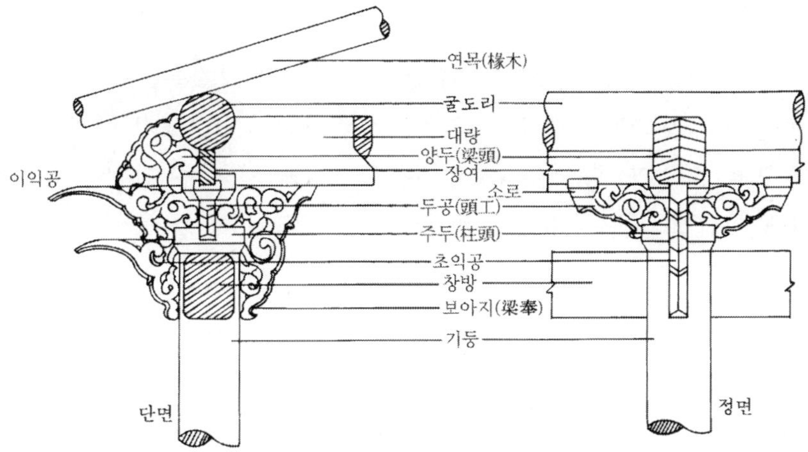

그림 191.
이익공식 상세도

이익공(二翼工)인 경우에는 초익공 상면에 익공을 하나 더 올려놓고, 그 위 주심부에 소형의 부주두(副柱頭)를 다시 놓아서 보를 받도록 만들었다. 익공의 형상은 초기건축에서는 상단은 수평으로 되고, 그 끝부분에는 고려 건축 주심포 제2형식의 쇠서형을 축소시킨 모양과 흡사한 형상을 새기고, 그 아랫몸은 내부 보아지와 같은 초각(草刻)을 하였으므로(예 : 해인사 장경판고, 강릉 오죽헌), 그 형태가 매우 간단소박하고 힘찬 표현을 하고 있다.

그러나 중기의 익공머리의 초각(草刻)은 초기의 것에 비하여 부드러운 형상을 나타내게 되었으며, 장식화 되어 가는 경향을 나타내기 시작하였다(예 : 서울 동묘, 종묘). 후기에 와서는 익공뿌리가 더 많이 돌출하게 되고 형상도 상부가 수평으로 되어 있으나, 하단면의 형상은 조선왕조 시대 후기의 다포계(多包系)의 앙서형상(仰舌形狀)을 도치(倒置)한 것과 흡사한 곡선을 만들게 되며, 그 좌우면의 초각(草刻)도 변화가 많고 번다(繁多)해져서 매우 장식화 되었다.

(2) 건축물 실례

현재 남아 있는 조선왕조시대 익공식 건축의 실례를 들면 다음과 같다.

1) 초기 익공식 건축

조선왕조 초기 익공식 건축 실례에는 다음과 같은 건축물들이 있다. 합천 해인사(海印寺) 장경판고(藏經版庫, 1488) 초익공, 춘성(春城) 청평사(淸平寺) 회전문(回轉門) 초익공(初翼工), 옥산서원(玉山書院) 독락당(獨樂堂, 1532) 초익공, 강릉 오죽헌(烏竹軒, 1522~1566) 이익공(二翼工), 도산서원(陶山書院) 전교당(典敎堂), 상덕사(尙德祠, 1574), 강릉 해운정(海雲亭, 1530), 월성(月城) 무서당(無黍堂, 1526) 초익공.

2) 중기 익공식 건축

조선왕조 중기 익공식 건축 실례에는 다음과 같은 건축물들이 있다. 충무 세병관(洗兵館, 1603) 이익공(二翼工), 서울 동묘(東廟, 1061) 초익공(初翼工), 서울 문묘 명륜당(文廟 明倫堂, 1606) 이익공, 서울 사직단(社稷壇) 정문(1600년대) 초익공, 월성(月城) 관가정(觀稼亭, 16~17세기) 초익공, 안동 충효당(忠孝堂, 16~17세기) 이익공, 남원 광한루(廣寒樓, 17세기) 이익공, 안동 임청각(臨淸閣, 17세기) 이익공, 안동 양진당(養眞堂 : 17세기) 무익공, 정읍 피향정(披香亭, 17세기) 초익공.

3) 후기 익공식 건축

조선왕조 후기 익공식 건축 실례에는 다음과 같은 건축물들이 있다. 수원 화서문(華西門, 1796) 이익공, 제주 관덕정(觀德亭) 이익공, 창경궁 통명전(通明殿, 1834) 이익공, 밀양 영남루(嶺南樓, 1843) 이익공 1출목, 덕수궁 함녕전(咸寧殿, 1904) 초익공.

제21장 조선왕조 불사건축

1. 가람배치

불교는 조선왕조 초기부터 억불책(抑佛策)으로 말미암아 고려시대와 비교하여 점차로 교세(教勢)가 위축될 수밖에 없었다. 세조(世祖)는 개인적인 신앙으로 현재의 서울 탑골공원 터에 원각사(圓覺寺)를 세워서 불사가 일시 재흥되게 하였으나, 성종(成宗) 이후 역대왕이 다시 불교를 억압하였으며, 중종(中宗) 때에는 승과(僧科)가 폐지되기에 이르러서, 국가와 공적인 관계가 없어지게 되었다.

명종(明宗) 때에 문정왕후(文定王后)가 섭정(攝政)을 하면서 명승 보우(普雨)를 등용하여 불교를 장려했기 때문에 불교계는 생기를 되찾게 되었으며, 봉은사(奉恩寺)를 선종(禪宗)의 본산(本山)으로 삼아서 승과(僧科)가 다시 설치되었다. 그러나 명승 보우의 노력도 보람없이 불교는 갈수록 배척을 받게 되어, 도심지에 있던 불사들은 대부분 폐면되고 심산유곡(深山幽谷)에 자리 잡은 불사들만 남게 되었다. 그뿐만 아니라 임진왜란의 병화(兵火)로 말미암은 불사건축의 피해는 지대(至大)하였으며, 남한 일대에 있는 큰 가람(伽藍)에 보존되었던 통일신라 및 고려시대의 건축물의 대부분이 소실되었음은 매우 애석한 일이다.

이와 같은 어려운 여건 속에서도 불교의 뿌리 깊은 잠재세력은 그대로 그 명맥을 유지할 수 있었던 것으로서, 불교건물의 중수(重修)와 보수 활동이 꾸준히 계속되었으나, 임진왜란 후 재흥된 불사(佛寺)들은 당초의 성관(盛觀)을 되찾을 수 없는 것이 많았다. 그 중에는 광대한 산림 토지를 소유하여 자력으로 많은 건물을 유지하고, 수백의 승려를 갖고 있었던 큰 가람도 적지 않았으며, 불교예술은 이들에 의하여 보존되고, 현재까지 남아 있는 불교건축들은 우리나라 건축문화재의 중요한 부분을 차지하고 있다.

현존하는 중요한 가람들을 보면 양산(梁山) 통도사(通度寺), 동래 범어사(梵魚寺), 김제 금산사(金山寺), 해남 대흥사(大興寺), 영암(靈巖) 도갑사(道岬寺), 순천 송광사(松廣寺), 안변(安邊) 석왕사(釋王寺), 양양 낙산사(洛山寺), 예천 용문사(龍門寺), 보은 법주사(法住寺), 구례 화엄사(華嚴寺), 합천 해인사(海印寺), 오대산 월정사(月精寺) 등이 있으며, 대부분이 통일신라 또는 고려시대의 불사배치를 계승한 것으로, 그 중에는 조선왕조 시대에 변경을 가한 예도 적지 않다.

조선왕조시대 가람배치(伽藍配置)는 고려시대의 선종(禪宗) 가람형식을 계승하여 이를 더욱 자유롭게 발전시킨 것이다. 태조(太祖)가 한성(漢城) 환도 후에 창건한 흥천사(興天寺, 태조 6년, 1397)는 서부 황화방(皇華坊) 구정릉(舊貞陵) 동편에 위치하였다. 흥복사(興福寺, 세조 때 원각사로 개칭함)는 현재 탑골 공원에 위치하였던 것으로, 전체적인 규모는 알 길이 없으나, 태조가 5층탑을 재건하였던 개성의 연복사(演福寺)를 본 딴 점이 많았을 것으로 추측되며, 평지가람(平地伽藍)으로서 회랑(廻廊)이 둘려 있던 것으로 생각된다. 이와 같이 조선왕조 초기에는 평지가람도 건축되었으나, 후에는 주로 심산(深山)에 산지가람(山地伽藍)이 지어지게 되었다.

조선왕조 시대의 산지가람 형식을 나타낸 것으로는 용문산 상원사(上元寺)의 관음현상도(觀音現相圖)가 있다. 이것은 세조(世祖) 8년(1462) 11월에 왕이 상원사를 방문하였을 때, 관음이 나타난 기이한 사적(事蹟)이 있어, 그 내용을 기록한 관음현상기(觀音現相記) 속의 권수(卷首)에 있는 그림이다. 이에 의하면 산지가람이 묘사되어 있으며, 2층으로 보이는 본전(本殿)을 중심으로

그림 192.
관음현상도에 나타나 있는 상원사도

하여 좌우에 협전(脇殿)이 있고, 전방 향우측(向右側)에 석탑이 있다. 그 앞쪽 중앙에는 2층 각루(閣樓)가 있으며, 양측 좌우에는 무랑(無廊)이 연결되었고, 무랑양단(無廊兩端)에 평면이 직각으로 꺾어진 부분에는 맞배지붕의 처마를 정면으로 한 건물이 양쪽에 각각 세워져 있다. 향좌측 건물 배후에는 석부도가 있고, 오른편 건물의 배후에는 정원을 만들었으며, 2층 각루 앞쪽에는 단층의 문이 서 있다. 이 형식은 조선왕조 초기의 산지가람 배치를 잘 나타내는 것으로 생각되고, 이와 같은 규모를 가진 조선왕조 시대 가람(伽藍)으로는 승 보우(普雨)가 재건한 청평사(淸平寺)와 봉은사(奉恩寺)를 들 수 있다.

청평사의 중창기(重創記)에 의하면, 이 불사는 고려 광종(光宗) 24년에 창건되었으나, 보우에 의하여 극락전(極樂殿)이 건립되었을 때에 모든 요사(寮舍)를 새로 지었으며, 본당(本堂)의 능인전(能仁殿)만은 유일하게 그대로 두고 서까래만 갈아 놓아서 보수한 것으로 기록되어 있다. 그 중 능인전은 철종(哲宗) 2년(1851)에 소실되고, 그 밖의 건물은 6 · 25때 소실되었으며, 현재 청평사 회전문(回轉門)만이 남아 있다.

봉은사(奉恩寺)는 정릉지(靖陵誌)에 의하면, 보우가 주지로 있으면서 중종(中宗)의 정릉을 그 부근에 이장(移葬)하였을 때(1526) 도감(都監)을 두어 전우요사(殿宇寮舍)를 창건하였다고 기록되어 있다. 봉은사의 대웅전은 1939년에 소실되어 그 후 재건되었으나, 조선삼십일본산사진집(朝鮮三十一本山寫眞集)에 실려 있는 자료로 당시의 건물을 참고할 수가 있다. 봉은사의 중요한 건물인 대웅전을 가장 깊은 곳에 짓고, 그 기단(基壇)을 내려와서 좌우에 요사를 지었으며, 중정(中庭) 전면에 누(樓)를 만들었고, 누 앞쪽에 문을 세웠으므로 이 불사의 배치는 청평사(淸平寺)와 아주 흡사하다. 특히, 대웅전 기단 위에 설치한 계단 귀돌 면에 새긴 것은 청평사 극락전 불단(佛壇)에 조각한 것과 같다. 따라서 이와 같은 세부의 공통성과 전체 배치의 공통성에서 이 두 부사 보우의 계획에 의하였음을 짐작하게 하는 것으로 생각된다. 이와 같은 조선왕조 시대 가람(伽藍)의 배치는 대개 공통되는 특성으로 생각되며, 주전(主殿) 앞 좌우에 요사를 두고 중정(中庭)을 건너 앞쪽에 누(樓)나 문(門)을 세우는 형식은 근세에 많이 건축하였던 묘사(廟祀) 및 서원(書院)의 배치형식과도 상통되는 점이 있다고 생각된다.

가람은 경치 좋은 곳을 택하여서 조영되었으며, 규모의 대소에 따라서 건물의 수와 종류에 차이가 있었다. 규모가 매우 큰 것은 주요건물인 대웅전 외에도 극락전, 미륵전, 관음전, 응진전(應眞殿), 나한전(羅漢殿), 영산전(靈山殿), 명부전(冥府殿), 대장전(大藏殿), 조사당, 산신각(山神閣), 종루(鐘樓), 경고(經庫) 등을 세우고, 많은 승방(僧房)과 암자(庵子)들을 두었으며, 대웅전 전면에는 누(樓)를 만들고, 그 아래의 전면에는 천왕문(天王門), 금강문(金剛門), 일주문(一柱門) 등을 두었다. 이와 같은 건물의 배치방법은 고려시대를 거쳐 조선왕조 시대에 이르러 점차로 한국 고유의 발전을 가져오게 된 것으로, 가람의 배치가 좌우대칭이 아니고 불규칙하게 되며, 필요한 건물을 편의에 따라 적당한 곳에 배치하는 방법을 사용하게 되었다.

2. 송 광 사

전남 순천 조계산(曹溪山) 동남쪽의 평탄한 지형을 택하여 주요 가람(伽藍) 건물들을 서향으로 배치한 송광사(松廣寺)는 통일신라 말에 창건되었으나, 고려 명종(明宗) 27년(1197)에 보조국사(普照國師)에 의하여 큰 불사로 만들어졌다. 불교의 삼보(三寶)인, 불(佛)보, 법(法)보, 승(僧)보 중에서 불보에 통도사(通度寺), 법보에 해인사(海印寺), 승보에 송광사(松廣寺)라 칭송되고 있다. 당시 수백의 불승(佛僧)이 수행(修行)을 하였다는 송광사는 그 후 수차의 수리와 재건을 하였으나, 6 · 25 전란에 대웅전(大雄殿)을 비롯하여 중앙부분의 수많은 건물들이 소실되었음은 유감스런 일이다. 그러나 아직도 조선왕조 초기와 중기의 건축물이 몇 개 남아 있음은 다행한 일이라 생각된다.

송광사 경내(境內)에 이르는 초입계곡에는 홍예석으로 만든 석교(石橋)가 있고, 그 위에 청량각(淸凉閣)이 서 있다. 이 교각(橋閣)은 조선왕조 중기 이후의 건물로 정면 1간, 측면 4간이며, 정면에는 홍예형 창방(昌枋)을 사용하여 석조홍예와 조화를 이루도록 하였고, 석교 양쪽에는 난간을 만들었다. 세부수법이 번다(繁多)한 점이 있으나 전체적인 비례가 아름다우며, 주위의 승경(勝景)과 잘 어울리는 건물이다.

송광사의 어귀에 있는 일주문(一柱門)은 한 쌍의 원숭이가 신방석(信枋石) 위에 놓인 돌계단 위에 서 있으며, 굵은 2개의 기둥 위에 맞배지붕으로 된 내외 4출목의 다포식 건물이다. 우화각(羽化閣)과 능허교(凌虛橋)는 청량각(淸凉閣)과 유사한 구조로, 정면 1간, 측면 4간의 주심포(柱心包) 집이다. 주좌(柱座)가 높은 초석(礎石)에 서 있는 기둥 위에 용머리, 귀면(鬼面), 코끼리 등 조각이 있고, 첨차(簷遮)는 교두형(翹頭形)으로 되었으며, 행공첨차는 초각(草刻)을 하였다. 지붕형태는 정면이 팔작지붕이고, 후면은 맞배지붕으로 되어 있다.

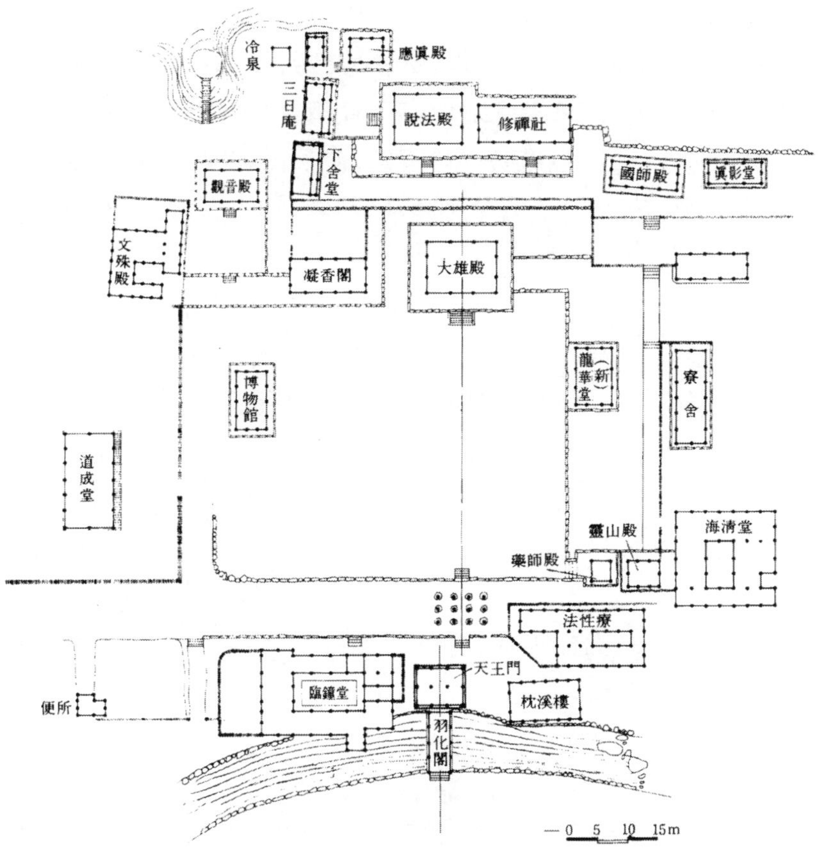

그림 193.
송광사 배치도

우화각을 지나 불사 안에 들어서면, 수많은 건물들이 대웅전(大雄殿)을 중심으로 불규칙한 형상으로 지형에 따라 배치되어 있다. 그 중 종각(鐘閣) 앞 남쪽에 있는 영산전(靈山殿) 및 약사전(藥師殿)은 조선왕조 중기 다포식 건물이며, 대웅전 후면 동쪽 높은 대지 위에 남아 있는 국사전(國師殿) 및 하사당(下舍堂)은 조선왕조 초기의 주심포식 건물로 매우 귀중한 유례이다.

송광사 약사전 및 영산전은 두 건물이 비슷한 건축수법을 나타내고 있는 다포식 건물로서 규모가 매우 작으며, 건축수법으로 보아 전자가 후자보다 먼저 지어진 것으로 추측된다. 기둥은 모두 배흘림이 있고, 덤벙 주초(柱礎)로 되어 있다. 영산전은 인조(仁祖) 17년(1639)에 창건되어 영조(英祖) 12년(1736)에 재건된 것으로, 정면 3간(21.85척), 측면 2간(14.45척)의 단층 팔작집이고, 공포(栱包)는 외3출목, 내2출목, 쇠서 4개로 되었으며, 실내부에서는 귀한대(隅限大)를 결구(結構)하여서 천장을 형성하도록 만든 수법이 매우 특이하다. 약사전은 정면 1간(9.6척), 측면 1간의 단층 팔작지붕으로 된 건물로서, 공포는 외2출목, 내3출목, 쇠서 3개로 되어 있으며, 내부의 천장이 모두 포작(包作) 천장으로 구성되어 있음이 특이하다.

송광사 국사전(國師殿)은 정면4간(36.35척), 측면 3간(13.8척)의 단층 맞배지붕으로 된 조선 초기의 주심포식 건물로서, 구조의 특징과 단청(丹靑)은 오래된 옛 모습을 나타내고 있다. 민흘림을 가진 기둥 위에 창방(昌枋)을 돌리고 주두(柱頭) 밑의 헛첨차는 길게 뻗쳐 나와서 1출목을 받고, 첨차의 외단(外端) 아래에 몹이 복잡한 초각(草刻)을 만든 것이 매우 특이하다. 첨차의 내단(內端)은 교두형으로 만들었고, 주간(柱間)에는 화반(花盤)을 두지 않고 벽을 만들었으며, 전면에는 부연(浮椽)을 달고, 후면에는 부연없이 장연(長椽)만으로 되어 있다. 내부는 우물천장을 만들었고, 금단청(錦丹靑)의 흔적 등이 남아 있어서 매우 중요한 건축유례이다.

송광사 하사당(下舍堂)은 국사전 북쪽 응진전(應眞殿) 앞에 있는 승방(僧房)으로, 그 이웃에 있었던 청운당(靑雲堂) 등과 함께 같은 양식을 갖고 있었으나, 청운당과 응진전은 6·25 사변으로 소실되었다. 하사당은 정면 3간(26.15척), 측면 3간(15.85척)의 단층 맞배지붕으로 되었으며, 서쪽 2간은 온돌방으로 되었고, 동쪽 1간은 부엌으로 되어 있다. 이 건물은 조선 초기에 지어진 것으로, 그 후 많은 개수(改修)를 하였던 것으로 보이나, 건물의 주요부분에 원형의 모습을 그대로 잘 보존하고 있음을 알 수 있다. 국사전과 같은 양식을 따랐으나, 첨차의 초각 등이 단순하고 대공(臺工)의 수법이 매우 오래된 것을 사용한 점 등으로 보아, 국사전보다 먼저 지어진 것으로 추측된다. 기둥은 완연한 배흘림을 가졌으며, 덤벙 주초(柱礎)를 사용하고 전면에만 부연(浮椽)을 달았으며, 후면은 장연(長椽)만으로 되어 있다. 남쪽을 향하고 있는 전면 1간은 개방된 마루를 만들었으며, 건축규모는 작으나 나지막한 기둥높이와 전체적인 건물 비례관계가 친근감이 가는 한국적인 척도개념을 잘 나타내는 훌륭한 건물이다.

3. 해 인 사

경남 합천군의 경치가 뛰어나게 아름다운 가야산(伽倻山, 해박 1488 m) 중턱에 자리 잡은 해인사(海印寺)는 우리 민족의 가장 소중한 문화유산의 하나인 고려 팔만대장경을 600년 동안 보존하고 있는 법보사찰(法寶寺刹)이다. 의상(義湘)의 법손(法孫)에 해당하는 순응(順應)과 이정(利貞)에 의하여 통일신라시대 애장왕 3년(802)에 창건되었다고 전한다.

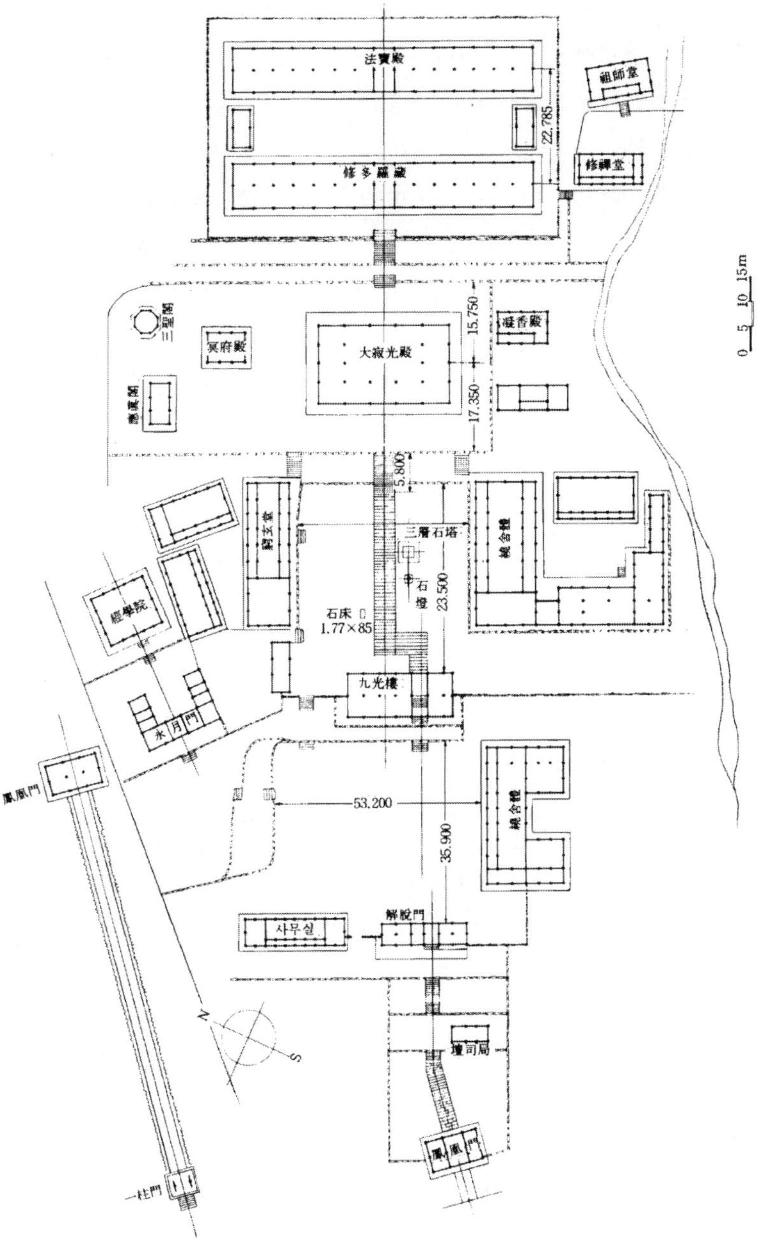

그림 194.
해인사 배치도

조선왕조 시대에 들어와서 태조(太祖) 2년(1393) 정중석탑(庭中石塔)을 재건한 것을 시작으로 여러 차례 중수공사를 하게 되었다. 특히, 태조 7년(1398)에는 강화에 보관되었던 대장경(大藏經)을 서울의 지천사(支天寺)로 옮겼다가, 잠시 후(1399년 이전에) 해인사(海印寺)로 운반하여 보관하게 되었다. 해인사가 지금의 규모로 확장된 것은 성종(成宗) 12년(1481)부터 시작된다. 성종 19년(1488)에는 세조비(世祖妃)의 뜻을 이어받은 왕실의 도움을 얻어, 학조(學祖) 스님의 감독하에 도편수(都片手) 박중석(朴仲石)으로 하여금 대장경판전(大藏經板殿)을 중건하게 하였다. 또, 대적광전(大寂光殿)과 법당이나 요사들 160간을 3년 동안 계속 공사를 하여 건축했다고 「해인사 중수기」에 기록되어 있다.

해인사 가람배치는 가야산(伽倻山) 기슭에 경사진 언덕을 따라 서남향으로 3개의 단으로 형성되어 있다. 특히, 대적광전 뒤의 가장 높은 석단(石壇) 위에는 팔만대장경판전(八萬大藏經版殿)이 위치하여 법보사찰임을 상징적으로 표상하고 있다. 이 사찰의 중심은 대장경판전이며, 장경(藏經) 조조(雕造)와 보존에 의한 호국(護國)과 호법(護法)의 영험이 이 사찰에 언제나 함께 하고 있음을 참배자들이 항상 느끼게 만든다.

중단(中壇) 영역에는 정중(庭中) 3층 석탑을 중심으로 넓은 뜰이 있으며, 그 후면 높은 기단 위에 대적광전이 서 있다. 구광루(九光樓)와 해탈문(解脫門) 사이의 넓은 공간인 하단(下壇)의 영역이다. 해인사는 상중하의 3개의 단(壇)으로 공간을 형성하면서, 당우(堂宇)가 들어 있으며, 따라서 가람배치는 진입 공간, 수도생활 공간 및 예불 공간(禮佛空間), 법보 공간(法寶空間)으로 구성되어 있다.

구광루 밑에서 대적광전으로 올라가는 진입구는 중심에서 우측으로 편재(偏在)되어 있으며, 누(樓) 밑의 계단으로 진입하는 누하진입(樓下進入) 과정은, 대적광전 앞의 중정공간(中庭空間)을 아름답게 보이도록 만드는 역할을 한다. 누(樓) 밑으로 올라가면 중정석탑(中庭石塔)의 상부가 보이기 시작하면서, 좁은 개구부(開口部)를 꽉 메우던 대적광전의 모습이 서서히 전체 모습을 드러낸다. 대웅전 앞뜰 석단(石壇) 밑에는 약 24 m 정방형의 중정이 있다. 대웅전 건물은 석단 위에서 다시 훨씬 뒤로 물러서 있는데도, 넓이가 깊이보다 더 넓어 보인다.

대장경판전(大藏經板殿)은 법보사찰(法寶寺刹)인 해인사(海印寺)의 기본정신을 대표하는 건물이다. 성종(成宗) 19년(1488)에 건축된 건물로서 수차의 화재에도 그 재난을 면하였고 창문이 항상 개방되었지만 건물 안에 날짐승이 침범하지 못한다는 신비스런 영험(靈驗)이 있다고 전한다. 남쪽의 건물이 수다라장전(修多羅藏殿 : 下板堂)이고 북쪽의 건물은 법보전(法寶殿 : 上板堂)이다. 이 곳에는 우리나라 국보인 고려 대장경 총 8만 1137판이 보관되어 있다.

수다라장전과 법보전은 정면 15간(199.87척), 측면 2간(28.6척)인 우진각 홑처마집이며, 이 건물은 주심포식(柱心包式)에서 초익공식(初翼工式)으로 변천하는 과정을 나타내는 건물이다. 내부가구는 5량(梁) 집에 솟을대공을 사용했으며, 그리고 솟을대공 아래 양쪽에 초공(草工)을 물려 받친 것은 봉정사(鳳停寺) 대웅전의 솟을대공과 비슷하다. 내부 중앙열의 고주상부에 종량(宗梁)을 받치는 첨차의 형상이 조선왕조 초기적 기법을 나타내며, 처마도리 밑에 놓인 초공은 익공인데 보머리가 통째로 돌출하였으므로, 초기의 전형적 익공형식(翼工形式)이라 할 수 있다.

대장경판전 중정(中庭)의 양쪽 끝에 서 있는 동·서의 사간고(寺刊庫)는 정면 2간(24.72척), 측면 1간(11.32척)으로, 공포(栱包)는 헛첨차가 보를 직접 받지 않고 떨어져 있기 때문에 주심포(柱心包)의 형식을 아직 남기고 있다. 법보전(法寶殿)은 익공의 부리가 없는 초공으로 되어 있으며, 또 후측은 익공을 직사절(直斜切)시킨 것이다.

대장경판전(大藏經板殿)은 목제경판을 보관하는 창고의 기능을 갖고 있는 까닭으로 가구의 복잡성을 피하고, 되도록 간략하게 익공형식을 취한 것이다. 건물내부는 바닥이 흙이고 천장은 서까래가 그대로 노출되는 연등천장이며, 중앙 열과 양측 열에 맞추어 판가(板架)를 설치하고 경판(經板)들을 옆으로 세워서 보존하고 있다. 이러한 목판들의 보전을 위하여 건물 벽에는 붙박이살창을 아래위로 배치하고, 이 개구부(開口部)로 공기유통이 잘 되게 많은 배려를 하였다. 개구부의 살창은 벽의 상·하에서 크기를 달리하고, 또 건물 전면·후면에서 그 크기를 역으로 배치하여, 기류(氣流)에 따라 통풍에 최대효율을 갖게 고안하였다.

수다라장전(修多羅藏殿) 전면 개구부의 살창은 벽을 상·하로 나누어 밑에는 장방형으로 크게 살창을 설치하고, 상부에는 아래 창의 약 25% 밖에 안되는 크기의 살창을 설치하였다. 건물 후면에는 이와 반대로 상부창(上部窓)이 크고 밑의 것이 위창의 약 50% 되는 정방형 살창을 시설하였다. 법보전(法寶殿)에서는 전면의 것이 수다라장전의 것과 같으나 아래쪽의 살창이 후자보다 약간 더 크며, 또 그 후면에서도 밑의 살창이 수다라장전의 것보다 크다. 이와 같이 뒤로 가면서 창의 개구부(開口部) 면적이 커지게 만든 것은 매우 주목할 만한 것이다.

대장경판전 환기장치는 근데 물리학에서 기체유동 원리가 발견되기 훨씬 이전에, 여러 가지 경험과 직관에 의해 환기창의 크기와 위치를 잘 고안해서, 건물 안의 환기작용이 합리적으로 이루어지게 하여 항상 실내 온습도(溫濕度)가 큰 변동 없이 조절되도록 만들어, 현재까지 대장경판(大藏經板)이 잘 보존된 사실은 경탄할 만한 것이다. 환기가 교차되는 전후면의 창상과 반자가 없는 깊은 지붕 밑의 공간 등은, 건물 내부의 기류를 충분히 돌게 하여 습기가 머물지 못하게 하였고, 바닥의 흙은 온도차이로 생기는 수분을 흡수하는 작용을 하였다고 생각된다. 대장경판전이 600년 동안 그 기능을 훌륭하게 발휘하여 경판(經板)들을 지금까지 잘 보존하고 있는 사실은, 우리 조상들의 뛰어난 지혜와 기술을 매우 잘 입증하는 것이다.

4. 금 산 사

김제 모악산(母岳山) 밑에 있는 금산사(金山寺)는 초창(初創)된 때가 명확하지 않으나 통일신라 말 경순왕(敬順王) 9년(935)에 후백제(後百濟)의 견훤(甄萱)이 건물을 증축 확장하였으며, 그 때의 석조물들이 많이 남아 있고, 목조건물은 임진왜란으로 타버린 후 재건된 것이 현재 많이 남아 있다. 계류(溪流)를 따라 올라가면 계류에 걸친 다리를 건너 천왕문(天王門)이 서 있다. 이 건물은 후기건축이나 첨차(簷遮)가 모두 교두형(翹頭形)으로 되어 비교적 오래된 수법을 따른 건물이다. 천왕문을 지나 우측에 서 있는 후백제 때의 당간지주(幢竿支柱)는 비교적 정교한 모습을 지니고 있다.

그림 195.
금산사 배치도

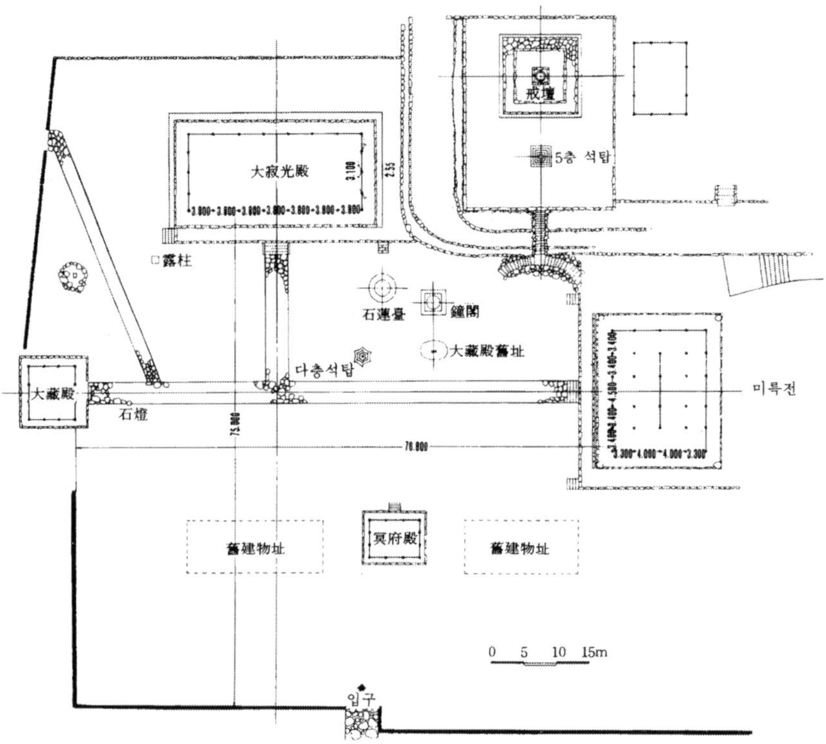

주요사찰 건물들은 동서로 긴 구형대지(矩形臺地) 위에 서 있으며, 대적광전(大寂光殿)과 천왕문을 연결하는 남북축과 미륵전(彌勒殿) 및 대장전(大藏殿)을 잇는 동서축이 직각을 이루고 있다. 대적광전의 동북방 언덕 위에는 5층 석탑과 그 배우에는 사각형 기단 위에 석종(石鐘)이 놓여 있으며, 동쪽에는 몇 채의 불당이 놓여 있다. 대적광전 앞 동쪽에 서 있는 미륵전은 인조(仁祖) 13년(1635)에 재건된 것으로, 거대한 금동미륵삼존입상을 안치한 대규모의 3층 불전이다. 1층과 2층은 정면 5간, 측면 4간이며, 3층은 정면 3간에 측면 2간으로 팔작지붕으로 되어 있다. 건물은 2중 석조기단(石造基壇) 위에 서 있으며, 자연석으로 된 초석(礎石)을 사용하고, 특히 굵은 우주(隅柱)와 배흘림을 가진 평주(平柱)를 사용하였고, 공포(栱包)는 다포식(多包式)으로 각 층마다 내외 2출목으로 쇠서를 2개씩 가지고 있어서 중기의 건축형식을 잘 나타내고 있다.

주간(柱間)에는 1개씩 주간포작(柱間包作)을 두었으며, 2층 기둥은 아래 보 위에 세우고, 3층 기둥은 1층 고주(高柱)가 올라가 있으며, 중간에 층마루가 없이 전체 공간이 통하여서, 내부 구조미가 비교적 잘 나타나 있는 건물이다.

각 층은 가로방향으로 세장(細長)한 벽부분이 영창(影窓)을 달아 실내의 채광을 취하도록 하여, 특이한 효과를 가져왔다. 2~3층은 평판자를 대고, 중앙에는 솟을천장을 만들었다. 창방(昌枋) 머리는 파련(波蓮) 조각을 하였고, 중방(中枋)의 아랫부분은 틀을 짠 판벽(板壁)으로 하여 윗부분은 흙벽으로 되었다. 전면 중앙의 어간(御間)과 협간(夾間)에는 각각 2개의 빗살문을 달고, 양쪽 끝 변간(邊間)에는 좁은 문을 하나씩 만들었으며, 후면 중앙에도 문이 있다. 전체 외관(外觀)이 장중웅대(莊重雄大)하다. 각 층의 체감률(遞減率)도 자연스럽고, 측면도 매우 아름다운 비례를 가지고 있어서, 훌륭한 미적구성을 갖추고 있는 건물이다. 특히, 광대한 내부공간과 미륵삼존불 입상(立像)은 채광효과와 아울러 공간구성의 묘를 이룬 것이라고 하겠다.

금산사 대적광전(大寂光殿)은 정면 7간, 측면 4간의 단층 팔작지붕으로 된 조선왕조 중기건물이었다. 공포는 다포식 내외 2출목이며, 주간포작(柱間包作)은 어간(御間)에 2개, 그 밖의 주간에는 1개씩 두었다. 이 건물은 최근에 화재로 없어진 다음, 원래상태로 재건되었다.

대적광전 서쪽에 서 있는 금산사 대장전(大藏殿)은 정면 3간, 측면 3간의 팔작지붕으로 된 건물이다. 규모는 비록 작으나 전체적인 비례가 잘 잡힌 외관(外觀)을 가지고 있으며, 지붕 종(宗)마루 중앙에는 스투파(stupa)형에 가까운 종두석(宗頭石)을 얹어 놓은 것이 특이하다. 건물은 자연석으로 쌓은 기단

(基壇) 위에 덤벙 주초(柱礎)를 사용하였고, 기둥은 민흘림을 가졌으며, 우주(隅柱)의 솟음이 완연하고, 창방머리의 투조(透彫)가 정교하다. 공포는 다포식으로 내외 2출목이며, 쇠서 2개를 만들었고, 파련초각(波蓮草刻)을 하였다. 익공(翼工) 머리와 운공(雲工)을 연(蓮)봉으로 만들었다. 주상포와 주간포는 약간 다른 것으로 되어, 주심포의 벽부(壁付) 첨차에도 파련초각을 깊게 해서 강화 정수사(淨水寺) 법당건물(法堂建物)의 수법과 비슷한 감을 준다. 벽의 중방(中枋) 아랫부분은 안상(眼象)을 넣었고, 정교한 꽃살문과 내부의 화려한 조각장식 및 아름답고 정교하게 만든 불좌대(佛坐臺) 등이 잘 어울리며, 보개(寶蓋)는 없다. 이 건물은 조선 중기의 건물로 추측되며 비교적 세련되어서 아름다운 건물이다.

5. 관 용 사

경남 창녕 화왕산(火旺山) 남쪽 기슭에 위치한 관용사(觀龍寺)는 초창(初創)이 통일신라시대로 추측되나, 임진왜란 때 모든 건물이 소실되고 약사전(藥師殿)만이 남아 있다. 관용사 대웅전(大雄殿)은 숙종(肅宗) 38년(1712)에 재건된 것이라고 사적기(寺蹟記)에 기록되어 있다. 계류(溪流)를 오른쪽으로 내려다보며 사역(寺域) 안으로 올라가면 왼쪽에 작은 문이 있는데, 이 문은 가람(伽藍) 동남에 위치하며, 가람이 배치되어 있는 높은 대지의 정면에는 원음각(圓音閣)이 누각건물(樓閣建物)로 되어 돌출하여 서 있다. 원음각 동쪽에 있는 석단(石段)을 따라서 대지에 오르면 중앙정면에 대웅전이 있고, 그 앞 동서쪽에 승방(僧房)이 있으며, 대웅전 서쪽에 명부전(冥府殿)이 있고, 서쪽 승방 서남쪽에 약사전이 있다. 사적기(寺蹟記)에 의하면 임진왜란(壬辰倭亂)이 전에는 이 밖에도 수많은 건물이 있었으나 모두 없어졌으며, 그 후에 현재와 같이 재건된 관용사(觀龍寺) 가람배치는 조선왕조 시대의 산지가람(山地伽藍)을 잘 대표하는 것으로 생각된다.

관용사 약사전(藥師殿)은 허튼 돌쌓기 기단 위에 서 있는 정면 1간(10.6척), 측면 1간(8.98척)인 작은 불당으로 소규모의 간소한 건물이지만, 조선왕조 초기의 주심포식(柱心包式) 수법을 잘 나타내는 것으로, 구조가 견실하고 비례관계가 훌륭한 아름다운 외관(外觀)을 가진 건물이다. 공포(栱包)는 측면 창방(側面昌枋)이 기둥을 뚫고 나가서 그 끝이 첨차(簷遮)가 되며, 그 아래쪽에 쌍 S 자형으로 만들었고, 끝 쪽에 1출목 소로를 놓았으며, 그 위의 주두(柱

頭) 위에 놓이는 살미첨차를 받치고 있다. 이 첨차의 바깥쇠서는 모양이 비교적 오래된 형식을 나타내고, 내부 끝은 교두형(翹頭形)으로 만들었으며, 그 위에 소로를 놓아서 보를 받았다. 행공첨차는 건물 옆쪽 끝으로 뻗어 나가는 부분에는 아래쪽에 쌍 S 자형으로 만들었고, 다른 부분에는 교두형으로 하였다. 보 위에는 화반(花盤)을 놓고 포대공(包臺工)을 만들었으며, 보 위에 우미량(牛尾梁)을 2개 겹쳐 놓아서 중량(重梁)과 같은 구조기능을 갖도록 한 것이 특이하다.

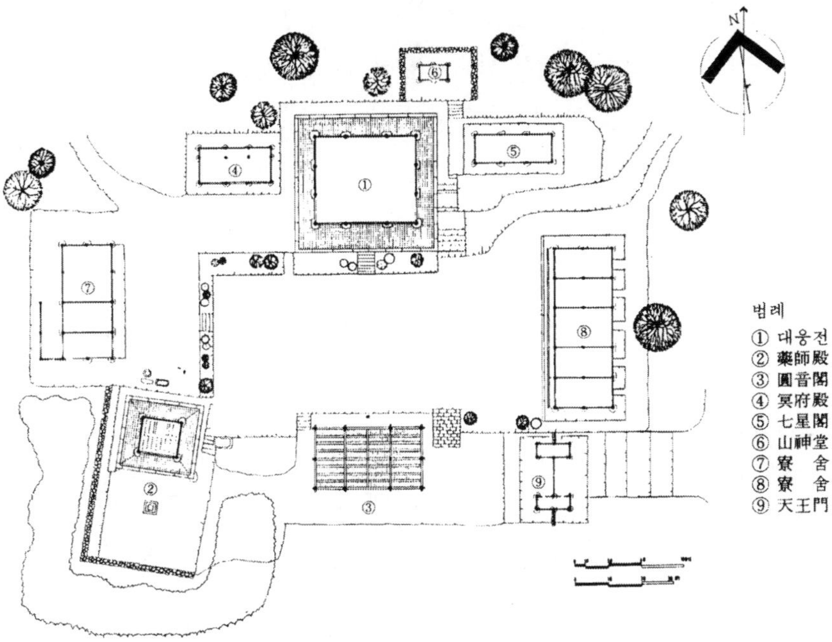

그림 196.
관용사 배치도

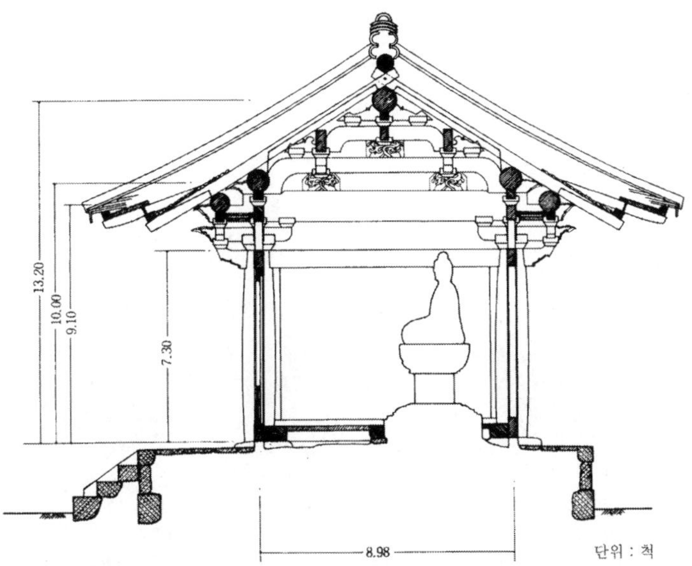

그림 197.
관용사 약사전 단면도

지붕의 두 끝에는 부석사(浮石寺) 조사당(祖師堂)과 같이 풍판(風板)이 없는 것이 특이한 예이다.

관용사 대웅전은 정면 3간(30.3척), 측면 3간(24.9척)의 단층 팔작지붕의 건물로 공포는 다포식(多包式) 내외 2출목으로 되어 있다. 주간포작은 어간(御間)에 2개, 그 밖의 주간에는 1개를 두었으며, 공포 바깥쪽에는 2개의 제공(齊工)을 두었다. 그 위에 삼분두형(三分頭形)으로 된 한대(限大)를 두었으며, 또 그 위에 운공(雲工)을 두어 외목도리(外目道里)를 받쳤고, 수법이 비교적 견실하다. 내부천장은 우물천장으로 되어서 중앙간(中央間)이 외부보다 높게 만들어졌으며, 바닥은 전부 마루로 되어 있다. 불단(佛壇)은 건물과 동시에 만든 것으로, 그 위에 보개(寶蓋)를 만들어 놓았다.

제22장 조선왕조 불전건축 및 불탑

1. 불전건축

(1) 지역적 특성

조선왕조시대 불전건축(佛殿建築)은 신라문화권에 속하는 한국 동남부 지역과 백제문화권에 속하는 한국 서남부 지역이 서로 다소 차이가 있는 건축양식의 특성을 발견할 수 있다. 통일신라문화권에 속하는 지역에서 불전건축의 공포는 제공 외부에 쇠서를 만들지 않고 살미첨차의 끝 밑 부분이 교두형(翹頭形)으로 처리되어 있는 것이 많다. 공포의 짜임이 주두 위에서부터 시작되며 포작(공포를 짜서 만드는 것)에서 첨차들이 십자형으로 결구되어 중첩되는 것이 특징이다.

그 대표적인 실례로는 봉정사 대웅전(鳳停寺 大雄殿 : 안동), 통도사 대웅전(通度寺 大雄殿 : 양산), 율곡사 대웅전(栗谷寺 大雄殿 : 산청), 쌍계사 대웅전(雙磎寺 大雄殿 : 河東), 환성사 대웅전(環城寺 大雄殿 : 慶山) 등이 있다.

백제문화권에 속하는 지역에서 불전건축의 포작은 제공 외부에 쇠서가 사용되고 장식적인 요소가 많이 나타나고 있는 것이 특징이다. 주두부터 연꽃잎의 무늬를 조각한 경우도 있으며 첨차에 연꽃 줄기를 초각(草刻)하고 첨차의 공안형(栱眼形)을 깊게 만든 것도 있다. 건물 내부에서는 살미첨차 끝에 연꽃 봉오리를 초각하며 한대(限大)에는 용두(龍頭)와 봉두(鳳頭) 등을 조각하여 장식하였다. 그 대표적인 실례로는 개암사 대웅전(開巖寺 大雄殿 : 부안), 내소사 대웅전(來蘇寺 大雄殿 : 부안), 논산 쌍계사 대웅전(雙溪寺 大雄殿), 숭림사 보광전(崇林寺 普光殿 : 익산), 불갑사 대웅전(佛甲寺 大雄殿 : 영광) 등이 있다.

현존하는 불전건축 중 조선왕조시대 건축으로 중요하다고 생각되는 것을 다포식 불전건축과 주심포식 불전건축으로 구분해서 기술하여 본다면 다음과 같다. 다만 이미 언급된 불전건축들에 관한 것은 제외한다.

(2) 초기 다포식 불전건축

1) 안동 봉정사 대웅전

봉정사(鳳停寺) 대웅전은 정면 3간(38.29척), 측면 3간(29.7척), 단층 팔작지붕의 건물이다. 다포식(多包式) 내외 2출목으로 외부는 초제공이고, 삼차두형의 한대가 있으며, 첨차의 내부는 교두형(翹頭形)으로 되었고, 초기건물로 대표적인 것이다.

2) 여주 신륵사 조사당

신륵사(神勒寺) 조사당(祖師堂)은 정면 1간(15.34척), 측면 2간(14.38척), 단층 팔작지붕의 건물이며, 공포는 다포식 내외 2출목이다. 1469년 건축된 것으로, 초기 건물이나 중기 수법이 나타나 있으므로 중기에 개수된 부분이 있는 것으로 추측된다. 기둥에는 배흘림을 갖고 있으며, 전후 면에는 4개의 주간포작을 배열하고 측면에는 1개의 주간포작을 만들었다. 살미첨차는 앙서형(仰舌形)으로 만들었으며 한대는 전면에서 수서형(垂舌形)이 되고 후면에는 삼분두형(三分頭形)으로 만들었다. 내부의 살미첨차 끝은 상서이 직절(直切)되고 밑 부분은 호형(弧形 : 교두형)으로 되어 있다. 창방 뺄목은 헛첨차와 흡사한 모양을 이루고 있다. 장식적인 요소가 적고 견실한 느낌을 주며 조선왕조 초기 다포식의 특징을 갖고 있다.

3) 봉산 성불사 응진전

성불사(成佛寺) 응진전(應眞殿)은 정면 7간(22.75 m), 측면 3간(6.7 m), 단층 맞배지붕의 건물이며, 공포는 다포식 내외 1출목이다. 1530년경에 건축된 조선왕조 초기의 건물이며 공포형식은 비교적 간결하고 소박하게 생겼다. 직선적 요소가 많은 쇠서형 제공(齊工)과 첨차는 정밀하게 결구되어서 도리를 받고 있으며 제공과 첨차, 첨차와 첨차, 첨차와 장여 사이에는 굽받침형이 있는 소로를 사용하였다.

응진전에서는 도리 밑을 납작하게 깎고 거기에 장여를 이어서 대는 후대의 방법과는 달리 장여 윗면에 둥글게 파고 도리를 맞추어 놓았다. 건물 안은 연등천장으로 하여 시원하게 열어 놓았는데 지붕틀을 형성하는 대들보, 동자주, 화반 등은 서로 잘 어울려 아름답게 보인다.

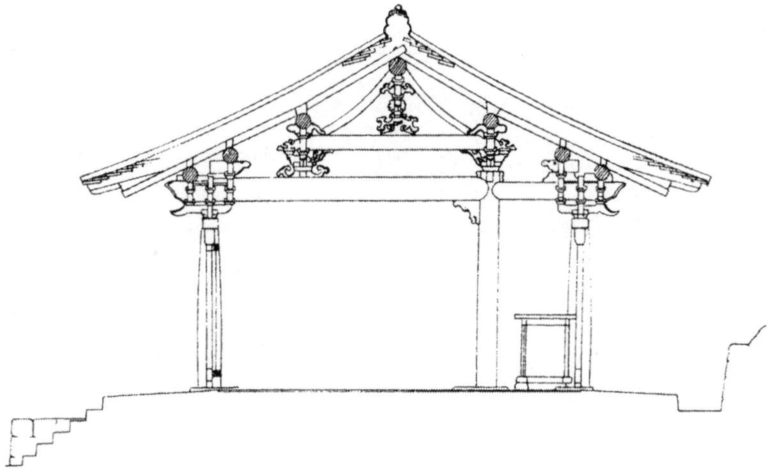

그림 198.
성불사 응진전 단면도

응진전의 단청에는 모루초에 뚜렷한 휘를 붙이지 않고 청록색 계통이 드러나게 하면서 거기에 금분이나 붉은색을 조금씩 섞어 사용했다. 창방과 평방, 도리에 그린 무늬도 아름답거니와 대들보에 그린 네 발 가진 용그림은 마치 살아 움직이는 듯하다.

4) 청양 장곡사 상대웅전

장곡사(長谷寺) 상대웅전(上大雄殿)은 정면 3간(41.25척), 측면 2간(25.4척), 단층 맞배지붕의 건물이다. 다포식으로 평방(平枋)이 없는 것이 특이하고, 고려 말에 창건된 것이나 조선 후기에 개건(改建)되었다. 기둥 위에 주두(柱頭)는 굽 받침이 있는 고려시대의 수법을 나타내고, 주간포작(柱間包作)은 1개씩 먼 간격으로 배치되어서 초시적(初始的)인 수법을 나타내며, 건물외관이 주심포식(柱心包式)과 같은 인상을 준다. 전면의 제공(齊工) 쇠서부분이 연(蓮)봉으로 조각되어, 조선 후기에 교체 첨가된 부재인 것을 알 수 있으며, 기둥은 배흘림이 뚜렷하다. 큰 보의 단면은 고려시대의 주심포(柱心包) 제2형식의 특징을 갖고 있다. 내부바닥은 고려시대의 전(塼)을 깔았고, 뒷벽 쪽에는 건물과 연관이 없는 고려시대 불상이 석조 방형좌대 위에 안치되어 있다.

5) 산청 율곡사 대웅전

율곡사(栗谷寺) 대웅전은 정면 3간, 측면 2간, 단층 팔작지붕으로 되어 있는 건물이다. 다포식(多包式) 내외 3출목으로 외부쇠서가 없고, 내외 모두 교두형(翹頭形)으로 되어 있다. 공포 상부에 삼분두형(三分頭形)으로 된 한대(限大)가 있고, 그 위에 운공(雲工)이 있어 초각(草刻)이 중기적 수법을 나타내고

그림 199.
율곡사 대웅전 단면도

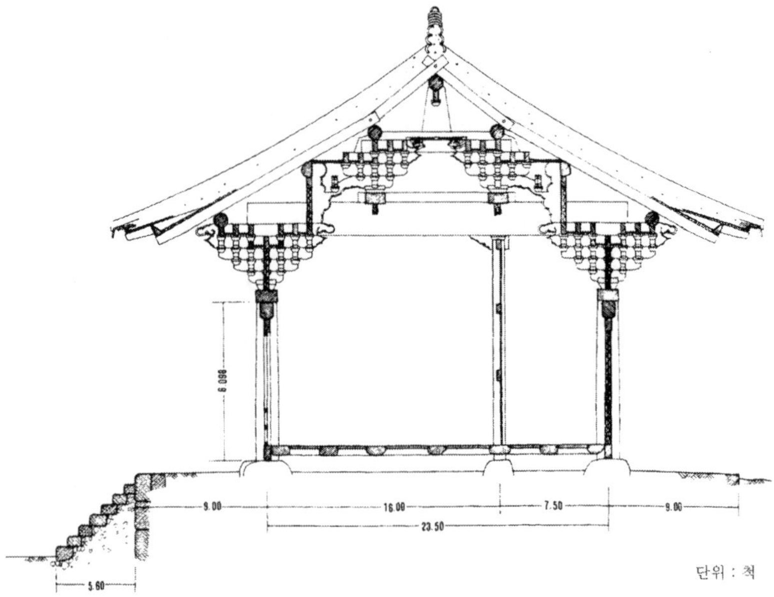

있다.

내부 대들보와 종량(宗梁) 사이 동자주가 놓이게 될 위치에 포대공(包臺工)을 만들었다. 여기서는 중도리의 축을 중심으로 좌우 2출목의 포작을 짰는데, 이 포대공 밑에는 대들보 위에 넓게 가로 걸친 평방이 놓여 있다. 따라서 반자 밑에는 평방 위에 다포식 포작이 배열되었다. 이것은 다른 다포식 건물에서는 볼 수 없는 특징이다. 그러나 살미 안쪽 끝에서 위로 돌아가면서 수직벽 부분을 초새김장식으로 하여 위에서 초엽형(草葉形)을 가로놓는 것은 조선왕조 중기의 기법과 형식으로 보인다. 또 첨차는 공안형(栱眼形)이 없이 마구리와 그 밑이 배 바닥모양으로 만든 것은 중기적 수법을 나타내고 있다고 생각된다. 내부 중앙 뒤에는 2개의 고주를 세워 후불벽(後佛壁)을 이루고 이 기둥은 대들보를 받쳤다. 불단 위에는 정자(丁字)형 지붕을 한 닫집을 만들었다.

(3) 중기 다포식 불전건축

1) 구례 화엄사 각황전

화엄사 각황전(覺皇殿)은 숙종 23년(1703)에 중건(重建)된 중기의 불전 중 가장 큰 건물이다. 정면 7간(88척), 측면 5간(60척), 높이 50척의 중층(重層) 팔작지붕을 가졌으며, 다포식(多包式)이고, 1~2층 모두 내외 2출목 2제공으로 되었고, 그 위에 익공(翼工)과 운공(雲工)이 놓였다. 내부는 살미첨차의 하단부분이 교두형(翹頭形)으로 되었고, 익공부분의 윗부분은 초각(草刻)을 만들었다. 주간포작(柱間包作)은 2개씩 놓았으나, 변간(邊間)에만은 1개를 두었다.

기둥은 약간의 민흘림을 갖고 있으며, 우주(隅柱)가 평주(平柱)보다 굵은 것이 사용되었다. 내부는 아래 위층이 통하였고, 높은 내고주(內高柱) 위에 대량(大梁)으로 얹어서 그 위에 동자주(童子柱)를 세워 지붕을 받았으며, 천장은 우물천장으로 주위를 약간 경사지게 만든 것이 특이하다. 바닥에는 마루를 깔고, 중앙에 길쭉한 불단(佛壇)을 두었으며, 불단 속에는 통일신라시대에 돌을 새겨서 만든 화엄경석(華嚴經石)이 수장(收藏)되어 있다. 당당한 외관을 가진 대규모의 불전으로 안정감을 느끼게 하는 건축이다.

2) 화엄사 대웅전

구례 화엄사(華嚴寺) 대웅전은 인조(仁祖) 14년(1636)에 재건된 것으로, 정면 5간(62.8척), 측면 3간(37.6척)의 단층 팔작지붕 건물이다. 다포식(多包式)이고, 내외 3출목, 외부 3제공으로, 그 위에 특이하게 많이 돌출한 운공(雲工)을 사용하였다. 첨차내부 하단부분은 교두형(翹頭形)으로 되었고, 한대(限大)의 윗부분은 옛날식의 초각(草刻)을 하였다. 우물천장을 하였고, 바닥마루를 깔았으며, 중앙의 불단 윗부분에는 닫집(唐家)으로 된 보개(寶蓋)가 있다. 건물외관이 정연하고 아름다운 건물이다.

3) 양산 통도사 대웅전

통도사(通度寺) 대웅전은 인조(仁祖) 23년(1645)에 중건(重建)된 것으로 정면 5간, 측면 3간, 단층 정자형(丁字形) 지붕으로 되어 있는 건물이다. 외3출목, 내4출목이며, 외부 3제공 위에 약간 뻗쳐 나온 삼차두형의 한대와 운공(雲工)을 갖고 있다. 내부첨차의 하단부분은 교두형(翹頭形)으로 되었으며, 주간포작(柱間包作)은 1개씩 놓여있다. 지붕이 정자형을 이루어 전면의 외관이 비대칭적인 정제(整齊)를 이루고 있어서 매우 특이하며, 다른 불사에서 찾아보기 힘든 예이다.

4) 부안 내소사 대웅전

내소사(來蘇寺) 대웅전은 중기건축으로 인조 11년(1633)에 중건되었으며, 정면 3간(40.5척), 측면 3간(28.3척)의 단층 팔작지붕 건물이다. 다포식(多包式) 외3출목, 내5출목이고, 운공(雲工)에 연봉을 조각하였으며, 전면의 분합창문살의 화초문 투각(透刻)이 매우 정교하고 우수하다.

꽃문양과 국화문 그리고 연잎 등 여러 문양을 조각한 매우 정교한 꽃살문을 달고 있어 특이하다. 이 문들의 문꼴을 아래위로 적당히 구획하여 밑에는

그림 200.
내소사 대웅전 내부

그림 201.
내소사 대웅전 꽃살문

청판을 대고, 위에는 간소화된 살을 배치한 것 등 입면적 의장계획이 우수한 건물이다.

이 건물의 평방 역시 2개의 부재를 합쳐 만든 것을 사용하고 있으며 포작의 조각이 화려하고 첨차의 상면에 곡선을 이룬 공안형을 두고 쇠서의 끝은 뾰족한 양서식으로 뻗었으며, 그 안쪽 상하부재 사이는 연봉형 초가지를 초각했다. 귀한대(隅限大) 끝부분의 용머리는 개암사의 것보다도 더 세련미를 보인다. 건물의 내부 역시 각 살미첨차 끝마다 연꽃 봉오리를 조각하고, 중앙부에 우물반자 이외에 바깥쪽으로 빗반자를 설치하여 연꽃을 측면으로 보이게 조각하여 붙임으로써 천장 전체가 장식으로 덮여 있다.

그림 202.
전등사 대웅전 입면도

5) 강화 전등사 대웅전 및 약사전

전등사(傳燈寺)는 광해(光海) 13년(1621)에 중건(重建) 되었으며, 전등사 대웅전은 정면 3간(27.9척), 측면 3간(24.4척), 단층 팔작지붕의 건물이다. 다포식(多包式) 외2출목, 내4출목이고, 제공(齊工) 위 추녀 밑에 인물형의 조각물이 있어서 특이하다.

전등사 약사전은 정면 3간(18.75척), 측면 2간(13.52척), 단층 팔작지붕의 건물이다. 다포식(多包式) 외1출목, 내2출목으로 되어 있다.

6) 예천 용문사 대장전

용문사(龍門寺) 대장전(大藏殿)은 현종(顯宗) 11년(1670)에 중수된 것으로, 정면 3간(32.6척), 측면 2간(16.1척)의 단층 맞배지붕 건물이다. 다포식(多包式) 내외 2출목으로 외부 2제공 위에 쇠서 모양과 흡사한 익공(翼工)과 운공(雲工)을 만들었다. 창방의 뺄목조각이 특수하며, 측면에는 공포(栱包)를 사용하지 않고 풍판(風板)이 없어서 매우 특이한 외관을 나타내고 있다. 내부 불단(佛壇)의 좌우에는 회전식 윤장대(輪藏臺)가 있는 것이 특이하다. 8각형 누각모양으로 만든 윤장대는 불경을 수장하는 장치이다.

7) 청양 장곡사 하대웅전

장곡사(長谷寺) 하대웅전(下大雄殿)은 중기건축이며, 정면 3간(28.42척), 측면 2간(18.3척)의 단층 맞배지붕 건물이다. 다포식(多包式) 내외 2출목이며, 맞배지붕의 경우 대부분 측면에 공포(栱包)를 두지 않는데, 이 건물에는 공포를 두었으며, 중앙에 고주(高柱)를 사용하지 않은 점이 특이하다.

8) 부안 개암사 대웅전

개암사(開巖寺) 대웅전은 인조(仁祖) 18년(1640)에 중건(重建)되었으며, 정면 3간, 측면 3간, 단층 팔작지붕의 건물이며, 공포는 다포식(多包式)으로 내외 3출목이다. 처마의 내밈을 크게 하고 있어, 추녀부분에는 그 처짐을 막기 위하여 활주를 받치고 있다. 평방(平枋)은 통부재만 쓰지 않고 저방형 단면의 두 부재를 옆으로 대어 촉을 받아 사용한 것이 특이하다. 부분적으로는 통부재를 사용하기도 하였다. 이것은 큰 평방재를 구하기 어려운 점도 있지만, 통부재보다는 합성재(合成材)가 목재의 뒤틀림을 막아 주는 장점이 있는 것을 고려한 것 같다. 이러한 평방의 예는 내소사(來蘇寺) 대웅전 등에서도 볼 수 있다.

이 건물에서 가장 두드러진 특징은 포작(包作)의 짜임과 그 부재에 새겨진 화려한 조각이다. 이와 같이 화려한 곡선의 포작을 시도한 건물로는, 같은 지역에 있는 내소사 대웅보전, 완주 위봉사 보광전, 익산 숭림사 보관정 등이 있고, 이들이 한반도 서남지역에 속해 있음은 주목할 만한 사실이다.

이 대웅전의 가장 눈에 띄는 특징은, 주요 구조부인 포작의 각 부분과 안팎의 살미첨차 머리, 그리고 측면의 평주(平柱)에서 대들보로 건너지르는 충량(衝梁)의 보머리 등의 장식의 화려함에 있다. 특히, 정면의 포작에는 그 받침(柱頭와 坐頭)이 양단의 우주(隅柱)에서 보통 '각진'형태이다. 그 다음 안쪽 주두의 형태는 가운데로 가면서 점차적으로 연잎형(荷葉形)이 되었으며, 중앙에

그림 203.
개암사 대웅전 공포도
(우측변간)

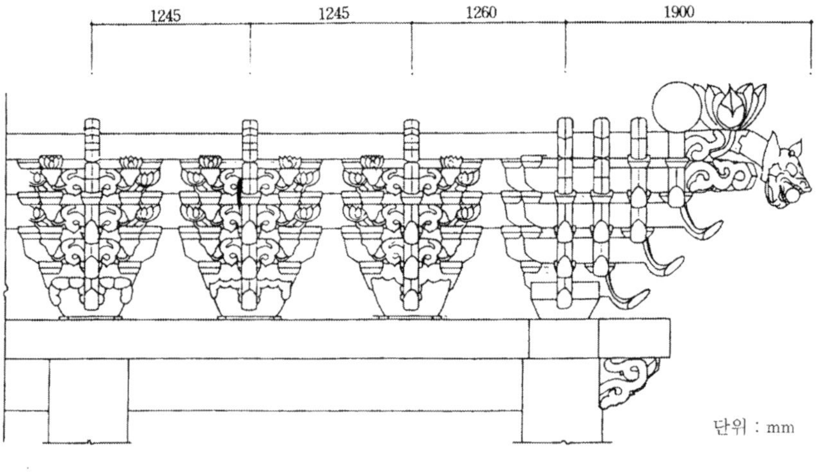

는 주두(柱頭)가 둥근 연잎형상으로 깊게 조각되어 독특한 형상을 하고 있다. 그 형태는 어간(御間) 부분에서 양쪽 변간(邊間)으로 가면서 그 위치에 따라 점진적으로 변화되어 모서리에는 직선으로 된 형상을 만들었다.

전면에서 가장 눈에 띄는 3출목부분의 행공(行工)첨차 중앙부는 잎의 모양으로 초각하고 소로의 바로 아래는 꽃대모양으로 휘어진 선형으로 투각(透刻)하여서 연결하였다. 행공첨차 위에 있는 소로들은 연꽃모양으로 각을 하여 장식하였다. 1출목과 2출목의 소첨차도 같은 수법으로 초각이 되어 있으나, 소로의 형상을 일반적인 각형 소로를 사용하였다. 소첨차 위에 있는 대첨차의 양쪽 끝은 연꽃모양을 만들고 아래를 투각하여 꽃대모양으로 장식하였다. 대첨차와 장여 사이의 소로에는 각을 하지 않았다. 따라서 결과적으로는 주두의 연잎(荷葉) 위로 연꽃대가 올라가서 층층이(1, 2, 3출목 첨차부분에서) 연꽃이 피어 있는 형태를 이루고 있다.

그러나 주두가 4각인 우주(隅柱)의 첨차는 대첨·소로 모두 운공(雲工)이나 초각이 없는 단순한 형태를 하여싸. 살미와 귀한대(隅限大)에는 주간포작과 같이 쇠서장식과 넝쿨모양으로 초각과 투각을 하고, 추녀와 귀한대 사이를 꽃잎이 중첩된 연꽃의 옆모양으로 깊게 새겼다. 그 외부에는 여의주(如意珠)를 문 짐승머리를 마치 살아 있는 것처럼 깎아 얹었는데, 동쪽에는 용두(龍頭)로 서쪽에는 호두(虎頭)로 하여 풍수의 좌청룡(靑龍) 우백호(白虎)에 맞춘 것으로 추측된다.

전면에서 귀포를 제외한 포작의 살미첨차에는 초재공, 2재공, 3재공의 끝을 쇠서로 하고 보머리에 해당되는 전면 돌출부에는 윗부분을 연꽃을 입에 문 봉두(鳳頭)로, 그 아래를 운공형(雲工形) 장식으로 투각하였다. 그러므로 보머리가 그대로 돌출되는 것에 비하면 보다 섬세하고 화려하며 장식 효과가 뛰어나다.

9) 동래 범어사 대웅전

범어사(梵魚寺) 대웅전은 효종 9년(1658)에 중수되었으며 정면 3간(11.69척), 측면 3간(9.75척)으로 맞배지붕의 건물이다. 공포는 다포식, 외3출목, 내4출목이며, 건물의 전후 면에만 포작이 짜여져 있고, 주간포작은 어간에 3개 변간(边間)에 2개씩 놓여 있다. 살미첨차의 외부는 두공에서부터 배 바닥을 평평하게 굴리면서 위로 솟아 있는 앙서형(仰舌形)으로 만들어 그 마구리를 직절(直切)한 것을 3개 중첩하였다. 한대는 새의 부리처럼 뾰족하게 만들고 그 위에 운공(雲工)을 놓아 외목도리와 결구하였다. 내부는 주상포작에서 한대와 운공 끝부분이 초각한 보아지 모양을 만들고 대량을 받게 되어 있다. 주간포작에서는 한대 끝이 교두형(翹頭形)이 되며 운공은 삼분두형(三分頭形)으로 만들었다.

중앙 뒷부분에 2개의 고주를 세워서 후불벽(後佛壁)을 만들었으며 대량은 전면에 있는 평주와 내부의 고주에 걸치고 그 위에는 중량(中梁)과 종량(宗梁)을 놓아서 3중량 가구가 되어 있다. 후면의 평주와 고주 사이에는 퇴량(退梁)을 걸었다. 종량 위에는 제형(梯形) 판대공을 놓아서 마루도리를 받쳤다. 천장은 우물반자와 빗반자로 되어 있으며 중앙 어간의 공간이 가장 높게 만들어져 있다. 맞배지붕의 양 측면에는 박공판(朴工板)과 방풍판(防風板)을 설치하여 측벽의 가구를 보호하였다.

단청은 금단청으로 되어 있으며 장여에서 발견된 묵서명(墨書銘)에는 경희(慶熙) 51년(1712)과 그 다음 해에 개채(改彩)한 기록이 있다. 내부 대량 머리에는 화문(花文)이 그려졌고 보에는 운룡(雲龍)이 묘사되어 있으며 천장에는 연화초가 그려져 있다. 외부에서는 단청의 퇴락이 심하여 창방과 평방 및 공포 등에만 단청의 흔적을 볼 수 있으며 그 문양을 분별하기 어렵다.

특히 범어사의 일주문(一柱門)은 3간의 문으로 형성되었으며 기둥 아랫부분이 3분의 2 정도가 석주(石柱)로 되어 매우 특이하다. 다포식 맞배지붕으로 되어 있으며 건물 외관이 한국적인 척도개념과 졸박(拙朴)한 멋을 나타내고 있다고 생각된다.

10) 하동 쌍계사 대웅전

하동 쌍계사(雙磎寺) 대웅전은 중기건축이며, 정면 5간(12.24척), 측면 3간(10.32척), 단층 팔작지붕의 건물이다. 다포식(多包式) 외3출목 내4출목이며, 외부에는 3제공과 짧은 익공(翼工)이 있다. 내부의 하단부는 모두 교두형(翹頭形)으로 되어 있다. 창방(昌枋) 뺄목의 초각은 깊게 투각(透刻)한 연꽃조각을 하였다. 천장 반자 속의 대공과 동자주 등은 장식 없는 것으로 조립되어 있다.

11) 고창 선운사 대웅전

선운사(禪雲寺) 대웅전은 광해군 6년(1614)에 중건된 중기건축이며, 정면 5간(70.6척), 측면 3간(32.8척), 단층 맞배지붕의 건물이다. 다포식(多包式) 내외 3출목으로, 내부 살미첨차 단면은 비교적 간단한 모양의 운공(雲工)으로 초각(草刻)되었으나, 첨차측면은 초각을 하지 않고 파련(波蓮) 모양을 단청(丹

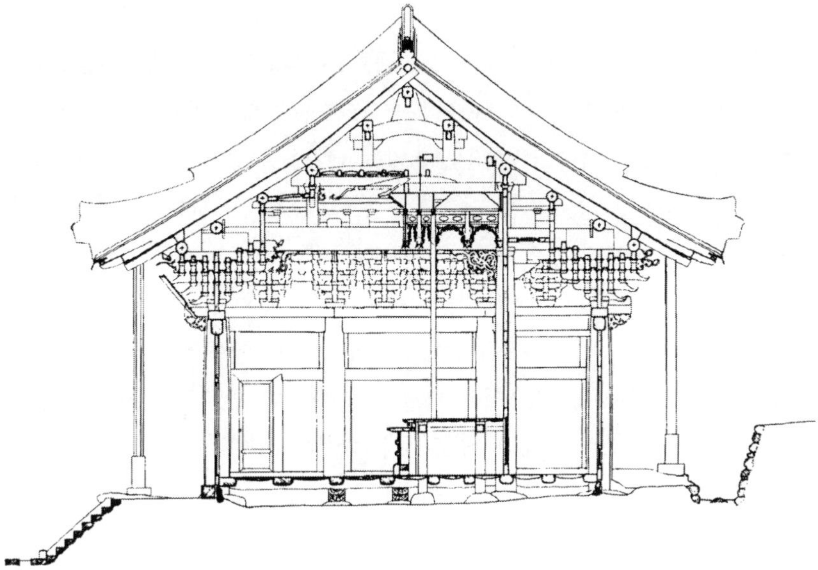

그림 204.
하동 쌍계사 대웅전
단면도

靑)으로 그려 놓았다.

12) 완주 화암사 극락전

완주 화암사(花巖寺) 극락전은 이 건물은 하앙(下昻) 구조형식이 현재까지 남아 있는 한국의 유일한 예로서, 매우 중요한 건물이라고 생각된다. 1981년 해체 수리할 때 종(宗)도리에서 발견된 묵서(墨書)에 의하면, 1605년에 중건(重建)하였다고 기록되어 있다.

극락전은 정면 3간, 측면 3간의 단층(單層) 맞배지붕의 건물이며, 공포는

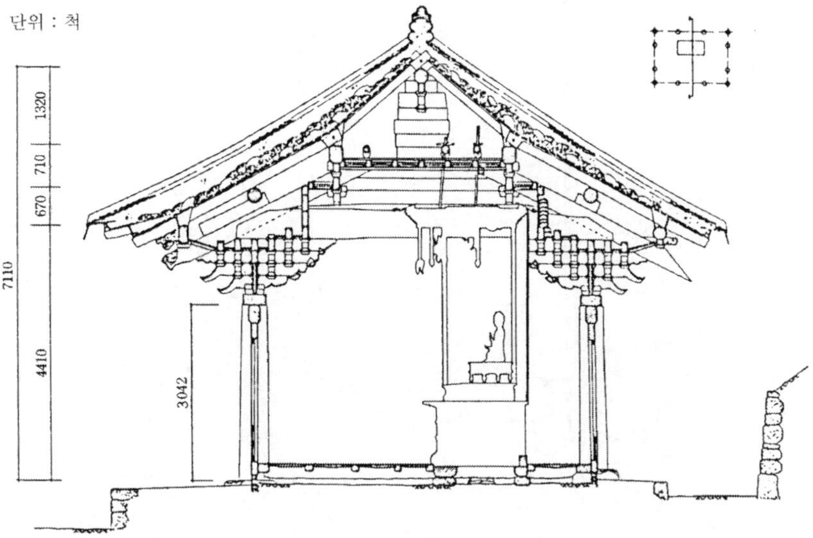

그림 205.
완주 화암사 극락전
단면도

다포식(多包式) 내3출목, 외2출목 포작 위에 하앙재(下昻材)를 걸쳐 놓은 유일한 건물이다. 다포식인데 맞배로 처리한 점은 개심사(開心寺) 대웅전과 비슷한 점이 있다. 정면과 측면의 비례는 1.6 : 1로 황금비(黃金比)에 가깝다. 건물의 전면과 측면 앞쪽의 변간(辺間)에는 출입문을 달고 기타부분에는 벽을 쳤다. 내부는 바닥과 천장에 우물마루와 우물반자로 처리하였다.

하앙(下昻)은 중도리 밑에서부터 경사지게 내리뻗어 밖의 처마도리를 받도록 하였다. 그 외단(外端)은 전면에서는 용두형(龍頭形) 조각을 하고 후면에서는 뾰족한 부리같이 깎았다. 이러한 하앙의 구조로 전면의 처마내밈 깊이는 약 3 m가 넘게 되어 있다. 외부로 뻗은 쇠서의 끝은 밑으로 처지면서도 세련미가 나게 그 끝을 뾰족하게 들어 올렸다. 내부의 살미첨차 끝은 밑을 교두형으로 만들지 않고 당초와 연봉을 화려하게 조각하였다.

13) 부여 무량사 극락전

무량사(無量寺) 극락전은 조선왕조 중기에 건립된 중층(重層) 팔작지붕을 가진 건물로서, 아래층은 정면 5간(57.12척), 측면 4간(40.75척), 위층은 정면 3간(40.8척), 측면 2간(24.46척)이며, 내부는 아래 위층이 통해 있다. 공포는 다포식(多包式)으로서 아래층은 내외 3출목, 외부 3제공으로 되었고, 위층은 내외 4출목, 외부 4제공으로 되었으며, 익공을 파련초각(波蓮草刻)하여 놓은

그림 206.
무량사 극락전 단면도

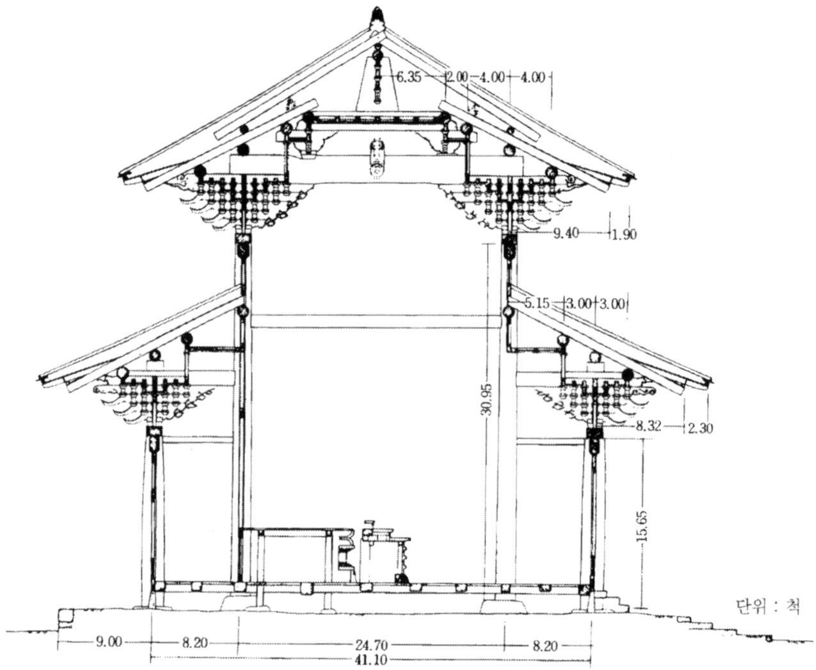

것이 특이하다. 내부 첨차살미는 일정하게 연(蓮)봉형으로 초각하였고, 외부의 제공형상이 아름다우며, 외부 한대(限大) 끝이 초각되고 그 상부에 연꽃형을 만들었다. 무량사 약지(略誌)에는 1679년에 중수(重修)하였다고 기록되어 있다.

14) 경산 환성사 대웅전

환성사(環城寺) 대웅전은 인조 13년(1635)에 중건되었으며 정면 5간(39척), 측면 4간(31.2척), 단층 팔작지붕의 건물이며, 공포는 다포식 외3출목, 내4출목이다. 특히 정면과 측면 모두 같이 주간이 7.8척으로 되어 있음은 매우 특이하다. 건물 내부의 중앙 뒤에는 평주와 열을 맞추어 고주 3개를 세우고 후불벽(後佛壁)을 만들었다.

건물의 전면과 귀공포 일부의 끝에만 살미 끝에 쇠서를 조각하고, 그 나머지는 모두 교두형 첨차와 같이 그 끝이 위에서부터 수직으로 끊기고 밑에서는 호형(弧形)으로 깎았다. 쇠서는 봉정사(鳳停寺) 대웅전에서와 같이 그 끝이 밑으로 처진 형식이 아니고 위로 약간 들린 모양으로 되어서 조선왕조 중기 이후의 특징을 보이고 있다. 그러나 첨차 위에 공안형을 판 것과 내부 보아지의 무늬장식 등은 봉정사 대웅전의 것과 유사한 계통임을 보여 준다.

한편 지붕 밑의 종(宗)대공이나 동자주(童子柱) 등의 결구에는 전자에 비하여 전혀 장식을 두지 않고 있어 시대가 떨어짐을 보인다. 또 대들보의 단면이 거의 원형에 가까운 것도 이 건물의 특징이다. 전체적인 가구를 살펴보면 이 건물은 조선왕조 중기 이후의 다포식의 건축으로 비교적 장식을 많이 하지 않은 건물이다.

그림 207.
환성사 대웅전 입면도

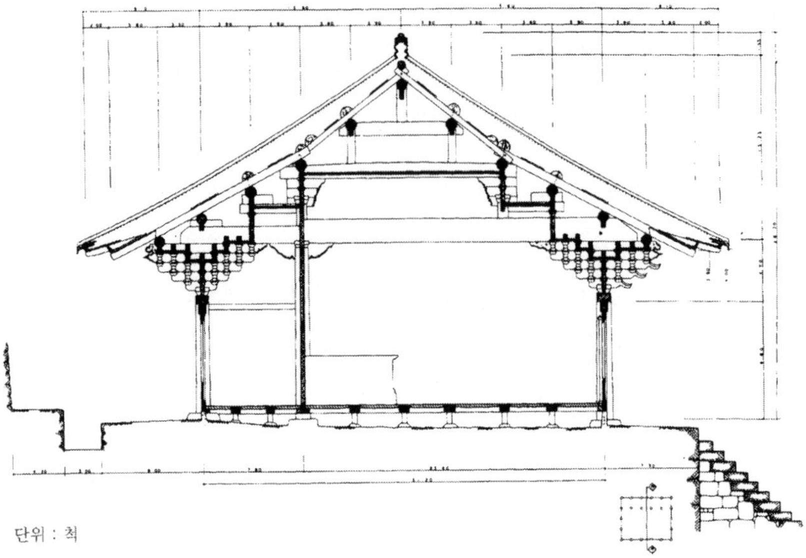

그림 208.
환성사 대웅전 단면도

15) 박천 심원사 보광전

심원사(深源寺) 보광전(普光殿)은 1368년 중건하여 1718년에 중수된 것으로, 정면 3간(10.85 m), 측면 2간(7.2 m), 단층 팔작지붕으로 되어 있는 건물이며, 공포는 다포식 내외 4출목이다. 어간기둥으로부터 양옆으로 나가면서 기둥을 높여 나갔다. 그리고 네 모서리의 기둥은 경(徑)이 더 굵게 하였다. 살미첨차는 연꽃문양과 운공형(雲工形)으로 정교하고 화려하게 조각하였다. 네 가지 형식의 포작으로 전면, 측면과 뒷면을 다르게 하면 안에서는 다 같게 하고 주상포작과 주간포작을 서로 다르게 하였다. 제공과 첨차의 면과 선들은 모두 간결하며 장여와 도리를 힘 있게 받들어 주고 있어 건물 전체가 웅건해 보인다.

보광전은 건물의 크기에 맞게 굵은 부재를 썼다. 경간이 7.2 m나 되는 대들보의 굵기는 61 cm×50 cm이며 기둥의 굵기는 61 cm나 된다. 기둥 위에 새겨진 여의주(如意珠)를 얻으려는 용과 봉황의 형상은 대단히 훌륭하다.

이 불전의 꽃살문들은 우수한 조각솜씨를 보여 준다. 모란, 연꽃, 매화, 국화 등을 섬세하게 투각한 다섯 가지의 문짝을 규칙적으로 배치하였다. 단청은 황색과 붉은색을 적게 쓰고 푸른색과 녹색을 많이 썼다. 특히 두공 윗부분에 풀색을 많이 썼는데 밖에서 보면 아주 시원한 감을 준다. 건물 내부에는 용의 비늘을 금박으로 그렸다. 대들보와 창방에 그린 단청 그림에는 험상한 낯짝에 사나운 이빨을 드러내고 몸에는 억센 비늘과 날카로운 가시를 세우고 내닫는 용을 그렸다.

그림 209.
박천 심원사 보광전
꽃살문

16) 평성 안국사 대웅전

안국사(安國寺) 대웅전은 1654년 중건되었으며 정면 5간(17.04 m), 측면 4간(13.2 m), 중층(重層) 팔작지붕으로 공포는 외3출목, 내4출목이다. 현재 북한에 유일하게 남아 있는 2층 불전으로 균형이 잘 잡힌 웅장한 외관을 갖고 있다. 건물 내부 복판에는 기둥이 없고 평방 안쪽으로 10개의 고주가 둘러 세워져 중층 공간을 이루었다. 고주들은 높은 2층 천장까지 올라가 내부공간의 웅장함을 돋보이게 만들고 있다. 천장은 2층 중도리까지 높직하게 가설하여 소란(小欄) 반자를 화려하게 만들었다. 중장여에서 내장여까지에는 네 면에 빗반자를 비스듬히 만들어서 내부를 한층 넓어 보이게 만들었다.

포작이 매우 훌륭하며 나무 구조물이라기보다 공예작품과 같은 느낌을 줄 정도이며 공포의 형상은 1층과 2층이 다르고 또 같은 1층에서도 전면과 뒷면이 다르다. 1층 전면은 외3출목, 내4출목으로 복잡하게 짜면서 연꽃형, 운공(雲工)형으로 하였으며 1층 측면과 뒷면의 것은 전면과 같은 출목수로 하면서 살미첨차를 쇠서형으로 만들었다. 2층에서는 내외 1출목으로 하면서 좀 단순하게 만들었다.

여기에서 1층 공포에 비하여 2층 공포를 단순하게 한 것도 특이하다. 전면 우주(隅柱) 위사래 밑에 용두형(龍頭形)과 집안 앞면 모서리부분의 인형조각은 매우 기발하다. 단청은 금단청으로서 눈이 부실 정도로 화려하다. 문짝에 뚫어새긴 연꽃무늬 조각은 아름답고 특이하다.

그림 210.
안국사 배치도

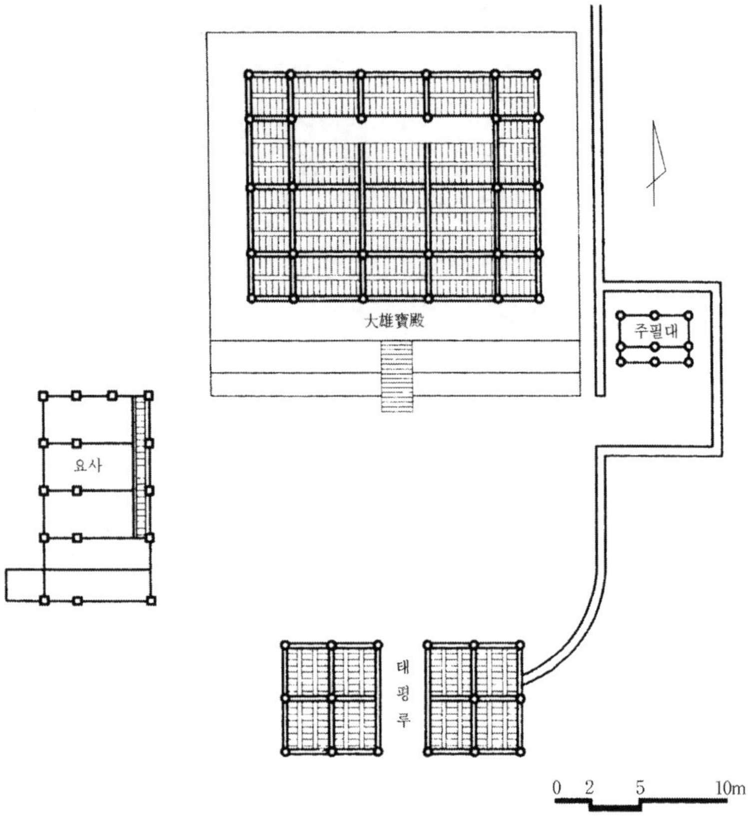

(4) 후기 다포식 불전건축

1) 논산 쌍계사 대웅전

논산 쌍계사(雙溪寺) 대웅전은 1739년에 중수되었으며, 정면 5간(65척), 측면 3간(33척), 단층 팔작지붕의 건물이다. 공포는 다포식 외4출목, 내5출목이고, 내부 살미첨차는 운공(雲工)으로 조각되었으며 연(蓮)봉을 만들었다. 첨차의 치수가 매우 크며 건물 전체의 규모가 매우 웅장한 외관을 형성하고 있다. 문살은 매우 섬세 정교하게 조각하였으며, 연화, 모란 등 6종의 화문(花文)을 사용하여 매우 아름답다. 기둥은 초창 때의 것으로 추측되며 수간(樹幹)의 자연스런 모양을 되도록 살리도록 많이 배려하였고, 그 직경도 크고 매우 졸박(拙樸)한 감을 갖게 한다. 특히 우주(隅柱)의 경(徑)이 매우 크며 전면 향우측(向右側) 우주는 독특한 잔연 수간의 형상을 그대로 갖고 있어서 대교약졸(大巧若拙)의 멋을 느끼게 한다.

그림 211.
논산 쌍계사 대웅전
내부 공포

평방은 2개의 부재를 합쳐서 만들었으므로 내소사(來蘇寺) 대웅전의 평방과 같은 점이 있다. 포작의 조각이 화려하며 쇠서 끝은 앙서형(仰舌形)으로 뾰족하다. 내부의 살미첨차는 끝이 모두 연봉형 초각을 하여서 화려하게 만들어 내소사 대웅전의 포작장식 및 장식문양과 매우 흡사하나, 보다 더 힘차게 표현되어 있다. 포작 상부에는 용두(龍頭)와 봉두(鳳頭)의 장식을 교대로 만들어 놓았다.

그림 212.
논산 쌍계사 대웅전 보개

본존불(本尊佛) 좌우에 있는 후불벽(後佛壁)의 2개 기둥은 구불구불 휘어 올라간 자연적인 수간(樹幹)을 그대로 사용해서 마치 용이 용트림하면서 올라가는 형태를 하고 있는 것이 매우 특이하다. 불상 위에 있는 닫집에는 이와 같이 올라간 용이 9개의 용두(龍頭)를 나타내고 있어서 환상적인 분위기를 형성하고 있다(色圖版 논산 쌍계사 대웅전 내부공간 참조). 보개(寶蓋)의 주위에는 5마리의 나무조각으로 만든 백학(白鶴)이 나르듯이 매달려 있다. 또한 좌우에 있는 충량(衝梁)의 단부도 크게 용두(龍頭)를 조각하여 놓아서 환상적인 내부 공간 분위기를 형성하고 있다. 정면 5간에 모두 각각 2개식의 큰 분합문이 아름다운 꽃살문으로 만들어져 있다. 이 꽃살문들은 내소사의 분합문과 흡사하나 그 규모가 크고 힘찬 모습을 하고 있다. 내외부의 단청도 잘 남아 있다. 따라서 이 건물은 같은 계열에 속하는 장인(匠人)들에 의하여 조선왕조 후기 초에 크게 중수된 것으로 추측된다.

이 사찰은 고려시대 고종(1215~1259) 때에 마곡사(麻谷寺)의 말사(末寺)로 창건되었다고 전하며 불명산(佛明山)의 깊은 산 속에 북향으로 트여 있는 계곡에 자리 잡고 있어 자연환경이 매우 잘 보존되어 있다. 북향한 대웅전 앞에는 중정이 있고 그 앞에는 나지막하게 펼쳐져 있는 고루(鼓樓)가 서 있어 매우 특이하다.

2) 영광 불갑사 대웅전

불갑사(佛甲寺) 대웅전은 영조 40년(1764)과 순조 25년(1825)에 중수되었으며 정면 3간(36.73척), 측면 3간(24.59척)으로 된 팔작지붕의 건물이다. 가람배치가 서향을 하고 대웅전의 정면도 서향을 하고 있는 것이 특이하다. 포작은 다포식으로 외2출목, 내3출목이며 정면 어간의 2개 기둥에만 용(龍)모양의 조각을 한 안초공(按草工)을 사용한 것이 특이하다. 첨차는 내부와 외부에서 모두 공안형이 없고 마구리 윗부분은 사절(斜切)되었고 그 밑 부분은 교두형(翹頭形)으로 만들었다.

살미첨차들은 중첩되어서 일체화되었으며 외부 살미는 2제공까지는 앙서형으로 만들었고 한대는 익공형으로 만들었다. 외목도리와 결구되는 부재는 봉두형(鳳頭形) 조각을 하였다. 외부 살미의 밑 턱에는 연봉형 조각이 있으며 조선왕조 후기 정식화의 경향이 뚜렷하게 나타나고 있다. 내부는 살미첨차의 단부가 더욱 장식화 되었으며 5개의 연봉과 연꽃모양이 조각되었으며 최상부에 놓인 부재의 끝은 봉두형(鳳頭形)으로 만들었다. 남쪽 측면의 평주에서 대량 위로 길게 뻗음 충량(衝梁)의 마구리에는 귀면(鬼面) 장식판을 달았다. 이러한 장식화의 경향은 백제문화에 속하는 지방 불전 건물에 나타나는 특색이다.

가구는 5량(梁)구조를 나타내고 있으나 중도리에서 주심도리로 이어지는 장연(長椽) 위에 도리방향으로 다시 모접이 한 도리형의 부재를 놓아 그 위로 덧서까래를 올려놓았는데 이러한 것은 매우 드문 수법이다. 북쪽 변간(辺間) 부분에 불단이 설치되어 있는 관계로 이 부분에 고주가 4개 서 있으며 이곳의 대량은 고주위로 뜬 보와 같이 짜여지며 상부의 하중을 전후면 퇴량(退梁)으로 전달하고 퇴량의 뺄목은 봉두형으로 되었다. 천장은 3단으로 층급을 두어 우물천장으로 마감했으며 상부의 가구가 보이지 않는다. 종(宗)도리와 2중량(重梁) 사이에는 동자주가 서 있는데 변형이 심하다.

건물 외부는 금단청(錦丹靑)을 하였으나 퇴락이 심하여 내부에는 비교적 단청이 잘 남아 있다. 대량 머리에는 연화 머리초가 그려 있으며 계풍(界風 : 머리초 다음의 부분)에는 비룡문(飛龍文)이 있으며 바닥은 긋기단청을 하였다. 우물천장에는 연화문과 화려한 화문(花文)으로 장식되어 있다.

3) 익산 숭림사 보광전

숭림사(崇林寺) 법당중수기(法堂重修記)에 의하면 숭림사 보광전(普光殿)은 가덕(嘉德) 24년(1819)에 중수되었음을 알 수 있다. 정면 3간 측명 2간의 단층 맞배집이며 공포는 다포식 내외 3출목이다. 다포식 건물이면서 맞배인 점이 개심사(開心寺) 대중전과 같이 특이하고 측면에 짧은 평방을 놓은 것도 이색적이다. 특히 전면의 공포는 연화문양을 초각한 주두 위에 내외 3출목의 포

그림 213.
숭림사 보광전 정면도

작을 꾸몄으나, 후면 외부만은 간소화하여 1출목으로 만들었다. 첨차에 연꽃을 초각하고 살미 위 한대 끝에 당초와 연꽃무늬를 화려하게 조각하여 상당한 수준의 세련미를 보이고 있으면서도, 후면의 공포는 살미의 끝을 경사지게 깎아 직선을 이루고 출목도 처마도리를 받는 외출목만 만들어서 간소화시켰다. 이것은 중수할 때 변형된 수법으로 생각된다. 지붕도 전면은 부연(浮椽)이 있는 겹처마로 하고 후면은 부연 없이 홑처마를 하였다. 이러한 예는 많이 볼 수가 있는데, 대부분의 경우 후측 산에서 흐르는 물의 습기로 뒤쪽 목재가 잘 부식되므로 보수시에 간소화시킨 수법이다.

건물의 내부에는 살미첨차의 끝을 연(蓮)봉과 당초문 등으로, 그 위를 용두(龍頭)와 봉황 등으로 조각하여 장식하였다. 불단 위에도 용과 봉황 등으로 장식된 화려한 닫집이 있다.

(5) 주심포식 불전건축

1) 강화 정수사 법당

정수사(淨水寺) 법당은 초기의 주심포식(柱心包式) 건축으로 1423년에 조영된 것이나, 후대에 개보(改補)한 부분이 많은 건물이다. 정면 3간(28.5척), 측면 4간(27.4척)이고, 전면의 1간은 툇마루를 놓아 개방되어 있으며, 이 부분은 후대에 개보한 부분으로 추정된다. 창건 당시는 양통(梁通) 3간이고, 외1출목으로 되었던 것을 후면은 그대로 두고, 전면에는 툇간을 후대에 늘려서 1출목으로 하여 초각(草刻)을 가진 첨차(簷遮)를 사용하였으며, 주간(柱間)에는 같은 양식의 화반(花盤)을 만들었다.

쇠서의 모양은 비교적 강직하게 빠져 나왔고, 외1출목으로 된 곳은 주심(柱心)과 1출목의 간격이 매우 넓혀져 있다. 따라서 헛첨차의 길이가 매우 길다. 건물 후면에서 외목도리(外目道里) 밑에 바쳐져 있는 장여는, 소로를 사용하여 받쳐 놓은 이외의 밑 부분에 초각(草刻)을 해서 높이에 변화를 갖게 하였는데, 단장여(短長舌)와 장여의 중간형식을 나타내는 것으로 매우 흥미있는 예이다. 이 법당 후면에 있는 첨차들은 옛 부재가 그대로 남아 있어서, 고래시대의 수법을 잘 나타내고 있다. 첨차 끝에 쌍 S 자형 초각형상이 대만(臺灣)에 남아 있는 중국 복건(福建) 지방의 세부수법과 매우 흡사한 점이 있어서 매우 특이한 것으로 생각된다.

2) 영암 도갑사 해탈문

도갑사(道岬寺) 해탈문(解脫門)은 성종(成宗) 4년(1473)에 건립된 것으로,

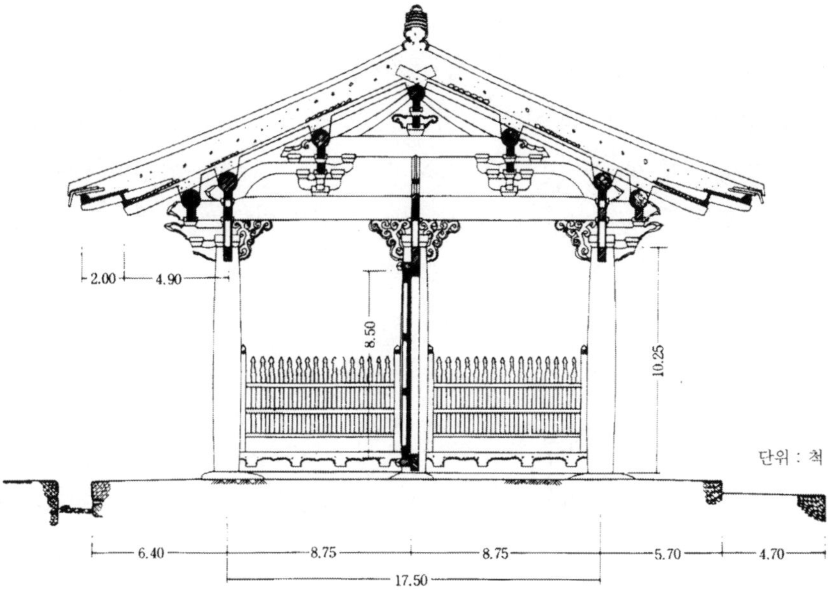

그림 214.
도갑사 해탈문 단면도

정면 3간(24.4척), 측면 2간(17.4척)의 단층 맞배지붕으로 되어 있는 주심포식(柱心包式) 건물이다. 헛첨차를 사용하여 외부 1출목과 2출목의 중간형식으로 만들었으며, 1출목 소로 위에 행공첨차(行工簷遮)를 사용하지 않고, 쇠서를 가진 살미첨차를 겹친 위에 소로를 놓아서 외목도리(外目道里) 장여(長舌)를 받쳤다. 내부는 보아지형으로 되어 있고, 우미량(牛尾梁)을 사용하였으며, 세부수법은 무위사(無爲寺) 극락전과 흡사하다.

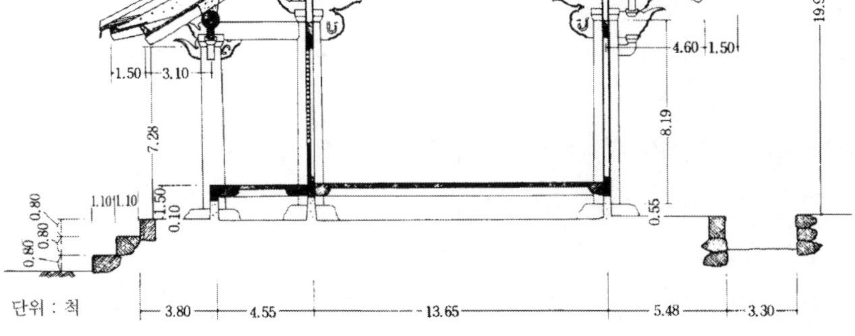

그림 215.
개목사 원통전 단면도

3) 안동 개목사 원통전

개목사(開目寺) 원통전(圓通殿)은 초기건축이며, 정면 3간, 측면 3간 단층 맞배지붕의 주심포식 건물이다. 전면 1간의 툇마루를 만들어서 개방되었으며, 전면 평주(平柱) 위에는 헛첨차를 두어 큼직한 주두(柱頭)를 놓고, 퇴량(退梁)을 얹은 다음에 주심도리(柱心道里)를 받도록 되어 있다. 퇴량, 뺄목외단과 헛첨차의 외단이 앙서(仰舌)로 되어 있으며, 매우 소박하고 간단한 주심포식을 나타내고 있다. 건물의 왼쪽에는 한층 낮은 부속건물이 한 칸 달려 있어, 부엌처럼 사용되고 있다.

4) 홍성 고산사 대웅전

고산사(高山寺) 대웅전은 초기건축이며, 정면 3간, 측면 3간 단층 팔작지붕의 건물이다. 주심포식(柱心包式)이나, 평방(平枋)이 있는 것과 팔작지붕으로 된 것이 주심포식 건물로는 특이하고, 공포세부에 무위사(無爲寺) 극락전과 비슷한 점이 있다.

2. 불 탑

(1) 목 조 탑

조선왕조 시대에 최초로 세워진 목조탑파는 태조(太祖)의 공덕을 기념하기 위하여 태조 2년에 중건(重建)된 연복사(演福寺) 목조탑이다. 권근(權近)이 만든 연복사의 중창기문(重創記文)에 의하면, 사방 5간의 평면을 가진 5층탑으로 매우 장대하였다고 한다. 노반(露盤)은 돌로 만들었고, 탑의 윗부분에는 불사리(佛舍利)를 안치하였고, 탑의 중간부분은 각 층마다 통하여 다닐 수 있는 설비가 있었던 것으로 추측되며, 탑 안에는 비로불상(毘盧佛像)을 두고 장엄한 장식을 하였음을 중장치문에서 알 수 있다.

그 밖에도 목조탑은 흥천사(興天寺) 5층 사리각(舍利閣 : 李好陰王集에 기록되어 있음), 삼수암목탑(三水庵木塔, 林藝 膽募集에 기록되어 있음) 등이 문헌에 나타나 있어서 건축되었던 것을 알 수 있으나, 현재 남아 있는 목조탑파는 화순 쌍봉사(雙峰寺)의 3층탑 건물과 보은 법주사(法住寺)의 5층 탑파건축인 팔상전(捌相殿)이 있다.

쌍봉사 3층탑은 1724년에 중건(重建)된 것으로, 현재 대웅전(大雄殿)으로 사용되고 있다. 각 층은 사방 1간으로 되었고, 1층은 주간(柱間) 13.35척이

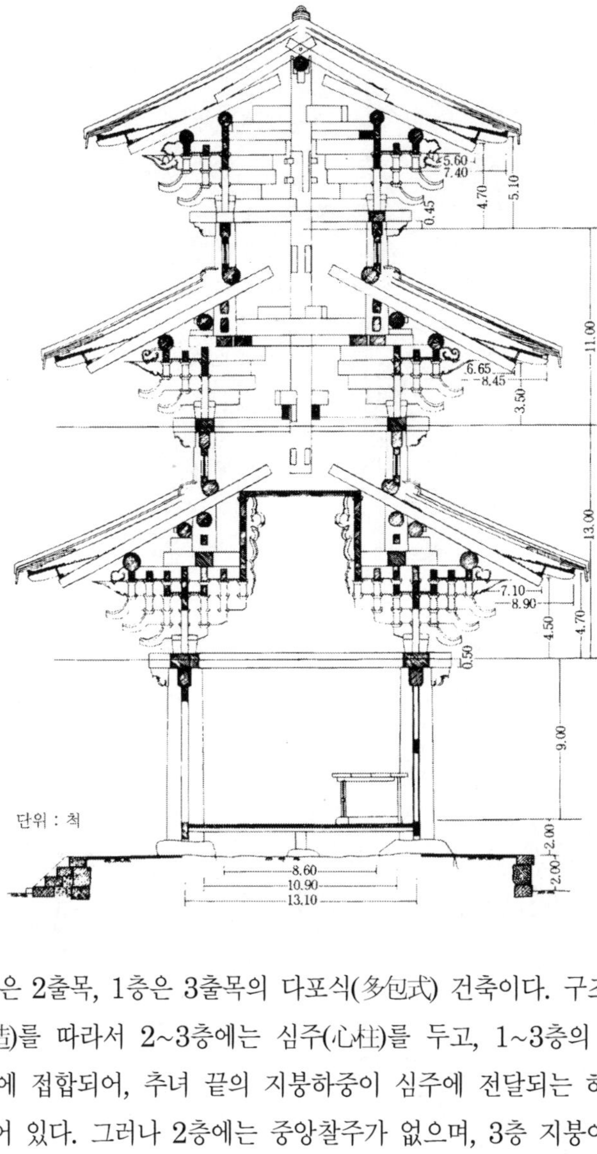

그림 216.
쌍봉사 대웅전 단면도

며, 2~3층은 2출목, 1층은 3출목의 다포식(多包式) 건축이다. 구조가 탑파구조(塔婆構造)를 따라서 2~3층에는 심주(心柱)를 두고, 1~3층의 추녀가 이 심주(心柱)에 접합되어, 추녀 끝의 지붕하중이 심주에 전달되는 하중을 떠받들도록 되어 있다. 그러나 2층에는 중앙찰주가 없으며, 3층 지붕이 팔작지붕으로 되었고, 그 정상에 불탑건축의 주요한 요소인 상륜부(相輪部)가 없다. 따라서 이 건물은 본격적인 불탑건축이라고 볼 수 없으며, 고루(高樓)건축의 일종으로 생각된다.

법주사 팔상전은 본당(本堂)건물로 현재 사용되고 있으며, 그 건물의 용도가 불탑건축과 다소 다른 점이 있다. 원래 일반적으로 불탑에는 석가팔상(釋迦八相)이 안치되었던 것으로, 2탑식인 경우에는 동탑에는 인상(因相)인 입태(入胎), 수생(受生), 수락(受樂), 고행(苦行)의 사상(四相)을 두고, 서탑에는 과상(果相)인 성도(成道), 전법륜(轉法輪), 열반(涅槃), 분사리(分舍利)의 사상을 두었다. 이와 같은 사실을 참고할 때, 법주사의 팔상전(捌相殿)은 석가팔상(釋

그림 217.
법주사 팔상전 단면도

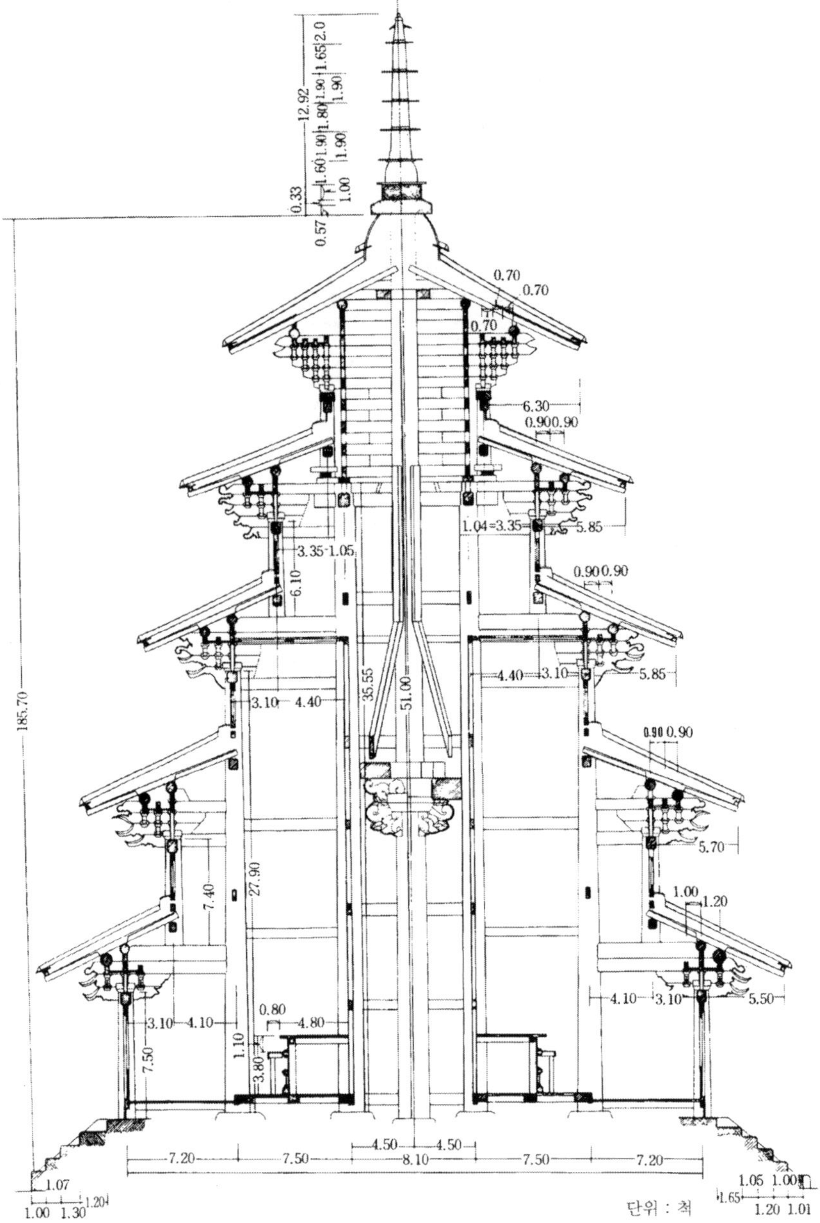

迦八相)을 안치하고, 본당건물의 용도를 겸하는 특수한 불탑건축임을 알 수 있다.

팔상전에는 1층에서부터 중앙에 심주(心柱) 부분이 형성되어 있으며, 지붕 정상부에는 상륜부(相輪部)를 완비한 한국의 현존하는 유일한 목조불탑 건축으로 생각된다. 이 건물은 인조(仁祖) 2년(1624)에 벽암대사(碧巖大師)가 중창(重創)한 것이다. 석조기단(石造基壇) 위에 한 변의 길이 37.5척의 5간 사방의 제1층 탑신(塔身)이 놓여 있다. 1~2층은 사방 5간으로 되어 있으며, 3~4층의 탑신은 사방 3간으로 되었다. 1층부터 4층까지는 주심포식으로 되어 있으며, 제5층은 탑신이 없고, 옥미상(屋楣上)에 주간포작을 놓고 네모지붕을 만들었다. 정상에는 노반(露盤)을 두고, 복발(覆鉢) 위에 오륜(五輪)이 있으며, 찰간보주(刹竿寶珠) 끝에는 결색(結索)을 사방으로 걸어, 그 단부가 제5층 지붕 네 모서리의 추녀 끝에 연결되었고, 각층 추녀 끝에는 보탁(寶鐸)이 달렸다.

내부는 3층 천장까지 공간이 트여 있으며, 그 이상은 통하지 못하게 되어 있다. 심주(心柱)를 중심으로 5층 바닥까지 올라가는 사천주(四天柱)가 둘러서 있다. 사천주로 형성되는 4면의 벽에는 석가 팔상도(釋迦八相圖)가 각 면에 2개씩 걸려 있었고, 벽의 아랫부분에 있는 단위에는 불상이 놓여 있다. 처마는 부연(浮椽)이 없는 것이 특이하며, 상륜(相輪)의 높이 약 13척, 탑의 총높이 80여척으로, 전체적으로 건물 높이에 비하여 폭이 넓어서 안정감을 많이 갖고 있으나, 건물 높이 및 상륜부가 건물 폭에 비하여 낮은 감이 있다.

(2) 석 조 탑

조선왕조시대의 석조탑은 고려시대의 석조탑과 양식을 계승하여 부분적으로 세부형식에만 변화를 주었을 뿐이고, 조선시대 석탑으로서 새로운 양식의 발전을 보지 못하였으며, 건축수법도 고려시대에 비하여 쇠퇴한 것으로 생각된다. 조선왕조시대의 중요한 석탑들은 서울파고다 공원 내의 원각사지(圓覺寺址) 10층 석탑, 여주 신륵사(神勒寺) 7층 석탑, 금강산 유점사(楡占寺) 9층탑, 양양 낙산사(洛山寺) 7층 석탑 등이 있다.

원각사지 10층 석탑은 세조(世祖) 13년(1467)에 건립된 것으로, 고려시대의 특수형식 탑인 경천사지(敬天寺址) 석탑을 모본으로 만든 것인데, 조각수법이 약간 다른 특색을 갖고 있으나, 전체적인 건축형식은 거의 흡사하다. 3층의 기단(基壇) 위에 10층의 탑신(塔身)이 놓여 있으며, 기단폭(基壇幅)은 11.6척, 높이 50여척이고 백대리석으로 만들었다. 기단과 아랫부분 3층의 탑신(塔身)은 아자형(亞字型)의 평면으로 되었으며, 제4층부터는 정방형의 탑신으로 되어 있다. 탑신에는 다포식(多包式) 목조건축의 세부수법이 모각(模刻)되어 12불회상(十二佛會相), 천부(天部), 인물, 이룡(螭龍), 화문(花文)의 조각 등이 경천사지 탑과 같으나, 경천사지 탑은 불상 조각면을 감실(龕室) 모양으로 내곡(內曲)하게 만든 것이다.

원각사(圓覺寺) 석탑은 수직면상에 부각(浮刻)하였다. 전자는 최상층 지붕을 네모지붕으로 하였으나, 후자는 사면 팔작지붕으로 한 것이 다르며, 노반(露盤) 이상은 없어졌다. 돌을 다듬은 솜씨가 보다 따뜻하고 온후한 맛을 갖고 있는 것이 이 탑의 특징이다. 조각수법이 섬교(纖巧)하여지고, 견실한 면이 적은 것 같기도 하나, 형상수법이 경천사지 탑에 비하여 큰 손색이 없으며, 조선 초기 석탑의 걸작이라고 생각된다.

성종(成宗) 3년(1472)에 세워진 여주 신륵사(神勒寺) 다층석탑은 일반형 탑이라고 생각된다. 기단부는 2층으로 되어 상하기단의 중석(中石)과 갑석(甲石) 및 지대석(地臺石)이 각 단일석(單一石)으로 구성되어 있으며, 상하 갑석에는 연화문(蓮花文)을 각(刻)하였다. 또, 그 사이에 끼워 놓은 중석 모서리에는 꽃무늬의 기둥을 조각하고, 하단중석(下段中石)의 4면에는 파도문양을 만들었으며, 상단중석(上段中石)의 각 면에는 용문(龍文)을 중심으로 운문(雲文)을 각(刻)하였다. 옥개석은 편편하며, 추녀의 돌출이 적고, 처마의 모서리 부분 반곡(反曲)은 매우 적으며, 거의 직선에 가까운 처마곡선을 갖고 있어서 경쾌한 멋이 적다. 옥개받침은 매우 퇴화되고 섬약해져서, 멀리서 보면 옥개받침이 잘 보이지 않는다. 옥개석 폭에 비하여 각층 탑신(塔身)의 폭이 매우 넓고, 높이가 낮음으로 해서 육중한 감을 주며, 상륜부(相輪部)는 전부 없어졌다. 이 탑은 총 높이 약 3 m 정도의 소규모의 석탑으로, 고려 말기의 수법을 그대로

그림 218.
낙산사 7층석탑

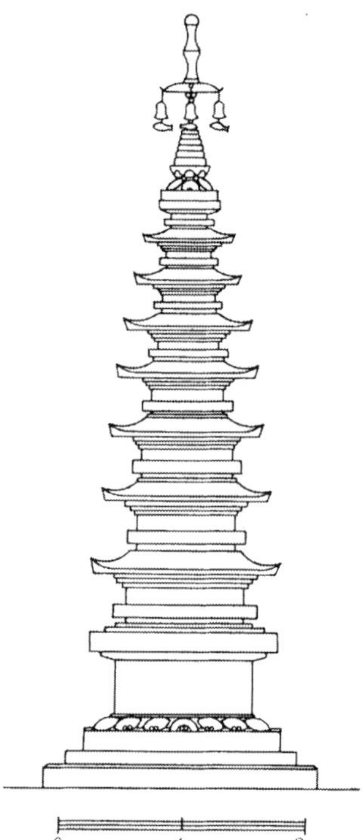

이어받아서 부분형식의 약화와 화려한 조각장식이 사용된 것이 특이하다. 아담하고 견실한 고려 석탑의 아름다움이 감소되어 있음을 느끼게 하는 점도 있으나, 매우 고준(高峻)하고 독특한 외형을 갖고 있는 석탑으로 생각된다.

낙산사(洛山寺) 7층 석탑은 1468년에 세워진 것으로서, 일반형을 다소 변형시킨 석탑으로, 이 중의 지대석(地臺石) 위에 1층 기단을 두고 그 위에 7층의 탑신(塔身)이 놓여 있다. 기단 하대석 상부에는 연화문(蓮花文)을 각하였으며, 상대갑석 상부에는 2단의 굄이 있다. 각 층의 탑신석(塔身石)에는 주형(柱形)을 생략하고, 고려시대의 신복사지(神福寺址) 석탑과 같이 난간이 간략화된 형식의 돌을 두었다. 옥개석은 윗부분의 낙수면(落水面)의 구배(勾配)가 급하고 처마 끝면이 얇으며, 모서리 부분에 적은 반곡(反曲)을 보인다. 옥개받침은 각 층이 모두 3단으로 되고, 옥개석의 윗부분에는 1단의 굄이 조출(彫出)되어 있다. 청동제 상륜부(相輪部)가 남아 있으며, 각 층의 체감률(遞減率)이 알맞게 되어 있어, 비교적 우아하고 경쾌한 외관을 갖게 하는 것으로 생각된다.

도판 67 수원 팔달문

도판 68 수원 화서문 및 공심돈

도판 69 전주 풍남문

도판 70 창덕궁 돈화문

도판 71 선정전

도판 72 대조전

도판 73 승화루

남와당(창덕궁)

남와당(봉은사)

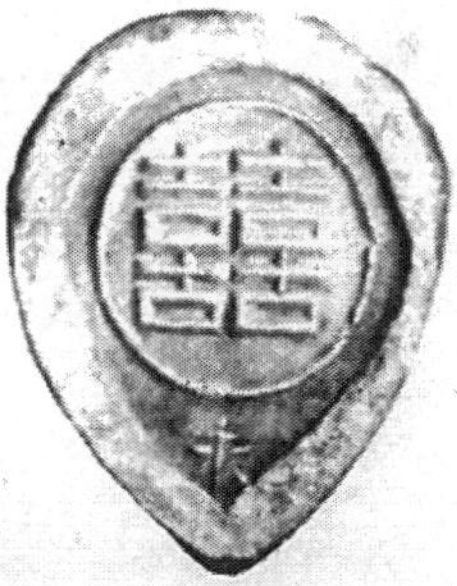

남와당(창덕궁)

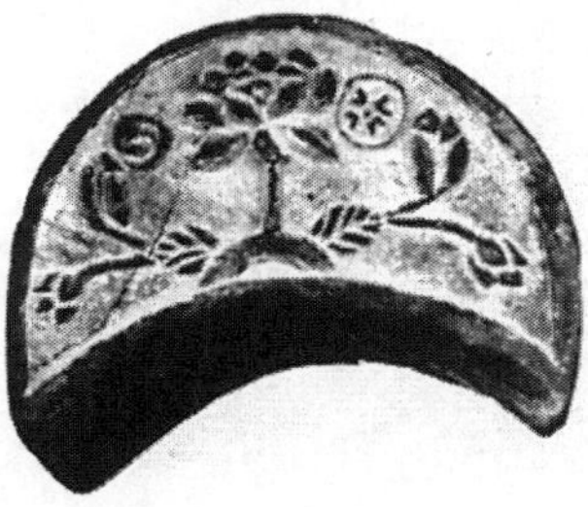

망 와

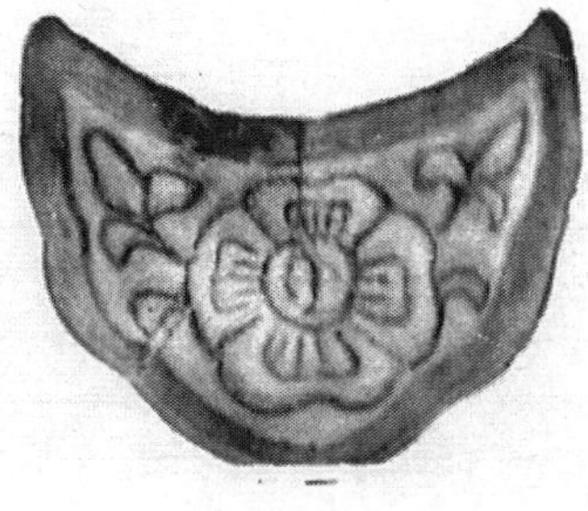

여와당

도판 74 조선왕조 화랑

도판 75 낙선재

도판 76 무위사 극락전

도판 77 신륵사 조사당

도판 78 성불사 응진전

도판 79 율곡사 대웅전

도판 80 전등사 대웅전

도판 81 하동 쌍계사 대웅전

도판 82 완주 화암사 극락전

도판 83
완주 화엄사 극락전 후면 포작

도판 84 안국사 대웅전

도판 85
해인사 대장경판전

도판 86 관용사 약사전

도판 87 무량사 극락전

도판 88 내소사 대웅전

도판 89 범어사 대웅전

도판 90
범어사 대웅전 외부 공포

도판 91
개암사 대웅보전 내부

도판 92 박천 심원사 보광전

도판 93 논산 쌍계사 대웅전

도판 94 논산 쌍계사 대웅전 공포

도판 95 논산 쌍계사 대웅전 기둥

도판 96 불갑사 대웅전

도판 97 정수사 법당

도판 98
원각사지 석탑

도판 99 원각사지 석탑의 탑신부

도판 100 종묘 영녕전

도판 101 서울 문묘 명륜당

도판 102 강릉 문묘 대성전

도판 103 옥산서원

도판 104 도산서당의 마루

도판 105 오죽헌

도판 106 임청각

도판 107 연경당 안채

도판 108 연경당 농수정

도판 109 양진당 사랑채

도판 110 윤선도 고택

도판 111 의성김씨 종가 중간마당

도판 112 박황씨가 별당

도판 113 창덕궁 후원 부용전

도판 114 창덕궁 후원 청의정

도판 115 소쇄원 광풍각

도판 116 부용동 계담 및 판석보

도판 117 서석지 및 주일제

도판 118 이용기 고택 사랑채 앞뜰

도판 119 초의 다합

도판 120 다산 초당

제23장 조선왕조 유교건축

1. 문묘 및 향교

(1) 문 묘

조선왕조 초부터 숭유정책(崇儒政策)으로 말미암아 치국(治國)의 원리로 생각되었던 유고는 불교와 대등한 입장을 갖게 되었다. 유학(儒學)이 융성함에 따라 조선 초기부터 공자(孔子)를 봉사(奉祠)하는 문묘(文廟)가 서울을 위시하여 각 도, 도읍(都邑)에 건축되게 하였고, 유교경전의 간행과 강학(講學)을 담당하게 되어, 일반 사회생활에 유교도덕이 강조되게 하였으며, 관학(官學) 교육기관으로 인재를 양성하는 일을 담당하였다.

서울의 문묘 성균관은 가장 규모가 큰 대표적인 것으로, 한성(漢城)에 천도(遷都)한 후 한성 동북쪽인 현재 명륜동에 위치를 정하여 태조(太祖) 7년(1398)에 창건되었다.

문묘는 창건 이후 여러 차례의 화재를 입어서 재건하게 되었으며, 현존하는 건물들은 임진왜란 이후 선조(宣祖) 때에 재건된 것이다. 현재 건물의 배치는 창건당시와 대동소이할 것으로 생각되며, 중앙의 높은 기단(基壇) 위에 서 있는 공자묘(孔子廟)인 대성전(大成殿)을 중심으로 하여 전면에 72제자와 홍유향현(鴻儒鄕賢)의 신위(神位)를 안치한 동서양무(東西兩廡)가 있고, 그 앞쪽에 대성적 중심축 선상에 남향하여 중문(中門)이 서 있으며, 좌우에는 담 벽이 연결되어 있어서 대성전 앞에 큰 중정(中庭)이 형성되어 있고, 동무(東廡) 앞에는 비각이 서 있다.

대성전 뒤에는 넓은 중정을 두고 좌우에 협실(夾室)이 있는 명륜당(明倫堂)이 서 있다. 명륜당 전면의 좌우에는 동재(東齋)와 서재(西齋)가 있으며, 이 건물들은 수많은 개실과 낭(廊)으로 구성되어 있다.

명륜당 뒤의 동측에는 존경각(尊經閣)이 있으며, 서북쪽에는 공자(孔子)의 부친을 제사하는 계성사(啓聖祠)가 있었으나 지금은 없다. 서울 문묘는 대성전인 공자에게 제사를 하는 제향(祭享) 공간과 명륜당인 유학(儒學)을 전공하는 강학(講學) 공간으로 구성되어 있다.

문묘 대성전(大成殿)은 선조(宣祖) 35년(1602)에 재건된 것으로, 비교적 그 당시의 모습을 잘 보존하고 있다. 정면 5간(81.3척), 측면 4간(40척)의 단층 팔작지붕으로 되어 있으며, 전면 1간을 개방하여서 향배(向拜)의 공간을 만들었다. 다포식(多包式)으로, 공포는 내외 2출목이며, 외부에 2제공과 삼분두형(三分頭型)의 한대(限大)를 갖고, 내부는 교두형으로 되어 있어서 조선 중기 초경의 건축수법을 잘 나타내고 있다. 내부는 바닥에 박석을 깔고 우물천장을

그림 219.
문묘 배치도

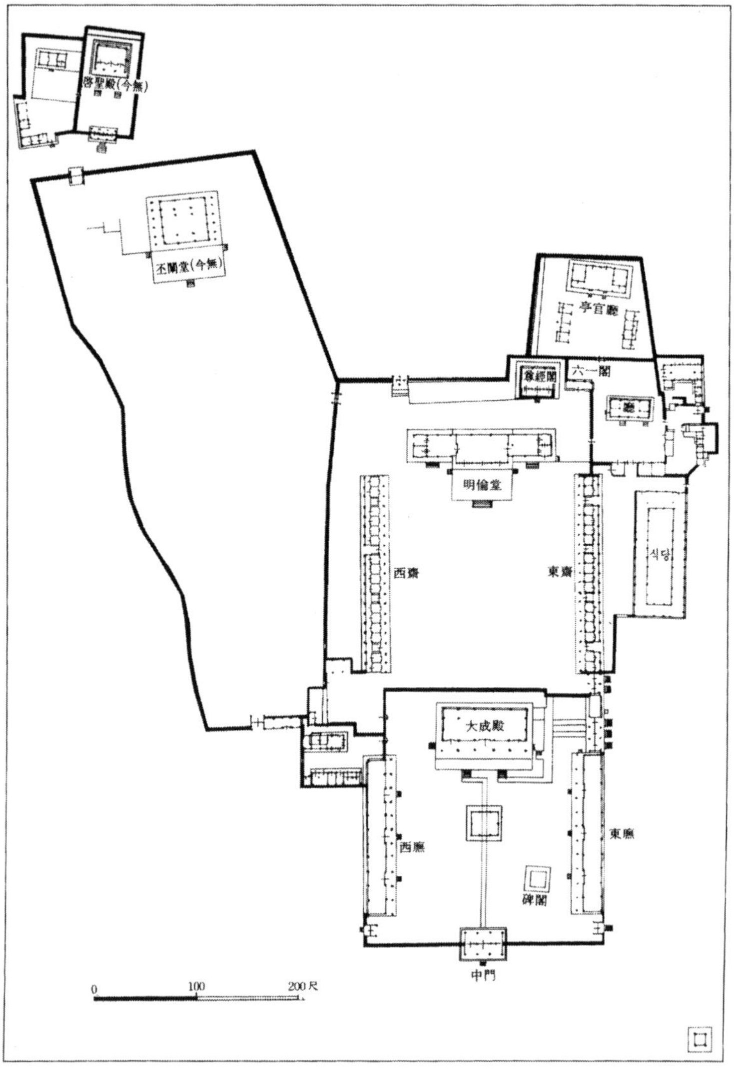

만들었으며, 정면에는 공자를 중심으로 하여 사성십철(四聖十哲)과 송조육현(宋朝六賢)의 위패(位牌)를 안치하였다. 이 건물은 장식이 비교적 적고 간소질박하며, 아담한 외관을 갖고 있다.

문묘 명륜당(明倫堂)은 선조(宣祖) 39년(1606)에 재건된 것이며, 그 후 세부에 다소 개보(改補)된 흔적이 있는 건물이다. 중당(中堂)은 정면 3간, 측면 3간의 맞배지붕으로 약간 높게 솟아 있다. 그 좌우에 연속된 협실(夾室)은 좀 낮게 되어 각각 정면 3간, 측면 3간이며, 동서 양단을 팔작지붕으로 만든 건물이다. 중당은 이익공식이며, 협실은 초익공식(初翼工式)으로 되어 있고, 익공(翼工)의 초각(草刻)과 보뺄목(梁頭)의 형상이 비교적 섬세한 수법을 보이고 있어서, 뒷날에 개보된 것으로 추측되기도 한다. 기단의 평면은 중당 앞을 넓게 만들어서 정자형(丁字形)이 되어 있으며, 중당과 협실의 지붕 외형의 변화 있는 외관을 형성하고 있다.

(2) 향 교

향교(鄕校)는 지방의 교육을 담당하는 관학(官學)이며, 성균관을 축소한 형식으로 전국 각지에 설치되었고, 따라서 대성전(제향공간 : 祭享空間)과 명륜당(강학공간 : 講學空間)이 건축되었다. 그 배치형식은 큰 도시와 평탄한 곳에서는 전묘후학(前廟後學)의 배치방법을 사용했고, 중소도시와 경사지에서는

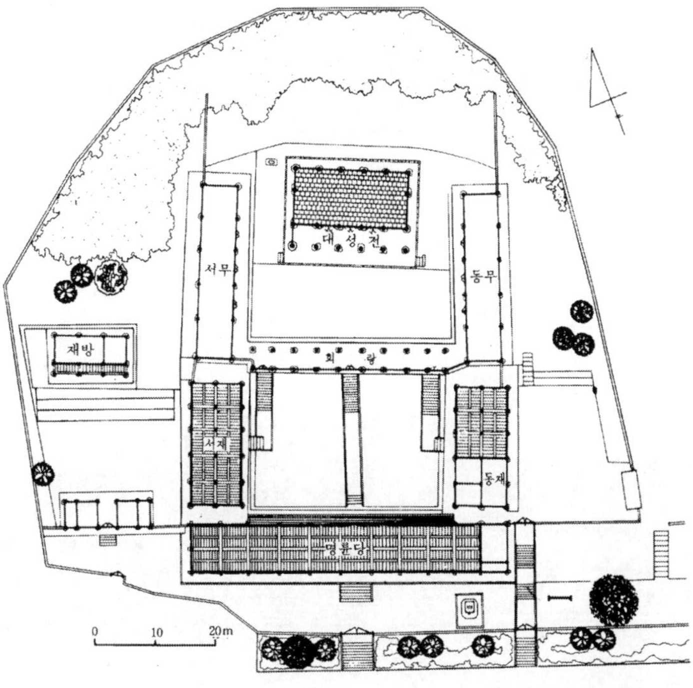

그림 220.
강릉 향교 배치도

전학후묘(前學後廟)의 방법을 사용했다.

강릉 향교 대성전은 조선왕조 초기의 건축으로 정면 5간, 측면 3간의 단층 맞배지붕으로 되었으며, 주심포식(柱心包式) 건물이다. 전면 1간이 개방되어 있다. 배흘림을 가진 원형기둥의 윗부분에 헛첨차가 있고 1출목으로 되었으며, 주두(柱頭) 위에 놓인 벽부두공(壁付頭工)과 헛첨차의 끝부분 형태가 쌍S 자 복합형으로 되어 있어서, 초기적 수법을 잘 나타내고 있다. 한대(限大)의 단부(端部)의 초각은 삼분두형(三分頭形)을 길게 만든 것과 비슷하여 간경(簡勁)하고 힘차게 보이며, 행공첨차(行工簷遮)의 초각(草刻) 모양도 매우 간단하고, 건물 전체가 건실한 수법으로 되어 있다. 명륜당은 지형의 고저차를 이용한 누(樓) 형식의 대규모의 건물이며, 강릉 향교는 전학후묘(前學後廟)의 배치방법을 가진 대표적인 건물이다.

나주 향교는 전묘후학(前廟後學)의 배치방법을 가진 대표적인 것이다. 나주 향교 대성전(大成殿)은 중기건축으로 정면 5간, 측면 4간의 단층 팔작지붕으로 만든 건물이다. 주심포식(柱心包式)이며, 쇠서가 익공(翼工) 비슷하게 변형

그림 221.
나주 향교 배치도

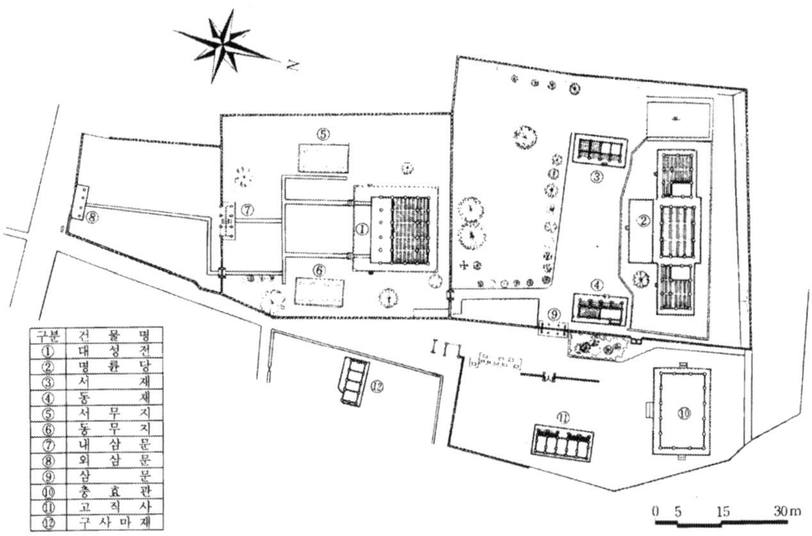

그림 222.
나주 향교 명륜당 입면도

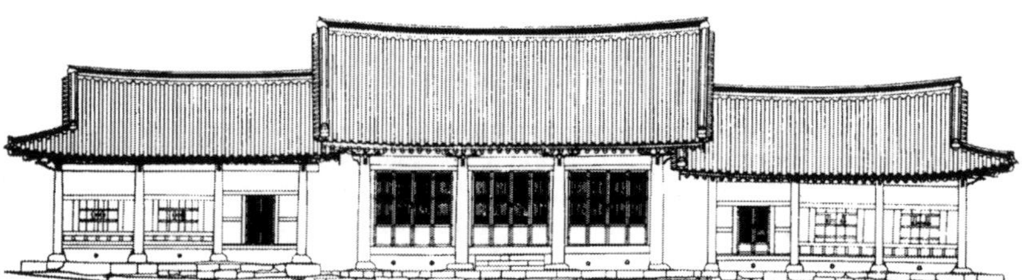

되었고, 창방(昌枋) 위에 화반(花盤)을 배치하였다. 장수(長水) 향교는 전학후묘(前學後廟)의 배치를 가지고 있으며, 삼문 · 명륜당 · 대성전의 건물 중심축이 일치하지 않는다. 대성전은 후기건축으로 정면 3간, 측면 4간의 단층 맞배지붕의 건물이다. 주심포식으로 2출목이며, 쇠서가 연꽃 모양의 초각(草刻)으로 되고, 상부에는 봉두(鳳頭)가 장식되어 있다.

2. 서 원

연산군 때부터 점차로 사화(士禍)와 당쟁(黨爭)이 발전됨에 따라서 유학자들은 정계진출을 단념하고, 지방향리에 은거(隱居)하여 학문의 연구와 후진의 교육에 많은 힘을 기울이게 되었다. 유명한 유학자의 향리거처(鄕里居處)에는 공자(孔子)와 선현(先賢)의 묘(廟), 강당 및 숙소 등으로 구성된 서원(書院)이 형성되었고, 이 서원은 유학융성의 주요한 기반이 되었다.

조선왕조 초기에 만들어진 대표적인 서원은, 처음으로 왕의 친필액(親筆額)을 하사(下賜)받은 풍기의 소수서원(紹修書院)이다. 그 후 각지에 속속 서원이 건립되었고, 선조(宣祖) 때에 이르러서는 사액서원(賜額書院)의 수가 100을 넘었다고 한다. 그 중에도 유명한 건물유례로는 회재(晦齋) 이언적(李彦迪)의 옥산서원(玉山書院)과 퇴계(退溪) 이황(李滉)의 도산서원(陶山書院) 및 도동서원(道東書院)이 있다.

옥산서원은 월성(月城)에 있으며, 독락당(獨樂堂)은 이회재(李晦齋)의 거처로서, 중종(中宗) 27년(1532)에 건립된 것으로 전한다. 정면 4간, 측면 2간의 단층 팔작지붕으로 되었고, 초익공식 건물이다. 계류(溪流)에 면한 쪽에 3간은 대청으로 되어 있으며, 1간은 온돌방으로 되어 있고, 건축수법이 간명하다. 그 뒤에 있는 중정(中庭)을 끼고 배치되어 있는 계정(溪亭)과 어울려서 운치있는 경관을 형성하고 있다. 계정은 규모가 작으나 옥산서원(玉山書院) 건물 중에서 가장 오래되고 짜임새 있게 만들어진 건물이다.

양동(良洞)에 있는 무첨당(無忝堂)은 정면 5간, 측면 2간의 단층 기와집으로 된 초익공식(初翼工式) 건물이다. 평면이 ㄱ자형으로 되어 있고, 이회재의 생가(生家)이며, 조선 중기의 건물로 추측된다.

도산서원(陶山書院)은 비교적 옛 모습을 잘 보존하고 있는 대문을 들어서면, 전면의 높은 곳에 전교당(典敎堂)이 자리 잡고 있다. 대문과 전교당을 연결하는 길 좌우편에 이퇴계(李退溪)가 거처로 사용하던 서당(書堂) 건물과 사

그림 223.
도산서원 배치도

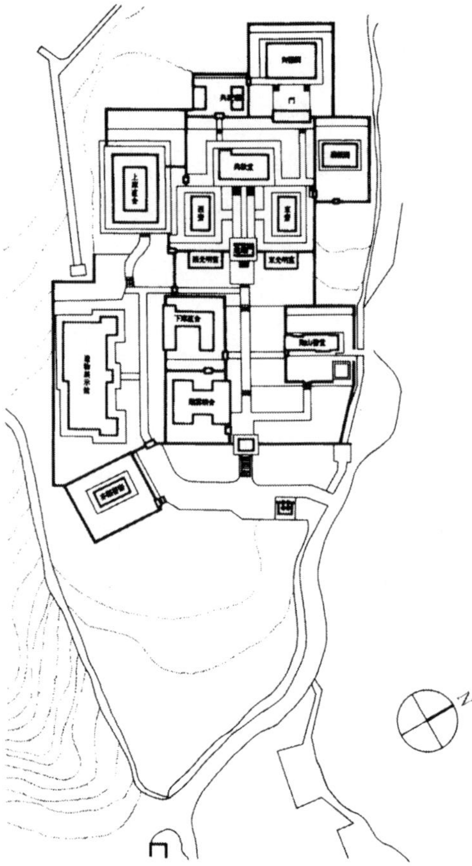

당(祠堂), 숙소, 서고(書庫) 등이 자연의 경관과 조화되게 배치되어 있다.

전교당은 강당으로 선조 7년(1574)에 창건되었다고 전하며, 정면 3간, 측면 2간의 단층 팔작지붕으로 되어 있는 건물이다. 높은 기단(基壇) 위에 서 있고, 방주(方柱)로 된 기둥의 윗몸에 초공(草工)을 두어서 대들보를 받고, 대들보 위에 주심도리(柱心道里)를 얹어 놓았으며, 장연(長椽)만을 사용하여 매우 간소한 외관(外觀)을 가진 건물이다.

특히, 이퇴계가 거처하였던 도산서당(陶山書堂)은 가장 오래된 건물이며, 전교당의 전면 동편에 위치하고 있다. 맞배지붕으로 된 마루와 툇마루, 온돌방·부엌 등으로 구성되어서 간소질박하며, 한국적 아취(雅趣)를 느끼게 하는 아담한 척도개념을 갖고 있는 건물이다. 이 서당의 방은 완락재(玩樂齋)라 칭하였으며, 퇴계선생이 거처하여 학문과 사색을 하였던 곳이다. 마루 동쪽 끝에는 외쪽지붕으로 되어 있는 툇마루가 달렸고, 그 툇마루의 구조는 매우 특이하며, 마루널판을 짬이 생기게 간격을 두고 깔아서 통풍이 되도록 한 고안은, 기능적일 뿐 아니라 매우 운치 있는 것으로 생각된다. 앞뜰 동편에 있었던 연못인 정우당(淨友塘)과 낮은 토담 및 사립문 등은 이 서원 안에서 건축적으로 가장 주목할 만한 공간을 형성한 부분으로 생각된다.

도산잡록(陶山雜錄)에 보면 「서당 동쪽 구석에 조그마한 못을 파서 거기에 연(蓮)을 심어 정우당(淨友塘)이라 하였으며, 또 그 동쪽에 몽천(蒙泉)이란 샘을 만들고, 샘 위의 산기슭을 파서 추녀 맞은편에 단을 만들고, 그 위에 매(梅), 죽(竹), 송(松), 국(菊)을 심어서 절우사(節友社)라 불렀다」라고 기록되어 있어, 서당 주위의 옛 모습을 짐작할 수 있게 한다.

숭양서원(崧陽書院)은 고려시대 말에 처음 세웠으며 개성 선죽동(善竹洞)에 있다. 이곳은 원래 고려 말기에 이름난 유학자인 정몽주(鄭夢周)가 살던 집자리라고 전하며, 현재 건물은 1573년에 만든 것이다.

숭양서원은 자남산 동남쪽 중턱의 약간 비탈진 자리에 서남방향을 중심축으로 하여 대칭적으로 배치되었다. 장방형의 높은 담장으로 둘러막은 서원의 외삼문(外三門)을 들어서면 중정을 가운데 두고 좌우에 동재(東齋)와 서재가 마주 서고 좀더 나가면 3개의 돌계단으로 오르는 높은 축대 위에 강당이 있다. 강당 귀에 있는 3개의 돌계단을 올라가 서원 안 앞뒤를 가로막은 담장을 지나면 사당(祠堂)에 이른다. 외삼문 서쪽에는 부속 건물들이 있다.

서원의 사당은 1.3 m의 높은 기단 위에 정면 4간(9.43 m), 측면 2간(4.83 m)으로 되어 있다. 잘 다듬은 배흘림기둥에 두공이 없는 형식으로 하고 지붕은 겹처마의 맞배집 지붕으로 되어 있다. 강당은 정면 5간(12.79 m), 측면 3간(6.96 m)이다. 역시 1.6 m의 높은 기단 위에 배흘림기둥을 세우고 두공이 없이 지은 홑처마의 팔작집이다. 강당은 가운데 마루를 깔고 양쪽 모서리간에는 온돌방을 만들었다.

소수서원(紹修書院)은 중종(中宗) 37년(1542)에 풍기군수가 안유(安裕)를 제사하기 위해 세우고 그 다음 해에는 백운동(白雲洞)서원이라 칭했으며 명종(明宗) 5년(1550)에는 소수서원이란 액서(額書)를 받아 사액서원(賜額書院)의 시초가 되었다. 이 서원의 배치는 서원 전성기의 일반적인 배치와는 달리 비교적 자유로운 형태를 갖고 있다. 전체적으로 남향을 하고 있으며 동쪽에는 죽계(竹溪)가 남쪽으로 흐르고 있다. 정문을 들어서면 백운동이란 현판이 있는 강당이 남북방향으로 장방향을 이루고 서 있다. 이 내부 대청의 북면에는 '소수서원'(紹修書院)이란 편액이 높이 걸려 있다. 강당 북쪽에는 '직방재'(直方齋)와 '일신재'(日新齋)의 편액이 좌우로 걸린 장방형의 재실이 동서로 길게 배치되어 있다. 그 서쪽에는 별도로 담장을 두른 문성공묘(文成公廟)가 있고 재실 뒤에는 안유의 영정을 보관한 영정각(影幀閣)이 있다. 제실 동북쪽에는 학

그림 224.
소수서원 강당

구재(學求齋)와 지락재(至樂齋)가 놓여 있다. 이 서원은 담장 밖 죽계(竹溪)의 맑은 물과 둘러서 있는 수려한 노송(老松) 등으로 어울리어 경치가 아름답다.

병산서원(屛山書院)은 유성룡(柳成龍 : 1542~1607)을 기념하기 위해 만든 서원이다. 그 뒤쪽에는 화산(花山)이 자리 잡고 있으며, 전면에는 낙동강이 흐르고, 강 건너편에는 절벽으로 이루어진 병산(屛山)이 바라보이는 곳에 이 서원이 자리 잡고 있다. 정문인 복례문(復禮門)을 지나면 길이가 7간이 되는 만대루(晩對樓)가 서 있다. 이 누 밑에 있는 계단을 올라가면 앞쪽에 입교당(立敎堂)이 있으며 중정의 좌우에는 동·서재가 마주 보고 서 있다.

3면이 감싸여진 강학(講學)공간의 중정은 동재(東齋)의 앞쪽이 약간 좁아지게 배치되어서 전면으로 향해 공간이 조여지는 긴장감을 느끼게 만든다. 이와는 대조적으로 강학공간 앞의 전면(全面)을 가로막고 서 있는 만대루의 개방된 열주공간은 특이한 분위기를 형성하고 있다. 즉 누건물의 비중과 마루바닥면 및 8개의 기둥으로 분할되는 트인 공간은 시지각적인 픽처 프레임(picture frame)을 만들어서, 앞에 펼쳐지는 강과 산의 자연경치를 돋보이게 만든다. 입교당 대청마루에 앉아서 바라볼 때 외부의 경관을 누건물의 지붕과 바닥면에 의해 수평적으로 나누는 동시에 8개의 기둥으로 수직적으로 나누어서 특이한 감흥을 느끼게 만든다.

입교당 동측을 돌아서 올라가면 북쪽에 존덕사(尊德祠)가 서 있어서 전학후묘(前學後廟)의 배치구성을 하고 있다. 동재의 동쪽에는 주소(廚所 : 서원 종사자들의 거처 겸 서비스 활동을 수용하는 건물)가 구(口)자형의 평면으로 구성되어 있으며, 주소와 강학공간은 병립하여 배치되어 있다.

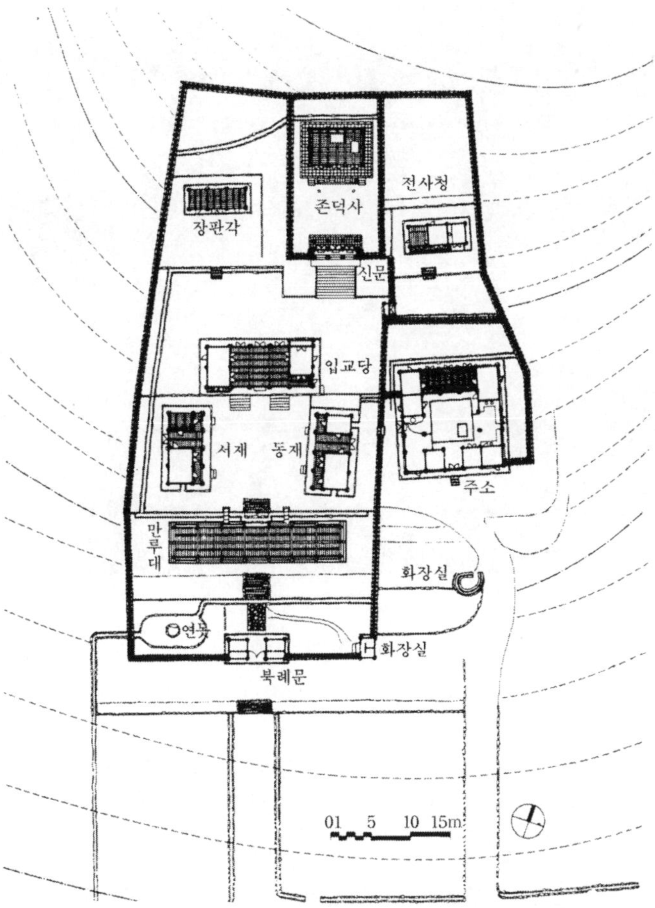

그림 225.
병산서원 배치도

이 서원건축은 평범한 조선왕조 후기 건물이지만 건축공간 구성과 경관처리방법이 매우 훌륭한 계획수법을 나타내고 있다고 생각된다. 병산서원(屛山書院)은 서원활동이 가장 활발하게 되었던 시기에 초창되었지만, 그 후에 시대를 경과함에 따라서 건축 계획면에서 처음의 규범(規範)을 맹종하지 않고 여러 부분에서 변화를 초래하여 독자적인 발전을 나타내게 만든 서원이라고 평가된다.

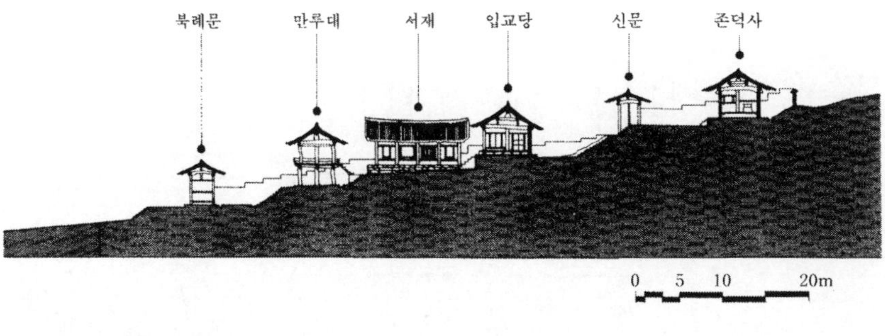

그림 226.
병산서원 전체 단면도

그림 227.
병산서원 입교당

도동서원(道東書院)은 1604년에 창건되었다고 하며, 강당은 조선 중기의 건축수법을 잘 나타내고 있다. 계단 위에 서 있는 맞배지붕의 3간 대문을 들어서면 다시 전면에 일각 대문으로 오르는 돌계단이 있고, 일각 대문을 들어서면 중정이 있으며, 그 전면 높은 기단(基壇) 위에 강당이 서 있다. 강당건물은 정면 5간, 측면 2간의 단층 맞배지붕으로 되었으며, 주심포식(柱心包式) 1출목의 공포(栱包)를 갖고 있어서 헛첨차와 쇠서의 초각이 매우 특이하다. 중

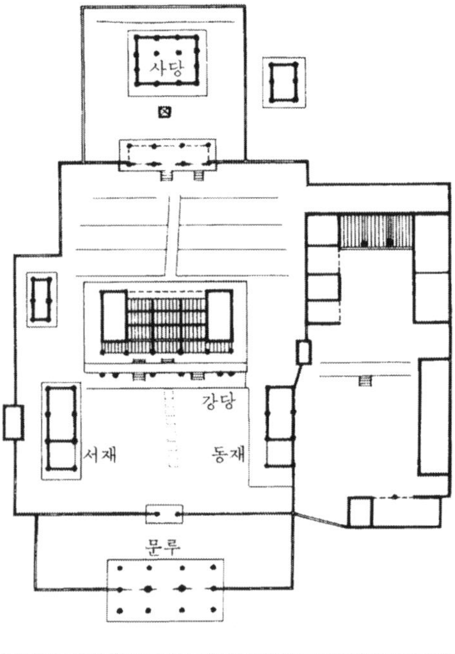

그림 228.
도동서원 배치도

앙의 3간은 대청을 만들고, 좌우의 1간을 온돌로 하였으며, 전면 1간은 툇간으로 하여 툇마루를 두고 전부 개방하였다. 이 건물은 서원강당(書院講堂)으로서 격식을 갖추어서 만든 대표적인 예라고 생각된다. 사당(祠堂)은 정면 3간, 측면 2간의 단층 맞배지붕으로 되었으며, 공포형식(栱包形式)은 강당과 유사하고, 비교적 격식을 잘 갖추어서 만든 서원사당(書院祠堂)이라고 생각된다.

제24장 조선왕조 주거건축

1. 건축규제

한성(漢城)에 수도를 정하고 30여년이 경과한 후에는 도시건설이 일단락을 보게 되었으며, 가사(家舍)들이 사치하는 경향으로 흐르게 되어서, 대소신민(大小臣民)들의 주거규모가 커지게 되었으므로, 세종(世宗)은 집현전(集賢殿)으로 하여금 고제(古制)를 상고하게 하여 세종 13년(1431)에 조선왕조 가사(家舍)건축 규제를 하게 되었다. 세종실록(世宗實錄)에 의하면 「예조(禮曹)에 하교(下敎)하여 말하기를, 대소신민의 가사에 정제(定制)가 없어서 이로 인해 서인가사(庶人家舍)는 경사(卿士)를 분에 넘치게 흉내 내어, 경사제택(卿士第宅)은 궁궐을 분에 넘치게 흉내 내서 사치와 아름다움을 다투어 상하가 등급이 없으니 참으로 편하지 않다. 지금부터 친자(親子)와 친형제 공주(公主)는 50간, 대군(大君)은 여기다 10간을 가하도록 하고, 이품(二品) 이상은 40간, 삼품(三品) 이하는 30간, 서인(庶人)은 10간을 넘지말 것. 주초외(柱礎外)는 다듬은 돌을 사용하지 못하도록 하고, 또한 화공(花栱)과 직채단청(直彩丹靑)도 사용하지 못하도록 하며, 검약(儉約)을 힘쓰도록 하라. 사당(祠堂)과 부모 상전가사(相傳家舍), 무역가사 등은 이 제한에서 제외한다」라고 기록되어 있어서, 신분계급에 따라서 간각(間閣)의 수가 제한되고, 다듬은 돌과 화공(花栱) 및 단청(丹靑)의 사용이 제한되었음을 알 수 있다.

그러나 간각(間閣)의 척수(尺數)에 대한 규정이 없어서 여전히 큰 규모의 건축이 지어지게 되어, 세종 22년에는 보의 길이, 기둥 높이 척도제한을 제정하였다. 세종실록(世宗實錄)에 의하면 당시에 예조(禮曹)에서 제정하여 보고한 내용은 다음과 같다. 「대군(大君)은 60간 속에 누(樓) 10간, 친형제 친자공주(親子公主)는 50간 속에 누

8간, 이품(二品) 이상은 40간 속에 누 6간, 삼품(三品) 이하는 30간 속에 누 5간, 서인(庶人)은 10간 속에 누 3간으로 한다. 공주 이상은 정침익랑(正寢翼廊)을 보 길이 10척, 주간 길이 11척, 기둥 높이 13척으로 하고, 기타의 간각(間閣)은 보 길이 9척, 주간 길이 10척, 주고(柱高) 12척, 누고(樓高) 18척으로 한다. 일품(一品) 이하의 정침익랑(正寢翼廊)은 보 길이 9척, 주간 길이 10척, 주고 12척으로, 기타의 간각은 보 길이 8척, 주간 길이 9척, 주고 7.5척, 누고 13척으로 하고, 서인간각(庶人間閣)은 보 길이 7척, 주간 길이 8척, 주고 7척, 누고 12척으로 한다. 천도는 모두 영조척(營造尺)을 사용하도록 하였다」라고 기록되어 있다.

간각척수(間閣尺數)의 제한은 그 후 세종(世宗) 31년과 성종(成宗) 9년에 각각 다소 완화 개정되었으며, 후세에 와서는 잘 준수되지 않았던 것으로, 조선왕조실록(實錄)에는 각 왕 때 가사제도(家舍制度)를 초과한 경우에 관한 많은 기사를 찾아볼 수 있다. 다듬은 돌, 공포(栱包), 단청(丹靑) 사용의 제한에 있어서도 문종(文宗) 1년에 이르러서는 관부(官府)와 불사에 대하여 직채단청을 허용하였고, 중종(中宗) 및 선조(宣祖) 때에 금제(禁制)에도 불구하고 일부 특권층에서 단청이 사용되었으며, 다듬은 돌과 화공(花栱)도 같이 사가(私家)에서 이를 분에 넘치게 사용하는 자가 생기게 되었다.

가사제도(家舍制度) 외에 조선왕조 가대(家垈)의 규제도 있었으며, 태조(太祖) 4년(1395) 당시의 개경(開京)에서는 고하신분(高下身分)에 따라서 서인(庶人)에 이르기까지 가대양급(家垈量給)이 정해졌단 것으로, 정일품(正一品)을 35부(負)로 하여, 이하 5부(負)씩 감해서 육품(六品)은 10부, 서인은 2부로 하였다. 이 규제는 한양천도(漢陽遷都) 후에도 계속 준용되었던 것으로 생각되나, 점차로 인구가 증가함에 따라서 부득이 가대(家垈)를 감축시키지 않을 수 없었다. 경국대전(經國大典 : 睿宗 1년, 1469) 호전급조가지조(戶典給造家地條)에는 이보다 훨씬 규모가 작은 규제로 되어 있다. 즉, 대군공주(大君公主)는 30부(負), 왕자군옹주는 25부, 1 · 2품은 15부, 3 · 4품은 10부, 5 · 6품은 8부, 7품 이하 유음자손(有蔭子孫)은 4부, 서인이 2부로 되었다. 이 가대에 대한 규제도 뒷날에 와서는 잘 이행되지 못하였던 것으로, 조선왕조실록에는 그 시비에 대한 기사를 찾아볼 수 있다.

2. 주거의 점지

도시주거의 점지(占地)에는 가대규제(家垈規制)와 경제적인 제약으로 주거의 위치와 방위의 결정에 자유로운 선택을 할 수 없는 경우가 많았다. 그러나 지방주거나 경제적으로 여유가 있는 경우에는 건물의 위치와 방위의 선정에 있어서 풍수설(風水說)을 따르게 되었다. 풍수설로 말미암아 지형과 자연환경에 관한 우주만상(宇宙萬象)의 원리를 적절하게 해석 활용함으로써 현시(現時)의 건강한 생활과 평안을 얻는 동시에, 장래의 행운(幸運)과 번영을 가져올 수 있는 것으로 생각하였다. 그뿐만 아니라 좋은 주거지인 양택(陽宅)을 찾기 위한 적합한 지형 및 환경의 선택뿐만 아니라 시기(時期)의 적절한 선택이 필요한 것으로 생각되었으며, 이러한 공간과 시간의 조합(照合)으로부터 가장 좋은 결과가 기대되는 것으로 생각하였다.

주거건축의 터를 잡는 데에 있어서는 첫째, 지리가 좋아야 하고, 다음은 생리(生利)가 좋아야 하며, 또한 인심(人心)이 좋아야 하고, 아름다운 산과 물이 있어야 한다고 생각하였다. 사람은 양명(陽明)한 기운을 받아서 삶으로 집 앞에 뜰이 넓게 트여서 해와 달, 별빛이 항상 환하게 비치고, 바람과 비와 차고 더운 기후(氣候)가 고르게 알맞은 곳이면 인재(人材)가 많이 나고, 병도 적다고 생각하였다. 산형(山形)은 풍수설에 따라서 주산(主山)이 수려하고 청명하며, 아담한 것이 상(上)이요, 토질은 사토(砂土)로써 굳고 촘촘하면 우물도 맑고 차며, 살기 좋은 곳이라고 하였다. 산에는 반드시 물이 있어야 하고, 물과 짝한 다음이라야 생성(生成)하는 묘를 다할 수 있으며, 조산(朝山)은 맑고 깨끗하여 사람이 보아서 기쁨을 느끼게 되면 길(吉)한 것이라 하였고, 조수(朝水)는 물 너머 물을 말하며, 그 흐름이 산맥의 좌향(坐向)과 음양(陰陽)에 합치하여야 한다고 생각하였다.

사람은 자연적으로 입고 먹는 일에 종사하게 되며, 위로 부모를 봉양(奉養)하고 아래로 처자를 길러야 하므로 재리(財利)를 경영하여야 한다. 따라서 토지가 기름진 곳이 제일이고, 배 · 수레 · 사람 및 물자가 모여들어서 교환이 편리한 곳이 좋은 것이다. 다음으로는 마을인심이 착한 곳이 좋으며, 같은 사회적인 여건을 가진 사람이 모여 사는 곳을 찾지 않을 수 없다고 생각하였다. 산수(山水)는 마음을 즐겁게 하고 감정을 화창하게 하는 것이다. 그러나 산수가 좋은 곳은 생리(生利)가 박한 곳이 많다. 그러므로 기름진 땅과 넓은 들에서 지세(地勢)가 아름다운 곳을 가려서 집을 짓고 사는 것이 좋으며, 좀 떨어진 거리에 경치가 아름다운 산수(山水)가 있어, 가끔 그 곳에 가서 소풍(消風)

하여 시름을 풀고 돌아올 수 있는 곳을 장만한다면 바람직한 일이라고 생각하였다.

3. 주거건축의 구성

조선왕조 주거건축의 형태는 구성(構成)과 형태는 그 지방의 문화적인 여건에 영향을 받아서 형성된다. 주거건축은 피신처(避身處, shelter)로써의 소극적인 기능보다도 인간의 일상 가정생활을 수용할 수 있는 적합한 환경을 만드는 것, 다시 말해서 인간 사회활동의 단위공간(單位空間)을 형성하는 것이 주목적이라고 생각된다. 따라서 주거건축의 형태는 단순히 물리적 현상이나 우연한 여건(與件)에서 유래되는 것이 아니고, 보다 넓은 의미에서 모든 사회 문화적 요인을 기본바탕으로 하여 발전되었으며, 이와 아울러서 그 지방의 기후조건, 산출재료 및 건축공법에 따라서 형태의 발전이 제약을 받게 된다. 그러므로 주거건축의 형태와 구성에 있어서 특성을 만드는 주요한 요인(要因)은 사회 문화적인 요인이 제1차적이요, 그 밖의 요인들은 제2차적인 것이라고 생각된다.

한국의 주거건축의 구성 및 평면계획(平面計劃)은 물리적인 기능보다는 가정생활의 전통적인 개념, 조상, 이웃사람, 그 밖의 가족 구성원에 대한 사회적인 활동개념에 그 근원을 두고 있다고 생각된다. 특히, 유교(儒敎) 사상의 많은 영향을 받아서 형성된 남녀유별(男女有別)이란, 조선왕조 시대의 사회 통념(通念)이 내외의 생활공간의 구별을 엄격하게 하고, 분명하게 구분할 수 있게 만든 것이 주거환경 형성의 두드러진 특징이라고 생각된다.

조선왕조 주거건축의 평면구성은 지역 차와 생활 정도의 차에 따라 적지 않은 차이를 나타내고 있으나, 주거건축 양식(樣式)을 대표하는 것으로 생각되는 중류(中流) 이상 주택의 평면구성은 서울을 중심으로 하는 지역의 예가 표준이 되며, 지역에 따라 많은 차를 나타내지 않는다고 생각된다. 대체적으로 서울을 중심으로 하는 중류 이상 주택의 배치 및 평면구성(平面構成)에 대하여 살펴본다면, 주거의 전체 배치는 대지의 크기와 지형에 따라 다소의 차이는 있으나, 북쪽에 산을 등지고 남쪽이 넓게 터져 있는 자리를 택하여서 주거의 중요한 부분을 이루는 안채와 사랑채를 남향 또는 동남향으로 배치하는 것이 가장 좋은 것으로 여겨졌다.

중류 이상의 주거 공간 평면구성은 보통 세 부분으로 이루어진다. 안채와 안마당으로 형성되어 가정 안의 주부(主婦)를 중심으로 가족들의 내적 가정활동이 이루어지는 비교적 폐쇄적인 공간이 안쪽에 배치된다. 사랑채 및 사랑마당은 외부와 가까운 곳에 배치되며, 주인(主人)의 거실, 서재(書齋) 및 접객공간(接客空間)으로 사용되고, 비교적 개방적이며 외부와 접촉활동이 이루어지는 공간이다. 다음에는 대문과 행랑채 및 바깥마당으로 형성되어, 사역인(使役人)들의 거처 또는 마구간, 창고 등으로 사용되는 공간이 배치된다. 이 세 부분의 공간은 서로 연관성 있게 계획되고 배치된다. 이 외에도, 안채 뒤 또는 옆에는 주택의 여러 건물과 완전히 분리하여서 별당(別堂)을 만들어 누(樓)마루와 온돌방을 곁들여서 집을 짓고, 그 주위에는 정원과 연지(蓮地)를 만들어서 주인과 손님 또는 가족들의 소요자적(逍遙自適)을 위한 정취 깊은 공간을 만드는 것이 중류 이상 주택의 상례로 되어 있다. 또한, 택지의 한쪽 부분에 담을 쌓아서 구분하고, 그 안에 사당(祠堂)을 만들어서 선조의 위패(位牌)를 봉안하고, 제사를 하는 공간을 만들었다.

도시의 주거는 대지(垈地) 주위에 담을 둘러쌓은 것이 보통이며, 건물평면의 전체 배치는 비대칭적인 형상으로 구성되는 것이 특징이라고 생각된다. 상인, 그 밖의 친숙하지 않은 사람들은 문간 또는 바깥마당에서 대하게 되고, 중문(中門) 안으로 들어올 수 없는 것이 사회적인 관례이며, 보통 주인의 친구나 중요한 손님은 사랑채에서 맞이하게 되고, 오직 일가친척과 매우 가까운 친지들만이 안채나 별당(別堂)에 들어갈 수 있게 허용되는 것이다.

주거의 안채는 안방(內室)을 비롯하여 건넌방(越房), 대청(大廳) 마루, 윗방, 부엌, 찬방 등으로 구성된다. 안방은 주부가 거처하는 곳으로, 가정생활의 중추(中樞)가 되는 공간으로서 주거 안에서 가장 폐쇄적인 성격을 갖게 되고 가장 안쪽에 두며, 윗방은 안방의 위쪽에 두어서 유년자녀(幼年子女)가 거처하는 경우가 많다. 건넌방은 대청마루를 사이에 두고 안방의 맞은편에 있는 방으로, 장성한 자녀나 노부모가 거처하는 경우가 많다. 대청마루는 안채의 중앙에 위치하게 되며, 가족이 공용하는 거실(居室, living room)의 성격을 가진 공간으로서, 바닥은 우물마루를 하고 연등천장으로 만들어서 큰 대들보와 대공(臺工) 및 서까래들의 아름다운 구조미(構造美)를 나타내게 만드는 것이 특징이다. 부엌은 안방 한쪽에 연결되게 배치하고, 안방 온돌의 아궁이가 놓이며, 따라서 바닥이 낮아지는 것이 보통이고, 상부공간은 다락을 만들어서 안방에서 이용할 수 있게 되어 있다. 부엌 옆에는 식기, 식량 등을 두는 찬광이 붙어 있다.

안마당은 중정(中庭) 모양으로 형성되는 것이 보통이며, 가정 공용(共用)의 외부활동 공간으로서, 일부에 화단을 꾸미기도 하고, 그 밖의 기능을 갖게 되는 수도 있다. 안마당 한쪽 부분에 접하고, 안채와 격리되어서 외부의 가까운 곳에 사랑채 건물이 배치되는 것이 보통이며, 사랑채는 마루와 온돌방으로 구성되며, 누(樓)마루가 갖추어지는 경우가 많다. 행랑채는 대문을 중심으로 하며, 행랑방, 곳간 등으로 구성되며 외부 담에 붙어 있는 것이 보통이다. 온돌방들은 바닥에 유지(油紙)의 장판을 하고, 벽과 천장은 종이로 도배를 하는 것이 보통이므로, 내부공간이 동질성(同質性)을 나타내게 되고, 공간의 특별한 변화를 얻기 위해서는 가구(家具)를 적절한 방법으로 배치 사용함으로써 이루어지게 된다. 따라서 기능에 중점을 두지 않고 변화에 대하여 더 가능성을 두고 있는 특징을 갖고 있다고 생각된다.

주거건물의 구조는 일반적으로 석축기단(石築基壇) 위에 세워지며, 주가구(主架構)는 목구조이고, 민흘림을 가진 방주(方柱)가 보통 사용되나, 특수한 곳에는 원주(圓柱)가 사용되기도 한다. 외목도리(外目道里)의 모양에 따라서 굴도리(圓道里) 집과 납도리(角道里) 집이 있으며, 보 위에 걸쳐지는 도리의 수에 따라서 3량집, 5량집, 7량집 등으로 불린다. 벽체(壁體)에는 상방(上枋), 중방(中枋), 하방(下枋)을 돌리고 중깃을 세우며, 외가지를 엮어서 흙벽을 만들고, 외부의 밑쪽 담은 사괴석(四塊石)과 전(塼) 등으로 화문담(花文墻)을 쌓는 수도 있다.

4. 주거건축 실례

(1) 별당건축

1) 오 죽 헌

오죽헌(烏竹軒)은 이율곡(李栗谷)이 출생한 종택(宗宅)이며, 중종(中宗) 때(1522~1566)에 창건된 것으로 정면 3간, 측면 2간으로 단층 팔작지붕으로 되어 있는 건물이다. 이익공식(二翼工式) 건물로 부연(浮椽)을 달았으며, 간고(簡古)한 외관을 갖고 있는 조선왕조 초기의 대표적인 익공식 건물이다. 민흘림을 가진 방주(方柱)를 사용하고, 주두상(柱頭上) 벽부(壁付) 첨차(簷遮)에는 길이가 비교적 긴 평삼두(平三斗)를 두었다. 주간(柱間)에는 간단한 초각(草刻)으로 된 화반(花盤)이 있고, 익공(翼工)의 초각은 조선 초기의 특성을 잘 나타내고 있다.

2) 해 운 정

해운정(海雲亭)은 정면 3간, 측면 2간의 단층 팔작지붕으로, 중종(中宗) 25년(1530)에 강원도 관찰사로 있던 심언광(沈彦光)이 지은 것으로 전한다. 조선왕조 초기의 초익공(初翼工) 집으로 쇠서 모양이 매우 간단소박하며, 2간은 대청으로 되어 있고, 한쪽 1간은 온돌방으로 되어 있다. 대청 천장은 합각(合閣) 밑에만 우물천장을 만들었고, 천장의 연화초각(蓮花草刻)과 대들보 위에 도리(道里)를 받는 대공(臺工) 등은 비교적 정교한 수법을 나타내고 장연(長椽)만으로 되었으며, 대청에는 사분합문(四分閤門)이 달려 있다.

3) 임 청 각

임청각(臨淸閣)은 중기건축으로 정면 3간, 측면 3간의 정자형(丁字型) 기와지붕을 가진 누형식(樓形式)에 가까운 건물로, 주위에 계자다리 난간을 가진 툇마루가 둘려 있다. 본루(本樓)는 2간 대청으로 되어 팔작지붕을 가졌으며 익루(翼樓)는 1간 폭의 온돌방으로 되어 1간이 전면으로 돌출되어 있고, 맞배지붕으로 만들었다. 이익공식(二翼工式)으로 되어 민흘림을 가진 방주(方柱)를 사용하고, 주간(柱間)에는 화반(花盤)을 두었으며, 대청에는 벽을 치고 돌아가면서 판문(板門)을 달았고, 온돌방에는 띠살문으로 된 분합문(分閤門)을 달았다.

(2) 주거건축

1) 양 진 당

안동 풍천면(豊川面) 하회동(河回洞)에 있는 양진당(養眞堂)은 유성룡(柳成龍)의 형인 용암(雲龍, 호는 謙庵)의 13대손인 유시만(柳時萬)의 집으로서, 조선시대 중기인 1600년대에 건축되었을 것으로 추정된다. 행랑채의 솟을대문을 들어서면 곧바로 사랑마당이 된다. 행랑채에는 마구간과 방, 부엌이 일렬로 배치되어 있다. 사랑채는 침방(寢房)과 사랑방, 대청(大廳)이 일렬로 늘어서 口자형 평면(平面)으로 된 안채와 연결되어 있다. 사랑대청은 정면 3간, 측면 2간으로 일반 상류주택의 사랑대청보다 상당히 큰 편이다. 사랑채 기단은 막돌 바른 층 쌓기로 하였으며, 앞 툇마루에는 계자각(鷄子脚)난간을 돌렸고 무익공식(無翼工式)으로 되어 특이한 건축양식을 나타내고 있다.

안채는 서쪽으로 난 중문(中門)을 통해 드나들게 되어 있으며, 정면 3간, 측면 1간 반 되는 커다란 안방과 정면 2간, 측면 1간반의 대청, 그리고 앞쪽에 반간의 퇴를 달아 남향(南向)하고 있다. 건넌방은 가운데에 작은 대청을 두고 아래위로 나뉘어져 있고, 부엌은 안방 옆인 서쪽에 자리 잡고 있다.

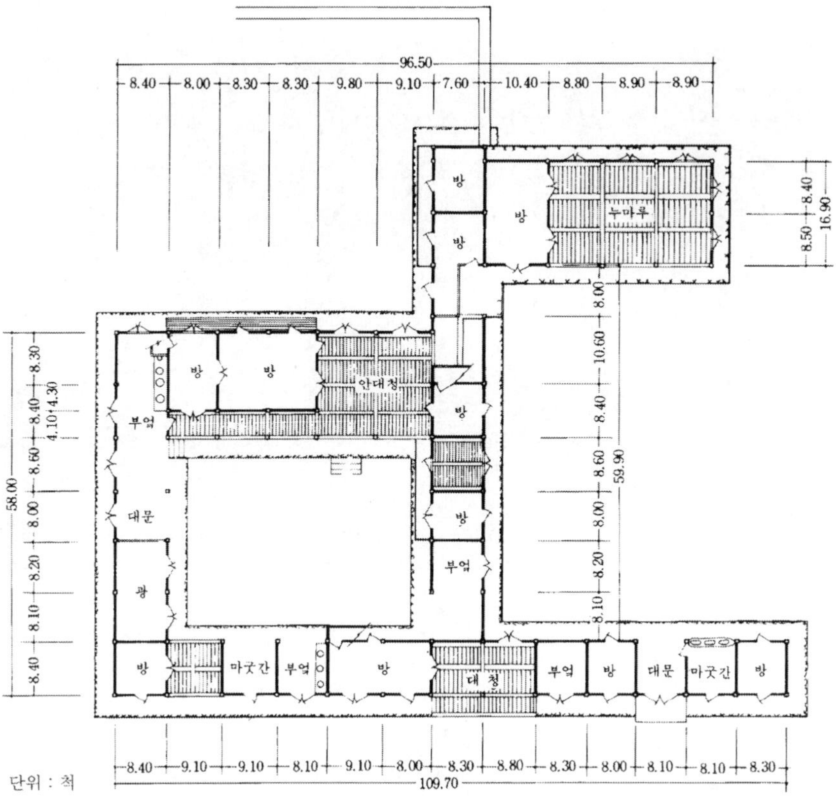

그림 229.
양진당 평면도

행랑채에 있는 부엌은 본격적인 부엌이 아니고, 방에 불을 때는 장소이며, 솥을 걸어 물을 끓이는 반아궁이 성격과 반부엌의 성격을 갖고 있다. 이 주택의 사당(祠堂)은 사랑채 뒤로 따로 담장을 쌓고, 그 속에 건축함으로써 다른 지방의 사당과 같이 한 울타리 속에서 다시 울타리를 두어 제사공간을 만드는 것과 같은 양식이다.

2) 충 효 당

양진당 옆에 있는 충효당(忠孝堂)은 유성룡(1542~1607) 선생의 장자가 임진왜란 후 중수하였고 그 후 증손 유선하(柳宣河)가 중수와 동시에 확장 건축한 조선왕조 중기의 1600년대 주택이다. 행랑채의 솟을 대문을 들어서면 곧바로 사랑마당이 된다. 행랑채에는 외양간, 광, 방, 마구간들이 있다.

사랑채는 정면 3간, 측면 2간의 규모이며 사랑방과 침방, 사랑대청, 작은 대청, 건넌방으로 일렬로 구성되고 口자형 평면의 안채와 연결되어 있다. 특히 대청을 사이에 두고 사랑방과 작은 건넌방을 마주하게 하고 그 작은 건넌방 앞에 작은 대청을 두었으며 행랑채에 면하는 곳은 판문(板門)을 달아서 필

그림 230.
양진당 안채

요에 따라서 시선을 차폐할 수 있게 만든 것은 특이한 공간구성이다. 사랑채의 구조는 익공식이며 장대석의 기단, 계자각(鷄子脚)난간, 기둥 사이의 화반들이 고급스러운 수법을 보이고 있다.

안채는 행랑채와 사랑채 왼쪽을 연결한 담장 끝에 있는 일각대문을 통해 들어서며 또한 안채 뜰의 우각(隅角)에 있는 중문으로 들어서게 된다. 안채는 부엌 3간으로 된 안방, 4간의 대청, 건넌방, 작은 대청, 그리고 방들이 있고,

그림 231.
충효당 평면도

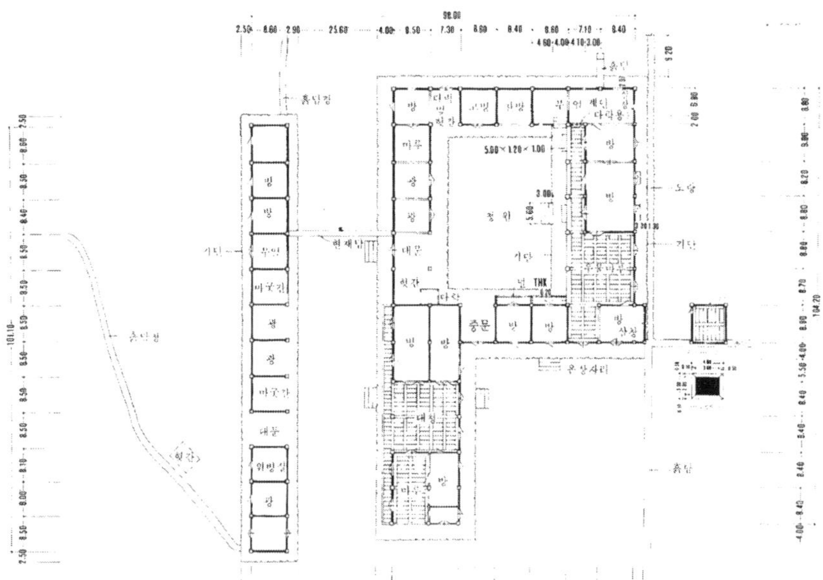

단위 : 척

이것들이 다시 방과 마루, 광으로 구성된 중문간채와 연속되어 ㅁ자형 평면을 이루고 있다.

사당(祠堂)은 안채 옆으로 따라 쌓은 담장 속에 건축되어 있다. 이 주택의 평면구성에 있어 안채는 양진당(養眞堂)과 유사하나 사랑채가 앞쪽으로 나오고 행랑채가 독립되어 건축된 것이 다르다.

3) 의성김씨 종가

안동 임하면(臨河面) 천전동(川前洞)에 있는 이 주택은 의성김씨(義城金氏)의 종가로 내려오던 중, 임진란을 맞아 소실되었던 것을 김성일(金誠一) 선생(1538~1593)이 재건하였다. 전체적으로 보아 평면(平面) 구성은 ㅁ자형 안채와 一자형 사랑채가 병립(竝立)하고 있으며, 그 사이를 행랑채와 기타 부속채가 이어져서 ㄷ자 형상으로 연결되어 한 동(棟)처럼 보이나, 남녀구별(男女區別)에 의한 공간 분화(分化)가 잘 이루어진 평면이다. 앞쪽에 늘어선 채(棟)는 행랑채로서 마루, 방, 대문, 외양간, 광들로 구성되고, 여기의 대문을 들어서면 안채의 외곽부와 사랑채의 침방 앞이 되는 특이한 중간마당에 이르게 된다.

사랑채는 정면 3간, 측면 2간의 커다란 사랑대청과 사랑방과 침방이 一자형으로 구성되어, 이 집의 주인은 앞에 말한 중간마당을 통하여 안채에서 사랑에 이르지만, 내객(來客)은 행랑채의 대문을 들어서지 않고 서쪽의 넓은 사랑마당을 통해 사랑에 이르게 된다. 또 다른 주택과 다른 것은, 이 사랑채의

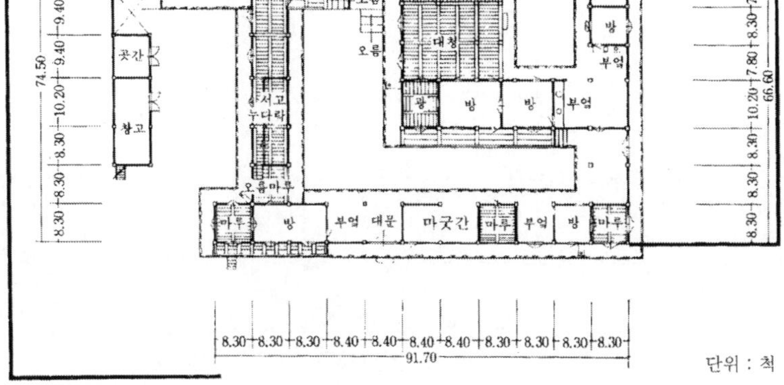

그림 232.
의성김씨 종가 평면도

대청과 바깥 행랑채 사이에는 좁고 긴 누(樓)다락으로 연결되고, 이 누다락 아래는 헛간으로 되어 있다.

안채는 부엌, 안방, 대청, 건넌방, 작은 대청 등이 또 다른 방과 작은 대청과 함께 ㅁ자형 평면을 이루고 있어, 부엌을 통해 이르는 안마당은 뚜렷한 기밀성(機密性)을 간직하고 있다. 안채의 대청(大廳)은 9간으로 일반적인 평면구성(平面構成)과는 다르게 동향(東向)을 하고 있으며, 특히 제례의식(祭禮儀式)에 적합하도록 하는 의도가 나타나 있고, 안방을 행랑채 쪽으로 노출시켜 안살림을 지휘하도록 계획한 것으로 생각된다. 사당(祠堂)은 사랑채 뒤로 보다 높은 단(段) 위를 따라 담장을 세운 후 그 속에 건축하였다.

안채의 대청을 중심으로 완전한 ㅁ자형 평면을 이루며, 안채와 사랑채는 고방 앞 툇마루로 이어진다. 안채는 부엌, 안방, 대청(大廳), 건넌방이 마치 서울 지방형의 안채와 같은 평면형으로 되어 있다. 사당(祠堂)은 사랑채 오른쪽 뒤편을 따라 쌓은 담장 속에 자리 잡고 있다.

4) 월성 향단

경북 월성 양동(良洞) 마을에 있는 향단(香壇)은 이언적(李彦迪 : 1491~1553) 선생이 경상감사로 있을 때 건축한 것이라 전하며 조선왕조 중기의 건축이다. 일반 상류주택 평면과는 다른 특이한 평면구성을 하고 있다. 이것은 풍수지리

그림 233.
향단 평면도

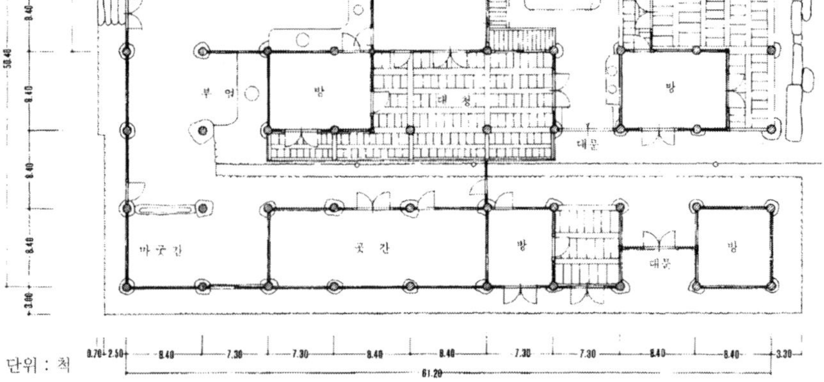

단위 : 척

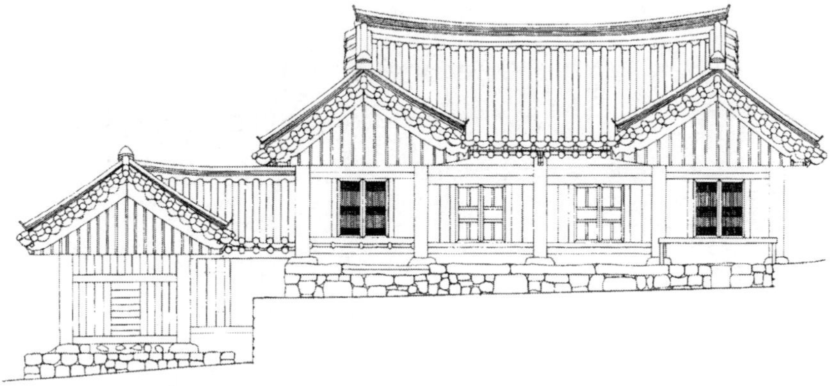

그림 234.
향단 입면도

(風水地理)에 의거하여 평면형을 용자형(用字形)으로 만들고자 한 의도가 나타나 있다. 따라서 행랑채, 안채, 사랑채가 모두 한 몸체로 이루어지며 각각의 마당을 가져, 작은 중정 2개가 있는 특이한 평면구성을 하고 있다.

행랑채와 사랑채로 둘러싼 좁은 공간 속에 안채를 배치함으로써 중정이 협소하다. 행랑채에 난 대문을 들어서면 안채와 사랑채의 측면으로 형성된 좁은 공간이 나서고, 이 공간을 지나면 협소한 중정이 있다.

사랑채는 중앙에 4간의 대청을 두고 좌우로 방을 배치하였고 뒤쪽에 있는 2간의 사랑방 옆에 작은 대청을 사이에 두고 방과 대청들로 구성된 아래채와 연결되어 있다. 안채는 2개의 크고 작은 부엌과 2개의 안방들이 안대청을 모서리에 두고 꺾이어 접합되어 있다.

안채는 5 m×5 m 정도의 작은 중정을 중심으로 하여 배치되어 있다. 안채의 대청은 안마당과 관계없이 행랑채의 지붕을 보도록 만든 것은 매우 특이한 구성으로서 안마당과의 기능적인 관계보다는 전망을 중시한 의도가 있었다고 생각된다. 안채 뒤에 있는 중정은 행랑마당으로서 노천(露天)의 부엌과 같은 기능을 갖고 있다. 안방의 아궁이 쪽에만 지붕이 덮이고 실제 활동은 중정에서 하게 되며 한쪽엔 경사로가 있어 바깥사랑채와 연결된다. 부엌 옆은 헛간이고 이 위에는 마루를 깔아 다락으로 만들었다.

이 집은 마을 전체에서 가장 먼저 눈에 띄는 과시적인 입지(立地)를 갖고 있으며 3개의 박공면이 눈에 뜨이는 외관과 미로(迷路)와 같이 연결된 각 부분의 통로 등이 매우 특이하며 주택의 격식을 과감히 변형한 특이한 주거건축이라 생각된다.

5) 손동만 주택

경북 월성 양동 마을에 있는 손동만 주택은 월성 손씨 대종가(孫氏 大宗家)로 현재 주인 손동만(孫東滿)의 19대조 손소(孫昭 : 1433~1484)가 25세 때 건축하였다고 전하며, 조선왕조 초기의 건축으로 강릉의 오죽헌(烏竹軒)과 같은 시대의 주택이다.

나지막한 구릉지에 자리 잡은 이 주택은 지형 때문에 행랑채는 본채보다 한 단 낮게 자리 잡고 있고, 대문과 마루, 방, 광으로 되어 있다. 본채는 안채와 사랑채가 대각선으로 연속되어 ㅁ자형의 평면을 이루고 있다. 일자형의 행랑채 동쪽 끝 부분에 있는 대문을 들어서면 2척 높이 기단 위에 사랑채의 누마루가 나타나며, 이 지점에서 안마당과 사랑마당으로 가는 동선이 분리된다. 사랑채는 ㅁ자형 평면의 남쪽 각우부(角隅部)에 있으며 큰사랑과 작은사랑으로 분리되어 각각 대청을 갖고 있다. 두 사랑방 사이에는 짧은 토담이 경계를 표시하여 특이하다. 안채는 4간 반 대청을 중심으로 완전한 ㅁ자형 평면을 이루며 안채와 사랑채는 고방 앞 툇마루로 이어진다. 안채는 부엌, 안방, 대청, 건넌방이 마치 서울 지방형의 안채와 같은 평면형으로 되어 있다.

사당은 사랑채 오른쪽 뒤편에 따라 쌓은 담장 속에 자리 잡고 있다.

그림 235.
손동만 주택 평면도

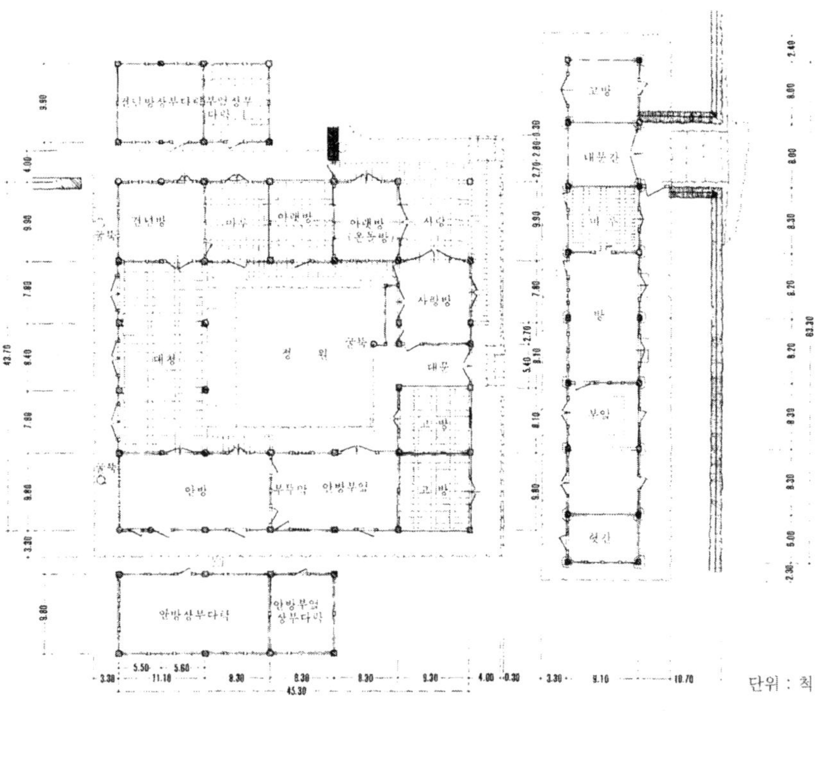

6) 윤선도 고택

전남 해남(海南) 연동(連洞)에 있는 이 주택은 조선왕조 시대 시조시인(時調詩人) 고산(孤山) 윤선도(尹善道, 1587~1671)의 고택(古宅)이다. 고산은 1628년에 봉림대군(鳳林大君, 후에 孝宗이 됨)의 스승으로 임명되었으며, 그 후 효종(孝宗)은 고산을 가까이에 두고 자주 만나기 위해 수원에 집을 지어 하사하였다. 1660년 효종이 죽자 낙향하면서 수원 집의 일부를 해남으로 옮겨 녹우단(綠雨壇)이라 불렀다. 해남과 보길도(甫吉島)에 산재되어 있는 고산의 유적들과 관련지어 본다면, 그는 문학, 미술, 음악뿐만 아니라 건축과 조경에까지도 깊은 조예를 가진 사람임을 알 수 있다. 이 집 역시 넓은 대지를 적절히 분절하여 독립적인 외부공간을 형성함으로써 합리적인 배치계획을 하였다. 녹우단은 죽림(竹林)으로 에워싸여 있고 동백과 비자나무가 수해(樹海)를 이루고 있다. 녹우단 입구에는 8~10 m 크기의 방형 행단(方形杏壇)이 있고, 높이 30 m의 큰 은행나무가 서 있다. 이 곳을 지나 30여 m 가면 대문에 이르게 된다.

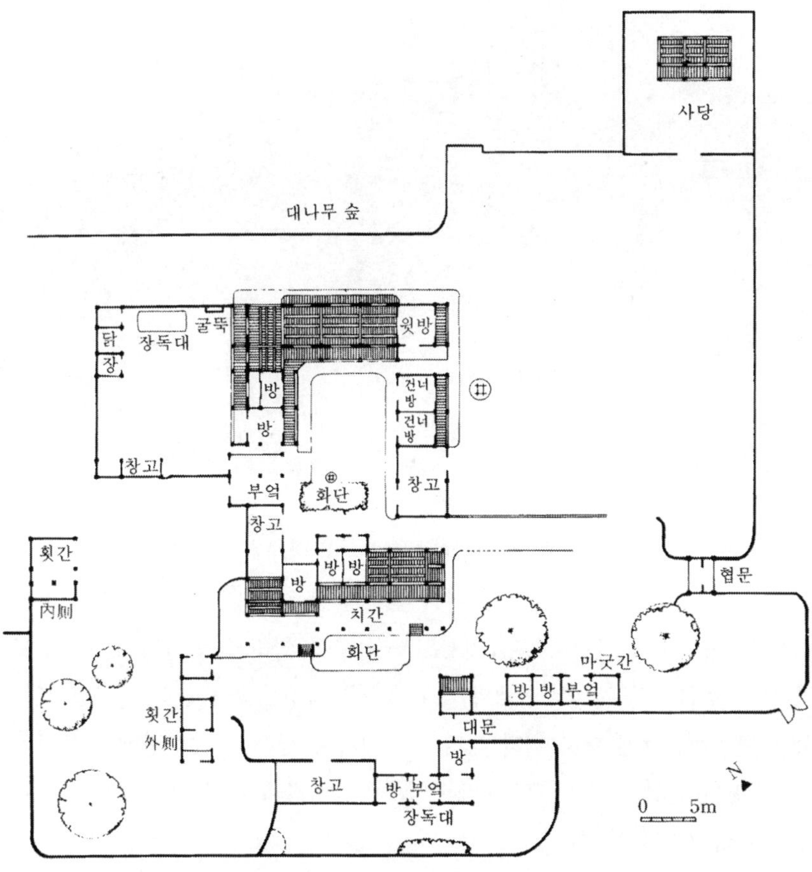

그림 236.
윤선도 고택 평면도

그림 237.
윤선도 고택 사랑채

그림 238.
윤선도 고택 뒤뜰

동남쪽에 자리잡은 행랑채 바깥에는 큰 느티나무가 서 있고, 둥그스름하게 만든 담장을 지나 솟을대문을 들어서면 사랑마당이 된다. 사랑채인 녹우단(綠雨壇)은 사랑방과 사랑대청이 일렬로 구성되어 창고와 연결되고, 이 창고는 안채의 부엌과 연결된다. 안채와 사랑채는 ㅁ자형으로 구성되어 지방적인 특성보다는 계층적인 특성이 더 나타나고 있다고 생각된다. 사랑채는 큰사랑과 바깥사랑이 반간 엇물려 교묘하게 구획되며, 사랑채 툇마루의 차양구조는 20세기 초의 시설물이다.

안채는 부엌, 안방, 대청, 큰 대청, 건넌방이 ㄷ자형으로 구성되어 있다. ㄱ자로 꺾인 대청은 안방과 윗방 사이가 5간이나 떨어져 있는 것이 특이하다. 그리고 안채 서쪽에는 계사(鷄舍), 광, 장독대 등 가사(家事) 노동을 위한 마당이 있고, 안채 뒤에 담장 너머에는 삼신제단(三神祭壇)이 있다. 그 주변에는 감나무, 석류나무, 복숭아나무, 매화나무, 비파나무 등의 과수들이 있으며, 안쪽에는 약용 및 식용식물을 가꾸는 채원이 꾸며져 있다.

사당(祠堂)은 후원 울타리 안에 한 채, 울타리 밖에 독립된 두 채의 사당이 건립되어 대가(大家)의 면모를 두루 갖추고 있다.

7) 최준 주택

경주 교동(校洞)에 있는 최준 주택은 최준(崔浚)의 9대조가 본래 요석궁(遙石宮) 터였던 자리에 건축하였다고 전하는 18세기 후반에 건축된 상류주택이다.

행랑방과 광으로 구성된 행랑채의 솟을대문을 들어서면 사랑마당이 되고 사랑마당의 앞쪽에 사랑방과 사랑대청으로 된 사랑채가 서 있고 그 서쪽으로 대청과 방으로 형성된 별당이 있다. 이 별당은 한때 서당으로 사용하였다고 한다. 남향한 대문의 남북축선상에 있는 사랑채의 대청은 2간이며 전후에 넓은 툇마루가 있고 그 동쪽에 있는 큰 사랑방은 2간으로 앞에 툇마루가 계속되어 ㄱ자로 꺾여서 작은 사랑방에 연결되고 그 앞쪽에 누마루가 돌출되어서 뜰의 동남쪽에 있는 천석(千石) 곳간 앞에 있는 작업마당을 내려다보게 되어 있다. 큰 사랑방 뒤에는 침방이 있으며 그 뒤에 안채로 통하는 뒷문이 있다. 사랑채의 건물은 치목을 잘하여 매우 운치 있는 건물이었으나 애석하게 1970년에 불타 없어졌다.

안채는 사랑채의 동쪽에 계속되는 중문간행랑채의 중문으로 들어가게 되는데 부엌, 안방, 대청, 건넌방, 작은 대청으로 구성되어, 앞에 말한 사랑채와 연속되어 있다.

안채는 양쪽 모서리가 트인 ㅁ자의 평면을 갖고 있으며 동북쪽에 3간 반 길이의 부엌이 있고 그 남쪽으로 3개의 아랫방이 계속된다. 안방은 3간이 전부 툇마루를 앞에 두고 남향을 하고 있어서 특이하고 그 서쪽에 2간의 대청과 2간의 건넌방이 있으며 그 남쪽에 작은 대청이 있어서 툇마루로 계속 연결되어 있어 매우 운치가 있는 내부공간을 연출하고 있다.

부엌 옆은 우물이 있고 안채 서쪽으로 사당을 별도로 쌓은 담장 속에 건축하였다. 그리고 9대를 천석꾼으로 내려온 만큼 천석곳간이 사랑마당 동쪽에 널찍이 자리 잡고 있다.

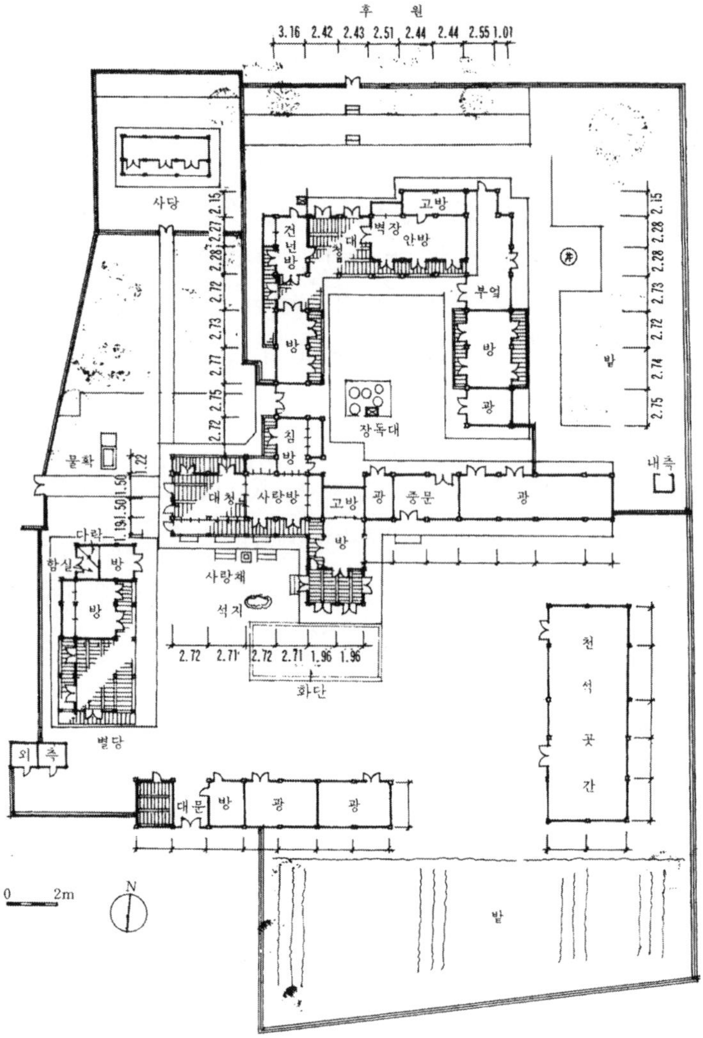

그림 239.
최준 주택 배치도

그림 240.
최준 주택 사랑채 대청
(1960년 촬영)

8) 달성 묘동 박황 주택

박황(朴熀)씨 주택은 5대조 박광석(朴光錫)이 1747년에 건축한 조선왕조 시대 중기의 주택이다.

대문간을 들어서면 사랑채가 보이며 석류나무 세 그루가 그 앞에 서 있다. 사랑채는 방과 대청들이 ㄱ자형 평면을 이루면서 안채와 독립된 별동(別棟)으로 서 있다.

안채는 사랑채 옆에 난 중문을 통하여 들어가게 된다. 안채의 평면은 ㄱ자형으로 부엌, 안방, 대청, 건넌방으로 구성되어 사랑채와는 독립된 채(棟)로 건축되었다. 부엌 서쪽에는 우물과 장독대가 있고, 그 옆에 커다란 곳간이 자리 잡고 있다.

사랑마당의 서쪽에는 나지막한 담장이 있고, 이 담장에 건축된 작은 일각대문을 들어서면 넓은 방지(方池)와 이 방지를 향해 건축된 별당에 이른다. 방지의 연못은 살림집의 정원시설로는 매우 큰 규모이다. 연못 중앙에는 봉래산(蓬萊山)을 만들어 시각적인 초점을 형성하였다. 별당(別堂)은 방과 누(樓)로 구성되어 4계절을 통해 언제고 적절히 이용할 수 있게 되어 있다.

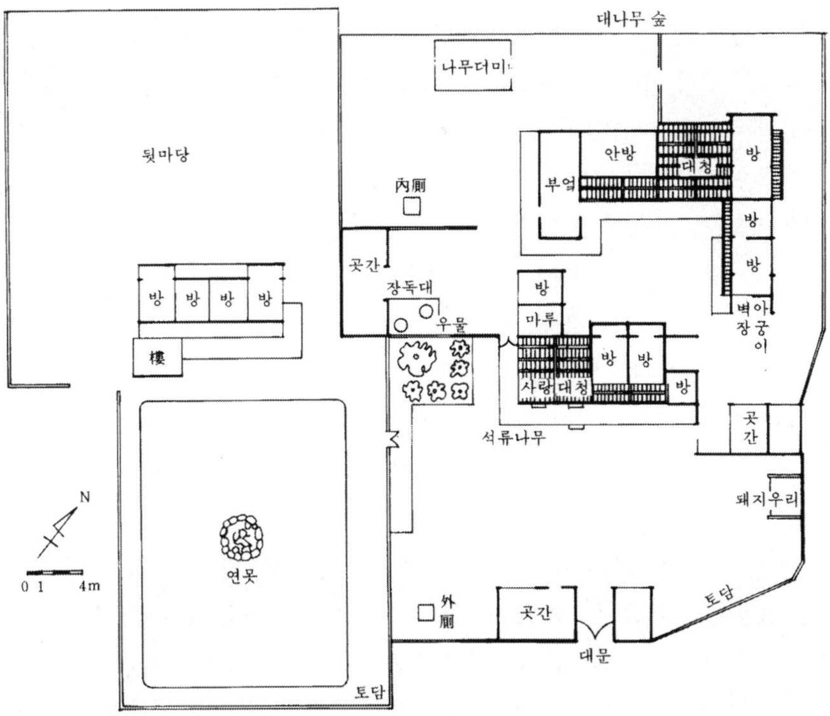

그림 241.
박황 주택 배치도

그림 242.
박황 주택 사랑채 천장

9) 연 경 당

창덕궁의 후원(後苑) 안에 있는 연경당(演慶堂)은 순조(純祖) 28년(1828)에 세자(世子)의 청으로 사대부(士大夫)의 생활을 알기 위해 사대부 주택을 모방하여 궁궐 안에 지은 것이다. 이러한 배경에서 건축된 때문인지 현존하는 조선시대 주택의 어느 것보다도 가장 아름다운 상류주택이다. 이 주택은 창덕궁 후원의 주합루(宙合樓)가 서있는 동산 뒤쪽 비교적 넓은 터에 자리 잡고 있다.

동쪽으로부터 이 주택의 행랑채 앞에 펼쳐진 바깥의 넓은 정원(庭園) 입구에 이르면, 나지막한 경사지를 몇 단으로 평평하게 처리한 가운데 넓은 방지(方池)를 만들고, 이 연못 한쪽에 방형(方形) 평면을 가진 애련정(愛蓮亭)이 보이며, 또 이 연못의 서쪽으로 계속되는 길을 따라 가면 솟을대문 장락문(長樂門)이 북쪽에 바라보인다. 솟을대문에 이르기 전에는 작은 도랑이 있고 이 도랑 위로 석교(石橋)가 놓여 있다. 솟을 대문을 들어서면 행랑(行廊) 마당이 되고, 솟을대문 동쪽으로는 가마와 말을 두었던 곳으로 생각되는 가마 창고와 마구간이 있고, 서쪽으로는 방과 마루방들이 있다.

행랑마당의 동쪽으로 난 작은 솟을대문인 중문 장양문(長陽門)을 들어서면 사랑마당이 되고, 다른 서쪽으로 난 평대문인 중문 수인문(修仁門)을 들어서면 바로 안마당이 된다. 사랑마당에 면한 중문간 행랑채는 광과 방으로 되어 있고, 사랑채는 안채와 붙어 연속된 동(棟)으로 되어 있으나, 사랑마당 사이에 나지막한 담장을 둠으로써 남성적인 공간과 여성적인 공간을 구분하고 있다.

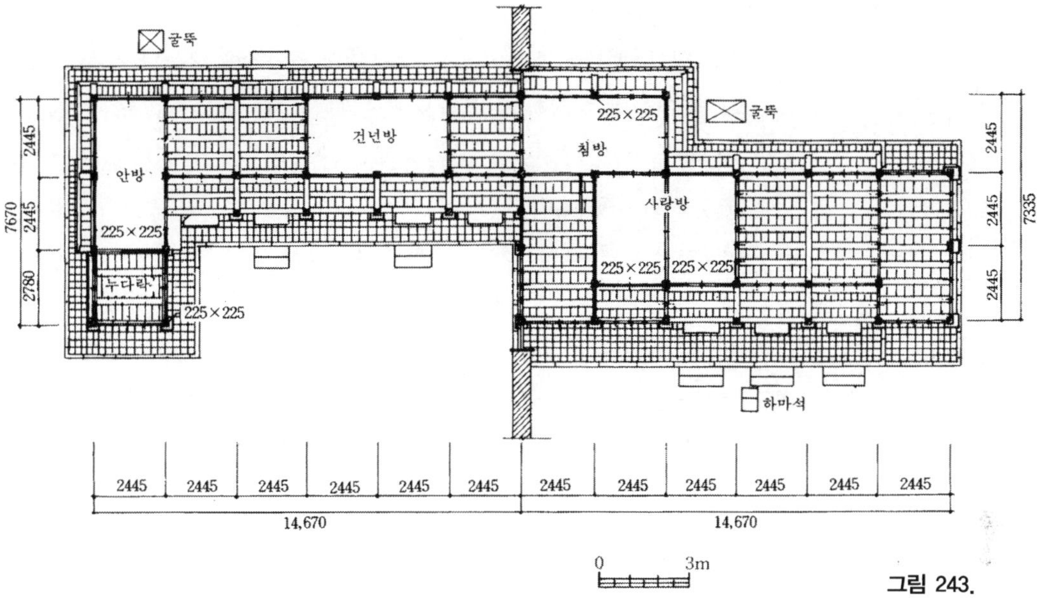

그림 243.
연경당 안채 · 사랑채
평면도

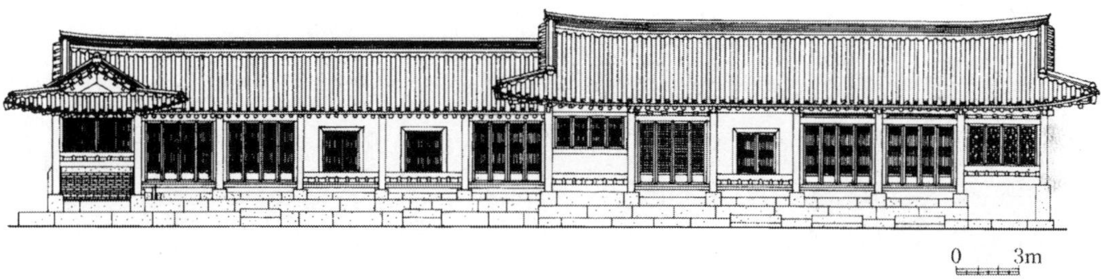

그림 244.
연경당 안채 · 사랑채
정면도

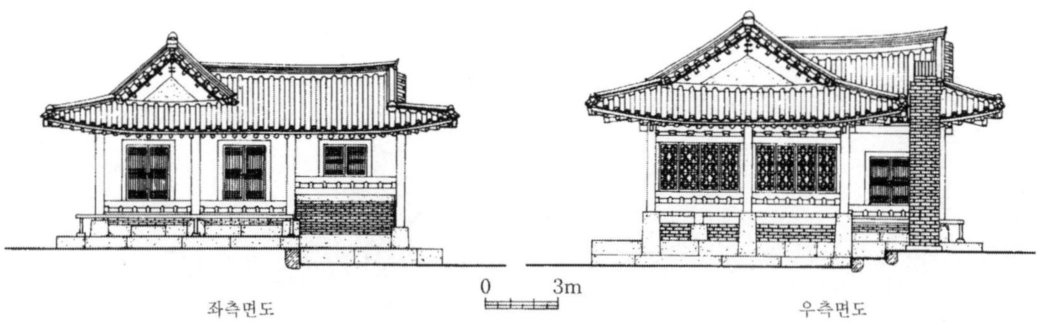

그림 245.
연경당 안채 · 사랑채
측면도

사랑채는 침방, 사랑방 대청(大廳), 누마루로 구성되어 전형적인 상류주택의 구성을 하고 있다. 사랑채 동쪽으로는 동서향으로 양쪽에 온돌방을 두고 중앙에 대청을 둔 선향재(善香齋)라 부르는 서고(書庫)가 자리 잡고 있다. 선향재 뒤는 나지막한 동산으로 단을 쌓고 계단을 두어, 그 위에 방형 평면(方形平面)의 정자인 농수정(濃繡亭)이 있다.

안마당을 향한 중문간 행랑채는 마루와 방, 그리고 내측(內厠)으로 되어 있고, 안채는 일반 상류주택의 안채와는 조금 달리 부엌이 없이, 아래는 안방에 불을 때는 함실이고 위는 누다락인 한 간의 공간을 부엌자리에 두었을 뿐이다. 이는 대가(大家)에서 부엌간이 반비간(飯備間)이라 하여 별채로 독립됨으로써 부엌자리에 누다락을 두어, 사랑채의 누마루에서처럼 여성들도 시원한 여름을 보낼 수 있게 만든 것이다. 이 누다락 이 외에는 모두 일반 상류주택과 같아서 안방, 대청, 건넌방, 그리고 작은 대청을 두어 사랑채의 침방과 연결하고 있다. 안채 뒤에는 별채가 작은 울타리 속에 있는데 이것이 반비간(飯備間)이다. 이 곳은 식사를 준비하는 사람들이 집안의 모든 음식을 조리하고 저장하며 물품을 관리하던 곳이다.

끝으로, 연경당이 다른 상류주택과 다른 점은, 위에서 설명한 것 이외에 사당(祠堂)과 별당(別堂)들이 없다는 것이다. 이것은 상류주택을 모방하면서도 궁궐 안에 건축한다는 특수한 입지적 조건에 의한 것으로 생각된다. 그러나 공간의 구성, 시지각적인 고려와 기교는 주택건축 중에서 가장 뛰어난 솜씨를 보이고 있는 건물이다.

제25장 조선왕조 기타 건축 및 분묘

1. 묘(廟) 및 단(壇)

(1) 종 묘

종묘(宗廟)는 조선 역대 왕과 왕비 또는 추숭(追崇)된 왕과 왕비의 신주(神主)를 봉안(奉安)하고 제사하는 묘(廟)이다. 종묘는 태조(太祖) 4년(1395)에 창건되었으며, 임진왜란 때의 병화(兵火)로 소실되었다가 광해군(光海君)이 즉위한 해(1608)에 재건되었고, 그 후 각 대의 개수(改修)를 거친 것이다. 경복궁 동쪽에 있는 언덕을 주산(主山)으로 하여 임좌병향(壬座丙向)한 터를 정하고, 넓은 지역 외곽(外廓)에는 높직한 궁담(宮墻)이 둘려 있다. 3간으로 된 정문을 지나서 송림 사이를 깊숙이 들어서면, 대지 중앙부에 위치한 곳에 동서신문(東西神門)을 가진 내곽의 담이 쌓여 있다. 그 안에 포석(舖石)을 깐 큰 내정(內庭)이 있으며, 그 중앙의 거대한 기단(基壇) 위에 서남향한 정전(正殿)을 배치하였다.

종묘의 정전(正殿)은 시왕(時王)의 4대조, 즉 고조, 증조, 조부, 아버지를 포함하는 사친(四親)과 역대 중에서 공덕(功德)이 컸던 왕과 왕비의 신주(神主)를 모시는 곳으로, 광해조(光海朝)에 11간이 재건되고, 영조 때 4간, 헌종(憲宗) 때 2간, 고종(高宗) 때 2간이 각각 증축되어서, 현재는 정면 19간에 측면 3간의 맞배지붕으로 되어 있는 건물이다. 이익공식(二翼工式) 건물이며 외부에 1출목을 가져 행공첨차(行工簷遮)를 놓았으며, 익공의 초각(草刻)은 매우 고졸(古拙)하며, 보뺄목은 삼분두형(三分頭形)으로 되어서 중기초경의 수법을 나타내고 있다. 매우 길게 뻗친 건물로서 구조는 평범한 것이나, 규모가 매우 큰 것을 부재를 정밀하게 결구(結構)하여 만든 것으로, 장식도 매우 장중하고 소박하게 처리하여 엄숙한 느낌을 주는 건물이다.

그림 246.
종묘 배치도

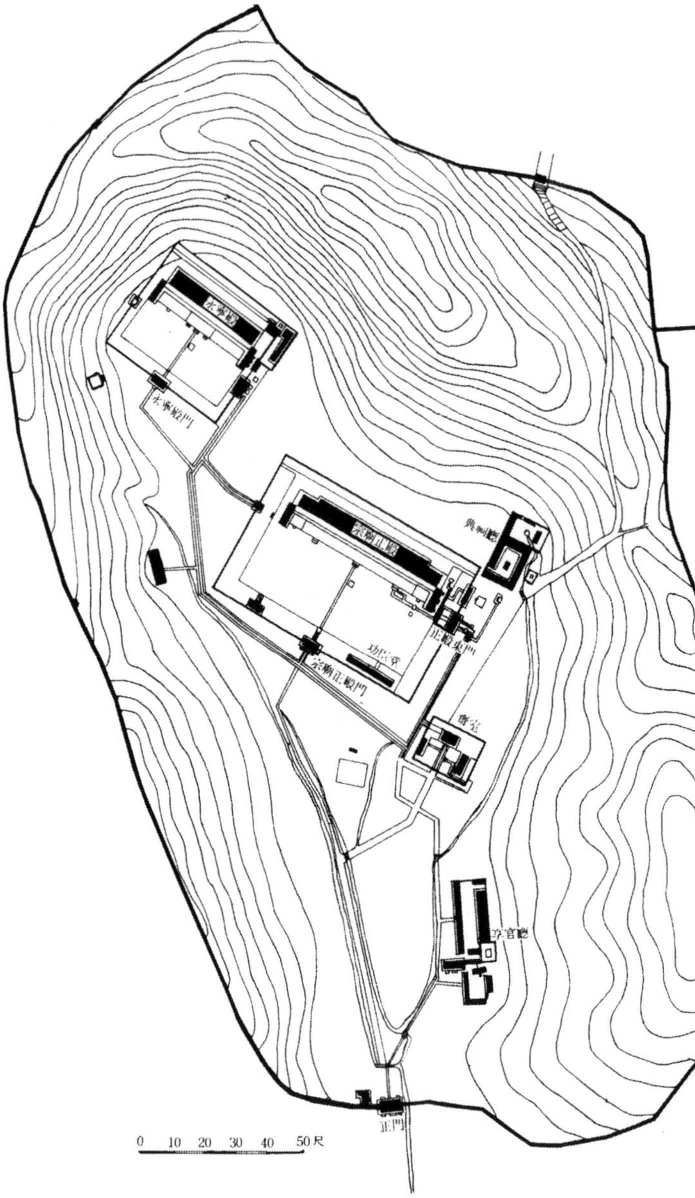

정전(正殿) 서편에는 담장으로 둘러 있는 다른 일곽(一廓)의 건물인 영녕전(永寧殿)이 배치되어 있다. 영녕전은 5세 이상의 원조(遠祖)를 모신 곳으로, 세종(世宗) 3년(1421)에 창건되고 광해군(光海君) 때 재건되었으며, 현종(顯宗)·헌종(憲宗)·고종(高宗) 때의 개수(改修)를 거쳐서 현재는 15간의 맞배지붕의 건물로 되어 있다. 초익공식(初翼工式)의 집으로 초각(草刻)이 중기의 수법을 나타내고 있으며, 건축구조 형식은 정전(正殿)과 흡사하다. 정전 동남쪽에는 재실(齋室)이 있으며, 정전을 중앙에 두고 그 좌우에 동서무(東西廡)가 있다. 동서무의 익공첨단은 아래위로 굴곡진 곡선을 보이고 있으며, 조선 중기의 수법을 찾아볼 수 있으나, 정실(正室)은 후에 개수된 것이다.

종묘(宗廟)의 배치계획은 비대칭 속에서 대칭적인 공간구성을 갖고 있어서 한국 건축의 특성을 매우 잘 나타내고 있다. 정전(正殿) 양쪽 끝에 붙은 월랑(月廊)은 대칭적 위치에 있지만, 동쪽 것은 개방된 것에 비해 서쪽 것은 벽으로 막혀 있어 변화를 느끼게 한다. 중정 앞쪽의 공신당(功臣堂)은 칠사당(七祀堂) 규모나 격식으로 보아 비대칭적이다. 영녕전(永寧殿)의 구성도 부속건물들에서 비대칭적 요소를 찾아볼 수 있다. 종묘는 벽 부분을 깊은 열주(列柱)의 공간으로 만들어 지붕의 육중한 수평선을 더욱 부각시키고 있다. 전면의 툇간(退間)은 제배(祭拜) 때에 비와 햇빛을 피할 수 있는 가능성을 준비하여, 어두운 내부공간은 신성한 상징성을 나타내고 있다. 정전(正殿)은 태실(太室, 神位를 모시는 곳) 19간이 있으며 양쪽 끝의 익실(翼室) 3간씩이 낮게 되어있다. 영녕전(永寧殿)은 중앙의 4간이 높고 양쪽 끝에 6간과 5간이 낮게 되어있다. 육중한 지붕의 수평선은 분절(分節)해서 변화를 주고 있으며, 내부의 기능과도 유기적으로 일치된 외관을 구성하고 있다.

종묘(宗廟)의 공간구성은 은유적(隱喩的)이며 암시적이고 지속적인 성격을 느끼게 한다. 정전의 마당을 구성하는 거친 포장돌이 깔려 있는 빈터와 신로(神路)를 표시하는 암회색의 선형로(線型路), 그리고 몇 개의 단(壇)과 대(臺), 이들을 둘러싼 담장 등으로 이루어진 인공적인 외부공간에는 고도로 절제되고, 생략된 의도가 은유적으로 표현되고 있다. 이 건축은 공간구성에서 형태요소와 공간의 반복을 통해서 살아 있는 것과 죽은 것의 연속성을 상징적으로 표현하고, 반복적인 제례의식(祭禮儀式)을 통해 영구회귀(永久回歸)의 분위기를 추구한 공간을 창출하였다고 생각된다.

(2) 관 묘

고구려시대부터 전래되어 왔던 도교(道敎)는 고려 후기에 와서는 군사와 관련된 신앙으로 국가의 보호를 받게 되었고, 조선왕조 시대에 들어와서는 태조(太祖) 1년에 개성에다 대청관(大淸觀)을 만들었다. 천도(遷都) 후, 한성(漢城)에도 소격전(昭格殿 : 세조 12년에 소격서로 개칭)을 두어서 삼청성진(三淸星辰)의 제사를 맡게 하였으나, 중종(中宗) 11년에는 유교주의에 따라 도교적인 제례의식을 담당하는 부서인 소격서(昭格署)가 폐지되었다. 그러나 민간에서는 혹은 무격(巫覡) 혹은 불교의 말류(末流)와 유합(癒合)되기도 하여서, 그 자취가 끊이지 않았다. 그 후 임진왜란(壬辰倭亂) 때에 명군(明軍)에 의하여

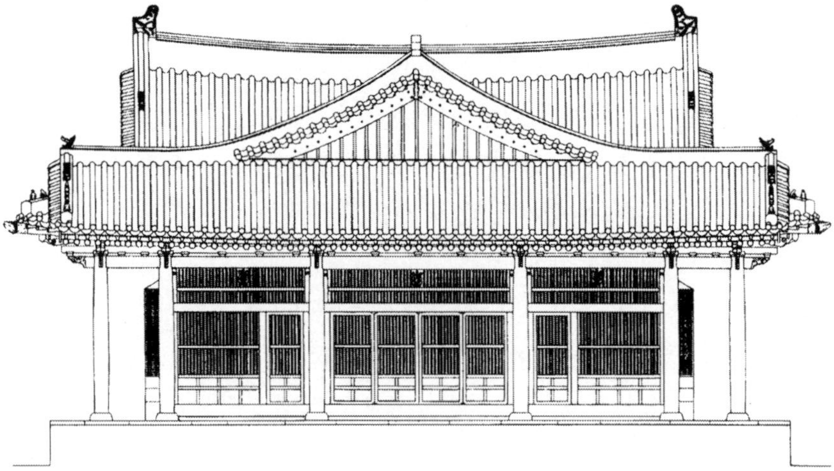

그림 247.
서울 동묘 입면도

도교계의 관왕(關王)숭배가 전래되어, 서울 동대문 밖에 동묘(東廟), 남대문 밖에 남묘(南廟)를 설치하게 되었고, 지방에도 강진(康津), 남원(南原), 성주(星主), 안동(安東) 등에 관묘(關廟)가 세워졌다.

지방의 관묘들 중 남아 있는 것은 후일에 많은 개수를 하여서 원형이 많이 손상되었으나, 서울에 유일하게 남아 있는 동묘(東廟)는 원래의 건물형상을 비교적 잘 보존하고 있다. 토담을 쌓아서 일곽(一廓)을 이룬 지역 내에 남쪽에서부터 정문(正門), 중문, 본전(本殿)과 그 좌우에 동서무(東西廡, 정면 3간, 측면 1간)가 있다. 본전은 높은 기단(基壇) 위에 서 있으며, 정면 5간, 측면 6간이 되어 전실(前室)과 본실(本室)의 두 부분으로 이루어졌으며, 중국적인 색채가 농후한 건물이다. 전면을 제외한 좌우와 후측의 3면에는 툇간(退間)을 내어서 개방하고, 벽에는 전축벽(塼築壁)을 만들었으며, 전실(前室)과 본실(本室) 전면에는 각각 분합문(分閤門)을 달았다. 초익공식(初翼工式) 건축으로, 초각(草刻)이 매우 간소 질박한 맛이 있어서 조선 중기의 수법을 나타내고 있다.

(3) 기타 묘사

조선왕조 시대에는 위에 말한 묘사(廟祀) 외에도 기자(箕子), 동명왕(東明王), 온조왕(溫祚王), 혁거세왕(赫居世王), 경순왕(敬順王 : 경주 숭덕전) 및 충신열사를 제사하는 묘(廟)들이 있었다. 그 중 특기할 만한 것은 평양에 있는 기자묘(箕子廟)인 숭인전(崇仁殿)이다. 이 건물은 조선 초기(1467)에 건립된 것으로, 평양 보통문(普通門)보다 6년 앞서 지어진 건물이고, 조선왕조 초기의 절충식 건축수법으로 만들어진 건물이다. 정면 3간, 측면 3간의 단층 팔작지붕으로 되었고, 공포(栱包)는 2출목이며, 평양 보통문의 수법과 흡사한 점이 많다. 주심포식(柱心包式)과 다포식(多包式)을 절충한 형식으로 되어 있으나, 보통문보다 주심포식 수법이 더 많이 나타나 있다.

(4) 사직단 및 환구단

사직단(社稷壇)은 토지지주(土地之主)인 사(社)와 오곡지장(五穀之長)인 직(稷)을 제사하는 단(壇)으로, 삼국시대부터 시작하여 조선왕조 시대에까지 계속해서 사직단이 조성되었다. 서울 사직단(社稷壇)은 태조(太祖) 4년(1395)에 조성된 것으로, 현재의 유구(遺構)는 그 당시의 것으로 추측된다. 국사단(國社壇)은 동쪽, 국직단(國稷壇)은 서쪽에 있어 각각 북향을 하였으며, 석조(石造)로 사방 26척, 높이 3~4척의 단(壇)을 쌓고, 사방에 계단을 만들었다. 사직단의 정문(正門)은 정면 3간, 측면 2간의 단층 맞배지붕으로 된 초익공(初翼工)의 건물이며, 숙종(肅宗) 46년(1720)에 태풍으로 도괴(倒壞)된 다음 재건된 것이다.

환구단(圜丘壇)은 기우(祈雨)와 기곡(祈穀)을 위한 제천(祭天)의 단(壇)으로서, 조선왕조 초기에 설치되었다가 태종(太宗) 때부터 계속 폐지되었던 것을 고종(高宗) 때 다시 설치하게 되었다. 현재 조선호텔 자리는 환구단(圜丘壇)이 놓였던 곳으로서, 광무(光武) 1년(1897)에 환구단을 축조한 다음 광무 3년에는 환구단 뒤에 황궁우(皇穹宇)를 건립하여 신위(神位)를 봉안하였다. 1913년에 환구단이 철수되고 호텔이 건축되었으며, 그 뒤 현재 황궁우만이 남아 있다.

2. 객사, 누정 및 병관

(1) 객 사

조선왕조 시대의 각 도의 중요한 읍성(邑城)에는 반드시 객사(客舍)가 건축되었으며, 그 정당(正堂)에는 국왕의 위패(位牌)를 안치하여 삭망(朔望)에는 대소관원(大小官員)들이 모여서 대궐을 향하여 배례를 하던 곳이었다. 동서익실(東西翼室)에는 조정(朝廷)에서 파견된 사신의 숙소로 사용되던 곳이다. 따라서 건물의 규모가 갖추어졌던 것으로, 읍성 안의 가장 중심이 되는 곳에 배치하여 훌륭한 건축으로 조영되었다.

중앙에 정당(正堂)을 두고, 그 좌우에 익실(翼室)을 만들었으며, 전면에는 중문(中門)과 대문이 있었고 무랑(廡廊)이 둘려 있는 것이 보통이다. 건물은 모두 맞배지붕으로 되었으며, 정당은 높은 기단(基壇) 위에 서게 되고, 가장 큰 규모로 지어져 위용있게 전체 공간을 주재하도록 만들었으며, 내부바닥은 전(塼)을 깔았다. 좌우의 익실(翼室)은 온돌을 만들어서 사신(使臣)의 숙소로 이용하였다.

읍성교외의 경치 좋은 곳에는 객사(客舍)에 부속된 누건축(樓建築)을 만들어서 조정사신(朝廷使臣)의 접대와 관원의 소풍에 사용되었다. 건물의 예로는 안변 객사 가학루(駕鶴樓 : 1486), 고령 가야관(伽倻館 : 1493), 성천(成川) 동명관(東明館 : 조선 후기), 경주 동경관(東京館) 중당(中堂 : 1790), 밀양 영남루(嶺南樓 : 1844) 등이 있다. 고령 가야관(伽倻館)은 초기의 것을 대표하고, 성천 동명관(東明館)은 후기의 것을 대표하는 것으로, 성천강(成川江)에 임한 경치 좋은 곳에 변화가 많고 자유로운 평면으로 배치되어 있으며, 강선루(降仙樓)는 특히 아름다운 외관(外觀)을 갖고 있었으나 6 · 25 전란 때 소실되었다.

영남루(嶺南樓)는 밀양 객사(客舍)에 부속된 누각(樓閣)으로 밀양강에 임한 절벽 위의 경치 좋은 곳에 위치하였다. 정면 5간, 측면 4간의 팔작집으로 규모가 웅장하며, 좌우의 부속건물이 있어서 층계로 월랑(月廊)과 헌랑(軒廊)으로 연결하였는데, 건물 전체의 배치에 변화가 있고 훌륭하다. 누(樓)마루 주위에는 난간을 둘리고, 기둥은 전부 개방하여 사방을 조망할 수 있는 넓은 공간을 만들었다. 공포(栱包)는 주심포식(柱心包式)으로서 주간창방 위에는 귀면(鬼面)을 나타내는 화반(花盤)을 두었다.

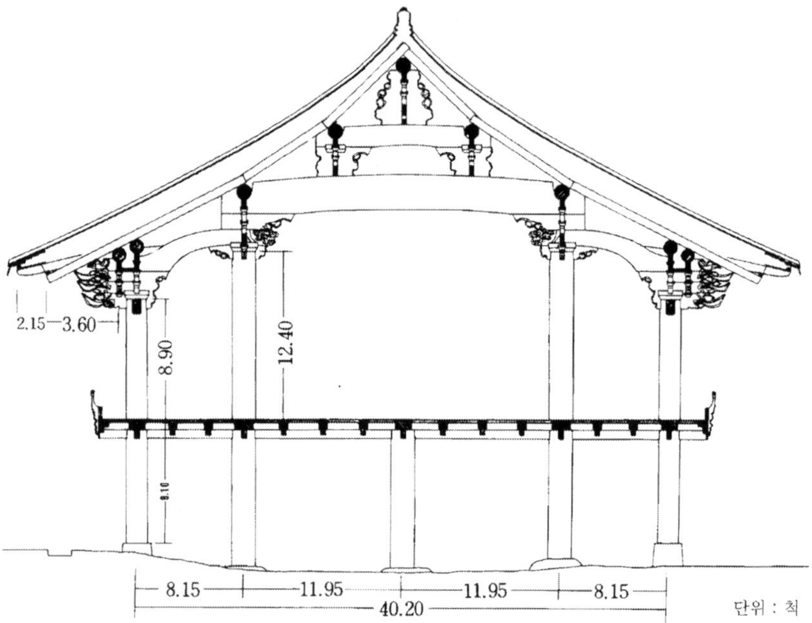

그림 248.
영남루 단면도

(2) 누 정

조선시대에는 전망이 훌륭한 자연의 경치 좋은 곳에 누(樓)와 정(亭)을 많이 세웠으며, 평시에는 유람상춘(遊覽賞春)의 장소가 되는 동시에 전시에는 장수의 지휘소가 되던 곳으로, 안주(安州) 백상루(百祥樓), 진주(晋州) 촉석루(矗石樓 : 6 · 25 사변 후 재건) 등은 구조형식이 대표적인 것으로 생각된다. 부벽루(浮碧樓)는 목단대(牧丹臺)에 있어서 대동강을 내려다보고, 평야(平野)에 임하여 전망이 좋아서 전시에도 중요한 건물로 사용되었을 것으로 생각된다. 이 밖에도 누정(樓亭)의 대표적인 유례를 들어 본다면, 삼척 죽서루(竹西樓), 정읍 파향정(坡香亭), 남원 광한루(廣寒樓), 제주 관덕정(觀德亭), 수원 방화수류정(訪花水柳亭) 등이 있다.

광한루(廣寒樓)는 1638년에 재건되었다고 하며, 춘향전(春香傳)에 의하여 그 이름이 알려져 있고, 건물은 연못에 면하여 남향하여 서 있으며, 정면 5간, 측면 4간의 팔작지붕을 가진 누정(樓亭)이다. 누(樓)마루 주위에 난간을 둘리고, 기둥 사이에는 모두 사분합문(四分閤門)을 달았으나 여름에는 개방하도록 되어 있다. 공포(栱包)는 이익공식(二翼工式)으로 익공머리는 앙서형(仰舌形)을 하였다. 연못에 건물이 반영되어 매우 아름다운 운치를 가진 누정(樓亭)이다. 관덕정(觀德亭)은 1448년에 창건되고, 그 후 수차 중수(重修)되어 오다가 1969년에 해체 보수되었다. 정면 5간, 측면 4간의 팔작지붕으로 된 누정으로 공포는 이익공식으로 되어 있다.

그림 249.
광한루

(3) 병 관

세병관(洗兵館)은 충무시에 있으며, 선조(宣祖) 36년(1603)에 이충무공(李忠武公)의 전공(戰功)을 기념하기 위하여 세워진 것으로, 삼도수군(三道水軍) 통제사영(統制使營)으로 사용되었던 건물이다. 정면 9간(112척), 측면 6간(56척)의 단층 팔작지붕이며, 공포(栱包)는 이익공식(二翼工式)이고, 건물규모가 웅장하여 평면의 면적이 매우 넓은 목조건물 중의 하나이다. 사면 모두 개방되어서 내부는 연등천장으로 되었으며, 바닥은 마루를 깔았고 중앙의 후면에는 높은 단(壇)을 만들었다.

그림 250. 진남관

그림 251. 진남관 공포

진남관(鎭南館)은 정면 15간(117.22척), 측면 5간(39.85척)의 단층 팔작지붕으로 1716년에 재건된 것이고, 공포는 주상(柱上)에만 있고 2출목으로 짜 올려서 외목도리(外目道里)를 받쳤다. 외부 살미첨차는 쇠서와 함께 연꽃 및 그 밖의 조각을 하여 하나의 장식판과 같이 변형되었다. 전라 좌수영(左水營)에 속하는 건물로서 선조(宣祖) 32년에 처음 건축되었다.

3. 분 묘

조선왕조시대의 왕릉은 고려 공민왕릉(恭愍王陵)의 형식을 계승하여 이것을 더 발전시킨 것으로, 규모도 매우 커져서 새로이 분묘주위에 곡담(曲墻)을 둘리고, 석마(石馬) 등을 두는 방법이 사용되었다. 태조(太祖) 이후 역대의 왕릉은 서울을 중심으로 양주, 광주, 여주 등에 만들어졌다. 그 위치는 명당(明堂)을 찾아서 배산임수(背山臨水)한 언덕 중턱에 분롱(墳壟)을 만들었다. 왕릉에 들어가는 참도(參道) 입구에는 전면에 홍살문(紅箭門)을 만들고, 다음에 석교(石橋)를 지나서 재실(齋室)인 정자각(丁字閣)에 이르게 되어 있다. 정자각의 동서에는 수복방(守僕房)과 수자방(水刺房)이 있게 되고, 동쪽에 비각이 서게 되었으며, 정자각 뒤쪽에 위치하는 높은 언덕 위에 분롱이 놓이게 된다.

분묘(墳墓)의 형식은 초기에는 고려식을 따라 상자형 석실묘에 호석(護石)을 두었으며, 면석(面石) 상부에는 운문(雲文)을 배경으로 한 12지상(支像)을 조각하고, 석실 내부에는 천장에 일월성진도(日月星辰圖), 4벽에 사신도(四神圖)를 그렸던 것인데, 세조(世祖)의 광릉(光陵 : 1467)부터는 광(壙)을 파고 관(棺)을 내린 다음, 아래 위 4면을 모두 회삼물(灰三物)로써 다져 메워서 만들었으며, 이 방법은 조선왕조 말기까지 계속 사용되었다. 이 때부터 호석이 없어지고 12지상을 난간 동자주석(童子柱石)에 새기는 방법이 사용되었으며, 인조(仁祖)의 장릉(長陵)에서는 12지상 대신 처음으로 목단문양이 양각(陽刻)되었고, 그 후 재건된 세종(世宗)의 영릉(英陵)에서는 12지상이 문자(文字)로 대치되게 되었다.

초기에는 왕과 왕비가 각각 멀리 떨어져서 독립된 단릉형식(單陵形式)과 접근해서 따로 만든 쌍릉(雙陵)의 형식과, 한 능역(陵域)이면서 언덕을 달리하는 동원이강(同原異岡) 형식의 능이 서로 병행하여 사용 되었으나, 세종(世宗)의 영릉(英陵)에서 처음 나타난 1개의 분롱 속에 2개의 묘실을 만들어 합장하는 형식이 19세기에 들어서서 많이 사용되게 되었다.

분롱 주위에는 석난간(石欄干)을 둘리고, 그 전면에 석상(石床)을 놓았으며, 좌우에는 망석(望石)을 세우고, 석난간의 주위에는 석양(石羊), 석호(石虎)를 교대로 배치하여 왕릉을 수호(守護)하는 것과 같이 만들었다. 석상 앞에는 장명등(長明燈)을 세우고, 분묘(墳墓) 외곽의 동서북쪽에는 곡담(曲墻)을 둘렀다. 분롱의 전방에는 한 단 낮게 하여 동서에 문인석(文人石)을 1쌍 또는 2쌍으로 세웠으며, 그 앞에는 다시 1단 낮게 하여서 1쌍 또는 2쌍의 무인석(武人石)을 세우고, 그 뒤에는 각각 석마(石馬)를 놓았다.

제26장 조선왕조 정원

1. 정원구성

동양의 건축과 도시구성(都市構成)은 비교적 유교(儒敎)의 영향을 받아서 인공적인 질서를 갖도록 설계되어, 형식적(形式的)이고 직선적이며 기하학 형태가 사용되고, 위계성(位階性) 있는 구성과 노단경(路端景)의 형성 등으로 비교적 규칙성이 있고, 정제성(整齊性)을 가진 외관(外觀)을 갖게 된다. 그러나 동양의 정원구성(庭園構成)에 있어서는 오히려 도교(道敎)의 영향을 많이 받아서 비형식적이고 곡선적이며, 자연성과 신비성이 강조되고, 불규칙성과 비정제성을 가진 것으로 만들어졌다고 생각된다.

자연을 인간의 투쟁대상으로 생각하였던 서구(西歐) 사람들의 개념과는 대조적으로 동양에서는 인간이 만물의 영장(靈長)이기는 하나, 자연의 일부분으로 생각하였다. 이와 같은 자연에 대한 인식은 도교(道敎)의 무위자연(無爲自然), 소요자적(逍遙自適)의 사상으로 말미암아 한층 더 자연에 대한 깊은 이해를 갖게 만들었으며, 자연의 아름다움과 즐거움을 느끼는 데 그치지 않고, 자연에 대한 깊은 통찰력(洞察力)을 갖게 만들었으며, 그 속에서 심오한 진리를 감지하게 되어서 자연에 대한 경외감(敬畏感)과 종교적인 영감을 갖게까지 만들었다고 생각된다. 이와 같은 동양 사람들의 자연에 대한 깊은 이해는 자연의 아름다움을 감상하며, 이것을 시화(詩畵) 등으로 예술화하여 표현하는 데 있어, 서구문화에서 찾아볼 수 없는 독특한 특성을 나타내게 하였을 뿐만 아니라, 동양의 정원구성에 있어서도 많은 영향을 미쳐서 도교의 자연에 대한 심상(心像 : image)을 표현하는 방향으로 정원설계의 원리가 도출되었다고 생각된다.

동양의 정원은 대자연 속에서 소요자적하던 인간의 자연적 경험을 주어진 공간 안에 의태적(擬態的)으로 재구성하려는 데 있으므로, 「비록 사람이 만들었기는 하지만, 마치 하늘이 자연적으로 만들어 놓은 것같이 느껴지도록 하는 것」(雖由人作, 宛自天開)이 정원구성의 목표가 되었다.

이와 같은 동양정원의 구성과 설계는 전문가에 의해서 주로 이루어졌던 것으로 생각되며, 정원의 원리를 기술한 원야(園冶 : 저자 計成, 1634)에 나타난 동양 정원구성의 핵심은 인차(因借)로 집약될 수 있다고 생각된다. 이에 대해 다음과 같이 설명되어 있다. 인(因)과 차(借)는 상보상성(相輔相成)하는 원리로서 동양의 정원구성 원리의 중심을 이루는 것이라고 생각된다.

인(因)은 지세(地勢)와 지형 및 주어진 공간적 여건에 따르는 것으로서, 주어진 터전의 특성에 따르며, 이를 잘 활용하는 것이다. 건축 및 정원의 설계는 주어진 공간의 세(勢)의 좋은 점을 잘 나타내는 방향으로 이루어져야 하는 것으로, 주위환경에 어울리는 건축을 만들어야 하므로, 정(亭)을 지어서 좋은 곳에는 정을 짓고, 사(榭)를 지어서 어울리는 곳에는 사를 지어, 건물의 위치 및 외형이 주위의 세와 합의(合宜)한 것을 만들어서, 환경여건과 적절하게 융화되어 유기적인 관계를 얻게 되도록 하여야 한다.

차(借)는 차경(借景)을 말하는 것으로서, 이것은 인세(因勢)의 원리가 발전 연장된 것이라 생각된다. 즉, 인세를 활용하는 데 있어서 건축물들 간의 적당한 안배(按配)와 건축과 대지(垈地) 내의 정원경관이 조화를 이루도록 만드는 이외에, 한 걸음 더 나아가 대지를 둘러싸고 있는 주위의 자연의 경관과 잘 어울리도록 하여야 한다. 내외원근(內外遠近)을 불구하고 모든 주위의 경관 중에서 속(俗)된 것은 가리고 좋은 것을 잘 보이도록 만들어, 교묘하고 체(體)를 얻은 것으로 만들어야 한다고 하였다. 또, 말하기를 차경은 정원구성에서 가장 중요한 것이며, 원경(遠景), 인경(隣景), 앙경(仰景), 부경(俯景) 등의 모든 차경은 때(時)에 상응하게 공간과 시간의 차원이 함께 고려가 되어야 한다고 하였다. 그렇게 하여서 물정(物情)이 머무는 곳에 시선(視線)이 가서 보인 경관은 마음이 기대하는 것을 나타내는 것이므로, 따라서 의재필선(意在筆先), 즉 붓이 움직이기 앞서서 의도가 있게 된다는 동양화의 원리와 흡사한 것이 된다고 하였다.

동양정원의 구성요소는 지형과 축산(築山), 물, 돌, 수목, 화초, 건축물 및 건축적 요소인 문창(門窗), 난간, 담장, 그 밖의 설치물(設置物) 등으로 이루어진다. 지형의 적절한 활용은 기본적인 것이고, 물은 항상 흘러서 동적인 맥(脈)과 같은 역할을 하는 것으로 계류(溪流), 폭포, 호수, 늪, 수로(水路) 등 여러 모양의 것이 사용되어서 좋은 경치에 물이 없어서는 안 되며, 산수(山水)

가 경치를 나타내는 대명사로 쓰이게 되는 것도 그 까닭이라고 생각된다. 정원의 기암괴석(奇巖怪石)을 완상(玩賞)하는 것은 동양의 전통이며, 이것은 대자연의 승경(勝景) 속에 있는 고암기석(高巖奇石)을 상징하는 기능을 갖는 것으로서, 일종의 추상조각과도 같다. 이것은 동양화에서도 많이 화제(畫題)로 사용되는 것과 공통되는 점이 있다. 정원에서 각종 수목이 사용되나, 그 중에도 절개(節槪), 고고(高孤), 장수, 인내 등을 상징하는 송(松), 죽(竹), 매(梅) 등을 귀히 여겼으며, 화초에는 향기가 있고 아름다운 난초와 추상(秋霜)에도 견디고 오래 피는 국화를 좋아하고, 정토왕생(淨土往生)을 상징하는 연꽃이 각별히 애완(愛玩)되어서 연못을 많이 만들었다. 그러나 서구정원에서 중요한 요소로 사용된 잔디밭이 사용되지 않은 것이 특이하다고 생각된다.

정원 속의 건축물과 건축적 요소는 매우 중요한 역할을 하게 되며, 자연과 대조되는 방향으로 설계되는 서구(西歐)의 방법과는 달리 동양의 자연과 건축은 조화 융합되는 방향으로 설계되고, 정원이 건축에 부속되는 것이 아니라, 건물이 정원 속에 적절히 자리를 잡도록 하여 자연과 잘 어울리도록 계획되었다. 그뿐만 아니라, 서양전원에서 많이 볼 수 있는 수법으로 건축적인 외형요소를 주위자연에까지 연장시켜서 자연을 건축적인 수법으로 처리하는 방법은 동양정원에서 찾아볼 수 없는 것이다. 정원 내에 자리 잡은 주거, 누각(樓閣), 정사(亭榭) 등은 정원을 향하여 언제든지 개방될 수 있게 만들어져서, 온화한 계절에는 언제나 자연과 외기(外氣)를 즐길 수 있으며, 자연 속에 융합될 수 있도록 만들어졌다. 따라서 정원은 주거공간의 연장으로, 독서, 사색, 휴양, 접객(接客), 예술관상(藝術觀賞) 등에 사용되었다. 특히, 누각과 정사는 동양정원의 초점(焦點)을 형성하는 요소로서, 전망이 좋은 언덕이나 연못 속의 섬에는 반드시 사각형, 다각형 또는 원형의 누각이나 정사가 세워지게 되며, 이 곳에서 정원 전체의 경관을 감상할 수 있게 되었다.

2. 한국정원의 특성

조선왕조시대에도 수많은 정원이 경영되었던 것으로 생각되며, 현재도 각 지방에 산재하고 있는 이름 있는 누각(樓閣) 및 정자(亭子)들이 모두 자연의 승경(勝景)과 정원을 배경으로 건축되어 있는 것을 보아서 알 수 있다. 한국정원의 특성은 우리나라의 산고수려(山高水麗)한 자연의 아름다운 환경을 존중하고, 비교적 인공을 덜 가하여 자연에 조화되도록 구성하였던 것으로 생각되며, 우선 배산임수(背山臨水)한 명당을 찾아서 집터를 정하고, 주위환경에 조화되도록 자연미를 충분히 살려서 정원을 만들었다. 볕이 잘 쬐는 집터에는 수목(樹木)을 심어서 그늘을 취하고, 볕이 넉넉하지 못한 곳에는 화목(花木)을 심는 것을 원칙으로 삼았으며, 앞개울의 물소리를 듣고 뒷동산의 산새들과 벗삼아서 삶을 깨닫는 것을 인생의 즐거움으로 생각하였다.

한국의 정원은 같은 동양정원에 속할지라도 중국과 일본의 정원과 적지 않은 차이점을 갖고 있다. 중국의 정원은 보통 산악, 호해(湖海), 계곡, 동굴, 폭포 등의 자연 중 대규모의 풍경을 모방하여 대자연의 축도(縮圖)를 조성하여서, 어느 면으로는 불로장수(不老長壽)의 선인(仙人)의 거처와 같은 환경을 만드는 것을 이상으로 하였으며, 기암괴석을 형성하고 수목과 화초를 풍성히 심으며, 문 형태, 문창살, 난간, 장벽 등에는 디자인에 한없는 풍요한 변화를 주어서, 보는 사람에게 시각적인 포만(飽滿)을 느끼게 해서, 중국 요리에서 맛볼 수 있는 기름지고 느끼한 맛을 시각적으로 느끼게 한다고 비유할 수 있을 것이다.

일본의 정원은 구성에 있어서 자연에 대한 선종적(禪宗的)인 해석을 바탕으로 하여서, 엄격한 약속과 무수한 법칙들에 의하여 만들어지는 것으로 생각되며, 자연의 인공적(人工的)인 구성과 수목의 전지(剪枝) 및 인공적인 변형으로 형성된 아름다움을 즐기게 되며, 지나치게 자연에 인공을 가하게 된다. 이와 같은 경향은 일본 사람들이 일반적으로 애완하는 분재(盆栽)에서 단적으로 일본 정원의 특성의 일면을 찾아볼 수 있다. 일본의 유명한 고사(故事) 가운데 객(客)을 맞이하는 준비로서 낙엽이 진 다실(茶室)의 마당을 말끔히 비로 쓴 다음, 사람의 손으로 인위적으로 나무를 흔들어서 낙엽을 지게 만들었다는 이야기는 일본 정원의 개념을 잘 설명하는 것으로 생각된다.

이에 비하여 한국의 정원은 자연(自然)의 아름다움을 자연 나름대로 즐기도록 만드는 것을 원칙으로 하였으며, 산이 높으면 높은 대로, 골짜기가 깊으면 깊은 대로, 언덕이 있으면 있는 대로, 없으면 없는 대로 연꽃을 심어서, 좋으면 연꽃을 심고, 대죽(大竹)이 좋으면 대죽을 심고, 넝쿨이 얽혔으면 엉킨 대로 그 사이에 인공을 다한 누각(樓閣)과 지당(池塘)을 배치하는 것이다. 담을 두르되 억지로 직선형이나 수평으로 만들지 않고, 지세(地勢)를 따라 높고 낮게 층절(層節)을 두어서 산형을 따라가도록 만들었다. 굳이 창가에 바싹 다가서 정원을 꾸미지 않고, 안뜰과 바깥마당은 네모반듯하게 비워 두는 것이 보통이며, 마당 건너편에 있는 자연 속에, 또는 뒷결에 꽃과 나무를 심어서 정원을 가꾸는 것이 일반상식으로 되어 있다.

한국의 정원은 방지(方池)를 꾸미고, 못 속에 원형의 봉래선산(蓬萊仙山)을 만들고 고석(古石)을 배치하며, 수림(樹林)과 화초를 심고 누각(樓閣)과 정자를 지으며 담장을 돌린다. 특히, 집터를 양지바른 경사지에 택하게 됨으로써 뒤쪽 언덕을 단형정원(段形庭園)으로 꾸미게 되는 것이 보통이며, 독립된 온돌연통의 장식화 등이 곁들여 독특한 후원(後苑)의 외관을 형성하게 된다. 그러나 중국처럼 동굴(洞窟)과 기암(奇巖)을 인공으로 만들고, 높고 거창한 누각을 짓지 않으며, 일본처럼 수목을 지나치게 전제(剪除)하거나 인공을 가하지 않는다. 요컨대, 한국의 정원은 보다 자연을 살리는 데 있고, 인공을 겸양하는 데 있다고 생각된다.

한국정원의 특징은 후원(後苑)을 잘 꾸미는 데 있다고 생각된다. 창덕궁(昌德宮)의 후원, 경복궁(景福宮)의 후원, 낙선재(樂善齋)의 후원 등이 궁궐후원(宮闕後苑)의 대표적인 예이다. 사가정원(私家庭園)의 대표적인 예가 되는 담양 소쇄원(瀟灑園 : 梁山甫 별장)과 옥호산방(玉壺山房 : 19세기 초 金祖淳의 별장)도 이와 같은 특징을 잘 나타내고 있다. 옥호산방은 삼청동 133의 1~2호에 위치하며, 현재는 많이 변하여 옛모습을 찾아볼 수 없으나, 옥호산방도(玉壺山房圖)에 의하면 그 전모를 잘 알 수 있다. 우리 말 가운데 정원사를 「동산바치」라고 함은 곧 동산을 다스리는 사람을 가리키는 것으로, 결코 우연한 것이 아니라고 생각된다. 한국의 정원에서 뒷동산은 보통 송림을 이루고

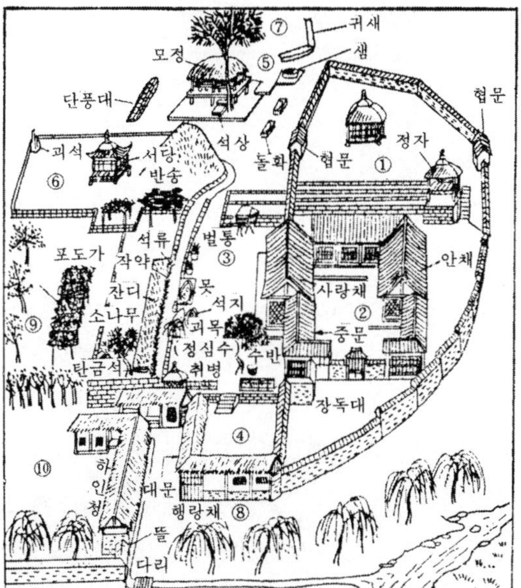

內庭→① 後苑 ② 中庭 外庭→③ 앞뜰(主庭) ④ 門庭 客庭→⑤ 샘터 ⑥ 別庭 ⑦ 뒷동산 ⑧ 터 밖 ⑨ 果園 ⑩ 菜田

그림 252.
옥호산방도

있으나, 집 가까이는 꽃나무와 과수나무를 많이 심었으며, 상록수를 심는 경우는 드물었다.

문헌을 보면 정원에 수목을 심는 위치에 대하여 많은 고려를 하였다. 양거(陽居)는 음(陰)을 좋아하고, 음거(陰居)는 양(陽)을 좋아하여 음양상화(陰陽相和)하도록 하는 것이 기본이치라 하였으며, 뜰 중심의 수목은 간곤(間困)이라 하여 재앙을 주재한다고 생각하였고, 건물 안뜰에는 큰 나무를 심는 것을 피하고, 큰 나무가 건물 위에 걸쳐 치는 것은 좋지 않다고 하였다. 겨울에도 홀로 푸르거나 수명이 긴 나무는 커지면 쉽게 자를 수 없으므로 기피한다고 하였고, 자두나무(李)는 동쪽에, 살구나무(杏)는 북쪽에, 대추나무(棗)는 문앞 뜰 서쪽에 쌍으로 심으라 하였고, 느티나무(槐木)를 중문 앞에 세 그루 심으면 대길(大吉)하다 하며, 석류나무를 뜰 앞에 두 그루 심으면 현명한 아들을 얻고, 자손이 번성한다 하였다.

아름다운 정원을 만들기 위해 화초와 수목을 심는 포치(布置)의 중요성을 강조하였다. 소나무는 기암괴석 있는 곳이 좋고, 큰 대나무는 정원 서북쪽에 두어서 정원 안의 모든 꽃을 보호하는 것이 좋다고 하였으며, 복숭아나무는 물가를 피하고, 동쪽 담에 두어 꽃가지가 담에 걸리도록 하는 것이 아취(雅趣)가 있다고 하였다. 벽오동(碧梧桐)은 동쪽 뜰에 두어 첫 달빛이 비치도록 하되 연못에 가까이 두지 말며, 매화는 물가의 땅이 좋다고 하였다.

3. 궁 원

(1) 창덕궁 후원

한국 정원의 특징을 가장 잘 나타내는 궁원(宮苑)으로는 창덕궁(昌德宮) 후원(後苑)을 들 수 있다. 이 후원은 창덕궁의 내곽건물 들이 창건된 이듬해인 태종(太宗) 6년(1406)에 궁궐의 동북쪽에 못을 만들고, 해온정(解慍亭)을 세움으로써 시작되었던 것으로, 처음에는 별로 넓지 못했던 것이나, 세조(世祖) 9년(1463)에 동쪽 담과 북쪽 담이 넓혀져서 후원이 확대되었다. 연산군(燕山君)은 이 곳에서 궁녀들과 유락(遊樂)을 일삼았으며, 큰 못을 파고 고대(高臺)를 만들며, 대상(臺上)에 1000명이 앉을 수 있는 큰 규모의 서총대(瑞葱臺)를 기공하여 역군(役軍) 수만 명을 동원하였으나, 역사(役事)를 끝내지 못하고 폐위(廢位)됨으로써 공사가 중단 철회된 일도 있었다.

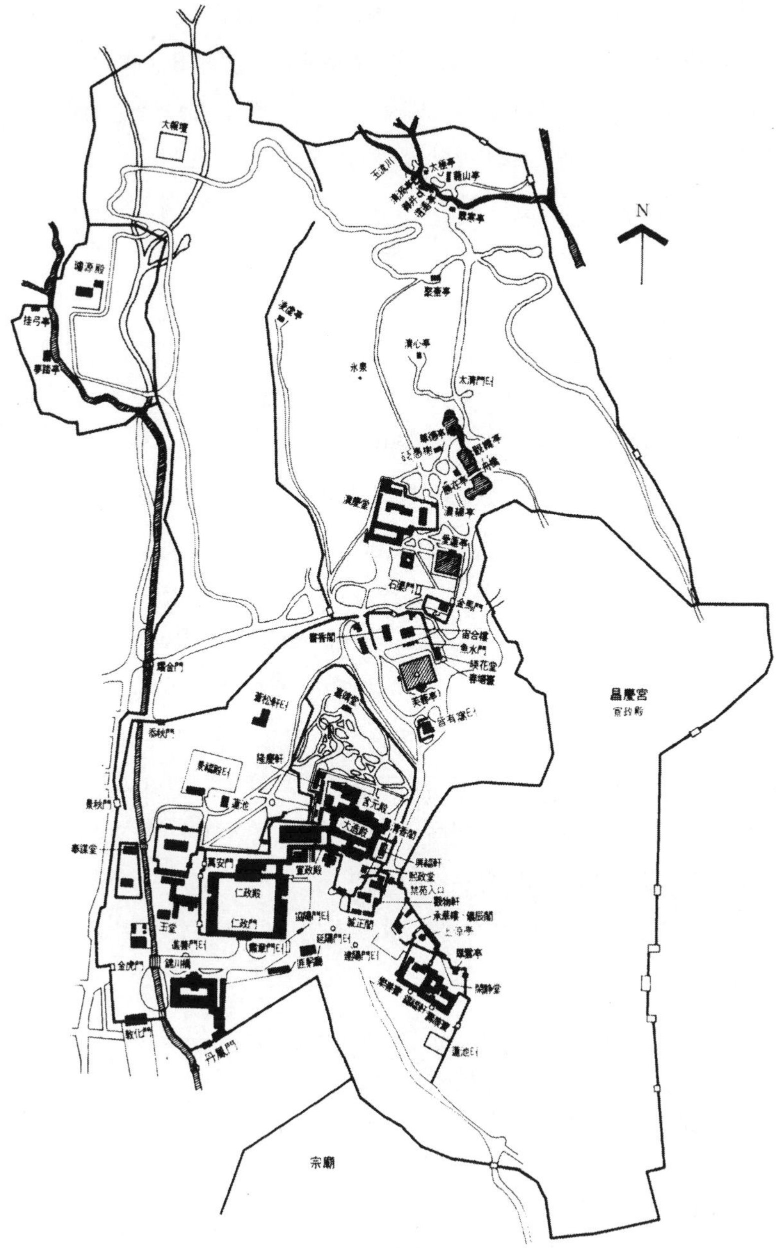

그림 253.
창덕궁 후원 배치도

임진왜란(壬辰倭亂) 때는 창덕궁이 소실되어서 20년간 폐허가 되어 있었으므로 후원의 시설도 퇴폐되었으나, 광해군(光海君) 초에 창덕궁이 중건(重建)됨에 따라서 광해군(光海君) 2년(1610)에 후원에 정자를 만들고 아름다운 정원을 이룩하였다. 그 뒤 인조(仁祖) 때에는 후원의 가장 뒤쪽에 있는 옥류천(玉流川)이 만들어졌으며, 그 주위에 있는 태극정(太極亭), 소요정(逍遙亭), 청의정(淸猗亭) 등이 모두 이 때에 이루어졌으며(1636), 존덕정(尊德亭 : 1644)

등 그 밖의 많은 정자들이 세워졌다. 숙종(肅宗) 30년(1704)에는 후원 서북쪽에 대보단(大報壇)이 만들어졌고, 영조(英祖) 53년(1777)에는 규장각(奎章閣 : 현재 宙合樓)을 세웠으며, 1921년에는 대보단 앞쪽에 선원전(璿源殿)이 건립되었다.

이 후원의 면적은 6만 1900여평으로 시대에 따라서 후원, 북원(北園 또는 北苑), 금원(禁苑)으로도 불렸으며, 비원(秘苑)은 근래의 명칭으로 순종실록(純宗實錄 : 1912)의 기록에서 처음 나타나는 것으로, 오히려 후원(後苑)이란 이름이 어느 시대를 막론하고 보편적으로 사용되었던 이름이라고 생각된다.

창덕궁(昌德宮) 후원의 구성은 산기슭과 연못 및 계류(溪流) 사이에 수림(樹林)이 우거진 자연풍경을 좇아서, 곳에 따라 적절한 위치에다 누각(樓閣), 정사(亭榭)를 배치해서 은근하고 아담한 자연적인 정취를 느낄 수 있는 정원으로 구성된 것이다. 창덕궁 동북쪽에 위치한 후원 입구를 들어서서 언덕길을 넘어서면 수목이 우거진 숲 사이에 동남쪽으로 트인 분지(盆地)가 나타나며, 석축으로 된 방지(方池)를 중심으로 하여 부용정(芙蓉亭), 영화당(映花堂), 주합루(宙合樓) 등의 건물들이 지세(地勢)에 어울리게 배치되어, 전체적으로 매우 훌륭하고 아름다운 공간구성을 이루고 있다. 방지의 중앙에는 봉래선산(蓬萊仙山)을 상징한 원형으로 만든 축산(築山)이 있고, 방지 남쪽 연변 중앙에는 정자(丁字)와 아자형(亞字形)의 복합으로 된 매우 다양한 평면을 가지 부용정(芙蓉亭)이 2개의 돌기둥을 못 안에 드리워서 건물 일부가 못 위에 내미듯이 서 있으며, 건물주위에 둘러 있는 아름다운 계자각(鷄子脚)난간과 문 및 창살의 담담한 외관(外觀)이 자연 속에서 정교한 인공의 솜씨를 자랑하는 듯하다.

그림 254.
부용정 입면도

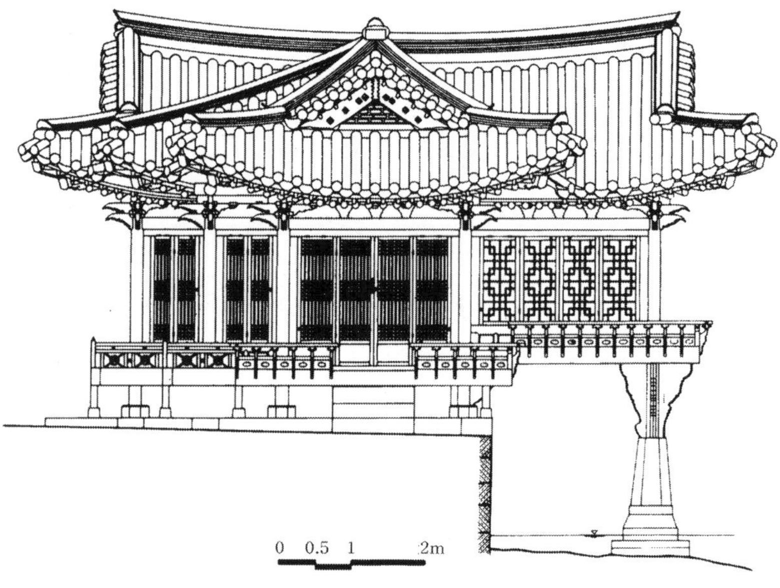

방지 맞은편을 바라보며 남면한 어수문(魚水門)은, 내외(內外) 3출목 다포식(多包式)의 부연(浮椽)이 달린 일주문(一柱門)이다. 건축 장식과 조각이 아름다울 뿐만 아니라 균형이 매우 잘 잡혀서 정교하며, 매우 아담한 문이고, 그 뒤에 지형에 따라서 반복 형성된 몇 개의 석축단지(石築段地) 양측에 어우러져 있는 향단(香壇)과 함께 못 속에 반영되어 매우 아름다운 경치를 이루고 있다고 생각된다. 석축단지로 형성된 높은 대지 위에 남면을 하여 우뚝 솟은 주합루(宙合樓)는, 창덕궁 후원 안에서는 가장 큰 규모의 누각건물로서 정면 5간(44.8척), 측면 4간(31척)의 2층 팔작지붕으로 된 이익공식(二翼工式)의 건물이다. 기단(基壇) 위에 방형평주(方形平柱)와 원형내주(圓形內柱)를 세웠으며, 하층 안쪽 원주에는 벽선(壁楦), 하방(下枋), 문인방(門引枋)이 있어 문을 달아서 규장각(奎章閣)으로 사용되던 부분이다. 상층은 경회루(慶會樓)의 수법과 흡사한 점이 있다. 이 주합루는 후원 중에서 가장 전망이 좋은 높은 곳에 위치하여, 주위공간을 주재(主宰)하는 듯하며, 방지(方池) 주위의 건물들과 어울려서 후원 중에서 가장 중요한 초점역할을 하는 건축공간을 형성하고 있다.

방지 동쪽의 낮은 언덕 위에는 친시과거(親試科擧)를 보던 영화당(暎花堂)이 남북방향으로 길게 자리 잡고 있다. 이 낮은 언덕을 왼쪽으로 끼고서 북향하여 더 안쪽으로 들어가면, 길 서쪽에 주위가 작은 산으로 둘려서 동쪽으로 트인 평지가 전개된다. 길가에 연(沿)하여 놓여 있는 석축방지(石築方池) 맞은편 연변의 중앙에는, 아름다운 네모지붕의 애련정(愛蓮亭)이 2개의 돌기둥을 연못에 드리우고 서 있고, 북쪽 언덕 위에는 아름다운 영창(欞窓)이 절묘하게 자연과 어울려서 조화되어 있는 농수정(濃繡亭)이 서 있다. 평지 안쪽 서북편에는 사대부(士大夫)의 저택을 본 따서 지은 99간의 상류주택 연경당(演慶堂)이 남면하여 놓였으며, 그 한 부분이 송림 속에 매우 아담하게 보인다.

농수정이 있는 언덕을 왼쪽으로 바라보며 좀더 북쪽으로 들어가면 앞쪽에 연못이 있어 수면에 연꽃이 뜨고, 수림을 배경으로 부채꼴 평면으로 된 관람정(觀纜亭)이 햇볕을 받고 그 모습을 수면에 띄우고 서 있다. 그 북쪽에 있는 작은 연못 연변에는 비교적 무게 있는 외관을 가진 육각형 평면의 존덕정(尊德亭)이 서 있다. 이 건물의 천장구조는 기묘하여서, 2개의 보 위에 6개의 화반대공(花盤臺工)을 놓고, 그 위에 투팔천장(鬪八天障)을 만들어 중앙에는 쌍룡을 그렸다. 주심포식(柱心包式) 공포(栱包)와 화사한 난간 등, 전체적으로 건축 장식이 화려하고 그 수법이 정교하다. 이 건물은 건축의 규모는 작으나 어딘지 모르게 무게 있는 외관(外觀)을 나타내고 있어서 연못에 둘려 있는 공간을 주재하는 듯하다.

이 곳을 지나서 북쪽으로 송림 속에 있는 한적하고 정온(靜穩)한 고갯길을 넘어서면, 옥류천(玉流川)이 흐르는 별천지의 작은 계곡이 펼쳐지며, 천석(泉石) 사이에 청의정(淸猗亭), 태극정(太極亭), 소요정(逍遙亭), 농산정(籠山亭), 취한정(翠寒亭)이 배치되었다. 특히, 청아(淸雅)한 소요정, 단엄(端嚴)한 태극정, 담소(淡素)한 청의정 등의 아담한 정자들은 한국적인 정취와 척도개념을 매우 잘 나타내는 것이다. 그 중에도 청의정은 규모가 작으나 건축구조 방식이 매우 기묘하며, 아주 뛰어난 연화문으로 조각된 초석(礎石) 위에 가느다란 기둥이 서 있었으며, 초가지붕이 한층 더 흥취를 돕는 것으로 생각된다.

창덕궁 후원은 비교적 작은 면적에 깊고 넓은 맛을 나타내어 인공을 가하되, 천연으로 된 것처럼 꾸며 놓은 정원으로, 도처에서 인공적인 건축미를 볼 수 있으나 이는 자연 속에 배합되어서 겸양하게 어울리고 조화된 인공일 뿐이라고 생각된다. 낙락장송(長松)은 자라는 대로 그 밑에 자연스럽게 펼쳐져 있는 초총(草叢)들이 엉켜진 채 연작(燕雀)이 모여들고, 까치들이 오가며 뻐꾹새가 봄소식을 전하고, 풀벌레들이 가을을 노래한다. 이와 같은 것이 한국 정원의 특색이라 생각되며, 이 후원은 한국 정원의 아취(雅趣)를 가장 잘 나타내고 있는 것이다.

(2) 경복궁 후원

향원정(香遠亭)은 경복궁 근정전(勤政殿) 북쪽에 있는 고종의 침전인 건청궁(乾淸宮)이 서 있던 남쪽에 위치한 정자이다. 이 정자 주위의 후원이 언제 조성되었는지는 확실하지 않다. 기록에 의하면 태조 4년(1395)조에는 새로 만든 경복궁 후원(後苑)에 못을 팠다고 전하며, 세조 2년(1456)조에도 후원에 못을 꾸몄다고 기록되어 있어 이 시기에 조성된 것으로 추정할 수 있다. 지금의 향원정은 고종 10년(1876)에 건청궁을 지으면서 곤녕각(坤寧閣) 북쪽에 있었던 취향루(醉香樓)를 옮긴 것이다. 향원지(香遠池)는 동서와 남북의 길이가 각각 75 m, 69 m인 방형에 가까운 형상의 못이며, 못 안에 있는 둥근 섬의 지름은 약 23 m이다. 『궁궐지』에 "향원지 가운데 취향교가 있다."(香遠池中有醉香橋)라는 기록이 있는 데, 이는 섬의 북쪽에 다리가 있었다는 사실을 고증하는 것으로 지금은 기단석만 남아 있고, 남쪽의 다리는 근래에 세운 것이다. 향원정 못의 원천은 연못 북쪽가에 있는 우물로 이는 건청궁의 식수를 공급하였던 어정(御井)인데, 우물의 덮개돌 표면에는 '열상진원'(冽上眞源)이라 새겨져 있다. 향원정의 못에는 연과 개연이 심어져 있고 연못 주변에는 몇 그루의 오래 된 소나무가 남아 있는데, 이로 보아 당시에는 노송(老松)이 우거져 있었을 것으로 생각된다.

그림 255.
자경전 뒤뜰의 화문담

자경전(慈慶殿)은 경복궁의 침전(寢殿)으로 고종 13년(1876)에 중건된 것인데, 협경당(協慶堂)과 청연루(淸讌樓)로 이루어져 있다. 자경전 앞 행각(行閣) 중앙에는 정문인 만세문(萬歲門)이 있으며, 뒤뜰에는 십장생(十長生)무늬 벽돌로 꾸민 굴뚝이 있고, 행각이 철거된 동 · 북 · 서쪽 자리에는 벽돌담장으로 둘러져 있는데, 서쪽 담장 외부에는 아름다운 화문담(花文墻)이 조성되어 있다. 이 담장은 맨 아래층에 사괴석을 놓고 그 위를 전(塼)과 기와로 쌓았는데, 서쪽의 담장 벽면은 여러 구획으로 나뉘어 각 구획마다 매 · 난 · 국 · 죽의 사군자 무늬와 여러 길상문(吉祥文)으로 화려하게 장식되어 있다. 자경전 뒤뜰의 굴뚝은 담장에 덧붙여 담장 앞으로 돌출시킨 장대석 기단 위에 축조되었는데, 아래쪽 좌우에는 벽돌로 해태상을 만들어 배치하였고, 굴뚝 벽면에는 해, 구름, 산, 바위, 바다, 소나무, 거북, 용, 학, 백조, 대나무, 연꽃, 포도, 불로초 등의 문양이 조각된 붉은 벽돌이 사용되었다. 또한, 굴뚝의 위쪽에는 창방과 연목(椽木)을 벽돌로 만들어 배열하였고, 그 위에 기와를 덮고 다시 네모꼴의 연가(煙家)를 얹어 연기가 빠져 나가도록 꾸며져 있다.

이 굴뚝의 무늬와 꾸밈새는 교태전(交泰殿) 뒤뜰 아미산 화계(峨嵋山 花階)와 유사하나 아미산 굴뚝이 독립된 6각 기둥 형태인 데 반하여 이 자경전의 굴뚝은 담장에 붙여 만든 장방형이란 점이 다르다.

경회루(慶會樓) 동북쪽에 있는 왕비의 침전인 교태전 뒤뜰에는 화계(花階)가 조성되어 있는데, 이는 고종 2년(1865)에 꾸며진 것으로 1920년에 교태전은 강녕전(康寧殿)과 함께 창덕궁으로 옮겨지어졌으나, 화계는 그대로 남아 있다. 아미산(峨嵋山)의 화계는 4개의 단으로 꾸며져 동서의 길이가 60.6 m, 남북이 7.3 m로 3개의 단에만 꽃나무가 심어져 있다. 단의 높이와 폭은 주어진 땅의 경사도에 따라 자연스럽게 이어져 있는데, 하단의 높이가 35 cm, 중단이 70 cm, 상단이 80 cm이고, 단의 폭은 하단이 2.55 m, 중단이 3.1 m, 상단이 1.7 m로 일정하지 않다. 그리고 뒷산과 연결된 최상단은 높이가 95 cm이고, 폭은 2.3 m이다.

하단과 중단은 석지(石池), 석대(石臺), 괴석(怪石) 등으로 꾸며졌는데, 괴석은 석함(石函)에 담겨 있고, 석지는 거북 등에 용틀임을 조각한 것과 연꽃문양을 새겨 놓은 두 가지 형태가 있으며, 석지에는 물과 관련된 동물과 식물을 조각하여 축의적(縮意的)인 수경(水景)을 꾸며 놓았다. 화계의 폭이 가장 넓은 중단에는 함월지(涵月池)와 낙하담(落霞潭)이라 새겨진 2개의 석지와 석대 1개가 놓여 있으며, 상단에는 붉은 벽돌로 쌓은 높이 3.1 m, 1변의 길이가 90 cm인 6각형의 굴뚝 4개가 일렬로 축조되어 있다.

굴뚝의 벽면은 당초문양과 송, 죽, 매, 난, 모란 등의 식물무늬와 호랑이, 해태, 박쥐, 학 등의 십장생무늬 벽돌로 장식되어 있으며, 굴뚝의 지붕(높이 66 cm)은 흙을 구워 서까래를 얹고 그 위에 기와를 올린 형태의 일반 건축물과 같은 꾸밈새로 만들어졌는데 맨 위쪽에 연기구멍인 네모꼴의 연가(煙家)를 만들어 올렸다.

4. 별서(別墅) 정원

(1) 소 쇄 원

담양(潭陽) 소쇄원(瀟灑園)은 북쪽 장원봉(壯元峰) 계곡에서 숲 사이로 흘러내리는 계류(溪流)를 중심으로 하여 만든 정원이다. 계류(溪流)의 양쪽 기슭 적절한 곳에 축대(築臺)를 만들어 집터를 잡고 뜰을 만들며, 화계(花階), 위교(危橋), 누각(樓閣), 모정(茅亭)을 꾸며서 부정형(不整形)인 계류와 대조 및 조화를 이루도록 만든 훌륭한 정원이다. 이 정원은 남쪽을 향해 점차로 펼쳐진 계곡의 북쪽과 동쪽 · 서쪽에 적절한 높이의 담을 쌓아 경역(境域)을 정하여 아늑한 폐쇄감을 가지면서도, 서쪽 언덕 위에서는 바깥의 풍경을 완상(玩賞)할 수 있게 배려가 되어 있음이 특이하다.

정원의 남쪽 어구에 있는 깊고 울창한 대나무 숲을 지나면, 별천지의 분위기를 감지하게 된다. 이윽고, 계류의 경치가 시계(視界)에 들어오고 위교(危

橋)를 건너게 되면 대안(對岸)에 서 있는 광풍각(光風閣)이 바라보인다. 영지(影池)를 지나서 동쪽 담을 따라 소당(小塘)과 초정(草亭)을 왼쪽에 보면서 진입하면, 애양단(愛陽壇) 뜰에 서 있는 노송(老松)이 정원의 기품을 더해 준다. 물이 흘러 들어오는 개울 위에 자연석을 걸쳐 놓고 그 위에 쌓은 북쪽 담과 오곡문(五曲門) 터를 오른쪽에 보며 다리를 건너서 매화와 철쭉들이 심어져 있는 화계(花階)를 따라가면, 서쪽 언덕 위에는 제월당(霽月堂)이 서 있고, 계정(溪庭) 옆에 있는 광풍각(光風閣)이 동남쪽에 내려다보인다. 제월당 남쪽에는 훈학(訓學)을 했던 정사건물(精舍建物)이 있었으며, 그 뒤에 산림집이 있었다.

이 정원은 자연의 뛰어난 경치를 위주로 하여 인공을 절제하면서 자연 나름대로 경치의 아름다움을 돋보이게 만든 것으로, 수목과 화초 및 각종 경물(景物)들도 우리나라 전통정원에서 볼 수 있는 모든 요소들이 갖추어져 있어서, 한국 정원의 특색을 잘 나타내는 것이라 하겠다.

소쇄원은 양산보(梁山甫 : 1503~1557)가 하서(河西) 김인후(金麟厚)와 교유(交遊)하던 30세경에 만든 정원으로, 특히 정원을 꾸밀 때의 모습을 그린 양각(陽刻) 목판본(木板本 : 1775년 제작, 크기 36 cm×24 cm)이 현재 전해지고 있으며, 목판 위쪽에는 하서(河西)의 소쇄원 48영(詠)의 시제목(詩題目)들이 적혀 있고, 오른쪽에는 주요건물, 시설물 등의 명칭이 나열되어 있다. 하서의 48영(1548년 제작)은 소쇄원의 아름다운 경치를 시제목으로 하여 지은 오언절구(五言絶句)로서, 제월당의 마루 창방(昌枋) 위에 걸린 액자에 그 전문이 게시되어 있어서 이채롭다.

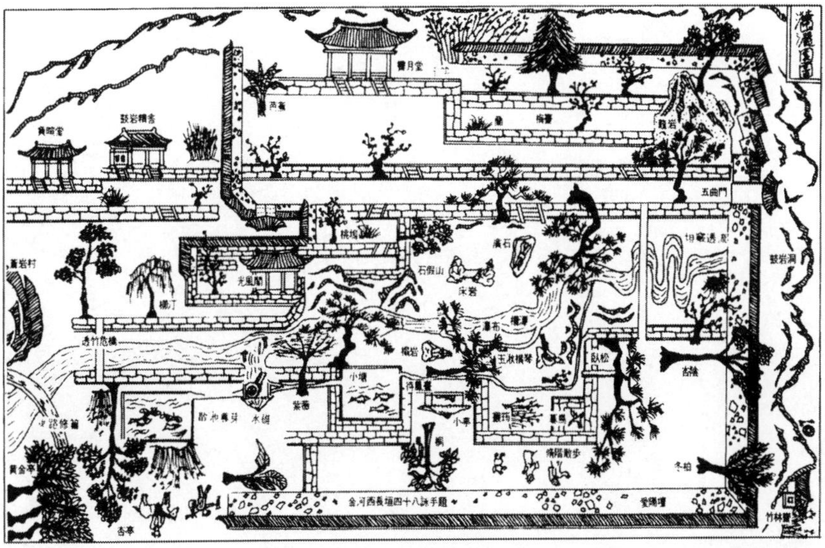

그림 256.
소쇄원도(목판본)

(2) 부용동 정원

전남 완도군 보길도(甫吉島)에 있는 부용동 정원(芙容洞 庭苑)에는 세연정(洗然亭)을 비롯하여 여러 곳에 정원이 조성되어 있다. 조선 중기의 학자이자 시조 문학가로 유명한 고산 윤선도(孤山 尹善道 : 1587~1671)가 병자호란 중 인조가 청(淸)나라에 항복한 굴욕적 사실에 은거생활을 결심하고 제주도를 향하여 남하하던 중 풍랑으로 인해 보길도 머물게 된 것을 계기로 1637년경 이곳 부용동(芙容洞)에 별서정원(別墅庭苑)을 꾸미게 되었다. 고산은 이곳에 머물면서 섬의 주봉인 격자봉(格紫峰 : 해발 435 m) 밑에 낙서재(樂書齋)를 짓고 연못을 파서 뜰을 꾸몄으며, 맞은편 산 중턱에 동천석실(洞天石室)을 꾸며 놓았다. 또한 마을 입구 계천가에 넓은 못을 파고 정자를 지어 세연정이라 하였으며 못 주변에 칠암헌(七岩軒), 동화각(同化閣), 호광루(呼光樓) 등을 세웠으나 현재 이들 건물은 남아 있지 않고 연못만 남아 있다. 그는 주변의 뛰어난 경승지를 골라 상춘대(賞春臺), 우운대(五雲臺), 언선대(堰仙臺), 독등대(獨登臺), 낭금계(朗吟溪), 소은병(小隱屛), 혁희대(赫曦臺)라 명명하였는데, 자연경관에 의미를 부여하여 그 가치를 음미하는 과정에서 그의 뛰어난 시조문학 작품들이 창작되었다.

그는 나이 67세 때 낙서재(樂書齋) 앞 거북바위(龜岩) 아래에 무민당(無悶堂)을 세우고 못을 팠으며 82세 때에는 낙서재의 동쪽 냇가에 곡수당(曲水堂)을 짓는 등 25동이나 되는 많은 건물을 지었으나 지금은 그 터의 일부만 남

그림 257.
부용동 세연정 정원 배치도

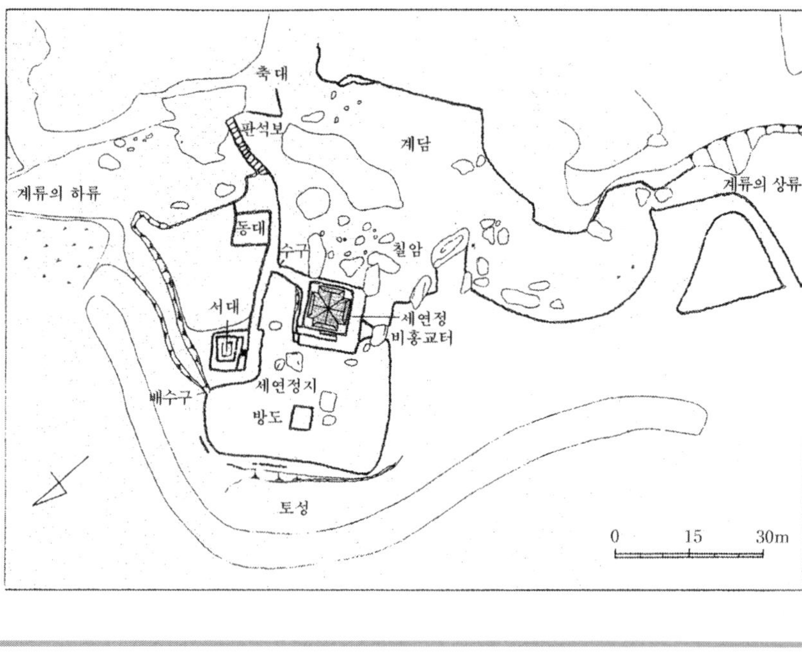

아 있을 뿐이며 낙서재 아래에 꾸몄다는 연못도 모두 논으로 변하고 말았다.

부용동 입구에 조성된 세연정(洗然亭) 정원은 남쪽의 계담(溪潭)과 북쪽에 인접한 넓은 방지 방도형(方島型)의 연못, 그리고 네모꼴의 돌단으로 축조된 돈대(墩臺)와 동산 등 세 공간으로 이루어져 있는 세연정지(洗然亭池)가 있다. 자연형의 계담은 판석(板石)으로 보(洑)를 만들어 계천을 막고 있는데 그 판석보의 축조법이 특이하다.

돌둑은 가로 2 m, 세로 1 m, 두께 20 cm의 판석으로 ㄇ형이 되게 축조하였는데 돌둑 안은 비어 물소리가 공명되고, 위판석과 아래판석을 고정시키기 위해 판석의 연결부위에 네모난 구멍을 뚫어 돌촉을 박아 놓았다. 이 돌둑의 넓이는 북쪽 끝이 1.5 m이나 중앙부의 넓은 곳은 2.4 m에 이르고, 길이는 11 m로서 저수(貯水) 목적 외에 다리의 기능도 겸하고 있으며 비가 와서 물이 이 돌둑을 넘칠 때면 폭포를 이루기도 한다. 또 판석의 크고 작은 틈에서는 각기 다른 물소리가 연출되어 운율적인 효과를 얻게 되어 있다.

고산의 가장유사(家藏遺事)에 의하면 그는 이 세연정지(洗然亭池)에 작은 배를 띄우고 총각 처녀들에게 비단옷을 입혀 그 아리따운 모습이 수면에 투영되는 것을 보면서 그가 지은 어부사시조(漁父四時調)를 노래 부르게 하였다고 한다. 이곳 계담에는 2~80여 ton에 이르는 바위 10개가 산재되어 수중암도(岩島)를 이루고 있다. 세연정과 못이 꾸며진 공간 주변에는 칠암헌, 동화각, 호광루 등의 정원 건물들이 있었다. 세연정지의 길이는 동서방향이 35 m, 남북이 24 m나 되고 못 중앙에 네모꼴의 섬(5 m×4 m)이 들어서 있고 그 앞

그림 258.
계담의 상류 경관

쪽에 널따란 반석이 물 위에 솟아 있다.

보길도의 정원(庭苑)은 여러 면에서 유학자적인 선비관에 입각한 조선시대의 전통적인 조원의 기법을 나타내고 있으며 동양적인 자연관과 성리학적(性理學的)인 우주관 및 은둔의 행동양식이 표현되었던 것으로 생각된다. 격자봉 밑의 낙서재(樂書齋) 공간은 고산이 학문을 강론하던 곳이며 세연정 계담과 곡수당 지역은 자족함을 느끼고 소요하던 곳이다. 동천석실(洞天石室) 지역은 현실을 초월하여 고산이 우화등선(羽化登仙)하고자 하였던 사색(思索)과 명상의 공간이었다고 생각된다.

고산(孤山)의 높은 조경의 안목은 그 당시 여러 선비들의 조원 중에서도 섬세하고 기발한 면모를 보여 준다. 부용동 정원은 다른 선비들의 조원에서는 볼 수 없는 고독한 자기 자신의 소요(逍遙) 장소로서의 개성이 강하게 나타나 있다. 따라서 이 정원(庭苑)은 한국 조경에서 중요한 위치를 차지한다고 생각되며 궁원(宮苑)이나 사찰의 원림이나 민가의 정원과는 다른 선비 조원의 특성을 보여 준다. 특히 고산은 그의 문학적인 상상력을 조원계획에 연결시킬 수 있는 안목을 갖고 있었다고 생각된다.

5. 사택(私宅) 정원

(1) 석문림천 정원

석문 정영방(石門 鄭榮邦 : 1577~1650)은 경북 예천 명문가의 둘째 아들로 우복 정경세(愚伏 鄭經世)의 수제자이며 퇴계(退溪)의 학통을 이어받은 학자이다. 그는 선조 38년(1605) 과거에 급제하고서도 벼슬길을 사양한 다음, 고향 근교에 있는 진보현 생부동(眞寶縣 生部洞 : 현재의 경북 영양군 立岩面 蓮塘里)의 아늑한 분지를 찾아 10여 년에 걸쳐 주위 환경을 살펴본 후 집터를 정해서 경정(敬亭)과 살림채를 짓고 뜰에 서석지(瑞石池)를 꾸몄다.

석문림천(石門林泉) 정원을 크게 나누어 보면 담장 안의 주거공간인 내원(內園)과 내원에서 석문까지 이르는 가시권역인 외원(外園), 그리고 이들을 에워싸고 있는 남쪽의 문암(文岩)과 북쪽의 대박산(大朴山)까지의 영향권으로 나눌 수 있다.

1,530 m^{2}의 넓이를 가진 이러한 내원에는 경정(敬亭), 주일재(主一齋), 살림채, 헛간 등의 건축물이 자리 잡고 있으며, 건물배치는 서북쪽으로부터 동남쪽으로 점차 낮아진 지세를 그대로 활용하고 있다. 내원은 살림채 주위의 안뜰

과 경정 주위의 바깥뜰, 정문(庭門) 앞의 앞뜰로 구분되는데, 안뜰은 폐쇄적인 하인의 주거공간이라 할 수 있고, 바깥뜰은 사교, 독서, 교육 등 남성 위주의 생활공간이다. 경정과 서석지(瑞石池)가 꾸며진 공간과 살림집인 별채가 자리한 두 공간 사이에는 1.75 m나 되는 높은 담장으로 격리되어 있는데, 주변경관을 전망하기에 알맞은 동쪽 뜰의 담장 높이는 65 cm로 낮게 처리되어 있다.

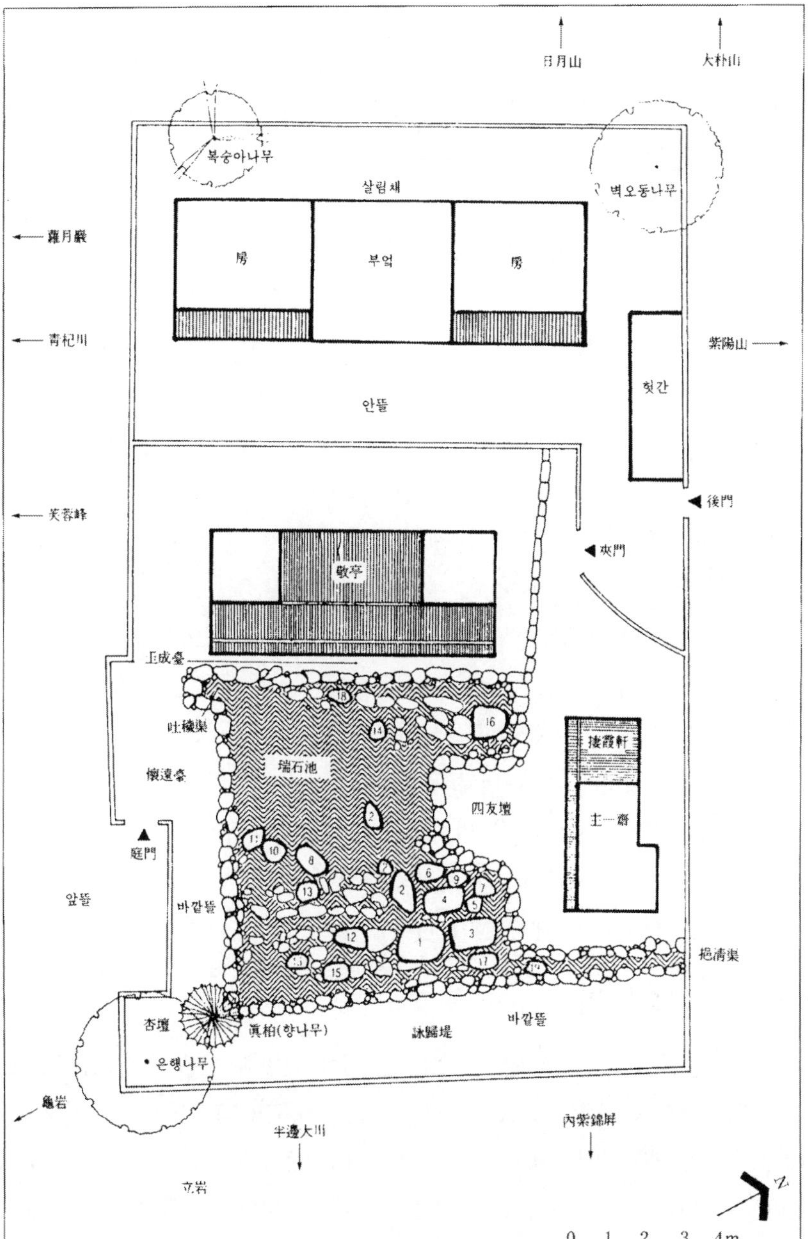

그림 259.
서석지 배치도

내원의 중심경관을 이루고 있는 주일재(主一齋), 앞의 서석지(瑞石池)는 남북간의 길이가 11.5 cm이고, 동서가 13.4 m이며 주일재 앞쪽에 사우단(四友壇)이 돌출되어 있는 ㄷ형의 연못이다. 못의 호안은 판석상(板石狀)의 자연석을 7~8단으로 쌓아 1.3~1.5 m 높이로 조성하였는데, 경정(敬亭) 앞부분만은 9개의 큰 서석(瑞石)을 단층으로 꾸며 이를 옥성대(玉成臺)라고 부르고 있다. 평균 수심 70 cm인 못의 물은 대부분 밑바닥에서 솟아나는 지하수로 충당되고 있는데, 일부는 자양산(紫陽山) 쪽에서 나는 샘물을 끌어들여서 주일재 동쪽의 폭 30 cm 가량의 물도랑을 통해 연못으로 흘러들게 하고 있다. 연못의 배수시설은 못의 남서쪽 끝부분 호안(護岸)부분에 가려져 있는데 크기는 53 cm×50 cm이며, 못의 바닥에는 누수를 방지하기 위해 30~50 cm 두께로 점토를 다져 놓았다.

서석지(瑞石池)라는 이름에서 잘 나타나 있듯이 연못 안에는 60여 개의 회백색 돌이 있는데 못을 팔 때 나온 석영석을 그대로 경석(景石)으로 활용한 것이며, 서석군(瑞石群) 주위에는 연이 심어져 있다. 석문공(石門公)은 이들 돌의 형상에 따라 하나하나 그 명칭을 붙였는데 '경정잡영'(敬亭雜詠) 32절에 보면 19개의 돌이름이 기록되어 있다. 이들 돌이름을 특징별로 분류하여 보면 신선(神仙) 사상에서 유래된 것이 많고, 그 밖에 하늘과 땅에서 볼 수 있는 꽃이나 나비, 물고기, 용, 별이름 등을 붙여 못 안에 축의적(縮意的)인 소우주를 꾸며 놓은 듯이 보인다.

내원의 주건물인 경정(敬亭)은 정면 4간, 측면 2간 집으로 넓은 마루 양쪽에 방이 있으며 이곳에서는 외원 주위에 산재된 산수경관을 차경(借景)하기에 아주 알맞다. 일차적으로는 내원 안 연못의 서석군과 연꽃을 부차(俯借)할 수 있고, 동남쪽의 낮은 담장 너머로 유종정(遺種亭)과 주변의 소나무 숲을 인차(隣借 : 담장 밖의 이웃 경관을 바라봄)할 수 있으며, 멀리 외원부분에 위치한 나월암(蘿月巖), 자금병(紫錦屛), 봉수산(烽燧山) 등의 산 경치를 자연스러운 시야에서 앙차(仰借 : 고개를 들어 쳐다봄)할 수 있게 꾸며져 있다.

(2) 이용기 고택 정원

충남 아산에 있는 외암(巍巖) 민속마을 안에 위치한 이용기 고택(李用琦 古宅)은 영암군수를 지낸 그의 조부 건재(健齋) 이욱열(李郁烈)이 만들었다고 하며 통칭 영암댁(靈巖宅) 또는 건재고택(健齋古宅)으로 불리고 있다.

마을 중심부에 위치하고 있는 이용기 고택은 1892년경 개축한 집이다. 대문 안에 들어서면 이 집의 중심공간인 사랑채 앞의 이용기 고택 정원이 펼쳐지고, 그 뒤쪽에 자리한 안채가 사랑채와 이어져 ㅁ자형의 평면을 이루고 있다. 이 집터는 3,200 m^2나 되며 집 주위는 237 m 길이의 높은 돌담장으로 둘러져 있다.

이 집의 동북쪽 담장 밑에서 남쪽으로 흐르는 물도랑을 이용하여 사랑채 동쪽에 반달형의 곡수지(曲水池)를 꾸며 놓았다. 넓이 약 50 m^2의 반달형 못의 입수구(入水口)에는 낙차를 만들어 소폭포를 꾸며 물소리를 들을 수 있도록 하였고, 못 안에는 크기 20~30 cm 내외의 디딤돌 5개를 놓아 수면을 나누어서 못을 보다 넓어 보이게 하였다. 대안부(對岸部)에는 길이 40~70 cm의

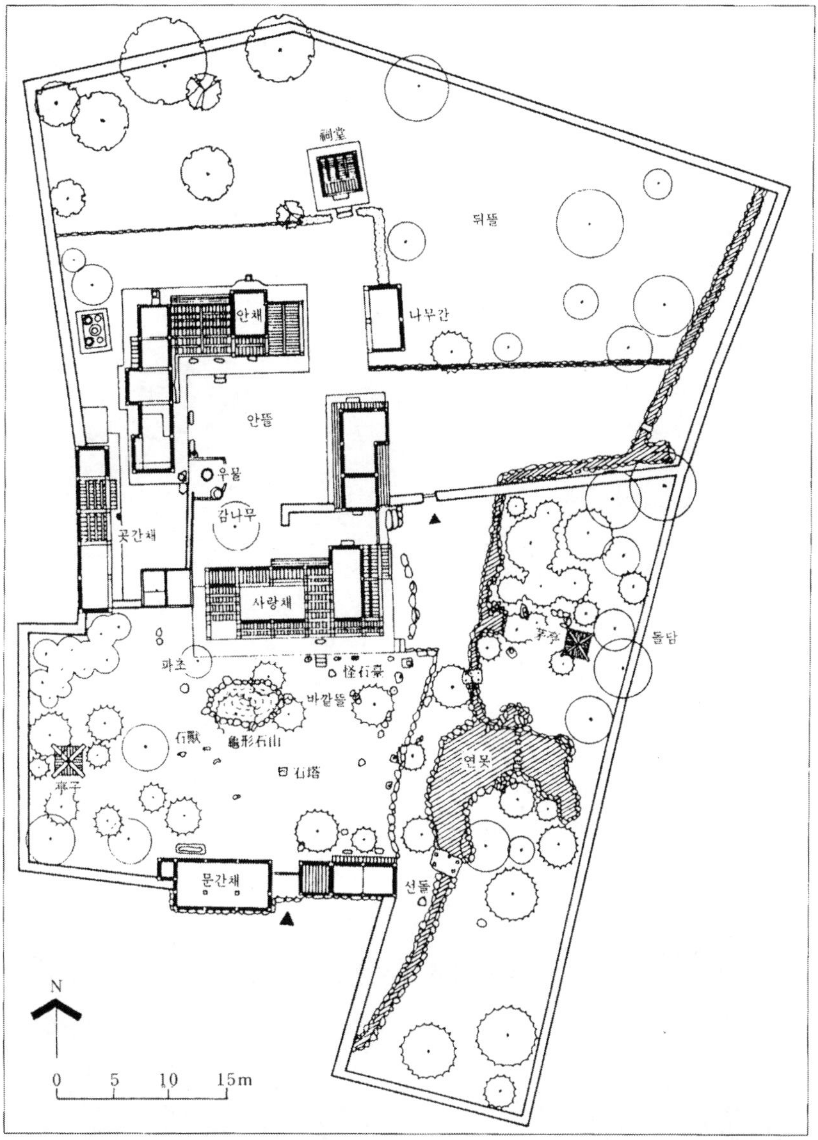

그림 260.
이용기 고택 정원 배치도

크고 작은 입석(立石)들을 경사지게 심어 놓았다. 연못의 북쪽에는 모정(茅亭)이 서 있는데, 모정과 사랑채 사이의 물도랑에 돌다리를 가설하여 못 주변을 돌아볼 수 있게 하였으며, 못의 남쪽과 북쪽에 낮은 동산을 꾸며 5그루의 소나무를 심어 놓았다.

사랑채의 앞뜰에는 거북형의 돌산을 꾸미고 소나무를 심었으며, 건물의 기단석 아래에는 파초를 심었다. 사랑채의 마루와 외벽에서 뜰로 이어지는 매개(媒介)공간이 매우 다양하고 아름답다. 특히 사랑채의 외벽에는 5개의 편액인 건재장(健齋莊), 설아산방(雪峨山房), 우하산장(雨荷山莊), 설산장(雪山莊), 설화산방(雪華山房)이 걸려 있다. 대대로 편액을 써 붙이고 기둥에는 주변 경관을 읊은 주련을 붙였는데 처마 끝의 풍경(風磬), 기단부의 경석(景石)과 분경(盆景) 등 다양한 접경물(接景物)이 건물과 뜰을 자연스럽게 이어 주고 있다. 또 사랑채와 대문사이에는 경석 7개를 석함 위에 배치하고, 소나무, 향나무, 단풍나무 등의 그늘 밑과 원로(園路)가에는 두꺼비, 새, 개 등의 형상석이 배치되어 있다. 이렇듯 이용기 고택(李用琦 古宅)의 정원은 사랑채를 중심으로 꾸며져 있으며 안뜰에는 감나무 한 그루를 심어 놓았다. 사당이 위치한 약 450여 m^2의 뒤뜰에는 감나무, 호두나무, 밤나무 등이 식재된 과원과 채원이 있다.

6. 다정(茶庭)

(1) 일지암 다정

삼국시대부터 유행하기 시작하며 오랜 전통을 이어 오던 우리나라의 다도(茶道)는 조선 후기에 일지암(一枝庵) 초의선사(草衣禪師)에 의해서 다시 꽃피기 시작했다. 초의선사는 동다송(東茶頌)이라는 다서(茶書)를 저술하여 한국의 다도를 중흥하였으며, 다산(茶山), 추사(秋史), 소치(小痴) 등과 차를 통해 교우하면서 다선일여(茶禪一如)를 생활화한 다인(茶人)이다.

전남 해남에 우뚝 솟은 두륜산(頭輪山 : 해발 703 m) 중복에는 초의선사(草衣禪師 : 張意恂, 1786~1866)가 19세기 초에 꾸민 일지암 다정(茶庭)이 있다. 이곳은 다정(茶亭)으로 사용되던 일지암(一枝庵 : 면적 약 18 m^2)과 다천(茶泉), 상지(上池 : 6.2 m×3 m), 하지(下池 : 2.6 m×1.5 m), 다조(茶竈 : 차물 끓이는 부뚜막), 석탑(石榻), 맷돌, 석조(石槽) 등으로 꾸며져 있다.

일지암과 후대에 지어진 초의다합(草衣茶盒) 사이에 조성되어 있는 상 · 하

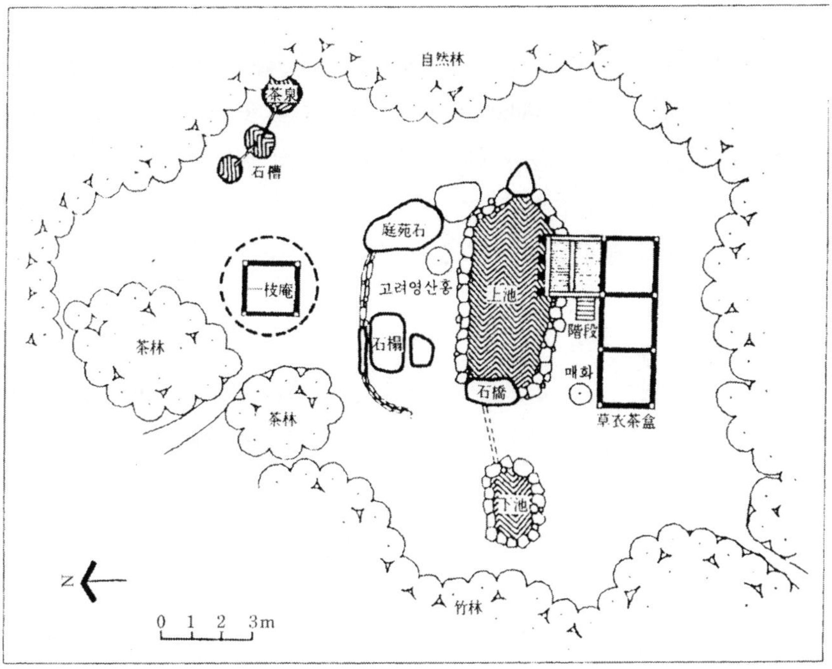

그림 261.
일지암 배치도

지(上·下池)는 크고 작은 산석을 이용하여 호안(護岸) 처리를 하고 있으며, 호안의 돌 틈에는 춘란(春蘭)과 창포를 심었다. 연못 주위에는 고려영산홍(杜鵑花)과 매화가 한 그루씩 심어져 있고, 못 속에는 연이 있었다고 하나 지금은 찾아 볼 수 없다. 이 연못의 원천은 일지암 뒤뜰 언덕 돌 틈에서 솟아나는 샘인 다천(茶泉)으로 이 물은 상지로 흐르고, 여기서 넘친 물이 다시 아래의 하지로 흘러들고 있다. 또한 다천은 대나무 대롱으로 연결된 2개의 석조로 연이어 흐르고 있으며, 다천 가까이에는 찻잎을 조제하는 맷돌이 놓여 있고, 일지암 대쪽마루 뒤편에는 다조(茶竈)가 설치되어 있다.

상지의 물가에 세워진 초의다합(草衣茶盒)은 누마루에 3간의 방이 달린 기와집으로 누마루는 평석(平石)을 15층으로 쌓아올린 4개의 돌기둥에 의하여 지탱되고 있으며, 이 돌기둥들은 상지에 잠겨 있어 운치를 더하고 있다.

상지(上池)와 일지암은 약 80 cm의 고저차가 있으며, 이곳은 판석을 석축이 되어 있고, 석축면에는 다감(茶龕)이라 음각되어 있는 길이 1.2 m 가량의 돌이끼여 있다. 석축 앞 약 $10\,m^2$의 평지에는 1.7 m×1.2 m의 네모난 석탑(石榻 : 寢床 형태로 된 돌)이 놓여 있는데, 이 돌은 차를 마시며 선(禪)을 하던 좌선석(坐禪石)으로 추정된다.

초의선사가 쓴 두륜산 초암서(頭輪山 草庵序)를 보면, 연못 북동쪽에 심어진 고려영산홍이 피면 다홍색 꽃 무리가 못에 투영되어 환희로운 정경 속에서 다선(茶禪)이 이루어지고, 달이 연못에 투영될 때면 우주의 섭리가 물 속에 잠겨 있는 유현한 분위기 속에서 차를 마시며 다와 선이 하나가 되는 신선(神仙)의 경지에 이른다는 내용의 시문(詩文)이 적혀 있는데, 이 다원(茶苑)의 풍경이 유감없이 표현된 문장이라 생각된다. 다원의 앞뜰에는 당시 재배하였던 차나무가 그대로 남아 있어, 초의선사가 다산, 추사, 소치 등과 더불어 마시던 차의 향기를 풍기고 있는 듯하다.

(2) 다산초당

전남 강진 만덕리 귤동(萬德里 橘洞)에 있는 다산초당(茶山草堂)은 정약용(丁若鏞 : 1762~1836, 아호 茶山)이 신유교난(辛酉教難)에 연루되어 만덕사(萬德寺) 서쪽에 있는 윤박 처사(尹博 處士)의 산정(山亭)이 있던 다산(茶山)에 이사하여 유배생활(1808~1826)을 하던 곳이다. 정면 5간, 측면 2간 규모의 다산초당 좌우에는 원래 동암(東庵)과 서암이 있었다고 하며 최근에 지은 정자인 천일각(天一閣)이 동쪽 산마루턱에 위치하여 강진만의 바다를 조망할 수 있게 되어 있다. 초당(草堂)의 동쪽에 5 m×10 m의 방지가 있는데 이 못

그림 262.
다산초당 배치도

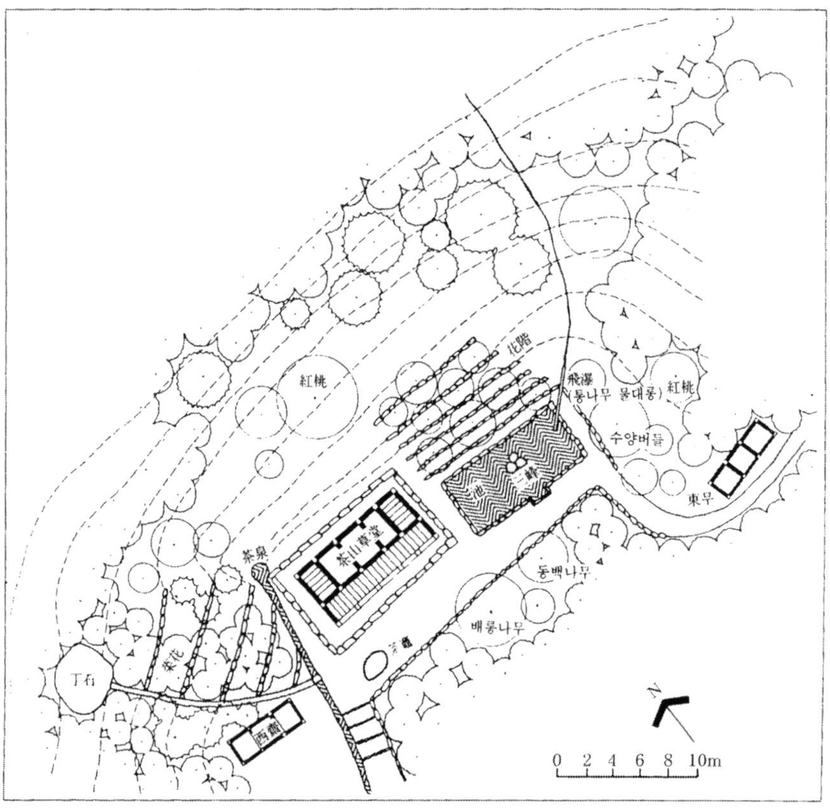

가운데에는 자연석을 쌓아 꾸민 둥근 섬이 있고 섬 위에는 돌들을 놓아 삼봉(三峰)을 만들었다.

섬 위에 3개의 돌로 꾸민 삼봉(三峰)은 삼신산을 상징한 것으로 생각된다. 이 못의 호안은 납작한 자연석을 가지런히 쌓아 조성하였으며 못 뒤편 언덕 위의 샘물을 나무홈통으로 유도하여 못에 비천(飛泉)을 조성하였으며, 배수구는 남쪽 호안선의 중앙부를 낮게 축석하여 자연스럽게 넘쳐흐르도록 꾸며져 있다.

초당(草堂)과 연못의 뒤쪽 경사면에는 1.2~1.6 m의 폭으로 5~6단의 화계(花階)를 조성하였으며, 연못 뒤편의 화계에는 화목(花木)을 심고 초당 서쪽 화계에는 약초와 채소를 가꾸었다고 전한다. 초당 앞에는 1.5 m×1.1 m×0.36 m의 평석(平石)이 놓여 있으며, 정다산(丁茶山)이 이 돌 위에서 차를 달여 다조석(茶竈石)이라 불렀고 초당의 서북쪽 언덕 밑에는 맑은 다천(茶泉)이 솟아난다.

다산초당(茶山草堂)의 뜰에는 매화, 복숭아나무, 살구나무, 유자나무, 석류, 포도와 같은 과일나무와 차나무가 식재되어 있으며 향토식물인 동백나무와 대나무 외에 꽃이 아름다운 배롱나무, 작약, 황매, 국화, 월계화, 연, 그리고 관엽식물인 파초 등이 일부 식재(植栽)되어 있다.

문인자 철학가이며 식물학자, 과학자였던 다산(茶山) 정약용은 실학파(實學派)의 거두로서 그의 외가가 있던 강진 귤동의 산정(山亭)에 머무는 동안 실학을 집대성하였으며, 또한 백련사(白蓮寺)의 혜장선사(惠藏禪師 : 1772~1811)와 대흥사 일지암의 초의선사(草衣禪師 : 1786~1866)와 자주 만나 차 마시는 법을 배우고 스스로 차나무를 가꾸면서 다인(茶人)생활을 하였는데, 그의 아호인 다산(茶山)도 이러한 연유에서 비롯된 것이다.

찾 아 보 기

ㄱ

가람(伽藍) 142
가람배치 197
가릉빈가 196, 230
각황전 207
간다라 불탑 152
감은사 금당지 201
감은사지 200
감은사지 동·서 석탑 211
감은사지의 배치 201
감잡이돌 203, 223
강도(江都) 271
강도의 도성 272
강릉 객사문 286, 288
강릉 향교 대성전 468
개경(開京)의 외성 269
개목사(開目寺) 원통전 432
개성 남대문 272
개성 명륜당 333
개성 성균관 333
개성(開城)의 내성 358
개성의 남대문 358
개심사(開心寺) 5층 석탑 267
개심사(開心寺) 대웅전 389
개심사지 5층 석탑 324
개암사(開巖寺) 대웅전 411, 418
객사(客舍) 501
거중기 362
건축문화(建築文化)의 계통 45
건축미의 특징 63
경국대전(經國大典) 354, 477
경기전(慶基殿) 360
경복궁 366
경복궁 후원 516
경복궁(景福宮) 근정전(勤政殿) 386
경복궁의 궁궐배치 364
경운궁 380
경주 155호 천마총(天馬塚) 고분 178
경주 왕경 226
경천사지(敬天寺址) 10층 석탑 268, 291, 330
경회루(慶會樓) 366, 368
계량(繫梁) 282, 307, 392
계성사 466
계정(溪亭) 469
고구려 공포형식 100
고구려 석총묘 109
고구려 중기 토총 122
고구려 초기 토총묘 114
고구려 토총묘 112
고구려 후기 토총묘 124
고구려의 건축문화 92

고구려의 와당 103
고구려의 일반건축 형식 98
고구려의 전 103
고구려척 96, 146, 155, 174
고달원지(高達院址) 원종대사(元宗大師) 혜진탑 338
고대 신라의 도성 184
고려 모전탑 328
고려 목조불탑 322
고려 석탑의 형식 323
고려 왕릉 336
고려 절충형식 석탑 325, 327
고려 주심포 공포형식 비교도 288
고려 주심포 제2형식 267, 285
고려 주심포 제3형식 293
고려 주심포(柱心包) 제1형식 267
고려 중기 267
고려 중기의 와당 277
고려 초기 267
고려 초기의 와당 277
고려 태조의 현릉 337
고려 특수형식 석탑 325
고려 후기의 와당 277
고려도경 270, 273, 279
고려도경(高麗圖經) 269
고려시대 가람배치 297
고려시대 모정 및 원지 334
고려시대 부도 337
고려시대 주거건축 333
고려시대의 와당 및 전 276
고려의 국도(國都) 개성 268
고려의 사묘(祠廟)건축 106
고려의 왕궁지 273
고령 가야관 502
고령 고아동(古衙洞) 벽화고분 178
고산사(高山寺) 대웅전 432
고상식(高床式) 주거 81
고선사지(高仙寺址) 3층 석탑 211
고인돌 72
고향둔(顧鄕屯) 유적 65
공귀리 제2호 주거지 71
공민왕(恭愍王)의 현릉 337
공안형 100, 124, 193, 295
공주산성 133
공포(栱包) 구조법 55
관덕정 503
관람정(觀纜亭) 515
관묘(關廟) 500
관용사 408
관용사 대웅전 408
관용사 약사전 408
관용사(觀龍寺) 가람배치 408
관음사(觀音寺) 원통전 293
관음전지 205
광개토왕비 112
광릉(光陵) 505
광통보제사 302
광풍각 519
광한루 503
광화문 367
괘능(掛陵) 228
교두형 56, 192, 387
국내성지(國內城址) 93
국사전 391
국자감 332
군수리(軍守里) 사지 143
군위 삼존석굴(三尊石窟) 220
궁남지 137
궁륭천장 87
궁산 유적 제4호 주거지 69
권쇄 192, 295
귀기둥의 솟음 60
귀부 200
귀한대 416
규장각(奎章閣) 515
그레질 55
근정문(勤政門) 366

근정전(勤政殿) 366, 367
금관총 178
금령총 178
금산사 406
금산사 대장전 407
금산사 대적광전 407
금산사(金山寺) 석종형식 부도 339
금성 165
기둥의 배흘림 60
기둥의 안쏠림 60
기전유제설(箕田遺制說) 96
김유신 묘 228

ㄴ

나주 향교 468
나주 향교 대성전 468
낙랑 대방출토 전문양 88
낙랑 시대의 분묘 87
낙랑 와당(瓦當) 85
낙랑시대 제1호분 88
낙랑의 전(塼) 85
낙산사(洛山寺) 7층 석탑 437
낙선재 375
낙선재 후원(後園) 376
낙양가람기 142
낙화암 136
남경(南京) 271
남계원지(南溪院址) 7층 석탑 267, 328
남방식 고인돌 73
남선사(南禪寺) 대전(大殿) 282
내소사(來蘇寺) 대웅전 411, 415
노단경(路端景 : terminal vista) 354
노자공(路子工) 138
녹유의 주좌장식와 258
논산 쌍계사(雙溪寺) 대웅전 411, 426
농산정(籠山亭) 516
농수정 496, 515
누목식(累木式) 주거 80
누하진입 404
누하진입(樓下進入) 형식 306
능산리 벽화고분 159

ㄷ

다보탑 212
다산초당(茶山草堂) 528
다포식(多包式) 56, 268, 290
단장여 56, 192, 280, 285, 293
단형(段形) 피라미드 109
달구벌 186
당간지주 145, 200
당척(唐尺) 199
대륙문화 51
대방광불 화엄경 변상도 191
대양문화 51
대왕암 228
대장경 403
대장경판전 404, 405
대장전 407
대조전 375
대청관(大淸觀) 331
대화사지(大和寺址) 12지상 부도 231
덕수궁 380
덕휘루 309
덕흥리(德興里) 고분(古墳) 120
덤벙 주초 55
도갑사(道岬寺) 해탈문 430
도관(道觀) 107, 331
도동서원(道東書院) 474
도산서당(陶山書堂) 470
도산서원(陶山書院) 469
도선선사 269, 297
독락당(獨樂堂) 469
돈화문 372
돌멘 74

동경(東京) 271
동궁지 186, 190
동남리(東南里) 사지 144
동대자 107
동묘(東廟) 500
동양 3국의 건축문화 차이 46
동양의 정원 507
동양정원의 구성요소 508
동전서탑(東殿西塔) 배치 143
동전서탑식 297

ㅁ

마곡사(麻谷寺) 5층 석탑 329
마선구(麻線溝) 1호분의 벽화 80, 108
만대루(晩對樓) 472
만복사지 301
만월대 273
卍자 변형 난간모양 193
명정문(明政門) 378, 385
명정전(明政殿) 378, 385
모서리 삼각형 내쌓기 천장(抹角藻井) 116, 126
목곽분(木槨墳) 87
무량사(無量寺) 5층 석탑 325
무량사(無量寺) 극락전 422
무령왕릉 158
무문토기 문화 주거지 69
무문토기(無文土器) 67
무설전지 205
무위사(無爲寺) 극락전 390, 391, 392
무첨당(無忝堂) 469
문묘 대성전 466
문묘 명륜당 467
문묘(文廟) 107
문수원(文殊院) 선원(禪苑) 335
미륵사 서탑(西塔) 154
미륵사 중원(中院) 목탑지 154
미륵사의 가람배치 144
미륵사지 144
미륵전 407

ㅂ

박황(朴熀)씨 주택 493
발어참성 268
발해의 문화 243
발해척(渤海尺) 257
방화수류정(訪花隨柳亭) 362, 363
배흘림 138
백상루 503
백운교 203
백제 계승형식 석탑 324
백제 와당 140
백제 정방형 문양전 140
백제 청동소탑편 139
백제양칠당(百濟樣七堂) 가람배치 142
백제의 궁궐건축 137
백제의 일반적 건축수법 138
백제의 전 140
백제의 조원기술 138
버팀보(繫梁) 284, 391
범어사(梵魚寺) 대웅전 419
범영루 203
법보사찰(法寶寺刹) 402
법보전 404
법주사 팔상전 433
법천사(法泉寺) 지광국사(智光國師) 현묘탑 339
벽전 200
벽화고분 모서리 주형도 100
병산서원(屛山書院) 472
보간(補間)포작 56
보간포작(補間包作) 55
보우(普雨) 397
보원사지(普願寺址) 5층 석탑 325
보제루 207
보제사 목조탑 322

보통문 388
복발 152
복화반 282
볼트(vault) 구조 157
봉은사 397, 399
봉정사 308
봉정사 고금당 311
봉정사 극락전 311
봉정사 대웅전 311, 411
봉정사 화엄강당 309, 311
봉정사(鳳停寺) 가람배치 309
봉정사(鳳停寺) 극락전(極樂殿) 267, 280
봉정사(鳳停寺) 대웅전 412
봉황대(鳳凰臺) 166, 178
부벽루 503
부석사 182, 303
부석사 범종각 306
부석사 안양문 304, 306
부석사(浮石寺) 무량수전 267, 282
부석사(浮石寺) 조사당 293, 294
부석사의 가람배치 306
부소(扶蘇) 산성 135
부용동 정원 520
부용정(芙蓉亭) 514
북방식 고인돌 73
분황사(芬皇寺) 모전(模塼)탑 176, 210
분황사 배치 177
분황사탑 175
불갑사(佛甲寺) 대웅전 428
불국사 201
불국사 가람배치 202
불국사 극락전 206
불국사 다보탑 215
불국사 대웅전 205
불국사 안양문 204
불국사 역대기 201
불일사지 300
불일사지(佛日寺址) 5층 석탑 328
불탑 151
비대칭적인 평면 61
비인 5층 석탑 324
빗살무늬(櫛文) 토기 66

ㅅ

사랑채 481
사래(蛇羅) 59
사비성 135, 137
사사자 3층 석탑 207
사신도(四神圖) 124, 126, 157
사절유택 226
사직단(社稷壇) 501
사천왕 조소상 200
사천왕사지 198
사천왕사지 배치 198
사천왕상 196
산경문(山景文) 전(塼) 141
산동성 기남(沂南) 석묘 119
산지가람 198, 207, 297, 304, 398, 408
삼경(三京) 271
삼국사기 옥사조 226
삼령둔(三靈屯) 고분 260
삼분두형 291
삼실총 114
삼십오금입택 226
삼한(三韓) 78
상경 석등 257
상경 용천부 도시계획 245
상경(上京) 용천부(龍泉府) 242, 244
상로전 315, 317
상륜 152
상원사(上元寺)의 관음현상도(觀音現相圖) 398
샤머니즘 67
서경(西京) 271
서둔동(西屯洞) 유적 주거지 84
서산(瑞山) 마애불 220
서석지(瑞石池) 522, 524

서안 대안탑 불전도 192
서울의 문묘 성균관 465
서원(書院) 469
서장대(西將臺) 363
서전동탑(西殿東塔) 배치 143
석가탑 212
석가팔상(釋迦八相) 433
석굴암 본존불 좌상 220
석굴암(石窟庵) 221
석문림천(石門林泉) 정원 522
석빙고 유기 171
석어당 382
석왕사(釋王寺) 응진전(應眞殿) 291, 386
석탑 옥개석 형태 비교도 326
선묘각 303
선운사(禪雲寺) 대웅전 420
선정전 374
성불사(成佛寺) 극락전 286
성불사(成佛寺) 응진전(應眞殿) 412
성천(成川) 동명관 502
세병관 504
세연정 521
세죽리(細竹里) 주거 유적 84
소격전(昭格殿) 331, 499
소로(小累) 55
소쇄원 511, 518
소수서원(紹修書院) 469, 471
소요정(逍遙亭) 516
손동만 주택 488
송광사 391, 400
송광사 국사전(國師殿) 402
송광사 약사전 및 영산전 401
송광사 하사당(下舍堂) 391, 402
송국리 제5호 주거지 71, 72
송림사(松林寺) 5층 전탑 219
송산리(宋山里) 6호 벽화 전축분 156
쇠서 56
쇠서(牛舌) 형상 386
쇠서형 287, 293
수녕궁 276, 290
수능(壽陵) 337
수다라장전 404, 405
수덕사 312
수덕사 가람배치 312
수덕사(修德寺) 대웅전 267, 286, 314
수산리 벽화고분 모서리 주형도 100
수산리(水山里) 벽화고분 99
수원(水原) 성곽 362
수인문(修仁門) 494
수중릉(水中陵) 229
순천관 332
숭례문 355
숭림사 보광전 411, 429
숭양서원(崧陽書院) 471
숭인전(崇仁殿) 388, 500
스투파 151
승원굴 220
승화루 376
시대구분(時代區分) 방법 47
신라 불사건축 171
신라 왕경 167, 184
신라시대의 가형토기 81
신라시대의 궁궐건축 168
신라시대의 분묘 177
신라시대의 와당 169
신륵사(神勒寺) 5층 전탑 330
신륵사(神勒寺) 다층석탑 436
신륵사(神勒寺) 조사당(祖師堂) 412
신문왕릉 228
신복사지 3층 석탑 327
신사(神祠) 331
실상사 동·서 3층 석탑 216
실상사 백장암 3층 석탑 217
심원사(心源寺) 보광전 268, 291
심원사(深源寺) 보광전 424
12지 호석 228

쌍계사 대웅전 411
쌍봉사 3층탑 432
쌍영총 122
쌍영총(雙楹塚)의 8각주 100

ㅇ

아미산 화계(峨嵋山 花階) 517
안국사(安國寺) 대웅전 425
안동 동부동(東部洞) 5층 전탑 219
안변 객사 가학루 502
안악 3호 분의 공포 99
안악(安岳) 제3호 분묘 116
안압지 186, 189
안압지 및 동궁지 유적들 190
안압지 출토 목조부재 194
안압지 출토 유물들 190
안초공(按草工) 56, 357, 385
안학궁의 배치 101
안학궁지 101
암사동 제2호 주거지 70
암사동 주거지 69
애니미즘 67
애련정(愛蓮亭) 494, 515
약수리 벽화고분의 성곽도(城廓圖) 97
양이정 276, 278
양진당 482
양택(陽宅) 478
어수문(魚水門) 515
연경당 494
연곡사 동부도(東浮屠) 230
연곡사(燕谷寺) 북부도 338
연기사상 271
연도(羡道) 109
연맹왕국 77
연복사 중창기 322
연복사(演福寺) 목조탑 432
연화교 204
염거화상부도 229
영광탑 256
영남루(嶺南樓) 502
영녕전 498
영릉(英陵) 505
영산전 293
영조법식 140, 192, 280, 290
영조척 146
영화당 515
오라금관식 159
오봉루 248
오죽헌 481
옥류천(玉流川) 516
옥산서원(玉山書院) 469
옥석리 주거지 70
옥충주자 138
옥호산방도 511
온돌 254
온돌 난방방식 334
옹성 93
와범(瓦範) 85, 196
완산성 360
완주 화암사(花巖寺) 극락전 421
완주(完州) 화암사 139
왕궁리(王宮里) 5층 석탑 156, 218
왕흥사지 299
요동성총의 성곽도 97
용강대묘의 성곽도 98
용문사(龍門寺) 대장전(大藏殿) 417
용천부 궁성 서구 침전지 253
용천부 궁성 정원 258
용천부 궁성 제1궁전지 248
용천부 궁성(宮城)과 황성 245
용천부 제2사지 257
용천부 제4궁전지 250
용천부 제5궁전지 251
용천부의 제1사지 254
우각진입 314
우미량(牛尾梁) 52, 285, 287, 314, 390, 391, 409, 431

우현리 대총(大塚) 124
운공형식 56
운형공포 139
원각사(圓覺寺) 397
원각사지 10층 석탑 435
원시주거 67
원야(園冶) 508
원형주좌 199
월남사지(月南寺址) 3층 석탑 328
월성(月城) 166, 186
월정사 8각 9층 석탑 325
위나암산성(尉那巖山城) 94
위례성 132
윤선도의 고택 489
윤장대(輪藏臺) 417
율곡사(栗谷寺) 대웅전 411, 413
은해사 거조암 293
음양오행(陰陽五行) 사상 62
의성(義城) 탑리(塔里) 5층 석탑 210
의성김씨의 종가 485
이용기 고택 정원 524
이익공 395
2탑식 가람배치 197, 297
2탑식 평지가람 198
익공식(翼工式) 건축 394
인간적 척도(human scale) 개념 57
인도 불탑 152
인자대공 98, 100, 114, 123
인정문 371
인정전 372
인차(因借) 508
일본의 정원 510
일지암 다정 526
1탑식 가람배치 142, 300
임류각(臨流閣) 137
임청각 482
임해전 190

ㅈ

자경전(慈慶殿) 517
자하문 205
장경전 275
장곡사(長谷寺) 상대웅전 413
장곡사(長谷寺) 하대웅전 417
장군총(將軍塚) 109
장안문(長安門) 362
장안성(長安城) 95
장양문 494
장하리(長蝦里) 3층 석탑 324
장화전 275
적조미(寂照美) 63
전곽분(塼槨墳) 87
전교당 470
전등사 대웅전 417
전등사 약사전 417
전묘후학(前廟後學)의 배치방법 467, 468
전학후묘(前學後廟)의 배치방법 468
정다산 529
정동진리(正東津里) 3층 석탑 328
정릉사지 배치 105
정릉사지(定陵寺址) 105
정림사지 148
정림사지(定林寺址) 석탑 154
정수사(淨水寺) 법당 286, 430
정전법(井田法) 184, 186, 187
정토사(淨土寺) 홍법국사(興法國師) 실상탑 339
정평(定平) 주초 55
정혜공주(貞惠公主) 분묘 260
정혜사지(淨惠寺址) 13층 석탑 218
제3기의 경주 도성계획 186
제3호 분묘 108
제공 56, 291
조각전 196
조사당 304, 308
조선왕조 가대(家垈)의 규제 477

조선왕조 가사(家舍)건축 규제 476
조선왕조 읍성계획 358
조선왕조 주거건축의 구성 479
조선왕조 주거건축의 평면구성 479
조선왕조 중기 다포식 건축 388
조선왕조 중기 익공식 건축 396
조선왕조 중기 주심포식 건축 394
조선왕조 중기건축 351
조선왕조 초기 다포식 건축 387
조선왕조 초기 익공식 건축 395
조선왕조 초기 주심포식 건축 393
조선왕조 초기건축 350
조선왕조 후기 다포식 건축 388
조선왕조 후기 익공식 건축 396
조선왕조 후기 주심포식 건축 394
조선왕조 후기건축 351
조선왕조시대 가람배치(伽藍配置) 398
조선왕조시대 다포식 건축형식 384
조선왕조시대 다포식(多包式) 건축 387
조선왕조시대 불전건축 411
조선왕조시대 익공식 건축의 실례 395
조선왕조시대 절충식 건축 388
조선왕조시대 주심포식 건축 391
조선왕조시대 주심포식 건축의 실례 393
조선왕조시대의 석조탑 435
조선왕조시대의 와당 및 전 382
조선왕조시대의 왕릉 505
존경각 466
존덕정 515
종묘 497
종묘(宗廟)의 공간구성 499
종묘(宗廟)의 배치계획 499
종묘의 정전 497
좌두(坐頭) 56
주간포작 280, 290
주거건물의 구조 481
주거의 안채 480
주거의 점지(占地) 478
주거지 107
주상포작 290
주심포식(柱心包式) 55, 280
주좌장식와 249
주척(周尺) 354
주합루(宙合樓) 515
죽서루 503
중공 블록형 전 141
중국 불탑 152
중도 제1호 주거지 83
중로전 315, 317
중용(中庸) 62
중화전 381
즐문토기 문화 주거지 68
지공정혜영조탑(指空定惠靈照塔) 340
지리도참설 271
지석묘 67
진경대사보월릉공탑 230
진남관(鎭南館) 505
집안 동대자 주거지 107
집안(集安) 107
집옥재 369
집현전 347

ㅊ

차경(借景) 508
차양간 149, 173
찰주 154
창경궁의 궁궐배치 377
창덕궁(昌德宮) 후원(後苑) 512
창덕궁(昌德宮) 후원의 구성 514
창덕궁의 궁궐배치 370
창의문(彰義門) 357
창합문지 274
채협총(彩篋塚) 87
처마의 곡선미(曲線美) 61
척도기준 58

천왕지신총 114
천추총 112
첨성대(瞻星臺) 169
첨차(簷遮) 55
청량각(淸凉閣) 400
청암리 금강사지 104, 105
청운교 203, 204
청의정(淸猗亭) 516
청자(靑磁)기와 277
청평사 회전문(回轉門) 399
초기 철기문화시대의 주거 82
초옥토실식(草屋土室式) 주거 80
초의다합(草衣茶盒) 527
초의선사 526, 529
초익공 394
촉석루 503
최준 주택 491
춘녀(春舌) 59
충효당 483
치미 196
치성 93
칠보교 204

ㅌ

탑신 152
탑원굴(塔院窟) 220, 221
탑파 151
태극정(太極亭) 516
태왕릉 111
태종 무열왕릉 227
토막식(土幕式) 주거 79
통도사 315
통도사 가람배치 315
통도사 금강계단 315
통도사 금강계단 사리탑 320
통도사(通度寺) 대웅전 319, 411, 415
통도사 배치계획 319
통명전 380
통일신라 가사(家舍) 건축규제 226
통일신라 계승형식 석탑 323
통일신라 궁궐 189
통일신라 일반건축 형식 191
통일신라 중기 특수형 석탑 212
통일신라 진골의 주택 226
통일신라 후기 석탑 215
통일신라시대 도성 184
통일신라시대 도성확장 186
통일신라시대 부도 229
통일신라의 와당 및 전 194
통일신라의 왕경 187
통일신라의 조영척 199

ㅍ

파련초각 387
파향정 503
팔달문 362
팔만대장경판전 404
8방금강좌 212
평2두 390
평고대(平高臺) 59
평양 대동문 360
평양 보통문 360
평양 숭인전(崇仁殿) 및 보통문 389
평양(平壤) 성곽의 내성 359
평지가람 142, 198, 398
포대공 287
포석정 191
풍남문(豊南門) 360
풍납리(風納里) 토성 132
풍수도참설 269, 297
풍수설 58, 478

ㅎ

하동 쌍계사(雙磎寺) 대웅전 420
하로전 315, 317
하앙 139, 280
하앙(下昻) 구조형식 421
하앙(下昻) 형식 386
학봉리(鶴峯里) 선돌 74
한(漢)시대의 건축양식 86
한국 건축문화의 시대구분 50
한국 고인돌의 분포 73
한국 고인돌의 형식 73
한국의 건축구조 형식 54
한국의 정원 510
한국정원의 특성 509
한성(漢城) 351
한성부의 도시건설 352
한성의 도성계획 353
한성의 성곽 352, 355
한성의 축성공사 351
한성의 행랑 354
한양(漢陽) 347
해운정 482
해인사 402
해인사 가람배치 404
행공첨차 56, 280, 282
행랑채 481
향교(鄕校) 467
향단(香壇) 486
향원정(香遠亭) 516
헛첨차 284, 287, 293
호석(護石) 109
호전(戶典) 급조가지조(給造家地條) 354
호전급조가지조 477
홍화문(弘化門) 378, 385
화두자 387
화랑도 165
화문담(花文墻) 383, 517
화성성역의궤 362
화엄사 206
화엄사 가람(伽藍)배치 206
화엄사 각황전 414
화엄사(華嚴寺) 대웅전 207, 415
화엄사(華嚴寺) 4사자 3층 석탑 217
화엄사 해탈문 207
화홍문(華虹門) 362, 363
환구단(圜丘壇) 501
환성사(環城寺) 대웅전 411, 423
황룡도(黃龍圖) 126
황룡사 9층탑 174
황룡사 최종가람(最終伽藍) 배치 173
회경전 275
효대(孝臺) 207, 217
홍덕사지 302
홍덕왕릉 228
흥륜사 172
홍법사(興法寺) 진공대사탑 338
홍인지문 356
희망리(希望里) 3층 석탑 329
희정당 375

증보판 한국건축사

초판 발행 2008년 3월 1일
5쇄 발행 2018년 2월 19일

지은이 윤장섭
펴낸이 최국주
펴낸곳 동명사
출판등록 1950년 11월 1일(제1-76호)
주소 (우 10881) 경기도 파주시 회동길 50(문발동)
전화 031-955-7200(대표)~2, 7203(편집부), 7204(물류)
팩스 031-955-7205
전자우편 webmaster@dmsbook.com
홈페이지 www.dmsbook.com

ISBN 978-89-411-2126-8 93540
값 29,000원

東明社